国际环境工程先进技术译丛

室内空气净化原理与实用技术

[日] 社团法人 日本空气净化协会
(社团法人 日本空気清浄協会) 编
杨小阳 译

机 械 工 业 出 版 社

本书分为“基础篇”“仪器篇”和“应用篇”共3篇。第1篇从常规污染物的物理和化学性质入手，针对其对室内环境的影响、相关空气质量标准、检测方法、形成机制、空气污染负荷、净化原理和相应操作等基础性问题进行了阐述；第2篇主要围绕各类空气净化设备展开，就其净化机制、代表性设备、性能试验方法、遴选方式、维护管理以及经济性等方面作了较为全面的介绍；第3篇分别就商用和居住这两类建筑物中室内空气净化所面临的实际问题展开了详细的讨论。

本书的读者对象是空气净化设备工程师、建筑空调净化系统设计师以及相关领域的学生、研究人员和学者。

图书在版编目（CIP）数据

室内空气净化原理与实用技术／（日）社团法人 日本空气净化协会编；杨小阳译.
—北京：机械工业出版社，2016.9
（国际环境工程先进技术译丛）
ISBN 978-7-111-54643-6

Ⅰ.①室… Ⅱ.①社… ②杨… Ⅲ.①室内空气—空气净化—研究
Ⅳ.①X51

中国版本图书馆CIP数据核字（2016）第200018号

机械工业出版社（北京市百万庄大街22号 邮政编码100037）
策划编辑：顾 谦 责任编辑：顾 谦
责任校对：肖 琳 封面设计：马精明
责任印制：李 洋
北京振兴源印务有限公司印刷
2016年9月第1版·第1次印刷
169mm×239mm·27.75印张·533千字
0001—2600册
标准书号：ISBN 978-7-111-54643-6
定价：119.00元

凡购本书，如有缺页、倒页、脱页，由本社发行部调换

电话服务	网络服务
服务咨询热线：010-88361066	机工官网：www.cmpbook.com
读者购书热线：010-68326294	机工官博：weibo.com/cmp1952
010-88379203	金书网：www.golden-book.com
封面无防伪标均为盗版	教育服务网：www.cmpedu.com

译 者 序

在过去的几十年中，我国国民经济实现了飞速发展，但随之而来的是严重的空气污染问题。特别是从2012年开始，全国范围内长时间的区域性空气污染事件频发。而另一方面，随着人民生活水平的日益提高，公众对环境问题的关心程度也逐渐提升。尤其是在重污染天气下，人们大都会有意识地减少室外活动，以避免在较高浓度污染空气中的暴露。但事实上由于室内环境相对封闭，如果房间内部的空气污染物未得到及时、有效去除，那么室内人员所受到的健康影响往往会更加严重。此外，除了来自于室外环境大气的污染，装修建材或家具中甲醛等有毒物质的释放也是室内空气污染物的重要来源，且同样严重危害室内人员的健康。因此，人们对于室内空气污染状况的改善有着极为迫切的需求，而解决这一问题的有效手段便是室内空气净化技术。

由社团法人日本空气净化协会编写的《室内空気清浄便覧》一书，于2001年由日本Ohmsha出版社出版发行。本书是日本学者在空气净化领域几十年研究与实践的积累和总结。2015年春，受机械工业出版社的委托，本人开始着手本书的翻译工作，并于1年后提交译稿。依照委托方的建议，为了明确本书的内容以便于读者的选择，将书名译为《室内空气净化原理与实用技术》。

虽然本书从出版至今已逾15年，其中一些内容也略显年代感，但从净化理念的角度来看，仍具有很好的借鉴意义和较强的前瞻性。由于本书涉及物理、化学、机械、大气环境、流体力学、建筑学、生物学、微生物学和医学等多个学科内容，加之本人学术和文字水平有限，因此对很多词汇或概念的把握不够准确，也恳请读者对书中出现的疏漏或不妥之处予以批评指正。

最后，感谢本人的同事，刘世杰博士，在文字方面提供的诸多宝贵意见。另外，陈楠女士对于本书的翻译给予了很多建议并提供了许多帮助，在此表示感谢！

译 者

原书序

社团法人日本空气净化协会是昭和38年由空气净化装置制造等相关领域技术人员共同创建的团体。那个时代由于大气污染形势加剧，各方面对大气污染控制的研究都投入了大量精力。同时，伴随着电子产业的进步，针对污染控制技术的开发也迫在眉睫。在全球化环境问题愈发显著的今天，国际间开展了非常广泛的合作，而在日本也推行了针对能源问题的两个解决措施：一个是可再生能源的开发；另一个是以能源使用合理化为目标的节能技术的研发。在提高工厂建筑物以及机械工具等的能源利用率的同时，对于普通住宅也应追求密闭性强、隔热性能好的结构，并且努力提高空调、照明以及换气设施的能耗效率。但与之相反的是病态楼宇综合征、呼吸性疾病、感染等各种各样的症状却相继出现，并且已经发展成为众所周知的社会问题。

本书的前身是由本协会的成员执笔，并于昭和56年发行的《空気清浄ハンドブック》(空气净化手册)。该手册作为一本跨越不同学术领域的图书，被应用到与此相关的方方面面。但是由于最近的空气环境发生了巨大变化，其相应的评价方法也取得了显著的进展，因此我们决定发行该书的修订版。本协会在出版《空气净化手册》后，于平成元年和平成8年还分别出版了《クリーンルームハンドブック》(洁净室手册)和《コンタミネーションコントロール便覧》(污染控制便览)。现在，这些书籍也都被广泛应用于各个相关领域。考虑到现实状况，本协会决定避开《空气净化手册》中“洁净室”的相关内容，而更多的采纳与室内空气质量有关的叙述，并将题目改为《室内空気清浄便覧》。考虑到现实中存在着一些已经上升到社会层面的问题，在该领域有待解决的课题仍然很多。但是如果不能充分理解引发这些现象的本质原因以及整个污染体系构成情况，那么我们也就很难获得相应解决的成果。因此，我们计划在本书中不仅仅列举室内空气污染的现象，也要更多地叙述一些基础知识，以便读者能够更好地理解室内空气污染的相关问题。

本书涉及建筑工学、空气调节工学、卫生工学、医学、生物学等各个领域。此外，药品和食品产业领域的专家也向我们提供了宝贵的资料，在此我们深表感谢！

在本书出版之际，我们对各位执笔者同仁表示由衷的感谢。同时，我们真诚希望参与Ohmsha出版社出版工作的各位同仁能够对书中不尽完善的地方提出建议和指导，我们将会虚心接受并且不胜感激。

平成12年7月

社团法人　日本空气净化协会

会长　中江茂

原书前言

昭和38年，随着日本空气净化协会的成立，作为会刊的《**空気清浄**》（空气净化）也正式发行。该期刊自创刊以来，其内容受到了各界的高度评价。《空气净化》作为日本的代表性杂志之一，于昭和45年由美国政府出资翻译并出版发行，全英文名为“Air Cleaning”。

由于《空气净化》所涉及的是有关空气净化技术的最新进展，所以其内容超出了现有技术领域的分类方法，开创了崭新的空气净化工学体系。

在这一背景下，为纪念《空气净化》杂志第100期的刊行，本书的前身《空气净化手册》在多年积淀的基础上进一步归纳整理，从而作为空气净化工学技术的集大成者得以出版。在其后的18年间，随着社会的不断发展，各方需求也日新月异。在本书经过全新改版后，其内容焕然一新。由于在此之前，我们曾将原手册中洁净室的相关部分单独提出并经修订后出版发行了《洁净室手册》，因此本书并不包含洁净室部分的内容，而是主要围绕普通环境下空气净化的问题进行探讨。

平成10年6月，出版委员会中设立了包括Ohmsha出版社在内的“室内空气净化便览编辑委员会”。在经过5次反复讨论后，就有关涉及内容、分类、目录、执笔者等问题均形成了比较成熟的方案。平成10年11月编辑委员会正式委托执笔委员会进行内容撰写。

从注重专业水平的角度出发，考虑到本书的出版应委托专业性较强的出版社，因此我们与之前曾经负责《空气净化手册》出版事务的Ohmsha出版社进行了协商，并于平成11年12月与该公司初步签订了协议，委托其进行本书的编辑与发行等事项。

由于受到各种情况的影响，本书的集稿工作用去了较长时间。Ohmsha出版社于平成12年1月开始了本书的编辑，直至今日终于得以出版。

由于本书追求的特点是清晰明了，且内容涉及领域广泛，因此不仅会存在由于快速的科技发展而导致的一些技术内容相对滞后的情况，同时由于执笔者所在领域不同而致使思维方式或习惯也存在一定差异，使得在观点或看法内容上会出现不尽统一的情况，因此希望读者能够给予谅解。

虽然本书是以空气净化工学为基础而编纂的，但是如果本书能够成为各个领域中空气净化技术应用与发展的契机，那么作为本书的编者将不胜感激、荣幸之至。

最后，我作为编辑委员会委员长向发行《空气净化》做出巨大贡献的社团法人日本空气净化协会会长、各位会员、以大竹事务局长为中心的事务局的各位同仁，以及执笔者、部门主查、编辑委员、Ohmsha 出版社的各位，表示由衷的感谢和敬意。

平成 12 年 7 月

本书编辑委员会

委员长 池田耕一

作 者 名 单

（五十音顺序）

编辑委员会

编辑顾问　吉泽　晋　（爱知淑德大学）
入江　建久（信州大学）
编辑委员长　池田 耕一　（日本国立公众卫生院）
编辑委员　岗田　孝夫　（高砂热学工业股份有限公司）
小竿　真一郎　（日本工业大学）
高鸟　浩介　（日本国立医药品食品卫生研究所）
藤井　雅则　（三械工业股份有限公司）
掘　雅宏　（横滨国立大学）
山崎　省二　（日本国立公众卫生院）
刘　瑜　（新日本空调股份有限公司）
编辑干事　大竹　信义　（社团法人　日本空气净化协会）

执笔委员

秋田　一男　（日本国立相模原医院）
池田　耕一　（日本国立公众卫生院）
石津　嘉昭　（财团法人 烟草科学研究财团）
入江　建久　（信州大学）
内山　岩雄　（日本国立公众卫生院）
江见　准　（金泽大学）
大谷　吉生　（金泽大学）
大冢　一彦　（新田股份有限公司）
镰田　元康　（东京大学）

川村 秀夫 （株式会社 忍足研究所）
橘高 义典 （东京都立大学）
木村 洋 （株式会社 长谷公司）
仓田 雅史 （株式会社 山下设计）
坂本 和彦 （崎玉大学）
阪口 雅弘 （日本国立传染病研究所）
盐津 弥佳 （日本国立公众卫生院）
涉谷 和俊 （东邦大学）
杉田 直记 （绿色安全股份有限公司）
高鸟 浩介 （日本国立医药品食品卫生研究所）
高桥 和宏 （日本无机有限公司）
武田 隼人 （进和科技股份有限公司）
中岛 正人 （山下设计股份有限公司）
西本 胜太郎（长崎市立市民医院）
野崎 淳夫 （东北文化学园大学）
藤井 修二 （东京工业大学）
藤井 雅则 （三机工业股份有限公司）
细浏 和成 （东京都立产业技术研究所）
掘 雅宏 （横滨国立大学）
本间 克典 （社团法人 日本作业环境测定协会）
松村 年郎 （日本国立医药品食品卫生研究所）
松村 芳美 （社团法人 产业安全技术协会）
山下 宪一（山下实验用粉体研究所）
山本 宗宏 （尼酷有限公司）
山崎 省二 （日本国立公众卫生院）
山田 由纪子 （明治大学）
吉泽 晋 （爱知淑德大学）
吉田 典生 （尼酷有限公司）
吉田 真一 （九州大学）
刘 瑜 （新日本空调有限公司）
吕 俊民 （有限公司 竹中工务店）

目　　录

第1篇　基础篇

第2篇 仪器篇

第1篇

基础篇

第 1 章　污染物的物理性质和化学性质

1.1　污染物

1.1.1　简介

最近的研究表明，日本人的日常生活有 90% 的时间都是处在室内环境中[1]。所以，从人体健康和舒适性的角度来说，室内的空气质量非常重要。而空气质量的好坏，又是由污染程度所决定的。尽管室内的空气污染与大气污染密切相关，但同时也存在着一定的差异。以下就是室内空气污染的 4 个显著特征：

1）长期暴露；

2）暴露位置与污染物排放源的距离较近；

3）为了保温或保证私密性，容易形成封闭的空间；

4）对生理上的弱者产生危害的可能性较大。

空气中含有对人和动物来说不可或缺的氧气，但同时空气本身又是污染物的载体。因此，本书首先将对空气加以阐述；其次，为了方便读者理解室内环境污染问题的概况，还将对污染物进行分类介绍。

1.1.2　基本事项

1. 空气的构成和物理性质

空气是以氮气和氧气为主要成分的混合气体。根据研究目的不同，空气成分的表示方法以及对象微量成分也不相同。表 1.1.1 的数值来自于《化学便覧》（化学便览）（日本化学学会编）；表 1.1.2 中的背景值则引用于多部文献。

此外，大气中还包含了 $1000\times10^{-6}\sim50000\times10^{-6}$（通常情况下为 $10000\times10^{-6}\sim30000\times10^{-6}$）的水蒸气。即便是在偏远海岛区域的背景浓度水平下，空气中也会含有表 1.1.1 中列举的主要成分以外的物质，例如来自于火山或海洋的气溶胶等。同时，即使是在几乎不会受到人为污染影响的高层大气中，仍然含有通过紫外线作用生成的高浓度臭氧和二氧化氮。并且，空气本身便含有微量的甲醛等挥发性有机物。此外，在本篇第 6 章中，也是基于人们在都市生活这一情景下的大气污染浓度水平而展开相应了讨论。表 1.1.3 中列出了作为污染物的载体——“空气”的物理性质。

表 1.1.1　空气的组成

气体	浓度（体积百分比）
氮气	78.03
氧气	20.99
氩气	0.933
二氧化碳	0.030
氢气	0.1
氖气	0.0018
氦气	0.0005
氪气	0.0001
氙气	0.00001

表 1.1.2　背景浓度

化合物	浓度	文献
臭氧	0.02×10^{-6}	1)
二氧化氮	$0.02\times10^{-6}\sim0.07\times10^{-6}$	
甲烷	1.4×10^{-6}	2)
悬浮颗粒物	$18\mu g/m^3$	3)
一氧化二氮	0.5×10^{-6}	

表 1.1.3　空气的物理性质

平均分子量	28.84
密度	1.293g/L（0℃，1atm①）
沸点	-194℃
分子的碰撞直径	0.362nm
黏度	180.91^{-6}P②
热导率	0.023kcal/(m·h·℃)③（25℃，1atm）

① 1atm = 101.325kPa。——译者注

② $1P=10^{-1}Pa\cdot s$。——译者注

③ 1kcal/(m·h·℃) = 1.1632W/(m·K)。——译者注

2. 大气污染和室内污染

建筑物通过导入外部空气来实现空气的内外交换，而这里的外部空气实际上就是建筑物周围的空气。在很久以前，室外空气的污染程度要低于室内，所以理所当然的被认为是清洁的空气，但现如今却很难这样说了。特别是位于道路附近，以及废气排放系统等不够完善的工业区，或者周边有各种施工作业的情况下，建筑物室外空气的洁净程度就会受到附近污染排放的影响。

对于来源于室外空气污染物的特征，通常用I/O（对象污染物室内和室外浓度的比值）表示。通常情况下，建筑物的换气次数为0.1～10，而该换气次数较大时，室内环境就会受到室外污染空气的支配。如果室内不存在相应污染源，由于污染物在地面和墙壁上会有一定的附着，所以I/O值通常会在1以下。另一方面，如果I/O的比例超过1，就说明室内有污染源存在。而当室内空气中污染物

浓度超过指导值或标准值时，从暴露时间的角度上来看，就必须对室内空气的污染问题予以重视了。

1.1.3 污染物的分类和特征

1. 颗粒物

建筑物中的颗粒物分为可悬浮性颗粒物以及易附着在墙壁、地面等直径较大的沉降性颗粒物两种。从在大气中的滞留时间和污染对人体的影响这两方面来看，大气污染物中的粒子分为直径在 2.5μm 以下和直径为 2.5 ~ 10μm 两部分。此外，在工作环境中将直径约在 7μm 以下的颗粒物归为可吸入性粉尘，不过这种分类法并不适用于居住环境中的室内空气。这是由于，从对人体影响的角度来看，在室内，特别是在存在大量纤维状粒子的居住环境空气中，散布于其中的颗粒物即便是大粒径的粒子，在其沉降之前也存在被吸入人体内的可能。并且，当已经沉降的粒子通过再次飞散而重新回到空气中时，又形成了新的污染源。表 1.1.4 是将颗粒物按照不同成分进行的分类[2)]；表 1.1.5 列出的则是更接近于实际情况的分类结果。此外，颗粒物的大小根据粒子的种类有所不同。除了前面提到的沉降性外，测定方法或相关法律标准等也与粒子的大小与一定的联系。图 1.1.1 是根据不同粒径对粒子进行分类的结果[2)]。

表 1.1.4 悬浮粉尘的分类（入江）

- 粒子状物质
  - 固体粒子
    - 非生物粒子
      - 一般粒子（灰尘等）
      - 纤维状粒子（石棉等）
    - 生物粒子
      - 花粉
      - 颗粒物生物粒子来源于动物、昆虫等的粒子（蜱螨、致敏物等）
      - 液体粒子微生物（真菌、细菌、病毒等）
  - 液体粒子

表 1.1.5 主要颗粒物（入江）

种类		主要排放源	健康影响
室内灰尘	沙尘	环境空气	过敏反应
	纤维状粒子	衣服、被褥、地毯、宠物	
	蜱螨（粪便、碎片）	蜱螨	
	其他	食物碎屑等	
香烟		吸烟	肺癌等
烟灰		环境空气、室内燃烧、厨房油烟	
细菌		人、环境空气	病原性的疾病很少，主要作为室内空气污染的指标
真菌（霉菌）		建筑材料、环境空气	过敏反应
花粉		室外空气	
石棉		隔热材料、防火材料、吸音材料	石绵肺、肺癌、其他

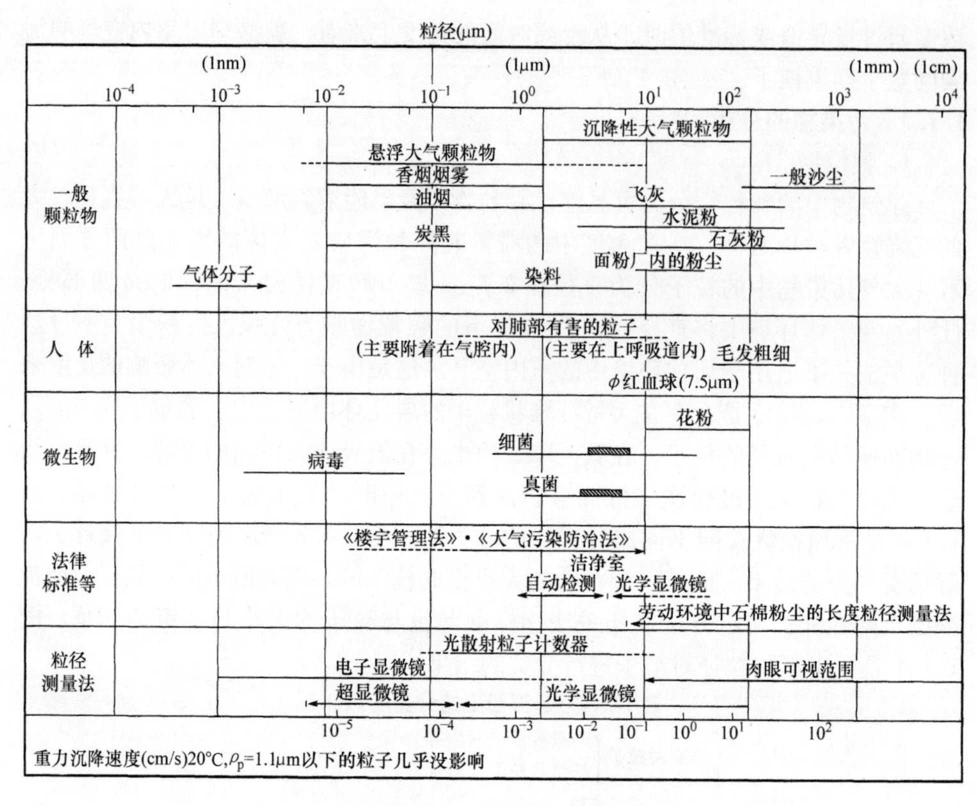

图 1.1.1　与室内污染有关的粒子的大小（入江）

2. 气态污染物

室内空气中存在着不同种类的气态污染物。表 1.1.6 为按照不同成分对污染物进行的分类。不过，从日本针对室内环境的研究现状来看，室内气态污染物的分类方法有很多。就缓释性而言，甲醛从广义上可以说是挥发性有机物（Volatile Organic Compounds，VOC）的一种。但因为其浓度和有害性（刺激性、过敏性）较高，并且检测方法也与一般的 VOC 有所不同，所以在室内环境中通常都是单独处理。而从性能来看，可塑剂、杀虫剂、防蚁剂虽然不属于某种特定的化合物，但是它们沸点较高，即使浓度极低也会对环境产生影响，因此也自成一类。另外，恶臭气体的本质是硫化氢或硫醇胺类的化合物，其沸点大多在 0℃以下，即使是极低的浓度（多为 10×10^{-9}）也会使人体产生不适感，属于《恶臭防治法》的处理对象。恶臭并非来自建材的排放，而是来源于物质的腐烂，通常由人体或动物所产生。大多数 VOC 的臭气感知限度在数个百万分之一（ppm）~数十个百万分之一（ppm），其中像苯乙烯和乙醛这类的物质也被列入恶臭物质的范畴。同时，虽然氨也是恶臭物质，但是它的感知限度只有 1×10^{-6}。此外，镭氡子核虽然也是气溶胶的一种，但由于氡是气态物质，并且又考虑到它所具有的非沉降性，于是便将其归为 VOC 一类。

表 1.1.6 气态污染物的分类（堀雅弘）

污染物		主要排放源
有机化合物	甲醛	黏合剂
	芳香烃	黏合剂
	其他 VOC	建材/燃烧
	增塑剂	壁纸
	杀虫剂/防蚁剂	榻榻米/地板
	恶臭物质	厨房、厕所
无机化合物	二氧化碳	人/燃烧
	一氧化碳	燃烧
	氧化氮	燃烧
	氧化硫	燃烧
	臭氧	吸尘器、除臭器
	氡	混凝土
	氨	混凝土

丹麦的 Melhave 等人在 EC 委员会讨论制定 TVOC 导则时，提出了根据化学种类的不同对 VOC 进行分类的方法[3)]。由于在室内可以检测到的 VOC 成分通常可以超过数十种，于是就产生了 TVOC 的表记方式[4)]。表 1.1.7[3)] 为一些具有代表性的 VOC。从严格意义上来讲，TVOC 是 VOC 的统计值[4)]，它和 ΣVOC 是不同的。ΣVOC 是使样本空气通过多孔聚合物等的吸附剂，利用气相色谱仪对被吸附的 VOC 进行分离定量而得到的。另外，有一种浓度计可以不必将各类 VOC 单体进行分离，便能够直接地检测出大致的总量值，通常将其称为 TVOC。但随着检测方法和 VOC 组成的不同，该值的换算系数也会有所不同，因此仅该法仅适用于针对 VOC 开展相对变化的观测或比较研究。

表 1.1.7 VOC 的化学分类（堀雅弘）

化学种类	化合物
脂肪烃	n－已烷、戊烷、癸烷
芳香烃	甲苯、二甲苯、乙苯
有机卤化合物	三氯乙烯、p－二氯苯
萜稀类	α－蒎烯、β－蒎烯、柠檬萜
羰基①/酯	丙酮、乙酸乙酯、乙醛
其他	丁醇、乙基已醇

① 除甲醛外。

此外，类似于颗粒物的直径，沸点是VOC在室内环境中分布的影响因素之一。图1.1.2所示[5]为甲烷、TVOC和SVOC的成分。

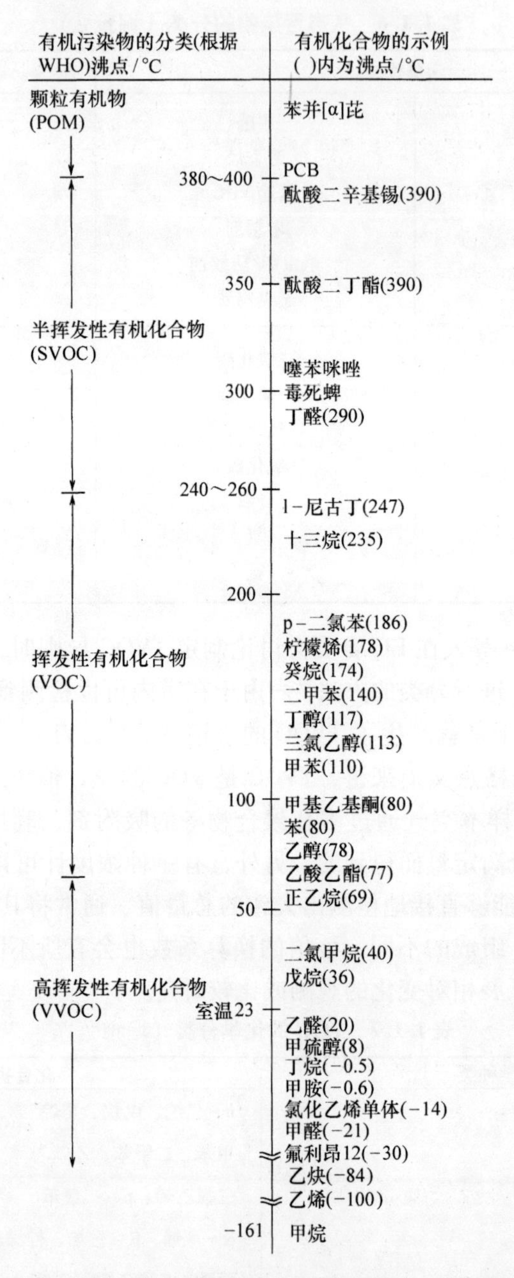

图1.1.2 室内空气中有机物的分类和沸点（堀雅弘）

1.2 悬浮颗粒物的物理性质

流体中悬浮粒子的运动可分为规则运动和不规则运动两类。当粒子较大（粒径为1μm以上）时，在惯性、外力（重力、离心力、静电等），以及流体阻力的平衡作用下，粒子呈现出规则运动状态。与此相对的是，当粒径较小时粒子与分子的扩散相同，均呈现不规则的运动。

1.2.1 粒子运动的基础

当粒子浓度较低时，粒子之间由于不存在相互作用，因此各自进行独立运动。那么对于单一粒子的运动来说，就可以通过流体阻力运动方程式求出：

$$m\frac{\mathrm{d}v}{\mathrm{d}t} = -\boldsymbol{F}_\mathrm{D} + \boldsymbol{F}_\mathrm{e} \tag{1.1}$$

式中，m 为粒子的质量；$\boldsymbol{F}_\mathrm{D}$是流体阻力；$\boldsymbol{F}_\mathrm{e}$是作用于粒子的外力；$C_\mathrm{D}$（drag coefficient）表示作用于粒子的流体阻力用阻力系数。

流体和粒子之间相对速度 $v_\mathrm{r}(=|\boldsymbol{v}-\boldsymbol{u}|)$的函数关系式如下：

$$F_\mathrm{D} = C_\mathrm{D}A\frac{\rho_\mathrm{f}v_\mathrm{r}^2}{2} \tag{1.2}$$

式中，ρ_f为粒子的密度；A 为粒子的投影面积。

阻力系数 C_D在粒子形状一定的情况下，只和如下公式中的雷诺数呈函数关系：

$$Re_\mathrm{p} = \frac{\rho_\mathrm{f}D_\mathrm{p}v_\mathrm{r}}{\mu} \tag{1.3}$$

式中，μ 为流体黏度。

当粒子呈球状时，可通过下列公式求出阻力系数：

- $Re_\mathrm{p}<6$（Stokes 域）：

$$C_\mathrm{D} = \frac{24}{Re_\mathrm{p}} \tag{1.4}$$

- $6<Re_\mathrm{p}<500$（迁移域或 Allen 域）：

$$C_\mathrm{D} = \frac{10}{\sqrt{Re_\mathrm{p}}} \tag{1.5}$$

- $Re_\mathrm{p}>500$（乱流域或 Newton 域）：

$$C_\mathrm{D} = 0.44 \tag{1.6}$$

将式（1.4）代入式（1.2）后，即可得出在实际问题中具有广泛应用的 Stokes 阻力定律：

$$F_\mathrm{D} = 3\pi\mu D_\mathrm{p}v_\mathrm{r} \tag{1.7}$$

微小粒子在水或空气等 Newton 流体中自由沉降时，Stokes 阻力定律便可成立。在测定颗粒物的粒径分布时经常使用的液相沉降法，就是借助这个阻力定律来对粒径（Stokes 粒径）进行计算的。

上述流体阻力公式可同时适用于液体和气体中的粒子。但是，因为气体中的粒子压力低、粒径小，不能将粒子周围的流体视为连续体（continuum），所以实际情况下粒子所受的流体阻力要小于式（1.7）的计算结果。这种流体阻力的减少，可以运用下面的校正系数（Cunningham slip correction factor）进行预测：

$$F_D = \frac{3\pi\mu D_p v_r}{C_c} \tag{1.8}$$

$$C_c = 1 + \frac{2\lambda}{D_p}\left[1.257 + 0.4\exp\left(-0.55\frac{D_p}{\lambda}\right)\right] \tag{1.9}$$

式中，λ 是气体分子的平均自由行程，在20℃，气压为1 的空气中$\lambda = 0.065\mu m$。

对于常温、常压空气中的粒子来说：粒径为 1μm 时，校正系数为 1.15；粒径为 0.1μm 时，校正系数为 2.86。对于粒径在 1μm 以下的粒子而言，校正系数尤为重要。

1.2.2 重力场中的运动

当粒径为 D_p 的球形粒子，在静止流体中受到重力作用而沉降时，将 $m = (\pi/6)\rho_p D_P^3$、$F_e = m(1-\rho_f/\rho_p)g$ 以及流体阻力式（1.2）代入式（1.1），则可整理得出粒子的运动方程式：

$$\frac{dv}{dt} = \left(1 + \frac{\rho_f}{\rho_p}\right)g - \frac{3}{4}\frac{C_D v^2}{D_p}\frac{\rho_f}{\rho_p} \tag{1.10}$$

式中，C_D 是 $Re_p = \rho_f D_p v/\mu$ 的函数，可从式（1.4）~式（1.6）中求得。通过将这些关系式代入到式（1.10）当中可求出 v，即时间为 t 时粒子的速度。现在，将式（1.10）代入 Stokes 阻力式（1.7）后，可得到如下公式：

$$\frac{dv}{dt} = \left(1 - \frac{\rho_f}{\rho_p}\right)g - \frac{18\mu}{\rho_p D_p^2}v \tag{1.11}$$

式中，右侧第 2 项系统的倒数 $\tau = \rho_p D_p^2/18\mu$，由于其具有时间维度的性质，因此被称为弛豫时间（relaxation time）。当式（1.11）右侧第 1 项保持一定时，由于第 2 项会随时间的推移而增大，因此这两者不久便会成为等值，而从这一时间点开始，粒子便会以一定的速度发生沉降。该速度即粒子的终端沉降速度（terminal settling velocity）。在 Stokes 域中，使式（1.11）为 0 时可得式（1.12），此时通过该式就可以求出终端沉降速度 v_t：

$$v = v_t = \frac{\rho_p(1-\rho_f/\rho_p)D_p^2 g}{18\mu} \tag{1.12}$$

同样地，将流体阻力式（1.5）和式（1.6）代入式（1.10），当 $dv/dt = 0$

时计算其他 Re 数域中的终端沉降速度，可以分别得出以下公式：

$$v_f = \left[\frac{4}{225}\frac{(\rho_p-\rho_f)^2 g^2}{\mu\rho_f}\right]^{1/3} D_p \quad (6 < Re_p < 500) \tag{1.13}$$

$$v_f = \sqrt{3g(\rho_p-\rho_f)V_p/\rho_f} \quad (500 < Re_p < 10^5) \tag{1.14}$$

如果弛豫时间 $\tau=\rho_p D_p^2/18\mu$，式（1.10）的初始条件为 $t=0$、$v=0$ 时，可得下式：

$$v=(1-\rho_f/\rho_p)\tau_g(1-\exp(-t/\tau)) \tag{1.15}$$

由于（$1-\rho_f/\rho_p$）τ_g 为终端速度 v_t，因此可得下式：

$$v=v_t(1-\exp(-t/\tau)) \tag{1.16}$$

同时，因为 $v=\mathrm{d}x/\mathrm{d}t$，所以可以将式（1.16）积分后，通过式（1.17）求出沉降距离 x：

$$x=v_t t-v_t\tau(1-\exp(-t/\tau)) \tag{1.17}$$

对于空气中粒径为 10μm 的粒子来说，通过式（1.16）和式（1.17）可以求出其达到99%的终端速度时所需时间（$t=0.0014$s）以及这一过程中粒子的沉降距离（$x=3.29\times10^{-6}$m）。这样一来，由于空气中 10μm 以下的粒子可以迅速达到终端沉降速度，并且该过程又仅需极小的沉降距离，因此通常可以认为粒子的沉降在一开始便以终端速度进行。

1.2.3　惯性运动

如图 1.1.3 所示，流体在障碍物附近会迅速改变方向。因此，悬浮于流体中的粒子在遇到障碍物时会偏离流道，并附着在障碍物的表面而从流体中分离出来，这就是粒子的惯性。在式（1.1）中，如果忽视外力，只有 Stokes 阻力起作用，那么障碍物周围粒子的惯性运动（二维运动）可以用如下公式表示：

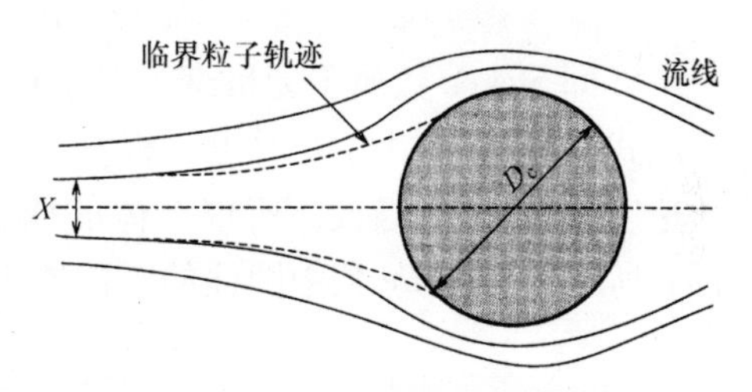

图 1.1.3　障碍物周围粒子的惯性运动

$$\left.\begin{aligned} m\frac{\mathrm{d}^2x}{\mathrm{d}t^2} &= -3\pi\mu D_p\left(\frac{\mathrm{d}x}{\mathrm{d}t}-u_x\right) \\ m\frac{\mathrm{d}^2x}{\mathrm{d}t^2} &= -3\pi\mu D_p\left(\frac{\mathrm{d}x}{\mathrm{d}t}-u_y\right) \end{aligned}\right\} \tag{1.18}$$

解式（1.18），可得出障碍物周围粒子的运动轨迹。如图 1.1.3 所示，通过找出与障碍物相遇时最外侧粒子的运动轨迹（临界粒子轨迹），就可以计算出障碍物对粒子的捕集率。

个体的捕集率 η 是捕集粒子量与流入捕集体投影面积内粒子量之比。由于在捕集体上游足够远处，粒子浓度和气流速度都会保持不变，所以从幅度 X 的内侧流入的粒子将会全部被障碍物捕集，由此可以通过下式计算出个体的捕集率 η：

- 二维物体（圆柱、带状物等）：

$$\eta = \frac{X}{D_c} \tag{1.19}$$

- 三维物体（球、圆板等）：

$$\eta = \left(\frac{X}{D_c}\right)^2 \tag{1.20}$$

在解式（1.18）时，可使用如下的无量纲量使其无量纲化，从而求出个体的捕集率。由此求出的捕集率，同样适用于其他那些在几何学上相类似的障碍物：

$$\overline{x} = 2x/D_c,\ \overline{y} = 2y/D_c,\ \overline{t} = 2Ut/D_c,\ \overline{u}_x = u_x/U,\ \overline{u}_y = u_y/U$$

式中，D 为障碍物的代表长度；U 为流体与障碍物的接近速度（代表速度）。

因此，无量纲的粒子运动方程式为如下公式：

$$\left.\begin{aligned} St\frac{d^2\overline{x}}{d\overline{t}^2} + \frac{d\overline{x}}{d\overline{t}} - \overline{u}_x = 0 \\ St\frac{d^2\overline{y}}{d\overline{t}^2} + \frac{d\overline{y}}{d\overline{t}} - \overline{u}_y = 0 \end{aligned}\right\} \tag{1.21}$$

式中，St 即 Stokes 数属于无量纲量，是粒子所持惯性大小的尺度。

从式（1.21）中可以看出，根据流体的相似法则，当障碍物形状一定时，流体速度仅是 Re 的函数，所以个体的捕集率是 St 和 Re 的函数。图 1.1.4 所示为据此所得的各种 Re 数中圆柱的个体捕集率。

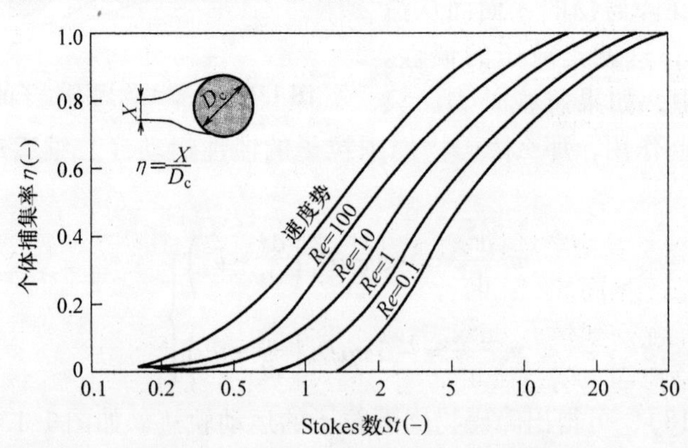

图 1.1.4　圆柱的惯性捕集率（质点）

1.2.4　离心力场内的粒子运动

在流体中以一定角速度 ω 旋转的粒子，在半径方向受到离心率的作用而产生沉降。假设粒子到旋转轴的距离为 r，离心率和流体阻力相等，那么在 Stokes

域中沉降时如下公式便可成立：

$$\frac{\pi D_p^3}{6}(\rho_p - \rho_f) r\omega^2 = 3\pi\mu D_p v_{rt} \tag{1.22}$$

式中，v_{rt}是离心沉降速度，根据式（1.22），离心沉降速度 v_{rt}为

$$v_{rt} = \frac{(\rho_p - \rho_f) D_p^2}{18\mu} r\omega^2 = v_t\left(\frac{r\omega^2}{g}\right) = v_t Z_c \tag{1.23}$$

式中，Z_c 为离心效果，是离心加速度和重力加速度的比值。

一般情况下，从沉降离心机等的设计上看，因为粒子能迅速达到离心沉降速度，所以在这个瞬间，位于 r 的粒子会以离心沉降速度下沉，于是通过 $dr/dt = v_{rt}$便可求出粒子的运动速度。

1.2.5　电场中带电粒子的运动

粒子通过与正、负两极离子持续发生反复的撞击，便可达到某种平衡的带电状态。此时，粒子整体的带电量为 0。于是平衡带电状态中粒子的带电量分布可以通过玻尔兹曼分布公式得出：

$$\frac{n_p}{n_T} = \frac{\exp\left(-\frac{p^2 e^2}{4\pi\varepsilon_0 D_p kT}\right)}{\sum_{p=-\infty}^{+\infty}\exp\left(-\frac{p^2 e^2}{4\pi\varepsilon_0 D_p kT}\right)} \tag{1.24}$$

式中，n_T是粒径为 D_p的粒子的个数浓度；n_p是 p 个带电粒子的个数浓度。

由于粒径变小时，玻尔兹曼分布与实际的分布存在较大差距，因此，有人建议用下面的 D'_p(μm) 代替 D_p (μm)[7]：

$$D'_p = \exp\{0.165 + 0.982\ln D_p - 0.0132(\ln D_p)^2 - 0.0082(\ln D_p)^3\} \tag{1.25}$$

当带电粒子的周围存在电场时，粒子便会在库伦力的作用下发生移动。在式（1.1）稳定状态下的 Stokes 域中，当流体阻力和库仑力相等时，气体中粒子因库仑力作用而产生的移动速度（最终速度）可由以下公式得出：

$$v_{et} = \frac{peE}{3\pi\mu D_p} = Z_p E \tag{1.26}$$

式中，e 为元电荷；E 为电场强度；Z_p被称为电迁移率，该值与单位电场（1V/m）中粒子的移动速度相同。

类似于粒子在受到重力或离心力作用时的情况，在电场中，由于粒子通常能够迅速达到最终速度，所以电场中粒子的运动速度等同于电场方向下粒子的移动速度 v_{et}。

1.2.6　热泳现象

如果粒子周围存在温度梯度，在高温一侧，气体分子的撞击频率和动能就会增加。因为粒子在高温侧获得了较大的动能，所以会从高温侧向低温侧运动，这种现象被称为热泳。粒子在沉降时，热泳既可以抑制粒子附着到高温壁面，又可

以促进粒子向低温壁面的沉降。例如，粒子在被加热的位置处不易沉积，而在热交换器的冷却面则会有较多的沉积物，这些现象都是因热泳作用而出现的。

当粒子温度 T_0 一定时，热泳速度 v_T 与粒子周围的温度梯度 ∇T 成正比关系，可得到如下公式：

$$v_{\mathrm{T}} = -K_{\mathrm{T}} \frac{\nu}{T_0} \nabla T \tag{1.27}$$

式中，K_T 是热泳系数；ν 是动力黏度。

球形粒子的热泳系数用如下公式表示：

$$K_{\mathrm{T}} = 1.50\left(\frac{k_{\mathrm{g}}}{k_{\mathrm{p}}} + 2.18Kn\right) \times \frac{[1 + Kn\{1.20 + 0.41\exp(-0.88/Kn)\}]}{(1 + 2.28Kn)\left(1 + 2\frac{k_{\mathrm{g}}}{k_{\mathrm{p}}} + 4.36Kn\right)} \tag{1.28}$$

式中，k_g/k_p 是气体和粒子的热传导率之比；Kn 是克努森数（$=2\lambda/D_p$，λ：气体分子的平均自由行程）。

式（1.28）既有理论性[11]又具实用性[9),10]。

1.2.7 布朗运动

当粒子的粒径较大时，因为粒子的质量远大于气体分子，所以在热泳运动的作用下，即使气体分子之间出现了相互撞击，也不会对粒子产生太大的影响。但是，当粒子的粒径小于 0.5μm 时，热泳运动就会导致气体分子和粒子间存在无规则的相互碰撞，从而产生了粒子的无规则运动，这就是粒子的布朗运动。粒子和气体分子一样，布朗运动的结果使粒子从高浓度一侧向低浓度一侧运动。粒子的布朗扩散系数可通过如下 Stokes - Einstein 公式计算：

$$D = \frac{C_{\mathrm{c}} kT}{3\pi\mu D_{\mathrm{p}}} \tag{1.29}$$

式中，k 为玻尔兹曼常数。

根据布朗运动，粒子的运动可以不必解式（1.1）的运动方程，而是通过下面的对流扩散方程便可求出：

$$\frac{\partial C}{\partial t} + \boldsymbol{u} \cdot \nabla C = \nabla \cdot (D\nabla C) - \nabla \cdot (C\boldsymbol{v}) \tag{1.30}$$

式中，$\boldsymbol{u}$ 是流体速度；$\boldsymbol{v}$ 是在外力作用下粒子的移动速度。虽然可以在适当的初始条件和分界条件（通常壁面粒子浓度为 0）的基础上，通过式（1.30）求出壁面附近粒子的浓度分布，但是若考虑到粒子大小（拦截效果）这一因素，该公式则仅适用于当粒子与壁面的距离为粒子半径，且粒子浓度为 0 时的条件。此外，从式（1.30）的解中还可以得到各种定理[7]。

与惯性运动相同，将式（1.30）进行无量纲化，就可以导出无量纲参数 Pe：

$$Pe = UD_{\mathrm{c}}/D \tag{1.31}$$

式中，Pe 为佩克莱特数，是粒子的对流量和扩散量之比，该数值越小，则粒子的运动越倾向于受到扩散作用的影响。

1.2.8 粒子向壁面的扩散和沉积

使用式（1.30）求出壁面附近粒子的浓度分布后，就可以利用菲克法则通过以下公式求得壁面上的粒子沉积通量 ϕ：

$$\phi = -D\frac{\partial C}{\partial y} + vC \tag{1.32}$$

用沉积通量 ϕ 除以距离壁面尚有一定距离的主流粒子浓度 C_0 所得到的值（$v=\phi/C_0$），由于其具有速度的属性，因此被称为沉积速度。该参数常常用于对沉积量的评价。

1.2.9 气溶胶的碰并

如果粒子浓度较高，那么在布朗运动、流体的不稳定性或速度变化等的作用下，粒子间通过相互碰撞与吸附，便可以进一步形成较大的粒子。

当时间为 t 时，如果有 $n(v,t)$ 个体积为 v 的粒子，那么因碰并作用所导致 n 随时间的变化如下所示[7]：

$$\frac{\mathrm{d}n(v,t)}{\mathrm{d}t} = \frac{1}{2}\int_0^v K_\mathrm{B}(v',v-v')n(v',t)n(n-v',t)\mathrm{d}v' - n(v,t)\int_0^\infty K_\mathrm{B}(v,v')n(v',t)\mathrm{d}v' \tag{1.33}$$

式（1.33）的右边第一项是体积 v' 和（$v-v'$）的粒子相互撞击时，体积为 v 的粒子的生成速度；第二项是体积为 v 的粒子和其他粒子撞击时的消亡速度。K_B（v_1，v_2）是单位体积中，体积分别为 v_1 和 v_2 的粒子在单位时间内相互撞击的次数，被称为碰并速度函数。碰并速度函数 K_B（D_pi，D_pj）可根据 Kn 求出：

- $Kn<0.01$（连续流域）：

$$K_\mathrm{B} = 2\pi(D_\mathrm{i}+D_\mathrm{j})(D_\mathrm{pi}+D_\mathrm{pj}) \tag{1.34}$$

- $0.01<Kn<10$（迁移流域）：

$$K_\mathrm{B} = \frac{2\pi(D_\mathrm{i}+D_\mathrm{j})(D_\mathrm{pi}+D_\mathrm{pj})}{\dfrac{D_\mathrm{pi}+D_\mathrm{pj}}{D_\mathrm{pi}+D_\mathrm{pj}+2g_\mathrm{ij}} + \dfrac{8(D_\mathrm{i}+D_\mathrm{j})}{c_\mathrm{ij}(D_\mathrm{pi}+D_\mathrm{pj})}} \tag{1.35}$$

- $Kn>10$（自由分子流域）：

$$K_\mathrm{B} = \frac{\pi}{4}c_\mathrm{ij}(D_\mathrm{pi}+D_\mathrm{pj}) \tag{1.36}$$

在式（1.34）~式(1.36）中：

$$D_\mathrm{i} = \frac{C_\mathrm{c}kT}{3\pi\mu D_\mathrm{pi}}$$

$$g_\mathrm{ij} = \sqrt{g_\mathrm{i}^2 + g_\mathrm{j}^2}$$

$$g_\mathrm{i} = \frac{(D_\mathrm{pi}+\lambda_\mathrm{i})^3 - (D_\mathrm{pi}^2+\lambda_\mathrm{i}^2)^{1.5}}{3D_\mathrm{pi}\lambda_\mathrm{i}} - D_\mathrm{pi}$$

$$\lambda_\mathrm{i} = \frac{8D_\mathrm{i}}{\pi c_\mathrm{i}}$$

$$c_{ij} = \sqrt{c_i^2 + c_j^2}$$

$$c_{ij} = \left(\frac{8kT}{\pi m_i}\right)$$

$$m_i = \frac{\pi}{6}\rho_p D_{pi}^3$$

对于单分散粒子的碰并，当初始阶段碰并速度一定时，粒子浓度的减少速度可以通过 Smoluchowski 公式计算：

$$\frac{dn}{dt} = -0.5K_B(D_p, D_p)n^2 \tag{1.37}$$

时间 $t=0$ 时，假设 $n=n_0$，那么将上式积分后得

$$n = \frac{n_0}{1+0.5K_B(D_p, D_p)n_0 t} \tag{1.38}$$

将式（1.38）解 t 可得

$$t = \frac{\left(\frac{n_0}{n}\right)-1}{0.5K_B(D_p, D_p)n_0} \tag{1.39}$$

由式（1.39）可知，因碰并导致粒子浓度达到 n/n_0 时所需的时间，与初始浓度和碰并速度函数成反比。

图 1.1.5 所示为单分散粒子因碰并而达到初始浓度的一半时，所需时间 $t_{1/2}$ 的计算结果。如图 1.1.5 所示，对于单分散粒子来说，并非粒径越小其碰并越快，而是当粒径约为 0.02μm 时的碰并速度最快。此外，当浓度为 $10^{12}\,m^{-3}$ 时，在全粒径范围内如果 $t_{1/2}$ 在 1000s 以上，则几乎可以忽视粒子间的碰并作用。

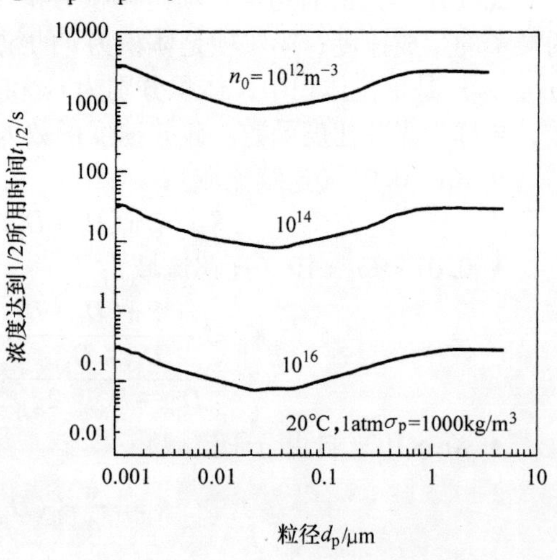

图 1.1.5　单分散粒子在凝聚作用下达到 1/2 浓度的时间

1.3　悬浮颗粒物的化学性质

1.3.1　简介

悬浮颗粒物是大气中悬浮微粒的组成部分。它以分散空气为媒介，以悬浮在

空气中的液体、固体或以其他混合物粒子的状态存在。这些颗粒物种类繁多，例如工厂和工作间的烟囱或是汽车尾气中所含的粒子、飞散的粉尘粒子、由光化学反应产生的硫氧化物和氮氧化物、由烃类化合物转化生成光化学烟雾时产生的二次生成粒子、海水的飞沫形成的海盐粒子、火山爆发生成的烟雾以及植物的花粉等。

这些颗粒物的粒径、形态和化学组成可以反映出它的产生过程，而多样的形态和构成又使其具有广泛的粒径分布。颗粒物与气体之间也存在平衡状态，且在大气中的物理、化学反应也非常复杂。图 1.1.6 所示为 Whitby[12] 根据大气中颗粒物的生成、转化和消亡这一过程而建立的模型。通过该模型可以看出，由于粒子的生成方式不同，因此粒径也不相同，而不同粒径的粒子在大气中的老化过程也存在很大差别。在此，就颗粒物的化学性质进行简要介绍。

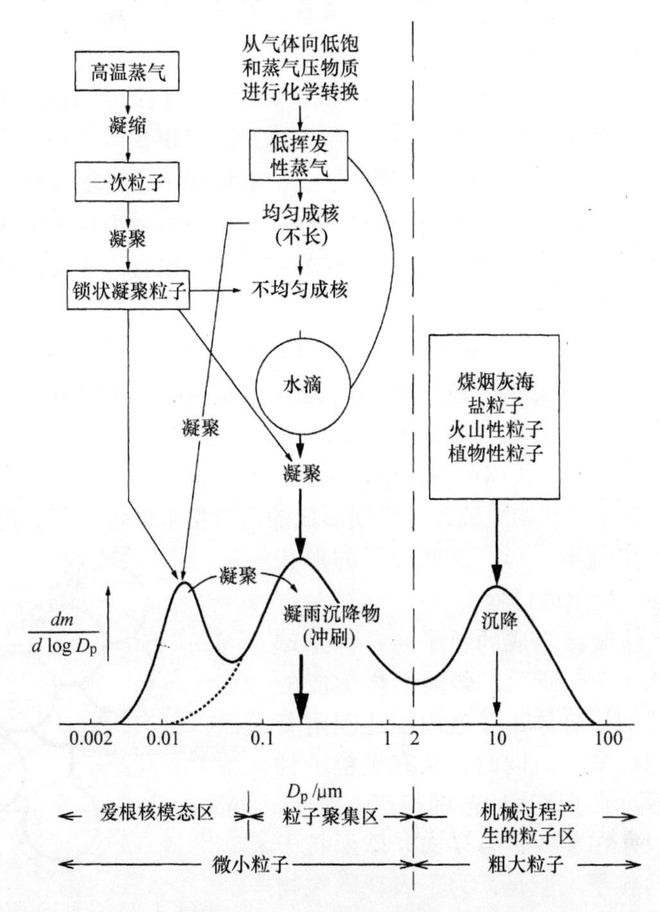

图 1.1.6 大气气溶胶的粒径和其性质间关系（Whitby，1978）[12]

1.3.2　大气中悬浮颗粒物的形态和化学性质

在大气悬浮颗粒物的性质中，物理、化学方面的特征与其产生结构和生成过程有着紧密的联系。如图 1.1.6 所示，颗粒物可以分为 3 个粒径范围。最小的粒径称为爱根核模态，其生成过程分为两种：一是在排放源中，高温气体在排放后直接冷却，凝结生成；二是气态成分通过化学反应转化成低挥发性物质后凝结而成。

中间粒径的粒子为积聚模态。大气中的硫氧化物、氮氧化物和烃类化合物等通过化学反应转化成低挥发性物质后，可以通过自身的成核作用，或在已有粒子上的凝聚来完成气态向颗粒态的转化，并进而逐渐碰并生成更大的粒子。

粒子在这个粒径范围内的扩散系数很小，几乎不会受到扩散吸附作用的影响。同时，由于粒子质量也很小，几乎不会受到重力沉降的影响，所以降水冲刷是其在大气中的主要去除过程。因此，降水的有无对悬浮粒子存在的时间长短有很大影响，而悬浮粒子在大气中的滞留时间可能会长达数日到两周。在这一过程中，粒子在大气中不断聚积，称之为聚积区。那些粒径约为 2μm 以上的较大粒子，是通过海水浪花中的水分蒸发或是由土壤颗粒等块状体的破碎等物理作用生成的，这部分粒子被称为机械性生成粒子。一般情况下，伴随着高温蒸气的冷却或向低挥发性物质的转换，由过饱和蒸气压凝缩生成的微小粒子呈现球形。而粗大粒子中有一些会呈现类似海盐粒子那样的结晶状，也有一些会是类似土壤颗粒或金属磨耗粉末等表面凹凸不平的粒子。由于生成过程不同，粒子的大小、形态以及在大气中存在的时间长短也不同。通常，粒径越小，扩散系数就越大，所以越容易互相吸附，继而不断碰并变大。此外，表面积（S）和体积（V）的比（S/V）也会随着粒径的增大而减小，此时气态物质便很难沉积在粒子上。气态物质在凝缩作用下会形成球形的粒子，但另一方面，因海水的水分挥发而形成的结晶状粒子，以及块状物质破碎、磨损形成的微粒化土壤颗粒等矿物性粒子则并非球形，而大多是不定形。这些粒子的形状可以反映其各自的生成过程。

虽然由气体凝结生成的粒子通常都是球形，但如图 1.1.7[13] 所示，柴油燃烧生成的颗粒则是锁状的混合体，并且周围还吸附着有机化合物与硫酸盐。同时，从有机粒子到金属粒子，不同粒子密度的范围很广。因此，事实上空气中存在着各种各样的非球形粒子和密度不同的粒子。但是，为了表现颗粒物的特性，通常在理论上假定粒子为密度近似于 $1g/cm^3$ 的球形。

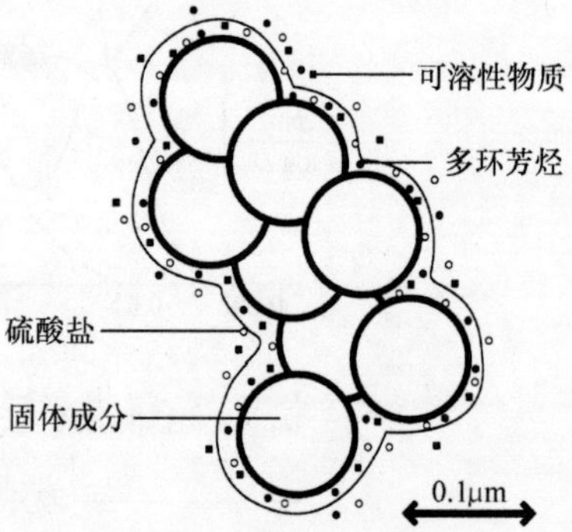

可溶性物质
多环芳烃
硫酸盐
固体成分
0.1μm

图 1.1.7　柴油机排放粒子的形态图（Wolff 等人，1986）[13]

1.3.3　大气悬浮颗粒物的组成

大气悬浮颗粒物包括各种元素及其化合物。这些粒子从排放源、性质和影响等方面来看，其主要成分有重金属元素（Fe、Cu、Pb、Zu 等）、无机盐类（SO_4^{2-}、NO_3^-、Cl^-、NH_4^+等）、烃类化合物的有机粒子、烟尘等元素碳、土壤或海盐的构成成分（Al、Si、Na 等）。此外，这些粒子的不同粒径分布也反映了其产生形态和去除过程的不同。

综上所述，如果以 2μm 左右作为分界值，可将粒径大于 2μm 的粒子称为粗大粒子，而小于 2μm 的称为微小粒子。其中，前者多产生于自然排放，后者则多来源于人类活动排放。图 1.1.8 所示[14]为通过使用大流量采样器捕集的全部

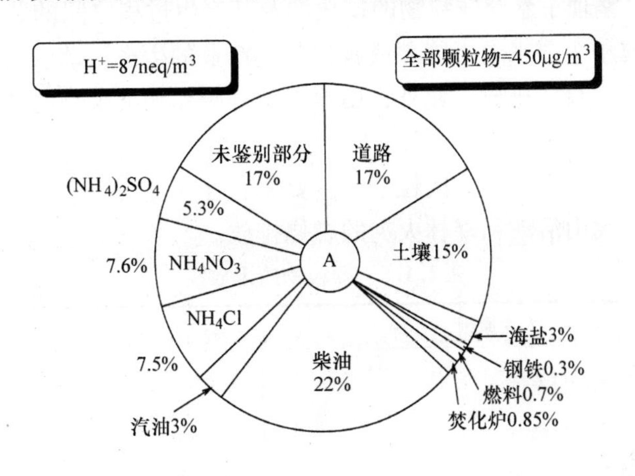

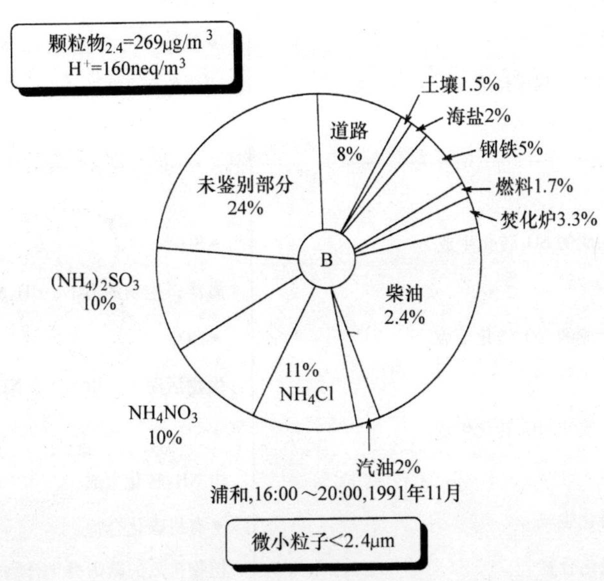

图 1.1.8　由化学质量平衡法估算的排放源贡献率示例（浦和，1991 年的调查结果）[14]

粒子，以及使用大流量安德森采样器捕集的微小粒子中，不同排放源对颗粒物的贡献率。从图中可以看出，微小粒子的主要成分有二次生成粒子、汽车尾气相关的含碳有机粒子、元素碳、氯化物、铵盐以及空气中的硫氧化物和氮氧化物等经过二次粒子转化后生成的硫酸盐和硝酸盐等。另外，本书中将无分类的成分和水分，全部归为未定性的部分。对于上述的无机盐类，由于具有很强的吸湿性，因此即使是非常微小的粒子，也含有相当多的水分。另一方面，在粗大粒子中，来源于土壤中的Al、Si和Fe以及来源于海盐中的Na和Ca的含量相对较多。

1.3.4 大气悬浮颗粒物的排放源

表1.1.8[15]整理了悬浮颗粒物的排放源及其产生过程之间的关系。其中，人为产生的一次粒子主要来自于能源或其他各类产业的生产活动以及汽车、轮船和飞机等交通运输工具的排放。此外，田地里秸秆等作物残余物的焚烧也会有一次粒子的产生。

另一方面，自然产生的一次粒子，主要来自于风卷起的土壤、植物的花粉、海水的波浪以及火山活动和森林火灾的燃烧排放。

表1.1.8 颗粒物的排放源

	人为原因	自然起源
一次粒子	• 产生煤烟的设施 • 产生粉尘的设施 • 汽车尾气中的粒子 • 船、飞机 • 家庭等的小规模排放 • 其他（野外焚烧等）	• 土壤 • 海洋 • 其他（火山活动、森林火灾、花粉、宇宙尘埃等）
二次粒子	• SO_4^{2-} 由燃烧生成的SO_2转化生成 • NO_3^- 由燃烧生成的NO_x转化生成 • Cl^- 由燃烧生成的HCl转化生成 • NH_4^+ 由NH_3转化生成 • 有机碳化合物 工厂活动，燃烧生成的HC转化生成	• SO_4^{2-} 海洋，生物的H_2S、CH_3SCH_3等转化生成 • NO_3^- 生物活动中，由NO_x、NH_3等转化生成 • NH_4^+ 由NH_3转化生成 • 有机碳化合物 植物排放的萜烯类化合物转化生成

无论是人为原因还是自然原因，二次粒子都是硫氧化物、氮氧化物、氯化物和烃类化合物等气态物质经过化学或物理转化而形成的粒子化物质。人为原因形成的二次粒子包括，随着化石燃料高温燃烧产生的硫氧化物或氮氧化物，以及由空气中氮气生成的氮氧化物进一步参与反应后生成的硫酸盐或硝酸盐等相关化合物。此外，垃圾焚烧产生的氯化氢等可以与空气中的氨气反应形成氯化铵。烃类化合物通常来源于汽车燃料等的不完全燃烧、加油时燃油的挥发、涂装和印刷时有机物的挥发以及针叶树等植物的排放。这些烃类化合物可以通过光化学反应转化成低挥发性物质并凝聚在其他已有粒子上，而这些物质一旦发生过饱和作用便会生成新的粒子，这些粒子也属于二次粒子。因此可以认为，对于构成颗粒物的各种化合物的前体物来说，如果其来源为汽油，那么该粒子的形成属于人为原因；如果是由针叶树等排放的萜类所形成的，则属于自然原因。颗粒物的人为排放源分类较多，按照产业种类或燃料种类划分，有钢铁业、垃圾处理、石油燃烧、非化石燃料燃烧、汽油汽车尾气、柴油汽车尾气以及汽车行驶等。其中，在汽车行驶过程中，除了其自身排放的尾气外，还会出现因轮胎自身磨损或道路磨损所产生的颗粒物，同时这些颗粒物与土壤颗粒混合后又会形成道路粉尘的二次飞散，因此往往很难确定相应的排放量以及最初的来源。

1.4 悬浮颗粒物的产生

1.4.1 室内的产生

室内产生的悬浮颗粒物不同于 VOC 的一点是，当不存在外力作用时，前者不会向空气中飞散。也就是说，如果 VOC 有浓度梯度，就会通过自然扩散的作用而逐渐释放，但颗粒物则是仅在室内有各种活动时才会出现飞散。无论是衣物、被褥、床、地毯、宠物等产生的纤维状污染物，还是灰尘和霉菌，都是因室内人员的活动而飞散到空气中的。

此外，玄关和地板的灰尘大多都是通过附着在居住者的鞋底而进入室内的，并且燃烧器具和吸烟产生的颗粒物也同样来自于室内人员。不仅如此，住宅楼的空调过滤器以及写字楼的送风管道等也存在颗粒物的二次飞散现象，而有关这部分内容，后面会有详述。

表 1.1.9 列举了颗粒物可能的室内来源。其中，对于“墙壁表面”一项以下的几种来源，其颗粒物的产生是有一定条件限制的。例如若不使用防霉剂，在壁橱等空气不流通的地方会有霉菌生成；如果防火层或保温材料外露，颗粒物的产生量也会增加。另外，对于燃烧器具来说，使用煤油的开放式燃烧器具在不完全燃烧时，会产生甲醛和一氧化碳。

表 1.1.9　颗粒物污染可能的来源（堀雅弘）

排放源	条件
衣服	沉降物、碎片
寝具	沉降物、碎片、蜱螨
地板、窗帘、容器	沉降粉尘、带入室内物
地毯、榻榻米	蜱螨、碎片
空气调节机	再飞散、蜱螨
墙壁表面	凝结、附着物
浴室	高湿度条件下的墙壁接缝
厨房	烹饪
燃烧器具	开放式、不完全燃烧
吸烟	二手烟
宠物	纤维状、蜱螨
防火材料、隔热材料	纤维状

1.4.2　大气中颗粒物污染

室内的空气质量虽然会受到空调系统的影响，但大多还是与室外空气有关。所以不仅要关注室内产生的颗粒物，而且也要关注室外空气中的污染。

在日本，一般依据《建筑物卫生环境保障法》或《事务所卫生标准规则》等相关法律法规来对室内环境进行管理，并且大多都能够维持良好的状态。但是对于室内吸烟产生的烟雾，或是室外侵入的大气污染，如果没有适当处理措施，室内的颗粒物污染浓度就会超过卫生管理标准，从而降低生活的舒适度。

在调节室内空气时，室外空气也会通过室外换气机进入室内。虽然这些换气机都安装了除尘装置，但是必能够对细粒子实现有效的去除。例如，从粒径和组成成分来看，城市大气中来源于柴油车尾气的碳质颗粒物，就是能够直接穿透室外换气机的典型代表。此外，大气中还包括矿物性粉尘和海盐粒子以及植物花粉和孢子等自然形成的颗粒物。同时，也包括大气中的气态物质在光化学反应等的作用下形成的粒子化产物，即二次生成颗粒物。上述各种大气颗粒物均与室内空气污染紧密相关。下面对这些颗粒物分别进行介绍。

1. 自然产生的颗粒物

图 1.1.9 所示为根据排放源对粒子进行的分类。

其中，被风所卷起的土壤颗粒，可以说是自然源中颗粒物直接排放的典型代表。例如起源于中国黄河流域的黄土，随偏西风远距离输送而形成的沙尘天气，即“黄沙”；还有路边沙尘经发散后所形成的道路扬尘等。这些颗粒物的粒径通常较大，一般在 1 ~ 30μm。

近年来，这些颗粒物已经影响到了人们的日常生活。例如以杉木花粉为代表的花粉和孢子类的颗粒物，一旦附着到人的眼睛或鼻腔黏膜上，就会引起过敏等健康问题。

除了花粉以外，植物还会散发出具有芳香性的萜稀，这些物质在空气中紫外线的照射下会产生光化学反应，进而生成新的颗粒物。初春时节的雾霭就是因气态物质的粒子化而形成的。

此外还有海盐粒子。海盐粒子是在海水涨潮时，通过波浪冲击海岸而产生的，其数量可以与土壤粒子相匹敌。海盐粒子的化学成分和海水几乎相同，由 $NaCl$、$MgCl_2$、KCl 和 $CaCl_2$ 等构成。但是其中一部分在空气中悬浮，经过化学反应可以释放出氯气，因此海盐粒子中阳离子的比例比海水中要大得多。海盐粒子的粒径范围和土壤粒子的范围大致相同，在 1 ~ 20μm，且通常可以分散在从海岸到内陆数百 km 的范围。而在台风发生时往往会产生更加大量的海盐粒子。这些海盐粒子若附着在花草或树木等的叶片上则会使其枯萎，从而造成多方面的盐碱灾害。

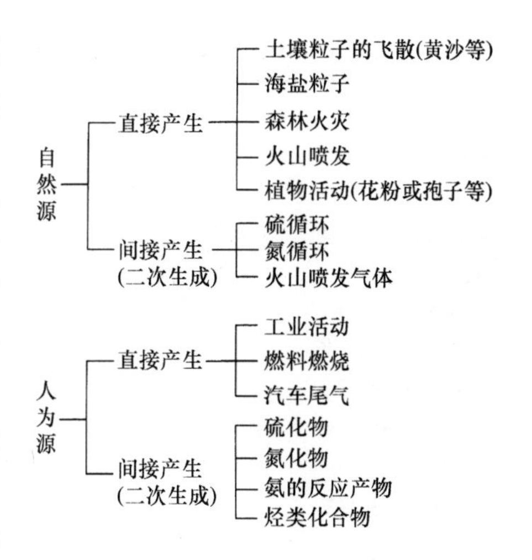

图 1.1.9 大气悬浮颗粒物排放源的分类

2. 人为原因产生的颗粒物

伴随着人类活动而产生的颗粒物，除了工厂里生产设备产生的副产物或汽车尾气中的物质之外，还包括硫氧化物（SO_x）、氮氧化物（NO_x）以及烃类化合物等气体经过化学反应转化生成的二次颗粒物。这与自然源的颗粒物不同，通常被称为人为排放颗粒物。

人为排放颗粒物中贡献最大的是，气体经化学反应生成的颗粒物。随化石燃料燃烧生成的 SO_2，经过光化学反应可进一步氧化生成 SO_3，然后再与水蒸气反应便生成了硫酸烟雾。另外，不饱和烃类化合物在有 NO_x 存在的条件下，经过光化学反应可以生成醛类或羧酸类，随后再经过氧化、中和、聚合等化学反应，通过转化为低饱和蒸气压的物质，最终可以形成颗粒物。这种方式下生成的颗粒物均为粒径小于 1μm 的微细粒子。

表 1.1.10 列出了经过计算得出的大气中一次和二次颗粒物的排放量。同时，表 1.1.11 还列出了工业生产过程中产生的各类颗粒物所对应的主要排放源。燃烧和高温冶金等产生的烟尘通常是粒径在 1μm 以下的微细粒子，但是矿石粉末的粒径则在 1 ~ 数十 μm，属于粗颗粒物。

表 1.1.10 直接排入大气或在大气中二次生成的颗粒物的排放量[16)]

	排放量/(10^6t/年)
自然产生	773 ~ 2200
土壤粒子	100 ~ 500
海盐粒子	300
森林火灾	3 ~ 150
火山喷发	25 ~ 150
气体中产生的粒子	
硫化氢→硫酸盐	130 ~ 200
氮氧化物→硝酸盐	60 ~ 430
氨→铵盐	80 ~ 270
植物→烃类化合物	75 ~ 200
人为产生	185 ~ 415
直接排放的粒子	10 ~ 90
气体中二次生成的粒子	
二氧化硫→硫酸盐	130 ~ 200
氮氧化物→硝酸盐	30 ~ 35
烃类化合物	15 ~ 90

表 1.1.11 工业生产活动中的颗粒物排放源

排放源	颗粒物的种类
锅炉	煤烟、浮尘
水泥窑	熟料粉尘
熔矿炉	矿石粉、焦炭、矿渣粉
制钢平炉	氧化铁
制陶炉	煤烟、飞灰
废弃物焚烧炉	煤烟、飞灰、粉尘
硫酸厂	硫酸烟雾
熔融镀锌	氧化锌、助焊剂烟
矿石粉碎	粉尘
道路铺设材料处理炉	焦油烟雾、煤烟

移动源中，造成较大影响的是柴油机排放的黑烟粒子。这些粒子的主要成分是多环芳烃类化合物，这其中包括具有致癌毒性的苯并芘。此外，柴油机排放废气中还含有 SO_x、NO_x 等酸性气体，这些气体中的一部分会被黑烟粒子吸附，并随之一同排放到空气中。

1.4.3 实验用颗粒物的发生

为了研究颗粒物的生成机制、物理与化学性质，以及进行颗粒物检测设备的校正或采集装置的性能评价，需要制备用于各种实验的颗粒物，即实验用颗粒物的发生。

有关发生实验用颗粒物的综述文章有很多，但其中所介绍的方法未必具有普适性[17)~19)]。例如，为了测定生产过程中除尘装置的除尘效率和堆积密度，颗粒物每分钟的排放量必须以千克为单位表示。但是，为了研究有害粒子对人体的慢性影响，而使用实验动物进行颗粒物吸入实验时，每分钟的排放量必须以毫克为单位。此外，对于需要发生的颗粒物是单分散粒径分布还是多分散粒径分布，其化学组成为单一成分或由多种成分混合，自然需要有各自不同的制备方法。

因此，在介绍现有实用方法和相应装置的同时，笔者在实验研究结果的基础上，还总结了其各自的优缺点。

1. 粉体散布法

在流动的气流中投入粉尘，或者向装有粉体的容器注入压缩空气，并使其飞散后释放到容器外，都是能够使干燥的粉体在空气中散布，从而形成气溶胶的方法。但是通过这些方法很难实现气溶胶持续稳定地发生。

虽然很多方法都能使发生的颗粒物保持稳定的粒径分布，但很少有能够确保在单位时间内具有稳定发生量的方法。此外，对于规模相对较小且需要长时间稳定发生的实验动物粉尘吸入实验来说，就无法与测定工业规模除尘器除尘效率的作业共用同一种颗粒物发生装置。

（1）柴田科学 DF－3

柴田科学 DF－3，由料斗向设置在转台上的沟槽内注入粉体，随后在喷射器将沟槽内的粉体吸出的同时将其吹散而形成气溶胶。该设备可以通过改变转台的种类和旋转速度，对单位时间内的发生量进行相应调节。

粉体的性质是影响粉尘的产生数量和粒径分布的首要因素。例如，当湿度较大时，高凝聚性的粉体在发生量和粒径分布方面均不够稳定。此外，喷射器自身的性能对于粉尘的吸出和之后的飞散也会有影响，因此要注意避免粉尘在喷嘴上的滞留。

当储存粉体的沟槽的容积为0.5cm^3，喷出器的空气流量为20L/min、稀释粉尘的空气流量为20L/min，那么在40L/min的总流量下，实验用粉尘的最大发生率约为200mg/min，此时的最大浓度约为5g/m^3。

（2）Palas RBG－1000

Palas RBG－1000使用刷子将容器内填充的粉体逐渐刷出，并通过压缩空气将刷下的粉体释放出去，从而实现气溶胶的发生。

图1.1.10所示是该装置发生部分的示意图。该装置首先在气筒中加压填充粉体，随后使用活塞把粉体按照一定的速度向上推动，使其与刷子接触。此时，旋转的刷子便可按照一定比例削出粉体，而附着在刷子上的粉体通过与压缩空气

接触发生飞散，最终形成气溶胶。此外，气溶胶的发生量可以通过改变活塞的推送速度来进行相应的调节。

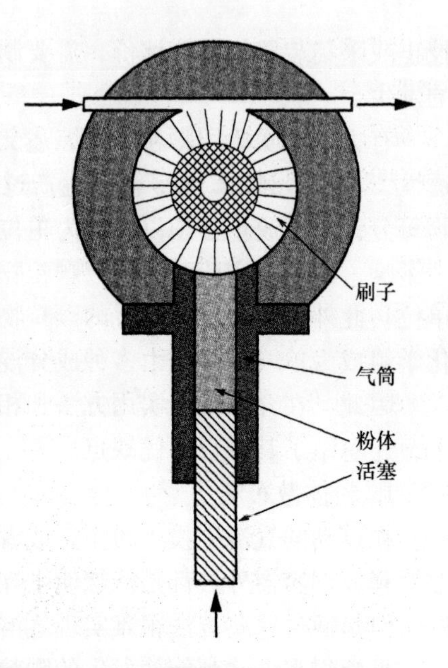

图 1.1.10　Palas RBG－1000 的粉尘发生区域示意图

运用本装置将粒径基本一致的粉体发生成气溶胶时，便可以使用 TSI 公司的气溶胶粒径仪来测定其粒径分布，即得到该粉体颗粒的空气动力学直径。

以下示例使用德山公司生产硅球进行气溶胶发生实验。当粉体填充容器内径为 ϕ7mm、推出速度是 5mm/h 时，气溶胶的发生速率为 190mg/h。而当推出速度为 700mm/h 时，发生速率为 27g/h。图 1.1.11 所示是当推出速度为 10mm/h 时，产生发生的硅球气溶胶的粒径分布。其中，D_a（空气力学中位径）：1.10μm；σ_g（几何标准偏差）：1.07；D_a：1.83μm；σ_g：1.06。从图中可以看出，无论在任何情况下，粒径的变化幅度都很小，也就是说该实验发生了所谓的单分散气溶胶。

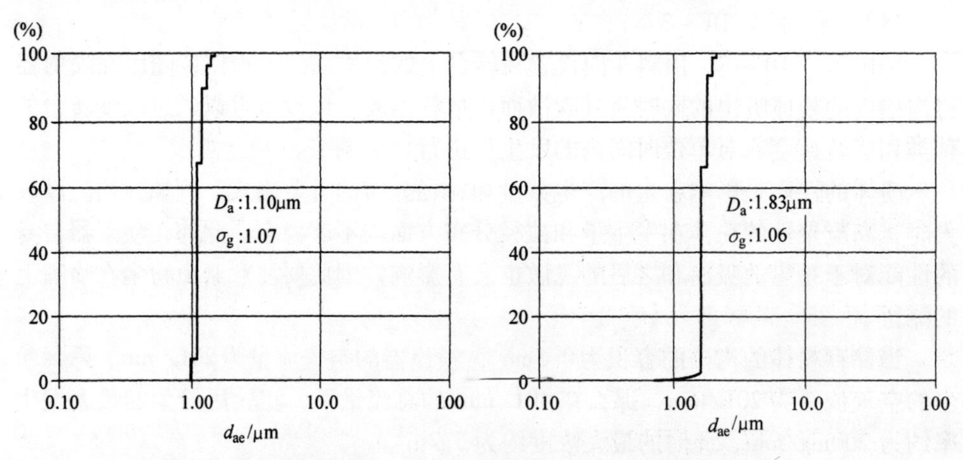

图 1.1.11　Palas RBG－1000 发生的德山硅球气溶胶的粒径分布

（3）TSI 3400 型流化床式

图 1.1.12 所示为 TSI 3400 型流化床式粉尘发生装置的构造示意图。该装置借助空气向流动的青铜粉中注入粉体，通过使其与青铜粉一同流动而发生为气溶胶。

从 Marple 等人的实验结果中可以看出该装置的粉尘发生性能。在发生装置的出口安装 HASL 1/2in[⊖] 的旋风分离器，用9L/min 的干燥空气发生的煤炭粉尘的粒径分布，能够满足作为可吸入性粉尘的要求。并且，通过控制流化床粉体供应链条的移动速度，还可以将粉尘发生量控制在 5~70mg/m^3 的范围内。使用该装置发生的粉尘的粒径分布，与利用湿法测定的粉尘粒径分布大致相同，且粉尘粒子间几乎都处于相互分离的状态。

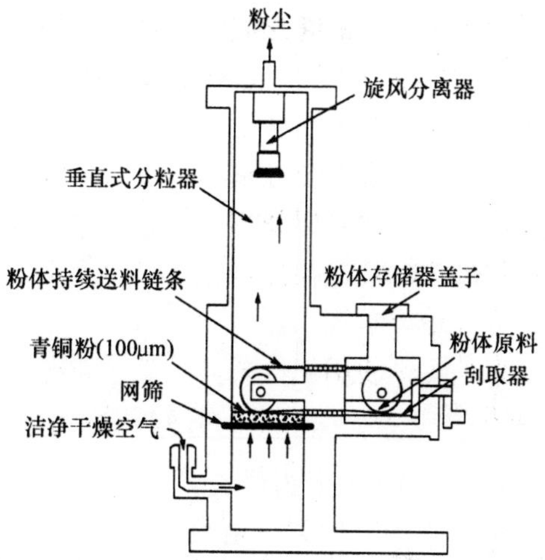

图 1.1.12 TSI 3400 型流化床式粉尘发生装置

2. 液体喷雾法

利用压缩空气将液体呈雾状喷出从而完成气溶胶发生的装置，被称为雾化器或喷雾器。使用该法时，所需发生量较大的有锅炉等的燃料注入过程，而发生量较小的则应用在医疗领域。

使用压缩空气产生喷雾时，喷雾粒子的粒径分布一般为多分散状态，因此该法不适用于仅关注某种特定粒径粒子的情况，如气溶胶检测仪的性能研究。而该研究需要粒径分布的几何标准偏差值低于 1.2，即粒子必须是单分散状态。而为了达到这一目的，研究人员也开发出了相应装置。

（1）医用雾化器

图 1.1.13 所示是某种医用雾化器的示意图。这种装置可以使非挥发性液体形成雾化。表 1.1.12 列出了使用该法发生的雾化液体粒子的粒径分布情况。虽然增大压缩空气的流量可以增加液体的雾化量，但是液滴微粒的平均粒径和标准差都不会有很大变化。这是由于液体自身的黏性以及表面张力才是改变粒径分布的重要因素。

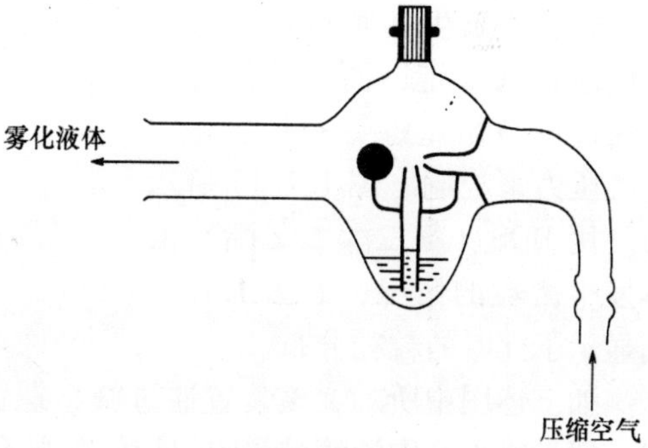

图 1.1.13 医用雾化器

（2）Palas AGF-2.0

Palas AGF-2.0 是一种可以大量且长时间稳定产生雾化液体的设备，通常被用于评价工厂除尘设备的性能。

⊖ 1in=0.0254m。——译者注

表 1.1.12 医用雾化器发生的雾化液滴的粒径分布

名称	载气流量/(L/min)	平均粒径/μm	标准偏差/μm
机械油	2.0	0.75	0.44
	3.0	0.78	0.45
	5.0	0.70	0.32
医用石蜡油	4.0	0.72	0.39
	6.0	0.60	0.28
	8.0	0.58	0.25
DOP	2.0	1.02	0.77
	3.0	0.80	0.50
	4.0	0.91	0.56

图 1.1.14 所示为该设备发生装置的示意图。该装置由喷射器、压力调节器、旋风分离器、液体储留槽组成。将调整压力后的压缩空气通入喷射器，便可将液体从储留槽中吸出，并同时通过喷嘴释放喷雾。此时生成的液体微粒中，粒径大的雾滴会被旋风分离器分离并留在液体贮留槽内，而粒径分布稳定的喷雾则可以被持续喷出。

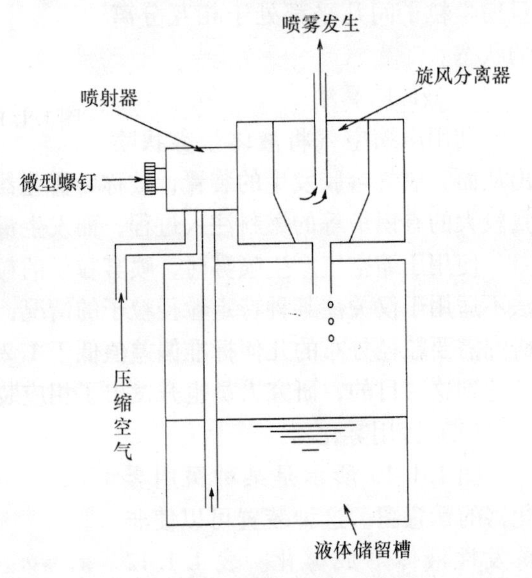

图 1.1.14 Palas AGF－2.0 雾化液体发生装置的概略图

该装置发生的喷雾量由液体的供应量来决定，而液体供应量则通过调节微型螺钉阀和压缩空气的压力来控制。图 1.1.15 所示为使用 DOS（葵二酸二辛酯）液体发生微粒的情况，而图 1.1.16 则显示了此时的粒径分布。

如上述图中所示，该装置通过微型螺钉来调节给液量，进而控制喷雾发生量，但最终喷雾中液滴粒子的粒径分布则不会发生改变。

（3）超声波雾化器

该装置不需要使用压缩空气，而是采用超声波的原理通过液体振动实现雾化。该法被广泛应用于医疗领域，同时也可以直接用于实验目的气溶胶发生装置。

当向压电式振荡器输送高频电信号时，振荡器会根据获得的频率而产生相应的机械性振动。利用这一原理，可以使振荡器在液体中振动，并使其雾化，这就是超声波雾化器。

由超声波雾化器发生的液体微粒的粒径主要由振荡频率决定，除此之外也与液体的表面张力和液体的密度有关。

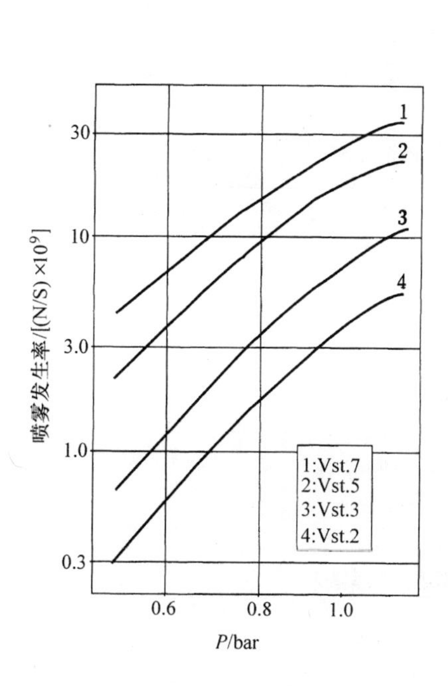

图 1.1.15　发生率与送气量（气压）间的关系

注：1bar = 10^5Pa。——译者注

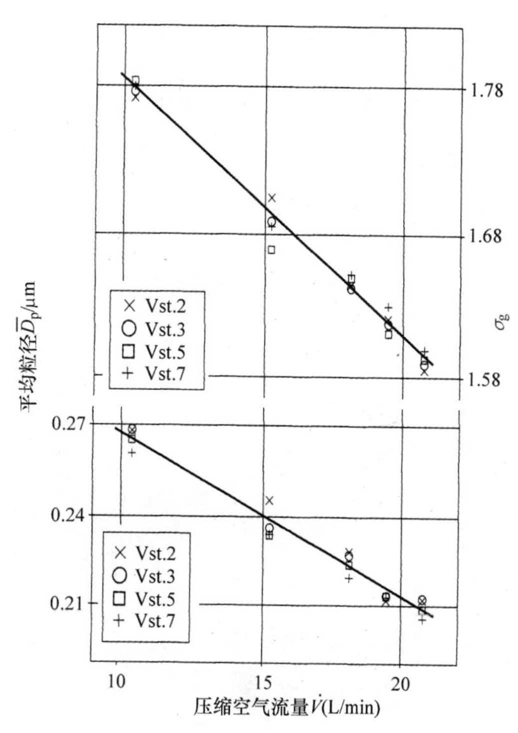

图 1.1.16　粒径分布与压缩空气流量间的关系

由于超声波雾化器不必从细喷嘴中产生雾化液体，因此可以在使固体变成悬浮液，或将固体溶解后的溶液变成液体微粒后，再蒸发其中的水分，进而形成固体成分的气溶胶。

本间克典[20),21)]开发了一种使用超声波雾化原理的气溶胶发生装置，用于研究重金属粒子、石棉纤维等被人体吸入后的健康影响。芹田[22)]将其改良为图 1.1.17 所示的装置。该装置能够长期稳定地发生气溶胶（变异系数在 10% 以下），可用于多种用途。

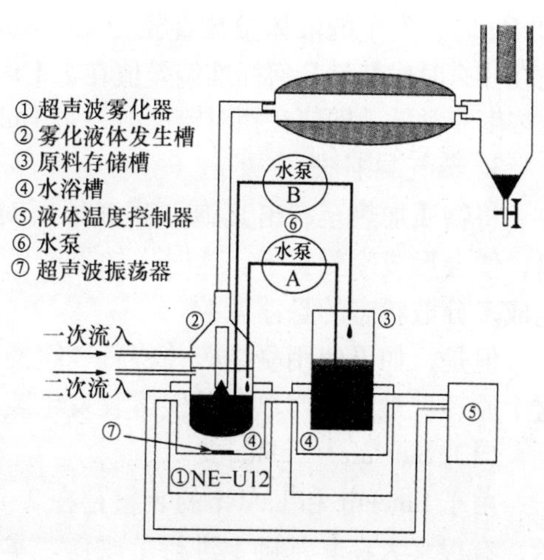

图 1.1.17　超声波雾化式气溶胶发生装置

(4) TSI 3050 型

一般情况下，超声波雾化器发生的液体微粒与经由压缩空气产生的雾化液体其粒径分布，均为多分散状态。而由 Bergland 和 Liu 开发[23]，并由 TSI 公司生产的一种装置，可以通过超声波向振动排孔板上的液体加压，从而产生单分散状态的雾气。图 1. 1. 18 所示为该装置的示意图。

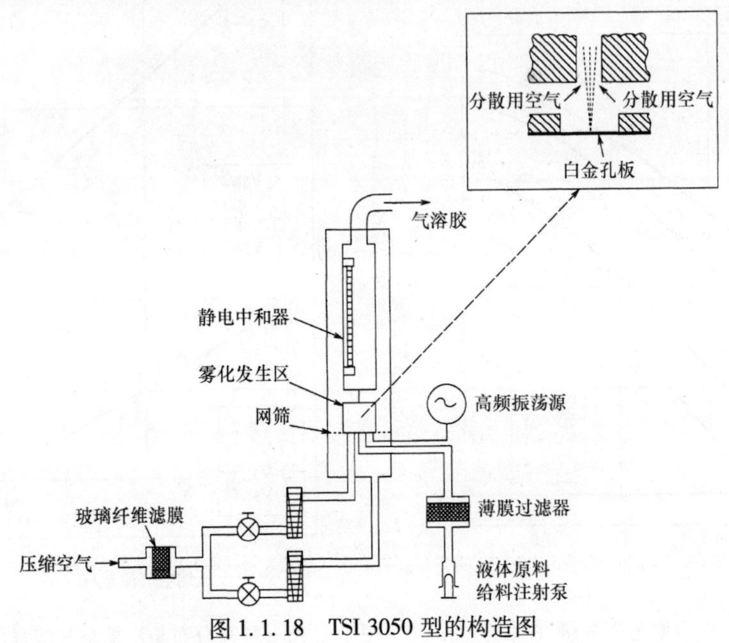

图 1. 1. 18　TSI 3050 型的构造图

该装置产生的液体微粒的粒径，主要由振动频率和喷嘴直径决定。当振动频率为 450kHz，喷嘴直径为 5μm 时，发生的液体微粒直径为 15μm。振动频率为 60kHz 时，发生的液体微粒直径为 20 ~ 40μm。这样发生的液体微粒的粒径分布无论在什么时候都是几何标准偏差值在 1. 1 以下的单分散状态。而且，发生的液体微粒浓度非常低，即使在相对较高时，每 1mL 的空气中也仅有几百个粒子。

3. 蒸气凝缩法

将物质加热至超出其饱和蒸气压所对应的温度时，将产生的蒸气用冷气降温，便会形成冷凝粒子。这时，如果产生冷凝作用的仅仅是该物质本身，则只能生成多分散状态的悬浮微粒。

但是，如果使用凝结核并将蒸气缓慢冷却，便会形成单分散的气溶胶。利用这个原理，最先发明单分散气溶胶发生装置的是 Sinclair 和 LaMer[24]。

(1) Sinclair - LaMer 式

由于 Sinclair 和 LaMer 的装置存在 2 ~ 3 点值得改进之处，因此在该装置问世后，有很多人在其基础上进行了改良。本间克典也根据蒸发器均匀加热、蒸发器内液面均匀蒸发，以及二次加热器的小型化等设想，开发了如图 1. 1. 19 所示的改进型设备[25),26)]。该装置能够制备从硬脂酸到 DOP 和 DOS 等物质的单分散气溶胶。图 1.1.20 所示为使用该法发生硬脂酸气溶胶的示例。

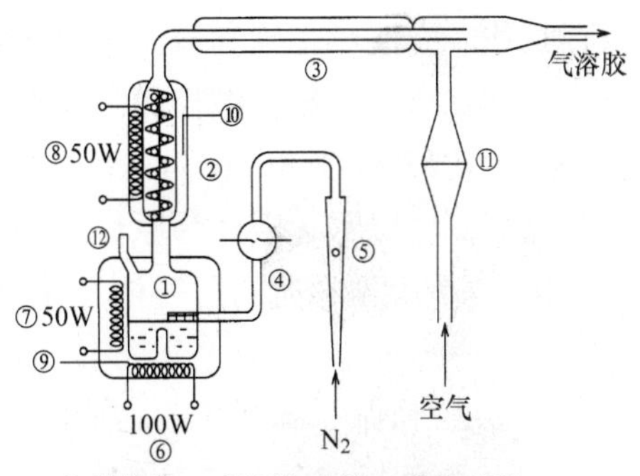

图 1.1.19　改进型 Sinclair - LaMer 式气溶胶发生装置

（2）Rapaport - Weinstock 式：柴田科学 PG - D

由 Rapaport 与 Weinstock 设计的发生装置可以更容易地处理室温下的液体，而且还能够确保单分散气溶胶的稳定发生。

柴田科学 PG - D 型是 Rapaport - Weinstock 式的改进型。该装置的系统架构如图 1.1.21 所示。该装置采用了

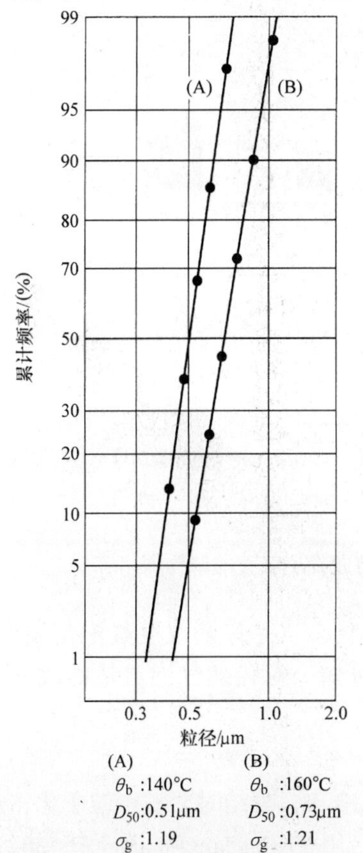

图 1.1.20　改进型装置发生的硬脂酸气溶胶粒径分布

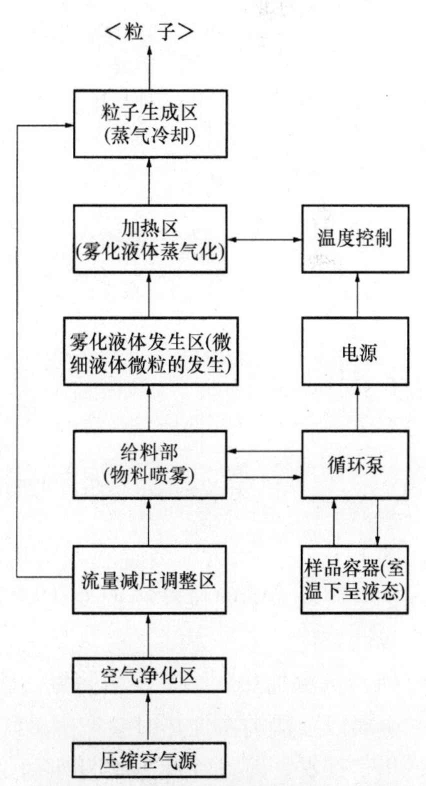

图 1.1.21　柴田科学器械 PG - D 型单分散雾化液体发生装置的系统架构图

特殊的结构，它能够把喷雾器产生的雾化液体快速、均匀地气化，并导入烧结过滤器，这样就可以过滤出粒径相对较小的液体粒子，随后送至加热蒸发部。

(3) TOPAS SLG－250

该装置同样以雾化液体为原料，采用加热凝聚方式发生单分散的气溶胶。当使用 NaCl 作为凝结核时，通过使雾化 DOS 发生汽化，就能够形成 $\sigma_g < 1.20$ 的气溶胶。

图 1.1.22 所示是本装置的结构图。气溶胶的生成顺序如下：使用氮气作为载气，首先通过 NaCl 水溶液的雾化及干燥形成作为凝结核的 NaCl 颗粒喷雾，随后将其注入 DOS 发泡槽中。槽内应保持某一恒定温度，并控制 DOS 发生量。其中 DOS 的发生量是决定雾化液体粒子直径大小的重要因素。在槽内将凝结核与 DOS 混合后送往再加热区，在此将 DOS 完全蒸气化，同时将凝结核与 DOS 蒸气均匀混合。当混合蒸气冷却时会发生凝结，最终形成单分散的气溶胶。

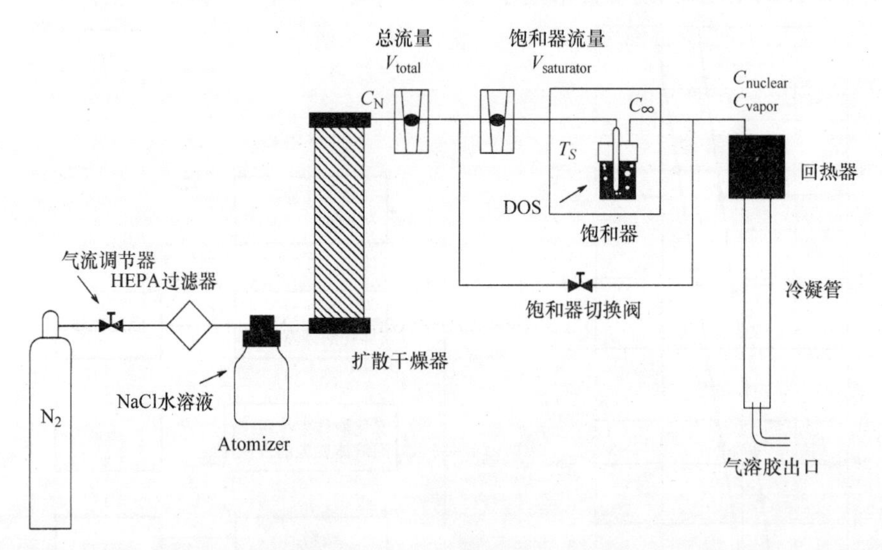

图 1.1.22　TOPAS SLG－250 单分散气溶胶发生装置的结构图

图 1.1.23 所示为本装置在发泡槽保持恒温状态，并逐渐改变气泡流量时，DOS 的空气动力学中位粒径的变化情况。由图可知，粒径随气泡流量的改变而产生线性变化。

(4) 高频加热式烟雾发生装置

金属以及盐类在加热时会产生蒸气，而蒸气冷却、凝结时会发生粒子化，从而产生了烟雾。通过这种方式发生的烟雾并不适用于 Simclair－LaMer 开发的装置，但适用于 Espenscheid 等[28]人和本间克典[29]的方法。

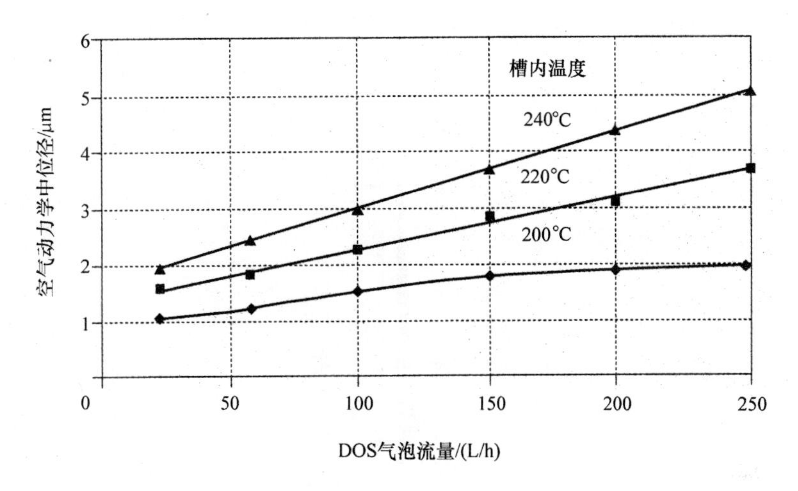

图 1.1.23 气泡流量和发生的 DOS 粒径间的关系

本间克典的方法中采用了原料高频加热的方式，这样仅需要一次加热过程即可使各种金属或盐类高效率地发生单分散烟雾。图 1.1.24 所示为该装置的结构图；图 1.1.25 所示为发生炉的构造图。此外，图 1.1.26 所示为本装置发生的烟雾中，具有代表性的粒子样品的透射电子显微镜照片。

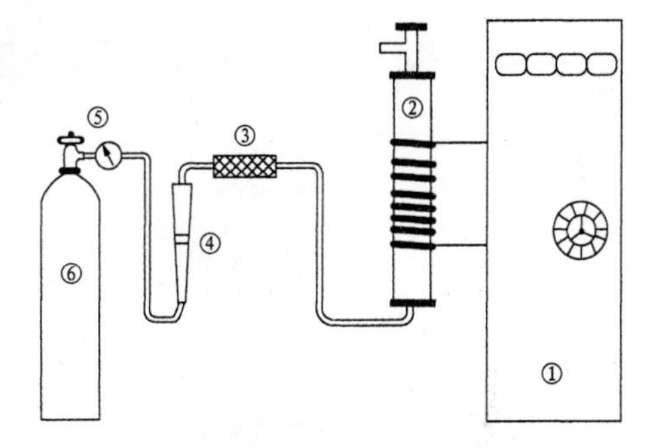

① 高频电源
② 金属烟雾发生炉
③ 载气干燥器
④ 流量计
⑤ 压力调节器
⑥ 载气钢瓶

图 1.1.24 高频加热式金属蒸气发生装置的结构

在熔融原料和加热蒸气时需要使用石墨坩埚与加热管，此时为了防止石墨的氧化，使用氮气或氩气作为蒸气的载气。

在载气流量保持恒定的情况下，通过改变高频输出功率提高蒸发的温度时，蒸气产生量会随着蒸气压的升高而成比例的增加，而发生的气溶胶平均粒径也随之变大。这种关系如图 1.1.27 和图 1.1.28 所示。此外，发生的气溶胶粒径分布取决于载气的流量。当流量范围在 0.5 ~ 1.0L/min 时，可以发生粒径 σ_g 为 1.25 ±0.05 的气溶胶。

4. 化学反应法

两种或者多种成分相互产生化学反应，当生成物质的蒸气压极低时，就会发生气溶胶。

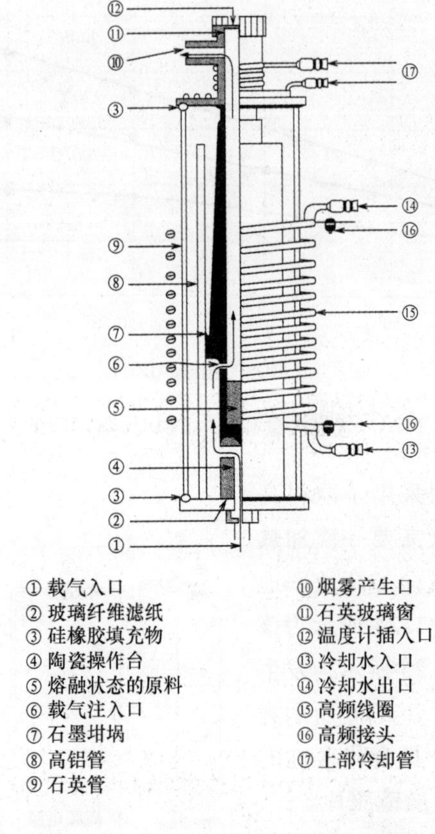

图 1.1.25　金属烟雾发生炉的内部构造

（1）中和反应法

这里以盐酸与氨的反应为例对中和反应法加以介绍。将盐酸和氨水分别倒入加湿器，然后通入载气（通常使用空气），使其在混合槽内发生反应从而生成氯化铵气溶胶。生成后的气溶胶在电子显微镜的图像如图 1.1.29 所示。通过该法生成的气溶胶的粒径取决于混合槽中各成分的浓度和接触滞留时间。

（2）水合反应方法

把发烟硫酸放置在常压空气中会释放出无水硫酸，通过无水硫酸和空气中水蒸气之间的反应就可以发生硫酸气溶胶。同样地，把氯化亚锡和氯化钛与玻璃粉混合充填至玻璃管后，从其中一端通入空气，此时变为蒸气的氯化亚锡和氯化钛就会与空气中的水分进行反应，从而完成气溶胶的发生，并从玻璃管的另一端以白烟的形式排出。

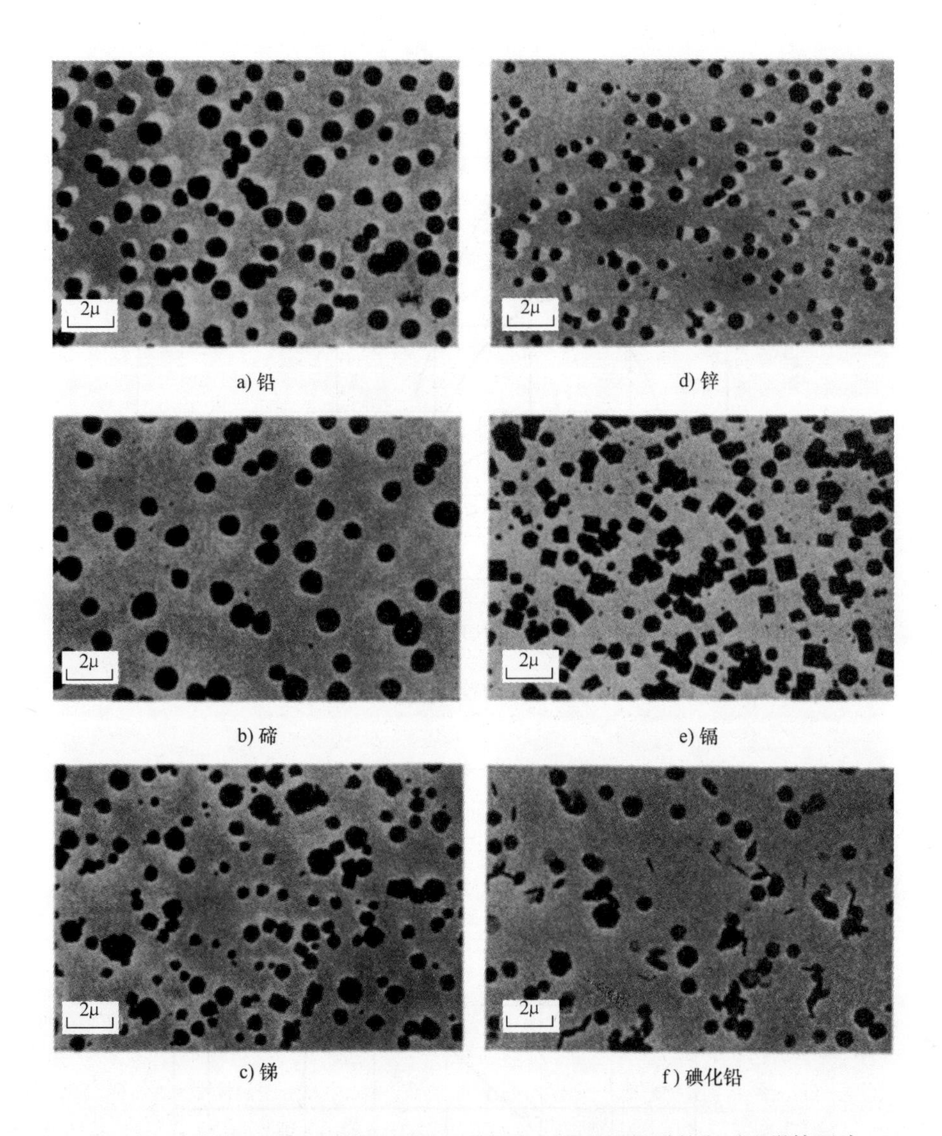

a) 铅　d) 锌　b) 碲　e) 镉　c) 锑　f) 碘化铅

图1.1.26　高频加热式金属烟雾发生装置发生的金属烟雾的电子显微镜照片

（3）燃烧法

燃烧法作为一种非常简单的气溶胶的发生法，在古代就作为原始的通信手段来使用。例如，金属镁的燃烧和苯或聚苯乙烯等芳香型化合物的不完全燃烧，以及黄磷燃烧时产生的五氧化二磷与空气中的水蒸气反应后，可以形成磷酸气溶胶。此外，熏蒸式杀虫剂通过喷气燃烧可以形成颗粒微小的气溶胶，这样能够提高其杀虫效果。

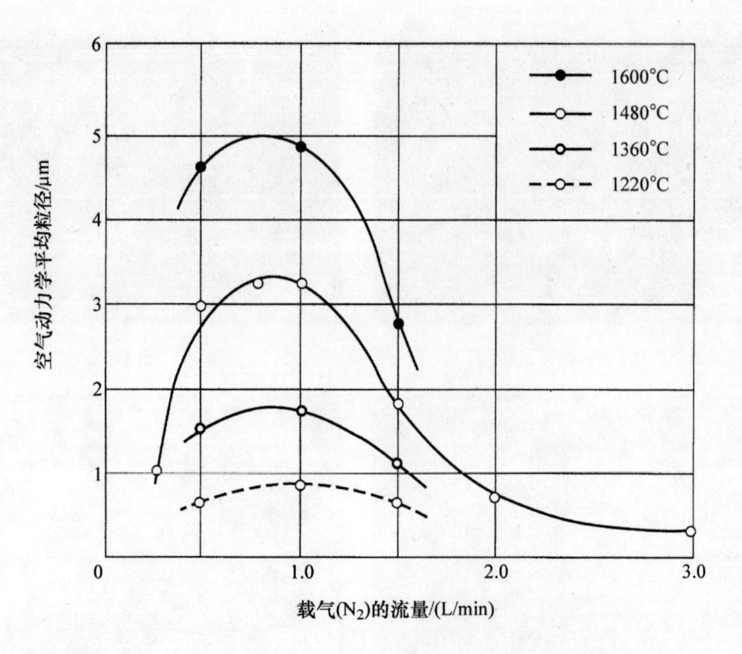

图 1.1.27 铅烟雾平均粒径随载气流量的变化图

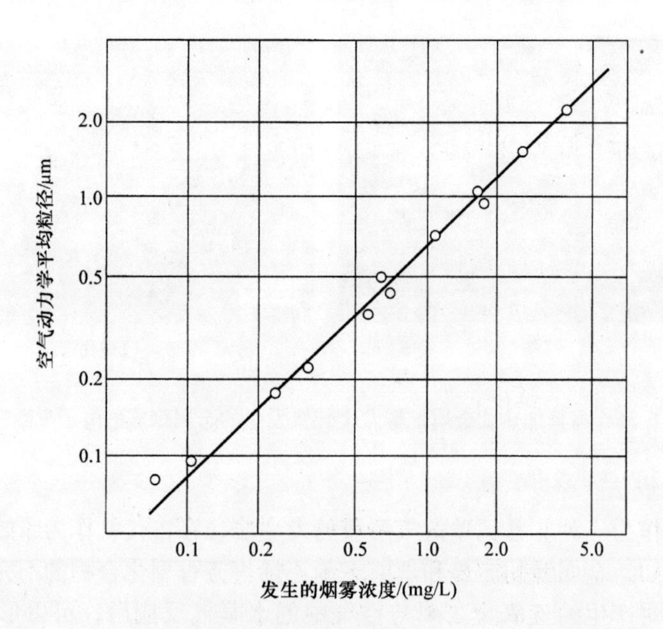

图 1.1.28 铅烟雾的发生量与平均粒径（空气动力学）的关系

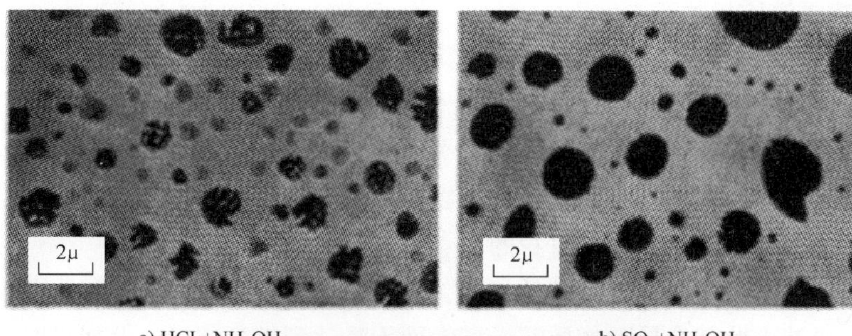

a) $HCL+NH_4OH$　　b) SO_2+NH_4OH

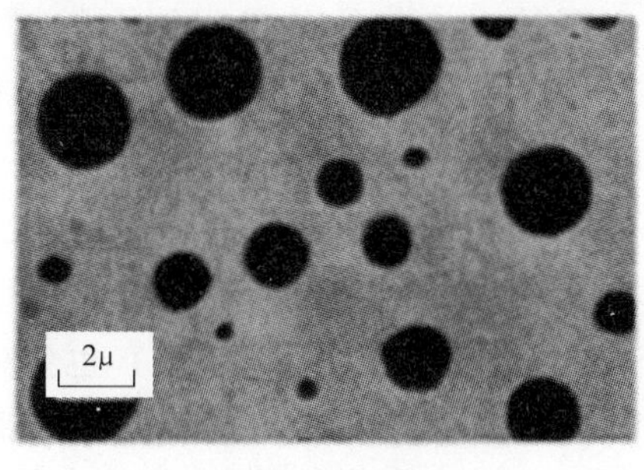

c) NO_2+NH_4OH

图 1.1.29　通过化学反应生成的各种气溶胶的电子显微镜图像

1.5　气态污染物质的物理和化学性质

1.5.1　物理性质

结合气体定律是环境条件下气态污染物的通用物理定律，即包含介质空气在内的任何气体的体积都会与温度成正比，而与压力成反比，因此：

$$PV/T = nR\ (\text{常数}) \tag{1.40}$$

如果温度以0℃为基准，那么 t（℃）时的体积为

$$V_t = V_0(273 + t)/273 \tag{1.41}$$

因此以20℃为基准，在10℃和30℃时，会产生约±3.7%的偏差。

另一方面，严格上来说气体也会受到气压的影响。但是，其变化幅度小于数十 hPa，充其量也只会有百分之几的影响，因此通常默认值为1atm。而质量浓度（mg/m^3）则不受温度和气压影响。以甲醛为例，日本厚生省和 WHO 的标准是 30min 0.1mg/m^3。当气温为20℃、气压值为1时，可按照以下方法将质量浓度换算成体积比 ppm（$\times 10^{-6}$）：

$$0.1\times(22.4/30)(273+20)/273 = 0.08\times10^{-6}$$

1.5.2 物理性质与状态

表1.1.6中列出的气态污染物由于其物理性质是由原子的种类、分子量和分子结构决定的，因此不同种类（多数为化合物）的气体（分子）具有各自不同的物理性质。这与其化学组成几乎没有关系，并且也与颗粒物的情况有所不同。颗粒物的物理性质是由粒子形状、大小以及相对体积质量所决定的。而决定环境中气体状态的物理性质则是其自身的沸点。

物质沸点高蒸气压就相对较低（大体与沸点成反比），而蒸气压低则难以发生气化。虽然由此就会导致物质缓慢挥发而无法达到较高浓度，但如果时间较长也逐渐发散出去。虽然吸附体对于气体的吸附能力与其自身的表面构造有关（多孔且表面积越大越易吸附），但吸附作用力一般由气体的浓度/饱和蒸气压决定，所以蒸气压越低越容易吸附。

当存在浓度梯度（建筑表面浓度和室内空气中浓度之差）时，气体扩散会引发分子运动，此时的扩散系数大致与分子直径的2倍成反比。而且，气体的比重（把空气视为1，分子量越大相对体积质量越大）也会对扩散产生影响。但是一旦某种气体在空气中经过充分稀释混合，那么即便是相对体积质量大于空气（平均分子量29）的甲苯（92）或二氧化碳（44）等也不一定就能够积聚在地面上。但是，当因气体泄漏等出现纯度为100%的某种气团，此时若该气体的相对体积质量大于空气的相对体积质量，那么该气体就会积聚在地面上，如液化气（丁烷）泄漏。

气体和蒸气都以分子状态存在于室内环境中。根据作业环境测定标准中的相关规定，1atm时沸点在25℃以下的为气体，而25℃以上的则归为蒸气。WHO曾经将沸点50～100℃作为VOC和VVOC的分界，这种分类方法虽然有其历史原因，但主要是由于即使严格区分也没有太大意义所致。此外，在有关气温对建材释放VOC的室内空气污染影响的问题中，对于VOC的释放速度（由饱和蒸气压和扩散系数决定）的影响，温度因素要大于遵循查理定律的气体膨胀因素。

另一方面，气态物质具有一定的可溶解性。该性质由物质的极性所决定，而极性又决定于分子结构，即分子内电子偏差。例如，烃类化合物等的极性较小，乙醇等极性较大。当然，如果溶质与溶剂在结构上相似，就更容易形成互溶。

1.5.3 环境中的反应

气态物质在环境空气或室内空气中会发生化学或物理的反应。以下针对环境中的各种反应，通过列举不同的示例分别进行说明。

1. 由硫化物（硫氧化物或还原态硫）生成粒子

一般来说，人为来源的硫化物中大部分是来源于化石燃料燃烧或金属冶炼排放的二氧化硫。同时，环境中也有部分二氧化硫来自于火山的喷发。此外，地球上还有很多硫化氢或甲硫醚等自然起源的硫化物。这些污染物都是伴随着有机化合物的腐败发酵，以及海洋或土壤中的生物活动而产生的。硫化氢或甲硫醚等还原态硫化物，首先被大气中的氧化性物质（OH、O、O_2和O_3）氧化而生成二氧化硫，随后则会发生与人为来源硫氧化物同样的反应。二氧化硫经过均相或非均相氧化反应生成的硫酸，由于其极性较大，因此以粒子的形态存在。由于这些硫酸粒子的一部分会与大气中的氨发生中和反应，所以最终就形成了硫酸、硫酸氢铵以及硫酸铵等的混合物。并且，由于它们的吸水性都很高，因此在空气中多数情况下以含水的微小颗粒状态而存在：

$$
\begin{aligned}
&CH_3SCH_3 + OH \rightarrow SO_2 \\
&SO_2 + OH + O_2 \rightarrow SO_3 \\
&SO_3 + H_2O \rightarrow H_2SO_4 \\
&H_2SO_4 + NH_3 \rightarrow NH_4HSO_4 \\
&NH_4HSO_4 + NH_3 \rightarrow (NH_4)_2SO_4
\end{aligned}
\tag{1.42}
$$

2. 由氮氧化物生成粒子

氮氧化物在与烃类化合物共存时，经由阳光照射会发生能够生成羟基自由基（OH）、过氧化自由基（ROO: HOO、CH_3OO和CH_3COOO等）以及O_3等的光化学反应，而硝酸也是这些反应的产物之一。因此在汽车尾气比较严重的城市及郊区由于受到光化学烟雾的影响，大气中往往会存在有较高浓度的硝酸。但当氮氧化物与海盐粒子或大气中的氨反应时，会生成硝酸钠或者硝酸铵。其中，前者以粒子形态存在，而后者的状态则会因受到温度或湿度等环境条件的影响而发生变化[33)]。如式（1.43）和式（1.44）中的化学平衡方程式所示，在低温高湿的条件下，物质多以粒子的状态存在，而高温低湿的条件下，则多以气体的形式存在。一般来说，中午气温较高且湿度较低，所以物质通常以气体的状态存在。当进入温度较低但相对湿度有所增加的夜间，平衡便会逐渐向粒子一侧倾斜，并且由于化学反应所生成的盐类产物又具有较高吸湿性，所以整体上更倾向于保持粒子的状态。

$$
\begin{aligned}
&NO + ROO \rightarrow NO_2 + RO \\
&NO_2 + OH \rightarrow HNO_3 \\
&NO_2 + O_3 \rightarrow NO_3 + O_2 \\
&NO_2 + NO_3 \rightarrow N_2O_5 \\
&N_2O_5 + H_2O \rightarrow 2HNO_3 \\
&HNO_3 + NaCl \rightarrow NaNO_3 + HCl \\
&HNO_3 + NH_3 \rightleftarrows NH_4NO_3
\end{aligned}
\tag{1.43}
$$

3. 由氯化物生成粒子

聚氯乙烯等含氯元素的垃圾在燃烧时会产生氯化氢，而大气同时还存在很多来源于人类活动的氨气。那么，与硝酸铵的生成相类似的是，氯化氢与氨气经过化学反应可以生成氯化铵。此时的氯化铵盐同样处于受到温度和湿度影响的化学平衡状态。但在实际环境中，无论是硝酸铵还是氯化铵都很难单独以盐类结晶的形式存在，而是形成复合化合物等形式。所以公式中所示的平衡状态实际上也会受到很多复杂条件的支配：

$$HCl + NH_3 \rightleftarrows NH_4Cl \tag{1.44}$$

4. 由烃类化合物生成极性化合物

[烃类化合物（HC）→羰基化合物]

烃类化合物的主要排放源包括喷涂、印刷、石油精炼及其制品的销售以及汽车尾气等。汽油车会在排放氮氧化物的同时排放烯烃、甲苯和醛等多种非甲烷有机化合物（Non - Methane Organic Gaseous compounds，NMOG）。同时，在尾气中还含有微量的具有较强光化学反应性，并且容易形成颗粒物的环状烯烃 - 环己烯。此外，该化合物原本也同样存在于大气中。当环己烯和氮氧化物共存时，在模拟太阳光的照射下就会有颗粒物生成。该颗粒物的成分之一是已二酸。虽然无法详细阐明整个反应，但既已推定的过程如下[34)]：

$$C_6H_{10}\text{（环己烯）} + NO_x + h\nu\text{（太阳光）} \rightarrow OHC(CH_2)_4CHO \rightarrow HOOC(CH_2)_4COOH\text{（已二酸）} \tag{1.45}$$

以上过程中得到的最终产物，由于其两端带有极性很强的羧基，因此具有低挥发性、低浓度且容易发生粒子化的特点。并且，已二酸不仅是经由烃类化合物二次反应生成的，而且柴油车的尾气中也有它的身影。

气态环已烯在与 NO_x 共存的情况下，与经阳光照射生成的臭氧进行反应时，首先会被甲醛氧化，接着会生成极性很高的两端带有羧基的 α，ω - 二羧酸。该化合物就是最终形成颗粒物的成分。因为大气中的烃类化合物种类繁多，所以二次生成颗粒物的种类也很多。由甲苯和苯乙烯经二次反应生成的粒子为如下所示的苯甲酸：

$$\begin{aligned} C_6H_5CH_3 &\rightarrow C_6H_5COOH \\ C_6H_5CH = CH_2 &\rightarrow C_6H_5COOH \end{aligned} \tag{1.46}$$

除此之外，自然来源的烃类化合物，萜稀酸和异戊二烯来源于针叶树木等植物。因为它们也具有较强的光化学反应能力，所以和汽车的尾气一样能够产生光化学烟雾。

5. 由多环芳烃生成的硝基化合物[36)~38)]

机动车尾气中，特别是柴油车的尾气中，含有气态以及颗粒态的多种多环芳烃化合物。这些化合物被排放到空气中后经过发生进一步的化学反应，有时会转变为致突变性更高的硝基化合物。但在柴油机排放粒子、煤油炉和木材等的燃烧生成物，以及大气颗粒物中也都含有这些硝基多环芳烃化合物。区分它们的来源是一次生成还是二次生成，这对于为了降低其环境浓度而开展的相关对策的制定来说是非常重要的。特别是 Pitt 等人（1978）最先研究了多环芳烃和氮氧化物的反应，提出了其在大气中二次反应生成硝基化合物的可能性。此后，更多的相关研究便广泛展开。

大气颗粒物中的多环芳烃，通过与二氧化氮间的化学反应就可以实现硝基化。如图 1.1.30 中芘的硝基化反应所示，该反应有可能是在阳光照射下由二氧化硫、硝酸以及 OH 自由基等参与下的反应，也有可能是有臭氧参加的暗反应。根据迄今为止的研究结果可以发现，芘和荧蒽在大气中的气相反应，都是由 OH 自由基的加成反应开始，并最终都是在各自的 2 位完成了硝基化。

久松等人（1999 年）的研究表明，除迄今为止发现的具有最强致突变性的 1，8－二硝基芘以外，在大气中检测到的单硝基取代的硝基苯并蒽酮也同样具有显著的强致突变性。该化合物与硝基芘和硝基荧蒽同样来源于柴油机废气等化石燃料燃烧排放，并且也是在大气中经过多步反应后才最终生成的。

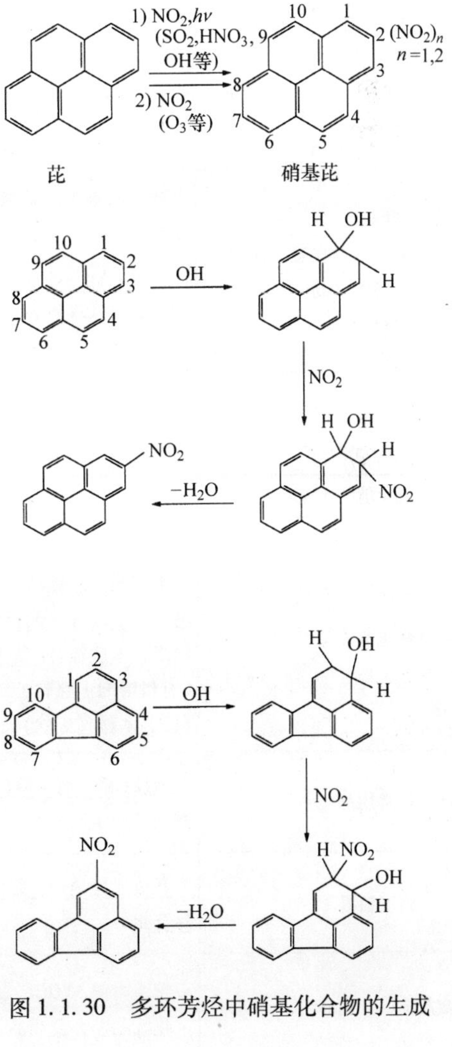

图 1.1.30　多环芳烃中硝基化合物的生成

1.6 气态污染物的来源

1.6.1 室内空气污染物的来源

室内空气污染物的排放源分类方法有很多。例如表 1.1.13[39]，根据建筑物的不同使用阶段可以将 VOC 排放源分为 4 类。虽然表中按不同阶段分别列出了一些具体的排放来源，但室内污染通常是受到这些排放源的综合影响所导致的。表 1.1.14[39] 中列出了 VOC 的排放源。这其中提到了某些建筑材料，特别是黏合剂和可塑剂等，以及厨房用具、家具、窗帘和地毯等日常用品也都是室内空气中 VOC 的重要来源。此外，在入住之后，除了开放式燃烧器具的燃烧外，生活中的芳香剂、杀虫剂以及香烟燃烧等都会成为污染的来源。

表 1.1.13 VOC 排放源的分类（堀雅弘）

产生原因	具体来源
1. 施工期间	建筑的框架、墙壁、地板天花板的材料，以及黏合剂、密封胶等建材
2. 入住后家居的设置与使用	厨房、暖气设备等/空调系统、家具、日常用品
3. 室内人员的活动	人的呼气或体臭、芳香剂、杀虫剂、香烟
4. 室外空气	汽车尾气、周边的排放源与外侧墙壁

表 1.1.14 排放源和化合物（堀雅弘）

（a）排放源和材料、产生的化合物之间的关系

排放源的种类	主要材料
建筑材料	胶合板·刨花板（黏合剂）、饰面板（黏合剂·原料）、壁纸（原料·可塑剂·阻燃剂）、隔热材料－发泡尿素树脂（原料）·尿素树脂粘合玻璃纤维（黏合剂）、密封胶（有机溶剂），PVC 管（原料），榻榻米、木质板材（黏接材料、涂料）、塑料瓦（原料、可塑剂），涂料（有机溶剂·原料）、糨糊（防霉剂）、合成黏合剂（有机溶剂·原料）、木材（天然）
家具、日常用品	地毯（黏合剂·原料）、衣柜（粘着剂·防蚁剂·原料）、窗帘（阻燃剂）
暖气、厨房器具	开放式煤油炉、煤气灶（燃料·燃烧生成物）、厨房系统（原料·黏合剂）
空调系统、日用品	管道内壁 SVOC、真菌 化妆品、办公用品、黏合剂、清洁剂、芳香/除臭剂、灭菌剂

（续）

排放源的种类	主要材料
电器、办公用品	吸尘器（防菌剂）、复印机、记号笔（有机溶剂）
机动车/相关产品	燃料、尾气、内部装饰材料

注：下画线表示有甲醛释放。

（b）材料和代表性化合物[39]

材料	化合物
原料（多余部分①）	氯乙烯单体、苯乙烯、甲醛
有机溶剂	甲苯、二甲苯、n－乙烷、庚烷、醇类、甲醚酮、乙酸乙酯、正丁醚
杀虫剂/白蚁驱除剂	煤油、二甲苯、毒死蜱、二嗪农、烯丙除虫菊酯、苄氯菊脂、杀螟松
抗菌/防霉剂	噻苯咪唑（TBZ）、三氯生、苯并咪唑/TBZ、对氯间二甲基苯酚、杀菌剂、甲醛
防蜱螨/防虫剂	日柏醇、杀螟硫磷、倍硫磷、TBZ/对二氯苯、萘球、烯丙除虫菊酯、八氯二丙醚
芳香/除臭剂	苧烯、α－蒎烯/对二氯苯、植物精油
灭菌剂/清洁剂	乙醇/n－癸烷、甲苯、二甲苯、二氯甲烷
黏合剂	甲醛、甲苯、二甲苯、三甲苯、n－已烷、庚烷、醇类、丙酮、甲醚酮、乙酸乙烯
阻燃剂	三氯乙基磷酸酯、磷酸三丁脂
可塑剂	二甲酸（DOP）、酞酸二丁酯（DBP）
木材	α－蒎烯、β－蒎烯

① 塑料合成原料的未反应部分。

1.6.2 气态大气污染物的来源

从广义上讲，能够使自然界的空气组成发生改变的物质都可以被称之为大气污染物。大气污染物的排放源可以分为自然源和人为源。其中，典型的自然源有火山喷发、森林火灾、花粉的飞散、从地面卷起的沙尘和黄沙、海盐粒子，特别是从平流层下降到对流层的臭氧、由打雷产生的氮氧化物等。典型的人为源则包括工业或民用锅炉、火力发电厂、汽油或柴油车等化石燃料燃烧排放源[40]。

天然气等气体燃料以及石油燃烧排放中，除了含有二氧化碳、氮氧化物外，还含有不完全燃烧产生的烟灰和一氧化碳。并且，如果使用含硫燃料，则还会产生硫氧化物。而煤炭或焦炭等固体燃料燃烧时，除了会生成上述物质外，还会产生煤烟灰。此外，在工业生产中，冶炼金属、处理水泥和各种化学物质的机械设备也会排放气态污染物和颗粒物。其中涉及的化学物质物质可能包括酸、碱、有机或无机原料以及有机溶剂。

此外，废弃物的处理过程中也会有污染物产生。日本的《大气污染防治法》中，作为管理的对象的污染物有二氧化硫、二氧化氮（氮氧化物）、一氧化碳、光化学氧化剂、非甲烷烃类化合物、颗粒物。此外还包括气态硝酸、PAN（发生光化学烟雾时）、氯化氢以及恶臭成分中的氨、甲硫醇、硫化氢、甲硫醚、三甲胺、二甲基二硫、醛类、苯乙烯等。

室内环境中气态污染物的来源有：

1）楼宇或道路等的建设过程中释放的有机溶剂；

2）海鲜加工厂或养鸡养猪场的垃圾堆放区中散发的恶臭气体；

3）汽车尾气以及来自加油站和汽车等油气挥发中的烃类化合物（苯、甲苯）；

4）附近的小规模焚烧厂。

此外，虽然甲烷和氟利昂属于地球环境污染物，但是对室内空气质量没有影响。另外，非甲烷烃类化合物也包括甲苯等物质。

1.6.3　标准气体的制备

为了研究气态污染物的检测方法、净化方法和控制方法等，需要制备相应的标准气体。标准气体的制备方法大致分为两类：一是少量气体的容器灌装制备法；二是连续制备法[11]。表1.1.15为制备的概要。

表1.1.15　室内环境污染相关标准气体的制备方法（堀雅弘）

种类	气体	制备法
沸点极低的气体	甲烷、一氧化碳，二氧化碳硫	气体钢瓶、流量比混合
低沸点气体	化氢、二氧化氮	气体钢瓶、渗透管
典型VOC	甲醛	气体钢瓶、渗透管、曝气
扩散管法	氨	气体钢瓶、渗透管、扩散管
SVOC	DBP、DOP、杀虫剂	（气溶胶化）
不稳定气体	臭氧	紫外线照射

1. 批量制备法

如果需要制备少量标准气体，那么最方便的方法是批量法。该法通常会使用聚酯或氟乙烯材料的5~20L的气袋或1L的玻璃真空瓶。下面介绍其操作方法。

首先，在气袋或真空瓶中预先放入数支特氟龙管（直径1mm，长度10cm）。此时虽然1个气袋也可完成制备，但如果循环使用2个气袋可以更方便袋内气体的搅拌。然后向气袋中通入经过稀释的洁净空气，并使用气体压力表准确控制进气量（不要将气袋完全充满）。如果使用真空瓶，当瓶中气体全部置换为洁净空气后，应将压力减到1/2atm。如果需要稀释的是气体，那么使用气密进样针（10mL以下）或者玻璃注射器（50mL以上）通过硅胶导管注入气体。最后经过搅拌使气体充分混合后将容器放置即可。

如果制备对象是VOC，需要用微量注射器将液态VOC标样（纯度99.9%以上）定量注入容器中，在确认其全部气化后搅拌混合。

通过下面的公式可以求出浓度C(mg/m^3)：

$$C = m\rho \times 10^3 / V \tag{1.47}$$

式中，m是注入量（μL）；ρ是密度（g/mL）；V是用于稀释的空气量（L）。

2. 连续法

像甲烷和一氧化碳这种沸点极低的气体，可以考虑直接购买市场上销售的标准气体钢瓶。但如果标准气体浓度较高，可以用空气气流直接对标准气体气流进行稀释，即通过流量比混合法完成标准气体的制备。对于沸点较低的硫化氢、氨和二氧化氮等浓度较低的气体，可以使用市面上销售的装有标准液化气体的渗透管（保存于冷冻库中）进行制备。对于甲醛标气的制备，首先将纯度为95%的粒状多聚甲醛放入扩散管（内径5~10mm，高度10cm）内，使其在恒温干燥空气气流中产生甲醛，然后使用经过加湿的空气对其进行稀释即可。当然，也可以使用标准气体钢瓶或渗透管等进行制备。

由于市面上销售的典型的VOC标准样品大都是液态的，因此需要将其放入高温扩散管，并经干净空气的稀释从而制备得到标准气体。而对于可塑剂DBP、DOP和杀虫剂等SVOC，由于其自身饱和蒸气压很低，加热后会凝聚形成很容易被吸附到容器内壁上的气溶胶，所以这些化学物质就很难制备出标准气体。

1.6.4　排放量的控制

由于有关换气和净化设备等的相关技术会在其他章节作详细介绍，因此在这里仅简单整理了一些抑制扩散的基本方法：

1）设备的选择：选择非开放式燃烧设备。

2）材料的选择：使用不含或仅含有少量有机溶剂或甲醛的建筑材料。

3）初期释放：在施工阶段以及竣工和入住前这一阶段应加快污染物的释放。基础施工结束后直到完工前，也要留出一定的换气时间。烘烤净化等就应当在这一阶段进行。

4）室内温湿度控制：使用空调器来抑制释放的速度。

5）封条，屏障：在壁纸上覆盖避免污染气体通过的保护膜，或是在污染气体释放处使用封条等进行密封处理。

6）使用吸附剂和吸附膜：在气体释放前起到抑制作用。

7）使用分解剂：使用催化剂加速污染气体的氧化分解。

参考文献

1）塩津弥佳，吉沢　晋，池田耕一，野崎敦夫：日本建築学会計画系論文集，No. 511，pp. 45-52 (1998)

2）入江建久：空気調和・衛生工学，Vol. 72，No.

5, pp. 27-35 (1998)

3) M. Maroni and R. Axelrad, M. Maroni et al. ed.: Indoor Air Quality A Comprehensive Reference Book, pp. 819-821, Elsevier (1995)

4) L. Molhave: Proceedings of 7th International Conference on Indoor Air Quality and Climate, Vol. 2, pp. 37-46 (1996)

5) 堀 雅宏：ALIA NEWS (beter living), Vol. 37, pp. 30-39 (1997)

6) 化学工学会編：基礎化学工学（橋本健治編集），培風館 (1998)

7) 奥山喜久夫，他：微粒子工学，オーム社 (1992)

8) G. K. Bachelor and C. Shen: Thermophoresis of Particle in Gas Flowing over Cold Surfaces, J. Colloid Interface and Science, 107, pp. 21-37 (1985)

9) L. Talbot, R. K. Cheng, R. W. Schefer, and D. R. Willis: Thermophoresis of Particles in a Heated Boundary Layer, J. Fluid Mech., 101, pp. 737-758 (1980)

10) W. Li and E. J. Davis: Measurement of Thermophoretic Force by Electrodynamic Lavitation: Microspheres in Air, J. Aerosol Sci., 26, pp. 1063-1083 (1995)

11) S. K. Loyalka: Thermophoretic Force on a Single Particle-I. Numerical Solution of the Linearized Boltzmann Equation, J. Aerosol Sci., 23, pp. 291-330 (1992)

12) K. T. Whitby: Atmos. Environ., 12, p. 135 (1978)

13) R. K. wolff, et al.: Carcinogenic and Mutagenic Effects of Diesel Engine Exhaust (N. Ishinishi et al. ed.), p. 199, Elsever, Amsterdam (1986)

14) K. Sakamoto, Q. Y. Wang, K. Kimijima, M. Okuyama, T. Mizuno, H. Yoshikado, and N. Kaneyasu: Proceedings of the 7th IUPPA Regional Conference on Air Pollution and Waste Issue, Vol. 1, pp. 235-244 (1994)

15) 浮遊粒子状物質対策検討会：浮遊粒子状物質汚染予測マニュアル，p. 21，東洋館出版社 (1997)

16) 山本義一：人間の生存にかかわる自然環境に関する基礎的研究，科研費による特定研究報告，pp. 1-15 (1975)

17) 本間克典：空気清浄，9，p. 28 (1971)

18) B. Y. H. Liu, ed.: "Fine Particles", Academic Press, New York (1976)

19) K. Willeke, ed.: "Generation of Aerosols", Ann Arbor Science, Michigan (1980)

20) 本間克典：クリニカ，11，p. 509 (1984)

21) K. Homma, F. Serita and M. Takaya, eds.; S. Masuda and K. Takahashi: Aerosols, Science, Industry, Health and Environment, Vol. 1, p. 231, Pergamon Press (1990)

22) F. Serita: Industrial Health, 35, p. 433 (1997)

23) R. N. Berglund and B. Y. H. Liu: Environ. Sci. Tech., 7, p. 147 (1973)

24) D. Sinclair and V. K. LaMer: Chem. Rev., 44, p. 254 (1949)

25) D. C. Muir: Ann Occup. Hyg., 8, p. 233 (1965)

26) D. L. Swift: Ann Occup. Hyg., 10, p. 337 (1967)

27) E. Rapaport and S. E. Weinstock: Experientin, 11, p. 363 (1955)

28) W. F. Espenscheid, E. Matijevic and M. Kerker: J. Phys. Chem., 68, p. 2831 (1964)

29) K. Homma: Industrial Health, 4, p. 129 (1966)

30) 近藤精一，他：吸着の科学，p. 59 (1991)

31) 労働省安全衛生部：作業環境測定指針 (1972)

32) WHO: Indoor air quality: Organic pollutants Euro Reports and Studies, 111, WHO Regional Office for Europ, Copenhagen (1989)

33) A. W. Stelson and J. H. Seinfeld: Atmos. Environ., 16, pp. 983-992 (1982)

34) S. Hatakeyama, M. Ohno, J. Wang, H. Bando, H. Takagi, and H. Akimoto: Environ. Sci. Technol., 21, pp. 52-57 (1987)

35) K. Kawamura and I. P. Kaplan: Environ. Sci. Technol., 21, pp. 105-110 (1987)

36) 坂本和彦：自動車研究，9，pp. 423-436 (1987)

37) 坂本和彦：自動車研究，9，pp. 467-472 (1987)

38) 久松由東：空気清浄，36，pp. 327-332 (1998)

39) 堀 雅宏：環境管理，Vol. 33，No. 2，pp. 21-31 (1998)

40) 大喜多敏一：安全工学講座 7，大気汚染，pp. 32-68 (1982)

41) 小林義隆：分析化学，Vol. 14，No. 2，pp. 174-179 (1971)

第2章　污染导致的损害及其发生机制

2.1　对人体的损伤

2.1.1　人体的结构和机能

人体的呼吸系统由肺泡和吸气的通道——呼吸道所组成，其主要功能是交换血液中的气体。呼吸道分为上呼吸道和下呼吸道（肺），前者是从鼻腔到气管的部分，而后者则是从支气管到肺泡的部分。肺以支气管为中心，呈小叶结构，是肺泡的集合体，并被包裹在肺胸膜内。肺中分布的支气管、血管和淋巴管能够使吸入的气体进入到肺泡中。以上人体肺部的合理结构，可以使气体交换顺利进行。下面，对肺的相关结构和功能作一个简单介绍。

1. 肺的形成

当胎儿生长到第三周时，在前肠的喉气管沟处产生出肺。在此之后，为了使胎儿能够适应在子宫外的生活，肺不断生出分支并逐渐延长。其过程大致分为以下3个阶段：

支气管期（bronchial stage）：在胎龄4个月末时可以看见原始支气管和肺泡管的形成，紧接着支气管周围也逐渐出现了黏液腺。

管状期（canalicular stage）：此时的肺泡呈现出分支管状的腺样结构。由于其基底膜很厚，因此不利于气体的交换。此时的肺还很难适应子宫外的生活。在胎儿7~8个月时，腺样结构之间的肺泡隔间距会逐渐变窄，可以看见毛细血管的显著增生，这一阶段被称为后管状期肺（late canalicular lung）。

肺泡期肺（alveolar stage）：在胎儿35周后生成的肺泡虽然和成熟的肺泡极其相似，但是弹性纤维还很少，并且毛细血管较多，这一时期被称为前肺泡期（early alveolar lung）。随着弹性纤维的增加，肺泡隔的间质细胞或纤维相应减少，毛细血管逐渐变成一根，此时胎儿的肺即生长成熟。

在胎儿时期，由于肺泡隔的弹性纤维还不够成熟，因此反而成为了胎儿呼吸的最大障碍。但是，由于呼吸运动对肺泡隔弹性纤维的生长具有促进作用，因此在胎儿刚出生后弹性纤维就开始逐渐增多。而在出生大约两周之后，弹性纤维会出现快速的生长，于是这时的婴儿就已经基本可以适应子宫外的生活了。

2. 支气管的结构

支气管在从气管到大约第4胸椎的高度处产生分支，并向左右两个方向依照均等的原则继续延伸，先后经过肺叶、肺区域和细支气管后，最终到达终末细支气管。终末细支气管再次经过2~3次的分支后，经过呼吸性细支气管，与肺泡管和肺泡囊相连。此外，支气管按照功能可以分为3段，一是到作为空气导管的终末细气管，被称为呼吸道区（呼吸道系支气管）；二是像肺泡道与肺泡囊那样直接进行气体交换的呼吸区（实质区域）；三是在两者之间，即在呼吸细支气管中间位置的中间区。

支气管壁由其表面的被覆上皮和支气管腺构成的上皮组织以及疏松结缔组织和肌肉组织三部分构成。因为此处导入的气体阻力较弱，所以这里还生有可以支撑内腔的软骨（透明软骨）以便使气管保持张开状态。虽然主支气管或下叶支气管的软骨与气管软骨都呈马蹄形，但是与肺上叶和肺中叶支气管，以及肺段和肺亚段支气管一样，支气管软骨随着分支次数的增加而缩小，进而变成了岛状的软骨，而细支气管上的软骨则最终消失。这种岛状软骨组织通常会出现在经过4~5次分支的支气管上。支气管黏膜是由支撑基底膜的黏膜上皮和与之相接的黏膜固有层组成。上皮主要由纤毛细胞、黏液细胞和基细胞构成，此外还有少数的未分化细胞、纤毛黏液细胞以及神经分泌细胞也混杂在其中。纤毛细胞位于肺叶或肺段支气管等的中枢支气管中，并占据了黏膜上皮的大部分位置。该细胞是覆盖在支气管腔面上，并且具有许多纤毛和长微绒毛的圆柱形细胞。黏液细胞的细胞质内有许多被境界膜包围的黏液颗粒，这些黏液颗粒多为1~3μm。该细胞通常被认为是杯状细胞。基细胞是N/C较高的多角形细胞。该细胞与基膜相接，并被纤毛细胞和黏液细胞所覆盖（见图1.2.1）。神经分泌细胞被称为Kultschitzky cell或Dence core granulated cell，可以分泌生物胺和多肽等成分。这种细胞虽然数量很少，但广泛分布在呼吸道的支气管中，与肺小细胞癌和类癌肿瘤的发生有密切关系。

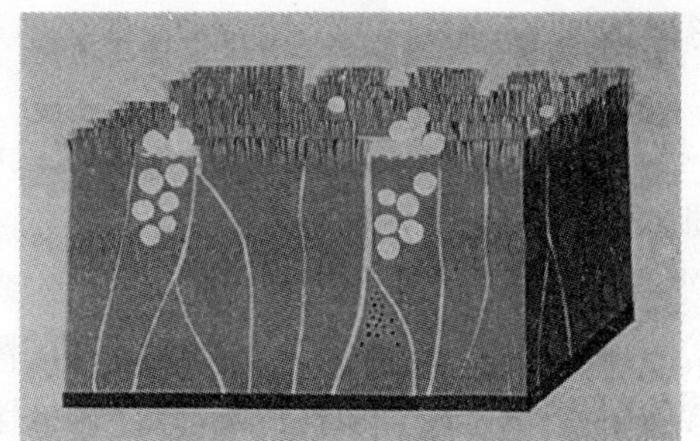
图1.2.1 人体的支气管上皮细胞

3. 末梢呼吸道的结构[⊖]

肺小叶（次级肺小叶）的容积为1~2cm³，是由结缔组织间隔（小叶间隔）

⊖ 关于肺小叶和细支气管。肺小叶（一级）：细支气管及与其相连的肺泡管和肺泡共同构成一个肺小叶单元，其容积为1~2mm³。肺小叶没有纤维性结缔组织的包绕。肺小叶（次级肺小叶）：容积为1~2cm³，是由结缔组织间隔（小叶间隔）包绕的肺组织最小的独立单元。这种肺小叶是从一根细支气管导入空气的最小单位。从胸膜面来看，沿着小叶间隔分布的淋巴管呈龟状纹理。终末细支气管：经过数次分支后细支气管相连，是支配（送入空气）一个次级肺小叶的细支气管。细支气管：支配1个一级肺小叶的细支气管。

包绕的肺组织最小的独立单元。这种小叶是从一根细支气管导入空气的最小单位。从胸膜面来看，沿着小叶间隔分布的淋巴管呈龟状纹理。

呼吸细支气管的黏膜表面主要被纤毛上皮和克拉拉细胞所覆盖，而不存在杯状细胞。由于在这个区域中，随呼吸进入的微生物和无机物粒子容易产生堆积，因此是容易引起炎症扩大的重要部位。与呼吸细支气管相连的肺泡管或肺泡囊，是由像葡萄串一样相互连接在一起的肺泡所组成的。肺泡的外壁，即肺泡隔，是由支撑基底膜的两种上皮细胞、毛细血管和少量的疏松结缔组织构成。人体肺泡的上皮细胞有两种，分别是Ⅰ型和Ⅱ型（见图 1.2.2）。Ⅰ型肺泡上皮细胞除了细胞核的部分之外，仅有 0.1～0.5μm 厚度的极薄的细胞质。该类细胞是 air/blood barrier（空气/血载体）的构成部分之一。Ⅱ型肺泡上皮细胞的细胞质呈立方体状，其中含有嗜锇性板层小体和丰富的细胞器。该类细胞散落在Ⅰ型肺泡上皮细胞的间隙中，能够分泌储存在板层小体中的肺泡表面活性物质（surfactant）。

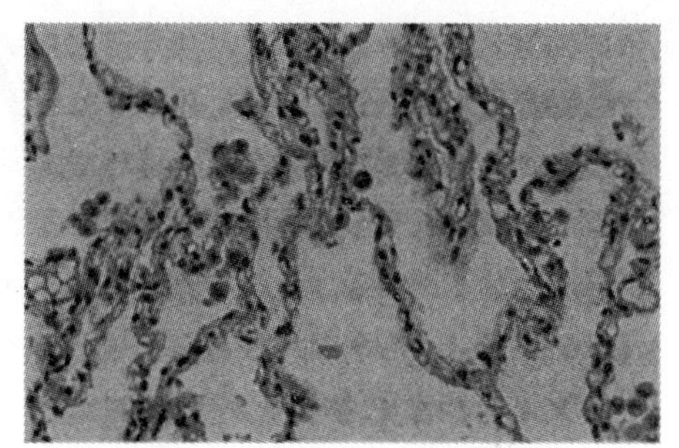

图 1.2.2　人体的肺泡

4. 肺的脉管系统

肺里面分布着机能性血管和营养性血管，其中前者是与气体交换直接有关的肺动静脉系统，而后者属于体循环支气管动静脉系统。肺动脉从肺门进入肺后沿支气管不断分支，就构成了肺泡隔的毛细血管网。与此相对的是，肺静脉分布在小叶间隔内，最后通向肺门。支气管动脉是从大动脉直接分支出的肌性动脉。这种动脉从肺门开始，沿支气管进入肺部，一般分布在位于肺部支气管周围或胸膜中。

淋巴管广泛分布在支气管、肺动静脉周围和胸膜下方等部位，具有排出剩余细胞外液和进入呼吸道的异物的重要功能。肺部的胸膜下方 2～3mm 的淋巴液流向胸膜的淋巴管，而在其他部位则直接流向肺门。

2.1.2　对皮肤的损伤

皮肤覆盖在人体的最外层，是人体最大的复合式器官。

如图 1.2.3 所示，皮肤由数层不同细胞系统构成，包括毛发毛囊、皮脂腺以及汗腺等。皮肤具有对外防御等多种功能。

把占据皮肤表层大多数的细胞称为角质细胞。这种细胞在表皮的基底部经过反复多次分裂形成多层状态。同时，由于分裂，位于外侧的细胞失去了细胞核，从而形成了角蛋白这种硬质蛋白。角蛋白不断呈瓦状累积形成了角质层。角质层是皮肤最外层的防御结构[4]。

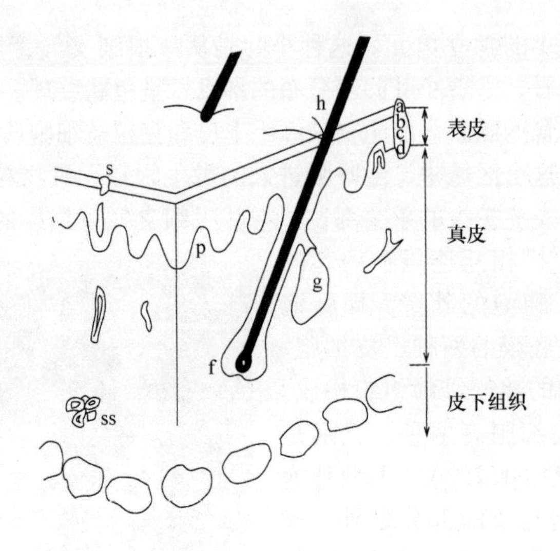

a) 角质层　b) 颗粒层　c) 棘细胞层　d) 基底层
f) 毛囊　g) 皮脂腺　h) 毛孔和毛发　p) 真皮乳头
s) 汗孔　ss) 汗腺

图 1.2.3　皮肤的模型

表 1.2.1 列出了环境中能够对皮肤产生损伤的物质。

表 1.2.1　环境因素对皮肤的损伤

物理性损伤	a）被荆棘等刺入或擦伤 b）细微粉尘对排泄机能的损伤 c）温度或电磁波导致的损伤
化学性损伤	a）原发刺激性接触性皮炎、化学烧伤 b）过敏性接触性皮炎 c）接触性荨麻疹等
生物学损伤	a）较大体型生物造成的咬伤或刺伤 b）霉或蜱螨等造成的过敏 c）病毒、细菌、霉等导致的感染

周围的环境中存在的化学物质或生物会对角质层造成直接伤害，一些污染物甚至可以从皮脂腺和汗腺的开孔处或直接穿过角质层侵入皮肤深处，从而对皮肤造成损伤。

环境中的很多物质以及热、光、电磁波[5]的作用都会使皮肤受到损伤。在某种特定的环境下还容易产生特定的损伤。比如说，以漆树为代表的一些植物会通过树脂等释放福尔马林，从而对人体的皮肤造成损伤。再比如，工厂中的某些物质也会给皮肤带来伤害[6]。

1. 化学物质造成的损伤

皮肤科有一种常见的皮肤病叫做接触性皮炎。这种病不仅可以通过患者较高的发病频率来确诊，还可以根据其症状和皮疹的分布情况来推断其产生的原因。如果能够再确认产生的原因，那么就可以在很大程度上控制病情。接触性皮炎又可以分为原发刺激性接触性皮炎和过敏性接触性皮炎。

原发刺激性接触性皮炎是由外界物质直接对皮肤造成的损害。这类物质的代表有强酸、强碱以及一些刺激性物质。而皮肤一旦直接接触到这类物质，几乎都会受到相同的伤害，个体差异很小。一般情况下，接触部位的皮肤会产生湿疹式的炎症（红斑、丘疹和小水泡等）。

原发刺激性接触性皮炎通常在皮肤接触到诱发物质后立刻就会产生炎症反应，而且大多数情况下48h内可以到达高峰期。如果皮肤再次受到相同强度的刺激，则又会产生相同的反应。

过敏性接触性皮炎是指一部分人对于某种刺激所产生的强烈反应。这些人在接触某种物质后会呈现出所谓的“过敏状态”。如果使其再次接触相同物质，即使比第一次浓度低很多，也仍然会产生强烈的反应。

包括延迟性过敏反应在内的所有过敏性接触性皮炎，在与致敏物质接触48h后，患处才会产生强烈的炎症反应。因此，即使是患者本人也很难推测出致敏物质是什么。例如，身边存在着的金属过敏和油漆过敏等，这些可以引起过敏反应的物质被称为过敏源。

此外，处于过敏状态的人即使仅接触到极其微量的过敏源也会产生过敏反应。镍皮肤炎是具有代表性的金属过敏疾病。例如，患者的皮肤表面一旦接触到镍制成的首饰时，即使是仅有能够溶于微量水分的镍，也会引发皮炎。再比如福尔马林等物质，即使是向空气中自然挥发的浓度水平，皮肤一旦接触到仍然会引发皮炎。

最近，人们逐渐认识到，上述两种不同的炎症反应是由不同类型的细胞群，以及具有调节细胞间相互作用的不同类型的细胞因子所引发的。其中，原发刺激性接触性皮炎主要与嗜中性粒细胞有关，IL8和TNF是起主要作用的细胞因子。而在过敏性接触皮肤炎中，则是Th1型淋巴细胞、IL2、INF和IL12等在起主要作用。

虽然从表象上看，皮肤因这些炎症反应而受到了伤害，但是这些反应基本上都是皮肤为了排除异物，或是利用免疫学记忆，快速高效的处理异物所引发的，所以说实际上这些反应本身都属于人体高度发达的反应机制。

2. 因生物所导致的损伤

生物对皮肤的损伤是多种多样的。除了因较大体型生物的咬伤、刺伤外，蜱螨等昆虫类的叮咬也会对皮肤造成伤害，并且是诱发特应性皮炎的一个重要原因。例如，表皮螨等生物的残骸或排泄物会就会成为诱发皮肤炎症的过敏源。

特应性皮炎患者的皮肤本身即患有皮肤屏障功能障碍，如果再有接触到过敏原的情况，那么往往会诱发很难治愈的病变。

此外，有一些细菌或霉菌以及病毒等会在皮肤表面或内部繁殖，从而诱发脓痂疹、脚气和疣等感染性疾病。

2.1.3　过敏

1. 过敏的定义[7)~9)]

过敏（allergy）这个词最早是Clemens Freiher von Pirquet在1906年的一篇名为“Allergie”的论文中提出的。来源于希腊语的allos（other，变化）和ergo（action，作用，能力），意思是“反应能力的变化”或者是“动作的变化”。而现在用于指代狭义过敏性或者Ⅰ型过敏性的“特应性（atopy）”一词是在1923年由Coca所提出，其最初的意思是“正常人所观察不到的异常过敏反应”。目前，“过敏性”和“特应性”有时已经被作为同义词使用，但在某些情况下有严格的区别。因此，过敏在广义上可以被定义为“人或动物的全身或局部由于免疫系统反应所导致的损伤”。

广义上的过敏大体可以分为两大类：一类是由于血液中抗体所导致的体液性免疫反应的过敏（Gell和Coombs提出的Ⅰ、Ⅱ、Ⅲ型过敏）；另一类是基于致敏淋巴细胞所导致的细胞免疫性过敏（Gell和Coombs提出的Ⅳ型过敏），见表1.2.2。而“特应性”在严格意义上属于Ⅰ型过敏，指与IgE相关的过敏，因此可以说是等同于狭义的“过敏性”。

表1.2.2　过敏反应的分类（Gell和Coombs）

	同义词	抗体	抗原	介质细胞因子	被动转移	皮肤反应	代表性疾病
Ⅰ型反应	速发型	IgE IgG4	外来性抗原室内灰尘、蜱螨、花粉、真菌、TDI、TMA（半抗原）、药物（半抗原）	组织胺 ECF－A 白三烯 PAF等	血清	速发型15～20min内出现最严重的发红和荨麻疹	过敏性休克 过敏性鼻炎，结膜炎 支气管哮喘 荨麻疹 特应性皮肤炎（?）
Ⅱ型反应	细胞6型 溶细胞型	IgG IgM	外来性抗原（半抗原） 青霉素等药物 自身抗原 细胞膜·基膜抗原	补体	血清		输血不当引起的溶血性贫血 自身免疫性溶血性贫血 特发性血小板减少性紫癜药物性溶血性贫血·粒性白细胞缺乏症·血小板减少症 肺出血－肾炎综合征

（续）

	同义词	抗体	抗原	介质细胞因子	被动转移	皮肤反应	代表性疾病
Ⅲ型反应	免疫复合型 阿蒂斯(Arthus)型	IgG IgM	外来性抗原 细菌、药物、异种蛋白	补体 溶酶体酶	血清	迟发型3～8h内出现最严重的红斑和浮肿	血清病 SLE，RA 血管球性肾炎 过敏性肺炎（Ⅲ+Ⅳ?） ABPA（Ⅰ+Ⅲ+Ⅳ?）
Ⅳ型反应	缓发型 细胞性免疫结核菌素型	致敏T细胞	外来性抗原 细菌、真菌自身抗原	淋巴因子 IL－2 IFN－γ 细胞因子	T细胞	缓发型 24～72h内出现最严重的红斑和肿块	接触性皮肤炎 过敏性脑炎 原发性皮炎（?） 过敏性肺炎（Ⅲ+Ⅳ?） 移植排斥反应 空洞型肺结核，上皮样肉芽肿

Ⅰ型过敏反应，也称速发型过敏反应或全身性过敏反应，其特征是可以使皮肤在15～30min内即出现并达到最大程度的发红或荨麻疹症状。与该反应有关的免疫球蛋白为IgE，但是有部分IgG，特别是IgG_4（STS－IgG，short term skin sensitizing IgG）也与之相关。IgE通过与血液和组织中的肥大细胞以及血液嗜碱性粒细胞上的高亲和性IgE受体（FcεRI）相结合而形成IgE抗体。而该抗体再与过敏原相结合就会致使肥大细胞和嗜碱粒细胞中组织胺等各种化学活性物质游离出来，进而导致各组织出现平滑肌收缩、血管通透性增加，以及分泌腺活动亢进等过敏反应。在过敏反应中，虽然抗原是决定反应特异性的重要物质，但是抗体的产生也是诱发过敏性反应重要因素。体内产生的抗体通过与抗原发生特异性反应，进而诱发了过敏性反应，因此可以说抗体才是过敏反应的启动开关。

在Ⅰ型反应中，室内灰尘、蜱螨、花粉、真菌、食品、药品、动物的毛屑、昆虫以及一些可以成为半抗原的化学物质（TDI和TMA等）等经由口腔、呼吸、皮肤、静脉等渠道侵入人体，从而诱发过敏反应。Ⅰ型过敏性反应的代表性疾病有过敏性支气管炎、过敏性鼻炎、荨麻疹、过敏性结膜炎、特应性皮炎和过敏性休克等。

2. 室内污染物中的过敏源

近年来，过敏性疾病的患病率逐渐增加。在过去的30年间，成人支气管哮喘的患病率从1%增加到了3%，小儿支气管哮喘增加了约5%。日本在第二次世界大战前几乎没有以杉树花粉症为主的过敏性鼻炎，但现在这种疾病的患者出现了显著的增加，约占日本总人口的10%。与此同时，不仅是儿童，就连成人罹患特应性皮炎的概率也在增加。在过去，过敏性疾病的主要过敏源是花粉、真菌以及食品等，但近年来过敏性疾病患者增加的原因则多为生活环境和生活方式的转变，特别是从通风良好的地方搬进了封闭的楼房中。随着空调设施的不断完备，室内的蜱螨、真菌也不断增加，再加上宠物在室内饲养的时间不断延长，来源于这些动物和微生物的过敏源的人体暴露概率也大幅度增加。

虽然儿童罹患的哮喘几乎都是特应性哮喘，但是成人哮喘患者中仅有约1/3是特应性哮喘，而剩下的2/3则大多是未必与IgE抗体有关的感染型（内因型）或混合型哮喘。由于这些哮喘病例并不能简单的就确诊其为过敏性（特应性），因此具有一定的复杂性。

最近，支气管哮喘成为被人熟知的炎症性疾患。但是，如果过度依赖于使用类固醇类消炎药物进行治疗，对于过敏原等致病因子的控制，即环境的改善工作就有可能被忽视。就支气管哮喘的治疗来说，在加强宿主一侧自身防御机能的同时，还必须针对作为攻击因子的过敏原进行有效控制。

螨虫过敏的主要过敏原是Der 1。如果1g室内灰尘中含有2 μg以上Der 1，人体就容易产生过敏性反应，而如果达到10 μg以上，就会成为诱发小儿哮喘的重要因素[10),11)]。但这一剂量能否诱发成人哮喘则尚不明确。此外，与螨虫和花粉过敏原相类似的是，真菌同样也是引发支气管哮喘的重要过敏原。尽管有很多报道表明，室外空气中真菌的数量随着季节的不同而变化，但是针对作为过敏原的室内真菌的研究却很少。虽然室内的真菌会受到室外空气中飞散的真菌的影响，但近年来，随着住宅结构的改变，例如高层公寓等密闭性的提高等，有必要重新对室内环境中真菌的情况进行研究。

随着近年来宠物热的盛行，以及宠物室内饲养家庭数量的增加，由于这些宠物成为过敏原所导致的过敏性疾病患者也有可能随之增加。在饲养猫或狗的家庭中，猫或狗过敏原的人体暴露量要远高于诱发小儿哮喘的螨虫过敏原的量。因此，随着宠物的增加，室内过敏原将更加成为诱发过敏性疾病的重要因素。[12)]

最近，宠物的种类也趋于多样化，人们在室内逐渐开始饲养一些不同于以往传统宠物的爬虫类或稀有的哺乳动物。虽然目前尚未见到有关稀有宠物诱发过敏性疾病的报道，但随着今后饲养状况的变化，仍然存在着出现稀有宠物过敏原致病问题的可能。

3. 其他释放过敏加重因子的室内污染

考虑到室内环境污染与支气管哮喘症状的加重有关，GINA（GLOBAL INITIATIVE FOR ASTHMA WHO/NHLBI，1995）列举了以下两点支气管哮喘发病及加重因素：

1）吸烟（被动吸烟、主动吸烟）：比起主动吸烟，二手烟的毒性更强，对呼吸道黏膜有很大的刺激性。很多研究表明，父母吸烟会增加儿童罹患哮喘疾病的风险，特别是母亲吸烟所带来的危害会更大。此外，一项研究显示如果母亲是吸烟者，婴儿的脐带血中 IgE 的平均浓度会很高，但同时也有研究否定这一观点。目前还没有证据可以证明主动吸烟是造成哮喘发病的危险因素。

2）大气污染（室外污染物、室内污染物）：室外污染物包括二氧化硫微粒复合体等形成的工业烟雾以及臭氧或氮氧化物等形成的光化学烟雾。室内污染物有一氧化氮、氮氧化物、一氧化碳、二氧化碳、二氧化硫、甲醛和微生物中的内毒素等。

很多报告推断这些室内污染物和哮喘的发病直接相关，但仍有待进一步的研究。

综上所述，室内环境污染是主要的过敏原和加重因子的来源。由于过敏疾患治愈的大前提是“避免过敏原和加重因子中的暴露”，所以环境的改善就变得至关重要。

2.1.4 微生物的生态及其病原性

微生物指肉眼看不见的生物，包括细菌、病毒、真菌（霉菌）、原虫等。其中，能够给人或动植物造成疾病危害的称为病原微生物。

1. 细菌

细菌在自然界中分布广泛，除了淡水、海水、土壤、植物之外，细菌还能够在动物和人的黏膜或体表上生存。在自然界中无论是海水还是土壤，98% 以上的细菌都无法通过普通的培养法培养，即“活的不可培养的细菌”，可以理解为这些细菌都处于一种睡眠状态。在土壤中，一些能够形成芽孢的细菌，可以通过形成抗逆性芽孢的形式在土壤中生存。同时，土壤中也有一些细菌，可以寄生在阿米巴原虫等细菌捕食性原虫上。水中也有一些细菌可以在水中形成生物膜，并在里面生活，这一类细菌具有很强的抵抗干燥和低温等恶劣环境的能力。

细菌侵入人体并附着在黏膜上之后，需要不断的增殖才能导致疾病的产生。具体来讲，细菌通过释放毒素或侵入细胞内造成细胞的损伤，从而诱发了各种症状的出现。这一过程中细菌表现出的自身机能和构造等因素称为病原因子。

2. 病毒

病毒在没有活的宿主细胞的情况下，不能进行自我复制。根据宿主细胞种类的不同，病毒可以分为动物病毒、植物病毒以及昆虫病毒等。由于宿主范围非常狭小，因此大多具有人类病原性的病毒会在人与人之间传染，当然也有动物传染给人类的情况。细菌在人与人之间的传染大多是“飞沫传染”。常见的流行性感冒病毒在气温越低、越干燥的空气中，越能够维持其传染力。

病毒通过在宿主细胞中的吸附→侵入→脱壳→复制→释放这一过程，对其造成损伤，从而发挥自身的病原性。其中，在最初的吸附阶段，因为细胞自身具有受体特异性，病毒的感染会诱发物种特异性、脏器特异性和细胞特异性。

3. 真菌

真菌（霉菌）是在自然界中分布最为广泛的微生物。真菌的基本形态分为两种：能够长出丝状体的丝状菌和通过芽殖法进行繁殖的酵母菌。菌丝型能够通过长出分生孢子并飞散到空气中，从而进行远距离传播散种。孢子具有耐干燥的特性，并且能够在缺乏营养的环境中生存。有一些真菌能够诱发感染、过敏、霉菌毒素中毒等症状。其中真菌感染又可分为表面浅表真菌感染、皮下组织真菌感染和深部真菌感染。

4. 原虫

原虫是广泛分布在淡水和土壤中的单细胞动物的总称，可以分为变形虫类（变形虫等）、纤毛虫类（草履虫等）、鞭毛虫类（利什曼原虫、锥虫、滴虫等）和胞子虫类（隐孢子虫、弓形虫、疟疾原虫等）。根据生活方式，原虫又可以分为自由生活原虫和寄生原虫。前者依靠摄取水和土壤中有机物的营养或者捕食细菌等生存。因此，如果水或土壤粒子通过发生为气溶胶而散布到空气中，就会使原虫在空气中传播，并存在诱发人体感染的可能。另一方面，有一些寄生原虫如果不寄生在昆虫、动物或人体中就无法存活。虽然对于人体来说，带有病原性的原虫大部分是寄生原虫，但它们都不会引起呼吸道感染。

2.1.5 感染源和感染途径

感染途径除了呼吸道感染外，还包括通过食物和水的摄取产生的口腔感染、昆虫和针刺产生的皮肤感染、以性病为代表的接触感染以及孕妇感染传给胎儿的母婴感染（见表 1.2.3）。

表 1.2.3 感染途径和感染源

感染途径	感染源	感染性疾病
呼吸道感染	空气	呼吸系统传染病、病毒感染
	飞沫（由喷嚏、咳嗽、讲话产生）	
经口腔感染	食物、水	食物中毒
经表皮感染	昆虫（蜱螨、虱子、蚊子等）	
	注射器	
接触感染	人、宠物	病毒性肝炎、艾滋病等
母婴感染	胎盘、产道、母乳	先天性梅毒、先天性风疹综合征、成人 T 细胞白血病

自然界原本没有生活在空气中的微生物，但微生物通过形成气溶胶颗粒，从而能够在空中漂浮。当微生物或生物的产物形成气溶胶时，将它称为生物气溶胶。生物的产物包括内毒素、动物的皮屑以及干燥的尿液等。此外，当饶虫的卵

形成气溶胶时也会引发感染。

当存活在自然界或动物或人体中的微生物飞散进入空中而造成呼吸系统感染时，把这一感染途径称为呼吸道感染。这些感染源多来自于打喷嚏、咳嗽以及说话时产生的唾沫（飞沫，droplet）等。通常，在电影院、教室、交通工具内等狭小空间且人群密集的地方比较容易发生传染。据说，一次喷嚏大约会产生2万粒飞沫。而当喉咙或呼吸系统中有病原体存在时，就会产生飞沫传染。另一方面，当自然界中的军团菌属细菌形成气溶胶时，就会发生经由空气传播的细菌感染。同时，还有一些类似结核菌那样，来源于飞沫传播并且对干燥、紫外线和低温等自然环境有较强抗性的细菌（例如结核菌），如果与灰尘混合后也悬浮在空气中，同样会通过空气传染。

当感染源是动物的粪便和羽毛时，会诱发鹦鹉热衣原体感染或隐球菌病等疾病。

2.1.6 人体的免疫机制[13)]

人体会将从环境中侵入的微生物视为异物，并具备相应的排出机制。这一机制被称为人体免疫机制或排异机制。这个机制可以分为两种：一种是对异物产生的非特异性免疫；另一种是对异物的抗原产生的特异性免疫（感染防御免疫）。

1. 非特异性免疫

见表1.2.4，非特异性免疫可以分为解剖学屏障、生理反应屏障和炎症反应。

表1.2.4 非特异性生物免疫机制

解剖学屏障	表皮（复层扁平上皮） 黏膜（黏液中含有溶菌酶IgA等。黏液通过咳痰等异物一起被排出）
生理反应屏障	咳嗽，打喷嚏
炎症反应	血管扩张 补体或纤维蛋白等炎症性蛋白质的渗出 嗜中性粒细胞或巨噬细胞的渗透和吞噬杀菌作用

2. 特异性免疫

一旦含有异种蛋白质的异物侵入人体，抗原提呈细胞就会识别异物成分与自身成分之间氨基酸序列的不同部分，进而将此信息传递给T淋巴细胞（抗原呈现阶段）。接着，具有抗原特异性的T淋巴细胞自身会产生克隆增殖（免疫应答阶段）。随后，B淋巴细胞在抗原的刺激下，转化为抗体产生细胞（浆细胞）并产生抗体（形成体液免疫）。另一方面，T淋巴细胞接触抗原后可以通过转化成致敏淋巴细胞来产生伽马干扰素。伽马干扰素可以通过活化巨噬细胞，从而提高其杀菌能力。而这些经活化的巨噬细胞，能够杀灭那些嗜中性粒细胞，或者普通巨噬细胞所无法杀灭的细菌或真菌（形成细胞性免疫）。

在免疫反应中抗体一旦产生，抗体自身或者联合吞噬细胞或辅体，通过表1.2.5中的一些机能就会开展人体的防御活动。但需要注意的是，如果仅有抗体存在，则几乎无法起到杀菌作用。

表1.2.5 抗体的功能

·凝聚（菌体）
·中和（毒素、病毒）
·固定化（对于运动性微生物）
·调理作用（嗜中性粒细胞或巨噬细胞造成的高吞噬性）
·补体的活化（杀菌或产生吞噬细胞的趋化性）

普通巨噬细胞无法杀灭，由于活化巨噬细胞的出现（细胞性免疫形成），可以将其杀灭的细菌有沙门氏菌、李斯特菌和抗酸菌等。

2.1.7 传染的确定和传染病

病原微生物即使附着在人体上，如果没有侵入其体内，或者即使侵入体内也被立刻排出，都不构成感染。当病原微生物成功克服生物体初期的排异反应，而附着在黏膜上并不断增殖时，就可以确定传染已经发生了。此时的微生物会通过不断释放毒素对细胞造成损伤，从而导致患者出现各种症状。

确定感染后最初的症状通常都会伴随有炎症反应的发生。例如发热、皮肤发红、倦怠、嗜睡、关节或肌肉疼痛、食欲不振等。这些都是由TNF－α、IFN－γ等所谓炎症细胞因子所产生的症状。虽然这些症状都会给患者造成不适感，但实际上它们都是人体自身为了排除入侵的异物而做出的必要反应，可以将其称为自然治愈能力，即所谓的“症状即治疗”。

1. 呼吸系统感染性疾病

除了前述症状外，呼吸系统感染还会使患者产生咽喉痛、咳嗽、咳痰、胸痛、胸闷、呼吸困难等症状。根据主要发病部位的不同，呼吸系统感染可以分为上呼吸道感染、支气管炎和肺炎三大类，其中肺炎是最严重的疾病。

1999年4月1日实施的《传染病预防和传染病患者治疗的相关法律》，即《传染病新法》中，根据传染性的强弱、患病的程度以及有无的相应治疗方法等，将传染病划分为1类（危险性极高）~4类（危险性不高）。同时针对这4种类型的传染病，也分别规定了相应的医疗对策。表1.2.6为传染病新法中4种类型传染病的分类（通过飞沫传染或空气传染所诱发的疾病用下画线注明）。同时，该法还规定了政府可以对法定传染病和新型传染病采取强制性应对措施。此外，由于结核的相关对策是基于《结核预防法》而制定的，所以有关结核的内容没有出现在表 1.2.6 内㊀。但直到今天，肺结核依然是一种重要的传染病。

表 1.2.6 传染病新法中的传染病分类

1 类传染病（原则上入院治疗，并对相关物品采取消毒等相应措施） 埃博拉出血热、鼠疫、克里米亚·刚果出血热、马尔堡出血热、拉沙热
2 类传染病（根据实际情况应入院治疗，并对相关物品采取消毒等相应措施） 小儿麻痹、白喉、霍乱、伤寒病、细菌性痢疾、副伤寒
3 类传染病（对特定职业进行就业条件限制，并对相关物品采取消毒等相应措施） 肠出血性大肠菌肠炎
4 类传染病（收集、分析传染病发病信息，并公布结果） 细菌：阿米巴痢疾，A 型溶血性链球菌性咽炎、回归热、急性肠胃炎、Q 热、衣原体肺炎、重症型溶血性链球菌感染症、细菌性脑膜炎、脑膜炎球菌性脑膜炎、性病衣原体感染症、炭疽、恙螨病、日本红斑病、小儿肉毒杆菌症、梅毒、破伤风、耐万古霉素肠球菌、百日咳、布鲁式病、耐青霉素肺炎链球菌感染、斑疹伤寒、支原体肺炎、金黄色葡萄球菌感染症、多剂耐性绿脓菌感染症、莱姆病、淋菌感染症、军团病 病毒：咽结膜炎、流感、病毒性肝炎、黄热病、急性出血性结膜炎、急性脑炎（包括日本脑炎）、狂犬病、获得性免疫缺陷综合征、肾综合性出血热、水痘、生殖器衣原体感染症、尖锐湿疣、先天性风疹、手足口病、登革热、传染性红斑、突发性风疹、汉坦病毒肺综合症、B 病毒病、风疹、疱疹性咽峡炎、麻疹、无菌性脑膜炎、流行性角膜炎、流行性腮腺炎 真菌：球孢子菌病 原虫：包虫病、隐孢子虫病、梨形虫病、痢疾 朊病毒：新变异型克雅氏病

2. 病态建筑综合征[14)]

“病态建筑综合征”（sick building syndrome）是由物理、化学、生物等综合因素引起的疾病。微生物是诱发该病的直接原因，包括嗜肺军团菌的空气传染或者真菌的异常增殖引起的空气传染和异臭。嗜肺军团菌引起的非肺炎型庞蒂亚克热的症状和病态建筑综合征的症状非常相似。

2.2 颗粒物引发的污染和损伤

2.2.1 进入人体的颗粒物

被吸入体内的颗粒物由于其大小的不同，在呼吸系统内的沉降机制也不相同。具体特征请参考本篇第 1 章 1.2 节中的相应内容。颗粒物的沉降机制分为 3 种。第一，“惯性作用”：该机制主要造成大粒子的沉降（10μm 以上），这一类

㊀ 《传染病新法》2007 年修订版中已将《结核预防法》纳入其中。——译者注

沉降通常发生在从鼻子到上呼吸道的部位，而沉降在更深部位的则主要是 10μm 以下的粒子。第二，“重力沉降”：空气中的颗粒物受到重力作用沉降于呼吸系统内壁。易沉降在呼吸气流速度出现下降的气管、支气管和肺泡中，粒径主要在 0.5～2μm。第三，“扩散作用”：颗粒物在布朗运动的作用下产生移动，其中粒径在 0.5μm 以下的粒子会沉降在细支气管到肺泡的位置。

上述颗粒物虽然都沉降在人体内，但由于其各自的物理或化学特征不尽相同，因此在呼吸系统中的沉降率也有很大的不同。颗粒物在呼吸系统中的总沉降率，可以通过计算实际沉降量占总吸入量的比例来计算：

总沉降率 = 沉降量/总吸入量

总吸入量 = 暴露浓度 × 呼吸量 × 暴露时间

实际上，颗粒物在呼吸系统中不同部位的沉降率也是不一样的。因此，在判断颗粒物对人体的影响时，仅知道总沉降率是不够的，还需要分别掌握具体部位的沉降率。在这里，将其称为呼吸系统区域沉降率或呼吸器官沉降率。这样一来，按照沉降粒子的排泄机制，可以将呼吸系统分为鼻咽喉部（N－P 部）、呼吸道部或气管・支气管部（T－B 部）、肺泡部（P 部）3 个区域。

根据 Stahlhofen[15] 等人发表的研究报告，气管・支气管内沉降率最大的粒子其空气动力学中位径在 4μm 左右，但该结果与其他学者提出的数值存在 40% 左右的偏差（见图 1.2.4）。此外，在肺泡区域，沉降率最大的是粒径为 3.5μm 的粒

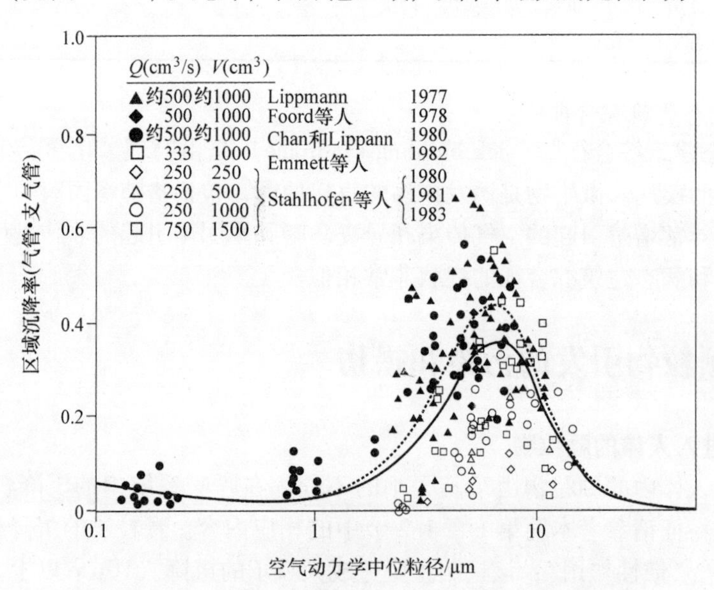

图 1.2.4 人体经口呼吸时不同空气动力学粒径颗粒物在气管・支气管区域的沉降率[15]（实线为全部数据的平均值。虚线为除 Stahlhofen 的数据以外的平均值）

子（约40%），而当粒径范围处于0.2～1μm时，沉降率基本稳定在20%（见图1.2.5）。所有的实验结果都表明，经口呼吸时颗粒物的沉降率要大于经鼻呼吸，并且如果增加呼吸次数或者增大某一次呼吸的空气吸入量，那么颗粒物的沉降率也有增加的可能。

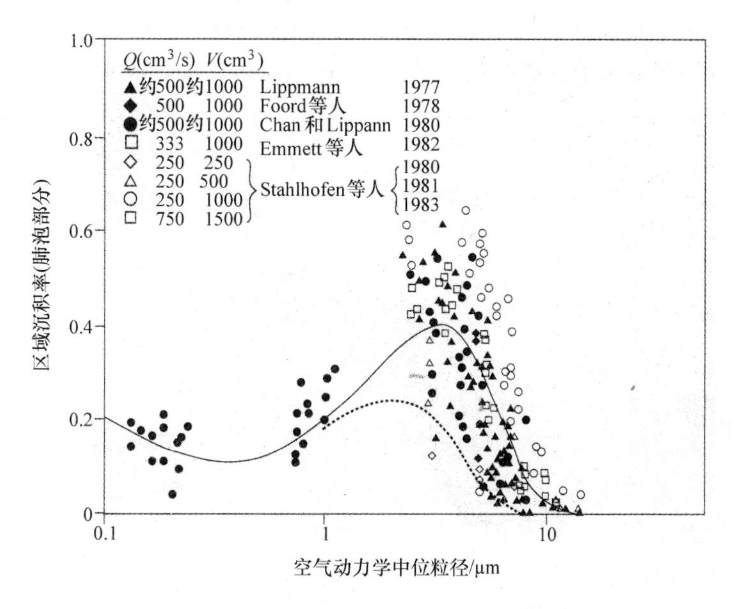

图1.2.5 不同空气动力学粒径颗粒物在人体肺泡区域的沉降率[15]（实线为全部数据的平均值。虚线为Lippmann（1977）统计的经鼻呼吸时沉降率）

当颗粒物沉降在呼吸系统内部时，机体就会做出试图将异物排出体外的防御反应，这一反应称为清洁机能。但是由于不同颗粒物的物理和化学特征不同，因此将颗粒物排出体外所需的时间和相应机制也有很大的不同。如果沉降的颗粒物易溶于水，就会迅速通过细胞膜进入血液，并经血液代谢后，最终由肾脏排出体外。但是如果沉降的颗粒物难溶或不溶于水，就需要经过更加复杂的排泄过程。但需要注意的是，呼吸系统中的溶解度并不是单纯的化学溶解度。同时，呼吸系统内如果有氨基酸或蛋白质存在，某些物质的溶解度便会发生显著的变化。

被纤毛上皮覆盖的气管和支气管等上呼吸道中沉降的颗粒物，通过纤毛的运动会以4～6mm/min的速度向呼吸道上方出口处排泄。其中的一部分变成痰排出体外，而另一部分则被吞咽入胃。在没有纤毛上皮组织的肺泡中，颗粒物会被肺泡巨噬细胞吞噬，并被搬运至细支气管，随后再通过纤毛细胞的运动，经由上呼吸道排出体外。当颗粒物毒性较强时，肺泡巨噬细胞会出现坏死并被溶解，随后再受到吞噬作用。此外，类似石棉类的针状物体或融合长大后煤粉颗粒，则会保持原有的状态长时间滞留在肺泡或间质中。

2.2.2 颗粒物对健康的危害

1. 悬浮颗粒物

大气环境标准中，针对可以被人体呼吸系统吸入，并且会对健康产生影响的，粒径在10μm以下的悬浮颗粒态物质设定了相关标准。颗粒物的粒径通常呈双峰分布，其中粒径在2.5μm（$PM_{2.5}$）以下的微细粒子对健康的危害尤为引人注目。这些微细粒子主要通过燃烧产生。其中，室外的主要排放源除了工厂外，还包括柴油车的尾气等，而室内的主要排放源，除了吸烟外还有开放式煤油炉。

一些学者在以美国6个城市为对象进行的前瞻性队列研究中，调查并记录了8111名成人14～16年间的死亡，以及在此期间大气污染的变化情况[16)]。研究结果表明，虽然吸烟与死亡率的相关性最强，但是将吸烟和其他风险因素进行标准化校正后，可以确定大气污染和死亡率之间成正相关关系。其中，污染最严重的城市和污染轻微的城市之间的标准化死亡率之比为1.26（置信水平0.95以上的置信区间1.08～1.47，见图1.2.6）。同时，死亡率与大气污染物中的颗粒物，特别是$PM_{2.5}$的浓度（含硫酸盐粒子）之间的相关性最强，并且死因主要集中在肺癌和心肺病。此后，Schwartz[17)]等人的研究又发现，在这6个城市中，每天的死亡率和大气中的微小粒子量成正相关关系。

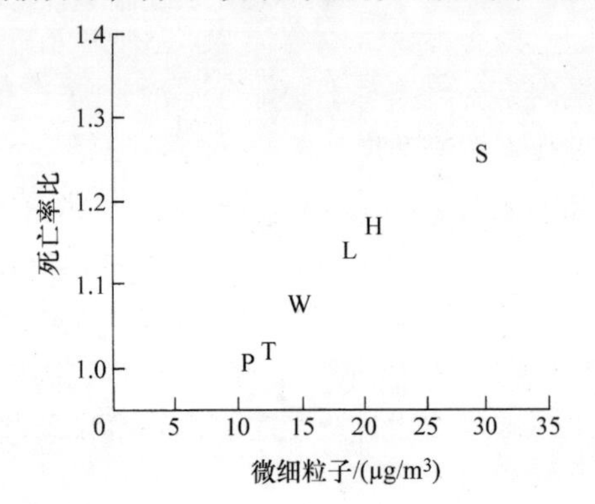

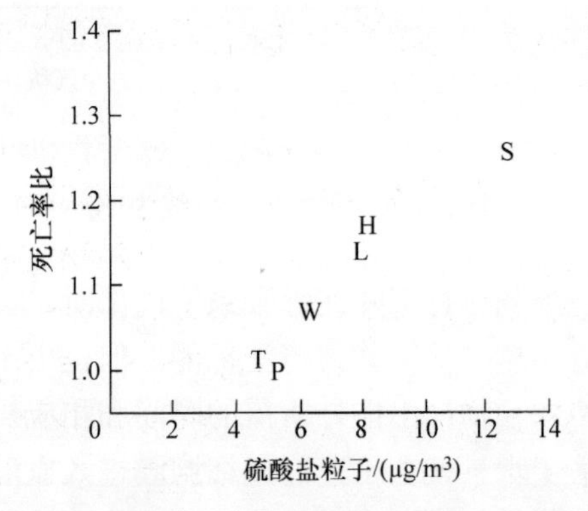

图1.2.6　美国6个城市的标准化死亡率比和大气污染浓度之间的关系[16)]（大气污染物浓度为年平均值）

P：波蒂奇（威斯康辛州）；T托皮卡（堪萨斯州）；W：水镇（马萨诸塞州）；L：圣路易斯（密苏里州）；H：哈里曼（田纳西州）；S：斯托本维尔（俄亥俄州）

此外，大多数的流行病学研究显示，随着大气中微细粒子的增加，患有慢性阻塞性肺疾病（慢性支气管炎）患者的症状会发生恶化，并且其呼吸机能会出现下降。其中，呼吸机能的下降指的是，1s用力呼气量下降，以及用力肺活量的减少等。

在这些报告中，$PM_{2.5}$的浓度平均在2.5～30μm/m^3，而这种浓度在日本也经常出现。最近，东京大气颗粒物的平均值在50～60μg/m^3，其中如果微细粒子占50%，$PM_{2.5}$的浓度就会达到25~30μg/m^3。通常，如果室内没有排放源，室内浓度会稍稍低于室外。

众所周知，柴油机排放颗粒物的吸入暴露，会使大鼠或小鼠罹患肺癌。不过在对人群流行病学的研究中，颗粒物和肺癌的因果关系尚不明确。

2. 吸烟

香烟烟雾中同时含有颗粒态和气态成分。主流烟或侧流烟中粒子的大小均在0.8~1.2μm，很容易到达肺泡深处。虽然香烟烟雾中颗粒物相和气相含有数十种以上的有害物，但其中对人体产生主要药理学作用的是尼古丁。除此之外，代表性的有害气体有一氧化碳和氰化氢；而颗粒物中则还有很多附着在粒子上，且具有很强致突变性的苯并芘等多环芳烃类化合物。几乎所有的有害物质在侧流烟中含量都高于主流烟中的含量。同时，主流烟的 pH 值在 6 左右，而侧流烟的 pH 值在 9 左右，其碱性对黏膜具有很强的刺激性。

大多数的流行病学研究结果显示，吸烟与肺癌、循环系统疾病、呼吸系统疾病都存在因果关系。而室内空气污染主要来源于侧流烟和人体呼出的主流烟。如果人体暴露在这种香烟烟雾中，就是所谓的被动吸烟。日本的研究表明，男性吸烟者的妻子的肺癌死亡率明显高于非吸烟男性的妻子的死亡率。同时，美国的一项研究表明，经常被动吸食二手烟的婴儿，其呼吸机能下降的概率，以及罹患呼吸系统疾病的概率会出现增加。此外，最近的调查显示，与父母都不吸烟的家庭相比，父母都吸烟的家庭中，“婴儿猝死综合征”（SIDS）的发病率要高出4.7倍。

3. 其他颗粒态物质

颗粒物还包括花粉、螨虫、真菌、细菌和病毒等的生物气溶胶，以及石棉和金属等。其中，花粉、螨虫和霉菌可能会成为诱发哮喘的过敏原。例如，最近大家都在谈论的问题是，粒径在20μm以上的杉木花粉，主要通过鼻腔黏膜的捕捉而诱发过敏性鼻炎的问题。同时，如果人体吸入石棉颗粒，会导致尘肺、肺癌和恶性间皮癌等疾病的发生。有研究表明，吸烟者因石棉导致罹患肺癌的危险性比不吸烟者要高出50倍。此外，恶性间皮癌属于比较罕见的疾病，其发病原因几乎都是由于吸入石棉颗粒而导致的，并且全部都是吸入后经过20~30年的时间才开始发病。

2.3 气态污染物造成的污染及健康损伤

2.3.1 进入人体的气态污染物

被吸入人体的气态污染物根据其在水中溶解性（易溶性或难溶性）的不同，其在体内的行为或状态也有很大的不同。氨、氯、二氧化硫（亚硫酸气体）、甲醛等水溶性气体，在上呼吸道中的机体摄取率会高于难溶性气体。与之相对的是，二氧化碳、臭氧等难溶性气体则几乎都不会被上呼吸道吸收，而是直接到达肺部深处，对肺泡细胞造成损伤。但是，挥发性气体污染物则未必全都能溶于水。

通常情况下，人体在安静时用鼻子呼吸，而运动时则用嘴呼吸。当气态污染物通过鼻子进入人体时，鼻腔在某种程度上起到类似于应对粗颗粒物一样的有效的过滤作用。到目前为止，几乎所有的研究都表明：与经口呼吸相比，经鼻呼吸时，气体在上呼吸道中被机体的摄取率更高。此外，经口呼吸时，虽然随着呼吸量的增大，气态污染物的流量也随之增加，但在上呼吸道中，高流量污染气体的摄取率要低于低流量的情况。这一现象与气体通过时长有直接的关系。相反的，运动时采用经口呼吸，随着换气量的增大，下呼吸道的污染气体暴露量也随之增大。

上呼吸道的表面虽然分泌有保护黏液，但如果在大量有害气体暴露的情况下，这些黏液就无法对组织起到有效的保护作用，从而导致黏膜细胞被破坏。这样一来，其结果就是使有害气体随肺部血液循环分布到整个身体中，进而导致血液系统受到机能性或器质性损伤。同时，也会对各种脏器或器官中的酶系统起到破坏作用，或者是作用在基因上进而诱发癌症。

2.3.2 气态污染物导致的健康损伤

在有可能造成室内空气污染的气态污染物中，目前已经基本明确其健康影响的有二氧化碳、一氧化碳、二氧化氮、二氧化硫以及甲醛等。此外，最近挥发性有机物（VOC）也已经引起了大家的重视。

对于VOC中的苯、四氯乙烯、对二氯苯等有致癌性或可能有致癌性的化学物质，在探讨其环境标准等问题时需要使用风险评估等新方法进行相关研究。

1. 二氧化碳（CO_2）

二氧化碳在大气中的含量约有360×10^{-6}，它对血液pH值的控制起着重要作用。对于健康成人而言，当暴露在浓度为1.5%的二氧化碳中时，人体会出现轻度代谢障碍，而如果达到8%～10%，就会造成人体意识不清甚至昏厥。

在空气污染指标中，二氧化碳在室内的最高容许浓度为1000×10^{-6}（0.1%）。

2. 一氧化碳（CO）

一氧化碳是一种化学窒息性气体，它可以与氧气竞争性结合血红蛋白，生成碳氧血红蛋白（COHb）。一氧化碳与血红蛋白的亲合力比氧与血红蛋白的亲合力高200～250倍。COHb的浓度一般用饱和浓度的百分比表示，这个指标可以用来大致估计CO的摄取量。表1.2.7为现有研究报道中COHb浓度及其对人体的影响[18)]。研究表明，与非吸烟者相比，吸烟者的COHb要高4%～6%，也有报道显示该值会高 5% ~10%。当 COHb 达到 5% 时，会对心血管系统产生影响，此时换算得出大气中对应的 CO 浓度为 45×10^{-6}，因此患有心脏疾病，特别是心绞痛的患者需要十分注意。

表 1.2.7　COHb 浓度和对人体影响的关系[18)]

COHb（%）	影响
0.4	影响非吸烟者的生理学正常值
2.5 ~3	导致心绞痛和间歇性跛行患者的运动能力下降
4 ~5	加重交警头痛和疲劳感等症状
5 ~10	新陈代谢的改变和损伤：视觉、手的灵敏性、学习能力等具有统计学意义的减退
10 以上	头痛、对手部动作的影响：发生基于视觉判断的脑电图变化

3. 氮氧化物（NO_x）

燃烧产生的一氧化氮（NO）会在大气中迅速被氧化生成二氧化氮（NO_2）。由于 NO_2 对人体的影响更大，因此到目前为止的报道几乎都是有关 NO_2 暴露的研究。人体暴露在高浓度的 NO_2（150×10^{-6}以上）中会诱发肺水肿而致死。日本环境厅就人体在低浓度 NO_2 下的慢性暴露开展了两次大规模的调查：其中的一次调查表明，持续性咳嗽和生痰的发生率和 NO_2 间存在量效关系；但在另一次调查中则没有发现两者具有明确的相关性。在东京[19)]曾经使用徽章式被动采样滤膜，分别针对道路沿线、远离道路地区以及指定地区 NO_2 的人体被暴露量及其室内浓度和室外浓度进行了测定，其结果为道路沿线 > 远离道路地区 > 特定地区；室内浓度 > 室外浓度。同时还发现，室内浓度也会由于受到污染物排放源有无的影响而出现较大偏差（见图 1.2.7）。这 3 个地区中，道路沿线地区的居民呼吸系统症状（持续性咳嗽、生痰、呼吸困难等）的发生率最高。虽然不能因此就断言该结果仅仅受到 NO_2 的影响所导致，但可以确定大气污染是某些呼吸系统症状的发病原因（见图 1.2.8）。

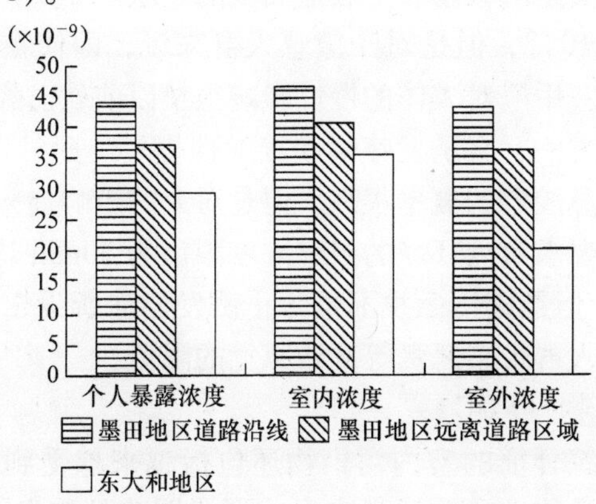

图 1.2.7　整个期间平均二氧化氮的个人暴露浓度[19)]

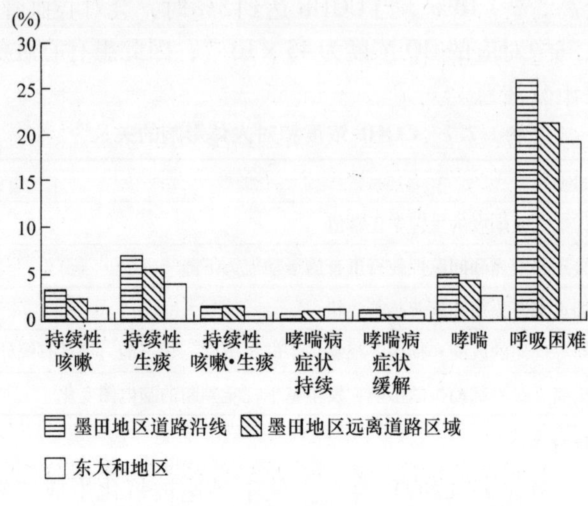

图 1.2.8 不同地区的呼吸疾病的发病率

4. 二氧化硫（SO_2）

由于SO_2易溶于水，所以大部分都在上呼吸道内被人体吸收。而上呼吸道黏膜在SO_2的刺激下，又会诱发咳嗽、打喷嚏、眼部疼痛等症状。同时，SO_2恶臭的嗅阈值范围在$0.03\times10^{-6}\sim1\times10^{-6}$，如果达到$3\times10^{-6}$就可以直接被人群感知到。低浓度$SO_2$慢性暴露会导致支气管收缩和呼吸道黏液的过度分泌，从而诱发慢性支气管炎、哮喘等呼吸系统疾病。此外，SO_2很容易附着在颗粒物上，并能够在潮湿的环境中转化成硫酸，形成具有很强刺激性的气溶胶。这种气溶胶粒子的粒径大多在2μm 以下，因此可以进入肺泡并对肺部组织造成损伤。

5. 甲醛

甲醛被认为是诱发病态建筑综合征的主要化学物质之一。甲醛短期暴露对人体健康的影响，主要是对眼睛和呼吸道黏膜的刺激。令人产生不快感的甲醛嗅阈值的中值为0.08×10^{-6}，但是对于敏感人群来说，即使在很低的浓度下，也会感觉到甲醛的存在。甲醛对人体的慢性影响很早以前就已经为人所知。甲醛是过敏性疾病的过敏源之一，会诱发哮喘和接触性皮炎。此外，动物实验结果显示，甲醛引发动物罹患鼻腔癌的概率很高，但是对人的影响尚未得到流行病学上的证明。日本的厚生省要求室内环境的甲醛浓度限值为30min 均值在$0.1mg/m^3$以下（0.08×10^{-6}）[20]。但是该指标并不是防止诱发癌症所设定的甲醛浓度限值，而仅是为了防止其给人群带来恶臭等刺激感觉的限值。

6. 挥发性有机物（VOC）

诱发病态建筑综合征的室内污染物还包括越来越受到人们关注 VOC。VOC 是大量化学物质的总称，目前还尚未形成严格明确的定义。空气中的 VOC 既有气态也有颗粒态。因为如果对其中每一种化合都分别测定需要巨大的工作量，所以为了提高效率，通常将它们以总挥发性有机物（TVOC）的形式进行讨论。在对人体的急性影响方面，VOC 普遍会造成头痛、眩晕、呕吐等中枢神经症状。环境厅还特别针对具有致癌作用的苯、四氯乙烯制定了环境标准。同时，对氯乙烯、丙烯腈和二氯甲烷等的环境标准也在加紧制定中㊀。

VOC 中，苯对骨髓造血功能的影响在很久之前就被人关注，而苯与再生不良性贫血和骨髓性白血病等重大疾病之间的因果关系也早已被明确。由于苯没有致癌阈值，因此使用风险评估的方法制定了 $3\mu g/m^3$ 的大气环境中苯的标准值。对于 VOC 这一类物质来说，当室内没有相应排放源时，室外和室内的 VOC 浓度就会几乎处在同一水平。但是如果室内存在 VOC 排放源，室内 VOC 浓度就会高于室外。为了增强对 VOC 健康影响的认识，今后应当继续开展相关研究。特别是针对那些可能具有致癌活性的化合物，应分别制定出每个物质的环境标准。

2.4　微生物对建筑物的污染

2.4.1　污染形成的机制

通过不断改善居住环境可以确保稳定舒适的生活，而生活的舒适性又离不开建筑技术的进一步提高。但是，随着建筑技术的进步而生活舒适性逐渐提高的同时，也会产生一些弊端。其中最具代表性的就是微生物对建筑物的损害。

微生物在人们的生活环境中无处不在[21)]。在探讨微生物和建筑物的关系时，大多都会最终归结到对人体健康的影响上。但是，微生物对人体健康的危害却远远比不上其对建筑物的损害。当然，大部分微生物都是肉眼看不见的。在我们的居住环境中，最小的微生物在 1/1000mm 的级别，种类主要有细菌、酵母菌和霉菌。在这些微生物中，对建筑物影响最大的是霉菌。在此，就霉菌的污染途径和污染机制进行介绍。

1. 污染途径

处于高湿环境中的建筑物容易遭到霉菌的损害。但是，这些霉菌污染并不是来源于建筑物内部，而是大多来自土壤。土壤中分布着无数的微生物，其中就包括具有各种细胞形态的霉菌（见表 1.2.8）。每 1g 的土壤中含有 10^4 ~ 10^6 个霉菌，它们能够随干燥的土壤飞散到空气中，并直接或通过植物等媒介间接进入建筑物内部[22)]（见图 1.2.9）。虽然霉菌的孢子数量随季节变化会有所不同，但基本上是普遍散布在空气中的。[23)]

㊀　二氯甲烷的环境标准已于 2001 年编制完成。——译者注

表 1.2.8 土壤中的真菌

真菌	孢子类型	存活时间
致病疫霉(*Phytophthora infestans*)	孢子囊	9~10 周
禾旋孢腔菌(*Helminthosporium sativum*)	分生孢子	>20 个月
绿色木霉(*Trichoderma viride*)	分生孢子	>1 年
尖孢镰刀菌(*Fusarium oxysporum*)	分生孢子	<8 周
尖孢镰刀菌	厚膜孢子	>8 周
葱霜霉(*Peronospora destructor*)	卵孢子	>8 年
根腐丝囊霉(*Aphanomyces euteiches*)	卵孢子	10 年
麦角菌(*Claviceps purpurea*)	菌核	2 年
大丽轮核菌(*Verticillium dahliae*)	菌核	14 年
齐整小核菌(*Sclerotium rolfsii*)	菌核	60 个月

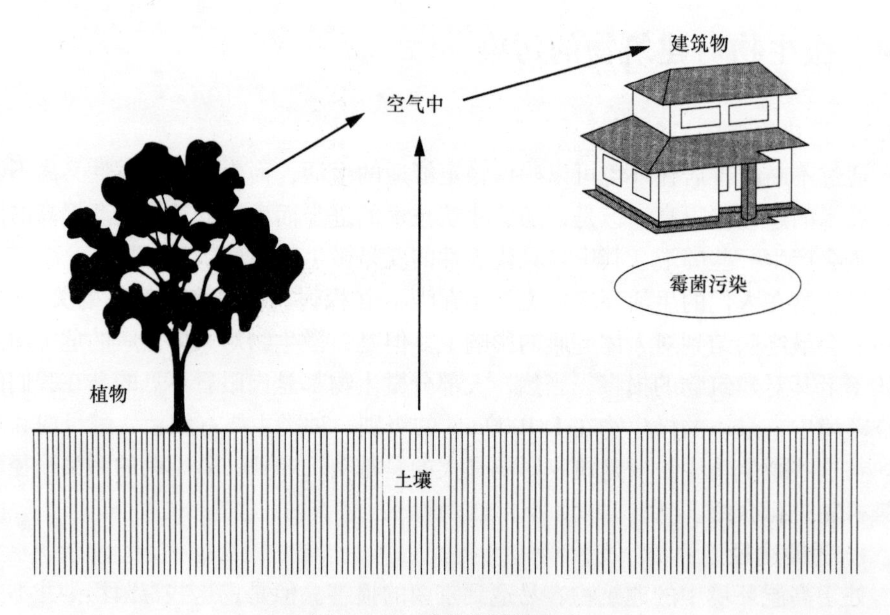

图 1.2.9 霉菌的污染途径

2. 污染机制

飞散在居住环境中的霉菌孢子，会附着在墙壁上。此时，一旦附着面变得潮湿或空气湿度增加，霉菌孢子就会不断吸收空气和附着面上的水分，使得细胞壁逐渐变厚膨胀，随后开始出芽。进入出芽期后，出芽细胞的顶端进行着明显的细胞代谢并不断生长。

随着出芽细胞芽管的不断伸展，继而向四面八方伸长形成幼小的菌丝。随后，菌丝将进入并沿着附着面的浅表部平行伸展生长，并不时伸出表面。霉菌污染的初期是肉眼所无法观察到的。而随着污染的进一步发展，菌丝开始着色并产生出代谢物，这时才能清楚地看到霉的出现。

如图 1.2.10 所示，霉菌的污染方向并不是伸向建筑材料内部深处，而是在其浅表层和表面外部不断扩大伸长菌丝。以这种基质形成的菌丝大多数呈现出不规则的膨大结构，这与由琼脂培养基培养出的均一菌丝结构完全不同。这种不规则的菌丝结构对物理或化学方法的处理具有一定的抵抗力，不容易被消灭。此外，就这种通过不断生长造成污染的机制而言，霉菌和其他的微生物基本上是一致的[24)]。

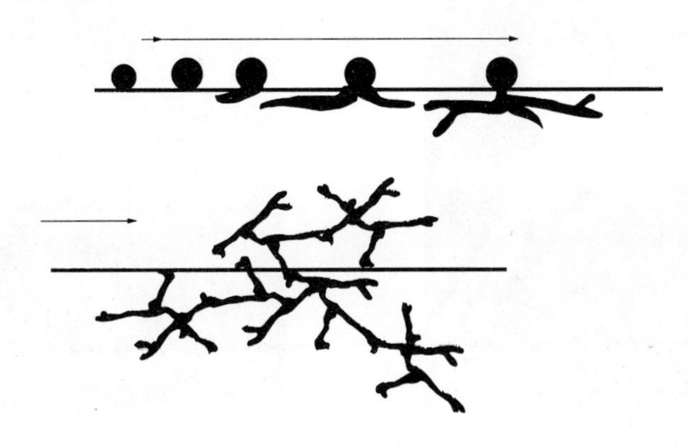

图 1.2.10　霉菌污染的形态变化

2.4.2　污染微生物

建筑物内产生的微生物污染除一部分是酵母菌外[25)]，大部分是霉菌。以下围绕主要污染微生物——霉菌进行介绍。

1. 主要微生物的生态特性

(1) Aspergillus（曲霉菌，见图 1.2.11）

曲霉菌在自然界中分布广泛并且具有较强的耐干燥性，属于中、高温型微霉菌。曲霉菌可以借助土壤和空气飞散进入建筑物，并主要集中在墙壁和灰尘中。主要的曲霉菌有花斑曲霉（A. versicolor）、黑曲霉（A. niger）、烟曲霉（A. fumigatus）、黄曲霉（A. flavus）和赭曲霉（A. ochraceus）等。曲霉菌的危害主要有以下两点：第一，室内污染导致过敏疾病的发生；第二，产生曲霉毒素。而其中最受关注的就是黄曲霉产生的黄曲霉毒素。这种曲霉毒素是天然致癌物质中致癌性最强的霉毒。

(2) Penicillium（青霉菌，见图 1.2.12）

青霉菌和曲霉菌具有同样的生态特性，并且也在自然界中广泛分布。相比而言，青霉菌以中温型为主，而曲霉则以高温型为主。而两者的差别有时体现在分布区域的不同上。青霉菌也是从土壤中产生，并通过空气或植物等进入室内，如果附着在榻榻米、胶合板、皮革和衣物上就容易出现大面积的繁殖。室内环境中的青霉菌大多存在于灰尘当中。此外，青霉毒素污染食品的情况也比较常见。主要的青霉毒素有桔霉素、展青霉素、含氯肽和藤黄醌茜素等。

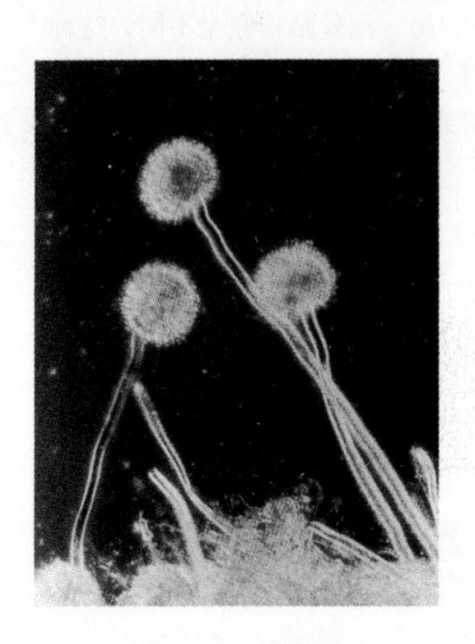

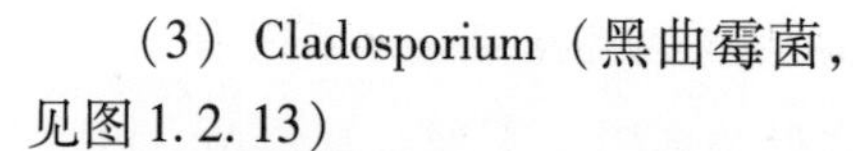

图 1.2.11 曲霉菌

图 1.2.12 青霉菌

(3) Cladosporium（黑曲霉菌，见图 1.2.13）

黑曲霉菌广泛分布在空气中，是具有喜湿性的中温型霉菌。由于其能够腐蚀建筑物，并且可以使食品腐败，因此是一种非常重要的霉菌。在湿度较高、通风不良或是温差较大的地方，都能看到这种霉菌的身影。浴室瓷砖的缝隙和结露处，以及天花板和地板等变黑的大部分原因都是漂浮在空气中的黑曲霉菌的作用。

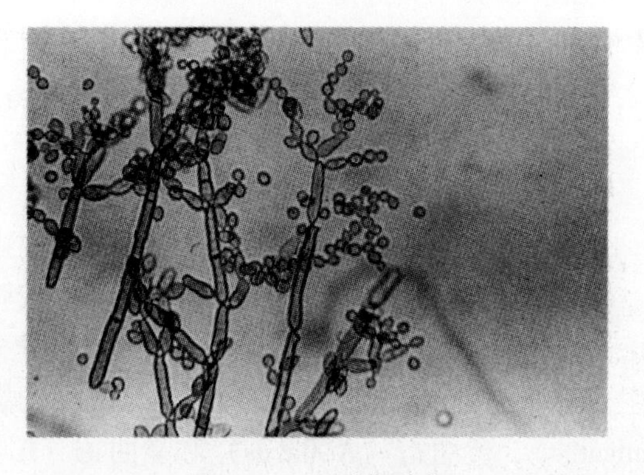

图 1.2.13 黑曲霉菌

(4) Alternaria（交链孢霉菌，见图 1.2.14）

交链孢霉菌是具有喜湿性的中温型霉菌。由于这种霉菌自身呈黑色，因此当它形成污染时就像是附着的煤灰一样。交链孢霉菌具有诱发过敏以及腐蚀建筑和导致食物腐败的危害。在高湿度的浴室、厨房等处，那些经常可以观察到的黑色的霉，大多都是交链孢霉菌和黑曲霉菌。这些霉菌对紫外线具有较强的抵抗性。

（5）Fusarium（镰刀霉菌，见图1.2.15）

镰刀霉菌生长速度很快，是具有喜湿性的中温型霉菌。这种霉菌在自然环境中主要生长在土壤、河流和植物中，而在室内环境中主要分布在湿度较高的浴室或厨房的水池周围。它可以使建材发生变色，并且其自身也能够产生霉毒素。

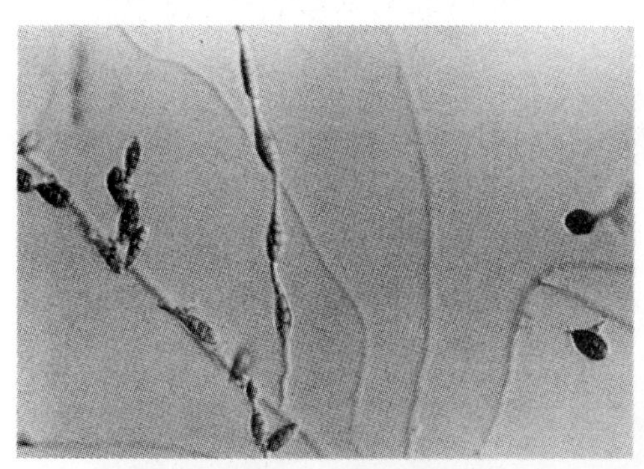

图1.2.14　交链孢霉菌

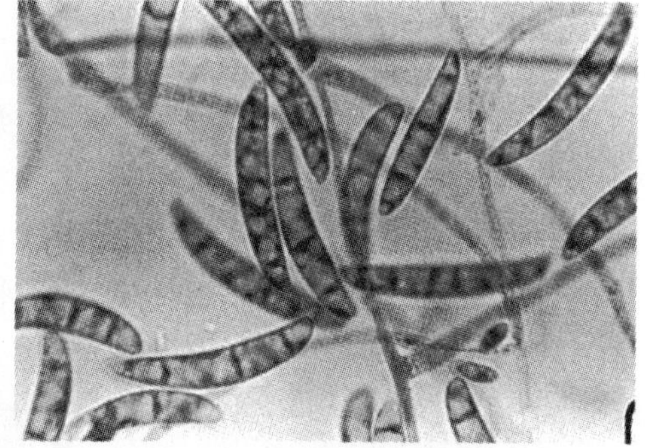

图1.2.15　镰刀霉菌

（6）Aureobasidium（短梗霉菌，见图1.2.16）

短梗霉菌主要分布在浴室、厨房等湿度较高的地方，是具有喜湿性的中温型霉菌。这种霉菌呈酵母状，在产生时可以看到黑色黏液。短梗霉菌虽然对人体没有伤害，但是对建筑物具有腐蚀作用。

（7）Trichoderma（木霉菌，见图1.2.17）

木霉菌特别喜欢在潮湿的环境中，属于喜湿性的中温型霉菌。木霉菌的纤维分解性较强，容易对木材或纸张等造成污染。同时，木霉菌的存在还会使建筑物

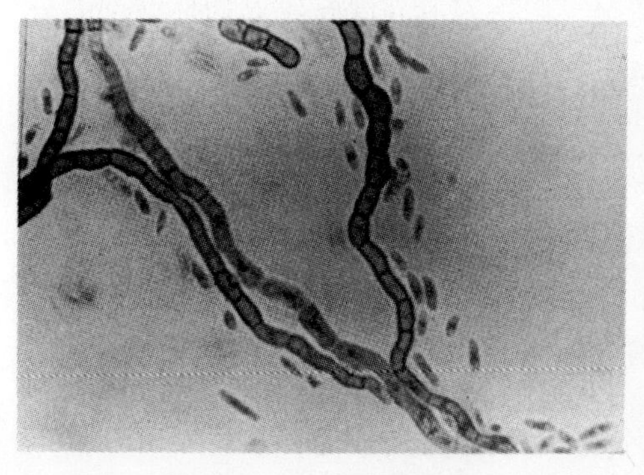

图1.2.16　短梗霉菌

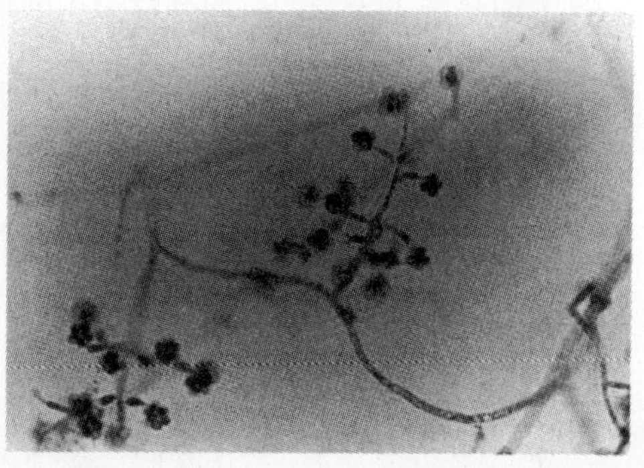

图1.2.17　木霉菌

内的榻榻米、胶合板以及有结露的墙面受到污染，并且污染一旦产生还会迅速扩大。此外，由于木霉菌会产生大量的孢子，所以很容易造成二次污染。

（8）Eurotium（散囊菌）

散囊菌是具有嗜干性的中温型霉菌。这种霉菌通常存在于类似灰尘一类的粉末状物质中，会污染皮革、衣服、塑料、玻璃等物品。散囊菌也被称为喜稠性霉菌，倾向于在具有高渗透压的物质中繁殖。

（9）Wallemia（节担菌）

节担菌是具有嗜干性的中温型霉菌，大量分布在灰尘、地毯和榻榻米中。据说这种霉菌能够和螨虫共生，但具体事实尚不明确。节担菌会对榻榻米和皮革造成污染。

（10）Paecilomyces（拟青霉菌）

拟青霉菌是中温至高温型霉菌，在水系高湿环境或干燥环境中都有分布。

（11）Rhodotorula（红酵母菌，见图 1. 2. 18）

红酵母菌是酵母菌的一种，呈现红色~粉红色，是具有喜湿性的中温型酵母菌。红酵母菌不适合在干燥的环境中生存，通常分布在厨房或浴室等潮湿的地方，在其刚产生时呈粉红色。此外，在灰尘或结露的地方也有红酵母菌的出现。

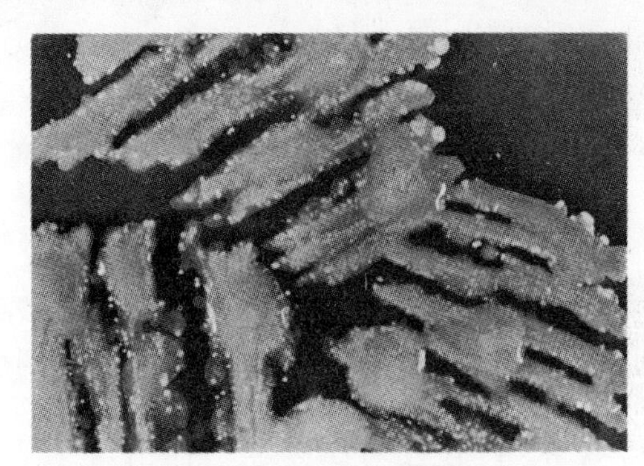

图 1. 2. 18　红酵母菌群落

2. 建筑物周围的微生物

上面总结了主要的霉菌和酵母菌的情况，以下对其在建筑物周边环境中的分布进行简要介绍。由于在这一区域中的微生物也以真菌为主，因此仍然围绕真菌展开介绍。

（1）空气中的真菌

一年中，室内、外空气中的真菌多产生于春秋两个季节，因此可以说具有双峰性的倾向（见图 1. 2. 19）。同时，从图中还可以看出，冬季是真菌数量最少的季节。此外，室内、外空气中分布最多的真菌是黑曲霉菌，接下来是支链孢霉菌和青霉菌（见表 1. 2. 9）。

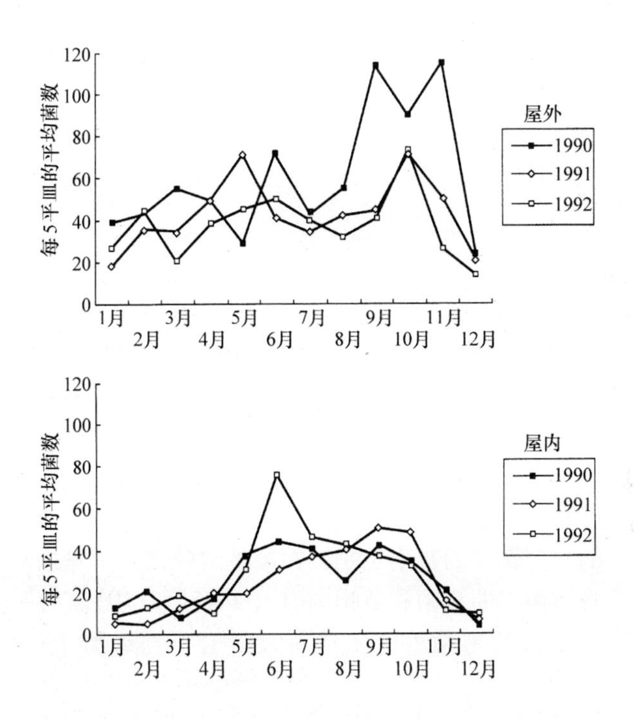

图 1.2.19 室外、室内空气中真菌的月变化图

表 1.2.9 空气中主要的真菌

屋外

年	1990	1991	1992
测定数	58	95	101
分离菌数	3578	4112	3922
每5平皿的平均菌数	61.7	43.0	39.2
黑曲霉菌	826（23.1）①	1102（26.8）	1231（31.4）
链格孢菌	377（10.5）	510（12.4）	348（8.9）
青霉菌	133（3.7）	109（2.7）	145（3.7）
镰刀菌	108（3.0）	191（4.6）	198（5.0）
短梗霉菌	59（1.6）	71（1.7）	63（1.6）
附球菌	44（1.2）	68（1.6）	65（1.7）
其他	2180	1711	1821

屋内 （续）

年	1990	1991	1992
测定数	129	113	107
分离菌数	3295	2781	3041
每5平皿的平均菌数	25.5	24.6	28.4
黑曲霉菌	698（21.2）①	656（23.6）	722（23.7）
链格孢菌	106（3.2）	162（5.8）	141（1.3）
青霉菌	253（7.7）	161（5.8）	181（6.0）
镰刀菌	38（1.2）	62（2.2）	60（2.0）
短梗霉菌	20（0.6）	29（1.6）	120（3.9）
其他	2180	1711	1821

① 分离率。

暴露时间：10min。

（2）室内灰尘中的真菌

吸尘器收集的看似真菌的灰尘也是被污染的对象之一。室内灰尘中主要的真菌有黑曲霉菌、青霉菌、曲霉菌和节担菌等（见表1.2.10）。由于室内灰尘具有干燥性，因此除高湿性的霉菌外，还含有大量喜干性或耐干性的霉菌（见图1.2.20）。

表1.2.10 室内灰尘中的主要真菌

菌种	1989	1991	1992
黑曲霉菌	69.8②	68.6	69.9
青霉菌	45.8	48.8	57.7
*黄曲霉菌*①	24.5	18.6	28.5
木霉菌	6.3	11.6	5.7
镰刀菌	13.5	9.3	17.1
链格孢菌	4.7	7.0	18.7
短梗霉菌	5.2	7.0	12.2
局限曲霉菌	69.8	46.5	41.5
散囊菌	25.0	11.6	5.7
节担菌	42.7	34.9	24.4

① 黑曲霉、烟曲霉、花斑曲霉、赭曲霉、焦曲霉。

② 阳性率=室内灰主样品中含有大于10^5CEU/g的数量/室内灰尘检测数×100。

（3）建筑物周围各处的真菌

建筑物周围的真菌和建筑物的材质或环境湿温度都有密切关系（见表1.2.11）。特别是黑曲霉菌和青霉菌，广泛分布在各个角落中。

图 1.2.20 室内灰尘中的霉菌

表 1.2.11 家庭环境中有霉菌出现的位置或物品以及相应的霉菌种类

霉菌	潮湿环境					湿润或干燥环境																		食物								
	浴室	洗漱台	厕所	结露的墙壁	厨房	卧室	日式房间	壁橱	鞋柜	室内灰尘	空气中	下水道	榻榻米	木材·纤维类	地毯	衣服	空调过滤器	冰箱	鞋子	皮革	书籍	镜片	薄膜	蔬菜	谷类	面包	鱼类	肉类	风干食品	饮用水	乳制品	甜食
喜湿性霉菌																																
木霉菌												○	○	○										○		○		○				
根霉菌												○														○		○		○		
黑曲霉菌	○	○	○	○	○	○	○	○	○	○	○	○	○	○	○	○	○	○	○					○	○	○	○		○	○		
链格孢菌	○	○	○	○	○					○	○							○						○								
镰刀菌	○	○	○	○	○					○	○	○						○						○	○	○						
短梗霉菌	○	○	○	○	○					○	○	○			○	○		○						○				○		○		
地丝菌 (*Geptrichum*)	○											○												○		○	○			○		
毛壳菌 (*Chaetomium*)	○												○	○																		
耐干性霉菌																																
青霉菌	○	○	○	○	○	○	○	○	○	○	○		○	○	○	○	○		○	○	○			○	○	○	○	○	○	○	○	
黄曲霉菌						○	○	○	○	○	○		○	○	○	○	○	○							○	○	○				○	
喜稠性霉菌																																
散囊菌 (*Eurotium*)						○	○	○	○	○			○	○	○	○	○		○	○	○	○	○						○		○	○
A[①]*局限曲霉菌*						○	○	○	○	○			○	○	○	○	○		○	○	○	○	○						○		○	○
脂节担菌 (*Wallemia sebi*)						○	○	○	○	○			○	○	○																	○

① A：曲霉菌

2.4.3 导致微生物污染产生的主要因素

导致微生物污染产生的主要因素分为物理因素和化学因素两方面。其中，物理因素有湿度和温度；化学因素有基底成分、氧气和氢离子浓度等[26)]。

1. 物理因素

（1）温度

对于不同种类的微生物来说，最适合其生长繁殖的温度范围也不相同（见表1.2.12）。大多数微生物的生长温度范围在10～37℃。在这个范围内又可以分为低温区、中温区和高温区。其中10～20℃是低温区，20～30℃是中温区，30～37℃是高温区。从微生物群的生活习性来看，一般细菌在高温区中生长，霉菌和酵母菌在中温区生长，而水系微生物则更喜欢低温区。其中，霉菌的最适合生长温度为25～28℃。另一方面，即使是4～6℃的冷藏状态下，黑曲霉菌、青霉菌和镰刀霉菌等也能够生长。此外，温度超过30℃以上，大多数霉菌会失去活性，面临死亡。

表1.2.12 微生物的生长温度

微生物	最适合生长温度/℃
细菌	
产碱杆菌（*Alcaligenes*）	20～30
枯草芽胞杆菌（*Bacillus subtilis*）	28～40
短杆菌（*Brevibacterium*）	20～30
生孢梭菌（*Clostridium sporogenes*）	35～37
大肠杆菌（*Escherichia coli*）	35～37
肠膜明串珠菌（*Leuconostoc mesenteroides*）	20～30
微球菌（*Micrococcus*）	25～35
嗜盐消化球菌（*Peptococcus halophilus*）	25～35
绿浓杆菌（*Pseudomonas aeruginosa*）	20～32
鼠伤寒沙门氏杆菌（*Salmonella typhimurium*）	30～35
沙雷氏菌（*Serratia*）	25～30
金黄色葡萄球菌（*Staphylococcus aureus*）	30～35
粪链球菌（*Streptococcus faecalis*）	30～35
酵母菌	
白念珠菌（*Candida albicans*）	25～32
深红类酵母菌（*Rhodotorula rubra*）	25～30
酿酒酵母菌（*Saccharomyces cerevisiae*）	30
霉菌	
链格孢菌（*Alternaria alternate*）	25～28
黄曲霉菌（*Aspergillus flavus*）	30～35
烟曲霉菌（*Aspergillus fumigatus*）	35～38
花斑曲霉菌（*Aspergillus versicolor*）	25～28

（续）

微生物	最适合生长温度/℃
短梗霉菌(Aureobasidium)	20～27
黑曲霉菌(Cladosporium)	25～28
附球菌(Epicoccum)	23～27
散囊菌(Eurotium)	25～30
尖孢镰刀菌(Fusarium oxysporum)	22～30
念珠丝霉菌(Geotrichum candidum)	20～27
总状毛霉菌(Mucor racemosus)	25～30
桔青霉菌(Penicillium citrinum)	24～27
木霉菌(Trichoderma)	23～27
脂节担菌(Wallemia sebi)	24～28

（2）湿度

相对湿度（RH:%）和微生物的生长有很大关系。其中，大部分的微生物都属于高湿性，能够在RH90%以上的环境中良好生长（见表1.2.13）。但是跟温度一样，适合微生物生长的湿度也会根据其种类不同有所差别。细菌和酵母菌能够适应95%以上的湿度，而霉菌能够适应的湿度范围则需要更详细的划分。例如黑曲霉菌、镰刀霉菌和短梗霉菌等的高湿性霉菌能够适应的湿度在RH94%以上；曲霉菌和青霉菌等中湿性或耐干性霉菌能够适应的湿度在RH85%以上；曲霉菌、局限曲霉菌、散囊菌和节担菌等喜干性霉菌的湿度范围为65%～90%。

因此，建筑物霉菌污染的形成受湿度的影响非常大，从而导致室内各处都会有霉菌污染的发生。

表1.2.13　适合微生物生长的最低相对湿度（RH）

微生物	最低生长相对湿度（%）
细菌	
无色杆菌(Achromobacter)	96
绿浓杆菌(Pseudomonas aeruginosa)	96
沙雷氏菌(Serratia)	96
产气杆菌(Aerobacter aerogenes)	95
枯草芽胞杆菌(Eacillus subtilis)	95
生孢梭菌(Clostridium sporogenes)	95
大肠杆菌(Escherichia coli)	95
鼠伤寒沙门氏杆菌(Salmonella typhimurium)	95
粪链球菌(Streptococcus faecalis)	94
微球菌(Microccucs)	92
金黄色葡萄球菌(Staphylococcus aureus)	86

（续）

微生物	最低生长相对湿度（%）
酵母菌	
白念珠菌（*Candida albicans*）	95
酿酒酵母菌（*Saccharomyces cerevisiae*）	90
内孢霉菌（*Endomyces*）	89
深红类酵母菌（*Rhodotorula rubra*）	89
霉菌	
木霉菌（*Trichoderma*）	97
链格孢菌（*Alternaria alternata*）	94
出芽短梗霉菌（*Aureobasidium pullulans*）	94
黑曲霉菌（*Cladosporium*）	94
尖孢镰刀菌（*Fusarium oxysporum*）	94
总状毛霉菌（*Mucor racemosus*）	92
黄曲霉菌（*Aspergillus flavus*）	85~87
烟曲霉菌（*Aspergillus fumigatus*）	85~87
桔青霉菌（*Penicillium citrinum*）	85~86
产气杆菌（*Aspergillus versicolor*）	84~85
匍匐散囊菌（*Eurotium repens*）	68~70
脂节担菌（*Wallemia sebi*）	65~70
局限曲霉菌（*Aspergillus restrictus*）	65~68

2. 化学因素

（1）基底成分

微生物的室内污染和建筑材质有很大关系。微生物不会仅因为物理因素就引发污染，而作为微生物生长基底的建筑材料也是造成污染的重要因素之一。适合霉菌生长的建材有纤维性木材·纸类、合成树脂、混凝土、皮革等多种材料。当然，不同种类的霉菌各自都会选择适合自己口味的建材生长繁殖，因此材质不同所发生的霉菌污染也会有所不同。比如说，毛壳菌和木霉菌更容易对榻榻米、壁纸等纤维质物品造成污染；黑曲霉菌和青霉菌等能够污染的材料范围比较广泛。此外，好稠性的霉菌，如散囊菌等则更容易以干燥的塑料、玻璃、书籍和皮革等物品为基底生长繁殖。

（2）氧气

大部分的微生物污染都在物体表面产生（见图1.2.21）。也就是说，在有氧气的地方，微生物的生长更为显著，这类微生物被称为好氧微生物。所有的霉菌都只能在有氧的条件下生长。如2.4.1节“污染形成的机制”中所述，霉菌能够附着在物体的表面，并向四周伸长菌丝，但是不会污染物体的内部。不仅是霉菌，建筑物的微生物污染大多都是在有氧环境下发生。当然，自然界中也有不需要氧气就能生长的微生物。但是，这些微生物主要存在于土壤和生物体内，对建筑物的污染并不是很大。

(3) 氢离子的浓度 (pH 值)

pH 值和微生物生长的关系也十分密切。通常大多数的微生物在弱酸性至弱碱性的区域内最容易生长。但是，作为真菌的霉菌，其可生长的 pH 值范围则很宽，从强酸到强碱的环境都可以生长繁殖。

图 1.2.21 霉菌造成的建材表面的污染

2.4.4 污染对建筑物的损害

污染对建筑物的损害，不仅仅体现在对其外表美观性的影响，还包括变色、臭气和腐败等损害[27]。

对建筑物造成损害的微生物及损害情形见表 1.2.14。虽然细菌或酵母菌都会对建筑物造成一定程度的破坏，但在室内环境中主要发挥作用的微生物还是霉菌。下面列举了部分具有代表性的微生物。

表 1.2.14 建筑物中的微生物及其危害

微生物	危害			
	破坏	腐败	恶臭	变色
细菌				
Escherichia (大肠杆菌)		○		
Bacillus 属		◎		
Pseudomonas aeruginosa (绿脓杆菌)		○	◎	○
酵母菌				
Rhodotorula (红酵母菌)		○		◎
霉菌				
Cladosporium (黑曲霉菌)	◎	○		○
Alternaria (交链孢霉菌)	○	○		○
Fusarium (镰刀霉菌)	○	○		◎
Penicillium (青霉菌)	◎	○		
Aspergillus (曲霉菌)	○			
Trichoderma (木霉菌)	◎			
Mucor (毛霉菌)		○		
Eurotium (散囊菌)	◎			

◎：造成显著危害。

○：造成危害。

破坏建筑物表面美观性的微生物主要是其中具有霉菌（见图 1.2.22）。其中具有代表性的霉菌有黑曲霉菌、青霉菌、木霉菌和散囊菌等。在造成损害的建材上，霉菌呈现出菌丝膨大化或不均匀着色的细胞结构，这与培养形态有很大不同（见图 1.2.23）。

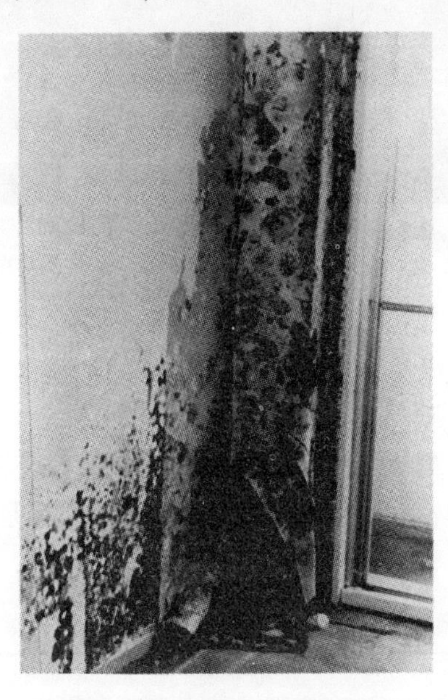

图 1.2.22　霉菌污染破坏美观

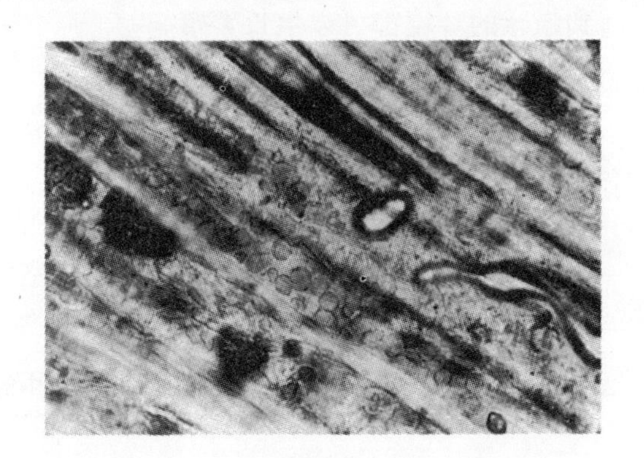

图 1.2.23　老化变脏建材内部的霉菌形态

腐败主要指的是由细菌、酵母菌、霉菌造成的食品等的腐败。大部分恶臭都是由细菌所引起的，但也有很多恶臭与腐败相关。变色通常是由于酵母菌形成的红色污染或是镰刀霉菌引起的各种色调的污染所导致的。此外，结露处等潮湿位置的变色，除了与上述物质有关外，还与大量霉菌的繁殖有很关。

2.5　对建筑物的损害

2.5.1　使建筑物老化变脏

虽然人们一直希望能够不断延长建筑物的使用寿命，但这却不是很容易就能够实现的。比如说，很难确保设计使用年数 100 年的建筑物能够日久常新。随着时间的推移，建筑物的装修材料受到颗粒物的附着、降雨以及人为因素等各种影响会变脏、变旧。近年来，人们通常会选择瓷砖、金属和塑料等光泽度较高的材料进行建筑物的外部装饰，但由于防雨水渗漏设施的不够完善，往往导致这些材料的接缝处容易出现老化变脏的问题。此外，对于内部装饰材料来说，处理地板、墙壁的污垢还会产生大量维修费用。因而人们有必要制定相应对策，以减少这些费用的支出。

以上就建筑材料变脏问题的发生机制以及与材质本身的关系进行了概述。虽然广义上的建筑物老化变脏包括材料的损坏、磨损和变色等，但在这里主要论述的是因颗粒物的吸附而导致建筑物发生老化变脏的问题。

2.5.2　建筑材料老化变脏的发生机制

图 1.2.24 所示为建筑材料变脏的发生机制。从图中可以看出，变脏的根本原因是“材料表面”因各种因素而产生了“负荷影响”。“负荷影响”可以分为两大类：一是可以直接使材料变脏的“污染物质”；二是会给材料表面带来负荷的人类活动、空气和雨水等的“外力作用”。

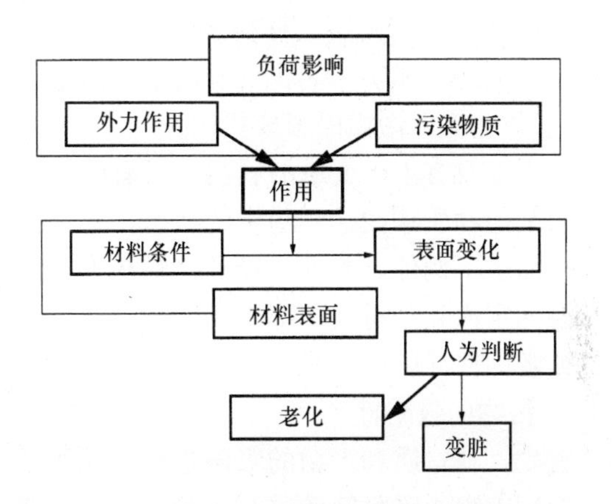

图 1.2.24　老化变脏机制

在以上“负荷影响”的作用下，材料的表面也会随之发生。由于变化的部位相对集中，所以很容易就会被人们通过肉眼观察所发现。此外，随着时间的推移，具体的变化情况也会因发生位置的不同而有所不同。有时即便是产生了非常复杂的变化，也会被人们认为是“变脏”，而这种判断又往往带有很大的主观性。因此，在这种情况下，与其把它们称为“变脏”，不如称为“老化”才更加贴切。

此外，“负荷影响”中的外力，主要包括气流、雨水冲刷、风、紫外线以及人为活动等。这些“外力作用”可以转移或除去材料表面的污染物质，或者也可能使材料表面发生化学变化。同时，“外力作用”的强度会根据建筑物的位置、设计外形、使用的材料以及居民的生活方式等因素而产生很大的变化。比如说，如果建筑外墙的防水或接缝处等细节设计不够完善，由于雨水对材料表面的不均匀“外力作用”，就会使其发生分布不均且程度不同的变化，在人们看来就会感觉出明显的变脏。此外，在室内装饰中，与人接触的面积越多，空气流动越不均匀，就越容易产生污染。

另一个“负荷影响”是污染物，主要包括土壤颗粒、尘埃、煤灰以及微生物等，种类繁多。这个“负荷条件”很容易受到建筑位置以及建筑物自身情况的影响。例如，在位于市中心区域、山区以及海边等的不同建筑物中，污染物的种类也会有很大的不同。

上述的“外力作用”和“污染物质”这两个“负荷影响”因素是建筑物老

化变脏的必要条件。反过来说，只要有效控制这两个因素就可以防止建筑物的老化变脏。众所周知，控制“污染物质”的排放源是很难的，而控制“外力作用”则容易产生较好的效果。因此，通过外墙防水设施和女儿墙对雨水进行的控制，可以有效起到保护墙壁的作用。另一方面，室内装饰材料容易受到香烟烟雾或是人体污垢等人为污染源的影响。因此对于这些问题，在建筑规划阶段就应该加以关注。此外，通过控制“材料条件”这一因素，即经常保持材料表面处于耐脏状态，也是防止建筑物老化变脏的重要措施。

2.5.3 材料表面污垢的形成机制

世界上没有不会变脏的材料。所有的材料表面都具有一定的表面能，可以通过吸引其他物质从而达到稳定的状态。这一性质即便是已经非常稳定的玻璃和瓷砖的表面也不例外。此外，经常接触灰尘和雨水的室外装饰材料，或是与人群经常接触的室内装修材料，都不可能完全没有污染。因此，应当尽可能地使用耐脏性好或者即使弄脏后也易于清洁的材料。

1. 污物的吸附性

首先，就材质和污物的吸附进行介绍。这里仅围绕颗粒物的吸附问题进行讨论。物质间最基本的吸附力包括分子间力、静电力以及水膜产生的吸附力等[28]。此外，在热泳的作用下，粒子更容易附着在温度较低的材料表面，这一过程也属于吸附作用的一种。虽然分子间力和静电力是导致污迹产生的基本吸附力量，但装饰材料表面受雨水或较大湿度影响时吸附能力也随之增强，因此由水膜产生的吸附力也非常重要。如图 1.2.25 所示，外墙材料和污物粒子之间在有雨水等液体存在时，会借助水的表面张力而产生吸附力。

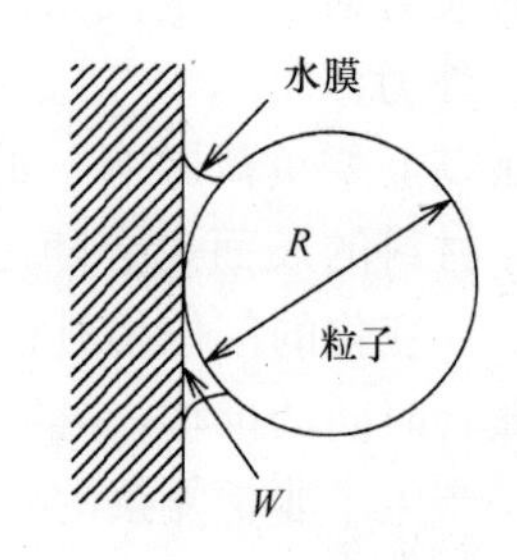

图 1.2.25 水膜产生的附着力

如果将该吸附力用 F 表示，那么通常情况下，尘土等的吸附力可以近似的由如下公式表示：

$$F \propto \frac{RT}{W} \tag{2.1}$$

从式（2.1）可知：首先，粒子的粒径 R 越大，那么吸附力也就越大。一般来说，分子间力和静电力也同样和粒径成正比。

其次，粒子缝隙间的水量 W 越少，吸附力越大。这是因为随着被水吸附的粒子的不断干燥，缝隙间的水会不断蒸发，使得粒子被吸附得也更加牢固。因此，如果污渍长时间得不到清理，随着水分的蒸发，吸附力逐渐变大，污迹也就更加不容易清除。所以这也是要在污渍附着的初期尽早对其进行清理的原因之一。

在式（2.1）中，污物粒子或材料表面的易湿性 T 越大（接触角越小），那么产生的吸附力也就越大。因为一般的无机材质装饰材料的表面本身就容易吸附有水分子，所以接触角比较小，从而导致了粒子更加容易被吸附[29]。汽车表面涂的石蜡，就是因为具有不易潮湿的特点，因此污物就很难附着在上面。但是，上述这些情况仅适用于亲水性的污物。当污物如果是不易潮湿的油和煤烟等疏水性物质，反而会更容易附着在不易潮湿的物体表面[29]。总之，对于提高材料表面耐污状态这个问题来说，虽然最近表面接触角的控制技术有了一定的进展，但通常情况下首先应当考虑的原则还是“在材料表面和污物具有不同易湿性时最不易受到污染”。图 1.2.26 所示为上述内容的总结。材料表面的接触角越小，亲水性物质的吸附量越多；接触角越大，疏水性物质的附着量越多。在图中 A 所示的范围内，以上两种粒子的吸附量可以保持平衡的状态。以前，人们认为只要使材料表面具有很好的拨水性，就能减少污物的附着，但是这样，污物会在材料表面凝成黑线样的污迹。因此，最近比较流行使用表面具有弱亲水性的材料。当然，这也仅仅对市中心这种疏水性污物较多的地区有效，而在尘土和微生物等亲水性污物较多的地方则会产生相反的效果。此外，还必须考虑到的是材料本身的长期耐久性。总之，这就要求人们今后应当在考虑到所在区域特点的基础上，建立装饰材料的最佳设计方法。

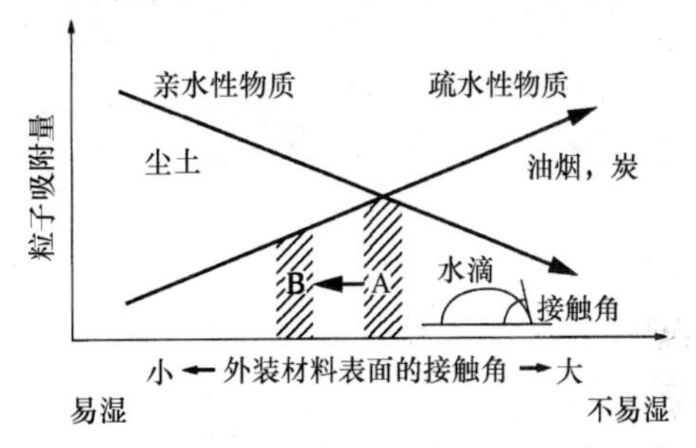

图 1.2.26　外装材料表面的接触角和粒子吸附量

2. 污物的可去除性

吸附在物体表面的污物粒子的净化能力是通过压力 P 产生的。这里的净化能力包括吸尘器的吸力、高压水、台风以及笤帚的清扫力等。作用在污物粒子上的力 Z 是在粒子表面积 S 上乘以压力 P 所得出的：

$$Z \propto PR^2 \tag{2.2}$$

也就是说，作用在粒子表面的污物去除力 Z 与净化压力 P 成正比，并且与粒子粒径 R 的二次方成正比。因此，在净化压力相同时，粒径越小，去除作用力越小（见图 1.2.27）。同时，如前所述，粒子的吸附力又和粒径 R 成正比，所以粒子越小，吸附力反而会相对大于粒子的去除力，从而导致粒子很难被除去。也就是说，粒子越小越难以去除（见图 1.2.27）。比如说，砂砾或尘土等被吹到材料表面，通过泼水就可以很容易地将其清洗干净，但如果是非常微小的粒子，就很难冲刷下去。通常情况下，雨的冲刷力难以除去微小粒子。无论是多么难以被污染的外壁材料，在受到雨水的冲刷时，雨水中原本含有的颗粒物会附着在外壁上，反而会留下更多的污迹。此外，越是表面凹凸不平、面积较大的材料，其凸起的部位上的粒子就会越难除去[30]。此外，物体表面的硬度越低，粒子就越容易渗入，因而就更加难以去除。综上所述，玻璃和塑料等表面坚硬并且光滑的材料才是理想的具有低污染、高净化能力的材料。

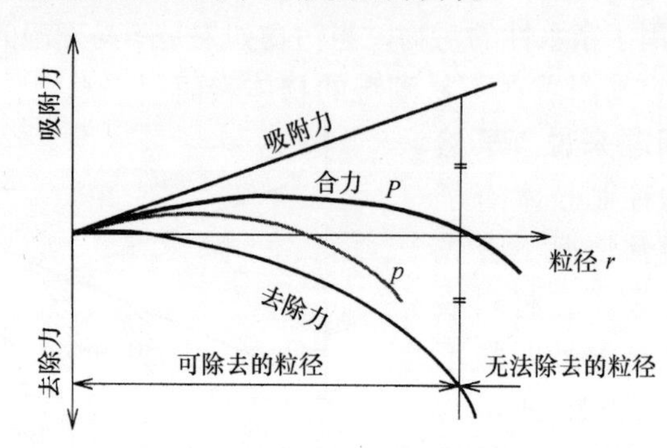

图 1.2.27 吸附粒子的粒径和吸附力·去除力的关系

2.5.4 对材料污染性的评估

通常使用色彩评估法对材料表面的污染情况进行评估。特别是针对无彩色系的变化，常常使用色差计来测定 Y 刺激值（反射率）。对于因污染物的吸附导致多孔质材料表面发生的刺激值 Y 的变化，可以通过占有面积理论得出其计算公式。

材料表面有污染物吸附时，其平均 Y 刺激值（Y）可以用式（2.3）表示：

$$Y = nY_p + (1 - n)Y_0 \tag{2.3}$$

式中，n 是吸附粒子的面积占有率；Y_p是吸附粒子的平均 Y 刺激值；Y_0是材料自身的平均 Y 刺激值。

因为需要通过健全部分和变化部分的对比，来判断材料表面性状的变化，所以用 Y 与 Y_0 的差的绝对值来定义材料表面的污染程度 D_y，此时将 Y 带入式（2.3）中整理可得

$$D_y = |Y - Y_0| = n|Y_p - Y_0| \tag{2.4}$$

从式（2.4）的右边可以总结出两个能够使污迹变得不明显的方法。首先是减少粒子的面积占有率 n，而这一点可以通过清洁去除粒子的方法实现。其次，是减小$|Y_p - Y_0|$的值，也就是使墙面的颜色和污迹的颜色相接近。例如，在油烟等黑色污物较多的地方应当铺设低亮度的壁砖。

此外，如果可以推测出污迹随时间的变化情况，那么将有助于制定有效的建筑物长期维护对策。这时，就需要用公式来表示污迹随时间的变化。式（2.5）用面积占有率 $n(t)$来表示因粒子的吸附所产生的色彩变化速度[31),32)]：

$$\frac{\mathrm{d}n(t)}{\mathrm{d}t} = kf(m - n(t)) \tag{2.5}$$

式（2.5）中，假定污迹占有面积率随时间（t）产生的变化，与材料的常数k、“负荷影响”的常数f以及未被污物粒子占有部分的面积$m - n(t)$成正比。其中的m为饱和面积率。如果使用含有Y刺激值随时间变化的最终值Y_m和常数K将式（2.5）变形便可得式（2.6）。其中，Y_m的值越小，最终的污染程度越大，而K越大则污染发展的速度越快。于是，材料的污染可以通过这两个参数进行评估（见图1.2.28）：

$$Y(t) = Y_m + (Y_0 - Y_m)K^t \tag{2.6}$$

式中，$K = \exp(-kf)$。

在图1.2.29的示例中，运用致污实验结果，通过回归分析，分别对各种装饰材料的参数进行了评估[32]。由图可知，丙烯涂料、丙烯粉饰灰泥和ALC等材料的K值和Y_m/Y_0值均低于其他材料，即污染发展速度快，且最终的Y刺激值也比较小。因此可以将它们判定为易污性材料。虽然沙浆的K值较大，污染发展缓慢，但其最终值较小，所以最终仍会产生较大的污迹。瓷砖的K值和最终值都很大，因而可以判定其为耐污性材料。

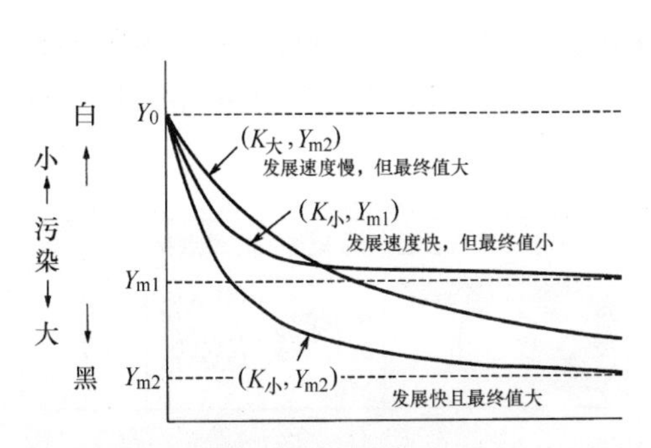

图1.2.28 参数和表面颜色随时间变化的关系

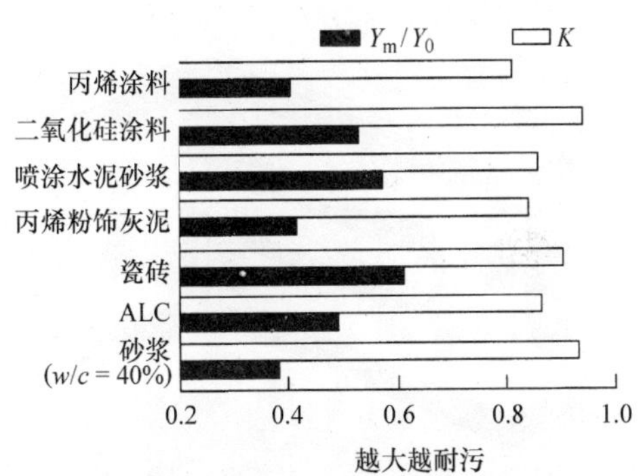

图1.2.29 各种装饰材料的污染参数

2.5.5 污染的实例

建筑物的墙面形态和墙面上形成的污迹形状间的关系是有规律可循的。之所以这样说，是因为建筑物墙面形态可以改变雨水的流向和冲刷方向发生变化，因此使得建材表面的老化受损程度也不相同。如果能够系统化掌握以上规律，那么就可以在建筑物的设计阶段对其未来可能发生污损的大致情况进行预测。

图1.2.30～图1.2.32[33]显示的是通过对不同建筑外墙面的实地调查，对受到污损的墙面形态和污迹形状进行分类的示例。图1.2.30所示是根据污迹形成位置对普通垂直墙面进行的分类。图1.2.31所示为实际墙面污迹位置的示意图；图1.2.32所示为污迹形状的分类示意图。通过分析以上污迹形状及其发生位置

关系，可以得到以下污迹形成的基本原则：

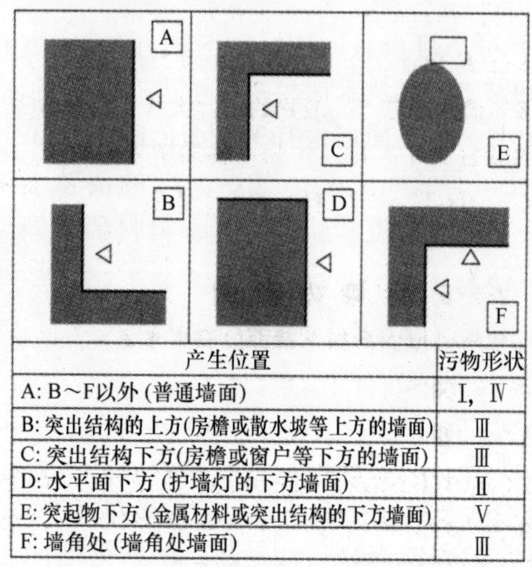

产生位置	污物形状
A: B～F以外 (普通墙面)	Ⅰ, Ⅳ
B: 突出结构的上方(房檐或散水坡等上方的墙面)	Ⅲ
C: 突出结构下方(房檐或窗户等下方的墙面)	Ⅲ
D: 水平面下方 (护墙灯的下方墙面)	Ⅱ
E: 突起物下方 (金属材料或突出结构的下方墙面)	Ⅴ
F: 墙角处 (墙角处墙面)	Ⅲ

A～D: 立面断面，E: 立面，F: 平面断面

图 1.2.30　污迹产生位置的分类（建筑外墙）

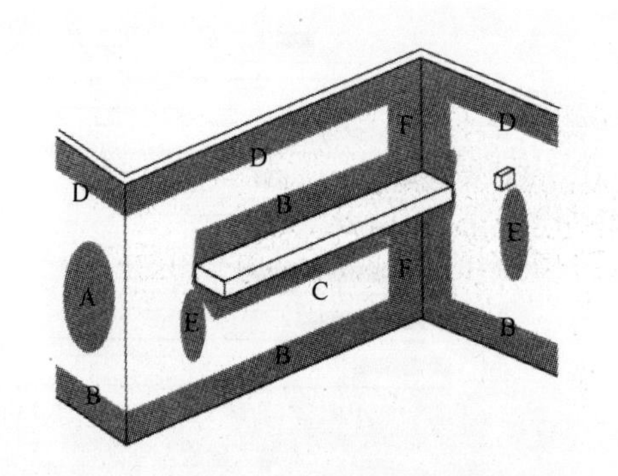

图 1.2.31　污迹产生位置的实例（建筑外墙）

Ⅰ均匀	Ⅱ口水装	Ⅲ矩形	Ⅳ斑点状	Ⅴ楔状

图 1.2.32　污染形状的分类

发生位置 A：由于空气中颗粒物的吸附、雨水的冲刷以及材料的老化损坏等原因，经过较长时间的作用后可以形成均匀（Ⅰ）或者斑点状（Ⅳ）的污迹。通常，分布均匀的污迹几乎不会引起人们的注意。

发生位置 B：堆积在水平面上的污物受到雨水冲击而溅起并附着在墙面上，并经过长时间的累积后，在墙面形成矩形污迹（Ⅲ）。

发生位置 C：由于受到房檐等突出结构的影响，在雨水冲刷不到的地方，污物很难被清除，如果经过长时间的累积，便会形成矩形（Ⅲ）污迹（见图 1.2.33）。

发生位置D：水平面上堆积的污物会被雨水冲刷而下，进而可以在短时间内形成口水状（Ⅱ）污迹（见图1.2.34）。这种污迹非常显眼，是最令人讨厌的污迹。

图1.2.33 污物发生位置C

图1.2.34 污物发生位置D

发生位置E：吸附在突出结构上污物会在雨水的冲刷下，短时间内形成楔子状（Ⅴ）污迹。

发生位置F：堆积在角落的灰尘颗粒会形成矩形（Ⅲ）污迹。

其他：倾斜墙面直接受到雨水的冲刷作用，所以比较容易形成污迹（见图1.2.35）。换气扇下方的墙面和排气口附近的墙面等位置，特别容易出现污迹。

以上总结的都是典型示例。通常情况下，墙面污迹的情况都可以用此类关系大致进行推测。当然，除此之外还有很多无法预料到的污迹，因此从这一点上看，墙面污迹的推测也存在一定的难度。

图1.2.35 污物产生的位置A、D

参考文献

1) E. R. Heitzman: The lung, Radiologic-pathologic correlations, 2 nd ed. CV Mosby, St Louis (1984)
2) W. Bloom and D. W. Fawcett: A textbook of histology, 10 th ded. WB Saunders, Philadelphia (1975)
3) F. Hammersen: Histology, A color atlas of cytology, histology, and microscopic anatomy, Urban & Schwarzenberg, Munchen (1976)
4) K. A. Holbrook：皮膚の微細構造と機能，石橋康正・John A Parrish 監修，皮膚の健康科学，p. 145，南山堂（1994）
5) 佐藤吉昭編：光線過敏症，第2版，金原出版（1991）
6) 野村　茂：職業性皮膚疾患，現代皮膚科学体系 20 A，pp. 163-189，中山書店（1985）
7) E. Jr. Middleton, C. E. Reed et al.: Allergy. Principles and Practice, 4 th ed., Mosby, St Louis (1993)
8) 宮本昭正：臨床アレルギー学，第2版，南江堂（1998）
9) R. Patterson: Allergic Diseases. Diagnosis and Management, 4 th ed., J. B. Lippincott, Philadelphia (1993)
10) Platts-Mills TAE, de A. L. Weck: Dust mite allergens and asthma-a world wide problem, J Allergy Clin Immunol, 83, pp. 416-427 (1989)
11) Platts-Mills TAE, W. R. Thomas, R. C. Aalberse, D. Vervloet, and M. D. Chapman: Dust mite allergens and asthma: report of a second international workshop, J Allergy Clin Immunol, 89, pp. 1046-1060 (1992)
12) 秋山一男，他：住宅内環境中のアレルゲン量と気管支喘息発作出現，重症化との関連の研究，住宅総合研究財団研究年報，No. 24，pp. 257-266（1997）
13) 天児和暢・南嶋洋一編：戸田新細菌学，31版，南山堂（1997）
14) 後藤　元：Sick building 症候群，日本内科学雑誌，81，pp. 126-131（1992）
15) W. Stahlhofen, G. Rudolf, and A. C. James: Intercomparison of experimental regional aerosol deposition data, J. Aerosol Med. 2, pp. 285-308 (1989)
16) D. W. Dockery, C. A. PopeIII, X. Xu et al.: An association between air pollution and mortality in six U. S. cities, N. Eng. J Med., 329, pp. 1753-1759 (1993)
17) J. Schwartz, D. W. Dockery, L. M. Neas: "Is daily mortality associated specifically with particles?", J. Air & Waste Manage Assoc., 46, pp. 927-939 (1996)
18) B. G. Ferris: Health Effects of Exposure to low levels regulated pollutants, A critical review, J. Air Pollut. Control Assoc, 28, pp. 482-497 (1978)
19) 東京都衛生局：昭和60年度複合大気汚染に係る健康影響調査，総合解析報告書（1986）
20) 厚生省生活衛生局企画課生活化学安全対策室：快適で健康的な住宅に関する検討会議健康住宅関連基準策定専門部会化学物質小委員会報告書（1998）
21) 高鳥浩介，太田利子：喘息憎悪因子への対応—カビ対策—，ASTHMA，11，pp. 39-44（1998）
22) 宇田川俊一，椿　啓介，横山竜夫，他（監修）：菌類図鑑（上），pp. 37-46，講談社サイエンティフィック（1977）
23) 石岡　栄：松江地方の空中真菌相とその菌種に関する研究，真菌誌，32，pp. 297-311（1991）
24) J. W. Deacon: Introduction to Modern Mycology (2 nd. ed), pp. 42-56, Blackwell Scientific Publ. (1984)
25) 高鳥浩介，太田利子，李　憲俊，秋山一男，信太隆夫：アレルギー関連真菌，真菌誌，35，pp. 409-414（1994）
26) N. Magan, The Mycota (K. Esser and P. A. Lemke, ed.): Environmental and Microbial Relationship, pp. 99-114, Springer (1997)
27) 神山幸弘，山野勝次：害虫とカビから住まいを守る，pp. 106-175，彰国社（1992）
28) William C. Hinds，早川一也監訳：エアロゾルテクノロジー，井上書院（1985）
29) 橘高義典：外壁仕上材料の汚染の促進試験方法—建築物外壁仕上材料の汚染の評価方法に関する

研究（その3）―，日本建築学会構造系論文報告集，No. 404，pp. 15-24（1989.10）
30）上村克郎，小西敏正，橘高義典，村田　修：建築材料の表面状態と汚染性について―(その1) 表面粗さの影響―，日本建築学会大会学術講演梗概集 A，pp. 133-134（1988.10）
31）橘高義典：セメント系多孔質材料表面の測色値の変化に及ぼす流下懸濁水の影響，日本建築学会構造系論文報告集，No. 362，pp. 20-25（1986.4）
32）橘高義典：外壁仕上材料の汚染促進試験結果の数式化，日本建築学会大会学術講演梗概集 A，pp. 383-384（1986.8）
33）橘高義典：建築物外壁面の汚染の調査および基礎的考察―建築物外壁仕上材料の汚染の評価方法に関する研究（その1)―，日本建築学会構造系論文報告集，No. 370，pp. 11-18（1986.12）

第3章 环境标准

3.1 环境标准的定义和分类

从狭义上说，“环境标准”是《环境基本法》第16条所记载的内容，即“在保护人的健康及保护生活环境方面希望加以维持的标准”。环境标准是环境改善的目标，它既没有理想值，也没有容许限度，更不存在惩罚等强制力。但是，广义上的“环境标准”既包括理想数值又包括最高限值。理想数值即最佳值或建议值等；最高限值为有害物质的容许浓度或最大容许限度等。

虽然在本书的论述中采用的是广义上的“环境标准”，但同样应当充分理解不同情况下出现的各个数值的准确含义，以免误用。为了能够正确理解各个数值的含义，以下首先对环境标准的分类及其定义以及适用例进行简单介绍。

3.1.1 根据不同环境对象的分类

从人们的生活空间来看，适用于环境标准的环境大致分为以下3大类：

1）大气环境；

2）一般室内环境；

3）生产劳动环境。

关于大气污染，日本制定了《大气污染防治法》等相关法规[1)]。在这些法规中，对污染物的容许限度以及排污企业的处罚等都作出了相关规定。

一般室内环境包括日常的居室，即住宅的卧室、办公室和学校的教室等。日本于1971年制定的《建筑物卫生管理标准》（《建筑标准法施行令》中也有相同内容）等对人群长时间处于居室内时所允许的标准值做出了规定。

生产劳动环境以产生有害物质的作业环境为对象。在该环境中，要严格限制作业时间、佩戴保护器具等，除此之外还规定了一些劳动环境中的标准值，但这些标准值不适用于一般室内环境。在国际上，“国际劳工组织”（International Labour Organization，ILO）和“世界卫生组织”（World Health Organization，WHO）等对劳动环境都制定了相关的导则，在日本也有《劳动安全卫生法》和“日本产业卫生学会”等部门所制定的标准限值等。

3.1.2 根据使用方法的分类

“环境标准值”一词的使用范围非常广泛。从理想目标值到被允许的最低限度值主要可以分为以下方面[2)]：

1）1级（理想的目标值、最佳值、建议值）；

2）2级（中间值、暂定值）；

3）3级（最低限值）。

1级是设计时的理想目标值，但由于其受到经济发展和技术水平等的制约，在现实中往往很难实现。2级处于1级和3级之间，能够在不损害使用者的舒适度和健康状况的基础上，维持建筑物和设备的现状。3级是被允许的最低限度值，对此也有很多法律上的规定。

3.1.3 根据对人体影响的分类

ILO和WHO于1969年共同成立了专门委员会，对人体尿液和血液中的有害物质或代谢浓度以及异常代谢的代谢产物进行了测定。随后，在所获测定结果的基础上，将作业环境中有害物质的容许浓度水平，根据其对人体健康影响的不同程度分为以下4类[3)]：

1）A（安全的暴露范围）；

2）B（有可能恢复的暂时影响）；

3）C（有可能康复的疾病）；

4）D（不可能康复的疾病或死亡）。

从劳动者的健康管理这一点来说，最好将污染控制在范围A以内。

3.1.4 根据标准值的获取方式进行分类

当污染物的浓度在一段时间内上下波动时，可以取浓度的中间值作为标准值，而把无论何时都无法超过的值称为上限值。除此之外，一次暴露时间在15min以内的值称为短期暴露限值。具体分类如下[3)]：

1）累计时间的平均浓度（time - weighted average）；

2）上限值（ceiling value）；

3）短期暴露限值（short term limit ）。

一般采用累积时间内的平均浓度作为劳动环境或环境空气污染的标准值。根据平均时间的不同，可以分为小时平均值和日平均值等。日本产业卫生学会容许浓度委员会在劳动环境限值中，根据不同情况，增加了上限值和短期暴露限值。

3.1.5 根据限定方式进行分类

标准的限定方式大致分为以下两大类[1)]：

1）限定浓度的方式；

2）限定量的方式（限定*K*值、限定总量）。

通常情况下，固体污染物用质量浓度（g/m^3）表示，气体污染物浓度用%或$\times 10^{-6}$表示。此外，也有类似硫氧化物那样，使用标准状态（0℃，1atm）下的换算量（m^3/h）作为标准数值。根据《大气污染防治法施行令》和实施细则中的有关规定，对于硫氧化物来说，由于其*K*值会受到不同地区和不同设施的影响，因此 K 值应当根据排放口高度所计算出的排出量来确定。但是因为大气污染是由各种污染物组成的混合气体，因此应采取总量限制的方式进行治理。

3.1.6 根据不同污染源控制标准的分类

在大气污染中，污染源的控制标准分为以下方面[1)]：

1）排放标准；

2）燃料使用标准；

3）粉尘污染设施的构造及使用管理标准；

4）汽车尾气的浓度限值；

5）其他。

这些是《大气污染防治法》中的标准和控制方法。其中，排放标准以排放口的浓度为标准；燃料使用标准，是指日本各个地区规定的燃料种类及其使用量。粉尘污染设施的构造等标准是根据不同种类设施而分别设定的，目的是减少粉尘的排放量。汽车尾气排放浓度限值和工厂等的排放标准有所不同，是环境省基于《大气污染防治法》而特别制定的。最近，欧美国家针对汽车排放的管理也愈发严格。除以上几个方面外，土地的利用以及其他一些特殊情况等也有其相应标准。

3.1.7 根据污染控制的紧要性进行分类

根据污染控制的紧要性可以将环境标准分为以下 3 大类[1)]：

1）常规控制；

2）事故控制；

3）紧急控制。

通常情况下使用常规控制标准对各类空气污染物进行管理，但是依据《大气污染防治法》第 17 条的规定，由于设备发生事故或出现破损而释放能够对人体造成伤害的污染物时，需要采用事故控制标准。另外，根据第 23 条规定，由于气象原因造成大气污染状况急剧恶化时，应采用紧急控制标准。

3.1.8 根据污染物的形态进行分类

详细内容请参照本书第 1 篇第 1 章，大致分为以下 3 类：

1）气态污染物；

2）颗粒物（气溶胶）；

3）（臭气）。

根据形态的不同，可以将污染物分为气态污染物（包括蒸气）和颗粒物（气溶胶）两大类。当恶臭物质转化为气体状态进入人体鼻腔后，由于接触到了嗅觉感受细胞，因此人体就感觉出臭气的存在。虽然从形态上看，臭气属于气体，但由于其对人体影响以及法律法规（《恶臭防治法》等）的特殊性，因此从实用性角度考虑，将臭气单独提出、自成一类。

颗粒物是指可以悬浮在空气中的固体或液体粒子。根据粒径不同，颗粒物具体可以分为灰尘（dust，1μm以上的粉尘）、烟气（fume，1～0.1μm，加热时产生的蒸气中的金属或金属氧化物粒子）、薄雾（mist，0.5～10μm，气体中的液体粒子）、香烟烟雾（smoke，0.01～0.1μm，分散在气体中的固体或液体粒子）。除此之外，还有烟雾（雾和烟的混合物体）、微生物（病毒、立克次氏体、细菌、真菌、原虫、藻类）。微生物的大小各有不同，小到5×10^{-3}μm，大到超过10^3μm。此外，颗粒物还可以按照是否会发出放射线来进行分类。如果含有一种或一种以上能够发出放射线的物质，称为放射性物质，如氡气、氡子体等。

3.2　各种空气污染物的环境标准

3.2.1　二氧化碳的环境标准

表1.3.1为小竿真一郎[4]总结的二氧化碳的相关标准。

表1.3.1　二氧化碳相关的各种标准[4]

	法律等	标准值（$\times10^{-6}$）	备注
一般环境	《建筑标准法》、《楼宇管理法》	1000	中央空调
	《学校环境卫生标准》	500	
	《娱乐场所条例》、《公共浴室以及旅馆行业卫生管理》	1500	
	《室内泳池》（东京都条例细则）	1500	
	《WHO Indoor Air Quality》（WHO室内空气质量）	920	
	ASHRAE	1000	
劳动环境	《事务所卫生标准规则》（《劳动安全卫生法》）	1000	中央空调（吹风口）
	日本产业卫生学会容许浓度	5000	
	（=ACGIH）	5000	无空调设备

在日本劳动卫生的环境标准中将二氧化碳也列为污染物质，并要求将其控制在0.5%以下[5]。另一方面，人体呼气中所含的二氧化碳也是室内空气污染的指标之一。比如说，根据《楼宇管理法》的规定，总面积超过3000m²的写字楼内的二氧化碳浓度标准值为1000×10^{-6}[6]。

日本空气调和·卫生工学会于1997年针对具备换气设施的建筑物的室内换气量制定的学会标准中，参考《楼宇管理法》[6]将二氧化碳的室内指标定为1000×10^{-6}。但在参考加拿大室内环境标准的制定思路后[7]，考虑到二氧化碳自身的有害性，目前又提出将标准值改为3500×10^{-6}[8]。

3.2.2　一氧化碳的环境标准

表1.3.2为小芊真一郎[4]总结的一氧化碳各相关标准。

日本劳动卫生领域将一氧化碳的环境标准定为 50×10^{-6}[5]。另一方面，根据《楼宇管理法》[6]的规定，写字楼等一般室内环境中的一氧化碳浓度要低于 10×10^{-6}。与之前所介绍的二氧化碳一样，尽管一氧化碳超过这个浓度也并不意味着一定会对人体健康产生危害，这仅仅只是一种指标性的标准。也就是说，由于办公室内通常没有开放式的燃烧装置等能够大量产生一氧化碳的排放源[虽然吸烟多少也会有一氧化碳产生，但如果由于吸烟导致室内一氧化碳的浓度达到 10×10^{-6} 的话，那么此时室内粉尘浓度会远远超过其标准值 0.15mg/m^3（后面会有详述）]，所以室内的一氧化碳超标很可能是由室外空气或者停车场等的汽车尾气或者煤气热水器等密闭式燃烧器具向室内空气中的泄漏等异常状况所导致的。

表 1.3.2 一氧化碳相关的各种标准[4]

	法律等	标准值（$\times10^{-6}$）	备注
一般环境	《建筑标准法》，《楼宇管理法》	10	中央空调
	《学校环境卫生标准》	20	
	《公共浴室以及旅馆行业卫生管理》	10	
	《WHO 室内空气质量》	9	8h 平均值
		26	1h 平均值
	EPA	9	8h 平均值（1 年不超过 1 次）
		35	1h 平均值（1 年不超过 1 次）
	ASHRAE	11	
	有关大气污染的环境标准（《公害对策基本法》）	10	24h 平均值
		20	8h 平均值
劳动环境	《事务所卫生标准规则》	10	中央空调（出风口）
	（《劳动安全卫生法》）	50	无空调设施
	日本产业卫生学会容许浓度	50	
	《地下停车场排放气体预防对策要领》（《劳动安全卫生法》）	50	

3.2.3 氮氧化物的环境标准

表 1.3.3 为小芋真一郎[4]总结的 NO_2 相关的各种环境标准。从表中可以看出，日本还没有制定 NO_2 相关的室内环境标准。因此在室内，NO_2 的标准需要参照大气环境标准中的相关规定执行。

表1.3.3 二氧化氮（NO_2）相关的各种环境标准

	法律等	标准值（$\times 10^{-6}$）	备注
一般环境	WHO	0.08	1日平均值
		0.21	1h平均值
	EPA	0.05	年平均值
	ASHRAE	0.19	办公室
	与大气污染有关的环境标准	0.04～0.06	1h的日平均值
劳动环境	日本产业卫生学会容许浓度	5	
	ACGIH	3	

3.2.4 硫氧化物的环境标准

表1.3.4为小竿真一郎[4]总结的SO_2相关的各种环境标准。从表中可以看出，和NO_2一样，日本也还没有制定SO_2的室内环境标准，所以同样也要参照大气环境标准中的相关规定执行。

表1.3.4 二氧化硫（SO_2）相关的各种标准[4]

	法律等	标准值（$\times 10^{-6}$）	备注
一般环境	WHO	0.12	1h平均值（短时间暴露）
		0.18	10min（同上）
	EPA	0.03	年平均值
		0.14	1日平均值
	和大气污染有关的环境标准	0.04	1h值及1日平均值
		0.1	1h值
劳动环境	日本产业卫生学会容许浓度	5	
	ACGIH	5	8h平均值
		40	15min平均值

3.2.5 甲醛的环境标准

表1.3.5为McNail[9]总结的各国关于甲醛的环境标准。在一般环境中，甲醛的环境标准被设定在0.05×10^{-6}～0.7×10^{-6}的范围，但是大多数情况下都采用0.1×10^{-6}～0.2×10^{-6}的范围。在1997年6月日本政府参照WHO的标准，住宅甲醛指导值定为30min平均值0.1mg/m^3（23℃，1atm下为0.08ppm）[10]。

表1.3.5 各国关于甲醛浓度的标准

国名	标准值（$\times 10^{-6}$）
室外空气标准	
美国	0.1

（续）

国名	标准值（$\times10^{-6}$）
室内标准 日本	0.08（30min 平均值）
美国 加利福尼亚州	0.2 0.5（新建住宅）
明尼苏达州 威斯康星州	0.5 0.2
加拿大	0.08（目前），0.05（目标）
丹麦	0.12
挪威	0.05
荷兰	0.1
瑞典	0.1（新建住宅） 0.4～0.7
德国	0.1
劳动卫生标准 美国	3.0（8h 平均值，OSHA） 5.0（最大值，OSHA） 2.0（最大值，ACGIH） 1.0（30min 平均值，NIOSH）

3.2.6 臭氧的环境标准

表 1.3.6 是臭氧相关的各种环境标准[4]。根据 WHO 的建议，欧洲的环境空气质量导则中[11]，臭氧的标准限值为 1h 的浓度平均值在 0.076×10^{-6}～0.1×10^{-6}，或者长期暴露（8h 的平均值）的情况下，臭氧浓度为 0.05×10^{-6}～0.06×10^{-6}。另外，美国的大气环境标准中，1h 的平均值为 0.14×10^{-6} [12]。

表 1.3.6 臭氧相关的各种环境标准[4]

	法律等	标准值（$\times10^{-6}$）	备注
一般环境	WHO 指导标准	0.076～0.1	1h 平均值
	美国大气环境标准	0.05～0.06	8h 平均值
	公害对策标准法中有关大气污染的环境	0.14	1h 平均值
	标准	0.06	1h 平均值
劳动环境	日本产业卫生学会标准	0.1	

根据日本公害对策基本法，在一般生活环境中，大气污染的环境标准为1h平均值0.06×10^{-6}，根据日本产业卫生学会的规定，劳动环境下的标准为0.1×10^{-6}[13]。

3.2.7 臭气的环境标准

表1.3.7是《恶臭防治法》[11]中，以店铺或工厂排放到环境空气中的恶臭物质为对象制定的相关标准。但是，针对一般室内环境中的恶臭，日本目前还没有相关的标准。不过，《楼宇管理法》中将二氧化碳的浓度最高限值定在1000×10^{-6}，如果一旦超出这个浓度，呼气等产生的臭气就会给人体带来不适感。从某种意义上来说，这也属于与臭气有关的标准。

表1.3.7 《恶臭防治法》中规定的标准（以店铺或工厂排放的恶臭物质为对象）[11]

恶臭物质	标准值（$\times10^{-6}$）
氨	1～5
甲硫醇	0.002～0.01
氧化硫	0.02～0.2
硫化甲基	0.01～0.2
二硫化甲基	0.009～0.1
三甲胺	0.005～0.07
乙醛	0.05～0.5
苯乙烯	0.4～2
丙酸	0.03～0.2
正丁酸	0.001～0.006
正戊酸	0.0009～0.004
异戊酸	0.001～0.01

3.2.8 水蒸气（湿度）的环境标准

日本《楼宇管理法》[6]中规定的室内水蒸气环境标准为40%～70%。通常，只要没有处在劳动环境中，那些即使不在《楼宇管理法》规定的范围之内的建筑物，大多也都会遵守这个规定。此外，尽管实际上在冬季往往很难遵守标准中有关下限的规定数值，但目前还没有明确的研究证据可以支持调低下限值的做法。

3.2.9 悬浮颗粒物（SPM）的环境标准

表1.3.8[4]为有关悬浮颗粒物的各种环境标准。与二氧化碳和一氧化碳的情况一样，室内的悬浮颗粒物浓度即使超过《楼宇管理法》中规定的标准值，也并不意味着就会对人体健康造成危害。此外，在美国的环境空气质量标准中，已经使用$PM_{2.5}$（肺泡沉积性粒径为2.5μm的粒子）代替悬浮颗粒物。这很有可能在未来对室内环境标准产生影响。

表 1.3.8 悬浮颗粒物相关的各种环境标准[4)]

	法律等	标准值/(mg/m^3)	备 注
一般环境	《建筑标准法》、《楼宇卫生管理法》	0.15	
	《学校环境卫生标准》	0.1	中央空调
	演出场所条例	0.2	
	WHO	0.1~0.12	8h 平均值
		0.1	30min 平均值
	EPA	0.05	年平均值
		0.15	24h 平均值
	《大气污染的环境标准》	0.1	1h 值及 1 日平均值
		0.2	1h 值
劳动环境	《事务所卫生标准规则》	0.15	中央空调（出风口）
	日本产业卫生学会容许浓度	2~8（总颗粒物）	0.5~2（可吸入颗粒物）

3.2.10 石棉的环境标准

表 1.3.9 为小竿真一郎总结[4)]的石棉相关的环境标准。除该表格所载数据以外，NIOSH 和 OSHA 指定的有关石棉的环境标准分别为 10^5 根/m^3 和 2×10^6 根/m^3。但是，最近相关机构已经开始考虑将 NIOSH 和 OSHA 的值分别修改为 10^4 根/m^3 和为 5×10^5 根/m^3[㊀ 15)]。

表 1.3.9 石棉相关的标准[4)]

	法律等	标准值	备 注
一般环境	WHO	0（f/L）	无法决定安全标准
	环境厅（石棉处理设施及其边界线）	10	
	美国 AHERA（《石棉紧急对策法》）	10	
劳动环境	日本产业卫生学会容许浓度	2f/cc	
	美国 OSHA	0.1	
	（劳动安全卫生局）	2	

注：1. 本表是以总石棉为对象的数值。ACGIH 中也有更详细的规定：铁石棉和青石棉为 0.2f/cc；温石棉为 2f/cc 以下。

2. $1cc=1cm^3$。——译者注

3.2.11 过敏原的环境标准

到目前为止，还没有关于螨虫数量的环境标准，也就更不必说螨虫过敏原了。

㊀ NIOSH 为美国国家职业安全卫生研究所。——译者注

但是，为了防止发生过敏，吉川翠[16]提出了螨虫过敏原量、螨虫数、活螨虫数指标（见表1.3.10）。

表1.3.10　为了抑制螨虫过敏症，对螨虫过敏原量等指标的建议[16]

	榻榻米	地毯	地板	被褥
螨虫数/（只/m^2） 活螨虫数/只（简易法） Der1 榻榻米/（ng/m^2） Acarex 检测法	50以下 15以下 80以下 D（有时为C）	—	10以下 1以下 5以下 D（有时为C）	50以下 15以下 50以下 D（有时为C）
生活上应注意的地方	①使用化学材料榻榻米代替藁草榻榻米 ②每隔2~3日使用吸尘器清扫一次 ③室内湿度保持在60%RH以下	①不使用地毯	①每隔2~3日清扫一次 ②保证地暖设施有效	①使用高密度纤维的被褥 ②每天使用吸尘器进行清洁

3.2.12　微生物的环境标准

对于普通环境中悬浮微生物的环境标准，目前仍在讨论中。

3.2.13　氡子体的环境标准

表1.3.11为小竿真一郎[4]总结的氡子体的相关环境标准。从表中可以看出，目前日本仍然没有规定氡子体的室内环境标准，但根据瑞典Recommendations的研究，新建住宅内的氡子体标准为70Bq/m^3，改建住宅标准为200Bq/m^3，已入住的住宅标准为400Bq/m^3[17]。另外，美国EPA规定的氡气的环境标准为4pCi/L（约150Bq/m^3）[18]。由于普通环境中氡子体的平衡因子约为0.5，因此美国EPA氡子体的标准接近于瑞士的新建住宅标准。

表1.3.11　氡子体的相关标准[4]

	法律等	标准值/（Bq/m^3）	备　注
一般环境	WHO	100	新建住宅
	ASHRAE	100	
	EPA	148	（=4pC/L）
	瑞典标准 （氡子体）	70	新建住宅
		200	改建住宅
		400	已居住住宅
劳动环境	科学技术厅公告	1000	［=1WL，年最大值为4WLM（月平均WL和月数的乘积）］
	美国矿山卫生局	3700	

3.2.14　香烟烟雾的环境标准

在室内，除了香烟以外，还有各种各样的能够排放污染物的污染源。再加上香烟烟雾中含有数千种污染物质，所以还没有单纯针对香烟烟雾的室内环境空气标准。但是，在之前介绍的《楼宇卫生管理法》[6]中，颗粒物的标准值被设定在0. 15mg/m^3，因此相应的就可以将这个数值作为办公环境中的香烟烟雾污染的标准值。

3.2.15 燃烧设备排放的环境标准

与香烟烟雾一样，煤油暖炉等开放式燃烧设备中排放的气体也没有相应的环境标准值。对于燃烧排放的各种污染气体或颗粒物，有的有相应的标准，有一些就没有相应标准。不过，可以将《楼宇卫生管理法》[6]中一氧化碳的标准值10×10^{-6}设定为办公环境中汽车尾气渗入或者燃具排放气体泄漏的指标。

3.2.16 挥发性有机物（VOC）的环境标准

表1.3.12为Seifert[19]依据WHO导则总结出的关于长期低浓度VOC暴露的目标值。当然，在WHO的导则中，也有单独针对VOC中某些具体有机物的导则。

表1.3.12 Seifert提出的VOC导则

VOC的分类	浓度/（μg/m^3）
脂肪烃	100
芳香烃	50
萜稀	30
卤代烃	30
酯	20
醛酮 （甲醛除外）	20
其他	50
VOC的统计（目标值）	300

注：每个化学物浓度不会超过所属类别浓度的50%，也不应超过TVOC浓度的10%。

如果将表1.3.12所示的各VOC的浓度单位“μg/m^3”换算成“$\times 10^{-6}$”，就需要考虑到每个化学物质的分子量和温度。此外，像“烃类化合物类”这样所指代的并非是单独某一种物质时，就需要判断其所代表的每个化学物质的种类，并分别进行换算。

3.3 环境标准值的运用

以上介绍的环境标准值在不同的情况下的定义和测定方法会不尽相同，并且往往其含义也会有所不同。即便是理想的建议值并且技术上也有达成的可能，这个值也不是就能够直接使用的。比如说，为了达成这个理想值，在必须确保换气量足够大的同时，还要兼顾到节能问题等其他方面。此外，有时还需要注意不会对人体生理方面产生影响，甚至有时还要能够提高生活舒适性。

应当特别注意的是，可容许的最低限度的含义。有时，由于受到技术水平的制约，不得不想要获得可以容许的最低限度值。此时，有时往往会忽视这个值的本意——“最低限度的容许值”，而是误认为是“只要达到这个值就是良好的环境”。所以，时刻牢记这个值仅仅是一个最低限度，如果经济或技术条件允许，即便是一点点也应该力争进一步改善环境质量。同时，中间值和暂定值等也应该用同样的方式去看待。

综上所述，环境标准值的范围十分广泛，并且继而法制化的内容也会越来越丰富。此外，应该充分理解这些数值的含义。在使用过程中如有必要，还应当查阅医学和法学等方面的文献。

参 考 文 献

1) 環境庁環境法令研究会編：環境六法（平成10年版），中央法規（1998）

2) 日本建築学会編：建築設計資料集成1（環境），p. 148，丸善（1978）

3) 稲葉洋祐，野崎貞彦編：新簡明衛生公衆衛生，pp. 113, 115～116（1994.3版）南山堂（1998）

4) 小竿真一郎：「環境基準」建築の分野での実用的室内空気質測定法，第2章，第2項，日本建築学会環境工学本委員会空気環境運営委員会室内空気質小委員会，pp. 5-12（1991）

5) 日本産業衛生学会：許容濃度の勧告（1996）

6) 古賀章介：ビル衛生管理法，pp. 40-51，帝国地方行政会（1971）

7) FPACEOH（Federal-Probincial Advisory Committee on Environmental and Occupational Health）: Exposure Guidlines for Residential Indoor Air Quality, p. 8（1989）

8) 空気調和・衛生工学会：HASS 102 換気規準・同解説，pp. 7-9（1997）

9) P. E. McNail: "Indoor Air Quality", ASHRAE（American Society of Heating, Refrigirating and Air-Conditioning Engineers Inc.）Journal, pp. 39-48（1986.6）

10) 厚生省生活衛生局企画課生活化学安全対策室：「快適で健康的な住宅に関する検討会議」健康住宅関連基準策定専門部会化学物質小委員会報告書（1998）

11) WHO Regional Office for Europe: "Air Quality Guidelines", WHO Regional Publication Series, No. 23（1987）

12) Sandia National Laboratories: "Indoor Air Quality Handbook", Report to US Department of Energy, SAND 82-1773（1983）

13) 佐藤泰仁：「オゾン」屋内環境の基準について，第4章，第3項の6，空気調和・衛生工学会，空気調和設備委員会，環境基準小委員会シンポジウム要旨集，pp. 39-40（1991）

14) 岩崎好陽：悪臭と公害，厚生省委託研究，臭気に関する快適な室内環境の確保に関する調査研究報告書，第3章，第1項（1992）

15) I. Turiel: "Indoor Air Quality and Human Health", Stanford University Press（1985）

16) 吉川 翠：ダニはなぜ嫌われるか，空気調和・衛生工学会市民向け公開口座テキスト，pp. 9-12（1999）

17) O. Hildingson: "Measurements of Radon Daughters in 5,600 Swedish Homes", Proceedings for International Symposium on Indoor Air Pollution, Health and Energy Conservation（1981）

18) EPA: IRIS Information（1994）

19) B. Seifert: "Regulating Indoor Air?", Proceedings for Fifth International Conference on Indoor Air Quality and Climate, Vol. 5, pp. 35-49（1990）

第4章　污染物的检测方法

4.1　检测方法概要

室内污染物包括粉尘等颗粒物和一氧化碳等气态污染物，而相应的检测方法也会因污染物种类的不同而有所不同。这些污染物都有各自的浓度标准限值，并且《楼宇卫生管理法》中还对悬浮粉尘、一氧化碳和二氧化碳这3种污染物分别规定了标准检测方法。除此之外，1997年6月，厚生省提出将甲醛的室内浓度指导值定为“30min的平均值低于0.1mg/m^3”。

本章就气态污染物和颗粒物（悬浮粒子/微生物粒子）的检测方法以及检测设备进行详细介绍，同时还会就相应的标准限值进行说明。

4.1.1　《楼宇卫生管理法》

日本于1970年4月正式颁布了《保障建筑物内卫生环境的相关法律》，并于1980年对其进行了修订。该法是除了工厂等特殊环境中的建筑物以外，专门针对日本建筑法上规定的特定建筑物（用于特定用途的建筑，且面积在3000m^2以上）所制定的公共卫生管理方面的总括性法律（不含特殊环境中的建筑物）。

《楼宇卫生管理法》中将二氧化碳设定为判断室内空气污染的综合指标，并规定其浓度必须在1000mL/m^3以下。因此导致了日本并没有像欧洲国家那样采用大量减少室外空气换气量作为节能对策的做法。据说，由于这个原因，日本与欧洲国家相比，病态建筑综合征的问题并不十分严重。

以下是《楼宇卫生管理法》中规定的污染物的检测要求：

1）应当选择大楼日常使用的时间段，分别在每个楼层的房间中央位置，距地面75~120cm处进行检测。

2）应使用建筑物在使用时间内的平均值与标准限值进行比较。

3）原则上平均值应使用连续监测的结果进行计算，但也可以直接计算房间使用开始时间、房间使用结束时间以及整个期间的中间时间这3个时间点检测结果的平均值。

《楼宇卫生管理法》中规定的检测参数有6个。目前在市场上能够买到可以对这6个参数进行同时检测的设备。图1.4.1所示为设备示例。

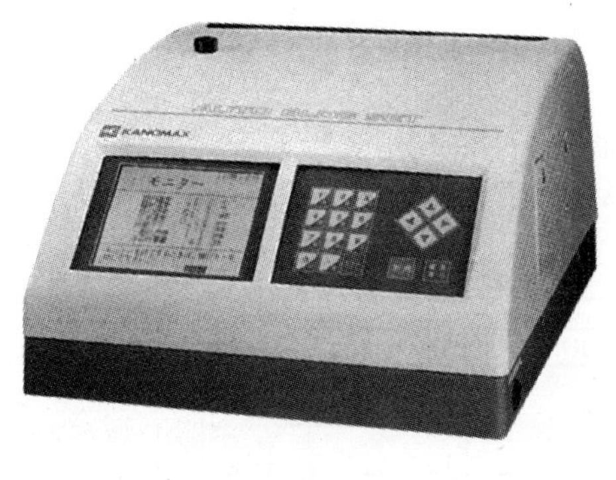

a) Autobuildingset (日本加野株式会社制造)

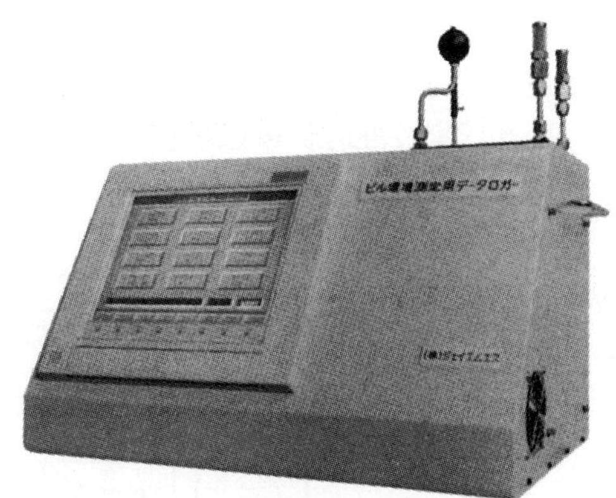

b) Buildingdoctor (JMS 制造)

图 1.4.1 《楼宇卫生管理法》6 参数同时检测装置

4.1.2 空气调和·卫生工学会规定的换气标准 HASS 102

"空气调和·卫生工学会"在 1997 年 12 月制定了室内换气的标准。表 1.4.1 中列出了室内空气污染物的设计标准浓度。

表 1.4.1 室内空气污染物的设计标准浓度

条件	污染物	设计标准浓度
综合指标①	二氧化碳	1000mL/m³
单独指标②	二氧化碳	500mL/m³
	一氧化碳	10mL/m³
	颗粒物	0.15mg/m³
	二氧化氮	210μL/m³
	二氧化硫	130μL/m³
	甲醛	80μL/m³
	氡气	150Bq/m³
	石棉	10 根/L
	总挥发性有物（VOC）	300μg/m³

① 该值的制定并不基于二氧化碳本身对健康的影响。在无法对室内每一种污染物分别进行定量时，如果二氧化碳达到这个浓度，那么可以依此推断其他污染物的浓度也会按比例上升。

② 在已知室内所有的污染物排放量，并且已经设定污染物的设计标准浓度，二氧化碳浓度在 3500mL/m³时，会对健康产生影响。

因为必要换气量是由污染物的排放量和表 1.4.1 的标准浓度所决定的，因此要想知道必要换气量，还需要考虑到房屋的使用情况和污染状况。

4.1.3　检测仪器的校准

为了确保检测仪器数据的准确性，需要对其进行日常维护管理，并且如果有必要还应当由生产厂家进行定期校准。

生产厂家校准时，可以根据需要提供溯源证书。

图 1.4.2 所示为可追溯系统的一个示例。

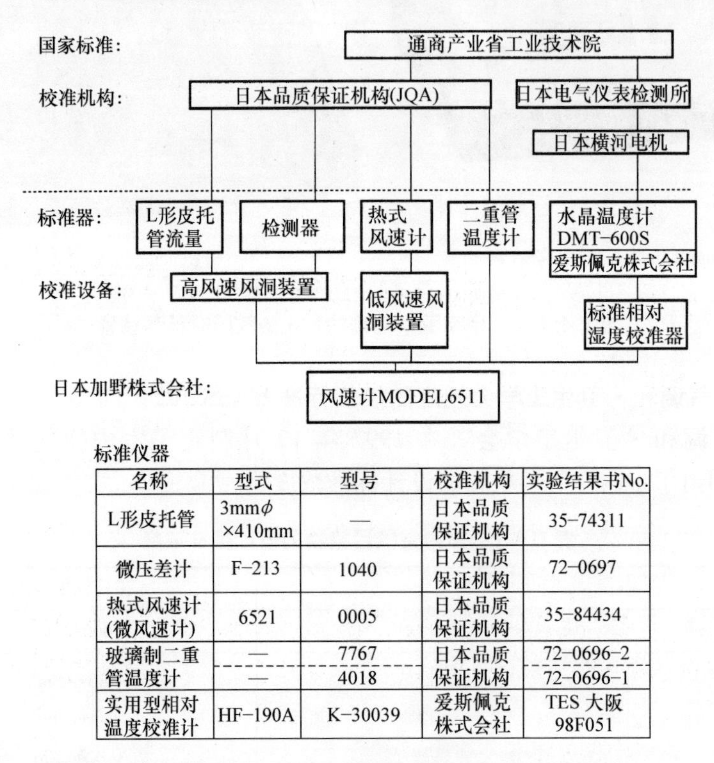

标准仪器

名称	型式	型号	校准机构	实验结果书No.
L形皮托管	3mmϕ ×410mm	—	日本品质保证机构	35-74311
微压差计	F-213	1040	日本品质保证机构	72-0697
热式风速计(微风速计)	6521	0005	日本品质保证机构	35-84434
玻璃制二重管温度计	—	7767	日本品质保证机构	72-0696-2
	—	4018		72-0696-1
实用型相对温度校准计	HF-190A	K-30039	爱斯佩克株式会社	TES 大阪 98F051

图 1.4.2　可追溯系统的示例

跨度校准时所使用的零空气和标准气体，应当确保在有效期限之内使用。另外，还需要注意稳定气体（氮气、干燥空体等）或混合标气中其他共存组分的浓度。

4.2　气态污染物浓度的检测方法

4.2.1　检测管法

在玻璃管中填充一定剂量的检测剂，即可制成检测管。在检测管中通入气体样品后，可以根据着色层的长度来判断被检测气体成分的浓度。这是了解气体样品中，被检成分浓度概略值的一种简单方法。检测管法由气体采样器和检测管组成。而气体采样器和检测管也分为很多种类，并且检测精度也随着刻度范围的不同而有所差异。

从表1.4.2[1)]可知，检测管法的适用场所非常广泛。以下是对检测管的概述。

表1.4.2　检测管的适用场所（JIS K 0804－1998，P.18）

使用目的		使用场所和用途
作业环境	工厂环境	各种工厂、各种处理厂
	户外环境	施工现场、矿山、矿坑、管道井
	室内环境	楼房室内、医院
	船舱内环境	油船、化学品运输船
地球环境	大气污染	大气污染排放源、汽车、柴油机等
	土壤污染	电子·电器机械制品清洁脱脂、洗涤、电镀工厂
	水污染	电子·电器机械制品清洁脱脂、洗涤、电镀工厂
	恶臭	农业和畜牧业、饲料·肥料制造厂、食品加工厂
	臭氧层破坏	电子·电器机械产品清洁脱脂、冷媒、发泡剂
	全球变暖	汽车、火力发电、锅炉、其他燃烧装置
调查研究	实验	研究所、学校
	调查	工厂环境、户外环境、室内环境
	研究	研究所、学校

1. 气体采样器的种类

检测管法中使用到的气体样品采集方法有多种：真空式采样器法、送入式采样器法和蛇腹形负压式采样器法等。图1.4.3中显示的就是真空式气体采样器的示例。

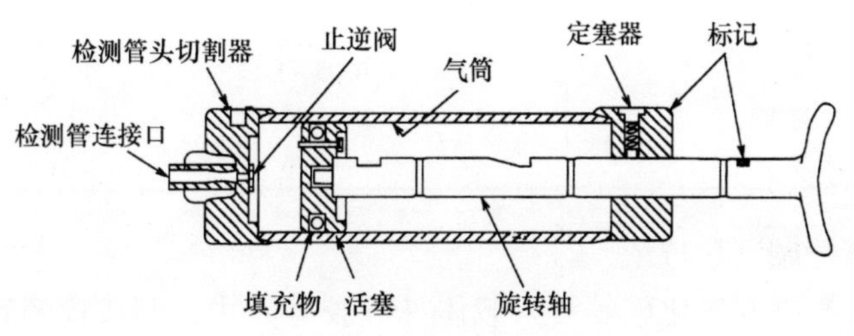

图1.4.3　真空式气体采样器的示例

2. 检测管的种类

检测管分为直读式和浓度表式两种，其中直读式检测管最近呈现增多的趋势。图1.4.4所示为直读式检测管的示例。

3. 检测管的性能（显示浓度）

当使用测定范围1/3以下浓度的试验气体检验时，检测管的显示值为25%，

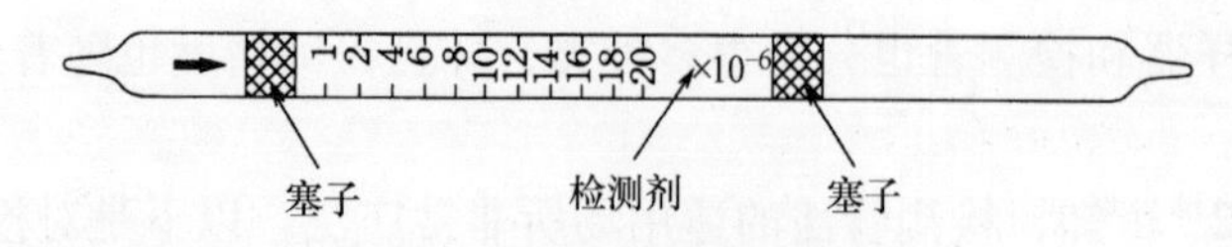

图 1.4.4　直读式检测管的示例

显示值的平均误差应在 ±15% 以内。

当使用测定范围 1/3 以上浓度的试验气体检验时，检测管的显示值为 35%，显示值的平均误差应在 ±25% 以内。

4. 检测的操作

打开检测管的两端，使其中一端与真空式气体采样器连接，并将真空式采样器的活塞一次拉开到底并固定。重复将以上操作达规定次数后，采样结束。如果样品中含有被检成分，检测器就会着色。读取着色层最前端的刻度，并进行温度校正后，就可以确定被检成分的浓度了。

5. 用于室内空气检测的检测管的种类

表 1.4.3 为用于室内的检测管的种类。在此对主要使用的检测管进行简单介绍。

表 1.4.3　室内环境中主要使用的检测管

检测管的种类	检测浓度范围/（mL/m^3）	吸取次数
一氧化碳	1 ~ 30	2
二氧化碳	300 ~ 5000	1
二氧化硫	0.05 ~ 10	2
一氧化氮	2.5 ~ 200	1
二氧化氮	0.5 ~ 125	2
臭氧	0.025 ~ 3	5
甲醛	0.05 ~ 1	5
对二氯苯	2.5 ~ 300	2
甲苯	1 ~ 100	2

（1）一氧化碳（CO）

将亚硫酸钯或五氧化碘等浸入载体（硅胶等）中，制成检测管。当检测剂与一氧化碳反应时会稀释出金属钯或碘，呈现出黑褐色或茶褐色，接着就可以根据着色层的长度计算出一氧化碳的浓度。通常情况下，低浓度时使用硫酸钯（5 ~ 50mL/m^3），高浓度时使用五氧化碘（0.1% ~ 40%）。

（2）二氧化碳（CO_2）

把肼浸入载体中，制成检测管。在检测管中，肼与二氧化碳产生反应后被氧化成紫色，随后根据着色层的长度就可以计算出二氧化碳的浓度。低浓度时应使用检测范围为 300 ~ 5000mL/m^3 的检测管，高浓度时则使用 10% ~ 100% 的检测管。

（3）甲醛（HCHO）

把磷酸羟胺浸入载体中，制成检测管。当空气中的甲醛和检测剂接触后发生化学反应时，会有磷酸游离出来。游离出的磷酸再与 pH 值指示剂发生变色反应并使检测管着色。这时根据着色层的长度就可以判断相应甲醛的浓度。一些新开发的用于室内环境的检测管，其检测范围在 0.05 ~ 1mL/m^3。

4.2.2　一氧化碳（CO）

检测空气中一氧化碳浓度的方法有很多。例如，红外线吸收法、控制电位电解法和检测管法等。这里介绍的检测方法中包括红外线吸收法和控制电位电解法。

1. 使用红外线吸收法的自动分析仪

不对称 2 原子分子的气体一般都会有红外吸收带。一氧化碳的红外线吸收光谱为 4.6 ~ 4.7，具有较强的吸收性。这一类分析仪利用的是一氧化碳按浓度成比例吸收的性质。最近，一氧化碳自动分析仪取得了非常大的进步，具备各种功能的分析仪被相继开发出来，灵敏度也有了很大的提高。在此按照 JIS B 7951（1998）中的规定，分别对差量法红外线气体分析仪以及常规红外线气体自动分析仪进行简单的介绍。

（1）差量法红外线气体自动分析仪[2)]

这种分析仪按照一定的周期切换流路，将样品气体和比对气体（零气）相互导入实验管中进行检测，并计算其差值。现在通常采用的是样品切换式和光流路切换式的红外差分气体分析仪。这些分析仪多用于检测 10mL/m^3 以下的低浓度气体。

1）样品切换式。利用催化剂，将气体样品中的一氧化碳转化为二氧化碳，并保证一氧化碳以外的成分浓度几乎不变。将这时得到的气体作为参比气体用于后续分析。分析仪如图 1.4.5 所示，通过切光片的周期性切割获得不连续的光信号，同时把样品气体和参比气体（零气）按照一定的周期交替导入测量室中，测定其差值。

2）流路切换式。利用催化剂，将气体样品中的一氧化碳转化为二氧化碳，并保证一氧化碳以外的成分浓度几乎不变。将这时得到的气体作为参比气体用于后续分析。不使用切光片，而是通过切换阀按照一定周期切换流路，通过分析样品气体和参比气体（零空气）的信号变化得出检测结果。图 1.4.6 所示为分析仪的结构示例。

（2）红外线气体自动分析仪

该分析仪由光源、分光片、滤光镜、测量室、参比室、检测器及放大器等构成（非分散式红外线分析仪）。因为这种分析仪使气体样品通过测量室，而在参

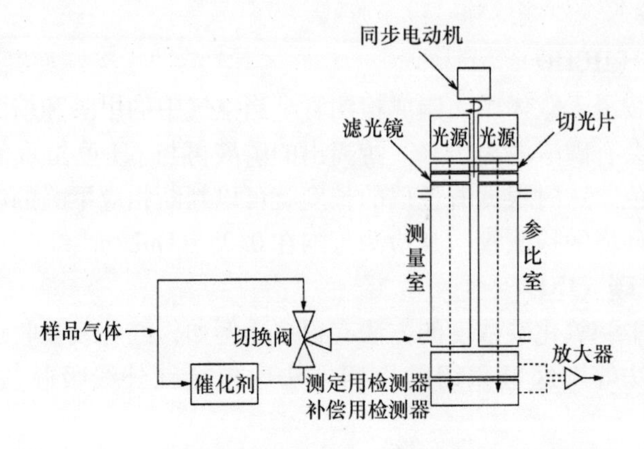

图 1.4.5　一氧化碳自动检测器（样品切换式）的示例

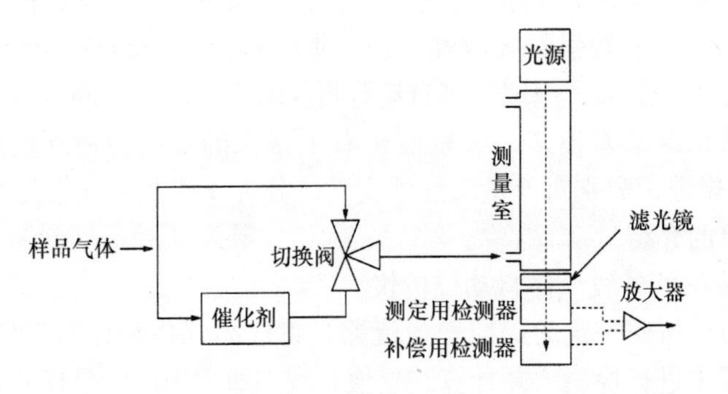

图 1.4.6　一氧化碳自动分析仪（流路切换式）的示例

比室中则封入氩气或氮气，所以不具有使样品气体和参比气体交替转换的差量法的功能。该法不适用于低浓度的气体检测。

2. 控制电位电解法[3)]

该法由检测器（透气性隔膜、工作电极、对电极）、控制电位电源以及放大器等构成。首先使空气中的一氧化碳通过透气隔膜被电解液吸收，然后通过控制电位电解使一氧化碳氧化，通过检测此时的电解电流可以计算出空气中一氧化碳的浓度。这种检测器的检测范围为 0 ~ 20mL/m^3、0 ~ 100mL/m^3，反复测量准确度误差在 ±2% 之间。因为采用控制电位电解法的设备非常轻便、利于移动，所以非常适用于室内环境中的一氧化碳检测。

4.2.3　二氧化碳（CO_2）

二氧化碳通常使用非分散式红外线气体分析仪、气相色谱法和检测管法等方法进行检测。在此分别对非分散式红外线气体自动分析法以及气相色谱法进行简要绍。

1. 非分散式红外线气体自动分析仪[4]

图1.4.7所示为该分析仪的构成示例。该法适用于室内环境中二氧化碳浓度较高时的情况。因为该仪器十分轻巧，因此可以很方便地应用于室内换气量等的检测。该仪器的检测范围在0～5000mL/m^3。

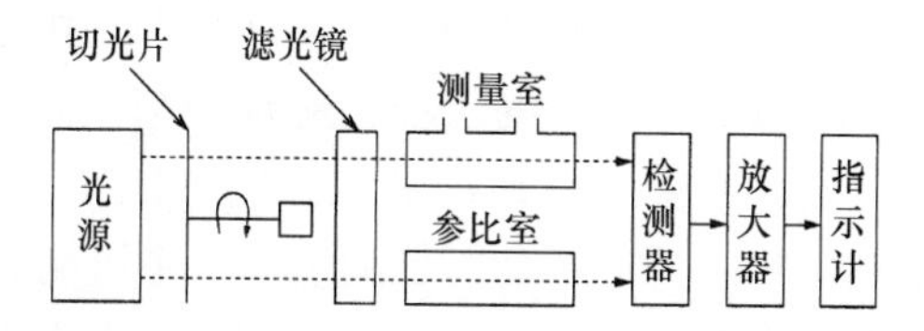

图1.4.7 二氧化碳自动分析仪（复合光束分析仪）的构成（JIS K 0151，1983，p. 1000）

2. 气相色谱法[5]

此处使用的气相色谱法均采用氢火焰离子化检测器。在内径为2～4mm的不锈钢或玻璃色谱柱内填充高分子多孔聚合物（例如Porapak Q）。将使用该色谱柱分离出的二氧化碳，通入还原催化管使其还原成甲烷后，再使用氢火焰离子化检测器进行测定。这种方法适用于针对二氧化碳气体的精密检测。

4.2.4 二氧化硫和硫氧化物

对于空气中二氧化硫的检测，可以使用紫外荧光法或电导分析法原理的自动分析仪、副玫瑰苯胺手动检测法以及检测管法等。以下，就自动分析法进行简要介绍。

1. 紫外荧光法自动分析仪[6]

这种分析仪采用物理检测的原理，通过检测气体样品中二氧化硫吸收紫外线产生的荧光，进而获得二氧化硫的浓度。通常，二氧化硫分子在紫外线的照射下会产生3个吸收区｛（1）340～390nm，（2）250～320nm，（3）190～230nm｝。其中，吸收区（1）和（2）吸收较弱，并且淬灭现象（消光现象）较强，因此选择具有强吸收和最小淬灭现象的吸收区（3）作为二氧化硫浓度测量的激发波长。图1.4.8所示为分析仪的示例。这种方式的分析仪不受样品流量的影响，并且在0～数千mL/m^{3}的浓度范围内以都有很好的线性关系。因为该法的检测结果容易受到芳香烃类化合物的影响，因此为了除去空气中的芳香烃，还专门设置了气体洗涤器以减少影响。该仪

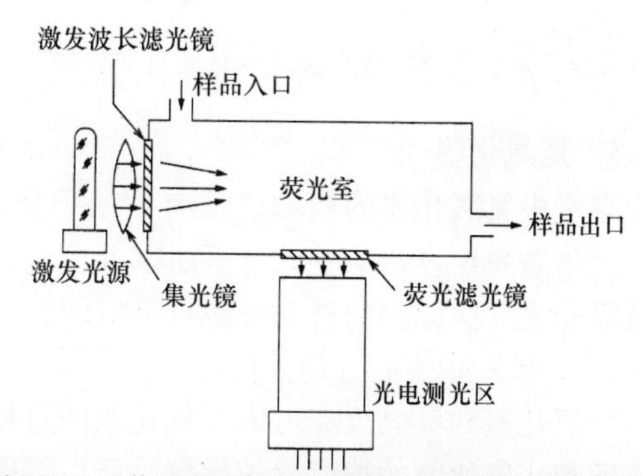

图1.4.8 紫外荧光法二氧化硫自动分析仪的检测器（JIS B 7952，1996，p. 20）

器在一般大气中浓度检测范围在 0~0.1mL/m^3。

2. 电导分析法自动分析仪[7)]

当样品空气通过过氧化氢溶液时，其中的二氧化硫会被氧化成硫酸，此时吸收液中的电导率便会随之增强。通常情况下比较常用的是 1h 内可获得 1 次检测值的间歇型自动分析仪，检测范围在 0~0.05mL/m^3。使用电导分析法时，所有在吸收液中溶解后能够增强电导率的物质都会对检测结果产生影响（二氧化氮、氯化氢、硫化氢、氟化氢、氯化钠和氨）。但是，室内空气中除了氨以外，其他成分都属于极微量物质，所以基本不会对检测结果产生影响。其中氨的影响可以通过在样品气路中加入粒状草酸的办法进行去除。图 1.4.9 所示为检测系统图。

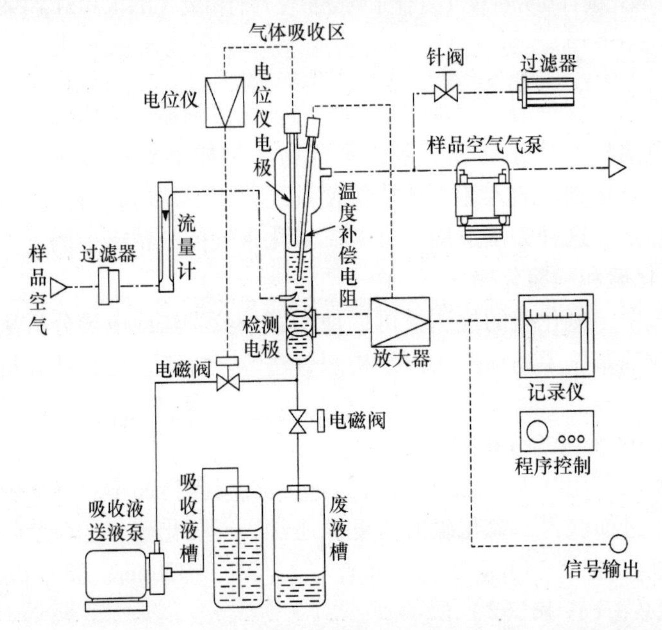

图 1.4.9 间歇式电导分析法二氧化硫自动分析仪的检测系统图（JIS B 7952，1996，p. 18）

4.2.5 氮氧化物

空气中氮氧化物的检测方法有，基于化学发光法或吸光光度法的自动分析法、萨尔兹曼比色法的手动分析法以及检测管法等。在此分别就采用化学发光法以及吸光光度法原理的自动分析仪进行简单介绍。

1. 化学发光法的自动分析仪[8)]

一氧化氮和臭氧反应生成二氧化氮的过程中会产生化学发光。因为此时的发光强度和一氧化氮的浓度成正比例，所以可以根据检测发光强度计算出一氧化氮的浓度。在测定二氧化氮浓度时，使样品空气流入转换炉，根据氮氧化物（一氧化氮和二氧化氮）的总浓度，求出不通过转换炉时的浓度检测值，即减去一氧化氮的浓度值。

图1.4.10所示为化学发光方式氮氧化物自动分析仪的结构。由灰尘过滤器、流量控制器、转换炉、臭氧发生器、反应槽、光电测光器、放大器、样品泵、信号记录仪等构成。对于从空气样品导入口到转换炉之间主要的管路，通常会使用对氮氧化物的吸附和分解较少的材料，如特氟龙管等。因为这种分析仪具有较宽的线性范围，并且灵敏度也很高，因此可检测的浓度范围很大（0~0.1mL/m^3，0~10mL/m^3）。

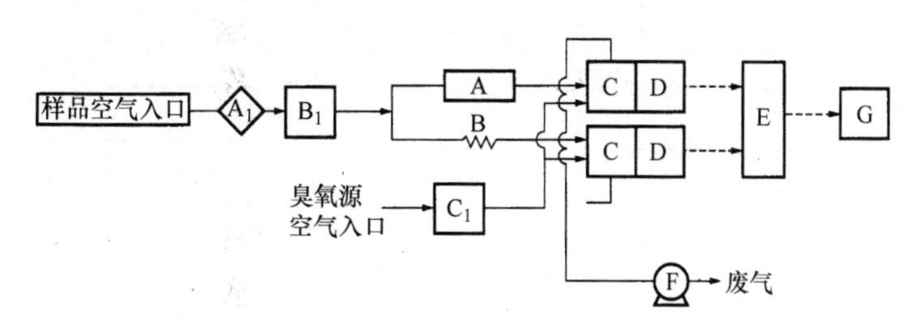

图1.4.10　化学发光法氮氧化物自动分析仪的构成示例（JIS B 7953，1997，p.7）

A_1—灰尘过滤器　A—反应炉　D—光电测光器　G—信号记录仪

B_1—流量控制器　B—流路阻力　E—放大器

C_1—臭氧发生器　C—反应槽　F—样品空气气泵

2. 吸光光度法自动分析仪[9)]

该吸光光度法使用含有萨尔兹曼试剂的吸收液，可以同时且连续测定空气样品中一氧化氮和二氧化氮的浓度。

在一定时间内向一定量的吸收液（N-1萘乙烯胺二盐酸盐、黄氨酸、醋酸的混合溶液）中通入一定流量的空气样品，使其中的二氧化氮被吸收变色，再通过检测发光液的吸光度，就可以实现空气样品中二氧化氮浓度的连续检测。另外，因为一氧化氮和吸收液不产生化学反应，所以可以使其在氧化液（硫酸酸性过锰酸钾溶液）中氧化成二氧化氮后，再与二氧化氮进行同样的检测。

图1.4.11所示为吸光光度法氮氧化物自动分析仪的结构示例。该设备由灰尘过滤器、流量计、二氧化氮吸收器、氧化瓶、一氧化氮吸收器、空气样品引流泵、吸收液槽、吸光度检测器、信号放大控制器以及信号记录仪等构成。发生吸收反应的二氧化氮吸收器、氧化瓶和一氧化氮吸收器应按直线排列，并且这几部分的温度不能低于20℃。通入空气样品的管路需要采用不会吸收或分解氮氧化物的材料，因此建议使用特氟龙管或玻璃管。吸光光度法适用的检测浓度范围比较广泛，在0~0.1mL/m^3、0~1mL/m^3。

4.2.6　氧化剂和臭氧

首先介绍氧化剂的定义。氧化剂是总氧化剂、光化学氧化剂和臭氧等氧化性物质的总称。其中，总氧化剂是指能够从中性碘化钾溶液中游离出碘单质的物质

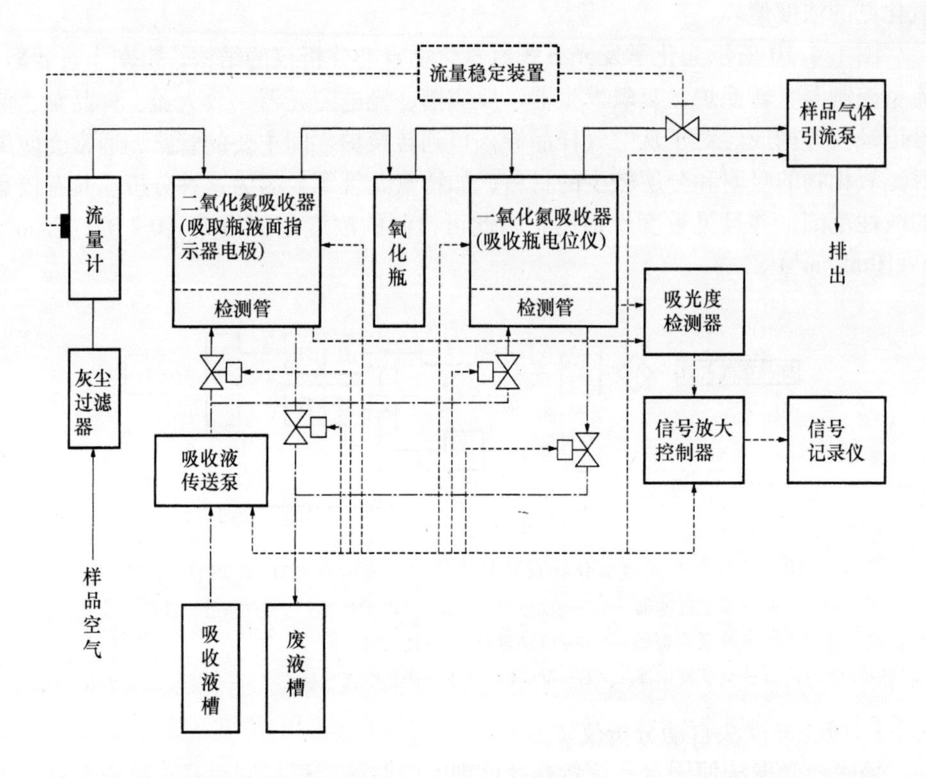

图 1.4.11 吸光光度法氮氧化物自动分析仪的构成示例（JIS B 7953，1997，p.4）

的总称；光化学氧化剂是从总氧化剂中除二氧化氮外剩下的物质的总称。检测氧化剂的方法有很多，包括吸光光度法、化学发光法和紫外吸收法。在此主要介绍使用中性碘化钾吸光光度法的分析仪和使用紫外吸收法的分析仪。

1. 吸光光度法自动分析仪[10)]

该分析仪如图 1.4.12 所示，由过滤器、气体洗涤器、流量计、气体吸收处、样品空气引流泵、吸附过滤器、吸收液泵、吸收液槽、吸光度检测器、放大器、信号记录仪等构成。其中吸收液使用中性磷酸缓冲碘化钾溶液。

吸光光度法自动分析仪的原理是，使空气中的氧化剂与吸收液接触后，游离出碘单质，再运用吸光光度法（主波长 350 ~ 370nm）测定碘单质的瞬时在线分析仪。该法向逆流吸收管中通入一定流量比的吸收液和样品空气（吸收液量: 样品空气流量 = 1: 1000)，通过吸收液的吸收作用采集受检氧化剂样品。因为这种方法容易受到空气中的二氧化硫的影响，所以增设了气体洗涤器（含有氧化铬的玻璃纤维纸）。本分析仪的检测范围是 0 ~ 0.5mL/m^3。

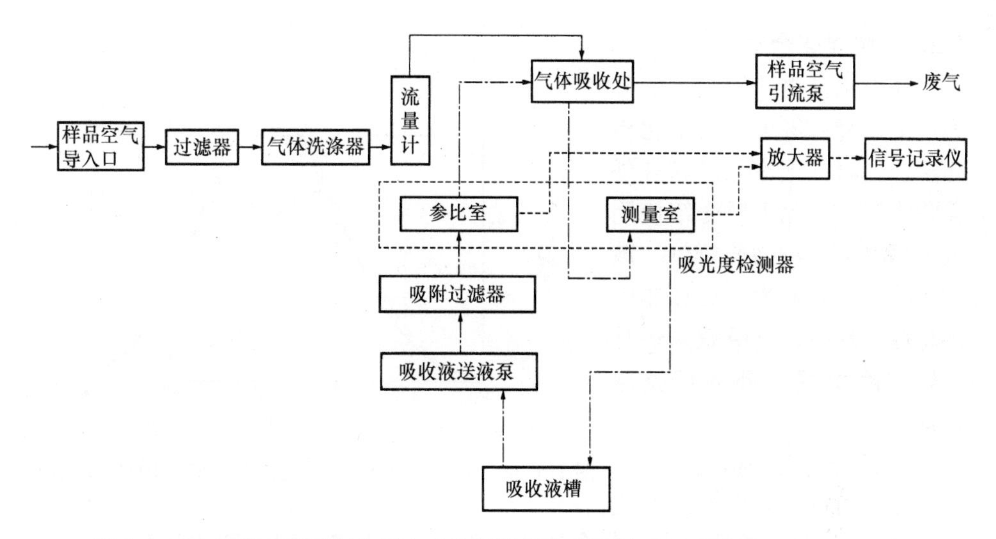

图 1.4.12 吸光光度法氧化剂自动分析仪的构成示例（JIS B 7957，1992，p.4）

2. 紫外吸收法自动分析仪[11)]

该分析仪如图 1.4.13 所示，由样品空气导入口、过滤器、反应室、测光部、样品空气引流部分、放大器和信号记录仪等构成。该分析仪的检测原理如图 1.4.14 所示。臭氧在紫外光区（254nm）有很强的吸收能力，所以可以利用这种吸收性质获得臭氧浓度。将样品空气和样品空气中的臭氧被分解后的气体（对照气体）交替导入样品室内，通过求得两者吸光度的差，来测定所含的臭氧的浓度。该分析仪在检测臭氧浓度时，几乎不受光学性的或其他共存气体的影响。另外，本法可以通过使用 1% 碘化钾中性磷酸缓冲溶液，对高纯度空气在紫外线照射下产生臭氧浓度的手动分析结果进行跨度校准。该分析仪的检测浓度范围在 0～1mL/m^3。

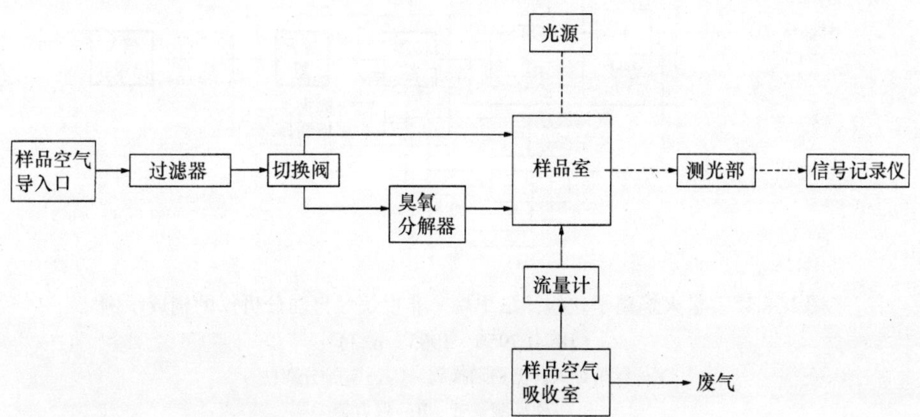

图 1.4.13 紫外吸收法臭氧自动分析仪的构成示例（JIS B 7957，1992，p.7）

4.2.7　烃类化合物

烃类化合物的检测方法分为以下几种：氢火焰离子化检测法、光离子化检测法和红外吸收法等。在此主要介绍使用氢火焰离子化法的分析仪。该仪器的检测对象为总烃和非甲烷总烃。其中，非甲烷总烃是总烃中除甲烷以外的烃类化合物。

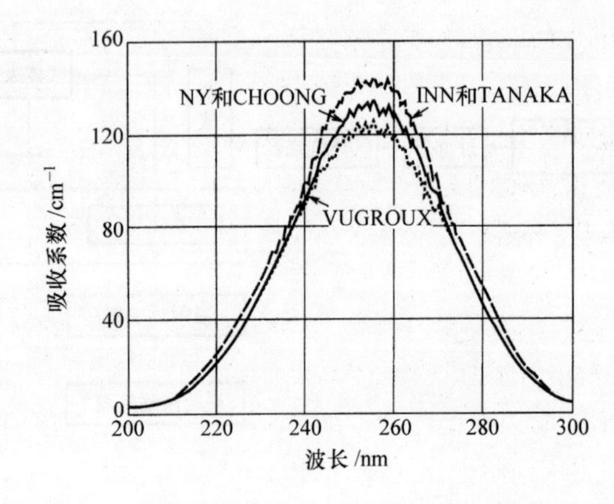

图 1.4.14　臭氧的吸收光谱（JIS B 7957，1992，p.21）

1. 总烃自动分析仪[12)]

总烃是通过氢火焰离子化检测方法（FID）检测的有机化合物的总称。FID 不仅可以检测出烃类化合物的种类，而且还可以获得碳原子数等信息，具有线性范围广、灵敏度高响应速度快等特点，适用于检测空气中含甲烷在内的总烃。该仪器可检测的浓度范围是 0 ~ 10mL/m^3（C）、0 ~ 25mL/m^3（C）、0 ~ 50mL/m^3（C）（3 个阶段可切换）。但是因为这种分析仪直接向 FID 导入样品空气，那么碳原子就容易被样品空气中的氧气所氧化，所以最近已经不再用于烃类化合物的检测。

2. 甲烷、非甲烷烃类化合物自动分析仪[13)]

图 1.4.15 所示为该分析仪的结构示例。其工作过程为甲烷在分离区被分离后导入氢火焰离子化检测器中进行测定；另一方面，甲烷分离后余下的非甲烷烃

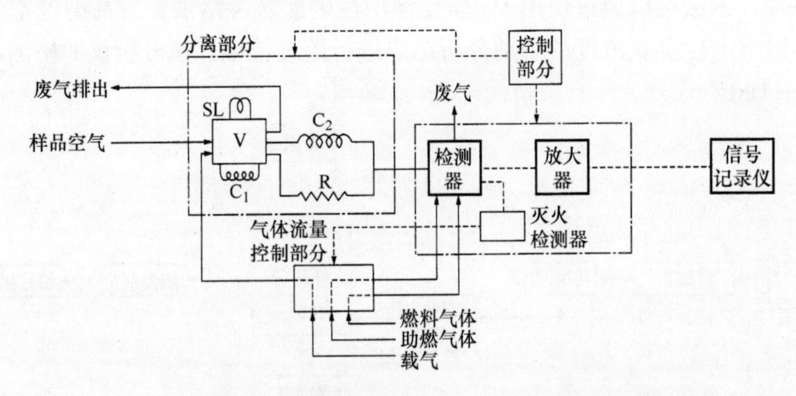

图 1.4.15　氢火焰离子化检测法甲烷 · 非甲烷烃自动分析仪的构成示例
（JIS B 7956，1995，p.7）
V—样品导入，流路切换阀　C_1，C_2—分离柱
SL—样品测量管　R—阻力管

类化合物则直接经过分离管的反吹导入氢电离检测器中进行浓度测定。该分析仪是可以对除去甲烷后的烃类化合物进行分析的设备。由于其具有能够防止光化学氧化物生成的特点，所以非常适合对非甲烷烃类化合物浓度的评价。本分析仪的浓度检测范围为 0 ~ 5mL/m^3（C）、0 ~ 10mL/m^3（C）、0 ~ 20mL/m^3（C）。

4.2.8 甲醛（HCHO）

1. 采样方法

对于建筑物内部空气样品的采集来说，在分析对象环境是办公还是居住，以及分析目的是要获取平均浓度还是最大浓度这些不同情况下，相应的采样方法也各不相同。在此主要介绍 ISO[14] 的室内甲醛（测定最高浓度时）的检测方法。

测定室内甲醛的最高浓度时，需要首先将检测对象房间的窗户打开，进行强制性通风换气。然后将窗户关闭，当室内甲醛浓度达到稳定状态（室内甲醛的产生量和通过自然换气排出的甲醛量达到平衡状态）时进行 30min 空气样品采集。

如图 1.4.16 中 ISO 的研究结果所示，室内空气换气次数为 0.5 次和 0.2 次时，分别需要经过 8h 和 15h 后才能达到稳定状态。因此 ISO 的实验方法采用的平均换气次数为 0.5，窗户的密闭时间为 8h。

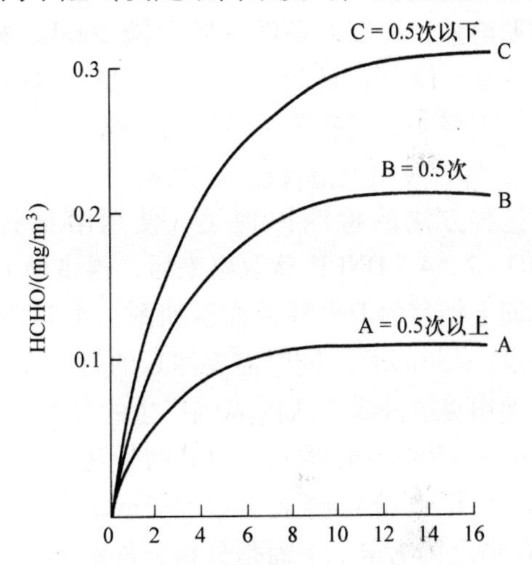

图 1.4.16　与换气相对应的甲醛浓度
（ISO/TC146/SC 6 N 41 Indoor air sampling strategy for formaldehyde，1997）

以下是具体实验方法：

1）将室内窗户全部打开，强制换气 30min；

2）关闭窗户后，放置 8h（有空调时，应在检测前 3h 开启空调）；

3）进行 30min 采样后检测甲醛浓度。根据是否超出 WHO 的指导标准值（0.1mg/m^3），来判断室内的甲醛污染情况。

如需评价换气效果，则应进行如下操作：

1）打开门和窗户，强制换气 5min；

2）关闭门和窗户放置 1h；

3）进行 30min 采样后检测甲醛浓度，评价换气效果。

2. 吸光光度法（4 – 氨 – 3 – 肼 – 5 – 巯基 – 1，2，4 – 三唑，AHMT 法）[15]

这种方法的基本原理是，使甲醛和 AHMT 在强碱性下进行缩合反应，其缩合生成物经过碘酸钾氧化后呈红紫色，然后通过对550nm附近的吸光度进行检测，就可以确定甲醛的浓度。

具体来说，首先在20mL浓度为0.5%的硼酸溶液（2%的三乙醇胺溶液）中，以1L/min的流量通入样品空气30min（采集样品溶液）。接着，用共栓试管取出2mL的样品溶液，向其中加入5N氢氧化钠溶液2mL和出2mL AHMT溶液（0.5g AHMT溶解于0.2N HCH 100mL）后混合均匀。将其在室温下放置20min后，再加入2mL的过碘酸钾溶液（0.2N的氢氧化钠溶液100mL中加入0.75g过碘酸钾，并在水浴中加热溶解），并振荡混合至不再产生气泡为止。随后在波长550nm左右处检测其吸光度。检测时使用2mL同样经过上述操作后的吸收液作为对照溶液。在以上条件（吸收液20mL、样品采气量30L）下，本法的定量下限为0.02mL/m^3。此外，本法不会受到室内环境中共存的二氧化硫、二氧化氮、乙醛、丙醛、丁醛和苯甲醛等的影响。

3. 高效液相色谱仪法（HPLC法）[16)]

这种方法的检测原理是，使用溶剂将甲醛和2，4-DNPH的反应产物HCHO-2，4-DNPH萃取出来后，再借助HPLC进行浓度检测。具体操作如下：将市面上销售的DNPH采样管如图1.4.17所示安装好后，进行甲醛样品的采集（1L/min×30min）。同时需要注意的是，如果采样环境中同时混有臭氧，还应当同时使用臭氧洗涤器吸附周围产生的臭氧。样品采集结束后，将收集管连接到装有5mL乙腈的注射器上，向其缓慢注入乙腈，从而萃取出HCHO-DNPH衍生物，并使用乙腈将溶液定容至5mL。最后，取20μL充分混合后的溶液注入HPLC中进行测定。下面是分析条件示例：

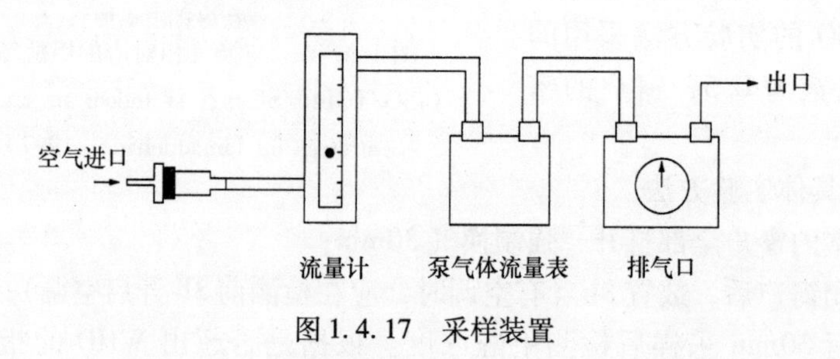

图1.4.17 采样装置

色谱柱：Simpack GL-ODS（6mm×15cm）；保护柱Simpack G-ODS（4mm×1cm）；调整柱温至40℃；移动相（乙腈：水=6∶4）流量1.3mL/min；检测波长360nm；进样量20μL。图1.4.18所示为标准的色谱图示例。使用这个方法针对30L（1L/min×30min）样品中的甲醛进行分析时，其浓度结果的检测限可以达到0.0005mL/m^3。

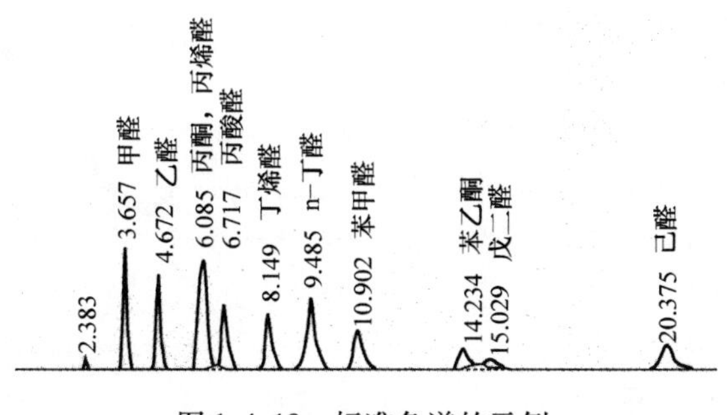

图 1.4.18 标准色谱的示例

4. 检测管法[17)]

4.2.1 节中已经详细介绍了真空式检测管，在此主要介绍最近新研发出的电动泵式检测管法。

这种方法的检测原理和 4.2.1 节中所示的原理相同。但是，通过使用电动泵采样可以提升检测的敏感度。最近市售设备采用的采样方法为，以 200～300mL/min的流量采 30min 的空气样品。此时检测的浓度范围是 0.02～0.4mL/m^3 和 0.01～0.12mL/m^3。

使用该法时，随着采样时间的改变，检测的浓度范围也有可能会发生变化。还应该注意的是，因为这种检测管法会受到检测温度的影响，所以必须记录当时的温度。此外，通常情况下，室内环境中含有的各类气体物质的浓度对该法的检测结果几乎不会产生影响。

5. 监测仪

目前市场上流通的有各种监测仪，在此对代表性示例进行简单介绍。

（1）乙酰丙酮吸光光度法[18)]

这种分析仪的检测原理是，使用乙烯丙酮、醋酸铵和醋酸的混合吸收液收集甲醛。在这一过程中发生的化学反应的产物为呈现出黄色二甲基吡啶。再通过吸光度（420nm 附近）的测定，最后求出甲醛的浓度（湿式法）。这种方法使用间隔式连续自动检测器，可以连续检测 1h 的平均值。检测浓度范围是 0～0.1mL/m^3 和 0～0.2mL/m^3。在更换吸收液后，2 周之内可以免维护持续检测。最近，本装置还实现了小型化。

（2）走带式光电光度法[19)]

该法的检测原理是，在含有硅胶的纸带上浸入硫酸羟胺和 pH 值指示剂，当样品空气吹向纸带时，样品空气中的甲醛和硫酸羟胺发生化学反应会生成硫酸，硫酸经与 pH 值指示剂再发生反应便会发生着色从而留下斑点，接着再用光对其进行照射，通过反射光的强度最终即可求出甲醛浓度。图 1.4.19 所示为本法检测器的概要。这种方法是可以连续获取 30min 的平均值的间隔式自动检测仪，浓度检测范围是 0 ~ 1mL/m³。使用该法的设备具有移动性强、方便轻巧的特点，适用于室内环境中甲醛的检测。一般室内环境中的其他气体物质对本法的测定结果基本上没有影响。

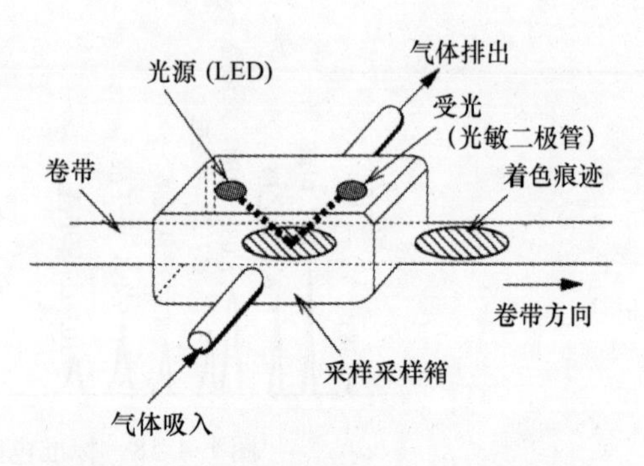

图 1.4.19 走带式监测仪的检测器示意图

4.2.9 挥发性有机物（VOC）

1. 检测方法的概要

挥发性有机物（Volatile Organic Compounds，VOC）是一类有可能对人体健康产生影响的物质。在室内环境中存在的 VOC 有数十到上百种。VOC 的定义是 1989 年由“世界卫生组织”（World Health Organization，WHO）的工作组提出的。表 1.4.4 是 WHO 根据沸点对室内有机污染物进行的分类中 VOC 的部分。VOC 的定义为沸点的下限在 50 ~ 100℃、上限在 240 ~ 260℃，并且能够被多孔聚合物等吸附剂吸附的化合物。表 1.4.4 中每类化合物的沸点范围中，沸点值较高的为极性化合物[20),21)]。

表 1.4.4 室内有机污染物的分类（WHO，1989）

	缩写	沸点范围①	采样方法
高挥发性有机化合物（气态）	VVOC	<0 ~ 50 - 100	分批采样；使用活性炭吸附
挥发性有机化合物	VOC	50 - 100 ~ 240 - 400	TENAX，使用炭黑或活性炭吸附
半挥发性有机化合物	SVOC	240 - 260 ~ 380 - 400	使用聚氨酯泡沫或 XAD - 2 树脂吸附
与颗粒物或有机颗粒物相关的有机化合物	POM	>380	使用吸附过滤器

① 沸点范围中是较高沸点的值的化合物为极性化合物。

表 1.4.5 为 WHO 欧洲事务所提出的 VOC 指导值，这些数值一直作为室内空气质量的标准值。这份提案中将 VOC 分类为脂肪烃、芳香烃、醛、酮等，并且按照分类提出了其各自的指导值。同时，对于室内环境改善的目标性指导值则以 VOC 的合计值（TVOC）来表示。在室内环境稳定状态下该值为 300μg/m³。

表1.4.5 VOC 指导值（WHO 欧洲区域办事处提出的室内 TVOC 的目标值）

VOC 的分类	浓度/(μg/m³)
链烷烃	100
芳香烃	50
萜稀	30
卤代烷烃	20
酯	20
醛酮 (甲醛除外)	20
其他	50
总 VOC（目标值）	300

注：单个化学物质的浓度不应超过所属化学物质分类浓度的50%，也不应超过 TVOC 的10%。

实际上，在测定某一室内的 VOC 值后，为了将这个值同指导值进行比较评估，就必须考虑到 VOC 和 TVOC 的定义问题。正如之前所述，因为 VOC 没有规定具体的检测方法，所以无法得到统一的检测值。

在认识到以上问题的基础上，对 VOC 或 TVOC 的检测方法和检测装置进行简单介绍[23)~26)]。但是，为了确保能够准确评估实际的检测结果，还应同时参考相关的文献资料[27),28)]。

到 1999 年 2 月为止，日本仅制定了适用于大气环境的 VOC 监测方法，而适用于室内环境的方法尚在研究讨论中。这里所介绍的方法都是以假定室内有人居住为前提，限定了以下采样条件：①采样装置体积小且操作简便；②采样结束后，采集的样品相对容易运输；③可以进行定性和定量分析；④因为空气中的 VOC 是微量的，所以需要采取高灵敏度的检测方法。

“美国国家环境保护局”（Environmental Protection Agency，EPA）TO－1 和 TO－2[29),30)]法可以满足以上。即使用固体吸附管按照常温吸附采集法进行样品采集后，再使用配有热脱附冷阱装置（Thermal desorption Cold Trap injector，TCT）的气相色谱分析－质量联用仪（GC/MS）进行定性和定量分析。

除此之外，还可以使用苏玛罐采集气体样品，并经浓缩后再借助 GC/MS 进行定量和定性分析。这种方法作在 EPA 方法 TO－14 中也已经完成了相应的标准化[31)]。

2. 样品的采集方法（采样法）

VOC 样品采集时通常使用的固体吸附剂是多孔高分子吸附剂（2，6-diphenyl-p-phenileneoxide：TENAX^{R}－GC，－GR，－TA）。采样方法如图 1.4.20 所示。根据对象物质的不同，虽然也可以使用分子筛或活性炭等作为吸附材料，但这些材料在使用加热脱附法以外的溶剂进行脱附法时，由于检测的灵敏度会降低，所以采样时间需要延长至 10～24h。

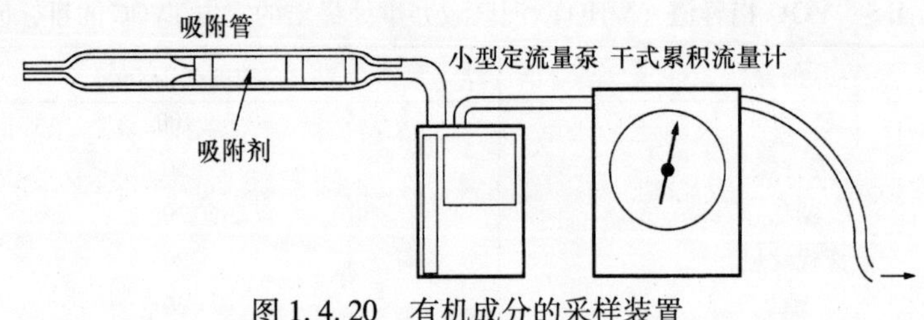

图 1.4.20　有机成分的采样装置

下面是采样顺序的一个示例：

1）首先需要制备 VOC 吸附管。预先在 $\phi4^{ID}\times155$mm 的玻璃管中填充 100mg TENAX－GR（30～50#）并在 230℃的温度下进行老化处理，此时应确保吸附管的背景值足够低。老化处理结束后直接将吸附管的两端封闭，并且在采样之前都应将制备好的吸附管在放有活性炭或硅胶的容器中保存，以防止外部空气进入而带来的污染。

图 1.4.21 所示为刚刚完成老化制备的吸附管，以及制备后密封 1 个月的吸附管中背景值的比较结果。根据图中检测的出峰情况可知，经长期保存的吸附管出现了较为严重的污染，所以应注意避免吸附管的长期保存。

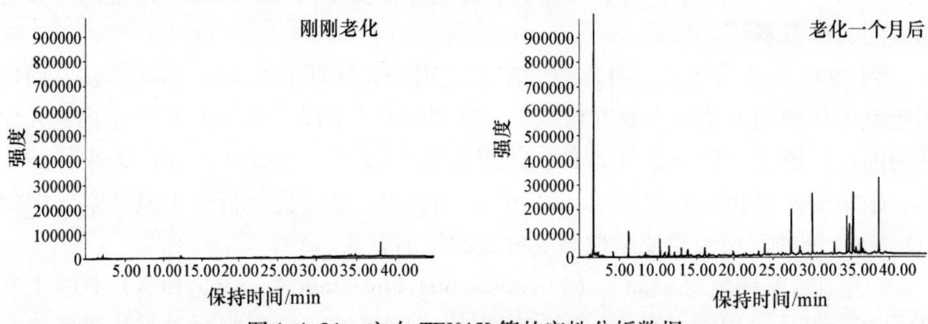

图 1.4.21　空白 TENAX 管的定性分析数据

2）然后进行样品采集。以 0.6L/min 的速度向吸附管中通入 10～30min 的对象空气样品，以使其吸附目的成分。如果不能事先预测空气样品中 VOC 的大致浓度，需要多采集几个不同时长的样品。但是，长时间的采样会使吸附的 VOC 成分出现脱附，所以最好在采样结束之后直接将吸附管密封好，并尽快进行分析。

3）同时，还应同步采集室外环境空气样品，以便确认室内空气样品中没有来自于室外的异常 VOC 成分。

4）由于考虑到采样过程中吸附管会有一定的压降，所以应当使用可以进行流量校准的小型定流量泵进行样品采集，或者利用累积流量计等方法以便能够准确获得总采气量。

3. 分析方法

1）样品采集后，把吸附管安装在GC/MS的TCT上，流入载气。

2）将吸附管迅速加热到220℃，使TENAX－GR吸附的VOC成分脱附。

3）将脱附的VOC成分在－130℃的液氮中冷却后，导入吸附器中，再次吸附。

4）将吸附器迅速加热至280℃，使VOC成分再次脱附后，导入CG/MS中进行分析。

5）分析条件见表1.4.6和表1.4.7，首先进行定性分析，识别物质后再进行定量分析，分别求出样品中检出物质的含量。

表1.4.6　样品和分析仪器的示例

采样器	吸气泵	流量恒定
	吸附管	玻璃材质（内径4mm、长度155mm）
	吸附剂	多孔高分子球（TENAX等）
分析仪器	• 气相色谱质量分析仪 • 加热脱附装置	

表1.4.7　定性分析条件的示例

扫描质量范围	30～250m/z
定性分析数据库	NIST①数据库
分离柱	微极性柱 内径0.25mm、长度30m
GC温度条件	40℃，保持时间5min，以8℃/min的速度升温至280℃
加热脱附条件	冷阱　－130℃ 吸附管脱附温度220℃ 吸附管脱附时间10min 样品脱附温度280℃

① National Institute of Standard Technology，美国国家标准与技术研究院。

6）利用VOC标准样品制作标准曲线。使用该曲线分别计算出各个VOC成分的定量结果。

7）计算各对象物质的甲苯换算值时，应在以甲苯标准样品作成的标准曲线的基础上，分别计算各对象物质的峰面积。

8）下面是TVOC计算方法的示例：首先计算GC/MS色谱仪的保持时间（retention time）30min以内，全部峰面积的合，然后根据甲苯的标准曲线求出甲苯的换算值，最后通过该值求出TVOC的值。

9）图 1.4.22 所示为某办公室空气中 VOC 和室外空气中 VOC 的色谱仪检测结果示例。

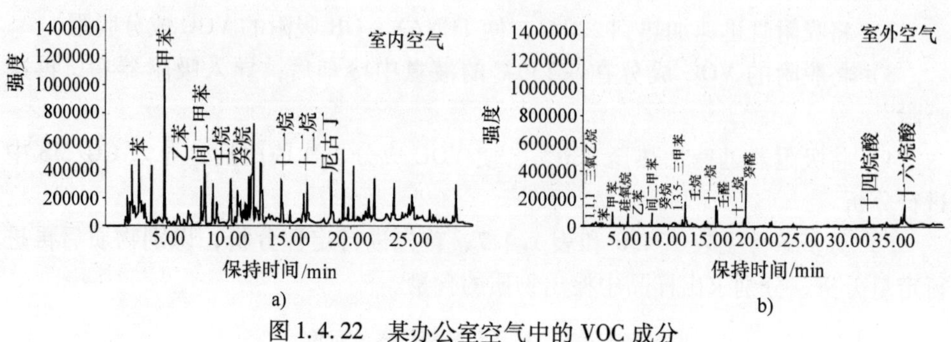

图 1.4.22　某办公室空气中的 VOC 成分

a）室内空气中的 VOC 成分　b）室外空气中的 VOC 成分

4. 气相色谱分析法

气相色谱仪（GC）作为 VOC 的分析仪器，能够对空气中混杂的微量 VOC 成分分别进行定性和定量分析。

GC 的分析原理是，向充填或涂有固定相的色谱柱（石英或玻璃材质）中，注入含有数种分析对象物质的混合样品（液体或气体）后，样品在移动相的作用下同时进入色谱柱内部。样品中的各个成分在固定相吸附或分配作用下，根据自身性质的不同所显现出来的移动速度也不相同，从而使得不同性质的物质被互相分开，并相继进入检测器内。其中，物质的移动时间被称为保留时间，通过与标准样品保留时间进行对比，可以对对象物质进行定性分析。此外，预先使用标准样品制做出标准曲线可以用于样品的定量分析。即通过使用与标准样品具有相同保留时间的峰的峰面积，或者峰的高度来计算对象物质的定量检测值。

图 1.4.23 所示为使用 GC 对混合物质进行分离的示意图。

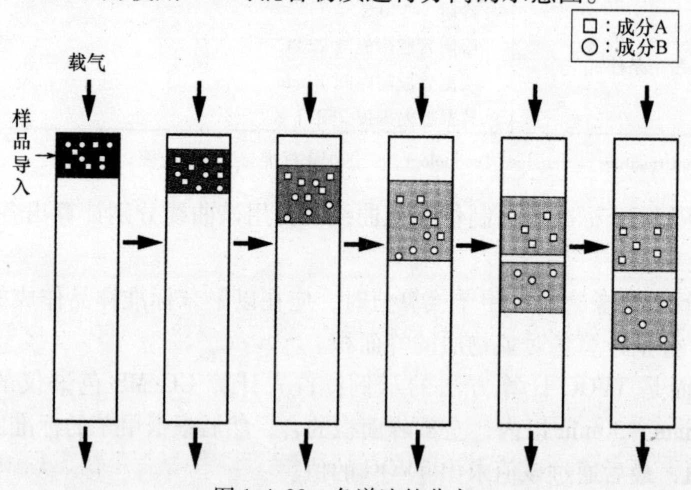

图 1.4.23　色谱法的分离

使用气体作为移动相的方法称之为GC。近年来，GC法多使用分离效果较好的毛细管柱进行分析。图1.4.24所示为GC的构成示意图。GC的检测器有很多种，其中“质谱仪”（Mass Spectromter，MS）可以直接对物质进行定性检测，非常适合作为VOC成分的检测器。除了MS以外，还可以使用对有机物具有高灵敏度的“火焰离子化检测器”（Flame Ionization Detector，FID）。但是使用该法进行定性分析时，需要与标准物质的保留时间进行对比，属于间接定性法，因此不适合针对未知VOC成分的检测。但是，如果仅仅是为了获得TVOC的值，就没有必要分别检测每个VOC成分了。这样就可以通过甲苯标准品制作的标准曲线，求出经甲苯换算的TVOC值。相关分析条件可以参考表1.4.6中的内容。

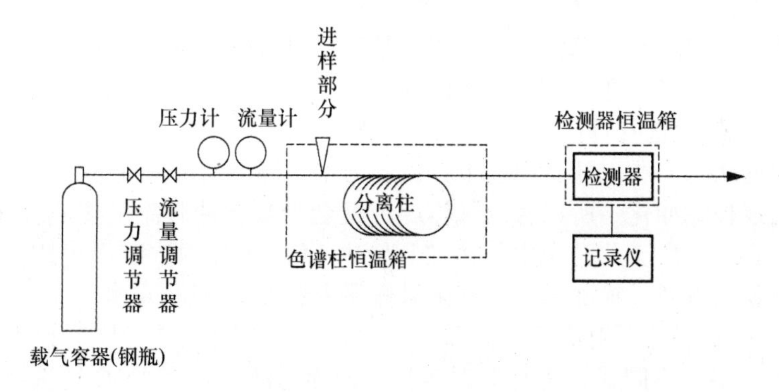

图1.4.24　GC的原理

5. 非甲烷总烃分析仪

用于环境检测的总烃分析仪大多使用FID作为检测器，但是在检测VOC时，需要除去环境中烃类化合物浓度最高且不属于VOC成分的甲烷。

仅检测样品中甲烷以外的烃类化合物的总烃分析仪，被称为非甲烷总烃分析仪。非甲烷总烃分析仪可以分别检测总烃浓度和甲烷的浓度，其检测方式有两种：一是从检测结果的差中计算求出总烃的浓度（总烃·甲烷检测法）；二是事先分离样品空气中的甲烷和非甲烷总烃，然后再利用FID直接测定非甲烷总烃的浓度（直接检测法）。

虽然使用空气作为载气，即在有氧气共存的状态下也可以进行非甲烷总烃的检测，但是因为受到氧气的干扰，定量结果的数值会产生变动，所以不建议使用这种方法。通常，使用氮气作为载气，利用分离管将甲烷、氧和非甲烷总烃分离后再进行检测的方法则更为有效。检测环境中非甲烷烃类化合物的方法如下所示[32)]：

(1) 总烃·甲烷检测法的检测原理

在计量管中放入一定量的样品，将其导入至FID中，在求出总烃浓度的同时，使用分离管从相同的样品（使用其他计量管计量）中分离出甲烷和非甲烷部分，此时再用FID单独测定甲烷的浓度。通过两者检测结果的差值可以计算出非甲烷总烃的浓度。此外，分离管中的非甲烷成分可以利用反向冲洗系统排出管外。

（2）直接检测法中非甲烷总烃分析仪的检测原理

该法将一定量的样品空气导入GC中，在GC的分离管中分离出甲烷和非甲烷总烃后，用FID检测甲烷的浓度。当甲烷被分离出来之后，可直接将分离管反向冲洗，然后导入FID中进行非甲烷总烃浓度的测定。该装置有2~3种构成方式。

6. 监测仪

（1）红外光声检测器

首先，将使用空气滤膜过滤后的样品气体引入分析管中并密封，然后将经过脉冲化的红外线光源通过特定波长的滤光器后导入分析管内。此时管内气体中含有的VOC组分会选择性出现红外吸收，从而导致温度出现上升。因为分析管本身是密封的状态，所以随着温度上升，压力就会逐渐增加。同时，又因为照射的红外线已经被脉冲化，所以管内气体压力又会受到脉冲频率的影响而发生变动，进而产生音波。由于此时产生的声波和管内VOC组分的浓度成正比，于是借助这一性质就可以通过检测声音信号来对样品中的VOC进行定量。

不同VOC成分所对应的滤光器有很多种。虽然可以通过同时设置多种滤光器的办法对多种不同成分进行同时定量，但因为滤光器对VOC的选择特性是由其自身对不同波长红外线的分离能力所决定的，因此该法很难避免受到VOC成分的种类和浓度变化等的影响。以上这点在检测时要十分注意。

（2）光离子化检测器

对远紫外线灯施加特定的射频时，会产生具有特定能量的光子。这些光子可以使样品中的VOC成分发生电离。此时可以通过检测电离过程中释放的电子，对目标VOC组分的浓度进行定量分析。

由于通常使用的紫外灯无法使无机气体或甲烷等电离能较高的物质发生离子化反应，因此可以用于非甲烷总烃的检测。虽然这种设备也可以作为TVOC的分析仪来使用，但是因为不同VOC成分自身的电离能会有很大的不同，从而会导致不同VOC成分对该法的灵敏度也会有很大不同，因此该法的测定结果很难避免受到VOC成分的种类和浓度变化等的影响，这一点在检测时也要十分注意。

（3）其他监测仪

此外，还有一些利用对甲烷响应率较低的热线型半导体检测器或FID等原理的VOC监测仪。但这些设备在可靠性和对干扰组分的去除等方面仍存在着许多问题，还有待进一步改进。

4.2.10 氡[33)~39)]

1. 氡的定义

氡是元素周期表中第86号元素，在自然界中有^{222}Rn、^{220}Rn和^{219}Rn 3种同位素，分别称为氡气（Rn，半衰期㊀3.824日）、钍射气（Tn，半衰期55.6s）和锕射气（An，半衰期3.96s）。一般情况下所说的氡气大多指的是^{222}Rn。本书中所提及的氡气也同样是指^{222}Rn。

氡是由半衰期1600年的^{226}Ra（镭）经过α衰变㊁后产生的。氡再经过数次α、β衰变㊂可以成为半衰期较长的^{210}Pb（RaD）。^{210}Pb再经过衰变后才最终成为稳定的非放射性^{206}Pb。图1.4.25所示为氡所属的铀的衰变过程。

虽然氡是一种稀有气体，但其衰变后的生成物㊃却都是金属粒子。氡的衰变产物可以分为两类：一类能够附着在大气中的悬浮颗粒物上（附着成分）；另一类则不能附着在颗粒物上（非附着成分或自由成分）。

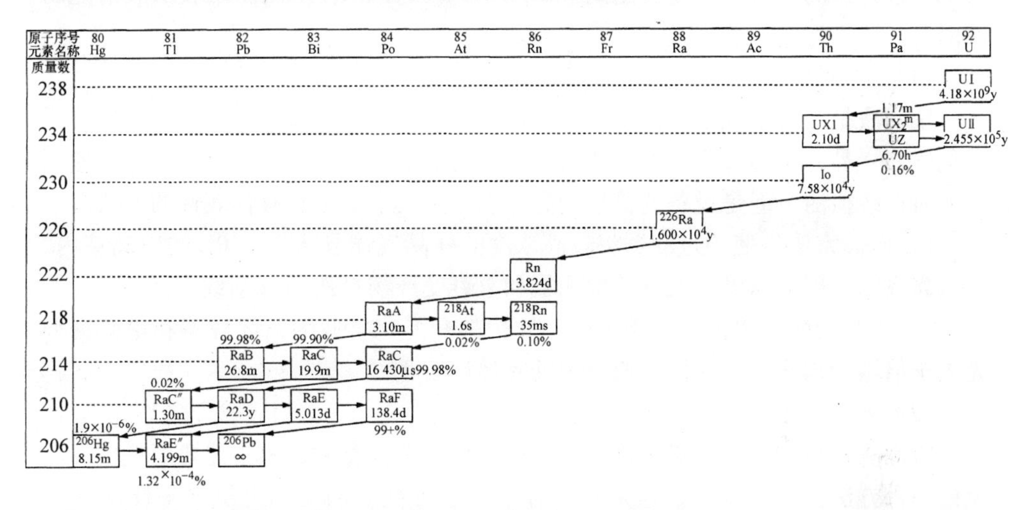

代号：y(年)，h(时)，m(分)，s(秒)，ms(10^{-3}s)，μs(10^{-6}μs)

图1.4.25 铀裂变系列图

“日本放射线医学综合研究所”的报告（NIRS－R－32）指出，日本室内氡的平均浓度为15.5Bq/m^3，标准偏差为13.5Bq/m^3（分析对象有899家住宅）（1Bq指1s内1个原子衰变产生的放射能）。室内氡的排放源为建筑物下面的土壤或岩石，以及建材（水泥、集料、沙土、石膏板）、生活用水、天然气等。特别是地下室的混凝土墙壁和地板的裂缝处是氡的主要产生位置。另外，除了气压、

㊀ 半衰期：在原子核释放出α射线或β射线后衰变为其他的原子核这一现象中，含有衰变前原子核的原子的数量（N_0）经过衰变后剩余一半（$1/2N_0$）时所需要的时间。

㊁ α衰变：从原子核中释放出α粒子。

㊂ β衰变：从原子核释放阴电子（e^-）或阳电子（e^+），以及原子核俘获核外的轨道电子，这3种现象统称为β衰变。

㊃ 氡裂变生成物：氡裂变后的核素，通称子核。另外，衰变前的核素被称为母核。

湿度、风速、日照以及季节等因素会影响氡的浓度外，室内的换气量（包含开窗等换气方式）和房间气密性不同，氡的浓度也会有所不同。所以在检测氡的浓度时，要把握住导致氡浓度变化的主要因素，选择适合的检测方法。

另外，在评估氡和氡衰变产物的暴露量时，需要针对检测场所的平衡因素、非吸附成分比、气溶胶的粒径分布等进行调研或有针对性测定。

2. 氡气浓度的检测方法

氡气的采样方法分为主动法和被动法。但无论哪种方法采集的氡气都不能直接测定，而是要通过测定氡和氡衰变产物在发生衰变时释放出的放射线的形状来对氡气进行检测。这就是需要用到 Becquewel（贝克勒尔，Bq）来表示放射能的原因。

（1）主动法

主动法是借助空气泵等的动力，在短时间内采集气体样品，或在真空容器中采集气体样品后，通过适当的检测器计算放射能的方法。该法能够进行连续检测和实时在线检测，但是设备的价格较高。以下为其中两个具有代表性的方法。

1）电离室法。使用过滤器将较高浓度的样品气体导入 1 ~ 10L 的电离室内，在电离室内，用电离电流或脉冲检测氡和氡衰变产物释放的 α 射线。

2）闪烁管法。由内壁涂满 ZnS（Ag）的 0.1 ~ 0.3L 的圆筒容器和由侧窗型光电子倍增管构成的检测器，通过闪烁光计算 α 射线。

（2）被动法

被动法是检测装置在对氡进行采集或收集相关信息时，都不需要消耗任何能量的一种方法。也就是说，这是利用分子扩散等性质的无动力氡气采样法（根据这个概念，静电采样法也是被动法的一种）。因为该装置售价低廉且操作简单，所以比较适合大范围的调查。但由于检测结果是积分值（检测期间的平均浓度），所以不适用于针对短时间内浓度变化的检测。

1）固体径迹探测器（探杯法）。该法在直径为 10cm 的杯状容器中，安装 CR – 39 或硝酸纤维素薄膜等塑料材制的固体径迹探测器。氡气可以通过杯状容器上的小孔自由出入，但氡的衰变产物会被预先设置的阻断薄膜所拦截。该法最终通过浸蚀 · 腐蚀坑[⊖]的痕迹检测法，对固体径迹探测器上的 α 射线形成的径迹进行测定。"放射线医学研究所" 在日本针对一般住居实施的调查中，曾经使用了上述方法。

⊖ 浸蚀 · 腐蚀坑：重荷粒子（此处即 α 射线）射入绝缘物时，会使通路附近的部分受到极端放射性的损害。受到侵蚀溶液的侵蚀后，重粒子通路部分的侵蚀会比其他部位的侵蚀进行得早，呈圆锥状的洞孔。这个洞孔被称为腐蚀抗。用固体轨道探测器探测时，需要用显微镜观察腐蚀坑后再进行测定。

2）静电采集法。静电采集法是为了提高杯状容器的灵敏度，通过在容器内增设电场，使^{218}Po（RaA）自由成分等能够聚集到固体径迹探测器表面，或者其附近的方法。虽然该法是被动法中具有较高灵敏度的方法，但是因为要形成一个电场，所以容器内壁就必须是一个导体，并且还需要经常使用干燥剂对电池或装置内部进行除湿。

3）活性炭法。活性炭法利用活性炭对氡气具有的良好吸附性进行氡气样品的采集。实际操作中，该法通过将活性炭放入通气性良好的容器中，并将容器放置于空气中的方法采集氡气样品。对于样品的检测可以使用NaI（Tl）闪烁检测器的γ射线检测法，或将气体通入液体闪烁体中，使氡游离出来，当氡的衰变产物达到放射平衡后，再使用液体闪烁检测器对α放射线进行检测。

3. 氡衰变产物浓度的检测方法

（1）全部成分（自由成分+吸附成分）的检测方法

通常使用过滤法进行氡衰变产物的浓度检测。该法使用采集率较高的过滤器在一定的时间内收集样品气体，再通过适当的检测器检测附着在过滤器上氡生成物的放射能，从而求出浓度。该法的检测对象主要是由氡衰变产物放射出的α射线、β射线和γ射线。但从背景值较低且相对稳定这一点来看，大多数的情况下采用的还是α射线检测方法。

（2）自由成分的检测方法

在自由成分的采集中，较容易的操作方法是利用有100~500目的采集网来进行样品采集。其原理是利用粒子在通过网孔时产生的扩散吸附作用。在浓度测定方面，自由成分浓度的检测和全部成分浓度的检测方法几乎相同。另外，与全部成分的检测所不同的是，在检测自由成分时，还要注意样品采集时的沉降损失。

4. 校准

检测方法的建立必须以确保检测值的准确性为前提，而检测结果的准确性又与仪器的校准紧密相。因此可以说，任何测定结果都应当建立在经过可靠校准的检测方法的基础之上。在保证测定值正确的基础上，与测定方法紧密相关联的是，如何让测定和校正同时进行才是确立测定方法的关键。

母体核素的镭具有追踪氡的能力，但没有间接追踪氡气的能力。OECD-NEA是由英国能源和气候变化部下属的“环境测量实验室”（Environmental Measurements Laboratory，EML）、“澳大利亚放射线实验室”（Australia Radiation Laboratory，ARL）、“英国放射线防护局”（National Radiological Protection Board，NRPD）组成的研究机构。日本国内的许多研究机构，也参与了这些研究机构组织的氡浓度比较检测试验。另外，在日本综合比较检测试验中，积分型氡检测器的校准主要是由名古屋大学和早稻田大学进行。

4.3　颗粒物的检测方法

4.3.1　悬浮颗粒物

1. 检测方法的概要

悬浮颗粒物的检测方法分为悬浮检测法和采样检测法两种：悬浮检测法是在颗粒物保持悬浮的状态时，即进行检测的方法；采样检测法是将空气中的粉尘采集之后，再进行浓度检测的方法。表 1.4.8 和表 1.4.9 分别为悬浮检测法和采样检测法的概要。表 1.4.10 和表 1.4.11 为在一般室内环境中常用的检测器的种类[39]。

表 1.4.8　悬浮检测法

浓度测定方法		浓度单位	检测说明
测定光散射的方法	光散射法	mg/m^3 ①	根据每单位时间的光散射量进行检测
	粒子计数法	个/cm^3	根据每个粒子的光散射进行检测
测定吸光度的方法	吸光光度法	mg/m^3 ①	使用吸光光度计检测透光量

① 可以通过相对浓度求出。

表 1.4.9　采样检测法

采样方法	浓度测定方法①	浓度单位	检测说明
撞击式	秤量法	mg/m^3	通过对象空气撞击采样板，采集颗粒物
	压电天平法	mg/m^3	
	计数法	个/cm^3	
过滤式	秤量法	mg/m^3	通过吸引作用使对象空气通过 JIS K 0910 规定的滤膜，并在滤膜上采集颗粒物样品
	吸光光度法	mg/m^3 ②	
	计数法	个/cm^3	
静电式	压电天平法	mg/m^3	使用高压电使粉尘带电，再通过静电力的作用采集颗粒物
	计数法	个/cm^3	

① 秤量法采用天平测定浓度；压电天平法采用压电结晶元件测定浓度；吸光光度法采用吸光光度计测定浓度；计数法采用显微镜测定浓度。

② 可以通过相对浓度求出。

表 1.4.10 使用悬浮检测法的检测器种类（JIS Z 8813）

浓度单位	检测原理	检测器名称	检测说明	浓度表示值和检测值的关系	检测浓度范围	检测粒径范围/μm	检测时间②/min	操作误差	仪器误差	易用性③	颗粒物种类的影响④	能否检测粒径分布
$mg/m^3$①	光散射法	光散射式粉尘仪	根据光散射量进行测定	通过相对值求出	0.001～100mg/m^3	小于20	1～5	无	很少	易	有	否
个/cm^3	光散射法	光散射式自动粒子计数器（白色光源）	检测与粒子大小有关的光散射	直接检测	0～10000个/cm^3	0.3～10	0.3～10	无	很少	易	有	能
个/cm^3	光散射法	光散射式自动粒子计数器（激光光源）	检测与粒子大小有关的光散射	直接检测	0～10000个/cm^3	0.05～10	0.3～10	无	很少	易	有	能
$mg/m^3$①	吸光光度法	吸光光度计式粉尘计⑤	使用吸光光度计检测透过光	通过相对值求出		全部为悬浮颗粒物	1	稍微有	很少	易	有	否

① 通过相对浓度换算求出。

② 检测时间为检测所需时间，不包括准备时间。

③ 检测难易的对象为能够使用简单检测器的技术人员。

④ 颗粒物种类根据粒径分布、颜色、组成等物理化学性质加以区分。

⑤ 有时使用烟道烟尘计测定高浓度粉尘。

表 1.4.11 使用采样检测法的检测器种类（JIS Z 8813）

浓度单位	颗粒物采样方式	装置名称	采样效率	必要的检测器具	检测方法	检测浓度范围	检测粒径范围	采样空气量		个人误差	仪器误差	颗粒物样品采集的难易程度	颗粒物种类的影响④	采样后处理的难易	可否测定粒径分布	可否进行化学分析	备注
								采样流量/(L/min)	采样时间								
个/cm^3	撞击式	级联撞击撞击器	*⑥	显微镜（适当倍率）	在玻璃板上采集粒子，并用显微镜计数	100~10000个/cm^3	0.5μm以上	17.5	1~5min	有	大	中	无	难	可	可	
mg/m^3	撞击式和过滤式	多孔式撞击撞击器	良	天平⑦	称量采样前后的质量差	0.01~100mg/m^3	全部颗粒物	28.3	1min~500h	无	小	易	无	中	可	可	一般被称为安德森采样器
mg/m^3	过滤式	低流量空气采样器	良	同上	同上	0.1~50个/cm^3	全部颗粒物	2~30	10min~8h	无	小	易	无	中	否	可	使用石英纤维材质的滤纸
个/cm^3	过滤式	低流量空气采样器	良	显微镜⑧	用滤纸采集后，通过显微镜计数	100~1000个/cm^3	全部颗粒物	1~10	10min~8h	无	小	易	无	中	否	可	使用薄膜滤纸
mg/$m^3$①	过滤式	劳研滤纸式粉尘仪	良	吸光光度计	使用滤纸采集后，用吸光光度进行检测	0~500mg/m^3	0.5μm以上	2~3	1~10min	无	小	易	受粒径、色彩等影响	易	否	否	
mg/m^3	静电式	压电天平式粉尘仪	良	无	使颗粒物堆积在压电结晶表面，并检测结晶体振动频率的变化	0.01~10mg/m^3	0.01~10μm	1	2min~1h	无	小	易	无	自动	可(由分粒器组成)	否	因粒子堆积导致灵敏度低于临界值时，启动清洁功能进行清洁

①~⑤ 的内容同表 1.4.10。
⑥ *是指粒子的性质，采样条件的不同，会有显著的不同。
⑦ 天平的灵敏度不低于 0.1mg。
⑧ 原则上使用 400 倍率的显微镜。

无论哪一种检测方法，因为检测原理不同，所以检测器提供的检测结果也不一定相同。另外，还应该注意的是，通过检测结果值还可以看出检测器所具备的特性。在本节2. 以后会对各检测器的具体性能分别进行详细介绍。在此，对各种检测器的样品采集方法、所测颗粒物的粒径意义以及检测误差等共同事项进行简单介绍。

（1）采样方法

不论采用哪种方法检测悬浮颗粒物，都需要收集一定量的空气，并通过检测其中含有的粒子成分，获得希望的浓度或粒径信息。因此，采样方法决定了气体样品对于所要检测的对象空气是否具有代表性。采样方法有等速采样法和非等速采样法。

当气流的方向和大小保持一定时，等速采样是较为理想的方法。图1.4.26所示是采样速度和悬浮粉尘浓度间的关系。如果采用等速法，那么采样口附近的流线就不会发生弯曲，因此可以准确地采集样品粒子。JIS Z 8808 废气中颗粒物的采样方法就是等速采样法的典型示例[40]。

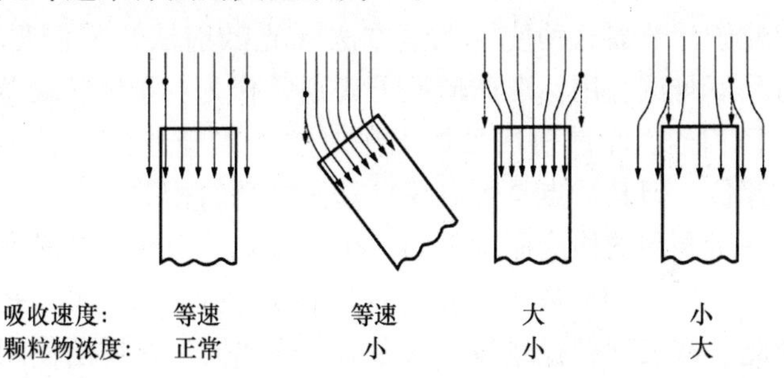

图1.4.26　吸收速度和悬浮颗粒物浓度的关系

在一般的室内环境中，气流的速度和方向会经常发生变化，所以很难使用等速采样法。但是和室内气流速度相比，如果采样口附近的吸引流速过大，就需要在静止或几乎静止的空气中检测。这种情况下，空气样品中的粒子由于受到重力的作用和惯性的原因，有可能会产生采样误差。在一般室内环境中，通常以10μm以下的粒子作为检测对象，此时由于沉降产生的误差可以通过水平设置采样口、增大采样速度来进行控制。但另一方面，由于粒子惯性所产生的误差会随着采样速度的增大而增大。有研究表明，如果采样口内径 D_s 满足如下条件，采集误差就可以控制在10%以下[41]：

$$D_s \geqslant 20\tau^2 g \tag{4.1}$$

式中，τ 是缓和时间，在标准状态下（20℃，1atm），10μm的粒子的值为 3.11×10^{-4}s；g 为重力加速度。

而不论哪种方法，都需要在了解上述误差的基础上再进行检测。另外，在室内环境的检测中，要避免在气流变化较快的地方采集样品（例如，出风口或通风口附近）。

（2）粒径的意义

空气中颗粒物的形状大多数是不规则的。用显微镜（光学或电子）测量的颗粒物样品中粒子的粒径是几何学的粒径。根据评估方法，颗粒物的粒径还可以用几何平均粒径、个数平均粒径、面积平均粒径以及长度平均粒径等来表示。一般来说，采集颗粒物样品有些麻烦，但比起其他根据物理原理进行的颗粒物检测来说，它的优点是可以直接观察到粒子本身，并且也可以用于对其他粒子检测时的校准。

撞击式或安德森采样器等利用空气动力学方法检测得到的粒径属于斯托克斯粒径，即与不规则形状的粒子保持相同最终沉降速度的球形粒子的直径。类似安德森采样器这种多段多孔式采样器，通常拥有与人体呼吸量同等程度的吸引流量(28.3L/min)，并且还可以检测不同的粒径（斯托克斯粒径）分布。从某种程度上来说，这一类采样器起到了类似模拟呼吸系统的效果。

另外，像粒子计数器这种使用光学方法（光散射法）检测得到的属于光学粒径，通常情况下与试验用标准球形粒子（通常作为标准颗粒聚苯乙烯乳液 PSL 小球使用）粒径相当。光散射法虽然无法对粒子本身进行观察，也无法做出其动力学性质的评价，但其特点是可以获得真实粒径的相关信息。

综上所述，所利用的检测原理不同，相应得到的粒径的意义也就不同。特别是粒子的性状（形状、相对体积质量、折射率）在各个检测方法中对粒径的影响都很大。因此，在表现粒径或粒径分布时，应当同时注明所使用的检测方法或评估方法（换算法）。

（3）检测误差[42)]

检测误差有系统误差、偶然误差和过失误差：系统误差是因为没有正确校准检测器，或者是由于某种原因无法达到检测器固有的性能（例如采样流量）而产生的误差；偶然误差是由于检测人员的熟练程度等产生的误差；过失误差是单纯由于检测人员错误读取检测结果，或是错误记录所读取的检测结果而产生的误差。无论是哪一种误差，都需要及时校准检测器，并进行适当管理。特别是应当尽可能避免由于检测人员自身原因所带来的误差，否则检测本身就失去了意义。

2. 低流量空气采样器

（1）检测原理

在《楼宇卫生管理法》中，将室内颗粒物的浓度作为室内空气质量浓度的标准。因此，需要使用低流量空气采样器作为质量浓度的检测器。该采样器使用过滤材料采集样品空气。采集完毕后使用天平称量过滤材料吸附的颗粒物质量，然后再计算出质量浓度。该采样器流量大小和人体呼吸流量相同。

（2）装置

低流量空气采样器由粒径切割装置（切割器）、过滤纸（采样滤膜）、滤膜夹托（膜托）、流量计以及引流泵构成。图 1.4.27 所示为采样器的构成示例。

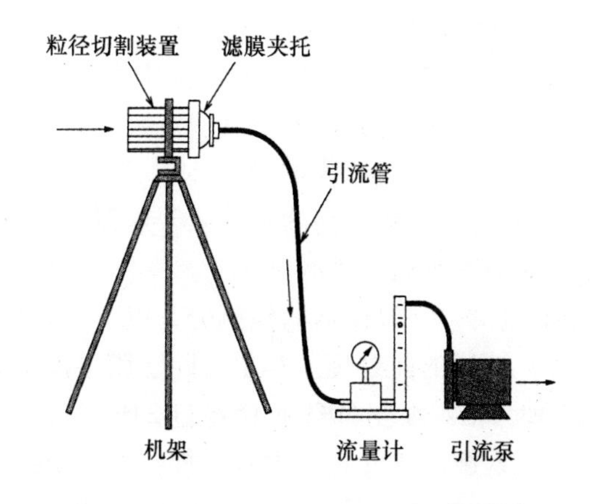

图 1.4.27　低流量空气采样器的构成示例

1）粒径切割装置。粒径切割装置有重力沉降式、惯性撞击式和离心分离式 3 种。图 1.4.28 和图 1.4.29 所示为一般室内环境中常用的重力沉降式粒径切割装置的切割原理和特点。该装置可以对粒径在 10μm 以上的粒子进行切割。

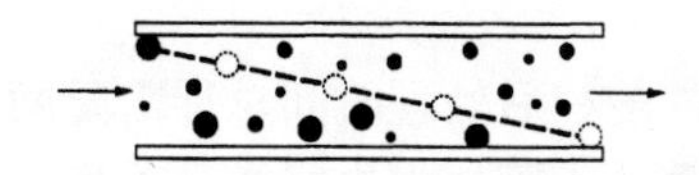

图 1.4.28　重力沉降的粒径切割原理

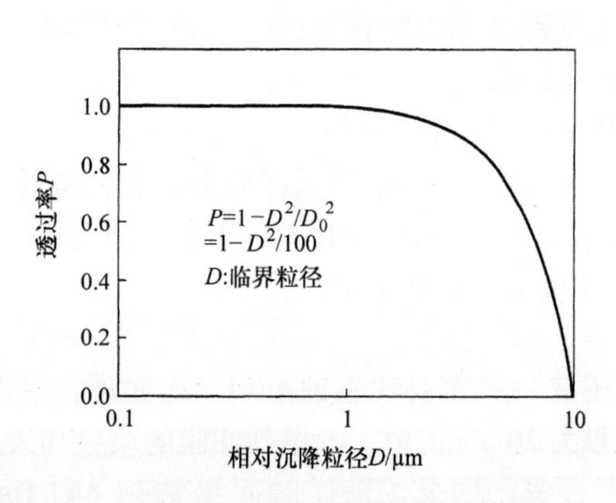

图 1.4.29　粒径切割装置的切割性能（流量 20L/min）

2）滤膜。对于 0.3μm 的硬脂酸粒子来说，需要使用采集性能在 95%（《楼宇卫生管理法》中为 99.9%）以上的过滤膜（ϕ47mm 或 ϕ55mm）进行采集。滤膜材料一般选用吸湿性较低的玻璃纤维。

3）滤膜夹托。应当选择使用不易使滤膜发生破损、密封性好不易漏气并且更换方便的滤膜夹托。

4）流量计。由于流量计的精度会直接影响颗粒物质量浓度的检测结果，所以应当选择适合的流量计。建议使用 JIS Z 8761 中规定的直读式或 JIS Z 8762 中规定的孔式流量计。

5）引流泵。应当使用流量范围在10～30L/min，并且不会产生脉动、能够长时间连续运转的耐用型空气引流泵。

此外，在称量滤膜的质量时，还要采用灵敏度在0.01mg以上的天平。同时，在称量前后还应将滤膜放入干燥器内保持干燥。

（3）检测方法

低流量空气采样器的检测分为以下3个阶段：

1）滤膜的前处理。为了去除滤膜湿度的影响，采样滤膜需要在干燥器（温度20℃、相对湿度50%）中经过24h以上的干燥后，再放到天平上进行称量。

2）检测。首先正确设置采样器的各个组成部分，然后采集足够用于天平称量的颗粒物样品。在一般室内环境中，颗粒物样品通常需要采集数小时以上。

3）滤膜的后处理和称重。滤膜的后处理和前处理一样，也需要经过干燥之后再进行称重。将采样前后滤膜增加的质量除以引流空气的总体积，就可以计算出颗粒物的质量浓度。

如上所述，样品滤膜的前、后处理时间总计需要两天以上。因此，为了节约时间，可以将两张滤膜重叠放入膜托中进行样品采集，其中下方的滤膜主要用于去除湿度的影响。此外，为了避免在称量过程中受到环境湿度的影响，应当在干燥器或在经过温湿度控制的室内进行样品称量。在满足以上条件的情况下，颗粒物浓度可以通过下式计算得出：

$$C = \{(W_{11} - W_{10}) - (W_{21} - W_{20})\}/V \tag{4.2}$$

式中，C为质量浓度（mg/m^3）；W_{11}为采样后上方滤膜质量（mg）；W_{10}为采样前上方滤膜质量（mg）；W_{21}为采样后下方滤膜质量（mg）；W_{20}为采样前下方滤膜质量（mg）；V为引流空气总量（m^3）。

（4）注意事项

关于采样时间还有一些需要注意的事项。比如说，室内颗粒物的浓度为$0.1mg/m^3$、泵的流量为20L/min时，考虑到滤膜的质量和天平的精度，需要采集1mg以上的粉尘样品。因此，采样时间要达到8h[$1mg \div (0.1mg/m^3 \times 0.02m^3/min) = 500min \fallingdotseq 8h$]以上。另外，随着室内浓度的降低，还应当相应地延长采样时间。

此外，还要注意在滤膜夹托中放置滤膜的过程中避免滤膜发生破损。

3. 数字式粉尘仪

（1）检测原理

当颗粒物的大小、形状、相对体积质量、折射率等物理性质或化学成分相对稳定时，颗粒物产生的散射光量和其质量浓度成正比。数字式粉尘仪借助的正是以上原理，即当待受检样品空气通过散射光检测区域并受到光线照射时，利用光电转换器将空气中颗粒物发出的散射光转换成电信号，从而获得颗粒的相对浓度。因为该相对浓度是用单位时间内计数（例如 counts per minute，cpm，每分钟计数）的方式来表示，所以将该浓度乘以换算系数，就可求出颗粒物的质量浓度。

（2）设备

数字式粉尘仪具有便于携带的优点，并且仅需控制开关就可获得检测结果，非常方便。现在市面上出售的数字式粉尘仪有很多种，这些设备根据光源种类（白光或激光）以及检测结果记录方式（直读式或内置微电脑记录式）等的不同有所不同。但如图1.4.30所示，其基本结构大都由采样口、粒径切割区、光源、光照区、引流风扇以及排气口组成。在粒径切割区，即撞击式粒径分级区，可以使10μm以上的粗大粒子受到惯性撞击的作用而被除去。

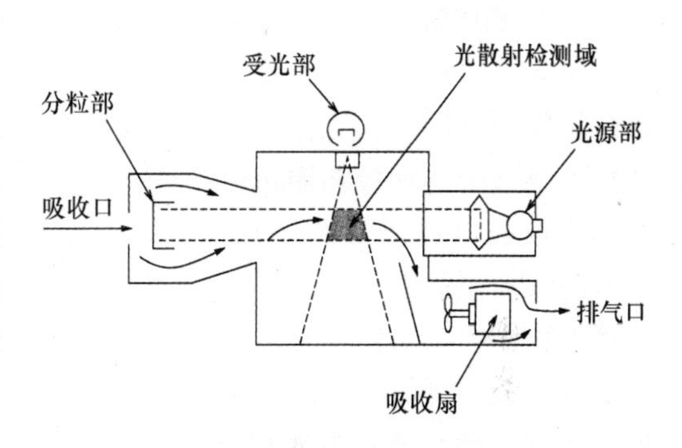

图1.4.30　数字式粉尘仪的结构

（3）检测方法

在使用电池驱动时，应事先检查电池电量。另外，随着使用次数的增加（特别是进行高浓度检测时），设备的灵敏度会逐渐降低，所以在检测开始前，还需要检查其灵敏度。完成检测的前期准备工作后，就可以设置好预定的采样时间，并开始检测工作。检测结束后将检测结果的 cpm 值减去背景 cpm 值所得到的数值再乘以换算系数，即可求得颗粒物的相对质量浓度。

（4）注意事项

计算颗粒物的相对质量浓度所需要的换算系数，通常根据颗粒物的种类和性状（相对体积质量、粒径、粒径分布、反射特性和吸收特性等）的不同而有一定的差异。因此，检测前就应当事先计算出换算系数。将样品采集装置（低流量空气采样器）和数字式粉尘仪在相同环境中进行平行检测，通过样品采样装置得到的质量浓度（C）和数字式粉尘仪得到的相对浓度（R）就可以求出换算系数$K(K=C/R)$。

另外，颗粒物粒径的不同，散射光的强度也会有很大不同。图1.4.31所示为粉尘粒径和相对应的散射光强度的关系[39]。此外，香烟烟雾中的颗粒物属于亚微米粒子，通常具有很强的散射光强度。

数字式粉尘仪在进行校准时，通常使用几何标准偏差δ_g在1.41以下的

0.3μm 单分散硬脂酸粒子（以1cpm 对应 0.001mg/m³）。由于受到湿度等因素的影响，需要注意定期对该设备进行校准。

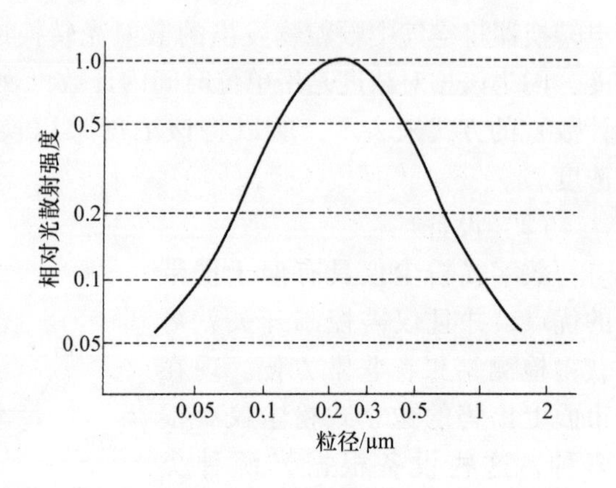

图 1.4.31 颗粒物粒径和相对光散射强度间的关系

4. 压电天平式粉尘仪

(1) 检测原理

压电天平式粉尘仪是一种便携式颗粒物检测仪器。其工作原理如下：样品空气中的颗粒物通过静电沉降作用被晶体振荡器所捕获后，晶体振荡器的振荡频率就会随着附着在其上颗粒物的质量变化而成正比例变化，这时获得的振荡频率值就可以作为相对质量浓度的指示值。图 1.4.32 所示为该设备的外观图。

(2) 设备

压电天平式粉尘仪的结构如图 1.4.33 所示。由等速采样系统、颗粒物采集·检测系统、清洁系统、高压电路以及计算控制系统等组成。

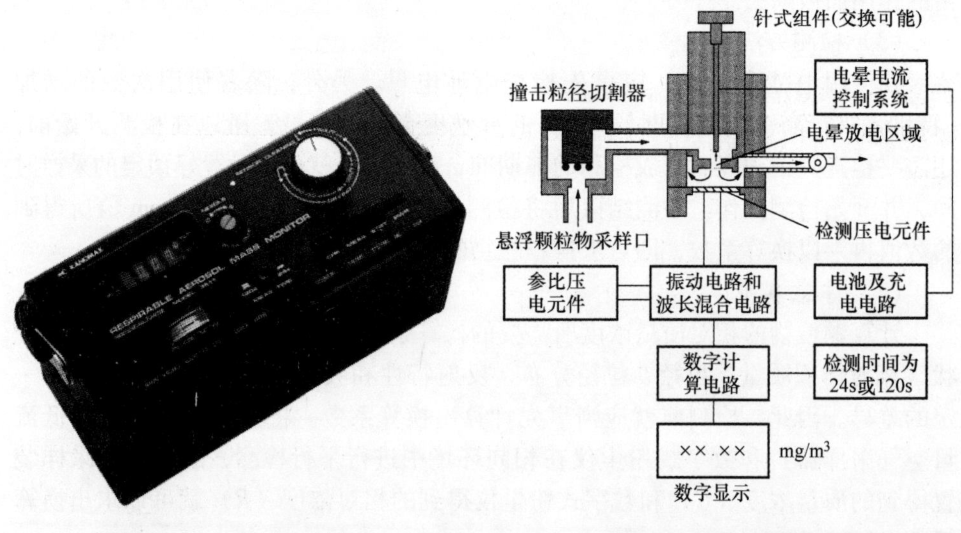

图 1.4.32 压电天平式粉尘仪的外观（Model 3511）

图 1.4.33 压电天平式粉尘仪的结构示意图

等速采样系统可以使样品空气中的颗粒物不会沉降在采样管内部，而是直接进入检测系统。同时，高压电路中的针状电极产生的高压电可以使颗粒物粒子带电。于是，在颗粒物采集·检测部系统中的晶体振荡器上设置电极后，带电的颗粒物在静电的作用下会就附着在晶体振荡器的表面。

（3）检测方法

虽然压电天平式粉尘仪的采样时间可以设置为24s或2min，但在室内这种颗粒物浓度不高的环境中，一般选择采集2min。该设备流量为1L/min，检测灵敏度为0.005μg/Hz，浓度检测范围为0.02～10mg/m^3。

（4）注意事项

因为通过压电天平法测定的颗粒物的质量是通过晶体振荡器的频率变化求出的，因此不会像光散射法那样受到颗粒物种类等因素的影响。当沉降在晶体振荡器上的颗粒物超过一定的量，而形成数层叠加的状态时，一部分颗粒物在晶体振荡器表面的附着就有可能没有那么紧密，这样就会导致质量浓度的检测结果相对偏低。为了避免此类问题的产生，当晶体振荡器的基本振荡频率超过2000Hz以上时，就需要使用清洁海绵清洗振荡器的表面。通常情况下，每清洗一次，可以确保10次有效的检测。

5. 香烟烟尘监测仪

（1）检测原理

香烟烟尘监测仪由老式的分光滤膜尘埃计改良而成，目的是检测总悬浮颗粒物中香烟烟尘的比例（百分比含量）。通过将老式分光滤纸尘埃计的光透射式改造为反射式的方法，使该设备实现了小型化。该设备首先利用吸引采集法，将样品空气中的颗粒物吸附在滤膜上，然后再用光照射滤纸使其发生反射光，并将获得的反射光通过波长为370nm和620nm的干扰过滤器检测出光的强度。最后再将这些反射光强度换算成光学浓度（Optical Density，OD），而该浓度即表示空气中香烟烟尘的含量。颗粒物中香烟烟尘粒子的含量如下式所示：

$$\text{香烟烟尘粒子的比例}(\%) = \{(R-B)A\times 100\%\} \div \{(A-B)R\} \qquad (4.3)$$

式中，R是室内颗粒物的OD值的比，R=（370nm下的OD值）÷（620nm下的OD值）；A是香烟烟尘粒子的OD值比（A=13.5）；B是不含有香烟烟尘粒子的室内颗粒物的OD值比（B=1）。

（2）设备

图1.4.34和图1.4.35分别为香烟烟尘监测仪的结构和外观。该设备的接收器有两个PIN光敏二极管，在波长370nm和620nm的接收端都设置了金属干扰过滤器。另外，该装置使用的是ϕ13mm的白色滤膜（玻璃纤维）。该设备显示屏可以显示波长370nm下的OD值、波长620nm的OD值以及颗粒物中所含香烟烟尘成分的百分比这3个检测结果。

（3）检测方法

该设备浓度检测范围为0.01～1mg/m^3（办公室内颗粒物浓度换算），最大流量为3L/min。虽然该设备仅能实现ϕ5mm的单点采样，但是可以进行反复多次检测（采样）。

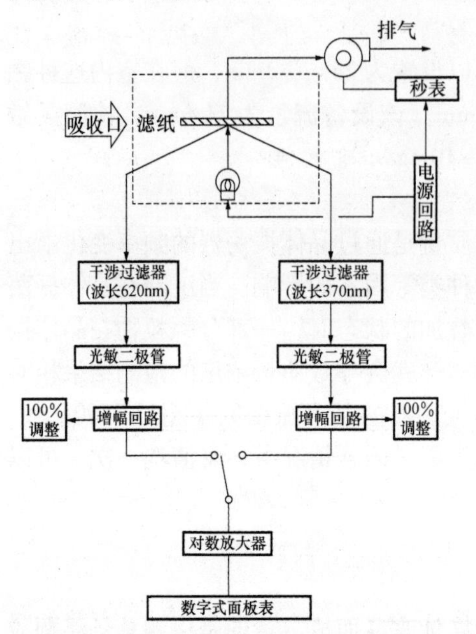

图1.4.34　TM－1型香烟烟雾监视器的构成

图1.4.35　香烟烟雾检测器的外观（TM－1型）

（4）注意事项

由于该设备可提供的香烟烟尘的含量值为近似值，因此需要使用OD值比(370nm/620nm）重新计算。另外，一般环境中的颗粒物是灰色的，而香烟烟雾中的粒子呈黄色。因为OD值是由反射光强度比的对数值换算而成的，所以当室内颗粒物的颜色发生变化时，其分光特性也会发生变化，从而有可能导致检测结果出现误差。

6. 串级撞击式采样器

（1）检测原理

一直以来，利用惯性撞击原理的采样器经常被用于室内空气的检测。串级撞击式采样器可以通过同时串联多个撞击盘，来对不同粒径颗粒物的质量浓度进行测定。图1.4.36所示为该方法的原理图。

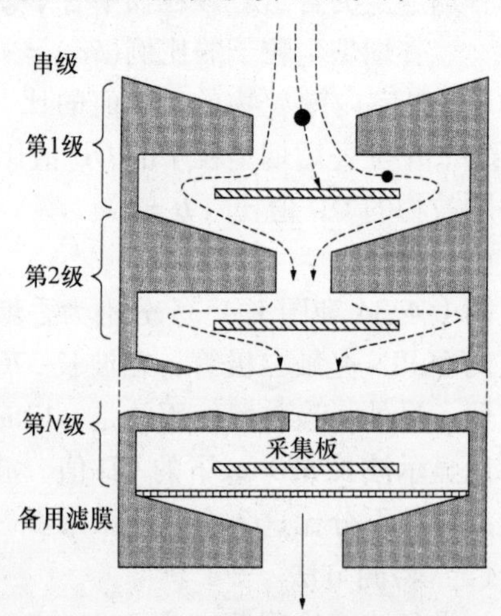

图1.4.36　串级撞击式采样器

含有颗粒物的高速气流从喷嘴喷

向采集板，由于惯性的作用，一部分粒子便附着在了采集板上，而其中较小的粒子则随着弯曲的气流流向了下一级的板面。由于喷嘴的直径逐级减小，使得通过粒子的速度逐渐变快，因此粒子的惯性也在逐渐增大。于是，在第 1 ~ *N* 级采集板处采集到的颗粒物的粒径就会逐渐减小。

串级撞击式采样器有很多种类。在此对室内环境检测中经常使用的安德森采样器进行简单介绍。安德森采样器的每一级都设置了很多喷嘴，因此也被称为多段多孔撞击式采样器。该采样器除了可以检测室内环境中的颗粒物外，还被广泛应用于室外大气中粉尘和微生物粒子的检测。表 1. 4. 12 为该设备适用的粒径范围。

表 1. 4. 12　安德森空气采样器颗粒物粒径分级性能

串级	粒径范围/μm
1	11 ~
2	7 ~ 11
3	4. 7 ~ 7
4	3. 3 ~ 4. 7
5	2. 1 ~ 3. 3
6	1. 1 ~ 2. 1
7	0. 65 ~ 1. 1
8	0. 43 ~ 0. 65
备用滤膜	~ 0. 43

（2）设备

安德森采样器由样品采集部分、流量计、流量调节阀、引流管以及引流泵组成。图 1. 4. 37 所示是样品采集部分的概要图。该采样器共有 8 级，在 1 ~ 7 级的每一级都设有 400 个喷嘴，在第 8 级则设有 200 个喷嘴。此外，在第 8 级的下面还设置了备用滤膜，用于采集上面 8 级都无法采集到的微小粒子。另外，依据惯性撞击的原理，在各级设有用于颗粒物采集的撞击板。

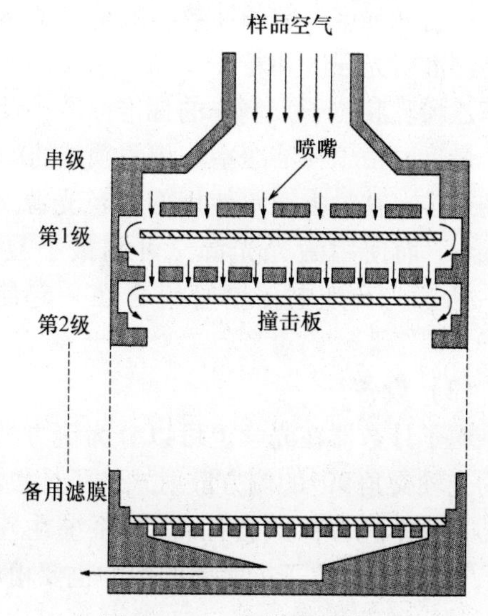

图 1. 4. 37　安德森采样器

（3）检测方法

检测前需要对撞击板和备用滤

膜进行称重并记录。接下来安装好撞击板和备用滤膜，并将流量计调节至28.3L/min后，就可以开始进行样品采集。采样结束后，再对撞击板和备用滤膜进行称重，这样就能够通过各串级采样前后的质量差以及总采样空气量，分别求得各粒径段颗粒物的质量浓度。

安德森采样器是通过将颗粒物采集下来以后，再使用天平称量的方式获得其质量浓度的方法，因此就必须保障足够的采样时间。尽管采样时长会受到室内颗粒物浓度和粒径分布的影响，但是如果要在各级采集板上都采集到足够天平称量的颗粒物，就需要有比低流量采样器采集时长多出10倍的采样时间，即大约数日至1周的时间。

(4) 注意事项

首先，根据不同的检测目的需要选用适当的撞击板。对于专门针对室内不同粒径颗粒物质量浓度的检测来说，可以使用均匀涂有少量润滑脂的玻璃板或不锈钢板。其中润滑脂可以防止捕捉到的粒子再次飞散。

使用安德森采样器检测得到的粒径是颗粒物的空气动力学粒径。该粒径与用显微镜观察得到的几何学粒径相比，如果粒径在3μm以上，两者的结果是非常一致，但如果粒径在1μm左右，用安德森采样器检测出的粒径就会偏小[43)]。为了改善这一点，即改善微小粒子区域的分级采用性能，可以使粒子在低压条件下发生惯性撞击，即使用所谓的低压撞击式采样器。

7. 粒子计数器

(1) 检测原理

根据Mie的理论，如果已知粒子的折射率和粒径的参数，就可以求出所有角度的散射光强度。粒子计数器就是基于Mie理论所开发出的检测仪器。该设备通过检测散射光强度和粒子个数，并参照由已知折射率的标准球形粒子（例如，聚苯乙烯乳胶粒子）制作的标准曲线，计算求出不同粒径颗粒物的浓度。

最近，由于在洁净室等相关领域的广泛应用，粒子计数器的研究取得了非常大的进步。在过去通常使用的白色光源·光电倍增管技术可检测的最小粒径为0.3μm。而使用激光光源，可测最小粒径能够达到0.1μm。并且，如果再将He-Ne激光和光电倍增管组合在一起使用，则可以检测到粒径为0.05μm的粒子。

(2) 设备

粒子计数器在光学上可以分为侧方散射式和前方散射式两种。图1.4.38所示为光轴交角90°的侧方散射式粒子计数器光学系统示意图（KC-21A型粒子计数器，日本理音株式会社）。该系统在性能上要求具备较高的分辨率（粒径识别），并且所受粒子折射率的影响也要相对较小。

(3) 检测方法

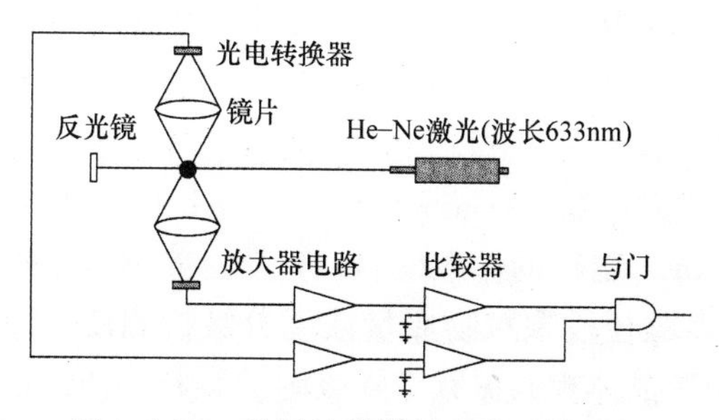

图 1.4.38 粒子计数器的光学系统示例

粒子计数器通常可以选择手动检测或自动检测两种方式。粒径的检测范围在0.1～数 μm 的多个粒径段，并且还可以根据实际监测目的对设备加以改造。图1.4.39 所示为市面上销售的多传感器联用式粒子计数器。使用该设备最多可在20 个点位开展同步监测，并且还可以通过 RS－232C 将检测结果传输至计算机中，从而实现实时监控。

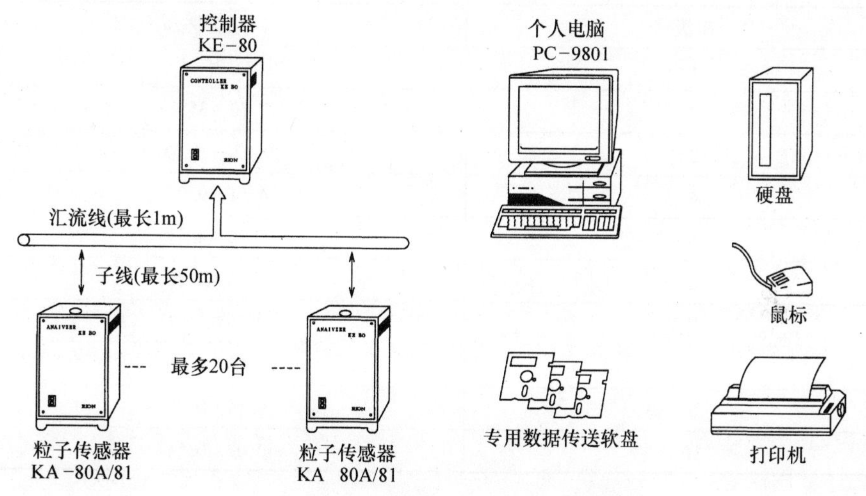

图 1.4.39 多传感器联用式粒子计数器

（4）注意事项

由于光散射法从原理上是针对每个粒子逐个进行检测，所以在颗粒物浓度较高时，检测结果就比较容易受到粒子间 Brown 凝聚或者粒子损失等的影响，即有可能出现粒径被高估或者个数会被低估的情况。为了改善这个问题，通常还会配合使用颗粒物稀释装置。

另外，由于粒子计数器首先使用已知折射率的标准球形粒子来制作标准曲线，然后再通过该标准曲线换算出检测对象的粒径结果，因此该设备检测出的粒径实际上都属于相对粒径。以活性炭颗粒物为例，使用电子显微镜检测出来的平均粒径为 0.52μm，而用光散射法检测得到的粒径结果为 0.30μm，该值比电子显微镜结果小了约40%[43]。

8. QCM

（1）检测原理

QCM 串级撞击式采样器（Quartz Crystal Microbalance Cascade Impactor：California Measurements Inc. 制）的标准型 pc-2 是由美国国家航空航天局（NASA）开发的压电天平法多粒径段颗粒物质量浓度分级检测仪，即“压电天平法粉尘仪”。该设备利用石英晶体板共振频率随吸附的颗粒物质量的增加而减少的反比例关系，通过检测石英晶体元件振动频率的变化，求得采集到的颗粒物质量。QCM 将压电天平法与串级撞击式采样法相结合，是一种可以同时检测不同粒径颗粒物浓度的设备。QCM 的粒径检测范围见表 1.4.13。此外，在各串级的撞击板面上，同时设置了用于采集颗粒物的石英晶体元件以及用于温度补偿的参比石英晶体元件。

表 1.4.13 QCM 各串级可采颗粒物的粒径范围

串级	粒径范围/μm
1	35.25 ~
2	17.63 ~ 35.25
3	9.02 ~ 17.63
4	4.51 ~ 9.02
5	2.26 ~ 4.51
6	1.13 ~ 2.26
7	0.56 ~ 1.13
8	0.28 ~ 0.56
9	0.14 ~ 0.28
10	0.07 ~ 0.14

（2）设备

图 1.4.40 和图 1.4.41 分别为该仪器的外观和原理示意图。通常情况下，室内颗粒物的浓度越低，就应当设置相对更长的采样时间。该设备在一般的室内环境中，能够进行数分钟的连续采样，这与之前介绍的串级撞击式采样器相比，可以在更短的时间内了解室内不同粒径颗粒物的质量浓度及其随时间变化的情况。

（3）检测方法

QCM 的采样流量为 240mL/min，浓度检测范围为 0.01 ~ 60mg/m^3。该设备可根据需要选择手工检测（一定时间间隔）和自动检测（连续）。此外，该设备还可以将各级撞击板的频率变化数值以及质量浓度换算结果，以柱状图的形式打印输出。

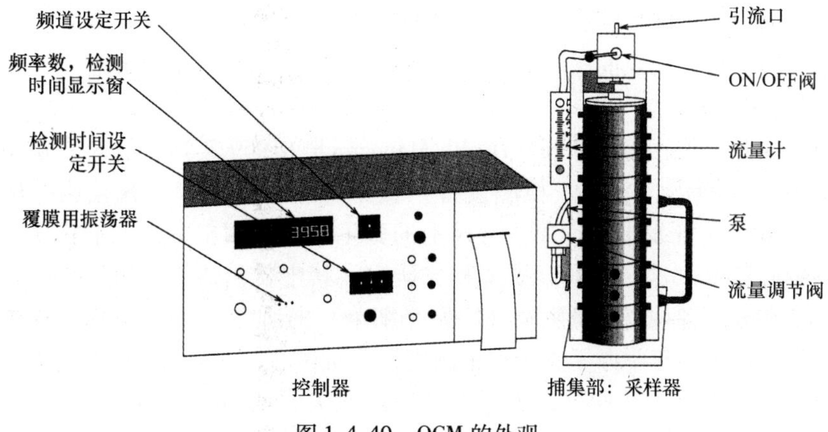

图 1.4.40 QCM 的外观

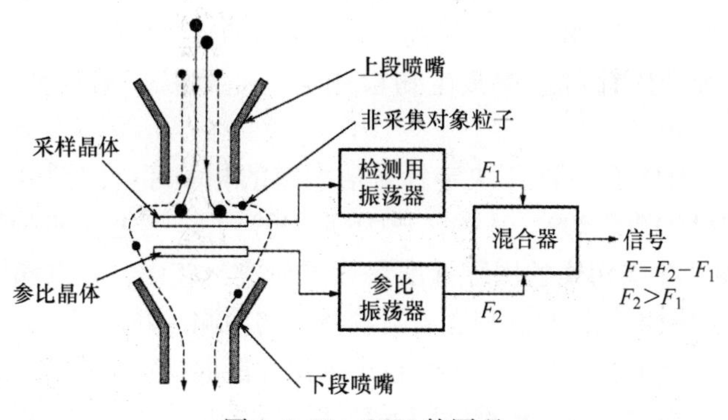

图 1.4.41 QCM 的原理

（4）注意事项

为了防止采集板上采集到的粒子出现二次飞散的情况，需要在采集面上通过涂抹润滑脂，使其表面形成一个薄膜层。在此应该注意的是，由于润滑脂需要手工涂抹，如果操作不够仔细，很容易造成晶体振荡器的出现破损。此外，由于该设备采样流量较小，即引流速度较小，因此应当尽量避免在气流较大的地方进行检测。

4.3.2 微生物粒子

1. 简介

目前还没有针对空气中微生物污染的标准检测方法。

空气中微生物污染的检测方法有两种：一种是用来检测空气中存在的微生物的“空中微生物检测法”；另一种是用来检测附着在地板或墙壁上的微生物的“表面附着微生物检测法”。

“空中微生物检测法”中又包含了很多种检测方法，而每种检测方法又分别应用在很多种微生物检测仪器上。1963 年，加利福尼亚大学伯克利分校召开了有关空中微生物检测仪的国际会议。而在那之前，空中微生物测定器一直都是以 Art 方式来表示的[48)]。

但是在此之前，美国 Public Health Monograph（1959 年）曾经对“空中微生物检测法”（检测传感器・检测设备）做了详细的报告[49)]。并且该机构还于 1967 年针对宇宙开发中的“不将地球上的微生物带入太空中，也不将太空中的微生物带回地球”这一问题开展了相关研究。其中就包括从太空旅行的有关材料中采集和分离各种空中微生物（特别是细菌）的研究[50),51)]。同时，英国的伦敦帝国学院还于同年举办了关于空中微生物的研讨会，并且还在研究论著中记录了会议的讨论内容[52)]。此外，美国加利福尼亚大学的 Dimmic. R. L 等人于 1969 年出版的著作中[53)]，详细记叙了空中微生物的一般特征及其采集与分离等相关内容。尽管直到进入 20 世纪 80 年代时，国际上仍然没有微生物检测的标准方法，但人们已经开始针对空中微生物检测器的生物粒子采集性能进行比较研究[54)]。

在国际上，ISO 于 1993 年决定针对洁净室的相关环境问题设置技术委员会（TC），命名为 ISO/TC 209。其中，作为 TC 209 工作组之一的 TC 209/WG2 从 1994 年开始就“生物污染的国际标准”开展研究。其中，对空气中微生物的检测方法，即空中微生物检测法和表面附着微生物检测法开展了一系列的研究和探讨。此外，空中微生物检测器的生物粒子采集性能的检定也在探讨范围之内[55)]。

标准的微生物检测方法很难确定下来的原因之一，就是空中微生物检测器中生物粒子的采集性能还不是很明确。特别是对于目前被广泛应用的直流便携式空中微生物检测器的采集性能，仍有很多尚待明确之处。另外，由于目前广泛采用的菌落计数法，需要在检测结束后 2～5 日才能得到最终结果，因此缺乏快速性，并且检测数据也无法及时反馈回检测现场。

以下，对空中微生物检测法、表面附着微生物检测法以及空中微生物检测器的生物粒子采集性能和空中微生物快速检测方法的最新观点和实践进行介绍。

此外，空气中的微生物主要是细菌、真菌和病毒等。而其中病毒的体积最小，容易灭活且培养困难，所以在空气中采集病毒是很困难的，并且直到现在也没有建立具体的检测方法。因此，以下主要针对细菌（包括真菌）的检测方法进行介绍。

2. 空中细菌的检测方法

空中细菌的检测方法，包括自然沉降检测法，即检测一定时间、一定面积内自然落下的细菌数以及空中悬浮细菌检测法，即采集一定量的空气后检测其中所含有的细菌数。

（1）自然沉降检测法

自然沉降检测法（沉降法）是将一定面积的寒天培养基平板（Koch 法）或金属片（不锈钢板法）放置一段时间后，培养基表面自由落下的细菌，检测形成的细菌群落（菌落）。与沉降法中的其他空中细菌检测方法相比，Koch 法由于其具有操作简单、费用低廉等优点，因此在日本应用最广的是空中细菌检测法。但是该法也存在一些缺点，例如检测误差较大、很难通过该法的检测结果计算空中的细菌浓度、不同环境条件下的监测结果不具有可比性。

有关空中细菌的测定，末永泉二[56]报告了以下发现：沉降法的检测结果有很大变动；检测结果容易受到风的影响；虽然为了控制风的影响（气流），可以使用兜帽减小误差，但是和静电式细菌采集器的检测值相比，沉降法的检测误差还是比较大。

乘木秀夫[51]在无风状态、5min 开放、37℃、48h 培养的检测条件下，使用沉降法进行空中细菌检测。将该检测值乘以 30 ~ 50 的系数后得到的结果，与利用秋叶等人的玻璃珠法所得到的 1L 空气中的细菌浓度（密度）相同。佐守[58]在同样的检测条件下利用沉降法获得的检测值，再乘以约 130 的系数后的结果，与其利用谷氨酰胺酸苏打滤法检测出的空中细菌浓度值相同。桥本[59]将使用圆筒沉降检测的空中细菌浓度与使用自然沉降法得到的检测值进行比较后发现，将自然沉降法的检测结果乘以 349 ± 251. 2 倍后得出的值就是空中细菌浓度。桥本认为，结合乘木与佐守提出的系数来看，空中细菌浓度很难靠沉降法的检测值乘以一定的系数来求出。

另外，入江[60]等人提出，假设 5min 内不同粒径粒子沉降速度保持恒定，1μm 粒子的沉降速度为 1. 8cm，5. 4μm 的粒子为 54cm，10. 9μm 的粒子为 216cm。因此，像沉降法那样，只是选择性地采集相对大粒径粒子所吸附的细菌，就很难获得空中细菌的整体情况。

但是吉泽晋[61]等人指出，在充分调查检测对象环境中顶棚高度、换气次数、粒径分布等影响因素的前提下，还是有可能通过沉降法对空中细菌浓度进行检测的。他们同时还指出，沉降法只是空中沉降下来的细菌的检测方法，而并不应作为空气中悬浮细菌浓度的检测方法来使用。另外，如果不综合考虑吉泽晋等人提出的几点环境因素，对于在不同环境条件下，使用沉降法检测得到的空气环境值（空中沉降细菌数）来说，将这些结果进行相互比较是没有意义的。

由于吉泽晋等人提出的是相对稳定的环境条件，所以对于同一检测条件下不同时间内获得的检测值来说，便会具有一定的可比性。因此，沉降法可以作为相同检测条件（检测点位）下，针对不同时期空中细菌污染状况调查的方法之一。

日本药学会将同为沉降法的 Koch 法，作为空气中细菌检测的方法之一列入到《卫生实验法》[62]中。下面对该法进行简单介绍。

选取三张标准琼脂平板培养基并放入培养皿中。将准备好的培养皿取下盖子在同一个检测点位静置5min后，再在（36±1）℃的有氧条件下培养24～48h。培养结束后通过自然沉降形成的菌落，分别计算出每一个培养皿中沉降的细菌数。上述实验中的检测方法是针对一般空气环境中沉降的细菌量而制定的，而如果要在对生物洁净度有一定要求的房间中进行检测，就需要进一步讨论培养皿的静置时间。

美国NASA标准[51)]中，采用沉降法中的不锈钢板法，在进行好氧培养和厌氧培养的同时，也对芽孢菌进行了相关的研究。

（2）空气中悬浮细菌的检测方法

在欧美国家，“空中悬浮细菌检测法”是广泛用于空气中微生物含量检测的方法，这种方法近年来在日本也逐步得到了推广。该法的优点是，不仅可以从检测结果中获得空气中细菌的浓度，而且还可以对不同环境中的检测数值进行比较。空中悬浮细菌的检测方法根据细菌的不同采集原理可以分成5类。

1）撞击法：

固体：通过使样品空气撞击（吹向）用于细菌繁殖的固体培养基表面，从而进行样品的采集。该法是应用最广泛的一种检测方法，其下又包括狭缝法、针孔法、多股多孔板法、多孔板法和离心法（RCS）等。其中，基于狭缝法原理的采样器有Casella 、Elliot、Reyniers、M/G、PBI和NSB等；基于针孔法原理的有针孔式采样器；基于多股多孔板法原理的有安德森式采样器（通过该设备可以同时了解空中细菌浓度与粒径分布的情况）；基于多孔板法的原理的有SAS、MAS－100、MAT和MBS－1000等；基于旋转离心法原理的有RC采样器。

液体：利用冲击式吸收管使样品空气冲向（吹向）液体培养基中以完成细菌样品的采样。基于该原理的采样器有All－Glass、Capillary Greenberg－Smith-Tangential、Jet和Midjet等。

2）过滤法：使样品空气通过各种滤膜后，检测吸附在滤膜上的微生物的方法。滤膜的种类有Membrane（醋酸酯膜）、明胶、谷氨酸钠、玻璃珠、玻璃棉和纯棉纤维等。

3）静电法：利用粒子附着在带有正电或负电的表面上的性质，采集微生物的方法。采样器有Electrostatic precipitator。

4）温度差法：当样品空气从两块不同温度的金属板之间通过时，空气中的粒子会倾向于聚集到温度较低的金属板上。基于这个原理的微生物采样器有Thermal Precipitator－Water和Cooled Thermal Precipitator Hotwire。

5）离心力法：利用离心力的作用，采集空气中颗粒物的方法。该法同时还可以了解空中微生物粒子的粒径分布情况。采样器有Wells。[49)]

以上这些悬浮细菌的检测方法中，在日本市场上主要销售的悬浮细菌检测器见表1.4.14。

表1.4.14 市售空气悬浮细菌检测器

采集原理	检测法		实例
沉降法	固体培养基（开放式采集）		Koch 法
	不锈钢钢板法		NASA 法
撞击法（固体培养基）	狭缝法	长时间型	M/G 空气采样器
			PBI 空气采样器
			NSB 缝隙采样器
		短时间型	Casela 缝隙采样器
	针孔法	长时间型	针孔 LT 采样器
		短时间型	针孔采样器
	多股多孔法		空气采样器
	多孔板法		SAS（便携式）
			MAS-100（便携式）
			MAT（便携式）
			MBS-100（便携式）
	离心法		RCS（便携式）
冲击法（液体培养基）	全玻璃冲击式吸收管法		AGI
	薄膜过滤法		标准法
			监视器法
	明胶过滤法		明胶过滤采样器

（3）空中悬浮细菌检测仪的生物粒子（细菌）采集性能

“国际标准化组织”使用ISO/TC 209/WG 2标准对空中悬浮细菌检测仪的细菌采集性能进行了测试。在日本，“工业技术院”委托科研机构针对空中细菌检测仪的采集性能实验方法进行了研究，并于1995年根据研究结果制定了相应的“日本工业标准”（JIS）[64)]。利用该采集性能测试标准实验方法，对目前广泛应用的撞击式空中浮游细菌检测仪进行了细菌采集性能的检测实验[65)]。实验中选定的6种检测仪，均操作简便，且应用广泛（见表1.4.15）。

表 1.4.15 撞击式空气悬浮细菌检测仪的性能和细菌（枯草芽孢杆菌）采集性能

检定仪器	泵	吸引流量 /(L/min)	培养皿内径 /cm	电源	仪器尺寸 /mm	细菌采集性能(%)
A	外置	28.3	9	AC	108×203	约 100
B	外置	27~30	9	AC	150×150×185	约 100
C	内置	28.3	15	AC	254×305×305	约 100
D	外置	30	9	AC	250×250×305	约 50
E	内置（便携式）	90	5.5	DC	105×335	2 以下
F	内置（便携式）	40	2×18.5	DC	70×335	1 以下

用于测试仪器采集性能的生物粒子（细菌）应具备以下特点：对干燥等物理条件具有较强的适应能力、即使在喷雾器等气溶胶发生装置的使用中也不会灭活、能够产生稳定的单体、对人体没有危害、较容易同污染菌种进行区分等。基于以上考虑，选择枯草芽孢杆菌（Bacillus subtilis globigii ATCC 9372，中心粒径 0.7μm）作为采集性能测试菌种。

图 1.4.42 所示为细菌采集性能测试装置概略图。

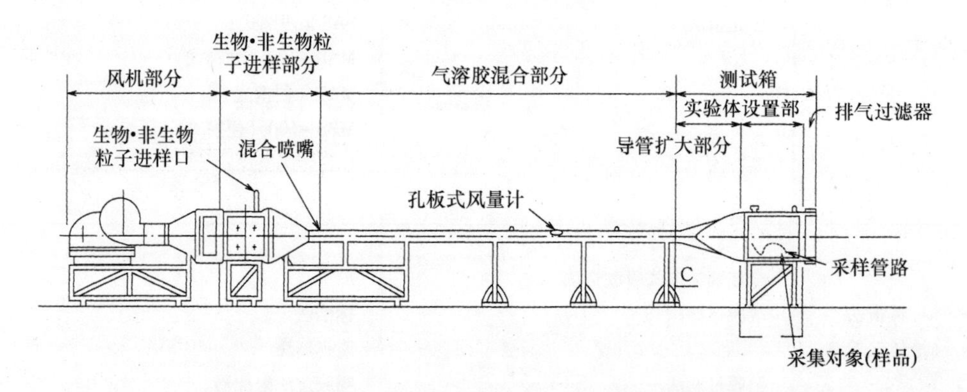

图 1.4.42 空气中悬浮细菌检测仪的采集性能测试装置

测试结果见表 1.4.15。撞击式空中悬浮细菌检测器 A、B、C 都显示出了良好的采集性能，几乎能够将粒子计数器所检测到的粒子全部采集到（枯草芽孢杆菌数）。另一方面，D 的采集性能较低，约为 50%。而 E 和 F 则显示出极低的采集性能，大约为 2% 或 1% 以下。上述与使用非生物粒子的 DOP 气溶胶的实验结果大体一致[65]。

根据种类不同，撞击式空中悬浮细菌检测仪的采集性能也有很大不同。另外，有的撞击式空中悬浮细菌检测仪采用的是交流电源（AC 100V）（A、B、C、D），也有使用干电池直流电源的便携式监测仪（E 和 F）。通过两者比较可以发现，便携式的性能明显偏低。

由于使用干电池的便携式检测仪 E 和 F 的采集性能较低，因此从生物粒子的稳定性等角度来看，可能会对采集粒径比较小的枯草芽孢杆菌（0.7μm 中位径）等生物粒子产生影响。但是，使用交流电源的 3 个检测仪 A、B、C 均显示出了几乎 100% 的采集性能。因此，对于具备较高生物粒子采集性能的便携式检测设备还有待开发。

实际上，市面上较为普遍的是被广泛应用的便携式检测设备。这主要是由于交流电源的监测仪体积较大、运输不便，并且有一些检测场所无法提供交流电源。因此，尽管这些设备粒子的采集性能很高，但不可否认的是在实际使用当中仍存在很多的不便。仲田等人开发了具有较高采集性能的便携式空中悬浮细菌检测仪，并对该设备的生物粒子采集性能给出了相关测试报告[66]。他们借助 JIS 细菌采集性能测试装置[64]，采用 0.7μm 中位径的枯草芽孢杆菌和 0.8μm 的中位径的藤黄微球菌（Micrococcus luteus），将一些便携式监测仪与交流电源式的针孔采样器进行了性能比较研究。作为参比便携式设备的有新开发的多孔板法便携式检测仪 H[66]、1997 年德国开发的商品型便携式检测仪 G 以及之前介绍的便携式检测仪 E 和 F[65]。

用枯草芽孢杆菌作为生物粒子进行实验时，检测仪 E、F、G 都显示了较低的采集性能，而新开发的便携式检测器 H 则表现出与交流电源式针孔采样器相同的高采集性能（见表 1.4.16）。

表 1.4.16 新开发及目前市售的便携式空气悬浮细菌检测器的枯草芽孢杆菌采集性能

	市售便携式检测仪						新开发便携式检测仪	
	E①		F②		G		H	
	标准仪器	E	标准仪器	F	标准仪器	G	标准仪器	H
平均菌落数（个/28.3L）	66.2	4.3	86	4.1	113.2	5.8	88	89.6
95%置信区间	60.0 ~ 72.4	3.36 ~ 5.24	79.0 ~ 93.0	3.39 ~ 4.81	105.3 ~ 121.1	4.78 ~ 6.82	80.9 ~ 95.1	83.5 ~ 95.7
采集率（%）	6.5		4.8		5.1		101.8	

① 参照表 1.4.15。

② 交流电源式检测仪 - 针孔采样器。

用比枯草芽孢杆菌粒径更大的藤黄微球菌进行实验后，得出以下结论：检测仪 E 和 F 仍显示出较低的采集性能，但检测仪 G 的采集性能上升了 5% ~ 29.4%；而新开发的检测仪 H 依然显示出与针孔采样器同样的高采集性能（见表 1.4.17）。

表 1.4.17 新开发及目前市售的便携式空气悬浮细菌检测器的球菌捕集性能

	市售便携式检测仪						新开发便携式检测仪	
	E①		F②		G		H	
	标准仪器	E	标准仪器	F	标准仪器	G	标准仪器	H
平均菌落数（个/28.3L）	45.8	1.9	42	1.4	45.9	13.5	50	49.8
95%置信区间	40.7～50.8	1.28～2.52	37.2～46.9	0.61～2.19	40.5～51.3	11.8～15.1	44.7～55.3	45.3～54.3
采集率(%)	4.1		3.3		29.4		96.6	

① 参照表 1.4.15。
② 交流电源式检测仪－针孔采样器。

另外，有报告指出，如果把干电池电源的便携式检测器加以改进，也会拥有像交流电源式检测仪那样接近100%的高采集性能[66)]。

（4）空气中悬浮细菌的快速判定方法

随着细菌学级别洁净度设施的不断增加，考虑到这些设施的有效利用以及基于PL法·HACCP系统的卫生管理理念的推广等问题，人们迫切需要能够迅速判断空气的细菌学级别洁净度的方法。就现在广泛使用的细菌菌落计数法来说，该法所需细菌菌落的培养时间很长，从检测到结果的获得最快也需要两天，因此存在缺乏快速性的缺点。因此，目前正在寻找能够快速判断细菌量的方法。表1.4.18是现有的快速细菌量检测方法。

表 1.4.18 细菌快速检测方法的示例

检测方法	原理	连续检测的可能性	检测对象	灵感度（对象菌浓度）	检测时间
光散射计数器（粒子计数器）	使用光敏管检测水和空气中各种粒子的光散射脉冲	可以	粒子	水中：0.20μm 以上的粒子 空气：0.09μm 以上的粒子	实时
流式细胞术	检测各种粒子释放的散射光和荧光	视情况而定	对象微生物（活菌，死菌）	10^4个/mL 以上	实时
显微镜镜检	测量长度，观察形态，染色（使用单细胞抗体）	视情况而定	对象微生物（活菌，死菌）	0～	大约 1h
自动快速微生物鉴定仪	薄膜过滤染色	不可以	对象微生物（活菌）	0～	6h～
库尔特计数器法	电阻的变化	视情况而定	粒子	水中 0.30μm 以上的粒子	大约 30min

（续）

检测方法	原理	连续检测的可能性	检测对象	灵感度（对象菌浓度）	检测时间
比浊法	浑浊度和细菌浓度相对应（投射光量、散射光量、积分球）	视情况而定	粒子	高浓度	大约30min
红外分光法	特定波长下的吸光度和细菌浓度相对应（还可以对部分细菌种类进行识别）	视情况而定	对象微生物（活菌，死菌）	高浓度	大约30min
酶反应法（荧光抗体法）	使用荧光色素标记生物特异性物质，用荧光显微镜或分光法检测	视情况而定	对象微生物	10^2 ~ 10^3 个/mL 以上	大约30min
ATP检测法（生物荧光法）	检测细菌中ATP的荧光素·荧光素酶酵反应时的发光量	视情况而定	一般微生物 对象微生物	10^3 ~ 10^4 个/mL 以上 0 ~（空气中的细菌）	大约30min 6h
氩气激光法	使用对核酸有较强亲和性的荧光色素激励氩气放出激光后测定光强	视情况而定	一般微生物 对象微生物	（研究中）	（研究中）
微生物传感器（电流分析法）	检测微生物产生的电流	视情况而定	一般微生物 对象微生物	10^6 ~ 10^7 个/mL 以上	（研究中）
电阻抗法（Bactometer）	根据细菌的代谢产物检测电阻抗的变化	不可以	一般微生物 对象微生物	10^3 ~ 10^8 个/mL 以上	大约30min
DNA探测器法	与特定基因杂交（和PCR法联用可实现高灵敏度）	不可以	对象微生物（活菌，死菌）	通常在 10^5 个/mL 以上，与PCR法联用为1个/mL	一般情况下时间长，特异性高
辐射法（Bactec）	使用 ^{14}C 标记的葡萄糖作为培养基的碳源，检测代谢产物中的 $^{14}CO_2$	视情况而定	一般微生物 对象微生物	高浓度	3 ~ 4h

其中，由于正在逐步实现设备化的ATP·生物荧光法（ATP法），具备快速性和便捷性的特点，因此在食品卫生等领域被广泛用来检查表面细菌污染或食品细菌污染[67)~70)]。此外，近年来有关使用ATP法对空气中悬浮细菌的快速检测等的研究也在持续开展[70)~72)]。

ATP法是一种利用在ATP（三磷酸腺苷，Adenosine Triphosphate）中加入荧光素酶使其发光的原理，来检测细菌数量的方法（见图1.4.43）。在该法中，由于发光量和ATP的量成正比，因此根据发光量就可以对ATP进行定量。ATP是一种生物共有的能量物质，而众多细菌中每一菌体的ATP含量几乎相同，所以细菌的数量可以根据 ATP 的量来进行推算。

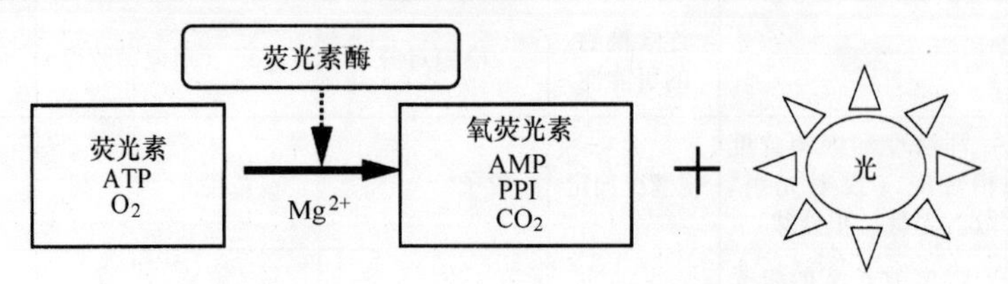

图 1.4.43 ATP－生物发光法的基本检测原理

针对生产中的食品工厂的生物洁净设施，可以使用撞击式空中悬浮细菌检测器，依照 ATP 法检测发光量（见图 1.4.44）。将检测的结果和出现的细菌菌落数进行比较时发现，两者具有有统计学意义的相关性，相关系数 $\gamma=0.84$。另外，有报告显示该法最低可以在一张培养基平板的一个细菌菌落中检测出细菌的数量（见表 1.4.17）。

随着基于 ATP 法的空中悬浮细菌检测的设备化及实用化的完成，该设备将能够有效应用于空气中微生物污染状况的迅速检测工作。

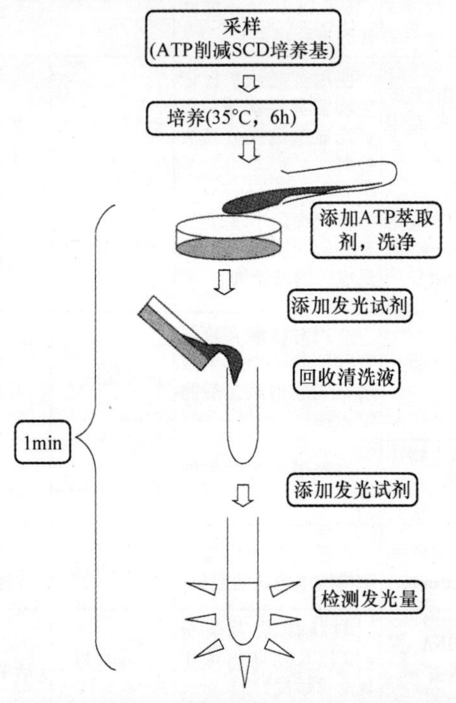

图 1.4.44 ATP－生物发光法的基本检测原理以及使用该法对空气中悬浮细菌的快速检测

3. 表面附着细菌的检测方法

附着在地板、墙面和操作台等表面的细菌量的检测方法，大致可以分为 3 种：

（1）印章法（Stamp）

印章法是使用一定面积的固体培养基或海绵（用液体润湿）等，直接放在被检物体表面并施加一定压力进行细菌样品采集，然后再进行培养的方法，也称为“接触板法”。该法常用的固体培养基有：low duck plate 、贝当检查琼脂、clean stamp 25、agar sausages 和 stamp agar 等。此外，使用海绵时，相应的采样器有“海绵印章式采样器”。

（2）擦拭法（Swab test）

擦拭法使用生理盐水将棉球等材料浸湿后，擦拭检测位置吸取细菌样品，然后将其涂抹在固定培养基上培养，或者将吸附的细菌使用轻微超声波转移至溶液中后进行培养。用于擦拭的材料可以选择脱脂棉、纱布以及特殊纤维布等；润湿液体可以选择生理盐水、各种缓冲液以及液体培养基等。

一直以来，擦拭法都是将细菌菌落的计数结果作为细菌检测结果的判定依据。但这样，最快也要在48h之后才能获得检测结果。近年来，欧美国家广泛将“ATP－生物发光法”应用在了擦拭法中，从而使其成为了一种快速检测方法。ATP法是用水浸湿棉球后在一定面积的检测位置处进行擦拭，然后再检测棉球中含有的ATP（三磷酸腺苷）成分。这样大约仅需1min就可以搞定。

（3）真空吸取法

该法和吸尘器的工作原理相同，将能够保持一定距离、风量和风速的特殊采样头放置在检测对象处吸取空气，并使此时吸入的空气经薄膜过滤。然后将吸附在薄膜上的细菌进行培养，最后计算培养形成的细菌菌落。

以上这些针对表面附着细菌的检测方法，可以根据检测位置的不同形态及具体情况来作出有针对性地选择。其中，印章法和真空吸取法适合平面的检测位置，但不适用于曲面的采样。而尽管擦拭法在平面或曲面的位置都能使用，但是不同实验操作人员获得的检测结果有可能会出现不一致的情况。

上述的ISO/TC 209/WG 2[55)]标准中，推荐使用印章法（接触板法）作为检测表面附着细菌的方法。具体方法为将接触面积在20cm^2以上的接触板盖在采集面上，此时向接触板施加25g/cm^2的压力并保持10s，然后就可以在合适的条件下进行细菌培养了[48)]。

4. 空中细菌检测的条件

（1）培养基

在空气的检测方法中，有使用检测一定量空气中细菌数量的方法，还有检测一定量空气中所含细菌种类的方法。一般来说，在需要确保生物洁净度的环境中，细菌的浓度（总细菌数）多少是人们最为关心的问题。因此，需要使用含有能够使多种细菌繁殖，并且富有营养的培养基。在日本，通常使用的是普通琼脂培养基或平板计数琼脂培养基。而在NASA[51)]和NSF[73)]的标准中通常使用Trypticase Soy Agar作为固体培养基。“Trypticase Soy Agar”是美国BBL公司（培养基公司）使用的产品名，而与其成分大体相同的培养基还有：Trypto－sor－agar（SCD琼脂，日本荣研化学株式会社）、Trypto－Soya Agar琼脂（日本日水制药株式会社）、Trypticase Soya Agar（美国Oxid公司），Trypticase Soy Agar（美国Difco公司）等。由于日本近年来也多趋向于使用能够培养多种菌种的培养基，所以使用上述培养基进行检测的事例也逐渐多了起来。

日本市售的主要空中细菌检测器（见表1.4.14）中，沉降法（Koch法）、缝法、针孔法、多孔板法和多股多孔板法等检测细菌总数的方法均使用上述那些培养基。而离心法使用的则是专用培养基。玻璃冲击式吸收管法使用液体培养基，其制法如下：在1L的蒸馏水中加入Bact明胶2g、无水磷酸钾4g、脑心浸液琼脂 37g 和消泡剂 0.1mL 即可。此外，薄膜过滤法、标准法和监视器法都使用由专用安瓿封装的液体培养基。

在以检测总真菌数为目的时，可以使用沙鲍洛琼脂、马铃薯葡萄糖琼脂、添加 100mg/L 氯霉素的马铃薯葡萄糖琼脂等固体培养基。

以上介绍的主要是好氧性细菌的培养基。另一方面，NASA 的标准中，也进行了厌氧性细菌的检测。该检测使用的培养基是 GAM 琼脂和 EG 琼脂等。

（2）培养皿

沉降法（Koch 法）、Casella 狭缝采样器、MAS－100 采样器和 SAS 采样器使用的是市售直径为 9cm 的标准培养皿；M/G、NSB 和 PBI 的狭缝采样器以及针孔法 LT 采样器使用的是市售 ϕ15cmDR 的大型培养皿；RC 采样器使用专用培养皿。在针对需要严格保证生物洁净度的环境进行检测时，由于需要采集较大空气量的样品，所以应当使用大型培养皿。

（3）培养温度，培养时间

对于空中细菌检测过程中所需的培养温度和培养时间来说，日本标准分别是 37℃和 48h。而 NASA 与 NSF 的标准分别为 32℃和 48h。欧美国家一般遵从 NASA 的标准进行检测。

山崎省二[74]等人使用 Koch 法、狭缝采样器法和针孔采样器法对野外和室内的空中细菌进行了检测。该研究从 7～11 月的 5 个月间，每个月都采集了样品。采样结束后，他们将样品分别在 25℃、31℃、37℃和 43℃的 5 个温度条件下培养了 48h。各个条件下形成的细菌菌落个数的比较结果为 25℃≥31℃＞37℃＞20℃＞43℃。从该结果可以看出，25℃或 31℃为野外和室内的空中细菌最适合的培养温度。结合前述 NASA 或 NSF 的标准来看，32℃、48h 的培养条件是比较适合的。而真菌则建议在 25℃的条件下培养 5 天。

4.3.3 空气中过敏原的检测方法

对于空气中过敏原的检测，国际上通用的标准方法为，使用空气采样器采集空气中的过敏原粒子，然后根据免疫学方法对提取液中过敏原的量进行检测[75]。迄今为止，室内过敏原的检测主要以诱发哮喘的主要原因—螨虫过敏原的检测为主。下面以具有代表性的螨虫过敏原检测方法为例进行说明。

1. 空气中过敏原的采集和提取法

对于室内空气中的过敏原粒子，一般使用低噪声便携式空气采样器（KI－636，东京 Dylec 株式会社，日本）[76]进行采集。特别是在日常生活的家庭环境中进行样品的采集，就更需要使用低噪声的采样器。这种采样器，可以将空气中的过敏原粒子采集到内置的玻璃纤维滤膜上，然后将其浸入到抽提液中提取过敏原，从而制成待检样品。最后再通过免疫学的检测方法，测定这些样品中螨虫过敏原的含量。

2. 过敏原的免疫学定量

近年来，随着技术水平的提高，螨虫的主要过敏原已经可以被精细提取出来了。例如从表皮螨虫（Dermatophagoides 属）中分离出了 Der1（螨虫的主要过敏原）。进而通过对 Der1 抗体的开发，使其实现了免疫学法的定量[77)]。如果像这样能够制成与过敏原相对应的抗体，那么就可以很容易建立起相应的免疫学定量方法。目前，针对各种各样的过敏原已经建立起了很多相对应的定量方法[75),78)]。并且，因为空气中含有的过敏原极其微量，所以需要采用具有较高灵敏度的定量方法。目前通常使用的方法有，使用高灵敏度放射性同位素的放射免疫分析法和具有同等灵敏度的酶联免疫法[78)]。

3. 室内螨虫过敏原的检测

研究人员对 10 户家庭环境空气中的螨虫主要过敏原（Der1）进行了检测[76)]。检测时，把居民的活动分为 3 个方面：起居室中、铺被子、睡眠中。在起居室的空气中，Der 1 的平均浓度非常低，为 30pg/m^3；在铺被子时，Der 1 的浓度非常高，达到了 30000pg/m^3；在睡眠中，Der 1 的浓度相对较高，为 220pg/m^3。和起居室的螨虫过敏原浓度相比，铺被子时的浓度是它的 1000 倍，而即使在睡眠中也是它的 8 倍。因此从这些结果可以看出，人体接触到暴露的螨虫过敏原大部分都来源于寝具。

4. 个体暴露量的检测

在检测个体螨虫过敏原暴露量时，由于需要由受检人随时携带采样器，因此又进一步开发出专用的小型化采样设备[80)]。通过这种采样器（MP－15CF，日本柴田科学株式会社），首次实现了螨虫过敏原个人暴露量的检测。

5. 过敏原量随时间变化情况的检测

使用 Burkard 空气采样器（Burkard 公司，英国），能够使室内空气中的过敏原变为肉眼可见的着色点，并可以进行长时间联系检测[81)]。

参 考 文 献

1) JIS K 0804：検知管式ガス測定器，p. 18 (1998)
2) JIS B 7951：大気中の一酸化炭素自動計測器，p. 3 (1998)
3) JIS B 7951：大気中の一酸化炭素自動計測器，p. 10 (1998)
4) JIS K 0151：赤外線ガス分析計，p. 1000 (1983)
5) JIS K 0304：大気中の二酸化炭素測定法，p. 5 (1996)
6) JIS B 7952：大気中の二酸化硫黄自動計測器，p. 4 (1996)
7) JIS B 7952：大気中の二酸化硫黄自動計測器，p. 3 (1996)
8) JIS B 7953：大気中の窒素酸化物自動計測器，p. 6 (1997)
9) JIS B 7953：大気中の窒素酸化物自動計測器，p. 3 (1997)
10) JIS B 7957：大気中のオキシダント自動計測器，p. 3 (1992)
11) JIS B 7957：大気中のオキシダント自動計測器，p. 6 (1992)

12) JIS B 7956：大気中の炭化水素自動計測器，p. 2 (1995)
13) JIS B 7956：大気中の炭化水素自動計測器，p. 6 (1995)
14) ISO/TC 146/SC 6 N 41: Indoor air sampling strategy for formaldehyde (1997)
15) 日本薬学会編：衛生試験法注解，pp. 1451-1452，金原出版 (1990)
16) 有害大気汚染物質測定方法マニュアル，環境庁大気保全局大気規制課，p. 41 (1996)
17) 堀　雅宏：検知管を用いる低濃度ホルムアルデヒド簡易測定法の検討，第15回空気清浄とコンタミネーションコントロール研究大会予稿集，pp. 337-338 (1997)
18) 松村年郎，樋口英二：大気中のホルムアルデヒド自動計測器の改良，日本化学会誌，(4)，pp. 639-644 (1980)
19) 中野信夫，長島珍男：テープ光電光度法を用いた大気中の微量ホルムアルデヒドモニターの開発，ECO INDUSTRY, Vol. 3, No. 10, pp. 46-53 (1998.9)
20) WHO (World Health Organization),1989. Indoor Air Quality: Organic pollutants EURO Reports and Studies No. 111 Copenhagen: WHO-Regional Office for Europe.
21) M. Maroni, B. Seifert, T. Lindvall: Indoor Air Quality a comprehensive reference book, pp. 30-33, Elsevier (1995)
22) WHO Regional Office for Europe: Air Quality Guidelines, WHO Regional Publication Series, No. 23 (1987)
23) M. Maroni, B. Seifert, T. Lindvall: Indoor Airquality a comprehensive reference book, pp. 819-821, Elsevier (1995)
24) L. Pyy, M. Makela, E. Hakala, et al.: Comparison of Methods Used for Determination of Volatile Organic Compounds in Air, pp. 283-286, Healthy Building/IAQ '97 Proceedings (1997)
25) Lars Molhave, Geo Clausen: The Use of TVOC as An Indicator in IAQ Investigations, pp. 37-46, INDOOR AIR '96 Proceedings (1996)
26) WHO-Regional Office for Europe.: Air Quality Guidelines, WHO Regional Publication Series, No. 23 (1987)
27) ECA Report No. 19: Total Volatile Organic Compounds (TVOC) in Indoor Air Quality Investigations, pp. 11-12, INDOOR AIR QUALITY & ITS IMPACT ON MAN (1997)
28) 藤井雅則：オフィスビルにおける室内空気質，空気調和・衛生工学，Vol.72, pp. 52-54 (1998)
29) EPA Methods TO-1, 1984: Method for The Determination of Volatile Organic Compounds in Ambient Air Using Tenax Adsorption and Gas Chromatograph (GC/MS)
30) EPA Methods TO-2, 1984: Method for The Determination of Volatile Organic Compounds in Ambient Air by Carbon Molecular Sieve Adsorption and Gas Chromatography/Mass Spectro-metry (GC/MS)
31) EPA Methods TO-14, 1988: Determination of Volatile Organic Compounds (VOCs) in Ambient Air Using SUMMA Passivated Canister Sampling And Gas Chromatographic Analysis.
32) JIS B 7956-1995：大気中の炭化水素自動計測器
33) 木村逸郎，阪井英治訳：放射線計測ハンドブック〔オ2版〕，日刊工業新聞社 (1991)
34) ラドン濃度全国調査最終報告書 NIRS-R-32，放射線医学総合研究所 (1997-3)
35) 大気中のラドン族と環境放射能，ラドン族調査研究委員会1985年9月日本原子力学会，続大気中のラドン族と環境放射能，ラドン族調査研究委員会1990年12月日本原子力学会.
36) 下　道国，米原英典，阿部史朗：ラドン・トロン混在場におけるパッシブ法の共同比較測定，保健物理，32，pp. 265-276 (1997)
37) 下　道国，他：米国EMLにおけるラドン共同比較実験，保健物理，32，pp. 285-294 (1997)
38) 飯田孝夫，下　道国，山崎敬三，阿部史朗：パッシブ法によるラドン測定の国内共同比較実験，保健物理，29，pp. 179-188 (1994)
39) JIS Z 8813-1994：浮遊粉じん濃度通則
40) JIS Z 8808-1995：排ガス中のダスト濃度の測定方法
41) ウィリアムC.ハインズ著，早川一也監訳：エアロゾルテクノロジー，井上書院 (1985)
42) 空気環境測定実施者講習会テキスト，ビル管理教育センター (1989)
43) 本間克典編著：実用エアロゾル計測と評価，技

報堂（1990）

44）JIS 8814-1992：ロウボリウムエアサンプラ及びロウボリウムエアサンプラによる空気中浮遊粉じん測定方法

45）日本空気清浄協会編：空気清浄ハンドブック，オーム社（1981）

46）高橋幹二編著：応用エアロゾル学，養賢堂（1984）

47）JIS B 9921-1976：光散乱式粒子計数器

48）P. S. Brachman, et al.: Standard sampler for assay of airborne microorganisms, Science, Vol. 144, p. 1295（1964）

49）H. W. Wolf, et al.: Sampling microbiological aerosols, Public Health Monograph No. 60, Public Health Service Publication No. 686, U. S. Dept. of Health, Education and Welfare, Washington, D. C.（1959）

50）NASA: Standards for clean rooms and work stations for the microbially controlled environment, NHB, August,5340-2（1967）

51）NASA: Standard procedures for the microbiological examination of Space hardware, NHB, August,5340-1（1967）

52）P. H. Gregory and J. L. Monteith,（ed.）: Airborne microbes, Cambridge University Press（1967）

53）R. L. Dimmick and A. B. Akers,（ed.）: An introduction to experimental aerobiology, Wiley-Interscience（1969）

54）L. L. Lembke, et al.: Precision of the all-glass impinger and the andersen microbial impactor for air sampling in solid-waste handling facilities, Appl. Environ. Microbiol., 42, pp. 222-225（1981）

55）山崎省二：バイオコンタミネーションコントロールシンポジウム「ISO/TC 209，クリーンルーム国際規格制定の現状と将来」，日本空気清浄協会，pp. 44-103（1997）

56）末永泉二：普通室内環境における空中浮遊粒子の測定法に関する研究（2）空中細菌数の測定法について，衛生化学，Vol. 8，No. 1，pp. 36-39（1960）

57）乗木秀夫：環境衛生における空中細菌，産業医学，Vol. 2，No. 4，pp. 7-20（1949）

58）佐守信夫：グルタミン酸ソーダフィルタ法による環境的空気の生菌密度についての研究―その2 Koch氏落下細菌法による菌集落数により環境的空気の生菌数を推算することについて，日本衛生学雑誌，Vol. 12，No. 4，pp. 279-282（1957）

59）橋本　奨：空気中細菌密度の簡易測定法，日本衛生学雑誌，Vol. 13，No. 2，pp. 257-260（1958）

60）入江建久，他：落下じんの制御に関する研究（第3報）粒子沈積量の予測，昭和45年度日本建築学会大会学術講演梗概集，pp. 25-26（1970）

61）吉澤　晋，菅原文子：室内の微生物汚染の防止について（第8報）粒子分布と測定法上の問題点，昭和51年度日本建築学会関東支部研究報告集，pp. 61-64（1976）

62）日本薬学会編：衛生試験法注解，pp. 1473-1475 金原出版（1990）

63）バイオインダストリー協会：平成2年度工業技術院委託調査研究「バイオプロセスの標準化に関する調査研究」成果報告書，pp. 7-74（1991）

64）JIS K 3836 1995：空中浮遊菌測定器の捕集性能試験方法

65）山崎省二，杉田直記，国安　修，上村　裕，木村昌伸，森地敏樹：空中細菌測定器の捕集性能試験方法に関する研究，第12回空気清浄とコンタミネーションコントロール研究大会予稿集，pp. 207-210（1993）

66）仲田幸博，杉田直記，三上壮介，尾之上さくら，山崎省二：携帯型空中浮遊細菌サンプラーの開発，第17回空気清浄とコンタミネーションコントロール研究大会予稿集，pp. 113-116（1999）

67）金子　勉，横山弘美，高橋　強：ATP測定による生乳ヨーグルト中微生物の迅速検出法，食品衛生学雑誌，Vol. 125，pp. 193-197（1984）

68）J. A. Poulis, de M. Pijper, D. A. A. Mossel, and P. Ph. A. Dekkers: Assessment of cleaning and disinfection in the food industory with the rapid ATP-bioluminescence technique combind with the tissue fluid contamination test and a conventional microbiological method, Int. J. Food Microbiology, Vol. 20, pp. 109-116（1993）

69）C. Bell, P. A. Stallard, S. E. Brown, and J. T. E. Standley: ATP-bioluminescence techniques for assessing the hygienic condition of milk transport tankers, Int. Dairy Journal, Vol. 4, pp. 629-640（1994）

70）春日三佐夫，森地敏樹編：食品微生物検査の簡易・迅速・自動化最新技術，pp. 157-169，工業技

術会（1995）

71） 服部憲晃，中島基雄，大塚佑子，木村昌伸，山崎省二：生物発光法を用いたクリーンルームの簡便迅速な微生物学的清浄度の測定方法について，第13回空気清浄とコンタミネーションコントロール研究大会予稿集，pp. 331-334（1995）

72） 服部憲晃，中島基雄，大塚佑子，木村昌伸，山崎省二：生物発光法を用いたクリーンルームの微生物学的清浄度測定方法の高感度化，第14回空気清浄とコンタミネーションコントロール研究大会予稿集，pp. 177-180（1996）

73） NSF：Class II Biohazard Cabinetry, Standard number 49（1976-6）

74） 山崎省二：空気細菌測定法，空気清浄，Vol. 17，No. 7，pp. 26-33（1980）

75） T, A. E. Platts-Mills, et al.：Indoor allergens and asthma：Report of the third international workshop, J. Allergy Clin. Immunol., 100, s 1（1997）

76） M. Sakaguchi, et al.：Measurement of allergen associated with dust mite allergen II. Concentrations of airborne mite allergens（Der I and Der II） in the house, Int. Arch. Allergy Appl. Immunol., 90, p. 190（1989）

77） H. Yasueda, et al.：Measurement of allergens associated with dust mite allergy I. Development of sensitive radioimmunoassay for the two group of Dermatophagoides mite allergens（Der I and Der II）, Int. Arch. Allergy Appl. Immunol., 90, p. 182（1989）

78） 阪口雅弘：室内環境中のダニおよびゴキブリアレルゲンの免疫学的定量とその応用，衛生動物，Vol. 47，p.307（1996）

79） M. Sakaguchi, et al.：Airborne cat（Feld I）, dog（Canf I）, and mite（Der I and Der II）allergen levels in the homes of Japan, J. Allergy Clin. Immunol., Vol. 92, p. 797（1993）

80） M. Sakaguchi, et al.：Measurement of airborne mite allergen exposure in individual persons, J. Allergy Clin. Immunol., Vol 97, p. 1040（1996）

81） M. Sakaguchi, et al.：Immunoblotting of mite aeroallergens by an indoor Burkard sampler, Int. J. Aerobiol., Vol. 11, p. 265（1995）

第5章　室内空气污染物质浓度的形成机制

5.1　稳定浓度的计算

无论是为了保证室内空气的洁净度，还是制定针对空气污染的相关对策，都需要清楚污染物质浓度形成机制。在本章，会针对这些形成机制以及空气净化设备所应达到的净化性能的测试方法进行说明。

一般情况下，会在下列假定的基础上，根据室内物质平衡的公式来预测室内空气污染物质的浓度：

1）无论是室内产生的污染物还是从室外侵入的污染，在室内都是瞬间均匀扩散。

2）污染物质本身不发生质的变化。

3）最小单位的对象污染物质在移动过程中全部性质保持不变。例如，无论在室内还是室外，粉尘的粒径分布和组成成分等都是相同的。

4）送风量和自然换气量保持稳定。

标记符号如下所示：

Q_s：机器给气量（m^3/h）

Q_r：机器排气量（m^3/h）

Q_f：引入室外空气量（m^3/h）

Q_{ns}：自然给气量（m^3/h）

Q_{nr}：自然排气量（m^3/h）

Q_u：空调风机盘管装置及送风机内置式空气净化器的吸入·输出风量（m^3/h）

n：换气次数（次/h）

h_s：室内天花板高度（m）

V_t：沉降速度（m/s）

r：再循环率

C：室内空气污染浓度（mg/m^3）

C_o：室外环境空气中污染物质浓度（mg/m^3）

C_d：室内空气污染物质的设计浓度（mg/m^3）

M：室内污染物质的产生量（mg/h）

p：主要空气净化装置的污染物透过率

p_u：空调风机盘管装置或送风机内置式空气净化器的污染物透过率

η：主要空气净化装置的污染物捕获率

η_u：空调风机盘管装置或送风机内置式空气净化器的污染物捕获率

R：室内容积（m^3）

t：时间（h）

S：面积（m^2）

s'：吸附面积（m^2）

D：沉降率（mg/h）

m：产生率（mg/h · m^2）

A：吸附量（mg/h）

A'：脱离量（mg/h）

A_f：地板面积（m^2）

a：吸附速度（m/h）

P：产生量的衰减率（L/h）

除了上述的假定以外，还假定室外环境空气污染物浓度、室内污染物浓度以及室内污染物的产生量也一直保持稳定。

室内空气污染物浓度的表示公式根据空调系统的不同而有所差异，因此必须通过各自不同的方式来计算。在此仅针对一般的空调系统来进行计算公式的推导。

5.1.1 仅通过自然换气对室内空气进行净化时的情况

本节讨论在有污染物排放源的室内，如果仅借助自然换气来对污染物进行处理时的情况。

在图 1.5.1 中，假设稳定状态下，进入室内的污染物的量和从室内排除的污染物质的量相等时，可得到下式：

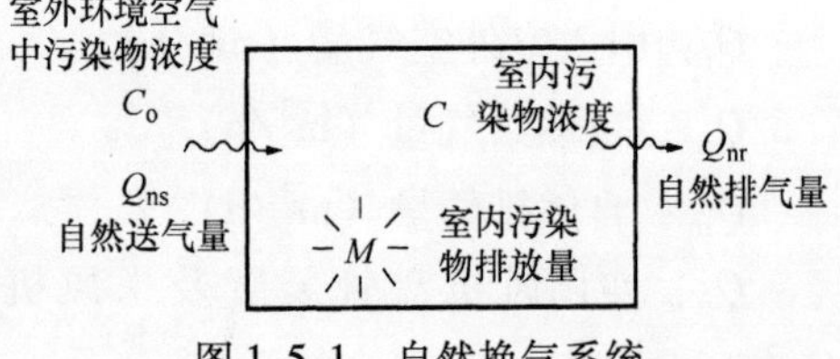

图 1.5.1　自然换气系统

$$C_oQ_{ns} + M + A' = CQ_{nr} + A + D \tag{5.1}$$

1. 不存在吸附或沉降时的情况

在仅有自然换气时，如果污染物不发生吸附或沉降：

$$C = \frac{C_oQ_{ns} + M}{Q_{nr}} \tag{5.2}$$

一般来说

$$Q_{ns} = Q_{nr} = Q$$

所以

$$C = C_o + \frac{M}{Q} \tag{5.3}$$

也就是说，室内污染物浓度与其排放量成正比，与换气量成反比。但无论把换气量增到多大，污染物浓度都不会低于室外环境空气中的浓度。

2. 存在吸附时的情况

在仅有自然换气时，如果污染物被吸附的量和脱离的量没有时间上的延迟，那么污染物总量减去脱离量就可以得到房间对污染物的吸附量 A。在室内污染物质浓度非常低的情况下，吸附量和室内浓度成正：

$$A = as'C \tag{5.4}$$

不存在沉降时的情况下：

$$CQ + as'C = C_oQ + M \tag{5.5}$$

$$C = \frac{C_oQ + M}{Q + as'} \tag{5.6}$$

$$C = (C_o + \frac{M}{Q})\frac{1}{1 + \frac{as'}{Q}} \tag{5.7}$$

3. 考虑沉降因素时的情况

沉降率为

$$D = A_fV_tC \tag{5.8}$$

不存在吸附：

$$C = \frac{C_oQ_{ns} + M - A_fV_tC}{Q_{nr}} \tag{5.9}$$

$$C = \frac{C_oQ + M}{Q + A_fV_t} \tag{5.10}$$

$$C = (C_o + \frac{M}{Q})\frac{1}{(1 + \frac{V_t}{nh_s})} \tag{5.11}$$

5.1.2　使用送风机内置式空气净化装置时的情况

如图1.5.2所示，当在室内设置送风机内置式空气净化器（空气过滤器）时，室内空气污染浓度可用下式表示：

$$C = \frac{QC_o + M}{Q + \eta Q_u} \tag{5.12}$$

5.1.3　设置了具有室外空气循环功能净化设备时的情况

尽管有很多方法都可以使室内空气洁净度保持在某一数值以上，但在此主要对使用空气净化设备时的情况进行讨论。

对于一般的建筑物空调系统配备的空气净化装置来说，在假设污染物可以瞬间实现稳定且均匀扩散，那么这些装置的净化性能大都能够符合要求。图 1.5.3 所示的系统在式（5.13）中成立：

$$C=\frac{pC_oQ_f+C_oQ_{ns}+M}{(1-rp)Q_r+Q_{nr}} \tag{5.13}$$

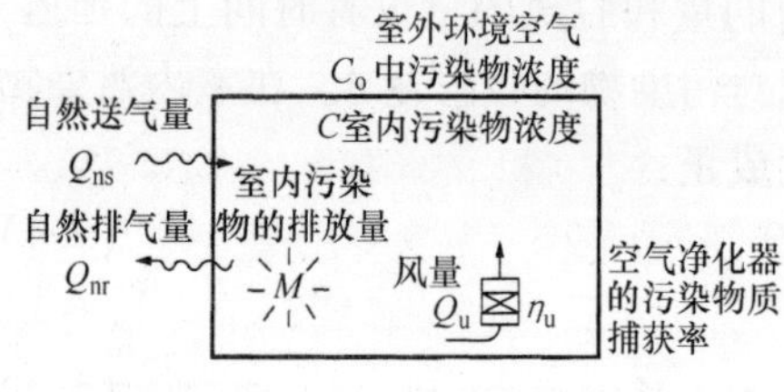

图 1.5.2 增设空气净化器的自然换气体系

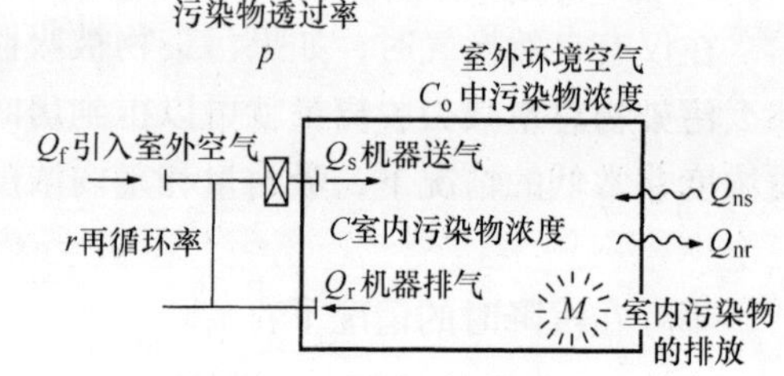

图 1.5.3 设置有空调设备的体系

5.1.4 有多个房间时的情况

如图 1.5.4 所示的系统，虽然各房间空气中污染物的浓度由室内的条件决定，但是各房间的空气供给量 Q_{s1}、Q_{s2}、Q_{s3}、Q_{s4}…大都会受到其他一些因素的影响。因此，首先挑选这些房间中条件要求最为严格的那个房间计算其所需要的净化能力，然后将能够达到该净化能力的浓度的空气通入所有的房间，这时再针对各个房间的浓度是否能够达到所要求的浓度以下进行研究。

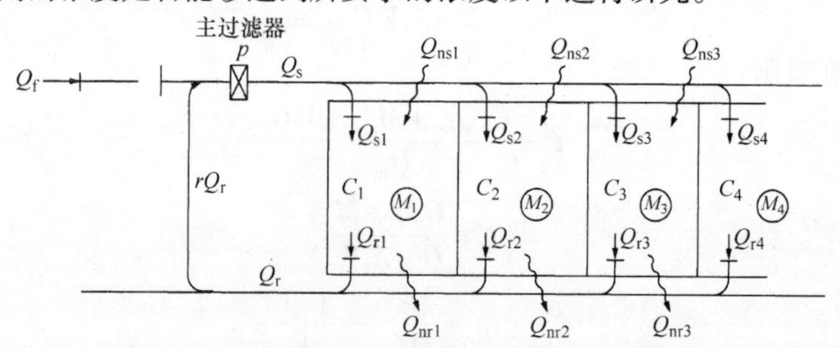

图 1.5.4 房间较多时的情况

如果把第一个房间的污染物设计浓度标为 C_{d1}，从第一个房间对污染物的收支情况来看，C_{sd1} 为第一个房间内空气浓度正好达到设计浓度 C_{d1} 时通入气体中的污染物浓度。

如果把这样的空气通入各个房间：

$$C_2=\frac{Q_{s2}Q_{sd1}+Q_{ns2}C_o+M_2}{Q_{r2}+Q_{nr2}} \tag{5.14}$$

$$C_3=\frac{Q_{s3}Q_{sd1}+Q_{ns3}C_o+M_3}{Q_{r3}+Q_{nr3}} \tag{5.15}$$

所以可以确定，这些值分别低于各个房间的设计浓度。

因此在这种情况下所需净化能力为

$$\eta = \frac{(C_o Q_f + rC_r Q_r) - C_{sd1} Q_s}{C_o Q_f + rC_r Q_r} \tag{5.16}$$

5.2 非稳定浓度的计算

室外环境空气中的污染物浓度、室内空气污染排放量以及换气量等都是在受到不同自然和社会条件的影响下，随着时间不断发生变化的。因此，虽然在实际应用中稳定条件下的计算就可以解决大多数的问题，但是如果开展需要更加严谨的研究就必须考虑到一些具有变化性的因素。

以图 1.5.1 所示的体系为例，在一个短时间（Δt）内室内污染物的增加量可以通过以下方法求出：由于此时"①室内进出物质量的差"和"②在这段时间室内增加的物质量"相等，因此上述增加量可以通过微分方程式求出：

$$① = (C_o Q_s + M)\Delta t - CQ_r \Delta t$$

$$② = (C + \Delta C)R - CR = R\Delta C$$

因为① = ②所以可得

$$(C_o Q_s + M)\Delta t - CQ_r \Delta t = R\Delta C$$

即增加量为

$$-CQ_r + (C_o Q_s + M) = R\frac{\mathrm{d}C}{\mathrm{d}t} \tag{5.17}$$

5.2.1 室外环境空气污染浓度 C_o、室内污染物排放量 M、换气量 Q 一定时的情况

一般情况下，室外环境空气污染浓度 C_o、室内污染物排放量 M 以及换气量 Q 三者均为时间的函数。当经过时间 t 之后，三者仍保持初始值时，解方程式（5.17）可得

$$C = C_1 e^{-\frac{Q}{R}t} + \left(C_o + \frac{M}{Q}\right)\left(1 - e^{-\frac{Q}{R}t}\right) \tag{5.18}$$

式中，C_1 为 $t=0$ 时的室内空气浓度，$Q_r = Q_s = Q$。

5.2.2 室外环境空气污染浓度 C_o 和室内污染物产生排放量 M 分别与时间具有函数关系时的情况

在换气量 Q 一定的情况下，在式（5.17）中，如果 $C_o Q + M = F$、$Q_r = q_r$，那么

$$-Cq_r + F = R\frac{\mathrm{d}C}{\mathrm{d}t} \tag{5.19}$$

现在，$t<0$ 时 $F>0$，$t>0$ 时 $F=1$，这种情况下，浓度上升如果用 $A(t)$ 表

示，式（5.19）就会变成

$$-Aq_r + 1 = R\frac{dA}{dt} \tag{5.20}$$

进一步解该式可得

$$A(t) = \frac{1}{q_r}(1 - e^{-\frac{q_r}{R}t}) \tag{5.21}$$

因为开始时室内空气污染浓度是0，如果在 $t=0$ 时瞬间通入单位量的污染物，那么此时室内污染物的变化用 $h(t)$ 表示可得下式：

$$h(t) = \frac{dA}{dt} = \frac{1}{R}e^{-\frac{q_r}{R}t} \tag{5.22}$$

这个函数通常被称为权重函数。

因为 q_r 相当于实际效果上的换气量，而 q_r/R 相当于实际效果上的换气次数，所以也可以把 $e^{-q_r/R}$ 看作某一类系统净化能力的表达式。

在 $t=0$ 时，如果室内污染浓度用 C_1 表示，由于瞬间通入空气中污染物的量可以用 C_1R 来表示，所以在没有外部污染（$F=0$）的情况下，由室内原本就存在的污染物所导致的室内污染物浓度 $C_1(t)$ 可以用下式表示：

$$C_1(t) = h(t)C_1R \tag{5.23}$$

室内空气中来自于外部的污染物 $F(t)$ 对室内污染物浓度的影响可以用下式表示：

$$C_F(t) = \int_0^t h(\tau)F(t-\tau)d\tau \tag{5.24}$$

因此，室内浓度为

$$C(t) = C_1(t) + C_F(t) \tag{5.25}$$

5.2.3 换气量出现变化时的情况

在式（5.19）中，当换气量作为时间变量时：

$$-Cq_r + F = R\frac{dC}{dt}$$

解该式可得

$$C = e^{-\int_0^t \frac{q(t)}{R}dt} \times \left(\int_0^t \frac{F(t)}{R}e^{\int_0^t \frac{q(t)}{R}dt}dt + C_1\right. \tag{5.26}$$

式中，C_1 为当 $t=0$ 时的室内浓度。

此时，如果 τ' 为 $t=0\sim t$ 的任意时刻：

$$\begin{aligned} & e^{-\int_0^t \frac{q(\tau')}{R}d\tau'}\int_0^t \frac{F(\tau')}{R}e^{\int_0^{\tau'} \frac{q(\tau')}{R}d\tau'}d\tau' \\ &= \int_0^t \frac{F(\tau')}{R}e^{\int_0^{\tau'} \frac{q(\tau')}{R}d\tau'}e^{-\int_0^t \frac{q(\tau')}{R}d\tau'}d\tau' \\ &= \int_0^t \frac{F(\tau')}{R}e^{-\int_{\tau'}^t \frac{q(\tau')}{R}d\tau'}d\tau' \end{aligned} \tag{5.27}$$

因此，当时刻τ'、室内受外部影响时刻t时，室内污染物浓度受到的影响如下：

$$C = C_1 e^{-\int_0^t \frac{q(t)}{R} dt} + \frac{1}{R}\int_0^t F(\tau') e^{-\int_{\tau'}^t \frac{q(\tau')}{R} d\tau'} d\tau' \tag{5.28}$$

$$h'_t(t) = \frac{1}{R} e^{-\int_{\tau'}^t \frac{q(\tau')}{R} d\tau'} \tag{5.29}$$

将式（5.29）代入式（5.28）可得

$$C = C_1 R h'_t(0) + \int_0^t F(t) h'_t(t) dt \tag{5.30}$$

$h'_t(t)$和式（5.22）中的$h(t)$虽然有同样的性质，但$h(t)$与时间轴无关，而是由某一现象产生的时间距离决定。与之不同的是，$h'_t(t)$则是在时间轴上是固定的。

5.2.4 污染物具有吸附性时的问题

1. 基本公式的推导

以下在考虑 VOC 或甲醛等污染物的吸附性和时间变化的前提下进行公式推导。

从短时间内 VOC 的增加量可以得出微分方程式（5.31）。

流入—流出：

$$(M\Delta t + C_o Q\Delta t) - (as'\Delta t + CQ\Delta t)$$

最初的量 - Δt 之后的量：

$$RC - R(C + \Delta C)$$

$$\therefore \quad (M\Delta t + C_o Q\Delta t) - (as'\Delta t + CQ\Delta t) = R\Delta C$$

即

$$(M + C_o Q) - (Cas' + CQ) = R\frac{dC}{dt} \tag{5.31}$$

2. 有关排放量M的讨论

从建筑材料中排放的 VOC 的量，可认为是和建筑材料中残留的总 VOC 量成正比，从而得到式（5.32）：

$$M = m_1 S e^{-P_t} \tag{5.32}$$

而且，如果把排放量迅速衰减和缓慢衰减的情况分开来考虑，可以得到式（5.33）：

$$M_t = M_1 + M_2 = m_1 S e^{-P_{1t}} + m_2 S e^{-P_{2t}} \tag{5.33}$$

在排放率一定的情况下，可以得到式（5.34）：

$$M = Sm_c \tag{5.34}$$

3. 有关吸附性的讨论

如前所述，污染物吸附率A与室内空气污染浓度成正比，并且可以认为是减去脱离量而得到的［见式（5.4）］：

$$A = as'C$$

式中，a 为吸附速度；s'为吸附面积。

4. 室内浓度的预测

把式（5.32）和式（5.4）带入式（5.31）中，可得到式（5.35）。解式（5.35）后可得到式（5.36）：

$$mSe^{-P_t} + C_oQ - CQ - aS'C = R\frac{dC}{dt} \tag{5.35}$$

$$C = C_1e^{-\frac{Q+as'}{R}t} + \left(\frac{Sm}{Q+as'-PR} + \frac{C_oQ}{Q+as'}\right)(1-e^{-\frac{Q+as'}{R}t}) - \frac{Sm}{Q+as'-PR}(1-e^{-P_t}) \tag{5.36}$$

在污染稳定排放的情况下，可以得到下式：

$$C = C_1e^{-\frac{Q+as'}{R}t} + \frac{C_oQ+mS}{Q+as'}(1-e^{-\frac{Q+as'}{R}t}) \tag{5.37}$$

在经过较长时间的情况下，可得到式（5.38）。因此可以使用式（5.36）对施工中的劳动卫生和入住前后的污染暴露问题进行研究，并使用式（5.38）预测经过较长时间后的近似浓度：

$$C = \frac{C_oQ+mS}{Q+as'} \tag{5.38}$$

但是，对于排放量究竟应当使用什么样的数值来表示这一问题，仍是今后需要研究的内容。

5.3 必要净化能力

5.3.1 必要换气量

1. 单一污染物的必要换气量

使用式（5.3），把 C 转换成 C_{mp}，Q 转换成 Q_{min}，可得到

$$Q_{min} = \frac{M}{C_{mp} - C_o} \tag{5.39}$$

然后，把 M 转换成 M_{max} 可得到

$$M_{max} = Q_{min}(C_{mp} - C_o) \tag{5.40}$$

也就是说，在室内产生污染物时，为了将其降到最大许可浓度或是设计浓度以下，就需要导入浓度为 C 的空气量 Q_{min} 或是使室内排放量降到 M_{max} 以下。

2. 混合污染物的必要换气量

在一般的环境中的污染，通常是由很多种浓度较低的污染物混合在一起而形

成的。对于混合污染物的处理来说，根据不同污染物的有害机制的不同，其处理方法也不相同。因此并没有某种固定的处理方法。以下就常用的处理方法进行介绍。

（1）独立作用

当各个污染物之间没有任何关联，只是各自独立产生污染危害作用，可以针对每种物质，按照式（5.39）来分别确定必要的换气量。这时，最终的换气量采用其中计算出来的最大值即可。

（2）叠加作用

当有 n 种物质混在一起时，其各自的室内污染浓度可以表示为 C_1、C_2、C_3、…、C_n；最大容许浓度可以表示为 C_{mp1}、C_{mp2}、C_{mp3}、…、C_{mpn}；各种物质造成的影响可以表示为 E_1、E_2、E_3、…；对于各种物质可容许的影响用 E_{1mp}、E_{2mp}、E_{3mp}、…、E_{nmp}来表示，并假设这些值全部为相同的 E_{mp}；污染物浓度及其影响的参数用 k_1、k_2、…表示。于是，当大气污染浓度为0时可得下式：

$$E_i = k_i C_i \tag{5.41}$$

$$E_{mp} = k_i C_{imp} \tag{5.42}$$

假设污染物的有害作用仅是单纯的叠加，那么可以得到

$$E = \sum E_i = E_{mp} \sum \frac{C_i}{C_{imp}} \tag{5.43}$$

又因为 $E_{mp} \geqslant E$，所以：

$$\frac{C_1}{C_{mp1}} + \frac{C_2}{C_{mp2}} + \cdots + \frac{C_n}{C_{mpn}} \leqslant 1 \tag{5.44}$$

如果用 Q_{min1}、Q_{min2}、…、Q_{minn} 表示各个物质的必要换气量，那么从 $C_i = M_i/Q$、$C_{mpi} = M_i/Q_{mini}$ 的关系可得到

$$Q_{min1} + Q_{min2} + \cdots + Q_{minn} \leqslant Q_{min} \tag{5.45}$$

也就是说，污染物各自有害作用相叠加的混合物所需要的必要换气量是各污染物的必要换气量的总和。

（3）指标物质的选择

有时即便是混合污染物，但各自的构成比例保持相对稳定，往往可以从里面选出几种具有代表性的物质，并将其作为污染的指标。这时就应当考虑所选取的物质是否适合作为指标使用。此外，还应当注意的是，该指标物质自身的容许浓度以及混合污染物整体的容许浓度之间是否有所关联等问题。

假设将物质1作为指标物质，该指标的容许浓度用 C'_1 表示、换气量用 Q_{min} 表示，那么

$$\frac{M_1}{C'_1} \leqslant Q_{min} \tag{5.46}$$

这时式（5.46）中 C'_1 用式（5.44）表示，可以得到下式：

$$\frac{C_1}{C_{\text{mp1}}} \leqslant 1 - \left(\frac{C_2}{C_{\text{mp2}}} + \frac{C_3}{C_{\text{mp3}}} + \cdots + \frac{C_n}{C_{\text{mp}n}}\right) \tag{5.47}$$

可以看出，当只有物质 1 存在时，物质 1 的浓度要比将其作为污染指标时的容许浓度小很多。

5.3.2 使用送风机内置式空气净化器时的情况

如图 1.5.2 所示，在室内设置了送风机内置式空气净化器（空气过滤器）时，室内空气污染浓度如下式所示：

$$C = \frac{C_{\text{o}}Q + M}{Q + \eta Q_{\text{u}}} \tag{5.48}$$

因此，如果要使室内浓度达到 C_{d}，所需要的净化能力可表示为

$$\eta Q_{\text{u}} = \frac{C_{\text{o}}Q + M - C_{\text{d}}Q}{C_{\text{d}}} \tag{5.49}$$

5.3.3 设置了具有室外空气循环功能的净化设备时的情况

式（5.13）在图 1.5.3 所示的体系中是成立的，即

$$C = \frac{pC_{\text{o}}Q_{\text{f}} + C_{\text{o}}Q_{\text{ns}} + M}{(1 - rp)Q_{\text{r}} + Q_{\text{nr}}}$$

因此，所需要的净化能力可以通过下式得出：

$$p = \frac{C_{\text{d}}(Q_{\text{r}} + Q_{\text{nr}}) - C_{\text{o}}Q_{\text{ns}} - M}{C_{\text{o}}Q_{\text{f}} + rC_{\text{d}}Q_{\text{r}}} \tag{5.50}$$

这时，假设捕获率 $\eta = 1 - p$，可得

$$\eta = \frac{C_{\text{o}}(Q_{\text{r}} + Q_{\text{ns}}) + M - C_{\text{d}}\{(1 - r)Q_{\text{r}} + Q_{\text{nr}}\}}{C_{\text{o}}Q_{\text{f}} + rC_{\text{o}}Q_{\text{r}}} \tag{5.51}$$

5.3.4 污染物具有吸附性时的情况

由于吸附性污染物的室内浓度可以通过式（5.38）计算：

$$C = \frac{C_{\text{o}}Q + mS}{Q + as'}$$

因此室内的容许排放量为

$$mS \leqslant C_{\text{o}}Q - C_{\text{d}}Q - C_{\text{d}}as' \tag{5.52}$$

也就是说，只要室内空气污染物的排放率小于 mS 即可。

另外，当装有空气净化器时

$$C = \frac{C_{\text{o}}Q + mS}{Q + as' + \eta Q_{\text{u}}} \tag{5.53}$$

因此，这时应当按照式（5.54）对排放源进行限制，或者按照式（5.55）对空气净化器进行设置：

$$mS \leqslant C_o Q - C_d Q - C_d as' - C_d \eta Q_u \tag{5.54}$$

$$\eta C_u = \frac{C_o Q + M}{C_d} - (Q + as') \tag{5.55}$$

5.4　室内污染物排放量

5.4.1　从人体排放的污染物

人体排放的污染物大体上可以分为两类：从人体自身排放和伴随着人体活动（动作）排放的污染物。在此主要围绕二氧化碳、粉尘、微生物粒子和体臭加以论述。

1. 二氧化碳

人体的呼吸需要消耗氧气 O_2 并呼出 CO_2。根据目前为止的研究成果，人体呼出的 CO_2 量，与其自身的能量代谢率之间具有一定的比例关系，同时也会因性别、年龄和人种的不同而有所差异。图 1.5.5 显示了根据斋藤平藏[1)]的研究数据总结出的代谢率与 CO_2 呼出量之间的关系。另外，该图中使用的数据也列在表 1.5.1 中。

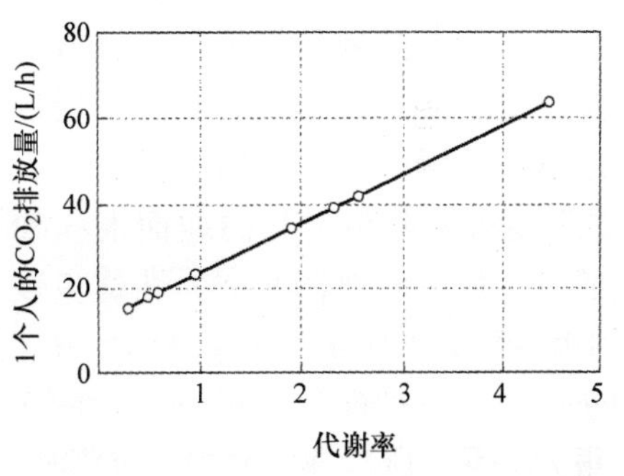

图 1.5.5　代谢率与 CO_2 产生量的关系

表 1.5.1　由各种行为或动作产生的代谢率及 CO_2 的含量

动作名称	RMR 推测的平均代谢率	CO_2 的排放量/(L/h)
安静地坐着	0.28	16
坐着从事轻微劳动的工作	0.51	18
事务性工作	0.6	20
缓慢行走	0.89	23
时站时坐	0.89	23
对腰部造成轻微负担的工作	1.8	33
中等强度的舞蹈	2.2	38
80m/min 的步行	2.6	42
从事重体力劳动	4.5	64

2. 粉尘

掌握粉尘的排放量，对于室内空气洁净度的设计和管理来说是必不可少的。与人体有关的粉尘来源大致分为堆积灰尘的再次飞散、衣服或鞋子沾染的灰尘以及香烟烟雾这几大类。从办公大楼的实地检测结果来看，室内悬浮粉尘大多来自于香烟烟雾。关于香烟烟雾在 5.4.3 节中会有详细描述，在此主要研究除此以外的粉尘情况。

图1.5.6所示为步行引起的地面堆积粒子再次飞散时的可视化照片。步行引起的地面堆积粒子的再次飞散由三方面构成：脚底着地时的冲击引起的脚部附近粉尘的第一次飞散；由抬脚时产生的气流引起的第二次飞散；室内气流引起的第三次飞散。其中第一次和第二次会对粉尘的再飞散量产生影响，而第三次飞散影响主要会影响粉尘的扩散范围。另外，再飞散量也受地面堆积粒子的直径、数量和地板表面处理材料的影响[2)]。表1.5.2显示了走路引起的地面堆积粉尘的产生量。另外，通常男性的步数为105~132步/min，步幅为75cm，女性的步数为115~136步/min，步幅为60cm[3)]。另一方面，衣服或鞋子等产生的粉尘量与其洁净程度以及人体的活动量有很大关系，所以在实验中很难将其再现。因此，在使用参考数据时，应当考虑到这种情况。表1.5.3为人体活动产生的粉尘量。

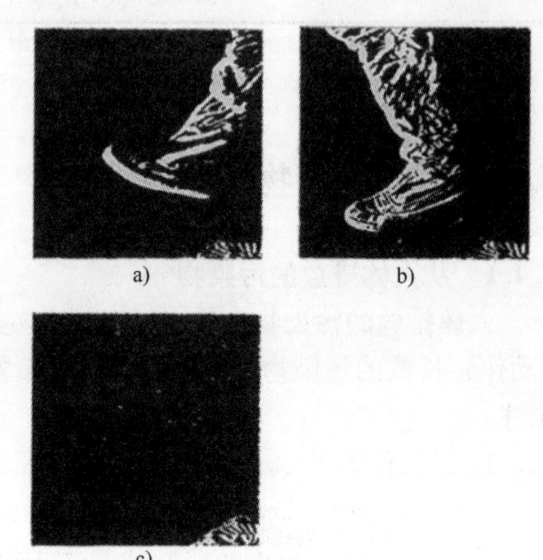

图1.5.6 步行引起的地板粉尘再飞散照片
a）着地前 b）着地时 c）抬脚时

表1.5.2 步行引起的堆积粉尘的产生量（全部为JIS 8级试验粉尘）

研究人员	实验条件		粉尘产生量	
	地面情况	活动情况	粒径/μm	粉尘产生量
入江建久等人[4)5)]	堆积粉尘30g/m² 堆积粉尘量12g/m²	步行72m/min 步行138m/min 步行72m/min		97.2（OD m³/h） 3.2（OD m³/h） 9.3~230（OD m³/h）
中根芳一等人[6)]	混凝土	步行100步/min	0.5~ 5~	$\ln Y=0.63\ln X+23.5$ $\ln Y=0.82\ln X+20.3$ X：地面堆积粉尘量（g/m²） Y：步行产生的粉尘量（个/m³·min）
刘瑜等人[2)]	小方块毯；合成树脂地板	步行100步/min（0.75m/步）	2~5 5~ 2~5 5~	$\ln Y=0.54\ln X+22.6$ $\ln Y=0.54\ln X+21.2$ $\ln Y=0.64\ln X+19.9$ $\ln Y=0.64\ln X+18.1$ X：地面堆积粉尘量（g/m²） Y：步行产生的粉尘量（个/h）

注：OD：Optical Density，光密度。

表1.5.3 人的动作和粉尘的产生量

研究人员	实验条件	粒径/μm	粉尘产生量（×10³）
Austin[7]	无活动	0.3～	100个/min
	从事劳动程度较轻工作	0.3～	500～1000个/min
	起立・坐下	0.3～	2500个/min
	跳跃	0.3～	15000～30000个/min
	步行60m/min	0.3～	5000个/min
	93m/min	0.3～	7500个/min
	133m/min	0.3～	10000个/min
正田浩三等人[8]	静止 步行72m/min 138m/min	1～	200～700个/min
		5～	20～80个/min
		1～	900～4000个/min
		5～	70～400个/min
		1～	2500～7000个/min
		5～	150～600个/min
藤井正一等人[9]	坐在沙发上 翻阅报纸	1～5	8300个/次
		5～10	2200个/次
		10～	1100个/次
		0.3～0.5	560个/次
		0.5～1	140个/次
		1～5	69个/次
		5～10	13个/次
		10～	11个/次

3. 微生物粒子

人体排放的微生物通常来源于咳嗽、喷嚏、唾液、皮肤、指甲和衣服的附着物等。虽然现在有关微生物本身的研究非常多，但是针对来自人体的微生物排放量的研究却并不多见。表1.5.4为来自人体的微生物排放量。

表1.5.4 来自人体的微生物的排放量（在吉泽晋[10]的研究基础上进行了整理）

<table>
<tr><th>实验人员</th><th>实验条件</th><th colspan="2">排放量/(个/min・人)</th><th>备注</th></tr>
<tr><td>Riemensnider 等人①</td><td>水槽内排放实验</td><td colspan="2">普通衣物3300～62000
无菌服1820～6500</td><td></td></tr>
<tr><td rowspan="6">Reimensnider 等人①</td><td rowspan="6">水槽内排放实验</td><td colspan="2">衣着条件的差异</td><td rowspan="6"></td></tr>
<tr><td>无菌服</td><td>涤纶230
棉780</td></tr>
<tr><td>纯棉衣物</td><td>有面罩140～830
无面罩1000～11000</td></tr>
<tr><td>棉制手术服</td><td>1400～23000</td></tr>
<tr><td>合成洁净服</td><td>140～8700</td></tr>
</table>

（续）

<table>
<tr><th>实验人员</th><th>实验条件</th><th colspan="4">排放量/(个/min·人)</th><th>备注</th></tr>
<tr><td rowspan="5">Bethune 等人[2]</td><td rowspan="5">实验箱内悬浮微生物粒子的浓度</td><td colspan="2"></td><td>男</td><td>女</td><td rowspan="5">经吉泽换算后的数据；穿着其本人自用内衣与无菌服</td></tr>
<tr><td rowspan="2">静止</td><td>上半身</td><td>63</td><td>60</td></tr>
<tr><td>下半身</td><td>95</td><td>58</td></tr>
<tr><td rowspan="2">活动</td><td>上半身</td><td>238</td><td>120</td></tr>
<tr><td>下半身</td><td>590</td><td>280</td></tr>
<tr><td>Heldman[3]</td><td>室内悬浮微生物粒子的浓度</td><td colspan="4">手部的排放量为 10～100（400min 后）</td><td>3.5～5.5μm</td></tr>
<tr><td>增田、小林等人[4]</td><td>治疗室
病房（单个房间）</td><td colspan="4">3900（平均）
240（平均）</td><td>液体冲击式采集管</td></tr>
<tr><td>小林、吉泽、本田等人[5]</td><td>隔音教室</td><td colspan="4">夏季 241（20～1250）
冬季 441（200～720）</td><td>8.9μm（5～11.7μm）
7.8μm（4.4～11.7μm）（使用狭缝采样器）</td></tr>
<tr><td>本田[6]</td><td>地下街</td><td colspan="4">夏季 9000～13000（平均）
冬季 5000～1000（平均）</td><td>14.4～25.5μm（使用针孔采样器）</td></tr>
<tr><td>吉泽、内山等人[7]</td><td>医院外来人员</td><td colspan="4">680（230～1640）</td><td>11.3μm（7.6～19.7μm）（使用针孔采样器）</td></tr>
<tr><td>正田、菅原等人[8]</td><td>实验箱内悬浮室内浮游微生物粒子的浓度</td><td colspan="4">静止 10～200
步行 600～1700
快走 900～2500</td><td>洗过的衬衫及长裤（采用针孔采样器）</td></tr>
<tr><td rowspan="5">Duguid[9]</td><td rowspan="2">提案</td><td colspan="4">1mL 唾液中的细菌数</td><td rowspan="5">排放时粒径在 100μm 以下，会直接被蒸发、成核，并悬浮在空中的唾液液滴</td></tr>
<tr><td>30000000</td><td>1000000</td><td>30000</td><td>1000</td></tr>
<tr><td>打喷嚏一次</td><td>62000</td><td>4600</td><td>150</td><td>5</td></tr>
<tr><td>咳嗽一次</td><td>710</td><td>64</td><td>2</td><td>0</td></tr>
<tr><td>1～100 数字时</td><td>36</td><td>3</td><td>0</td><td>0</td></tr>
<tr><td>寺山等人[10]</td><td>实验室</td><td colspan="4">安静状态时 103±7
进行劳动时 511±56</td><td>穿半袖运动衫及长裤进行劳动
劳动负荷为 100W×10min</td></tr>
</table>

① Riemensnider, D. K.:（NASA SP-108）Spacecraft Sterilization Technolgy, 1965,および AACC 6 th ann. Tech. Meet. Proc., pp. 242-244（1967）
② Bethune, D. W. et al.: The Lancet, pp. 480-483（1965）
③ Heldman, D. H. et al.: AACC 6 th ann. Tech, Meet. Proc., pp. 238-241（1967）
④ 小林陽太郎ほか：日本建築学会関東支部第 38 回学術研究発表会梗概集，pp. 105-108（1967）
⑤ 本田えり，ほか：日本建築学会学術講演梗概集，pp. 33-34（1970）
⑥ 本田えり：室内空気の細菌汚染に関する環境工学的研究（大阪地下街環境における空中細菌），空気調和・衛生工学，Vol. 47，No. 12，pp. 1-11（1973）
⑦ 吉澤，ほか：病院の空気清浄化設計に関する研究（一測定例を中心として），空気調和・衛生工学，Vol. 47，No. 6，pp. 17-30（1973）
⑧ 正田浩三，ほか：日本建築学会学術講演梗概集，pp. 277-278（1977）
⑨ Duguid, J. P.: J. Hyg. Camb., No. 44, p. 471（1946）
⑩ 寺山，ほか：室内空気の細菌汚染－在室者から空気中への細菌の放出，空気調和・衛生工学， Vol. 57，No. 4，pp. 21-25（1983）

4. 体臭

体臭是由人体新陈代谢过程中产生的汗和呼出的气体等散发出来的气味。有关体臭的研究，历来主要针对的不是体臭的产生量，而是体臭与换气量（吸入空气量）之间的关系。以下将以 Yaglou 等人[11]研究为例进行介绍。

体臭根据人种、性别、年龄、卫生习惯（洗澡情况）、吃饭以及活动程度等不同而有所差别。并且，因为人体对于异味的感觉会随着时间逐渐适应，所以一直停留室内的人与刚进入室内的人，对异味在感觉上会有很大差别。考虑到这个问题，Yaglou 等人借助体臭强度评价等级（见表 1.5.5）开展了实验性研究，并得到了表 1.5.6 的结果。另外，Yaglou 等人根据韦伯 - 费希纳（Weber - Fechner）定律［参见式（5.56）］对实验结果进一步整理后发现：如果将感知轻微臭味（参见表 1.5.5，轻度）作为臭气容许标准，为了使外来进入室内的人员感受不到臭味的存在，就需要有每人 $27m^3/h$ 的外来空气量。这个数值是之后的 ASHRAE 换气标准的制定依据。

$$臭气强度 = 比例常数 \times \log(臭气浓度) = 比例常数 \times \log(1/换气量) \quad (5.56)$$

表 1.5.5 体臭强度评价等级

臭气强度	强度的表示	影响
0	无臭	无感觉
0.5	阈值	非常微弱，经过训练的人能够感知
1	明确	普通人可以轻易感知，但不会产生不快感
2	轻度	既无愉悦感也无不快感，是室内的容许限度
3	较强	产生不快，对空气产生厌恶感觉
4	强烈	有强烈的不快感
5	难以忍受	有恶心、想吐的感觉

表 1.5.6 各种条件下所需的最小外部空气量（Yaglou 等人，1936）

环境条件	室内人员	每人需要的室内空气量 /(m^3/人)	外来人员进入室内后需要的外部空气量①/(m^3/h · 人)	市内居住者需要的外部空气量②/(m^3/h · 人)
冬季 二次循环空气有 · 无	成人中产阶层	2.8	42.5	39.1
		5.7	27.2	18.7
		8.5	20.4	—
		14.2	11.9	>8.5
	成人劳动者	5.7	39.1	—
	小学生中产阶层	2.8	49.3	—
		5.7	35.7	25.5
		8.5	28.9	—
		14.2	18.7	
	小学生贫困阶层	5.7	64.6	
	小学生上流阶层	5.7	30.6	
	小学生富裕阶层	2.8	37.4	—

（续）

环境条件	室内人员	每人需要的室内空气量/(m^3/人)	外来人员进入室内后需要的外部空气量①/(m^3/h·人)	市内居住者需要的外部空气量②/(m^3/h·人)
冬季由离心加湿器进行加湿（二次循环空气量为 51m^3/h·人）	成人中产阶层	5.7	20.4	—
夏季由空调加湿系统进行降温除湿（二次循环空气量为 51m^3/h·人）	成人中产阶层	5.7	>6.8③	10.2③

① 从空气比较新鲜的室外进入室内时形成第一印象所需要的外部空气量。

② 确保空气质量从 fair（还行）到 good（好）时所需外部空气量。

③ 只在本实验中有效。

由于与 Yaglou 等人进行实验研究时的情况相比，其后的社会状况和人们的日常生活（卫生习惯）等都发生了很大变化，所以 Fanger 等人[12)] 于 20 世纪 80 年代前半期又开展了新的实验研究。Fanger 等人[12)] 使用的臭气等级评价调查问题见表 1.5.7。在问题 1 里，Fanger 等人更新了 Yaglou 的臭气强度等级来调查人群对“臭味”的感觉；通过问题 2 得出了感到不适者的比例（百分比）。该研究结果表明，如果要把作为容许标准的不快者率控制在 20% 以下，那么至少需要提供 25 m^3/h 的外部空气。

表 1.5.7 Fanger 等人使用的臭气等级评价调查问卷[13)]

问题 1 您关于此空气的臭味有什么感觉？请在以下的感受程度中做出标记。

- 无臭
- 略微感到臭味
- 感到轻度臭味
- 强烈地感到臭味
- 非常强烈地感到臭味
- 难以忍受的臭味

问题 2 请想象一下，在您的日常生活中，如果必须经常进出有这种臭味的房间，您可以接受吗？请在以下的选项中做出标记：

□可以接受

□不能接受

此后，Fanger 等人[14]于1980年末提出了臭味强度的表示单位 olf，以及污染物感知等级的表示单位 decipol。其中，olf 为人类嗅觉所感知的所有空气污染物（包括体臭以外的污染）的强度表示单位。

1 olf 被定义为一个标准成人的身体发散物（体臭的来源）的排放量。表1.5.8 为各种污染源的 olf 值。而来源于人体以外的臭味的发生强度，可以由因这些排放源导致的不舒适者数量以及由导致同等不舒适人数推算的标准成人数值（olf）来表示。1decipol 的定义为在含有 1olf 空气污染物的空间内，使用 10L/s（$36m^3/h$）的外部空气换气后，得到的该空间中空气污染的感知程度。也就是说，1decipol = 0.1olf/(L/s)。Fanger 通过使用 decipol 和 olf 提出了关于感知空气质量的舒适方程式：

$$C_i = C_o + 10 \times G/Q \tag{5.57}$$

式中，C_i 为某一空间内空气质量达到设计值时的感知品质（decipol），$C_i = 112 \times \{\ln(PD) - 5.98\}^{-4}$；$C_o$ 为室外空气质量的感知品质（decipol）；G 为对象空间的 olf 的合计值；Q 为室外空气导入量（L/s）；PD 为不快者比例（%）。

表 1.5.8 各种污染源的 olf 值

标准的成人	活动量 1met	1olf
进行活动的成人	活动量 1met	5olf
进行活动的成人	活动量 6met	11olf
吸烟者（平均）		6olf
办公室内的建筑材料		$0 \sim 0.5olf/m^2$ 地板

5.4.2 由建筑材料及设备等引起的污染

在没有掌握室内污染源的排放量以及排放特性等有关资料的情况下，既不能对室内污染浓度进行预测，也无法对人群的个体暴露量进行评价，更难以开展相关污染防治政策的制订工作。

室内污染排放源主要是建筑材料或者房屋使用者带入室内的物品等。尽管室外环境空气污染物通过换气或通风侵入室内后，有时也会使室内空气污染浓度出现升高，但此时出现上升的污染物浓度明显也会受到室内排放源的强烈影响。因此，此时室内的浓度等于室外侵入的污染浓度与室内排放浓度之和。

例如，室内二氧化氮（NO_2）的浓度，是由外部环境空气中的浓度，再加上室内污染源导致的浓度上升部分所构成的[15]。

1. 挥发性有机物（VOC）

挥发性有机物（Volatile Organic Compounds，VOC）根据沸点的不同，又可分为半挥发性有机物（Semi Volatile Organic Compounds，SVOC）、高挥发性有机物（Very Volatile Organic Compounds，VVOC）和颗粒态有机物（Particulate Organic Matters，POM）三类。这些物质由于沸点的不同，各自的扩散特性也不相同（高挥发性、半挥发、低挥发性）。因此，即使是相同的排放源，由于各自的生产日期或保存状态的不同，其排放的速度（扩散速度）也不同。

见表 1.5.9[16]，室内可能的 VOC 排放源有很多，其中包括建筑材料、黏合剂、涂料以及燃烧设备等。

表 1.5.10 为来自各种排放源的主要 VOC。

表 1.5.9 VOC 的产生源

·来源于建筑物	建筑材料、黏合剂、涂料、添加剂（阻燃剂、可塑剂等）
·来源于日常生活（代入室内的物品等）	家具、燃烧设备、芳香剂、除臭剂、杀虫剂、人的呼气、香烟烟雾、防虫剂、防蚁剂、洗涤剂
·来源于室外环境空气	汽车尾气

表 1.5.10 排放源和主要的 VOC[16]

排放源	材料	主要排放的 VOC
建筑材料:		
胶合板、刨花板式饰面板	（增塑剂、黏合剂、原料 VOC）	n－癸烷、n－十二烷、甲苯、丙酮、苯乙烯、乙苯、氯乙烯、苯乙烯、聚氨酯、乙酸乙酯
壁纸、糨糊	（黏合剂、溶剂、增塑剂、防腐剂）	
塑料管材氯乙烯		
榻榻米	（黏合织物，地板蜡）	
地板	（杀虫剂）	
塑料贴面砖	（增塑剂、原料气体、黏合剂）	氯乙烯
木材	（天然成分）	α－蒎烯
涂漆表面	（有机溶剂）	甲苯、n－已烷、庚烷、乙醇类、甲醚酮、乙酸乙酯、丁醚
家具、生活用具:		
地毯	（衣服衬料、防腐剂、防菌剂、防虫剂、增塑剂）	氯乙烯单体、苯乙烯
衣柜	（防虫剂、黏合剂）氯化烯、苯乙烯	
窗帘	（阻燃剂）	
空调机·空气调节系统	外部环境空气、管道内壁真菌以及 SVOC	
暖气、厨房设备	不完全燃烧废气（开放式）	丙烷、丁烷、异丁烷、醛类

（续）

排放源	材料	主要排放的 VOC
办公用品、日用品	打印机、修正液、黏合剂、化妆品、清洁剂	
家电产品	吸尘器、空调器（防菌剂、防腐剂）	
汽车相关制品		汽油等、苯真菌 1-辛烯-3-醇、1-辛烯-1-醇、9-硫酸-1-癸醇、酯、醛、烃类
人/动植物		甲烷、3-甲基-1-丁醇、丙酮、2-己酮、甲苯、乙醛
吸烟	致突变性、臭气成分	醛类、尼古丁等 SVOC
外部气体	环境空气（汽车尾气、工厂废气、地下污水、建筑物外墙）	

化妆品：i-丙醇、丙酮、乙醛、乙醚。

杀虫剂（防蚂蚁）：煤油、二甲苯、毒死蜱（杀虫剂的一种）、烯丙除虫菊酯、合成除虫菊脂、杀螟硫磷

防菌/防腐剂：涕必灵（TBZ）、三氯生、苯并咪唑/TBZ、D-氯二甲苯酚、3-甲基-4 异丙基酚

防螨/防虫剂：日柏醇、杀螟硫磷、倍硫磷，TBZ/p-二氯（代）苯、萘、丙烯除虫菊酯、八氯二丙醚

芳香/除臭剂：苧烯、α-蒎烯/p-二氯（代）苯、植物精油

清洁剂（地板蜡）：乙醇、n-癸烷、甲苯、二甲苯、二氯甲烷

黏合剂：甲醛、甲苯、二甲苯、三甲苯、n-己烷、庚烷、乙醇类、丙酮、甲醚酮、乙酸乙酯

阻燃剂：丁醛

增塑剂：二甲酸、酞酸二丁酯

（1）建筑材料

Giardino 等人[17]研究得出了各种建筑材料中 TVOC 的排放量，表 1.5.11 为经堀雅弘[16]归纳总结后的数据。近年来，日本国内此类研究也十分盛行，研究成果备受期待。

表 1.5.11　来源于建筑材料的 VOC 的排放速度

建筑材料	条件(实验时间)	TVOC/(μg/m² · h)
地毯	新 UF 衬料（1h）	411
	新 UF 衬料（1h）工厂发货	62
	二手 UF 衬料（1h）	98
树脂砖	新	2300
	新经半年保存	2192
	1y	1692
	2～3y	273

（续）

建筑材料	条件（实验时间）	TVOC/($\mu g/m^2 \cdot h$)
木材	0.1y 松木表面经过处理	682
	新松木无处理（包装）	216
黏合剂	新 144h 低 VOC	3950
	新 144h 低 VOC	76
勾缝剂	7d 乳胶	637
	24h 硅酮	26000
密封胶	144h	10
密封胶	聚氨酯	0.13
涂料	24h 透明环氧树脂	1300
绝热材料	76d 聚苯乙烯	22
	新玻璃纤维	12
刨花板	144h	837
	2y	200
装饰板	新工厂发货	0.4
壁纸	新	100
	新聚氯乙烯涂层	40
管道	聚氯乙烯	0.53
衣物干洗	1～2d	50
椅子（带有扶手）	981h	100
桌子	1h	1470
	912h	10

（2）燃烧器具

非甲烷总烃（Non－Methane HydroCarbon，NMHC）指的是除了环境中性质非常稳定的甲烷以外的 VOC，相当于室内环境中的 VOC 和 VVOC。NMHC 中包含了很多有毒有害物质，其中 VOC 的有害性自不必多说，并且 VVOC 中还有很多可以引发臭气问题的化合物[16)]。

于是，野崎淳夫等人[18)]针对开放式燃烧器具的 NMHC 和 TVOC 的排放量进行了研究。表 1.5.12 和表 1.5.13 分别为 25℃、1atm 条件下各种燃烧器具消耗 1kg 煤油时，NMHC 和 TVOC 排放量的范围或平均值（mL/kg）及其标准偏差值（mL/kg）。

表 1.5.12　NMHC 的排放量

器具类型	台数	排放量/(mL/kg)	平均值/(mL/kg)	标准偏差值/(mL/kg)
反射式	3	0～188	72.2	30.9
对流式	2	0～25.6	12.8	6.20
风扇式	3	474～1120	867	179

注：表中数值计算条件为 25℃、1atm（经甲烷换算）。

表1.5.13　TVOC的排放量

器具类型	台数	排放量/(mL/kg)	平均值/(mL/kg)	标准偏差值/(mL/kg)
反射式	3	0～124	48.7	13.3
对流式	2	0～22.5	11.3	1.87
风扇式	3	106～457	281.7	107.6

注：表中数值计算条件为25℃、1atm（经甲烷换算）。

在燃烧排放初期，室内氧气浓度还没有出现降低时，风扇式暖炉NMHC和VOC的排放量最高，其后则依次是反射式暖炉和对流式暖炉。

2. 甲醛（HCHO）

建筑材料、涂料、黏合剂、燃烧器具以及香烟烟雾等都会有甲醛的排放。

(1) 建筑材料

可能包含甲醛的建筑材料有黏合剂、胶合板、刨花板、装饰板、集成材、隔热材料（挤压发泡聚苯乙烯、聚氨酯泡沫、高发泡聚乙烯）、地板材料、塑料壁纸等多种建材。

见表1.5.14，关于甲醛的排放量（扩散量），日本农业标准（JAS）规定了普通胶合板、建筑结构用胶合板、特殊胶合板以及混凝土式框架用胶合板的评价标准。该标准按照甲醛扩散量由少到多的顺序，依次分为F1、F2和F3 3个等级。不过这种等级表示方法并不强制使用。

表1.5.14　建筑材料的种类及相应的甲醛释放量（JAS）

公示种类	农林水产省公示	最终修订日期	甲醛标准/(mg/L)	
			平均值	最大值
普通胶合板	第516号	1992年5月1日	F1：0.5以下 F2：5以下 F3：10以下	F1：0.7以下 F2：7以下 F3：12以下
地板板材	第955号	1991年7月23日	F1：0.5以下 F2：5以下 F3：10以下	F1：0.7以下 F2：7以下 F3：12以下
特殊胶合板	第1515号	1989年11月15日	F1：0.5以下 F2：5以下 F3：10以下	F1：0.7以下 F2：7以下 F3：12以下

日本工业标准（JIS）中规定了有关MDF和刨花板的评价标准。其中也是按照甲醛扩散量从少到多的顺序，依次分为E0、E1和E2 3个等级。并且这种等级表示方法是具有强制性的。在进行建筑材料的选择时应当参考相关数据（见

表1.5.15)。

表1.5.15　建筑材料的种类及相应的甲醛释放量(JIS)

材料种类	材料名称	标准	HCHO释放量标准/(mg/L)
板材	纤维板	JIS A 5905	E0：0.5以下 E1：1.5以下 E2：5.0以下
	刨花板	JIS A 5908	E0：0.5以下 E1：1.5以下 E2：5.0以下
室外装修材料 室内装修材料	壁纸	JIS A 6921	2以下
天花板材料 黏合剂 勾缝剂	壁纸粘贴用淀粉材料黏合剂	JIS A 6922	5以下

表1.5.16为经堀雅弘[22)]总结的Levine等人[20)]和Pickreil等人[21)]的实验报告中的数据。另外，表1.5.17为松村年朗等人[23)]有关建筑材料或日用品甲醛排放量的研究结果。近年来，日本国内也开展了很多相关研究，这些研究的研究结果都非常值得期待。

表1.5.16　建筑材料或隔板中的甲醛释放速度[22)]

刨花板	0.4～0.81μg/g·d 1800～28000μg/m^2·d
尿素类发泡树脂式隔热材料	0.03～2.3μg/g·d 52～620μg/m^2·d
胶合板	0.03～9.2μg/g·d 54～15000μg/m^2·d
护墙板	0.84～7.3μg/g·d 1480～36000μg/m^2·d
地毯	0.043以下～0.06μg/g·d 0～65μg/m^2·d
房间隔板(581h后)	6μg/m^2·d

表 1.5.17　日常用品中的甲醛释放速度[23]

实验材料	释放量
书本	1.1μg/册·h
凉鞋	1.1μg/双·h
儿童运动鞋	1.6μg/双·h
办公室地毯	0.2μg/100cm²·h
天花板材料（不可燃）	0.3μg/100cm²·h
胶胶合板	18.0μg/100cm²·h
普通胶合板	8.3μg/100cm²·h
特殊加工装饰单板贴面胶合板	3.2μg/100cm²·h
实木装饰板	10.7μg/100cm²·h
实木复合地板	10.2μg/100cm²·h
特殊加工装饰单板贴面胶合板（氯乙烯）	3.9μg/100cm²·h
特殊加工装饰单板贴面胶合板（聚酯）	10.7μg/100cm²·h
香烟烟雾（侧流烟）	10.7μg/支

注：胶合板样品：10cm×10cm，1 张。

（2）燃烧器具

表 1.5.18 为 Traynor 等人[24]和野崎淳夫等人[19),25]有关开放式煤油暖炉的甲醛排放情况报告。

表 1.5.18　甲醛（HOCO）的释放量

器具类型	器具台数	排放量(Traynor 等人)[24]/(mL/kg)	排放量(野崎淳夫等人)[19]/(mL/kg)
反射式	1	17.26	11.7
对流式	1	4.93	5.72
风扇式	1		29.0

注：表中数值计算条件为 25℃、1atm。

（3）香烟烟雾

根据松村年朗等人[23]的研究，一支香烟燃烧产生的侧流烟中含有相当于 10.7μg 的 VOC。

3. 臭氧（O_3）

室外环境空气中的臭氧，是由机动车或工厂废气等排放的烃类化合物（HC）或氮氧化物（NO_x），经太阳紫外线照射后发生的光化学反应而形成的。

在室环境中，由于没有足以引发光化学反应的紫外线，因此不易形成臭氧。室内产生的臭氧通常来源于利用电晕放电原理的空气净化器、复印机以及打印机等。

（1）空气净化设备

表1.5.19为Allen等人[26]和Sutton等人[27]计算的家庭用和办公用静电式空气净化设备的臭氧排放量。

表1.5.19 空气净化设备的臭氧排放量[29]

	最大电压/V	臭氧排放量/(μg/min)
静电式空气净化器		
·中央空气调节系统中安装的8台净化器	5800，7900	546，273（两台机器的排放量）
·中央空气调节系统中安装的数台名牌净化器		303～1212
·一台便携式净化器	9900	84
·二段式低电压工业净化器	11000	333

（2）复印机

Selway[28]和Allen等人[29]发表了有关复印机臭氧排放的研究报告。研究结果表明，11台最大电压为3500～11000 V的复印机的臭氧总排放量为2～158μg/复印件。普通复印机的臭氧排放量为15～45μg/复印件（平均1复印件相当于5张/min）。

4. 一氧化碳（CO）

一氧化碳的主要室内排放源为燃烧器具和香烟烟雾。

（1）燃烧器具

使用煤油采暖器具，每消耗1kg煤油时的一氧化碳排放量见表1.5.20。排放量随着燃烧方式（反射式、对流式、风扇式）、器具的调节、使用时间（新旧程度）、温度设定以及燃料种类等的不同有所差异。

表1.5.20 家用煤油暖炉的一氧化碳（CO）的排放量[30]

（单位：mL/kg）

	Traynor[24),30)]	Leaderer[30)]	野崎淳夫、吉泽[30)]
反射式	（新）（2714～5348） （旧）（2044）	（1516～2857）	（1439～5103）
对流式	（新）（344.4～3214） （旧）（4182～4356）	（227.0～1151）	
风扇式			（272.0～8980）
煤油品质/(MJ/kg)	43.5	—	46.0

在室内使用开放式燃烧器具，氧气浓度必定会出现下降。这种微小的氧气浓度下降，会对某些污染物的排放特性产生影响[32)]。图1.5.7和图1.5.8为吉泽晋[31),32)]研究的室内氧气浓度降低与暖炉CO排放量之间的关系。

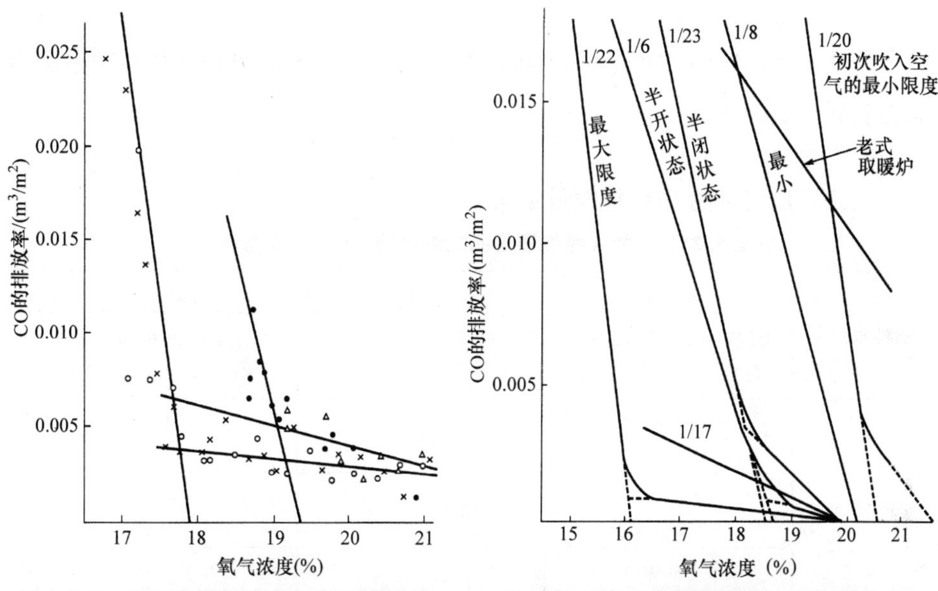

图 1.5.7　在室内氧气浓度下降的情况下 CO 的排放特性（煤油）[31]

图 1.5.8　室内氧气浓度下降时的 CO 排放特性（燃气）[31),32)]

可以看出，室内氧气浓度减低，CO 排放量率随之增加。而当室内氧气浓度降到 18% ~19% 以下时，CO 的排放率还会出现急剧上升。

（2）香烟烟雾

人们日常呼吸时呼出的气体中也会含有 CO。根据楢崎正也等人[33),34)]的研究，对于人体呼气中排放的 CO 来说，非吸烟者的排放量为 9.3mL/h，而吸烟者的排放量则达到了 13.9mL/h。另一方面，尽管随香烟种类的不同会有一些差异，当吸一支烟时含人体自身排放在内的 CO 的排放量为 71mL/h，此时如果再减去人体自身的排放量后为 58mL/h（见表 1.5.21）。

表 1.5.21　由吸烟排放的一氧化碳（CO）量[33)]

时间/min	持续吸烟时 CO 的排放量	
	不包括人体自身排放量 换气次数 1.2 次/h	人体自身排放量为 10mL/(h・人) 换气次数 1.26 次/h
5 ~ 10	860	790
10 ~ 15	540	470
35 ~ 40	970	890
65 ~ 70	1000	930
80 ~ 85	550	350
80 ~ 85	730	470
95 ~ 100	570	360
平均	653	533
每支烟的排放量 每 1g 的排放量	71mL/支 130mL/g	58mL/支 106mL/g

5. 二氧化碳（CO_2）

CO_2 是燃烧过程中必定会产生的物质。在室内环境中，CO_2 的主要排放源为燃烧器具和香烟烟雾。

(1) 燃烧器具

开放式燃烧器具的 CO_2 排放量见表 1.5.22。

表 1.5.22 开放式燃烧器具的二氧化碳（CO_2）排放量[35]

燃料种类	发热量 上层：kcal/m³，kcal/kg 下层：（kJ/m³，kJ/kg）	二氧化碳排放量（理论值） m³/m³，m³/kg	二氧化碳排放量（理论值） 上层：×10⁻⁴m³/kcal 下层：（×10⁻⁴m⁻³/kJ）
液化天然气	11000kcal/m³ （46100kJ/m³）	1.12m³/m³	1.10 （0.26）
液化天然气	5000kcal/m³ （20900kJ/m³）	0.50m³/m³	1.00 （0.24）
液化天然气	3600kcal/m³ （15100kJ/m³）	0.43m³/m³	1.20 （0.28）
液化石油气 C_3H_8 98.6% C_mH_n1.4%	22400kcal/m³ （93800kJ/m³） （12200kcal/kg） （51100kJ/kg）	4.98m³/m³ （2.75m³/kg）	2.20 （0.53）
丁烷空气混合气 C_4H_{10}24% 空气 76%	7000kcal/m³ （29300kJ/m³） （6700kcal/kg） （28100kJ/kg）	0.97m³/m³ 0.93m³/kg	1.40 （0.33）
天然气 $CH_4$47.4% 空气 52.3%	4500kcal/m³ （18800kJ/m³）	0.48m³/m³	1.10 （0.26）
天然气 $CH_4$98%	9500kcal/m³ （39800kJ/m³）	1.00m³/m³	1.10 （0.25）
煤油	10500kcal/kg （44000kJ/kg）	1.57m³/kg	1.50 （0.36）
木炭	7890kcal/kg （33030kJ/kg）	1.70m³/kg	2.20 （0.51）

注：本表基于以下文献制作：《空气调和卫生工学便览》，第 11 版，空气调和・卫生工学会，p. I－76（1987）；SI 单位换算：1kcal＝4.186kJ。

（2）香烟烟雾

见表1.5.23，吸烟时排放的 CO_2 量大约为21L/(h·人)。此外，使香烟自然燃烧时 CO_2 的排放量约为7.01L/h。

表1.5.23　吸烟时的二氧化碳（CO_2）排放量[33),34)]

吸烟者	CO_2浓度(%)		CO_2排放量/[L/(h·人)]		
	吸烟前	吸烟后	吸烟时	非吸烟时	吸烟的排放
A	0.050 0.025 0.035 0.030	0.215 0.151 0.177 0.162	50 38 43 40	22 20	28 16 23 20
B	0.035 0.030 0.025 0.030	0.180 0.175 0.141 0.162	38 41 35 40	20 18	18 21 17 22
持续吸烟1支时的平均排放量/[L/(h·人)]					21
1支烟的排放量/(L/支)					2.2
每1g的排放量/(L/g)					4.1

6. 氮氧化物（NO_x）

氮氧化物的主要排放源是燃烧器具和香烟烟雾。

（1）燃烧器具

野崎淳夫等人[36)]的研究表明：燃烧器具的氮氧化物排放量并非由其自身的额定发热量所决定，而是主要由燃烧形式来决定，他证实了这一点。

对于煤油暖炉来说，NO_x 的排放量会按照风扇式、对流式、反射式的顺序递减。表1.5.24～表1.5.26显示的是，在25℃、1atm的条件下，每1kg煤油燃烧时 NO_x（$NO+NO_2$）的排放量。

表1.5.24　煤油暖炉的氮氧化物（NO_x）排放量[36)]

器具类型	台数	排放量/(mL/kg)	平均值/(mL/kg)	标准偏差值/(mL/kg)
反射式	4	127～459	305	20.5
对流式	3	1140～1840	1380	103
风扇式	4	1540～5360	3240	761

注：表中数值计算条件为25℃、1atm。

表 1.5.25　煤油暖炉的一氧化氮（NO）排放量[36)]

器具类型	台数	排放量/(mL/kg)	平均值/(mL/kg)	标准偏差值/(mL/kg)
反射式	4	40.2～351	163	15.7
对流式	3	956～1640	1150	101
风扇式	4	1130～4060	2600	745

注：表中数值计算条件为25℃、1atm。

表 1.5.26　石油暖气设备中 NO_2 的排放量[36)]

器具形式	器具种类数量	排放量/(mL/kg)	平均值/(mL/kg)	标准偏差值/(mL/kg)
反射式	4	81.3～206	147	25.0
对流式	3	157～281	227	46.2
风扇式	4	407～1020	621	69.6

注：表中数值计算条件为25℃、1atm。

关于 NO_x 的排放特性，在图 1.5.9 中，野崎淳夫等人[36)]清楚地展示了室内氧气浓度的降低与取暖设备的 NO_x 排放量之间的关系。

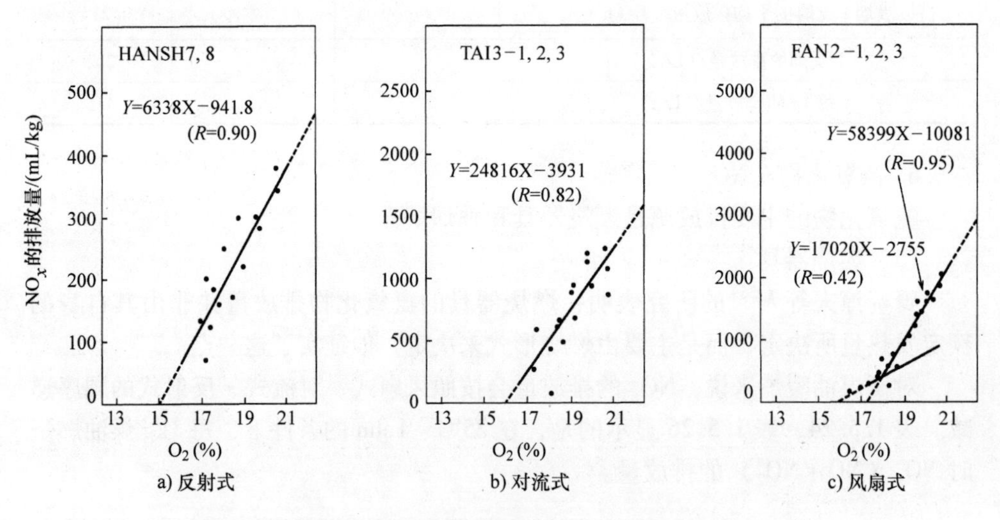

图 1.5.9　随着室内氧气浓度降低 NO_x 排放特性变化的示例[36)]

与 CO 的情况不同的是，随着室内氧气浓度的逐渐降低，NO_x 的排放量只会出现暂时性的减少。

（2）香烟烟雾

见表 1.5.27，每支烟的 NO 和 NO_2 的排放量，根据吸烟条件的不同也会有所差别。

表1.5.27 吸烟造成的氮氧化物（NO_x）排放量[37]

颗粒物	CO	CO_2	NO	NO_2	实验条件	参考文献
10.3~33.4mg/支（人为吸烟）9.4~16.2mg/支（香烟自行燃烧）	38.4~63.4mL/支		0.49~0.74mL/支	0.04~0.10mL/支	Seven Stars，烟长43mm	木村：室内空气污染，空气净化，Vol. 14，No. 4，p. 23（1976）
7.7~12.6mg/支	38~72mL/支		一氧化氮×0.32~1.08mL/支		烟长43mm，30min吸完约10支烟	村松等人：吸烟导致的污染排放量，大气污染研究，Vol. 10，No. 4，p. 233（1975）
19.1mg/支	58mL/支	2.2L/支			hi-lite，烟长42mm，吸烟时间6min30s	楢崎等人：有关吸烟的研究（4），日本建筑学会大会学术演讲摘要集，p. 251（1971）
27mg/支（$g=0.64\times V_1\times60$）					hi-lite，烟长42mm g：排放量[mg/（h·支）] V_1：燃烧速度（mm/min）	楢崎等人：有关吸烟的研究（5），日本建筑学会近畿支部研究报告集－环境工学编，p. 17（1975）
	59~87mg/支 6.1~9.6mL/min		0.15~1.8mg/支 0.14~0.21mL/min		人为吸烟 3~50s 吸引流量35mL/支	吕等人：室内悬浮颗粒物污染，空气净化，Vol. 14，No. 4，p. 3（1976）
4.5~7.0mg/支	29.6~44.4mL/支		0.41~0.62mL/支		MILD SEVEN 每分钟吸一次，香烟燃烧长度5cm	小峯等人：有关吸烟导致的室内空气污染，日本建筑学会大会学术演讲摘要集，p. 265（1982）

5.4.3 香烟烟雾

1. 香烟烟雾的名称

香烟烟雾包括两部分：由吸烟者经过滤嘴吸入的烟气和香烟前段燃烧部分产生的烟气。前者称为主流烟，后者称为侧流烟。不过由吸烟者呼出的烟气，目前还没有固定名称。此外，在室内漂浮的香烟烟雾统称为环境烟草烟雾（ETS）。

2. 香烟烟雾的标准监测方法

主流烟：由于即使是同一个品牌的香烟，烟气排放量也会随个人吸烟方式的不同而出现相应的变化，因此通常按照国际上规定的标准吸烟条件对产生的烟气进行监测[38]，该标准为 1min 吸 1 次，每次时长 2s、吸烟量 35mL。在日本，香烟的过滤嘴长度为 30mm。香烟盒上注明的焦油和尼古丁含量，均为此标准吸烟条件下测定的数值。但是因为焦油中还含有大量挥发性成分，所以不能直接将这个值用于室内环境下香烟烟雾排放量的计算。

侧流烟：有关香烟侧流烟的国际标准监测方法仍在研究中。

3. 香烟烟雾成分的分类

香烟烟雾成分的分类如图 1.5.10 所示，通过玻璃纤维过滤嘴（相当于 HEPA 滤芯）的部分为气相和蒸气相，而被捕获的部分则为颗粒相。其中颗粒相又被称为原焦油，是焦油、尼古丁和水分的总和。焦油并不是单一的物质，而是许多种化合物的集合体。

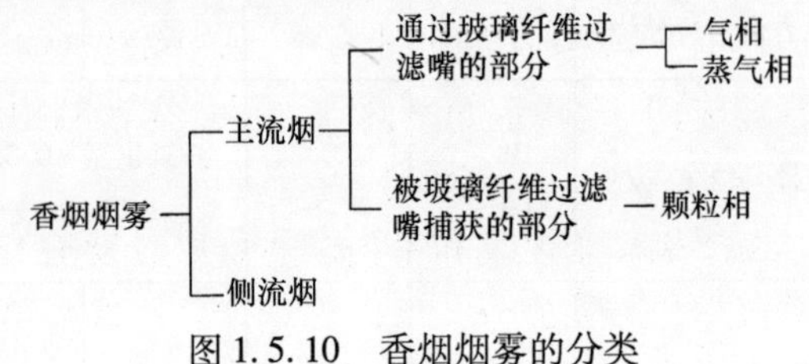

图 1.5.10 香烟烟雾的分类

4. 主流烟的成分构成

图 1.5.11 所示为主流烟中各成分所占的质量百分比。其中，大约 75% 的成分是从香烟的前端吸入的空气。除此之外，还有由燃烧产生的一氧化碳、二氧化碳以及蒸气成分等形成的气相和蒸气相。而颗粒相的贡献则不超过 4%。蒸气相和颗粒相中含有的化合物数量较多，大约有 100000 种[40]，其中已经已知的化合物大约有 4000 种。在蒸气相中甲烷或异戊二烯等烃类或醛的含量居多，而在颗粒相中则含有大量的羧酸或醛。此外，尼古丁也存在于颗粒相中。

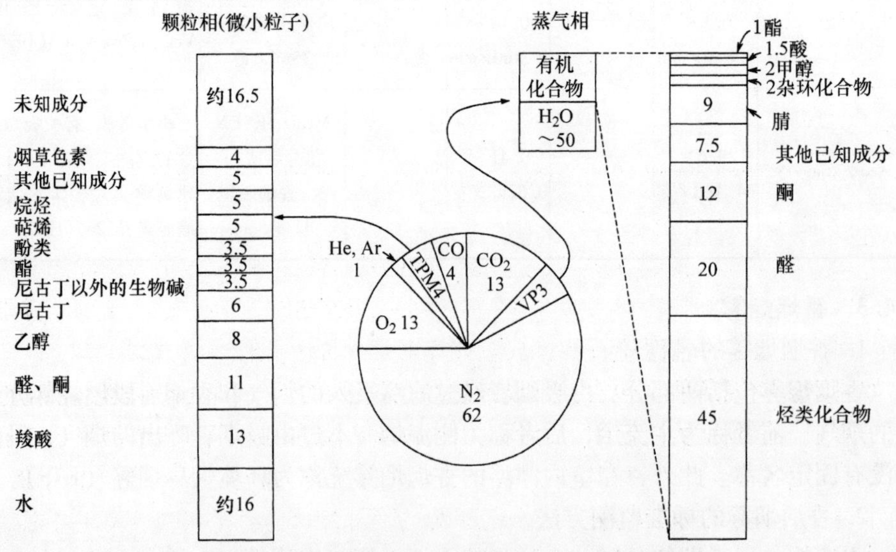

图 1.5.11 香烟烟雾中主流烟的组成（重量%）[39]

因为香烟是由不同品种烟叶混合制成的，从而导致了不同品牌的香烟之间在组成成分上存在细微的差别。而这些细微的差别又会体现在香烟烟雾的成分中，因此图1.5.11列出的数值仅为香烟烟雾中各个成分的大致贡献情况。此外，近年来随着超低焦油含量香烟的迅速普及，主流烟中的粒子相成分已经非常少了。

5. 香烟烟雾排放量的计算

日本于1970年制定的《有关保障建筑物卫生环境的法律》（简称《楼宇卫生管理法》）中规定的室内环境标准为颗粒物应低于0.15mg/m^3、一氧化碳应低于10×10^{-6}、二氧化碳应低于1000×10^{-6}。

由于机动车尾气和室内燃烧式取暖设施等的CO排放量很大，而CO_2又是人体呼气中的主要成分，所以香烟烟雾对这两种成分的影响相对较小。但是对于颗粒物污染来说，香烟烟雾（颗粒相）还是具有很大的影响。

对于香烟烟雾中颗粒物的排放量来说，有以下3种计算方法：

（1）通过烟雾箱实验进行计算

该法首先在容积足够大的烟雾箱中发生香烟烟雾，然后将烟气颗粒物浓度达到稳定状态时的浓度值，再乘以烟雾箱容积即可计算出烟气颗粒物的排放量。表1.5.28为在标准吸烟条件下使用吸烟器、点燃后放置的香烟以及人为吸烟时的烟尘颗粒物排放量的实验结果。同时，在这个表中还根据烟雾发生的时间，计算了烟尘颗粒物的产生速度。

表1.5.28 不同吸烟方式下香烟烟雾颗粒物的排放量与排放速度[41)]

吸烟方式	1支烟的排放量/mg	排放速度/(mg/min)
1. 机器吸烟		
主流烟	13.0	1.9
侧流烟	7.9	1.1
2. 香烟自己燃烧	9.5	0.9
3. 人为吸烟	17.5	2.5

（2）通过实际情况调查进行计算

由于香烟品牌、吸烟方式以及过滤嘴长度等都存在有很大差别，因此烟雾的排放量也会有很大不同。如果想要获得将以上因素全部考虑在内时的平均烟雾排放量，那么基于实际情况调查的排放量计算就是一种十分有效的方法。

如果已知换气条件（包含排烟设备的净化效果在内），因为室内烟尘颗粒物浓度是由烟雾排放量所决定的，因此可以通过测定室内烟尘颗粒物浓度来计算出烟尘颗粒物的排放量。表1.5.29为某办公室内进行的实际情况调查结果的示例。在这个表中，实际有效换气量并非只是单纯的换气量，而是把换气效率也考虑在内时得出的值。另外，吸烟者只要不是在连续不停地抽烟，那么就会有不吸烟的时候，所以把在某一瞬间吸烟的人作为瞬间吸烟者。从该表中的实际情况调查结果来看，烟尘颗粒物的排放量（更准确地说应为烟气颗粒物的产生速度）为130mg/(h·人)。因此，只要计算出瞬间吸烟者数量，然后再把这个值乘以130mg/(h·人)，就能得出室内烟尘颗粒物排放量。

表 1.5.29　实际情况调查中烟气颗粒物的排放速度[42)]

调查时间	9:15～11:15	13:30～15:30
室内容积/m^3	1081	
实际有效换气量/(m^3/h)	4543	
实际有效换气次数/(1/h)	4.2	
桌子数量/个	42	
吸烟者比例(%)	83	
室内平均人数/人	29	24
每人所占地面面积/(m^2/人)	14.1	17.0
过滤嘴长度/mm	44	43
平均颗粒物浓度/(mg/m^3)	0.145	0.069
背景浓度/(mg/m^3)	0.049	0.010
瞬间吸烟者人数/人	3.2	2.1
瞬间吸烟者比例(%)	11.0	8.9
吸烟频率/[cig/(h·人)]	2.6	1.4
烟气颗粒物的排放速度/[mg/(h·人)]	136	127

（3）通过烟盒上标明的焦油值进行计算

在（1）实验中，表 1.5.28 所示主流烟颗粒物的排放量为 13.0mg/支。如果使用烟盒上标明的方法对相同的香烟进行测定，其焦油含量值为 18.6mg/支。这个差值是由烟尘颗粒物中大量含有的半挥发性成分的挥散与否所形成的。也就是说，烟盒上标明的焦油含量值中约有 70% 是根据扩散到环境中的主流烟排放量所推定的。另一方面，由于点燃后放置的香烟以及侧流烟的烟气排放量和烟的品牌并无太大关系，所以表 1.5.28 中两者的数值比较相近。因此，从烟盒上标明的焦油值可以推断出烟尘颗粒物的排放量。图 1.5.12 所示为烟盒上标明的焦油和尼古丁含量的年平均值变化。

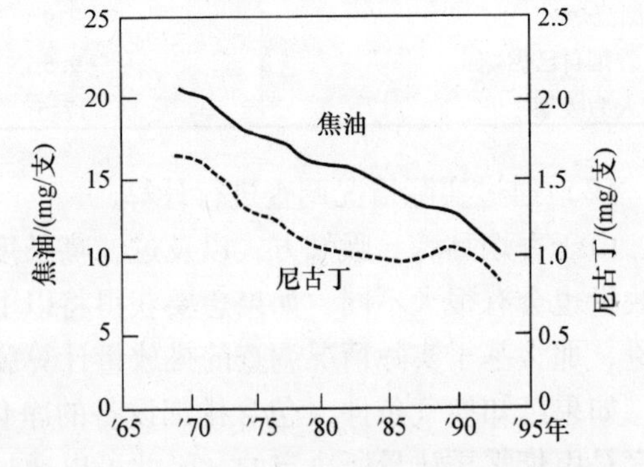

图 1.5.12　香烟中焦油和尼古丁含量的变化[43)]
（销售量的加权平均值）

关于CO和CO_2中气体的成分，使用颗粒物的测定法即可。这些气体成分在标准吸烟条件下的排放量见表1.5.30。从表中数据可以发现，侧流烟中污染物质的含量非常大，特别是氨，几乎达到了主流烟中含量的500倍。此外，该表中物质的排放量是用质量来表示的，而如果在室内20℃的条件下用体积表示，例如CO主流烟中含9.7mL，侧流烟中含46.5mL；CO_2主流烟中含22.9mL，侧流烟中含259mL。

表1.5.30 1支香烟中气体、蒸气成分的排放量[40)]

化合物名称	主流烟MS/mg	侧流烟SS/mg	SS/MS
一氧化碳	11.3	54.1	4.8
二氧化碳	41.9	474	11.3
氮氧化物	0.23	0.9	3.9
氨	0.02	9.1	455
甲醛	0.02	0.73	36.5
乙醛	0.63	4.2	6.7
丙烯醛	0.07	1.3	18.6
苯	0.05	0.3	6.6

香烟烟雾的臭味由多种少量的成分所引起，即使除去其中的大多数成分，隐含的气体成分也会显露出来，并且整体平衡遭到破坏，反而会带来令人不快的臭味。因此，最好降低整体香烟烟雾的浓度，而活性炭通常被认为是最适合的除臭剂。

参考文献

1) 斉藤平蔵：建築気候，p.158，共立出版（1976）

2) 劉 瑜，池田耕一，入江建久，平岡憲司：床吹出しおよび天井吹出し空調方式における床面堆積粒子の再飛散特性，日本建築学会計画系論文集，第483号，pp.49-54（1996）

3) 人体を計る—計測値のデザイン資料，日本出版サービス（1986）

4) 入江建久，他：室内再発塵について（その1），昭和42年度日本建築学会学術講演要旨集

5) 入江建久，他：室内再発塵について（その3），昭和43年度日本建築学会学術講演梗概集

6) 中根芳一，他：堆積塵の歩行による再発塵量の検討，大阪市立大学生活科学部紀要，Vol. 23（1975）

7) P. R. Austin: Contamination Index, AACC（1965）

8) 正田浩三，吉澤 晋，菅原文子，入江建久：人体からの浮遊微生物発生量（第2報），昭和52年度日本建築学会学術講演梗概集，pp.277-278

9) 藤井正一，他：室内における各種動作による発じんに関する研究，空気清浄，Vol.10，No.4，p.4（1972）

10) 吉澤 晋：空気清浄ハンドブック，p.197，オーム社（1981）

11) C. P. Yaglou, E. C. Riley, and D. I. Coggins: Ventilation Requirements, Heating Piping and Air Conditioning, pp.65-76（1936）

12) P. O. Fanger and B. Berg-Munch: Ventilation and Body Odor, Proc. of Atmospherses in Tightly Enlosed Spaces, atlanta, ASHRAE, pp.

45-50 (1983)

13) 岩下 剛：居住環境における知覚空気質評価の動向，臭気の研究，Vol. 25，No. 2，pp. 12-19 (1994)

14) P. O. Fanger: Introduction of Olf and the Decipol Units to Qualitify Air Pollution Perceived by Humans Indoors and Outdoors, Energy and Buildings, Vol. 12, pp. 1-6 (1988)

15) 野﨑淳夫，吉澤 晋，小峯裕己：パッシブ法による室内 NO_2 濃度とその構成要因について，燃焼器具による室内空気の汚染と防止に関する研究（第1報），日本建築学会計画系論文報告集，第416号，pp. 9-16 (1990-10)

16) 堀 雅弘：8 VOC(揮発性有機化合物)，IAQ (Indoor Air Quality) 専門委員会報告（前半），空気清浄，Vol. 34，No. 5，pp. 58-59 (1997-2)

17) N. J. Giardino et al.: The Proceedings of the 5 th International Conference on Indoor Air Quality and Climate, Vol. 2, p. 707 (1990)

18) 野﨑淳夫，吉澤 晋，池田耕一，入江建久，堀 雅弘：開放型石油暖房器具の非メタン炭化水素発生特性 (Part 1)，室内 VOC，ホルムアルデヒド汚染に関する研究（その1），日本建築学会計画系論文集，第517号，pp. 45-51 (1999-3)

19) A. Nozaki, S. Yoshizawa, K. Ikeda, M. Hori, and H. Matsushita: Emission Characteristics of Volatile Organic Compounds from Domestic Flue-less Combustion Heaters, Healthy Buildings/IAQ'97, Vol. 3, pp. 63-68 (1997)

20) H. Levine: Controlling Sources of Indoor Air Pollution, Indoor Air Bulletin, Vol. 1, No. 6, pp. 1-11 (1991)

21) J. A. Pickreil, et al.: Formaldehyde Release Rate Coefficients from Selected Consumer Products, Environmental Science and Technology, Vol. 17, pp. 753-757 (1983)

22) 堀 雅弘：8 VOC(揮発性有機化合物)，IAQ (Indoor Air Quality) 専門委員会報告（前半），空気清浄，Vol. 34，No. 5，pp. 52 (1997-2)

23) 松村年朗，他：室内空気汚染に関する研究（第3報），空気中のホルムアルデヒド濃度について，日本公衆衛生誌，Vol. 30，No. 7，pp. 303-308 (1983)

24) G. W. Traynor, et al.: Pollutant Emissions from Portable Kerosene-Fired Space Heaters, Environmental Science Technology, Vol.17, pp. 369-371 (1983)

25) A. Nozaki, S. Yoshizawa, and K. Ikeda,: Emission Characteristics of Formaldehyde from Domestic Kerosene Heaters in Dwellings, INDOOR AIR'96, Vol. 2, pp. 675-680 (1996)

26) R. J. Allen, R. A. Wadden, and E. D. Ross: Characterization of Potential Indoor Sources of Ozone, American Industrial Hygiene Assocociation Journal, Vol. 39, pp. 466-471 (1978)

27) D. J. Sutton, K. M. Nodolf, and K. K. Makino: Predicting Ozone Concentrations in Residential Structures, ASHRAE Journal, pp. 21-26 (1976-9)

28) M. D. Selway, R. J. Allen, and R. A. Wadden,: Ozone Emissions from Photocopying Machines, Am., Ind., Assoc., Journal, Vol. 41, pp. 455-459 (1980)

29) R. A. Wadden, et al.: Indoor Air Pollution, John Wiley & Sons. Inc., pp. 70-71 (1983)

30) 野﨑淳夫，吉澤 晋，小峯裕巳：室内酸素濃度の低下が石油ストーブ，ファンヒーターの NO_x，CO 発生特性に及ぼす影響，日本建築学会計画系論文集，第411号，pp. 9-16 (1990-5)

31) 吉澤 晋：煙突なしストーブを使用する室内空気状態とその対策，建築設備，Vol. 20，No. 2 (1969-2)

32) S. Yoshizawa: Japanese Experiences on the Control of Indoor Air Pollution by Combustion Appliances, Proc. of 3 rd International Conf. on Indoor Air Quality and Climate, pp. 193-198 (1984)

33) 楢崎正也：室内空気環境とともに，楢崎正也先生退官記念事業会，pp. 22-23 (1996-2)

34) 楢崎正也：喫煙と室内空気汚染，空気清浄，Vol. 14，No. 4 (1976-11)

35) 大谷光幸：2. 二酸化炭素 (CO_2)，IAQ (Indoor Air Quality) 専門委員会報告（前半），空気清浄，Vol. 34，No. 5，pp. 35 (1997-2)

36) 野﨑淳夫，吉澤 晋，池田耕一：開放型石油暖房器具の窒素酸化物発生特性（その1），日本建築学会計画系論文集，第503号，pp. 39-45 (1998-1)

37) 楢崎正也：たばこ煙，室内空気質制御の手法，日本建築学会環境工学委員会，p. 77 (1995-3)

38) ISO 3308: Routine analytical cigarette smoking machine-definitions and standard condi-

tions (1991)

39) M. C. Dube and C. R. Green: Recent Advances in Tobacco Science, 8, 45, TCRC (1982)

40) M. R. Guerin, R. A. Jenkins, and B. A. Tomkins: The Chemistry of Environmental Tobacco Smoke, Composition and Measurement, pp. 43～62, Lewis Publishers, Inc. (1992)

41) 石津嘉昭, 太田和代：たばこ煙粒子の発生量評価, 空気調和・衛生工学会論文集, No. 15, pp. 91 (1981)

42) 石津嘉昭：たばこ煙粒子の粒度分布と発生量, 建設設備と配管工事, Vol. 20, No. 9, 通巻No. 254, p. 93 (1982)

43) '85年までは日本たばこ産業, '86年からは日本たばこ協会資料

第 6 章 大气污染与污染负荷

6.1 大气污染的实际情况

因为换气时使用的空气为室外空气，所以换气时气体的质量会受到该地区环境大气污染的影响。大气污染浓度水平根据建筑物所在地区的不同而有差异，因此需要特别注意区域的划分，即工业区域、商业区域、住宅区域和其他区域。此外，由于机动车尾气和区域的划分几乎无关，所以对于交通量较大的道路沿线的空气污染来说，应当选择机动车尾气监测站的数据作为参考。

表 1. 6. 1 为与室内空气污染相关的污染物在室外环境大气中的污染情况。在针对大气污染给空气过滤器造成的负荷程度等进行相关研究时，就可以参考表中不同污染浓度水平，将其分为 3 个档次。该表采用的是 1995 年常规环境监测站（环境厅）[1] 和机动车尾气监测站（下称：路边站，神奈川县）[2] 的监测数据。

表 1. 6. 1 城市大气污染的现状

二氧化硫（SO_2） （单位：mL/m^3）

监测地点	区域分类	年平均	小时均值[1]（0.1）	日均值[2]（0.04）	小时均值中的最高值	日均值的98%值
东京都 千代田区丸之内	商业	0. 01	0	0	0. 046	0. 019
江东区大岛	工业	0. 006	0	0	0. 037	0. 016
川崎市 公害监控中心	商业	0. 009	0	0	0. 069	0. 016
横滨市 户塚区汲泽小学	住宅	0. 005	0	0	0. 025	0. 010
北海道 知内町市街	未指定	0. 002	0	0	0. 01	0. 004
江别市国控野幌	未指定	0. 004	0	0	0. 038	0. 009

二氧化氮（NO_2） （单位：mL/m^3）

监测地点	区域分类	年平均	小时均值[1]（0.06）	日均值[2]（0.06）	小时均值中的最高值	日均值的98%值
东京都 千代田区丸之内	商业	0. 049	1. 20%	0	0. 149	0. 074
江东区大岛	工业	0. 035	0	3. 3	0. 168	0. 119
川崎市 公害监控中心	商业	0. 036	0	0	0. 124	0. 002
横滨市 户塚区汲泽小学	住宅	0. 029	0	0	0. 107	0. 053
北海道 知内町市街	未指定	0. 002	0	0	0. 032	0. 008
江别市国控野幌	未指定	0. 007	0	0	0. 047	0. 020

（续）

一氧化碳（CO）（单位：mL/m³）

监测地点	区域分类	年平均	小时均值[1]（30）	日均值[2]（10）	小时均值中的最高值	日均值的98%值
东京都 千代田区丸之内	商业	1.2	0	0	5.8	2.2
江东区大岛	工业	0.7	0	0	6.3	1.6
川崎市 公害监控中心	商业	0.8	0	0	5.9	1.6
神奈川县 津久井町中野	未指定	0.5	0	0	3.7	0.9
北海道 江别市国控野幌	未指定	0.3	0	0	1.5	0.5

光化学氧化剂（单位：mL/m³）

监测地点	区域分类	日间小时年平均	小时均值[1]（0.06）[3]	日均值[2]（0.12）[3]	日间小时均值的最高值	日均值
东京都 千代田区丸之内	商业	0.014	7日	0日	0.097	0.024
江东区大岛	工业	0.019	23	0	0.102	0.032
川崎市 公害监控中心	商业	0.020	23	0	0.104	0.032
横滨市 汲泽町	住宅	0.034	106	4	0.152	0.051
北海道 江别市国控野幌	未指定	0.032	17	0	0.078	0.042

颗粒物（单位：mg/m³）

监测地点	区域分类	年平均	小时均值[1]（0.2）	日均值[2]（0.1）	小时均值中的最高值	日平均的2%除外值
东京都 千代田区丸之内	商业	0.052	0	0	0.264	0.099
江东区大岛	工业	0.046	0	0	0.278	0.099
川崎市 公害监控中心	商业	0.048	0.4	0.6	0.291	0.102
横滨市 户塚区汲泽小学	住宅	0.043	0.4	3	0.279	0.105
北海道 知内町市街	未指定	0.016	0	0	0.187	0.039
江别市国控野幌	未指定	0.013	0	0	0.174	0.038

非甲烷烃（单位：mL/m³）

监测地点	区域分类	年平均	年均值[1]（6~9点）	日均值[2]（0.20）	6~9点间最高值	6~9点间最低值
东京都 文京区本驹入	商业	0.036	0.38	0	1.15	0.10
江东区大岛	工业	0.37	0.38	0	1.31	0.11
川崎市 公害监控中心	商业	0.41	0.40	0	1.32	0.06
北海道 江别市国控野幌	未指定	0.14	0.15	0	0.31	0.09

注：1. 小时均值超过（）内数值的比例（%）。

2. 日均值超过（）内数值的比例（%）。

3. 光化学氧化剂为天数。

另外，当某一建筑物附近有特殊的较大排放源时，还必须掌握该排放源的排污成分。不过，本章的讨论均以不存在该类排放源为前提。

6.1.1 硫氧化物

在空气里的硫氧化物中，二氧化硫（SO_2）占有很大的比重，同时还含有SO_2被进一步氧化后生成的硫酸酸雾（其中一部分形成了硫酸盐）。同时，柴油机的一次排放中也含有硫酸酸雾。从表中数值可以看出，无论在哪个区域，SO_2的浓度水平均低于环境标准中规定的0.1mL/m^3（$\times10^{-6}$）小时均值和0.04mL/m^3（$\times10^{-6}$）日均值。

6.1.2 氮氧化物

氮氧化物中的绝大多数是一氧化氮和二氧化氮。其中，二氧化氮的浓度设定有相应的环境标准（0.04～0.06mL/m^{3}或更低）。二氧化氮日平均浓度的年平均值在高污染地区为0.049mL/m^3，在低污染地区为0.005mL/m^3；小时均值的最高值在高污染地区为0.17mL/m^3，在低污染地区为0.06mL/m^3。在交通量比较大的道路沿线，二氧化氮的年平均值为0.029～0.053mL/m^3，小时均值最高可以达到0.1～0.2mL/m^3。

6.1.3 一氧化碳

各个地区的一氧化碳浓度都比较低，基本上都不超过环境标准限值。在低污染地区，一氧化碳年平均值为0.5mL/m^3，小时均值最高可以达到1.5mL/m^3。而在高污染地区，以上两个指标分别为1.2mL/m^{3}和6.3mL/m^3。此外，以上两个指标在路边站的数值分别为0.7～2.1mL/m^{3}和5～11mL/m^3。

6.1.4 二氧化碳

通常情况下，比起季节变化较为明显的偏远地区，城市大气中二氧化碳浓度会略微偏高，并且同时还会受到风向和交通量的影响。在高污染地区，二氧化碳的年平均值为393mL/m^3（神奈川县政府）或399mL/m^3（平塚松原监测站）。在低污染地区（岩手县绫理，日本指定观测点位，接近于背景值）二氧化碳的年平均值为363mL/m^3（1995年）。该背景值能够反映出全球尺度下二氧化碳的污染程度。此外，有研究表明，该值目前以1～1.5mL/m^{3}的比例逐年增加。

6.1.5 光化学氧化剂

由于传统的光化学氧化剂检测法，借助的是将中性溶液中的碘离子氧化生成碘单质（I_2）的这一过程，因此检测对象中除了臭氧以外还会含有其他一些氧化性物质。不过，近年来普遍采用的紫外吸收法就几乎可以检测到纯的臭氧。见表1.6.1（另外参照本篇表1.6.2），臭氧是由大气中通过化学反应生成的二次污染物，所以可以看出其浓度在市中心和工业区浓度并不高。从数值上来看，光化学氧化剂在白天的小时均值为0.014～0.034mL/m^3，其中最高值达到了0.078～0.15mL/m^3，超过了0.06mL/m^{3}的小时均值环境标准限值。

表1.6.2　杉树花粉在最近10年间的年际变化

调查年份/年	东京都千代田区
1987	486
1988	2387
1989	96
1990	1636
1991	2446
1992	925
1993	2910
1994	318
1995	7436
1996	942
平均	1958

注：使用Durham花粉采样器，单位为个/（cm^2·季节）。

6.1.6　颗粒物

近年来，颗粒物的质量浓度都是通过采集直径在10μm以下的粒子，并使用β射线吸收法来进行测定的。在低污染地区，颗粒物的年均值为0.012mg/m^3，每小时平均浓度的最高值为0.16mg/m^3。在高污染地区，年均值为0.043～0.052mg/m^3，小时均值的最高值达到了0.26～0.32mg/m^3。另外，从路边站的监测结果来看，年均值为0.038～0.078mg/m^3，小时均值的最高值为0.18～0.43mg/m^3。此外，从月份上来看，6月和7月的平均浓度较低，而11月和12月特别是12月的平均浓度则普遍较高。

6.1.7　花粉

在日本，花粉飞散数量的监测主要是针对杉树花粉进行的。使用Durham花粉采样器（重力法）采集花粉样品，把一天之内掉落在显微镜载片上的花粉进行染色，在显微镜下1cm^2范围内的花粉数即当天飞散的花粉数量。

最近，杉树花粉信息系统会对一天之内花粉飞散的数量进行预测，并将预测结果划分为以下4个等级向公众发布[3)]：

1）少（0～9个/cm^2）；

2）略多（10～29个/cm^2）；

3）多（30～49个/cm^2）；

4）非常多（50个以上/cm^2）；

这4个等级是根据花粉症患者的情况和症状的程度判断得来的。也就是说，当花粉飞散数超过10个左右时，显现花粉症状并前往医院就诊的患者就会出现增多的情况；当花粉飞散数超过30个左右时，花粉症患者的症状就会出现恶化等。花粉分级所使用的数值就是根据类似以上这些信息来确定的。

另外，每年花粉的飞散数会受到这一年杉树花粉发生量，或者花粉飞散季节期间的天气情况等因素的很大影响。以1987～1996年东京（千代田区）的花粉飞散量为例，花粉飞散量的最大值出现在 1995 年，为 7436 个（cm^2/季节），而最小值则出现在 1989 年，为 96 个（见表 1.6.2）[4)]。此外，比较东京 1985 ~ 1989 年这 5 年间的平均飞散量可知，在杉树分布较多的五日市，花粉飞散量多至 23150 个，而在杉树较少的千代田区则为 845 个。

实际空气中的花粉数量可以使用 Burkard 空气采样器（Burkard 公司）来进行检测。具体测定方法为采集一定空气量（24h，12 m^3）中的花粉，并将这些花粉进行染色，然后在显微镜下进行计数，最终计算出 1 m^3 空气中的花粉数[5)]。不过因为这种仪器价格比较昂贵，所以在日本并不常用。

6.1.8 甲醛·挥发性有机物

在日本，国家或地方监测站不开展针对甲醛或挥发性有机物的连续监测。因此，类似于其他一些污染物质，目前也没有较全面的甲醛或挥发性有机物的季节变化或地区差异等详细数据。因此，见表 1.6.3，本节通过引用一些文献中的数据展示了这些污染物大致的浓度水平。

表 1.6.3 大气中 TVOC 和甲醛的监测结果示例

	TVOC/($\mu g/m^3$)	HCHO($\times 10^{-9}$)	监测时间和地点	参考文献
1	60 ~ 210	1 ~ 10	东京以外城市住宅区 1995 年	(1)
2	62		东京以外城市住宅地 1996 年	(2)
3	20 ~ 100	3 ~ 11	1997 年 3 ~ 6 月近郊住宅区	(3)
	40 ~ 200	1 ~ 5	1997 年 3 ~ 6 月近郊住宅区	
	40 ~ 100	2 ~ 8	1997 年 3 ~ 6 月近郊住宅区	
4		3 ~ 19	1985 年夏季	(4)
5		4(年均值),11(日均值),N. D. ~ 23(小时均值)	1985 年东京市中心 3 个地点	(5)
6		4 ~ 47(平均 19) 1 ~ 16(平均 8)	1982 ~ 1983 年夏季 1982 ~ 1983 年冬季	(6)
7		N. D. ~ 50(平均 4.7) N. D. ~ 30(平均 2.5)	1984 年夏季全国 47 个城市及政令都市(政府认定的人口超过 50 万的城市) 1984 年冬季	(7)

注：N. D.：未检出。

(1) 堀雅弘等人：《人类与生活环境》，Vol. 4，No. 1，pp. 61 – 69（1996）。

(2) 稻桥秀仁等人：《足利工业大学研究集录》，24，pp. 167 – 171（1997）。

(3) 尾本英晴、堀雅弘：《空气净化·卫生工学会平成 10 年学术讲演会讲演论文集 II》，pp. 549 – 553（1998）。

(4) 门井英雄：《埼玉县公害中心年报》，13，pp. 40 – 44（1986）。

(5) 环境厅汽车公害科，国立卫生试验所：《昭和 60 年度国家路边站监测结果》（1985）。

(6) 剑持章子等人：《冈山县环境保健中心期刊》，7，pp. 56 – 64（1983）。

(7) 环境厅：《都市与废弃物》，14 号，pp. 34 – 40（1984）。

即使在高污染的情况下，甲醛的浓度最高也仅为0.02mL/m^3，TVOC为0.12～0.21μg/m^3。另一方面，在低污染地区（住宅区），以上两者浓度分别为0.001～0.005mL/m^{3}和0.02～0.06mg/m^3。

此外，在国家和地方监测站的监测项目中还包括有非甲烷总烃的监测。虽然非甲烷总烃中包括了甲苯等VOC，但是其中乙烷等VVOC的量占到了一半以上。因此，如果将非甲烷总烃浓度值作为室外环境空气中TVOC的浓度值，那么在通常情况下都会出现过于高估的结果。但是，对于室内空气来说，非甲烷总烃浓度可以用于确认是否能够忽略室外空气的影响，所以该数值也可作为参考。非甲烷总烃的年平均值在低污染地区为0.14mL/m^3（0.092mg/m^3），而在高污染地区为0.35～0.41mL/m^3（0.23～0.27mg/m^3）。此外，从路边站的非甲烷总烃监测数据来看，浓度较低站点的数值为0.2～0.75mL/m^3（0.13～0.50μg/m^3），浓度较高站点的数值为1.3～0.24mL/m^3（0.86～1.6mg/m^3）。

6.1.9 放射性物质[6)～8)]

大气中存在着自然和人工的放射性核素。

自然放射性核素是在地球形成时期产生的，虽然其中有一部分来自于宇宙射线，但大气中的大部分放射性物质均为地球自身释放的氡和钍及其裂变核素。

人工放射性核素几乎全部来源于核爆炸实验，同时也有一部分来源于原子能的利用。降落在地表附近的来源于核爆炸的放射性核素量，会随着距离爆炸发生时间的推移而逐渐下降。但是，除了新的核爆炸以外，通常在4～6月放射性核素的沉降量最大，这与其从大气平流层向对流层的移动有关。

世界各国都在使用世界气象组织（WMO）公布的标准方法进行大气放射能的观测。日本气象厅也在全国13个点位开展了基于以上标准方法的观测活动。对于大气中悬浮的放射性物质来说，通常使用滤纸进行吸附后再加以分析。在像日本这样降雨量较多的地方，随雨水沉降下来的放射性物质也会很多，因此在这些地方同时还针对降水进行放射能的观测。

此外，日本科学技术厅为了掌握国民的放射性物质暴露量，在各地方科技厅、国立研究机构、各地方政府的协作下，针对自然放射线、原子能设施周边的放射能、核爆炸或核电厂事故所造成的放射性物质等持续开展观测和相关研究。

6.2 建筑物附近的污染

在处理建筑物内部的空气环境，以及建筑物或冷却塔等设备的污渍或腐蚀等问题时，需要正确掌握位于进风口等紧邻建筑物的区域的污染物浓度。这些污染物的浓度有可能会受到以下两种现象的影响，而出现实际的浓度值高于大气监测站监测结果的情况。这两种现象包括：烟囱等排放源排出的污染物被卷入建筑物产生的漩涡区域中，形成所谓的“倒灌风”现象；机动车尾气等污染在建筑物之间（城市街道峡谷）形成的循环气流的影响下，难以向高空或下风向扩散，并导致污染物的大量聚集，即所谓的“街道峡谷”高浓度污染现象。

为了理解这些现象，有必要了解建筑物周围和建筑物之间的气流以及由此引起的扩散现象。

6.2.1 建筑物周围的气流

建筑物附件污染物的扩散几乎都是由建筑物周围的气流结构所决定的，但是某一建筑物周围的气流结构会根据遇到建筑物时风的状态、大气稳定程度、建筑物的形状以及建筑物和风向形成的角度等产生复杂的变化。

关于这个问题，研究人员通过实地监测、风洞实验以及数值计算等方法开展了很多研究。以下就与“倒灌风”现象和“街道峡谷”导致的高浓度污染现象具有紧密联系的独立建筑物周围产生的旋涡区，以及建筑物之间产生的循环气流等的相关研究成果进行简要介绍。

1. 独立建筑物周围的旋涡区

当风遇到建筑物时，其背风区会产生如图 1.6.1 所示的漩涡，而且在接近地面处还会在迎风的一侧产生逆流。把风速延建筑高度方向进行积分，当风速为 0 时结成的线叫做分界流线（dividing stream line），被分界流线包围的区域称为空腔区（cavity），这条线和地面的接触点称为再接触点（reattachment point）。研究人员针对与建筑形状以及遇到建筑时风的状态间的关系，使用建筑模型进行了风洞实验，实验结果如图 1.6.2 所示[9)~11)]。通过该实验可以发现以下事实：

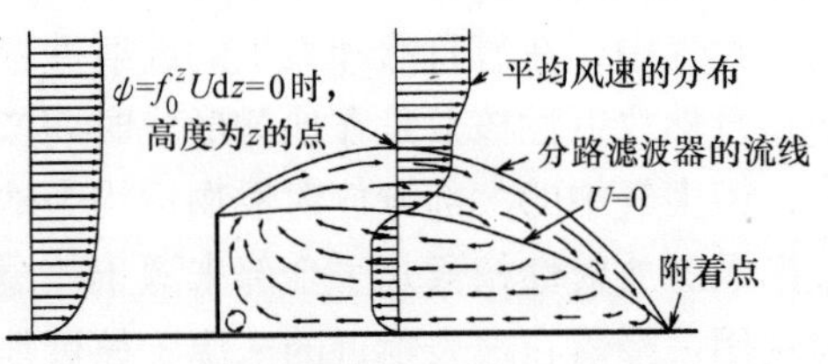

图 1.6.1 建筑物下风处的涡流区域

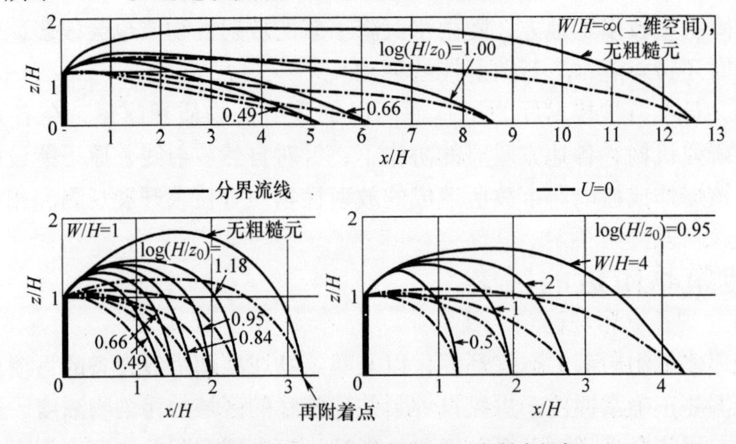

W：模型宽度，H：模型高度，Z_0：粗糙度长度

图 1.6.2 空腔区和 W/H 以及 H/Z_0 的关系[11)]

1）当粗糙度长度 z_0 和建筑物的高度 H 之比 z_0/H 越大，并且建筑物的宽度 W 与建筑物的高度 H 之比 W/H 越大时，空腔区越大（z_0 为风速分布符合对数定律的情况下，风速为0时的假想高度；z_0/H 的大小，指的是建筑物本身的大小，即占地面积与高度）。

2）当 $W/H=0.5\sim1$ 时，从建筑物的迎风处到再接触点之间的距离与 $\log(H/z_0)$ 成正比。此外，不管风的状态如何，这个距离都与建筑物迎风面积的二次方根 $(WH)^{1/2}$ 成正比。

3）从多数的风洞实验的结果来看，当 $W/H=1$（正方形）时，从建筑物的迎风处到再接触点之间的距离是高度 H 的3倍，$W/H=\infty$（处于二维空间）时，从建筑物的迎风处到再接触点之间的距离最多为高度 H 的13倍。

4）如果建筑物沿风向方向存在厚度 D，在建筑物顶部的表面会产生再接触点。当建筑物顶部没有产生再接触点时，厚度 D 对从建筑物的迎风处到地面再接触点之间的距离的影响并不大，而当建筑物顶部出现再接触点时，随着厚度 D 的增加，该距离也相应地变大。此外，在建筑物顶部有再接触点的情况下，从建筑物的迎风处到再接触点之间的距离就会出现如②所述的倾向。

以上是建筑物迎风面与风向成直角，并且大气处于“中立状态”，即不受大气影响时的实验结果。虽然针对风向出现变化，或是大气出现稳定或不稳定状态时的情况也有过一些相关研究，但是针对某些比较复杂的现象目前还没有开展足够的系统性实验，例如：由于风向与建筑迎风面偏离直角时会使得建筑物顶部上方的气流难以完全剥离，从而导致出现建筑物顶部空腔区急剧变小，或者大气越稳定空腔区越小等情况。

2. 街道峡谷的气流结构

虽然关于建筑物间（街道峡谷）气流结构的研究有很多，但其中上原清[12)~15)]的研究不仅非常详细而且具有较强的系统性。在上原清的研究中，大气不仅限于“中立状态”，而且还考虑到了污染物扩散的问题。上原清针对按照棋盘形状排列的立方体模型间的气流结构进行了研究，并同时参考 Oke[16)] 的城市边界层分类理论，获得了以下研究结果[15)]：

1）当道路非常宽阔时（道路宽度为建筑物高度的4倍以上），街道峡谷中央地带气流会发生再接触，此时迎风侧街区的背风面会产生一个漩涡，同时下风街区的迎风面也会产生一个漩涡，这个气流与独立建筑物周围的气流相类似，属于 Oke 所述的孤立粗糙流（Isolated Roughness Flow）模式。

2）在道路稍微有些宽的情况下（道路宽度在建筑高度的2倍以上、4倍以下），街道峡谷内会产生一个漩涡，但因为气流不稳定，所以峡谷内的平均风速很低。通过可视化实验可以发现，此时峡谷内部能够形成一个很大的漩涡（空腔区漩涡），它可以前后移动，且被破坏又会重新形成新的漩涡，呈现出不稳定的状态。它属于 Oke 所述的尾迹干扰流（Wake Interference Flow）模式。

3）当道路比较狭窄时（道路宽度在建筑物高度的 2 倍以下），街道峡谷内部会形成一个比 2）所述更稳定的空腔区，它属于 Oke 所述的掠流（Skimming Flow）模式。但是当道路宽度和建筑高度相同后，空腔区漩涡的强度就会开始出现增大。当道路宽度在建筑高度的 1～2 倍时，空腔区漩涡就会变得非常强，这一现象可以称作街道峡谷内气流最大的特征。应把这一范围与峡谷流（Canyon Flow）区分开。

4）温度分层对街道峡谷内的气流影响很大。

此外，老川进和盂岩[17]将建筑物的立方体模型按照千鸟格状排列后进行了风洞实验。从实验结果可知：风洞地面面积与模型面积的比例在 10% 以下时可以归类为孤立粗糙流；当比例为 20% 时可以归类为尾迹干扰流；当比例为 30% 以上时可以归类为掠流。

6.2.2　建筑物附近的污染物扩散

关于建筑物附近的污染物扩散问题，研究人员通过实际检测、风洞实验和数值计算的方法，已经开展了很多研究，其中大多数的风洞实验结果用无量纲浓度 C' 来表示：

$$C' = \frac{C}{C_o} \tag{6.1}$$

$$C_o = \frac{q}{U_o L_o^2} \tag{6.2}$$

式中，C 为测定的浓度（m^3/m^3）；q 为排放源强度（m^3/s）；U_o 为特征速度（m/s）；L_o 为特征长度（m）。

因此，如果污染物的实际扩散状态和风洞实验中的扩散状态相似，可以使用式（6.2）求出实际情况下的特征浓度 C_o（m^3/m^3），然后再把这个值乘以无量纲浓度 C'，就可以求出实际浓度 C。但是也有很多研究中用 U_o 表示建筑高度处的风速、用 L_o 表示建筑模型的高度。由于各个研究中对于公式中变量的使用并不完全统一，所以在实际应用时应引起注意。

1. 独立建筑周围的污染物扩散

关于独立建筑周围的污染物扩散问题，可以分为以下 7 个方面：

1）如果在建筑表面的空腔区内有出口，与出口处相比，通常气流的上游处污染浓度更高。在这种状态下，即使改变出口的高度或出口气流的速度，也无法改善建筑表面、建筑背风面和建筑物周边地面附近的污染浓度[18]。

2）在建筑物顶部表面的空腔区有空气出口的情况下，如果增加出口的高度、增强出气速度，那么建筑顶部、建筑背风处和建筑周边地面的污染浓度就会有所改善，但是仍然无法降低距离建筑稍远处地面附近的污染浓度[18]。

3）建筑与风向成直角时，当空气出口在建筑顶部表面时，背风墙面处的平均污染浓度不会比1.2的无量纲浓度大很多[18)]。

4）在建筑背风处的逆流区域内排放的污染物，几乎不经稀释就可以直接到达背风墙面处。特别是在地表附近排出的污染物会给整个外墙面造成高浓度的污染[18)]。

5）有研究指出，大气的稳定程度或者气流出口的排气温度与气温的温差所产生的浮力效应，对污染物扩散的影响可能小于独立烟囱排放污染气体时的扩散作用，但具体情况尚不明确。最近，部分学者针对这一点使用数值计算的方法进行了研究[19),20)]。

6）一般来说，建筑周边污染物浓度的阵风系数（最大值与平均值之比）和峰值因数（最大值与变化的标准偏差之比）远大于风速的阵风系数和峰值因数。根据实际情况的不同，一般要大1～2个数量级[21)]。

7）虽然研究人员开展了很多利用风洞实验对实际情况下污染物平均浓度的研究，但是相关结论仍未完全明确[17),22),23)]。

2. 街道峡谷的污染物扩散

关于这个问题，研究人员进行了相对来说具有总结性的研究，并提出了两种模型：假设各个建筑物之间存在着封闭空间，用来求平均浓度的换气次数模型[24)]；在一定程度上可以表示街道峡谷内污染物浓度分布的SRI（Stanford Research Institute，斯坦福研究所）模型[25)]。

换气次数模型的概念图如图1.6.3所示。建筑物之间的假想密闭空间（容积V）的换气量Q为

$$Q=\frac{X_{\mathrm{L}}W}{2}u_1+X_{\mathrm{L}}Hu_2 \tag{6.3}$$

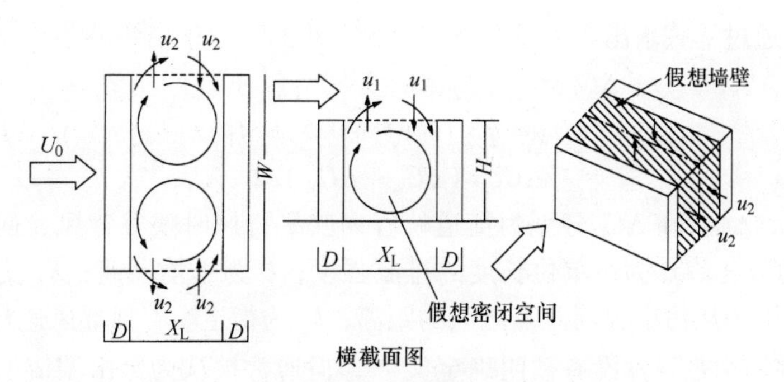

U_0：特征风速；u_1，u_2：穿过假想墙壁并与墙面成直角的风速

图1.6.3　换气次数模型的概念图[9)]

换气次数 N 为

$$N=\frac{Q}{V}=\frac{Q}{X_{\mathrm{L}}WH}=\frac{u_1}{2H}+\frac{u_2}{W} \tag{6.4}$$

式中，u_1 和 u_2 为穿过假想墙壁并与之成直角的风速。

如果这些风速与 X_{L} 和 D 无关，那么 N 的值也与 X_{L} 和 D 无关。此外，假设 u_1 和 u_2 与其各自的特征风速 U_{o} 成正比，那么换气次数 N 也必定会与 U_{o} 成正比。

而且，对于模型实验中的换气次数 N_{m} 换算成实际换气次数 N_{n} 的换算率 $r=N_{\mathrm{n}}/N_{\mathrm{m}}$（模型和实物分别用下脚 m 和 n 表示）来说，假定模型实验的风速和实际风速相等（$U_{\mathrm{om}}=U_{\mathrm{on}}=U_{\mathrm{o}}$），并且 $u_{1\mathrm{m}}=u_{1\mathrm{n}}=\alpha U_{\mathrm{o}}$、$u_{2\mathrm{m}}=u_{2\mathrm{n}}=\beta U_{\mathrm{o}}$（$\alpha$、$\beta$ 为比例常数），同时模型缩小比例 $S=H_{\mathrm{m}}/H_{\mathrm{n}}=W_{\mathrm{m}}/W_{\mathrm{n}}$，那么

$$r=\frac{U_{\mathrm{o}}(2\alpha W_{\mathrm{n}}+\beta H_{\mathrm{n}})}{SU_{\mathrm{o}}(2\alpha W_{\mathrm{n}}+\beta H_{\mathrm{n}})}\times S^2=S \tag{6.5}$$

从上式可以看出，换算率 r 等于模型的缩小比例 S。对于式(6.3)~式（6.5）及其相关假定以及适用的最大范围等都已经得到了验证[9),24)]。

Johnson 等人[25)]为了预测街道峡谷内机动车尾气排放产生的 CO 浓度，开发了 SRI 模型。该模型在某种程度上可以弥补换气次数模型无法表示污染物浓度的缺憾。其概念图如图 1.6.4 所示。P 点背景浓度 C_{b} 的增加值 ΔC 可以通过下式求出[14)]：

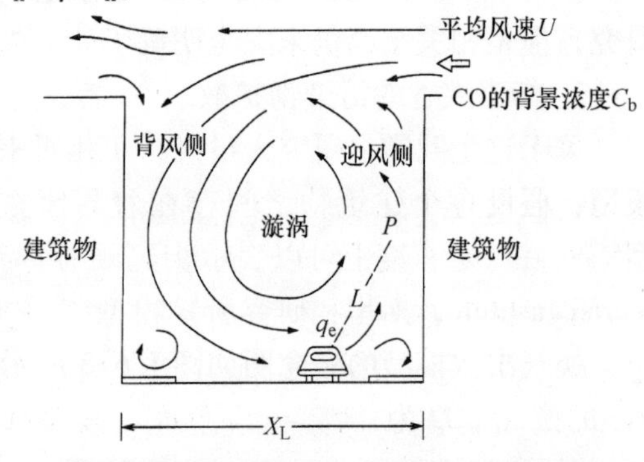

图 1.6.4 SRI 模型的概念图[9)]

$$\Delta C_{\mathrm{L}}=q_{\mathrm{e}}/\{k_2(U+0.5)k_1(L+2)\} \tag{6.6}$$

$$\Delta C_{\mathrm{W}}=q_{\mathrm{e}}/\{k_2(U+0.5)k_1X_{\mathrm{L}}\} \tag{6.7}$$

$$\Delta C_{\mathrm{I}}=(\Delta C_{\mathrm{L}}+\Delta C_{\mathrm{W}})/2 \tag{6.8}$$

式中，ΔC_{L}、ΔC_{W} 和 ΔC_{I} 分别为街道峡谷内吹平行风时峡谷背风、迎风和道路中央增加的浓度；q_{e} 为每单位长度的排放强度；U 为平均风速；X_{L} 为建筑物之间的距离；L 为从污染源到 P 点之间的距离；k_2 为街道峡谷顶部风速与地面风速之比；k_1 在原文献虽然没有被明确定义[14)]，但通常被认为是由湍流引起的扩散幅度与平流距离之间的比（多数情况下 $1/(k_1\times k_2)=K$）。

式（6.6）和式（6.7）中 0.5 是由机动车的机械转动带来的风速；式(6.6）中的 2 相当于机动车大小的最初扩散幅度。

上原清[14)]通过精细的风洞实验，对 SRI 模型进行了研究。研究表明，除了

特别稳定的情况以外，虽然模型的计算结果在峡谷下风处产生了约2倍的统计离差，但仍然获得了比较接近于风洞实验结果的数值。此外，研究还发现，预测公式中的系数可以通过风洞实验中求得的峡谷顶部的风速和逆流的风速之比，以及逆流受垂直方向干扰强度和二次循环率等求出。并且，该系数还会受到大气不同的稳定程度的影响而发生很大变化。当然，除了上原清的研究之外，有关SRI模型正确性的验证研究还有很多[26)~28)]。

6.3 污染负荷设计的地域特征

对于建筑物中空气净化设备的设计或相关改造计划来说，除了应当考虑到室内居住者和设备本身的负荷外，还必须对换气时引入的室外空气的空气质量所带来的负荷有充分的了解。大气污染物的排放源包括人为排放源和自然排放源：其中，人为排放源分为工业和各种产业的固定源以及机动车等移动源两类；而自然排放源则有火山和沙尘等。因此，引入室内的室外空气中污染物的浓度变化会同时受到自然现象和人类活动的影响。

目前，建筑物中安装的空气净化装置，基本上以过滤器、电除尘器等净化对象为颗粒物的设备为主。而对于美术馆或工厂等特殊的建筑物来说，净化对象则多为硫氧化物、氮氧化物、氨以及有机物等气态污染物。

按照日本目前的大气环境标准，颗粒物指的是直径在10μm以下的粒子。美国于1998年在直径10μm以下粒子（PM_{10}）标准的基础上，又针对直径在2.5μm以下的粒子（$PM_{2.5}$）制定了相关标准。在日本，虽然一直在开展针对细颗粒物的相关，但目前还没有形成足够的数据积累。因此，本节针对空气净化设备负荷的讨论中，所涉及的大气环境数据主要使用的是悬浮颗粒物（PM_{10}）的数据[⊖]。

6.3.1 大气环境监测数据的概要

日本各地方政府都按照《大气污染防治法》中的相关规定设置了大气污染物常规在线监测站，并将监测结果上报日本环境厅。日本环境厅大气保护局则承担了来自全国47个都道府县，以及12个指定城市监测数据的整理工作。同时，环境厅还以这些数据为基础，每年编制并发布《一般环境大气监测站监测结果报告书》[29)]和《机动车尾气监测站监测结果报告书》[30)]。

表1.6.4为“日本政令都市”（人口在100万以上的城市）设置的大气污染物常规在线监测站的一览表。而在日本全国，类似这样的监测站大约有2100个。这些站点上大气污染物的测定项目包括硫氧化物、氮氧化物、光化学氧化剂、烃类以及颗粒物。大气污染物浓度的年平均变化如图1.6.5所示。

⊖ 日本环境省于2012年制定并颁布了细颗粒物（$PM_{2.5}$）的环境标准限值。——译者注

表 1.6.4　政令都市（其中人口在 100 万以上）设立的大气环境常规在线监测站

北海道	札幌市	中心 西 伏见 北 1 条 南 13 条 筱路 国控札幌 东 北 21 条 东 18 丁目 白石 东月寒 月寒中央 发寒 手稻
宫城县	仙台市	宫城 泉 泉 –2 岩切 鹤谷 长町 中山 中野 七乡 高砂 山田 榴冈 台原 苦竹 木町 五桥
千叶县	千叶市	花见川第一小学 检见川小学 千草台小学 宫野木 樱木小学 大宫小学 明德学园 千城台小学 千叶县聋哑学校 寒川小学 末广小学 松丘小学 苏我小学 福正寺 临海服务所 苏我保健所 千叶市市政府 都公园 土气町 千草汽车尾气监测站 真砂公园 葭川汽车尾气监测站 宫野木汽车尾气监测站 检见川汽车尾气监测站 幕张西汽车尾气监测站 真砂汽车尾气监测站
东京都	东京都 23 区	丸之内 日比谷 国控霞关 国控北之丸 晴海 白金 高轮 国控东京 柳町 初台 国控新宿 本驹入 小石川 大关横丁 东向岛 大岛 有明 龟户 辰巳 丰町 八潮 北品川十字路口 中原口 碑文谷 大阪桥 柿之木阪 东糀谷 松原桥 世田谷 成城 上马 八幡山 宇田川町 大原 若宫 杉并 久我山 井草 下井草 王子 南千住 冰川 大和 北町 石神井台 练马 丰玉 岛根 千住署町 梅岛 立石 水元 鹿骨 春江町 南葛西

（续）

神奈川县	横滨市	濑田市场 生麦小学 下末吉小学 神奈川区综合厅 平沼小学 浅间下十字路口 神奈川县厅 加层台 本牧 横滨商业高校 樱丘高校 礒子区综合厅 泷头 长滨 港北区综合厅 汲泽小学 矢泽小学 矢泽十字路口 野庭小学 港南小学 鹤峰小学 都岗小学 三吴小学 青叶台 环境都筑工厂 南濑古小学 犬山小学 泉区综合厅 青叶区综合厅 都筑区综合厅
	川崎市	公害监控中心 大师健康分店 国控川崎 池上新田公园 幸保健所 中原保健所 中原和平公园 生活文化会馆 鹭沼配水所 弘法松公园 登户小学 水村桥
爱知县		国控名古屋 水道局北事所 爱知工业高校 名古屋西高校 中村保健局 电视塔 县劳动会馆 端陵高校 热田保健所 中川保健所 八幡中学 富田支所 推信高校 港阳 南阳支所
爱知县		宝小学 白水小学 守山保健所 志段味支社 大高北小学 鸣海配水厂 名东保健所 天白保健所
京都府	京都市	上京汽车尾气监测站 左京 市政府 壬生 大宫汽车尾气监测站 西京汽车尾气监测站 南 南汽车尾气监测站 伏见 久我 醍醐 山科 山科汽车尾气监测站 西京 桂汽车尾气监测站
大阪府	大阪市	济美小学 梅田街 海老江西小学 此花区政府 淀屋桥 堀江小学 平尾小学 淀中学 出来岛小学 国控大阪 金里十字路口 胜山中学 大宫中学 新森小路小学 圣贤小学 杭全町十字路口 今宫中学 淀川区政府 茨田北小学 旧住之江小学 北粉滨小学 摄阳中学
兵库县	神户市	东滩 深江 东部汽车 滩 葺合 兵库南部 长田 须磨 白川台 垂水 西神 垂水汽车 北 北神 押部谷

（续）

广岛县	广岛市	福木小学 庚午 安佐南 西部丘陵 三篠小学 皆实小学 井口小学 阿佐北 纸屋町	福冈县	北九州市	城野监测站 曾根监测站 企救丘监测站 八幡监测站 西本町监测所 黑崎监测站 塔野监测站 黑崎监测所
福冈县	北九州市	门司监测站 松江监测站 门司港监测站 岩松监测站 江川监测站 户畑监测站 国控北九州 小仓监测站		福冈市	东 香椎 吉塚 市政府 天神 南 长尾 西

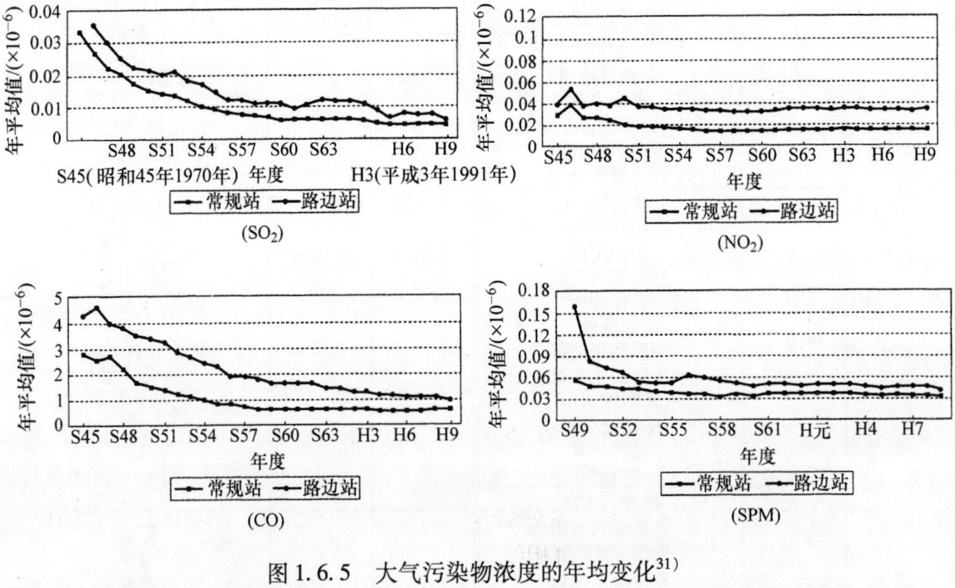

图 1.6.5 大气污染物浓度的年均变化[31)]

1. 二氧化硫（SO_2）

在日本经济高速发展期（1955～1973 年），由于大量使用化石燃料，SO_2 导致了严重的大气污染。后来，随着对工业煤烟的排放管制、对燃料中含硫成分的控制以及对工厂进行的总量限制等政策的实施，大气污染得到明显的改善。到了 1996 年，99.9% 的常规环境监测站（下称：常规站）的监测数据达到了大气环境标准（参见第 1 篇 3.2 节），而机动车尾气监测站（下称：路边站）的监测数据则100%达到了大气环境标准。

2. 氮氧化物（NO_x）

NO和NO_2等NO_x主要来源于化石燃料的燃烧，其排放源包括工厂等固定源和机动车等移动源。

大气环境标准（参见第1篇3.2节）中设定的NO_2，在高浓度的情况下会对人体呼吸系统造成很大的危害。近年来，日本NO_2的年平均值一直保持比较稳定的状态，但是从图1.6.6中可以看出，在关东地区，市中心区域与京滨区域等仍然有很多监测站的NO_2出现较高浓度。1997年，全国大气环境达标率如下：常规站95.3%；路边站65.7%。依据《大气污染防治法》，日本在东京、横滨和大阪等城市还对固定排放源中的NO_x进行了排放总量控制，在这些地区的达标率如下：常规站58.7%；路边站12.5%。此外，在机动车NO_x排放法中规定的NO_x控制对象区域（首都地区和大阪·兵库地区）的达标率如下：常规站78.9%；路边站34.3%。

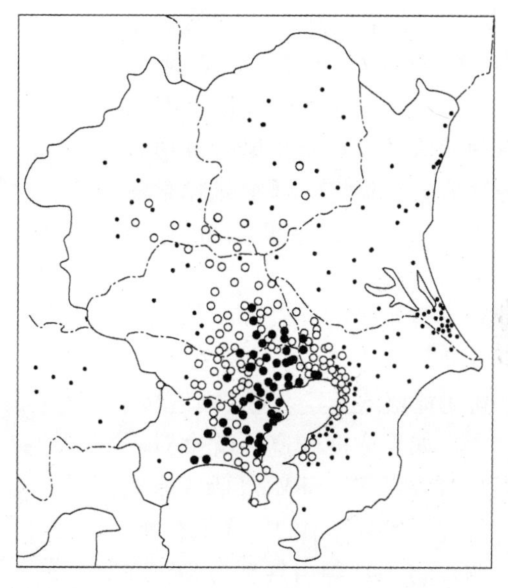

图1.6.6 NO_2的年平均值的分布

（常规大气环境监测站）[31]

3. 一氧化碳（CO）

大气中的CO是燃料的不完全燃烧所产生的，而机动车是其中最主要的排放源。CO可以与血液中的血红蛋白相结合，进而通过阻碍氧气在体内的运输对人体健康产生危害。近年来，随着机动车尾气排放限制措施的逐步加强，日本所有常规站和路边站上CO的监测结果，全部达到了大气环境标准中规定的限值（参见第1篇3.2节）。

4. 光化学氧化剂（O_x）

O_x是由工厂或机动车排放的NO_x和HC（烃）等一次污染物，经太阳光线照射后发生光化学反应而形成的臭氧等二次产物的总称。O_x具有很强的氧化能力，在较高浓度下会诱发眼部或咽喉的刺激性症状，甚至还会对呼吸系统造成损伤。如果 O_x 的小时值超过 0.12×10^{-6}，并在气象条件的影响下，该状态持续呈现，那么根据《大气污染防治法》中的相关规定就应当向公众发布预警信号。

1998 年，在日本 22 个都道府县中发布普通预警信号的天数为 135 天，主要集中在首都地区、近畿地区・四国地区（参见图 1.6.7）。此外，各地区都没有发布严重预警信号（严重预警标准由各地方政府自行设定，通常光化学氧化剂的严重预警标准为小时值 0.24×10^{-6}）。

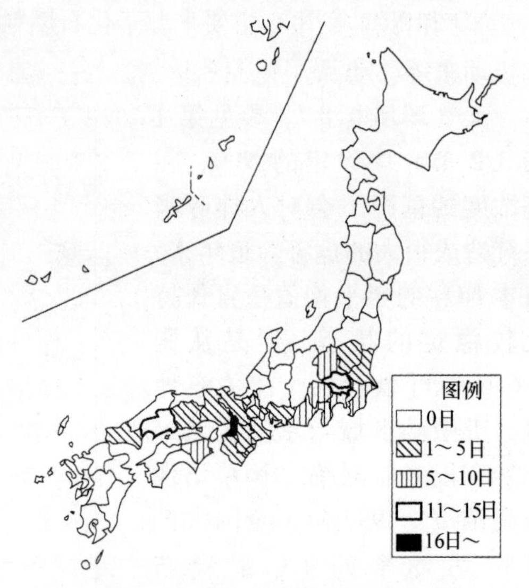

图 1.6.7　1998 年日本都道府县发布 O_x 预警信号的天数[31)]

5. 悬浮颗粒物（SPM）

SPM 可以长时间滞留在大气中，被人体吸入后会沉积在肺部或气管中。如果浓度较高，就会对呼吸系统造成损伤。SPM 包括从排放源直接进入到大气中的一次颗粒物，以及 SO_x 和 NO_x 等由气态污染物在大气中经化学反应转化生成的二次颗粒物。其中，一次颗粒物主要来源于工厂和柴油车尾气等人为排放源以及土壤扬尘等自然排放源。

日本 SPM 浓度的年平均值从长期呈现出逐渐减少的趋势，直到 1975 年后才达到基本稳定状态。尽管如此，日本各地大气环境标准的达标率依然很低（常规站为 61.9%，路边站为 34.0%）。

此外，近年来，从二次生成颗粒物的观点出发，针对细颗粒物的相关研究逐渐引起了人们的重视。

6. 其他有害大气污染物

除上述物质外，大气中还存在着很多其他的污染物。其中有一些污染物虽然浓度较低，但如果人体长期暴露也会有危害健康的可能。1996 年 10 月，“日本中央环境审查会”选取 22 种具有较高健康风险的大气污染物作为优先控制对象，建议大力推进相关治理政策的制定。1996 年 2 月，日本还发布了苯、三氯乙烯和四氯乙烯的大气环境标准（参见第 1 篇 3.2 节）。今后，在室内换气时，也应充分考虑到室外环境空气中这一类气态污染物的影响。此外，在半导体等电子工业领域中，也会出现由于氨和硼等其他大气污染物引发的环境问题。

6.3.2　大气污染物浓度的设计资料

一般通过在空气净化设备所在地点开展相关监测的办法，来掌握大气污染物给其造成的负荷。其中，将全年 98% 的日均值作为“峰值负荷”，以及将全年 50% 的日均值作为“平均负荷”是比较理想的数值。如果无法自行开展污染物监测，则可以使用以下方法：

1. 根据大气环境监测数据整理出污染物浓度设计资料

在日本环境厅大气保护局规制科发布的最新版报告书中[29),30)]，选择距离对象地点最近的大气环境监测数据，并在这些数据的基础上计算了污染物的峰值负荷与平均负荷。环境厅将污染物数据库分为月均值・年均值（数据来源：常规大气环境监测站和机动车尾气排放监测站）和小时值（数据来源：18 个都道府县中约 1200 个监测点位）两部分。这些数据可以在 http：//www. eic. or. jp/data/air/data 网站进行检索，同时也可以通过购买相应的数据光盘获得。其中直接提供了 SO_2、NO、NO_2、NO_x 以及 SPM 的全年 98% 值（峰值负荷，参见表 1.6.5），但是没有提供全年 50% 值（平均负荷），因此需要自行计算。同时，NMHC、CH_4 和 THC 等的峰值负荷与平均负荷均没有提供。

表 1.6.5　政令都市（其中人口在 100 万以上）**的大气污染物浓度**（年平均值和全年 98% 的日均值）

监测站	SO_2（$\times10^{-6}$）		NO（$\times10^{-6}$）		NO_2（$\times10^{-6}$）		NO_x（$\times10^{-6}$）		SPM/（mg/m^3）	
	年平均值	年间98%值	年平均值	年间98%值	年平均值	年间98%值	年平均值	年间98%值	年平均值	年间98%值
国控札幌（札幌市）	0.005	0.014	0.016	0.090	0.021	0.051	0.037	0.137	0.022	0.051
长町（仙台市）	0.003	0.008	0.009	0.041	0.016	0.031	0.025	0.071	0.025	0.060
千叶市政府（千叶市）	0.009	0.017	0.007	0.238	0.031	0.063	0.110	0.290	0.055	0.130
国控东京（东京都）	0.006	0.012	0.024	0.079	0.035	0.062	0.059	0.142	0.049	0.120
神奈川县厅（横滨市）	0.007	0.015	0.025	0.111	0.036	0.068	0.061	0.171	0.048	0.116
国控川崎（川崎市）	0.008	0.014	0.033	0.115	0.038	0.066	0.071	0.175	0.037	0.090
国控名古屋（名古屋市）	0.003	0.008	0.013	0.074	0.026	0.049	0.039	0.118	0.038	0.085
壬生（京都市）	0.005	0.010	0.012	0.049	0.023	0.046	0.035	0.093	0.030	0.070
国控大阪（大阪市）	0.006	0.012	0.025	0.102	0.033	0.061	0.057	0.158	0.040	0.094
葺合（神户市）	0.005	0.010	0.011	0.052	0.020	0.046	0.031	0.090	0.023	0.060
庚午（广岛市）	0.006	0.014	0.096	0.155	0.041	0.064	0.136	0.205	0.058	0.122
国控北九州（北九州市）	0.005	0.010	0.014	0.058	0.025	0.047	0.038	0.084	0.034	0.091
天神（福冈市）	0.009	0.015	0.100	0.183	0.050	0.073	0.149	0.092	0.050	0.096

注：年平均值为月平均值的算术平均值。

2. 以往研究中颗粒物浓度的设计资料[31)~36)]

在以往的研究中，全部以 1975 年以后 SPM 的浓度保持相对稳定的趋势为前提进行了相关计算。并且，如图 1.6.5 所示，直到 1998 年 SPM 仍然持续保持了同样的稳定态势。

在东京・埼玉・大阪的大气环境常规监测站监测数据的基础上[37)~39)]，绘制累积频率分布曲线，然后按照不同的地域、时间进行分析，就可以求出空气净化设备的颗粒物污染设计浓度。

表1.6.6显示的是东京·埼玉·大阪地区空气净设备的颗粒物设计浓度。

表1.6.6 基于东京·埼玉·大阪的大气环境常规监测站数据计算得到的空气净化设备颗粒物设计浓度（mg/m³）[35]

(a) 东京

位置		危险率（%）		
		2.5	5.0	50
1	旧都厅前	0.23	0.19	0.05
2	国控东京	0.24	0.18	0.04
3	城东	0.23	0.17	0.04
4	椛谷	0.23	0.18	0.04
5	世田谷	0.24	0.18	0.04
6	涩谷	0.21	0.16	0.04
7	板桥	0.24	0.19	0.05
8	荒川	0.23	0.18	0.04
9	江户川	0.25	0.19	0.04
10	八王子	0.19	0.15	0.04
11	立川	0.2	0.16	0.04
12	田无	0.21	0.16	0.04
13	町田	0.18	0.14	0.04
14	青梅	0.15	0.13	0.04
15	石神井	0.25	0.19	0.05
16	中野	0.24	0.18	0.04
17	府中	0.19	0.15	0.04
18	小平	0.21	0.16	0.04
19	调布	0.25	0.19	0.05
20	公害研	0.25	0.19	0.04
21	晴海	0.21	0.16	0.04
22	港	0.21	0.16	0.04
23	目黑	0.23	0.17	0.04
24	葛饰	0.29	0.23	0.05
25	练马	0.23	0.17	0.04
26	久我山	0.24	0.17	0.04
27	福生	0.18	0.15	0.04
平均		0.22	0.17	0.04

(b) 埼玉

位置		危险率（%）		
		2.5	5.0	50
1	八潮	0.23	0.18	0.04
2	草加	0.28	0.22	0.06
3	越谷	0.29	0.22	0.06
4	春日部	0.27	0.21	0.06
5	鸠谷	0.26	0.2	0.05
6	川口	0.26	0.19	0.04
7	户田	0.25	0.2	0.06
8	和光	0.19	0.15	0.04
9	大宫	0.21	0.17	0.04
10	上尾	0.24	0.18	0.05
11	富士见	0.22	0.18	0.06
12	所泽	0.25	0.2	0.05
13	入间	0.21	0.16	0.06
14	川越	0.22	0.17	0.06
15	幸手	0.28	0.22	0.06
16	鸿巣	0.26	0.19	0.06
17	熊谷	0.24	0.18	0.05
18	秩父	0.15	0.13	0.05
19	影森	0.17	0.14	0.06
20	三乡	0.24	0.18	0.05
21	公害中心	0.28	0.21	0.05
平均		0.24	0.18	0.05

(c) 大阪

位置		危险率（%）		
		2.5	5.0	50
1	吹田	0.14	0.11	0.03
2	守口	0.17	0.13	0.04
3	府公害中心	0.21	0.17	0.05
4	府立大学	0.18	0.14	0.05
5	八尾	0.21	0.17	0.05
6	丰中	0.19	0.15	0.04
7	泉大津	0.16	0.13	0.06
8	茨木	0.13	0.1	0.03
9	寝屋川	0.19	0.14	0.04
10	高槐	0.15	0.12	0.04
11	枚方	0.16	0.13	0.04
12	摄津	0.18	0.14	0.04
13	岸和田	0.18	0.14	0.04
14	富田林	0.16	0.13	0.04
15	池田	0.12	0.09	0.03
16	泉佐野	0.17	0.14	0.05
17	藤井寺	0.18	0.15	0.05
18	和泉	0.15	0.12	0.04
19	松原	0.21	0.16	0.05
20	太子堂	0.26	0.2	0.06
21	河内长野	0.18	0.15	0.05
22	樱塚	0.13	0.11	0.03
23	枚冈	0.25	0.19	0.04
平均		0.18	0.14	0.04

（1）大气颗粒物设计浓度的月变化

如图1.6.8所示，颗粒物的设计浓度在夏季和冬季这两个季节呈现较高水平。图中的危险率50%为累积频率分布的中位数。

（2）大气颗粒物设计浓度的小时变化

如图1.6.9所示，9~10点以及19点左右颗粒物设计浓度较高。对于空气净化设备运行的主要时间段来说，在设计时就应当充分考虑这些时间点的浓度变化情况。

（3）空气净化设备的不同运行方式导致的大气颗粒物设计浓度的差别

图1.6.10所示为空气净化设备仅在白天（9~18点）运行和全天连续运行时颗粒物浓度间的关系。如图所示，当危险率在2.5%时，在东京、埼玉和大阪，仅白天运行时的颗粒物浓度分别是全天运行时的0.94倍、0.94倍和1.03倍；

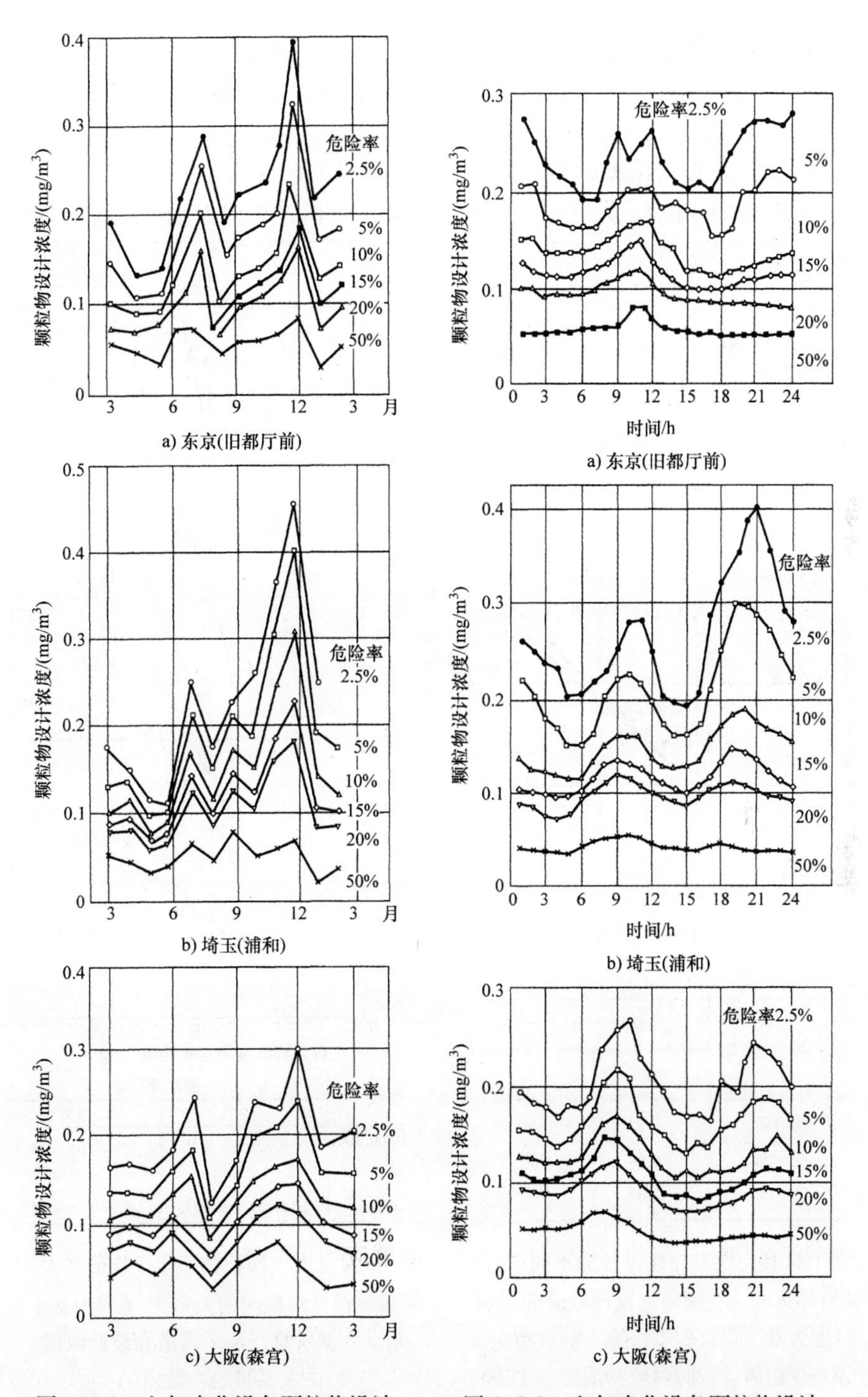

图 1.6.8　空气净化设备颗粒物设计浓度的月变化示例[35)]

图 1.6.9　空气净化设备颗粒物设计浓度的小时变化示例[35)]

同样地，当危险率在 5.0% 时，白天运行时的颗粒物浓度分别是全天运行时的 0.96 倍、0.95 倍和 0.94 倍。从以上结果可知，无论采用哪种运行方式，颗粒物浓度值相差都不大，因此没有必要特意区分浓度的设计值。

（4）大气颗粒物浓度的年平均值和大气颗粒物设计浓度的关系

如图 1.6.11 所示，大气颗粒物浓度的年平均值，与根据全年统计数据求出

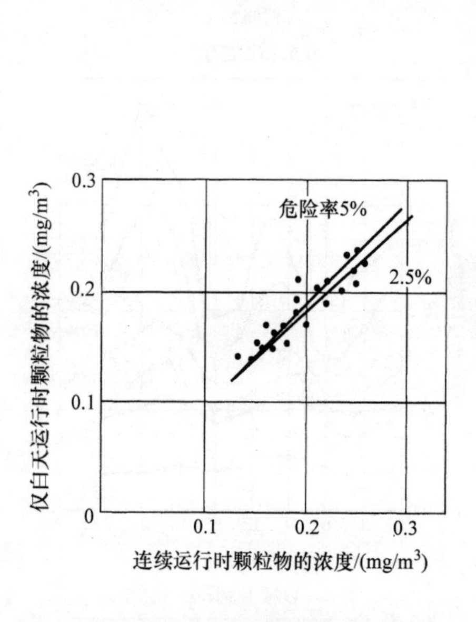

地　区	危险率(%)	
	2.5%	5%
东　京	0.94	0.96
琦　玉	0.94	0.95
大　阪	1.03	0.94

图 1.6.10　空气净化设备的不同运行式所导致的大气颗粒物设计浓度的差别[35]（图为基于东京数据所绘；空气净化设备仅白天运行时颗粒物浓度 = 连续运行时颗粒物浓度 × 表中数值）

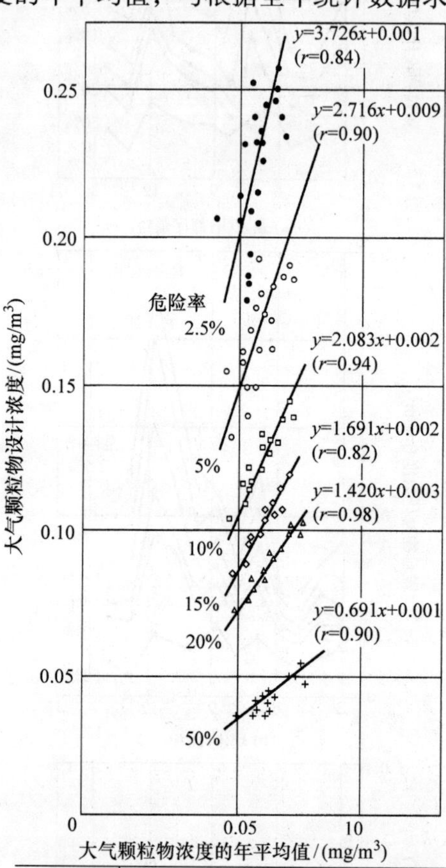

地区	危险率(%)	
	2.5%	5%
东京	y=3.726x+0.001	y=2.716x+0.009
琦玉	y=3.17x+0.017	y=2.43x+0.015
大阪	y=3.218x+0.001	y=2.801x−0.015

图 1.6.11　大气颗粒物的年平均值和大气颗粒物设计浓度间的关系[35]（图为基于东京数据所绘；年平均值和设计浓度的关系见表中数值）

的大气颗粒物设计浓度之间的关系如下：当危险率为2.5%时，东京、埼玉和大阪的颗粒物设计浓度分别为其各自年平均浓度的3倍、3.2倍和3.2倍；同样地，当危险率为5.0%时，颗粒物设计浓度分别为其各自年平均浓度分的2.7倍、2.4倍和2.8倍。因此，将颗粒物实际浓度的年平均值乘以上述倍数，即可得出空气净化设备的颗粒物设计浓度。

（5）用于空气净化设备的大气颗粒物设计浓度

大气颗粒物设计浓度可以通过下式求出：

$$C_{\mathrm{D}} = kC_{\mathrm{y}} \tag{6.9}$$

式中，C_{D} 为大气颗粒物的设计浓度（$\mathrm{mg/m^3}$）；C_{y} 为大气颗粒物实测浓度的年平均值（$\mathrm{mg/m^3}$）；k 为系数，当危险率为5.0%时 $k=2.7$；当危险率为2.5%时，$k=3.7$（仅限于东京）。

参考文献

1) 環境庁大気保全局大気規制課：平成8年度一般大気測定局結果報告（1996）
2) 神奈川県：平成8年度神奈川の大気汚染（1996）
3) 村山貢司：アレルギーの臨床，14，pp.20-23（1994）
4) 佐橋紀男：アレルギーの領域，4，pp.17-23（1997）
5) 西端慎一：アレルギーの領域，5，pp.566-572（1998）
6) 原子力ハンドブック編集委員会：原子力ハンドブック，5章，オーム社（1989）
7) 和達清夫監修：気象の辞典，東京堂出版（1993）
8) 原子力白書，平成10年版，第2章4.（4），原子力委員会，大蔵省印刷局（1998）
9) 鎌田元康：建物近傍における拡散，空気清浄，Vol.15，No.6，pp.26～41（1977）
10) 鎌田元康：建物近傍における汚染物拡散に関する実験的研究（1），日本建築学会論文報告集，第279号，pp.117～126（1979）
11) 鎌田元康：建物周囲の気流と近傍汚染，空気調和・衛生工学，Vol.54，No.4，pp.35～42（1980）
12) 上原　清：交差点周辺の大気汚染濃度分布に関する風洞実験—市街地における汚染物の拡散に関する実験的研究(その1)，日本建築学会計画系論文集，第485号，pp.25～34（1996）
13) 上原　清：温度成層流中のストリートキャニオン内の流れに関するLDVを用いた風洞実験—市街地における汚染物の拡散に関する実験的研究(その2)，日本建築学会計画系論文集，第492号，pp.39～46（1997）
14) 上原　清：温度成層流中のストリートキャニオン内の濃度分布に関する風洞実験—市街地における汚染物の拡散に関する実験的研究(その3)，日本建築学会計画系論文集，第499号，pp.9～16（1997）
15) 上原　清：温度成層流下のストリートキャニオン内部流れに対する道路幅の影響に関する風洞実験—市街地における汚染物の拡散に関する実験的研究(その4)，日本建築学会計画系論文集，第510号，pp.37～44（1998）
16) T. R. Oke：Street Design and Urban Canopy Layer Climate, Energy and Buildings, Vol.11, pp.103～113（1988）
17) 老川　進・孟　岩：建物群落内における拡散現象に関する風洞実験（その1：濃度場の測定），（その2：流れ場の測定），日本建築学会大会学術講演梗概集，pp.585～588（1996）
18) 鎌田元康：建物近傍における汚染物拡散に関する実験的研究（2），日本建築学会論文報告集，第

281号, pp. 109～119 (1979)

19) 山村真司・村上周三・持田 灯・林 吉彦：建物周辺における浮力を持つガスの拡散の数値予測（第2報）Violet型の k-ε モデルによる安定状態，不安定状態の拡散場の解析，日本建築学会大会学術講演梗概集，pp. 467～468 (1989)

20) 富永禎秀・水谷国男・村上周三・持田 灯・渋谷亜紀子：LESによる建物周辺のガス拡散の非定常解析（その1）空気と等密度ガスの濃度変動に関する風洞実験との比較，（その2）浮力のあるガスが排出された場合の風洞実験との比較，（その3）浮力効果のSGSモデルの組み込みが乱流拡散場に与える影響，日本建築学会大会学術講演梗概集，pp. 509～510，(1992)，pp. 775～778 (1993)

21) 渋谷亜紀子・村上周三・持田 灯・高橋岳生・林 吉彦：高応答性濃度計による建物周辺の濃度変動に関する風洞実験（その1）立方体周辺における濃度変動の分散，スペクトルの性状，（その2）高層建物モデル周辺の最大瞬間濃度の分布性状，日本建築学会大会学術講演梗概集，pp. 619～622 (1991)

22) 老川 進：建物周囲の大気拡散現象ー大きな風速変動値の野外と風洞の対応ー，日本建築学会大会学術講演梗概集，pp. 617～618 (1991)

23) 趙 仲善・藤井邦雄・小林信行・吉田 元：市街地における建物近傍の高温排ガス汚染に関する風洞模型実験（その2）風洞実験予測濃度から評価濃度への換算に関する考察，日本建築学会大会学術講演梗概集，pp. 97～98 (1994)

24) 村上周三，他：建物間の空間の換気回数に関する風洞実験，第3回乱流シンポジウム，pp. 78～81 (1971)

25) W. B. Johnson, F. L. Ludwig, W. F. Dabberdt, and R. J. Alen: An urban simulation model for carbon monoxide, Journal of the Air Pollution Control Association, Vol. 23, No. 6, pp. 490～498 (1973)

26) 伊藤康夫，他：ストリートキャニオンのCO濃度測定および拡散モデル，大気汚染研究協議会大会講演要旨集，p. 168 (1976)

27) 林，岡本，山田，小林，北林，塩沢：都市内道路でのエアトレーサー拡散実験とSRIストリートキャニオンモデルの検証，大気汚染学会誌，Vol. 26, No. 4, pp. 235-245 (1991)

28) A. F. Stein and B. M. Toselli: Street level air pollution in Cordoba city, Argentina: Atmospheric Environment, Vol. 30, No. 20, pp. 3491～3495 (1996)

29) 環境庁大気保全局大気規制課：一般環境大気測定局測定結果報告書 (1997)

30) 環境庁大気保全局大気規制課：自動車排ガス測定局測定結果報告書 (1997)

31) 環境庁企画調整局調査企画室：環境白書 (1999)

32) 南野 脩，他：空気浄化装置設計用外気浮遊粉じん濃度について（第1報）ー東京都における場合ー，日本建築学会大会学術論文集，pp. 261～262 (1977)

33) 南野 脩，他：空気浄化装置設計用外気浮遊粉じん濃度について（第2報）ー埼玉県における場合ー，日本建築学会関東支部研究報告書，49, pp. 141～144 (1978)

34) 南野 脩，他：空気浄化装置設計用外気浮遊粉じん濃度について（第1報）ー大阪府における場合ー，日本建築学会関東支部研究報告集，pp. 9～12 (1979)

35) 日本空気清浄協会：空気清浄ハンドブック，6.3 汚染負荷，pp. 211-217，オーム社 (1981)

36) 南野 脩，他：空気浄化装置設計用外気浮遊粉じん濃度について（第7報）ー主要都市の最近のデータにもとづく設計値の再提案ー，日本建築学会大会学術論文集，pp. 645～646 (1989)

37) 東京都公害局監視部編：大気汚染常時測定室，測定結果報告 (1975～1976)

38) 埼玉県大気汚染常時監視局編：大気汚染常時測定結果報告 (1975～1976)

39) 大阪府公害局監視センター編：大気汚染常時測定室，測定結果報告 (1975～1976)

第 7 章　净化原理及其操作方法

7.1　灭菌法

7.1.1　灭菌的定义

于1998年发布的《日本药典》第13次修订版的第1次增补版中[1)]，“灭菌”被定义为“杀灭或除去物质中的所有微生物”。

图1.7.1所示为灭菌的概念图。如图所示，由于杀灭细菌的数量按指数函数递减，所以无论使用何种灭菌方法，微生物的数量都不可能达到0。由此产生了“无菌保证水平”的概念，而当达到这一水平时，就可以认为是完成了“灭菌”。

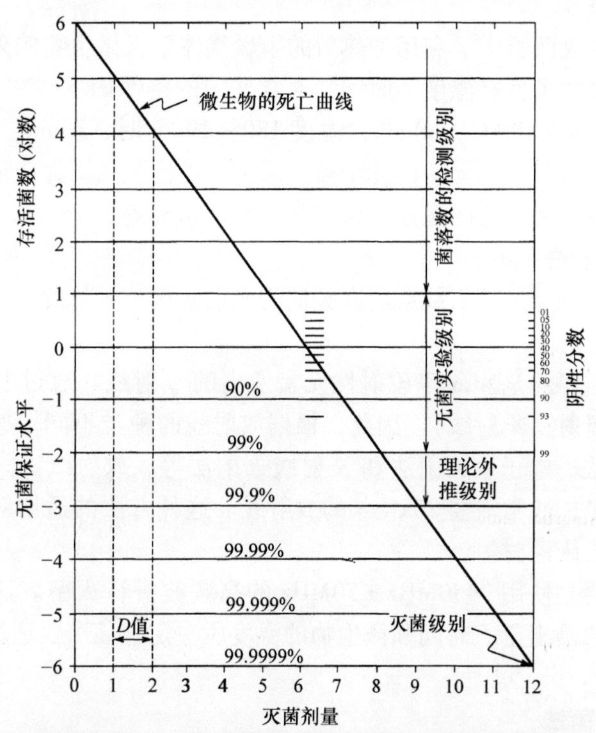

图1.7.1　灭菌的概念图（阴性分数（n/N）在图中用$\log\{\ln(N/n)\}$表示，其中N为无菌试验总数，n为无菌试验阴性数）

国际上通常采用的无菌保证水平为10^{-6}，即经过灭菌后的每个物质中有1

个微生物存活的概率应低于 10^{-6}。同时，对于最终容器或完成包装后的产品，确保其能够达到上述概率的灭菌方法，被称为最终灭菌法。

7.1.2　灭菌的分类

灭菌的分类方法有很多种，在此根据《日本药典》中的分类方式分别加以说明。在工业上主要使用的灭菌方法有环氧乙烷气灭菌、γ 射线灭菌、高压蒸气灭菌和过滤灭菌等。而在医疗机构则主要使用高压蒸气灭菌或环氧乙烷气灭菌等方法。

7.1.3　加热灭菌法

加热灭菌法的定义为“使用热能杀灭微生物的方法”，可分为高压蒸气法和干热法两种。

高压蒸气法为向灭菌器中加压，通过获得的饱和蒸气的热能来杀灭微生物的灭菌方法。影响高压蒸气法灭菌效果的条件有温度、水蒸气压和时间。通常使用的条件如下：温度 115～118℃，30min；温度 121～124℃，15min；温度 126～129℃，10min。这种方法的适用对象主要为具有耐热性的医疗器械、药品、卫生材料和液体对象等。

干热法为在灭菌器中，利用加热后的干燥气体杀灭微生物的灭菌方法。影响干热法灭菌效果的条件有温度和时间。通常使用的条件如下：温度 160～170℃，120min；温度 170～180℃，60min；温度 180～190℃时，30min。此外，由于干热和湿热的熵值有很大不同，因此干热的灭菌条件比湿热更为严格。干热灭菌法仅适用于玻璃或金属材质的医疗器械以及耐热性粉末等。

7.1.4　辐照灭菌法

辐照灭菌法是通过放射线或者高频波的辐射杀灭微生物的方法，可分为放射线法和高频法两类。

放射线法使用的是 ^{60}Co 等放射性元素发出的 γ 射线、通过电子加速器生成电子束或轫致辐射（X 射线）。因此，根据放射线的种类不同，放射线法又可分为 γ 射线灭菌法、电子束灭菌法和 X 射线灭菌法等。放射线法的灭菌效果仅由放射线剂量决定，通常需要 25kGy[㊀] 的放射线。这种方法的适用对象为耐放射线的医疗器械或临床器材等。

高频法主要是使用 2450MHz ± 50MHz 的高频波进行灭菌。这种方法的灭菌效果由高频波的输出量、时间和微生物的温度所决定。该法仅适用于耐热性的液体对象等。

7.1.5　气体灭菌法

气体灭菌法是在灭菌器中通入杀菌气体杀灭微生物的方法。其中，环氧乙烷

㊀ 1kg 被辐照物质吸收 1J 的能量为 1Gy。—译者注

是使用最为广泛的一种杀菌气体。影响气体灭菌法效果的因素有气体浓度、压力、温度、湿度和时间等。该法的灭菌对象为具有气体浸透性的医疗器械和临床器材等。此外，因为环氧乙烷具有致癌性，所以需要对产品上的残留气体、灭菌器中的废气和作业环境中逸散的气体进行严格管理。

7.1.6 过滤灭菌法

过滤灭菌法是借助适当材质的灭菌滤膜，去除微生物的方法。该法主要采用的滤膜孔径为0.22~0.45μm。过滤法的灭菌效果主要由过滤时的压力、流量和滤膜自身特性所决定，其适用对象主要是液体医药品。

7.1.7 其他灭菌方法

虽然目前还开发出了低温等离子法、气化过氧化氢法、臭氧法和二氧化氯气体法等灭菌方法，但是被允许用于医疗器械的只有低温等离子灭菌法。

低温等离子法是在灭菌器中，通过化学试剂等离子放电时产生的活性基团（自由基）对微生物进行杀灭的方法。这种方法目前在医疗机构中作为环氧乙烷气灭菌法的替代法使用。

7.1.8 灭菌验证

为了达到无菌的状态，一直以来人们都在进行产品的无菌试验，并在这一过程中逐渐认识到了灭菌工程的重要性。为了能够科学地验证灭菌工程中每个行为的正确性，相应地引入了灭菌验证的理念。

也就是说，灭菌验证就是对与灭菌有关的各种方面的预期结果进行验证，并形成规范文件。通过灭菌验证的实施，可以保证产品的无菌性。

灭菌验证的顺序如下：

1）无论是否有灭菌对象，都应确认灭菌装置是否能够正常运行。

2）首先根据被灭菌对象的生物负荷以及生物指示剂的检测结果，确定灭菌条件，然后再借助微生物学试验来验证设定的灭菌条件是否合适。

3）确认即使是在最差的灭菌条件下，也能够进行灭菌。

4）确认选用的灭菌方法适用于灭菌对象。

对于通过这一验证过程确立的灭菌工程，还应对其保持有效的日常管理，并定期进行适应性试验。

7.1.9 灭菌的判定

上述灭菌验证结束后，应基于生物指示剂或化学指示剂的检验结果，对灭菌效果进行判定。

7.1.10 灭菌指示物

灭菌指示物包括生物灭菌指示剂和化学灭菌指示剂两类，通常用于灭菌工程的管理或者灭菌指标的确认。

表1.7.1中列出的微生物是生物灭菌指示剂中常用的指标菌。另外，在放射

线灭菌法中，各种化学剂量计所使用的化学物质，即化学灭菌指示剂。

表 1.7.1 用于生物灭菌指示剂菌种

灭菌方法	代表性菌种	
高压蒸气法	嗜热脂肪芽胞杆菌	ATCC 7953
	嗜热脂肪芽胞杆菌	ATCC 12980
环氧乙烷气法	枯草杆菌黑色变种	ATCC 9372
干热法	枯草杆菌黑色变种	ATCC 9372

7.2 消毒法

7.2.1 消毒的定义

所谓的消毒，就是指减少存活微生物的数量，而灭菌的定义则是将微生物全部杀灭或除去。因此这两者之间的区别非常明确。

过去的《日本药典》中把消毒定义为只杀灭对人畜有害的微生物。但实际上，在消毒过程中不可能仅将对象微生物杀灭。因此，目前消毒的定义更接近于杀菌，而与灭菌有着明显的区别。

7.2.2 化学消毒法

化学消毒法是使用化学物质杀灭微生物的方法，而不同用途的消毒剂也是种类繁多。在欧美地区，用于生物体的消毒剂被称为杀菌剂（antiseptics），而用于物品或环境等无生命物质或场所的消毒剂则被称为杀菌剂（disinfectants）。

1. 使用消毒剂的注意事项

在使用消毒剂时应注意以下 8 点：

（1）选择适当的消毒剂

由于每种消毒剂都有其各自的抗菌谱，所以要根据污染微生物的种类，选择相应的消毒剂。

（2）注意消毒剂正确的使用浓度及其制备方法

首先应确定消毒对象所适合的消毒剂浓度，然后应在消毒前进行消毒剂的制备。

（3）把握好适当的消毒时间和消毒温度

消毒时间越长或消毒温度越高，那么消毒的效果也越好。

（4）某些污染物质可以使消毒剂失去作用

血液、体液和尿液等有机物，以及香皂、钙和镁等物质都容易使消毒剂失去作用。因此，应当在清除污染物后，再进行消毒处理。

（5）吸附作用可导致消毒剂有效浓度的降低

纤维类制品对消毒剂的吸附作用，可使其有效浓度出现明显的下降。因此在制备消毒剂时，应对消毒过程中可能会因吸附而损失的量进行一定的预估。

（6）对人体的影响

消毒剂的副作用之一是有可能出现对人体的影响。这一点在使用卤素类或醛类等消毒剂时应当特别注意。

（7）可能对环境产生的影响

高浓度的消毒剂不能直接通过下水道处理，而是应当使用纤维制品将其吸附后，进行燃烧处理。

（8）关于微生物耐受性的问题

消毒剂自身也含有微生物。如果经常使用某一种消毒剂，可能会出现对其具有耐受性的细菌。

2. 常用的消毒剂

（1）卤素类

卤素类消毒剂包括聚维酮碘和次氯酸钠。前者用于人体的消毒，后者用于物品或环境的消毒，两者均具有广泛的抗菌谱。但是，这一类消毒剂的消毒效果容易受到有机污物的影响。

（2）酒精类

酒精类消毒剂包括乙醇和异丙醇，主要用于手部和物品表面的擦拭消毒。因为这一类消毒剂的抗菌谱范围很窄，所以仅用于针对一般细菌的消毒。

（3）醛类

醛类消毒剂包括戊二醛和福尔马林。这两种药剂均用于针对物品或环境的消毒。其中，戊二醛虽然具有很强的杀菌效果，但同时也有很强的副作用。

（4）季胺类

季胺类消毒剂包括氯化苯甲烃铵和氯化苄乙氧铵，两者均广泛使用于人体、物品和环境的消毒，但对于结核菌、病毒和细菌孢子的杀灭效果不佳。

（5）缩二胍类

双氯苯双胍己烷属于缩二胍类消毒剂，它和季胺类消毒剂一样，适用范围很广，但同样对于结核菌、病毒和细菌孢子的杀灭效果较弱。

（6）两性表面活性剂

两性表面活性剂类的消毒剂包括盐酸烷基二氨基乙基甘氨酸和盐酸十二烷基氨基丙酸，这一类消毒剂主要用于物品或环境的消毒。其特点是，对于结核菌的杀灭比较有效。

7.2.3　煮沸法等加热消毒法

加热消毒法分为煮沸法、流通蒸汽法和间歇法。

煮沸法：将消毒对象没入沸水中 15min 以上，从而通过热量将微生物杀灭。

流通蒸汽法：在 100℃且流通的蒸汽中放入消毒对象 30～60min，从而杀灭微生物。

间歇法：每日 1 次将消毒对象置于 80 ~ 100℃的水中或流通的蒸汽中，反复加热 3 ~ 5 次，每次 30 ~ 60min，从而杀灭微生物。

以上这些消毒方法仅适用于有限的领域。同时，还应通过微生物试验对其适用性进行研究，以确保良好的消毒效果。

7.2.4 紫外线消毒法

通过照射波长为 254nm 左右的紫外线，从而杀灭微生物的方法称为紫外线消毒法。该法主要用于物体表面、空气和水的消毒。

7.3 净化的操作

在污染控制领域中，为了保证对象物体具有一定的洁净度，需要除去其表面附着的异物等污染。这时可以采用清洁空气吹洗，以及用液体清洗或冲洗等操作。

7.3.1 使用气体进行净化

1. 预清洗

在洁净室这一类无尘区域中安装或放置机器设备时，应预先尽可能地减少机器上附着的微细颗粒物等污染物。

通常情况下，使用纯水浸润的抹布擦除污渍，如机器表面有油膜等污物时，则应使用乙醇浸润的抹布擦拭。此外，如果在机器表面附着或可能附着有肉眼可以识别的微细颗粒物时，可采用如下所述的装有过滤器的气枪，通过压缩空气对表面附着的微细颗粒物进行去除。这种气枪能够吹落对象物体表面附着的微细颗粒物，其喷射口处装有薄膜过滤器，可以捕获直径在 0.8μm 以上的微细颗粒物，因此该气枪吹出的洁净压缩空气中只含有直径在 0.8μm 以下的微细颗粒物。

2. 精细净化

为了获得更高的洁净度，对于经过预清洗并放入洁净室中的机器设备，应当再次用气枪进行清洁。气枪是使用气体进行清洁时最常使用的工具。此外，当使用气枪去除物体表面的微细颗粒物时，应使去除的微细颗粒物流向气流的下游一侧，从而避免其发生再次飞散的情况。

3. 净化操作的效果

对于机器设备等净化对象的净化效果，可以使用 JIS[2] 指定的光散射式自动粒子计数器进行确认。

也就是说，在洁净室内，针对机器设备等放入前和放入后的悬浮颗粒物数量分别进行检测。如果两者数量的检测结果一致，那么整个净化操作过程就是正确的。

另外，类似洁净室这种室内空气中悬浮颗粒物极少的环境，借助 JIS[3] 规定的“洁净室中悬浮颗粒物的浓度测定方法”，就可以掌握其洁净水平。

根据 JIS 的规定，对于气体中悬浮的颗粒物的检测，可以使用光散射式粒子计数器法或显微镜法。

光散射式粒子计数器法可以对气体中的悬浮颗粒物进行连续检测，因此能够即时掌握作业场所的洁净程度。显微镜法则通过观察薄膜过滤器中捕获的细颗粒物实体，从而掌握其大小、数量和形状。

7.3.2　使用液体进行净化

使用液体进行净化操作的顺序为，首先用液体清洗物体表面附着的污渍，然后再进行冲洗，最后干燥。

表 1.7.2 为使用液体清洗样品容器的操作范例。

方法 1：用自来水或纯水进行清洗，然后在自来水或纯水的水流中进行冲洗。

方法 2：在加入自来水或纯水超声波清洗器中进行清洗，然后在自来水或纯水的水流中进行冲洗。

方法 3：在加入中性洗涤剂的自来水或纯净水中进行清洗，然后在自来水或纯水的水流中进行冲洗。或者在纯水中加入中性洗涤剂进行清洗后，再加入异丙醇进行清洗，最后再在纯水的水流中冲洗。

方法 4：在纯水中加入中性洗涤剂进行清洗，或者在加入纯水的超声波清洗器中清洗，然后用纯水水流冲洗，最后通过在容器内加入少量异丙醇的方法除去残余水分。

方法 5：在纯水中加入中性洗涤剂进行清洗，然后在纯水的水流中进行冲洗，接着在放入纯水的超声波净化器中清洗，随后再次在纯水的水流中冲洗，最后通过在容器内加入少量异丙醇的方法除去残余水分。

上述 5 种方法中，与方法 1 相比，方法 2 ~ 4 依次更加严格。特别是方法 5，在污染控制领域中，可以称得上是最严格的清洗方法（该法同样适用于标准油样品容器的清洗）。

清洗之后的样品容器需要在洁净工作台上进行干燥，然后保存在洁净室中，使其维持在依各自清洗方法清洗之后的状态。

7.3.3　净化操作的实例

使用表 1.7.2 中的各种方法，对用于检测航空航天液压油中颗粒物的样品容器进行清洗。以下对各种方法的清洗效果进行介绍。

表 1.7.2 样品容器的清洗方法

项目		清洗顺序					
清洗方法	清洗液体	除去油分	②清洗	③冲洗	④除去水分或清洗	⑤冲洗	⑥干燥
方法1(用水清洗)	自来水	—	流水中(3次)		—	—	100级洁净工作台
	纯水	—	流水中(3次)		—	—	100级洁净工作台
方法2(用超声波器和水清洗)	超声波清洗器+自来水	—	超声波清洗器(5min)	流水中(3次)	—	—	100级洁净工作台
	超声波清洗器+纯水	—	超声波清洗器(5min)	流水中(3次)	—	—	100级洁净工作台
方法3(用中性洗涤剂和水清洗)	中性洗涤剂+自来水	在自来水中放入洗涤剂用刷子清洗		流水中(直到自来水中没有洗涤剂)	—	—	100级洁净工作台
	中性洗涤剂+纯水	在纯水中放入洗涤剂用刷子清洗		流水中(直到纯水中没有洗涤剂)	—	—	100级洁净工作台
	中性洗涤剂+纯水+异丙醇	在纯水中放入洗涤剂用刷子清洗		流水中(直到纯水中没有洗涤剂)	—	—	100级洁净工作台
方法4(用超声波器、水、溶剂清洗)	超声波清洗器+纯水+异丙醇	超声波清洗器清洗(5min)		流水中(纯水冲洗3次)	异丙醇乙醇	—	100级洁净工作台
方法5(用水、超声波清洗器、溶剂清洗)	纯水+超声波清洗器+异丙醇	纯水中加入洗涤剂用刷子清洗		流水中(直到纯水中没有洗涤剂)	超声波清洗器清洗(5min)	流水中(纯水冲洗3次)	100级洁净工作台使用异丙醇除去水分

1. 样品容器的清洗方法及清洗效果

(1) 样品容器

样品容器如图 1.7.2 所示，为配有塑料瓶塞的200mL市售广口玻璃瓶。该容器的内壁光滑，且瓶底与瓶壁以及瓶壁与瓶颈的连接处均为平缓的曲面。在实验开始之前，应预先使用装有孔径 0.8μm 薄膜过滤器的气枪，通过向样品容器喷冲清洁空气来对其表面附着的污物进行清洗。

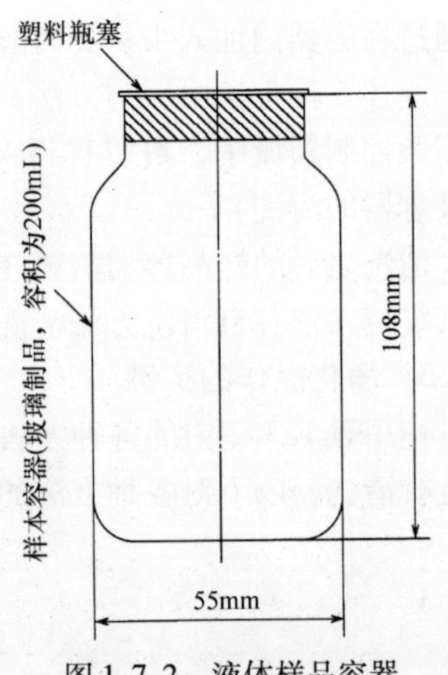

图 1.7.2 液体样品容器

(2) 清洗设备及清洗液

1) 清洗设备。样品容器的清洗设备见表 1.7.3。

表 1.7.3 清洗设备

设备	性能配置
纯水制备装置	前置过滤器（孔径 3μm），活性炭过滤器，离子交换树脂，薄膜过滤器（孔径 0.2μm，菊花状）
清洗液体喷枪	加压容器：容量 5L，喷管配有孔径 0.8μm 薄膜过滤器
超声波净化器	输出功率：150W，频率：55kHz，容量：5L
洁净台	洁净度：100 级 长：130，宽：100，高：180（单位：cm）

纯水制备装置由前置过滤器、离子交换树脂和薄膜过滤器等组成。该设备可以将自来水净化为电阻率为 18 MΩ · cm 的纯水。为了过滤掉清洗液中所含的细颗粒物，清洗液喷枪的喷管还装有孔径为 0.45μm 的薄膜过滤器。此外，超声波清洗器和洁净工作台均可采用市售产品，其规格见表 1.7.3。

2）清洗液。表 1.7.4 为清洗样品容器所用的液体种类，以及液体所含的颗粒物数浓度的检测结果。

表 1.7.4 清洗液体及其所含颗粒物数浓度（单位：个/100mL）

清洗液体	粒径/μm				
	5	15	25	50	100
自来水	4871	102	19	1	0
纯水	372	36	1	0	0
异丙醇	324	77	23	1	0
石油醚	170	35	9	0	0

其中的用水为自来水或通过纯水制备装置制备的纯水。异丙醇和石油醚为 JIS[4),5)] 指定的市售产品。以上液体均经由孔径 0.45μm 的薄膜过滤器过滤。

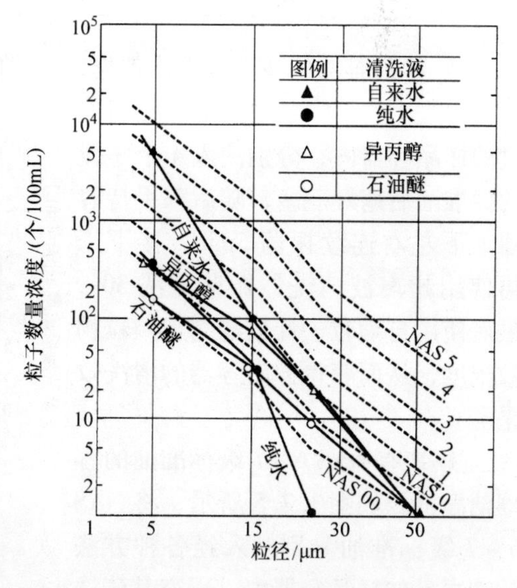

图 1.7.3 清洗液的洁净度

图 1.7.3 为将表 1.7.4 中的数据与 NAS（1638）污染度标准进行比较的数据图[6)]。

根据 NAS 的标准，自来水的洁净度在 0 ~ 4 级，此时水中粒径在 5μm 以上的颗粒物数量是粒径 15μm 以上颗粒物数量的 50 倍，因此具有细颗粒物含量较多的特点。与此相对应的是，纯水的 NAS 洁净度在 0 级以下；异丙基的 NAS 洁净度为 0 ~ 1

级。

(3) 样品容器的清洗方法

有关样品容器（含瓶盖和瓶塞）的清洗，可以使用表 1.7.2 中列出的用于检测油中颗粒物含量时最简便的 9 种细分方法。

(4) 样品容器清洗效果的检验

以下介绍样品容器洁净度的判定方法。首先在航空航天液压油中取出一定量的 4 个等级的标准油（颗粒物含量已知），然后分别注入经由表 1.7.2 中各方法清洗过的样品容器，并通过充分搅拌使附着于容器内壁的颗粒物混入标准油中。接下来测定此时标准油中颗粒物数的浓度，并将这个数值减去未注入前标准油中的已知颗粒物数浓度，这样就可以最终得出样品容器的洁净度。

1）标准油。有关标准油的制备方法[7] 在此不做详细介绍。见表 1.7.5 和图 1.7.4，本节讨论中使用的是 NAS 00 级、NAS 0 级、NAS 2 ~ NAS 3 级和 NAS 6 ~ NAS 7 级这 4 个等级标准油。

表 1.7.5　标准油中的颗粒物数浓度　　（单位：个/100mL）

标准油	粒径/μm				
	5	15	25	50	100
No. 1（NAS 6 ~ 7 级）	26350	3860	1490	303	43
No. 2（NAS 2 ~ 3 级）	1778	255	83	25	2
No. 3（NAS 0 级）	192	57	12	2	0
No. 4（NAS 00 级）	62	11	5	0	0

2）样品容器的清洗效果。首先，在经由表 1.7.2 中各种清洗方法清洗过的样品容器内，分别注入 4 个等级的标准油后塞好瓶塞，随后双手持容器上下左右连续振荡 5min，接下来再使用超声波清洗器振荡清洗 30s，最后使用自动粒子计数器测定颗粒物数浓度，从而获得样品容器的清洗效果。

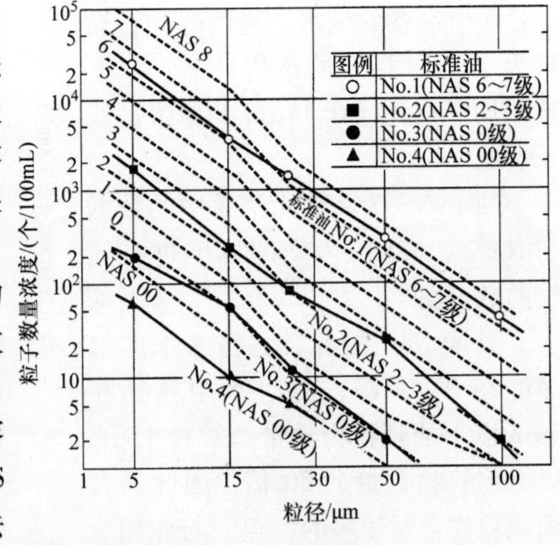

图 1.7.4　标准油的洁净度

① 装有 NAS 6 ~7 级标准油的容器洁净度。如图 1.7.5 所示，将 NAS 6 ~7 级标准油分别倒入经各种方法清洗之后的样品容器内，研究其清洗效果。

实验结果表明，无论用何种方式清洗，最后测定的洁净度均为 NAS 6 ~7 级标准油的洁净度，几乎没有显示出任何清洗效果。因此，对于 NAS 6 ~7 级的标准油来说，过度的清洗是没有意义的，使用方法 1（用自来水清洗然后冲洗干净）就已经足够了。

② 装有 NAS 2 ~3 级标准油的容器洁净度。如图 1.7.6 所示，将 NAS 2 ~3 级标准油分别倒入经各种方法清洗之后的样品容器内，研究其清洗效果。

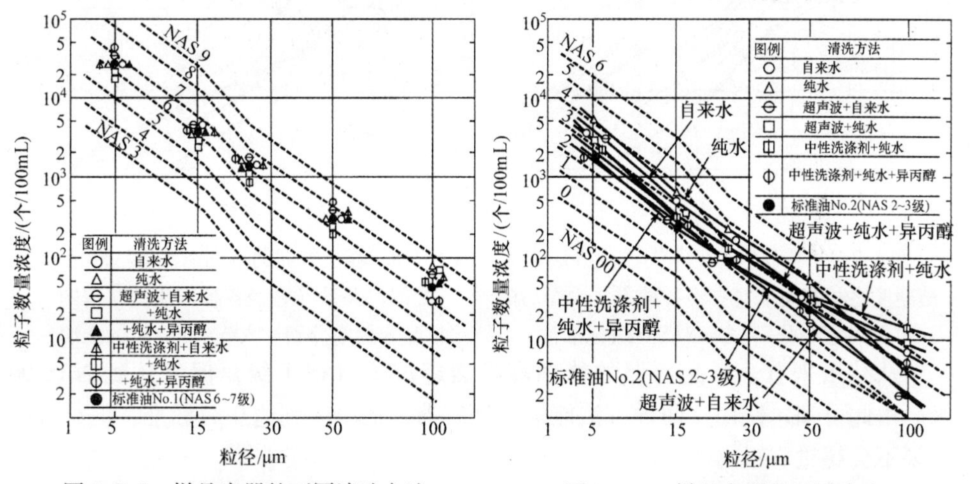

图 1.7.5　样品容器的不同清洗方法和洁净度之间的关系（在经各种方法洗净后的样品容器中分别注入 NAS 6 ~7 级标准油）

图 1.7.6　样品容器的不同清洗方法和洁净度的关系（在各种方法洗净后的样品容器中分别注入 NAS 2 ~3 级标准油）

与 NAS 6 ~7 级的标准油情况相同，各种清洗方法的效果都很差，测试结果几乎都接近 NAS 2 ~3 级标准油自身的洁净度。但是，使用清洗方法 1（自来水或纯水洗净后再冲洗）时所获洁净度，比 NAS 的 4 个等级中 NAS 2 ~3 级的洁净度还要低。所以在清洗装有 NAS 2 ~3 级标准油的容器时，最好使用方法 2 或方法 3。

③ 装有 NAS 0 级或 NAS 00 级标准油的容器洁净度。如图 1.7.7 所示为分别使用方法 1 和方法 2 对装有 NAS 0 级标准油的容器进行清洗后的清洗效果。

从实验结果来看，不同清洗方法造成的洁净度有很大差异。虽然使用方法 1 和方法 2 清洗后的洁净度比较接近 NAS 1 级的水平，并且方法 2 比方法 1 的效果还要更好一些，但是两者均未达到 NAS 0 级水平。因此，在清洗装有被称为超净油的 NAS 0 级液压油样品的容器时，仅使用方法 1 和方法 2 是不够的。

图 1.7.8 所示为使用更为精细的清洗方法 3 和方法 4 时的实验结果。

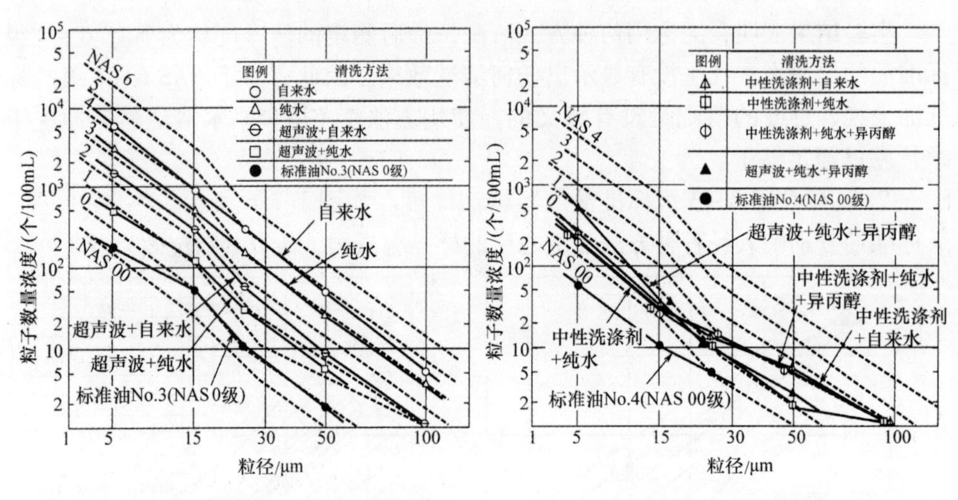

图 1.7.7 样品容器的不同清洗方法和洁净度之间的关系（在经各种方法洗净后的样品容器中分别注入 NAS 0 级标准油）

图 1.7.8 样品容器的不同清洗方法和洁净度之间的关系（在经各种方法洗净后的样品容器中分别注入 NAS 00 级标准油）

从结果来看，样品容器的洁净度虽然超过了 NAS 1 级，但未达到 NAS 00 级。由此可知，使用这两种方法能够保证容器的洁净度到达 0 级标准，但是最终效果不会超过 0 级。

对于样品容器的清洗来说，方法 5 是目前已知效果最好的方法，甚至可以说该法已经超出了洁净度的计算范围。在方法 3 和方法 4 不能超出 NAS 0 级和 NAS 00 级的情况下，使用方法 5 可以突破 NAS 0 级和 NAS 00 级的洁净程度，因此是一种能够确保获得超高水平净化效果的方法。

参考文献

1) 日本薬局方解説書編集委員会：第十三改正日本薬局方第一追補解説書，B 20～B 25，F 10～F 48，廣川書店（1998）
2) JIS B 9921-1989：光散乱式粒子計数器
3) JIS B 9920-1989：クリーンルーム中における浮遊微粒子の濃度測定方法及びクリーンルームの空気清浄度の評価方法
4) JIS K 8839-1981：イソプロピルアルコール，イソプロパノール
5) JIS K 8593-1980：石油エーテル—試薬—
6) NAS 1638: Cleanliness Level Requirements of Parts Used in Hydraulic Systems
7) 山下憲一，他：試料容器の洗浄方法とその評価，潤滑，Vol. 30. No. 9，pp. 67～68（1985）

第 2 篇

仪 器 篇

第1章　空气污染物的去除机制

1.1　颗粒物的净化原理和实用设备

1.1.1　集尘器的基本结构[1)]

气体中的颗粒物可以借助形成力场或是使用障碍物这两种方法进行去除。其中，力场指的是可以使颗粒物和气体之间产生相对速度的能量梯度场。而障碍物指的是“集尘体”，通过这种方法可以使流体通过而只捕获其中的颗粒物。以上两种方法既可各自单独使用，又可以同时联用。力场除了重力、离心力、静电力、磁力以及各种泳力之外，还包括由颗粒物自身的动力学性质产生的惯性力和扩散力；障碍物则包括：纤维层、颗粒物层、流动层、膜、织物、网、多孔材料以及喷雾水滴等各种各样的结构。根据不同的使用目的，将以上介绍的这些颗粒物去除方式独立使用或者组合起来就可以形成各种各样的集尘器。

表2.1.1中展示的是根据颗粒物分离方式对集尘器进行的分类。在该表中，只利用力场原理的集尘器有重力沉降室、旋风除尘器和电除尘器等；将力场和障碍物原理并用的集尘器有惯性除尘器、除尘塔以及纤维层等各种填充层；只利用障碍物原理的集尘器主要以液体中的颗粒物为集尘对象，包括膜过滤器、滤饼过

表2.1.1　集尘装置的基本分离方式

分离方式	力场	力场+障碍物	障碍物
分离形态	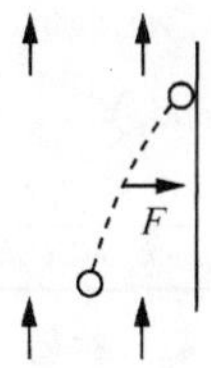 F	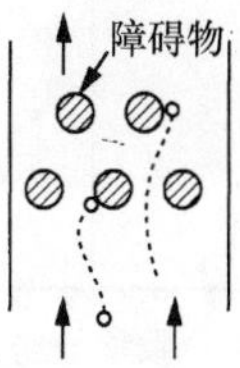 障碍物	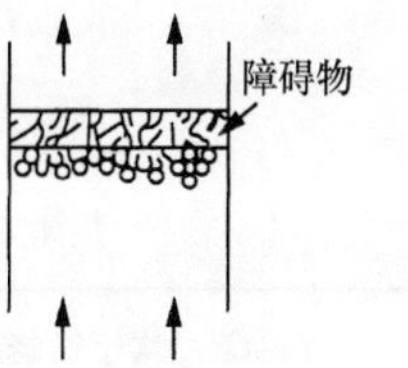 障碍物
分离性能	小	中	大
压力损失	小	中	大
性能评价指标	分离速度	单体捕获率压力损失	压力损失

滤器以及袋式除尘器等。和液体中的颗粒物相比，空气中颗粒物的流体抵抗力较小，所以在集尘操作时，可以借助各种外力，将颗粒物-气体之间的相对速度提升到最大，从而达到提高集尘器性能的目的。

1.1.2 空气中的颗粒物在力场中的移动速度

图 2.1.1 描绘的是空气中的颗粒物在力场中的移动速度（或者是一秒内的移动距离）v 和相对应的颗粒物直径 d_p，其计算公式见表 2.1.2。如果假设颗粒物因惯性所导致的移动距离 v_I 约等于从静止气体中以速度 u_0 分离出来并受到斯托克斯阻力而停止的颗粒物所移动的距离，并且还假设由布朗扩散引起的颗粒物移动距离 v_D，约等于颗粒物群 1s 之内的平均位移，那么从图 2.1.1 可得出以下结论：

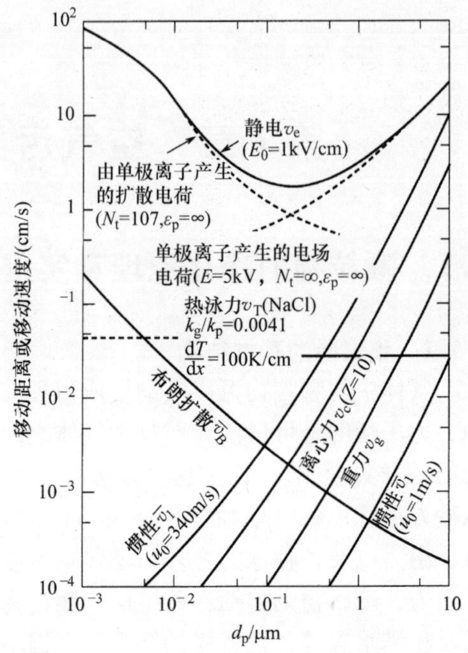

图 2.1.1 单位时间内颗粒物在空气中的平均移动距离（在 20℃、1atm、颗粒物密度为 1000kg/m³ 的条件下）

表 2.1.2 力场中颗粒物的移动速度公式

惯性	$\bar{v}_I = u_0\tau = C_c\rho_p^2 u_0/18\mu$
扩散	$\bar{v}_D = \sqrt{4D/\pi} = \sqrt{4C_c kT/(3\pi^2\mu d_p)}$
重力	$v_g = \tau g = C_c\rho_p d_p^2 g/18\mu$
离心力	$v_c = \tau\gamma\omega^2 = C_c\rho_p d_p^2\gamma\omega^2/18\mu$
静电力	$v_e = C_c n_p e E_o/(3\pi\mu d_p)$
热泳力	$v_T = -\frac{\nu}{T}C_c\frac{4k_g + 0.5k_p + C_t K_n k_p\cdots}{2k_g + k_p + 2C_t K_n k_p\cdots}\frac{dT}{dx}$

注：C_c：坎宁安修正系数；ρ_p：颗粒物密度（kg/m³）；d_p：粒径（m）；μ_0：流体速度（m/s）；μ：流体黏度（Pa·s）；D：布朗扩散系数（m²/s）；k：玻耳兹曼常数（J/K）；T：绝对温度（K）；g：重力加速度（m/s²）；n_p：带电数；ω：角频率（rad/s）；e：单位电荷（C）；C_t：校正系数；ν：流体动力黏度；E_o：电场强度（V/m）；K_n：克努森数（—）；k_g、k_p：气体和颗粒物的导热系数（W/m·K）。

1）布朗扩散、静电力和热泳力，是对于直径在 0.1μm 以下的颗粒物比较有效的分离机制。

2）即便是在惯性效果最大的音速（μ_0 = 340m/s）条件下，相对于布朗扩散来说，颗粒物的惯性随粒径的减小也逐渐减弱，直到 d_p = 1μm 附近时，布朗扩散作用对颗粒物的影响就已经达到无法忽视的程度了。因此，在常压条件下，可以借助惯性进行分离的颗粒物其最小粒径为0.1μm。

3）重力沉降速度和布朗扩散速度在颗粒物直径为0.5μm左右时相同。

4）在惯性、重力和布朗扩散这3种机械性的分离机制中，惯性和重力在 d_p >1μm 时的分离效果最好，而布朗扩散则在 d_p <0.1μm 时最能发挥效果。但是，对于 d_p 在0.1~1μm 的颗粒物来说，无论使用哪种装置，分离起来都很困难。

5）如果静电力、离心力和热泳力等的强制性作用力一旦发挥作用，那么颗粒物的移动速度就会变得非常大。此外，在这几种作用力中，静电力的能耗最低。

1.1.3　集尘器的集尘原理和集尘率

集尘器的集尘率（又称捕集率）E_t 可以使用设备入口及出口的浓度 C_i 和 C_e，借助式（1.1）来表示：

$$E_t = 1 - \frac{C_e}{C_i} \tag{1.1}$$

E_t 不仅由设备的结构、外形尺寸以及运行条件等决定，还根据气体或颗粒物的不同特性而发生变化。在这些条件中，粒径 d_p 对 E_t 的影响最大，因此掌握不同粒径颗粒物的集尘率是非常重要的。把对特定粒径的捕集率称为部分捕集率，并使用 E_f 表示，它和 E_t 之间的关系如式（1.2）所示：

$$E_t = \int_0^\infty f_i(d_p) E_f \mathrm{d}(d_p) \tag{1.2}$$

式中，$f_i(d_p)$为设备入口处颗粒物的粒径频率分布函数。

为了方便理解式（1.2）中各个变量的关系，借助图2.1.2来进行介绍。如果知道部分捕集率 E_f，就能知道设备入口处的粒径分布 f_i 和集尘率 E_t。但是，对于因集尘器的外形或尺寸、对象颗粒物性质以及设备运行条件等引起的集尘率的变化，仅通过 E_t 和 E_f 则无法进行相应的预测。

因此，为了评价集尘器的集尘性能，还引入了与设备内部颗粒物捕集原理相关的分离系数这一概念。在只采用力场方式的集尘器中，分离系数可以使用颗粒物落向集尘面的沉降速度（deposition velocity）v_d 来表示。而在同时利用力场和障碍物两种方式的集尘器中，分离系数则使用单体捕集率（single body collection efficiency）η_c 来表示。

首先，如图2.1.3a 所示，沉降速度 v_d 和部分捕集率 E_f 之间的关系，可以通过微小沉降面积 Δs 上的质量平衡来导入。也就是说，假定流体在流动方向的垂直截面中完全混合，解平衡方程可以得到式（1.3）：

$$E_f = 1 - \frac{C_e}{C_i} = 1 - \exp\left(- \frac{v_d S}{Q} \right) \tag{1.3}$$

式中，S 为集尘器的有效沉降面积（m^2）；Q 为体积流量（m^3/s）。

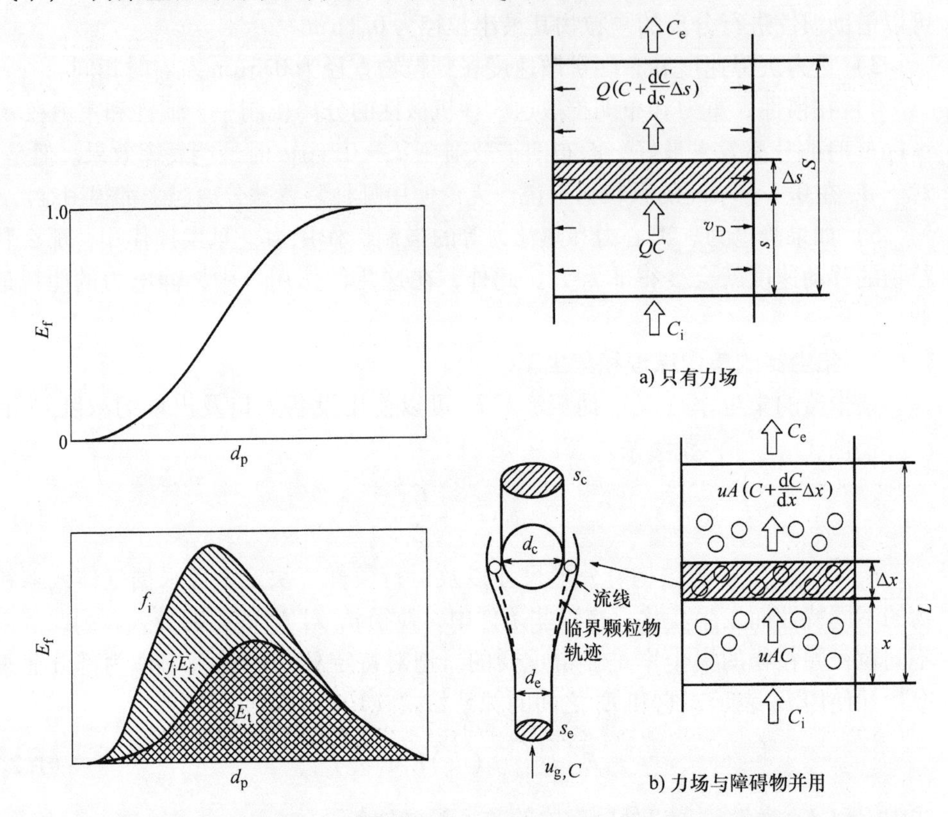

图 2.1.2　集尘率（E_t）和部分集尘率（E_f）　　图 2.1.3　集尘器内部的颗粒物浓度变化

同样地，如图 2.1.3b 所示，对于单体捕集率 η_c 和 E_f 之间的关系来说，可以通过从除尘设备中有效长度 L 区域的入口处，到距离 x 之间微小部分的平衡方程来导出，即式（1.4）：

$$E_f = 1 - \frac{C_e}{C_i} = 1 - \exp\left(- \frac{S_c L}{1 - \alpha} \eta_c \right) \tag{1.4}$$

式中，u 为表观速度（m/s）；u_0 为障碍物群（填充层）内部的速度，此处 u 和 u_0 的关系为 $u = u_0(1-\alpha)$；α 为填充率；S_c 为充填层的单位体积内，所含单个捕集体在流动方向上的投影截面面积（m^2/m^3）。

单体捕集率是在捕集体上游处被障碍物捕集的颗粒物量以及流入单个捕集体投影截面面积 S_c 的颗粒物总量之比。特别地，对于距离捕集体上游一侧足够远处的截面 S_e，如果将所有进入该截面的颗粒物全部捕集，那么 η_c 可以表示为

$$\eta_c = \frac{S_e}{S_c} = \begin{cases} d_e^2/d_c^2（球状、圆板状、翼状） \\ d_e/d_c（无限圆柱状、无限带状） \end{cases} \tag{1.5}$$

如果已知物体周围的速度分布，那么在惯性和外力共同作用的情况下，可以解出颗粒物的运动方程式，然后通过图2.1.3b所示的临界颗粒物轨迹求出η_c。此外，在颗粒物比较小并且通过布朗扩散被捕获时，还可以通过对流扩散的方程式求出η_c。因此，η_c为根据表2.1.3中所示操作条件决定的无量纲参数的函数。

表2.1.3　影响单一体捕集率的无量纲参数

名称	无量纲参数	参考
雷诺数	$Re = \rho u d_c/\mu$	捕集体附近的流动量
填充率	α	在有填充层的情况下
惯性参数	$\psi = C_c \rho d_p^2 u/(18\mu d_c)$	惯性力/黏性抵抗力
佩克莱特数	$Pe = u d_c/D_B$	对流量/扩散量
重力参数	$G = C_c \rho_p d_p^2 u/(18\mu d_c)$	重力/黏性抵抗力
静电参数	$K_E = F_E/(3\pi\mu d_p u)$	各种静电力/黏性抵抗力
拦截参数	$R = d_p/d_c$	颗粒物直径/捕集体直径

注：ρ：流体密度（kg/m^3）；d_c：捕集体代表长度（m）；$D_B = C_c kT/3\pi\mu d_p$：布朗扩散系数（m^2/s）；F_E：静电力（N）。

1.1.4　集尘器的种类和基本性能

见表2.1.4，集尘器按照除尘原理可以分为7个种类。在该表中还列出了前面介绍过的除尘方式、代表设备的名称、使用条件和使用目的等。另外，如图2.1.4所示，针对各类除尘设备的基本性能，还以部分捕集率的形式对其进行了比较。以下对各种除尘方法进行简要介绍。

表2.1.4　各类除尘器的概要

类型	基本形态	代表性设备名称	压力损失/kPa	对象颗粒物粒径/μm	入口浓度/(g/m^3)	用途
重力除尘	力场（重力）	重力沉降室	0.05～0.2	20～	10～1000	前置，粗颗粒物
惯性除尘	力场+障碍物	除雾器	0.5～2	10～	1～500	前置，烟雾
离心力除尘	力场（离心力）	旋风除尘器	1～3	1～300	1～100	中效，用于分级
湿法除尘	力场+障碍物	文丘里除尘器	2～10	0.5～	1～100	可同时去除气体和颗粒物
滤布除尘	障碍物	袋式除尘器	1～3	全范围	0.1～50	高效，不耐高温、高湿
填充层除尘	力场+障碍物	流动除尘器 空气过滤器	3～5 2～3	全范围	1～50 ～0.1	适用高温，滤料可二次利用 用于空气净化
电除尘	力场（静电力）	电除尘器	0.1～0.5	0.05～	～50	高效，不能处理可燃性气体

1. 重力除尘

对于粒径大、浓度高的粉尘，可以用重力除尘法进行预处理。重力除尘法非常简单，在多数情况下，只是在烟道中设置图 2.1.5 所示的“箱子”（沉降室）即可。由于烟道气流通过沉降室时的流动截面积被扩大，因此颗粒物通过时的流速便大大降低，此时，粒径较大的颗粒物就会在重力的作用下被清除。式（1.3）中的捕集率 v_d 可以用重力沉降速度 v_g 来表示，S 为沉降室底面积。

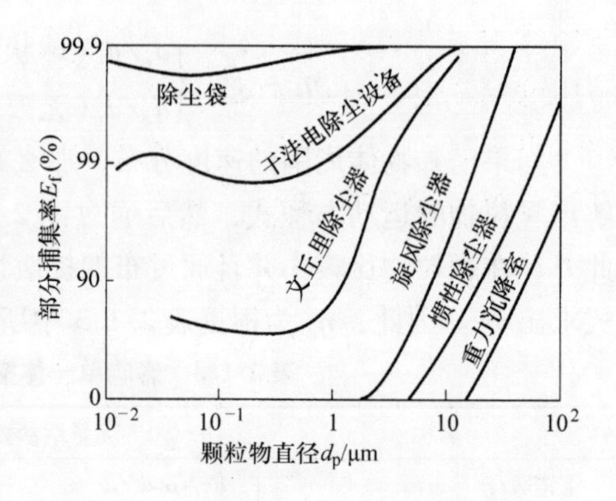

图 2.1.4　各类集尘设备基本性能的比较[2)]

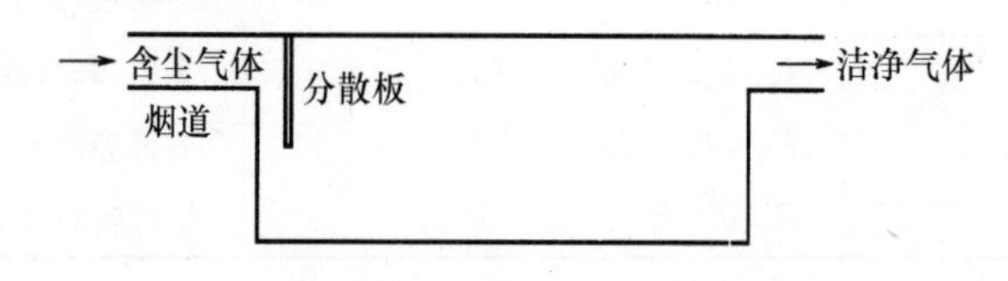

图 2.1.5　重力沉降室

2. 惯性除尘

当前进气流遇到障碍物或弯曲管壁的阻挡时，会急剧转向。此时，颗粒物受惯性效果的影响，无法追随气流继续前进，会直接撞向墙壁从而被捕获。惯性除尘设备根据所采用的障碍物形状的不同又分为很多种，其中最有代表性的为图 2.1.6a 所示的百叶窗式除尘器。此外，由于吸附在惯性除尘器上的颗粒物很难被清除，因此也可以使用湿气分离器进行颗粒物的去除。图 2.1.6b 所示为代表性的湿气分离器的示意图。这种湿气分离器产生的流路形状非常复杂，所以能够除去直径为数 μm 的颗粒物。

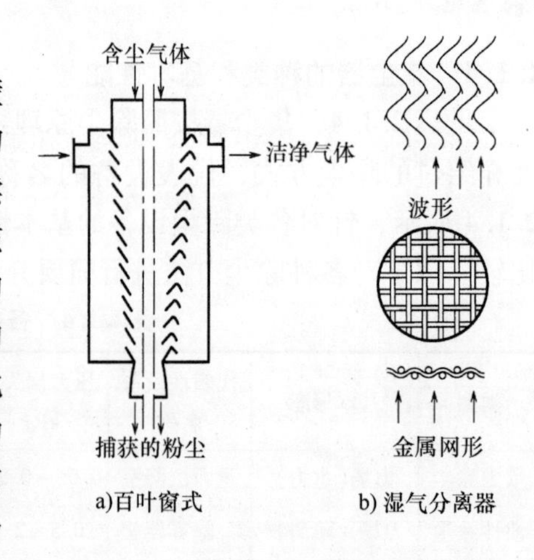

图 2.1.6　代表性的惯性除尘设备

3. 离心力除尘

在含尘气流的旋转过程中，如果将速度为重力加速度 g 数百倍以上的离心加速度 $r\omega^2$ 作用于气流，就可以去除粒径为数 μm 的颗粒物。旋风除尘器是离心力除尘法的代表设备，其标准形状和尺寸如图 2.1.7 所示。虽然式（1.3）同样适用于旋风除尘器，但对于这一类除尘器来说，通常会针对其作为分离器时体现出的性能进行评价。而通过参照图 2.1.8 的曲线求得的颗粒物分级粒径情况[2)]，就可以用来评价该分离性能。从这个图中可以看出，旋风分离器的尺寸越小，越有利于小粒径颗粒物的分离。

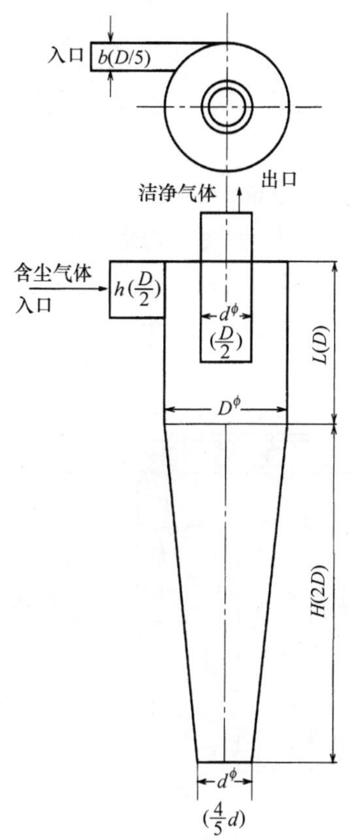

图 2.1.7 标准旋风除尘器的形状和尺寸[2)]

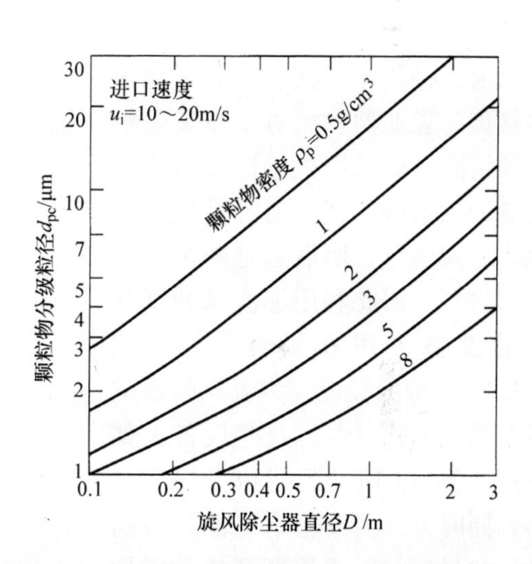

图 2.1.8 旋风除尘器的直径与临界分离粒径[2)]

4. 湿法除尘

湿法除尘是一种用水捕集颗粒物的除尘方式，可分为使水在除尘对象物中穿过的洗涤式和使用水滴进行撞击的喷雾式两种，其中喷雾式性能更好。在利用湿法原理的除尘设备中，除尘性能最好的是文丘里除尘器。如图 2.1.9 所示，文丘里除尘器由收缩段、喉管和扩散段组成。高速气流中的颗粒物可以在喉管处喷雾液滴的惯性冲击下被去除。虽然该设备可以去除亚微米级的细颗粒物，但存在压力损失过大的缺点。同时，尽管湿法除尘（洗气器）也可以进行气体的清除，但这样就还需要增设污水处理设备，因此也存在一定的复杂性。

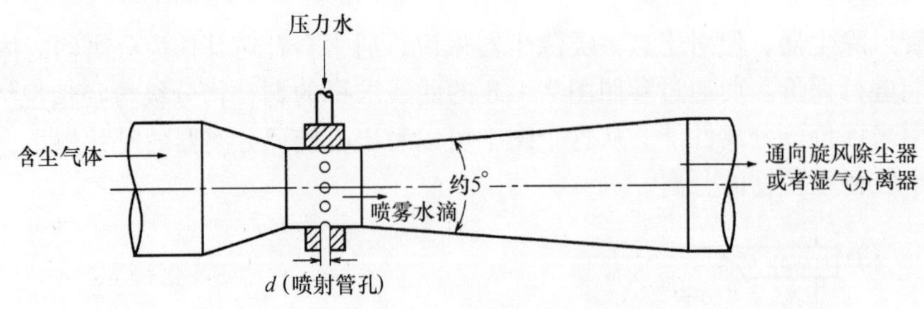

图 2.1.9 文丘里除尘器

5. 过滤除尘

在利用过滤除尘原理的除尘设备中，干式除尘器的除尘性能最佳。该设备大体可以分为织造滤料除尘和填充除尘两种。前者的除尘对象为高浓度的汽车尾气或作业环境中的粉尘，它利用滤布表面形成的粉尘层捕集颗粒物。虽然该法对颗粒物的捕集率几乎可以达到 100%，但是为了将压力损失控制在一定数值以下，还需要对滤布上的粉尘进行定期清理。

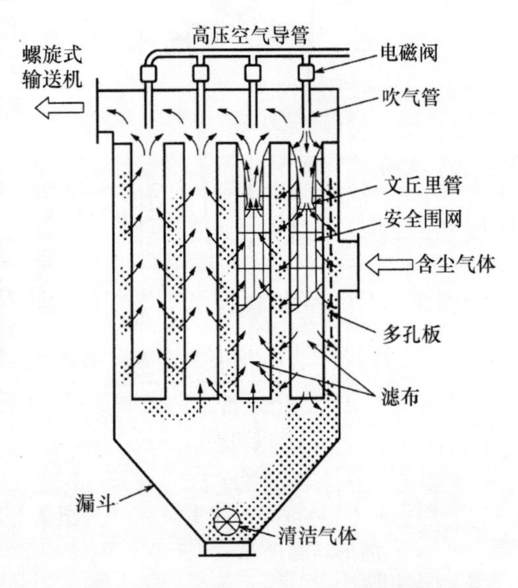

图 2.1.10 逆流脉冲反吹式袋滤器

通常将装有袋状滤布的过滤除尘器称为袋滤器。而对于布袋中粉尘的清除一般采用机械振动法或逆流脉冲反吹法，其中前者是过滤与除尘分别进行，而后者是两个任务同时进行。因此利用逆流脉冲反吹法的设备体积都相对较小。图 2.1.10 所示为最近较为流行的该类设备的示意图[2),3)]。这些设备大都采用了高效的 PTFE 膜作为滤布材料，同时，一些具有耐热性或耐腐蚀性的过滤材料也逐渐开始被应用起来[3)]。另一方面，充填层式除尘是在过滤材料内部对颗粒物进行捕集的方法。该法的捕集对象主要是较低浓度的微小颗粒物，通常使用纤维材料作为充填层。关于这一类除尘法，会在本章 1.1.5 节中进行详细说明。

6. 电除尘

电除尘设备（ESP）和袋滤器一样，都属于高效的除尘设备。电除尘法广泛应用于火力发电、制铁和垃圾焚烧等大规模的除尘领域。图 2.1.11 所示为工业用 ESP 的原理图。该法通常采用平行平板或是圆筒电极作为集尘电极。如图所示，使气体沿着电极以 1 ~ 2m/s 的速度流动，此时使用电晕放电使颗粒物带负电荷，然后通过带电粒子趋向阳极集尘板表面进行放电的性质，来实现颗粒物的去除效果。另外，用于室内空气净化的ESP被分为颗粒物电离区和集尘区两部分，并且为了控制臭氧的发生量，该设备中的放电极为正极。最近，ESP和过滤器组合形成的静电过滤器（后面将详述）被广泛使用。

如图2.1.11所示，在电场荷电到扩散荷电的中间区域，颗粒物荷电设备的荷电数最小，这相当于在0.5μm的范围内，ESP的集尘率最小。另外，ESP的集尘率还会受到颗粒物自身电阻率的影响。当电阻率偏离$10^4 \sim 10^{11}\ \Omega \cdot cm$的范围时，就需要考虑到由二次飞散和反电离现象引起的除尘效率下降的问题[2]。为了提高颗粒物的荷电效果，最近多采用脉冲荷电法来代替传统的直流荷电法。

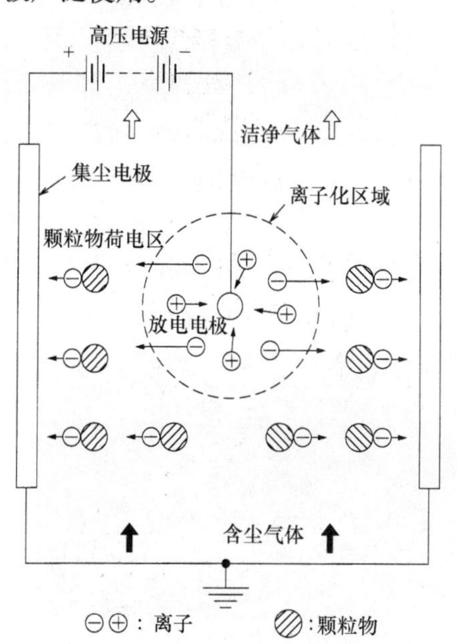

图2.1.11　电除尘器的除尘原理

1.1.5　空气过滤器的除尘理论

空气过滤器属于前面介绍的过滤除尘法中的一种。和袋滤器不同，它是以清洁局部空间内的空气为目的的除尘设备。因此，作为空气过滤器处理对象的颗粒物的浓度都很低，通常处于环境空气水平（0.01～0.5mg/m³，$10^8 \sim 10^{11}$个/m³）。同时，对象颗粒物的粒径也都在10μm以下，大都为亚微米级细颗粒物。虽然活性炭纤维等以去除气体污染物为目的的化学过滤器也属于空气过滤器的一种，但在这里暂不作介绍。

1. 设备的种类和过滤材料

按照过滤材料结构的不同，过滤器可大体分为纤维状过滤器和多孔状过滤器。其中，前者是将纤维用黏合剂混合增强后的填充层结构的过滤器（见图2.1.12），它的空间填充率非常高，大多数情况下能够超过95%。空气过滤器中所含大部分材料都是纤维层，在市面上销售的纤维过滤器根据纤维的粗细（纤维直径或是旦尼尔数）通常分为粗滤器（纤维直径在10μm以上的预过滤器）、细滤器（纤维直径为数μm的中效过滤器）以及微尘过滤器（纤维直径在1μm以下的高效过滤器，HEPA过滤器，ULPA过滤器，见第2篇第2章）。

另一方面，多孔状过滤器也就是所谓的膜过滤器。如图2.1.13所示，这一类过滤器中既包括空间利用率在95%以上的纤维状材质过滤器，也有一些材质为空间利用率在10%以下的多孔状物质的过滤器，所以结构分类比较多。一般情况下，对于厚度为0～100μm的膜，其分离粒径用气泡点测试法测定的孔径来

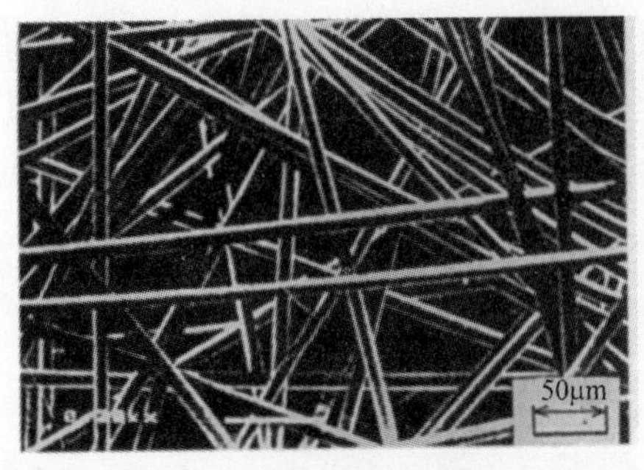

a) 预滤器或中效过滤器

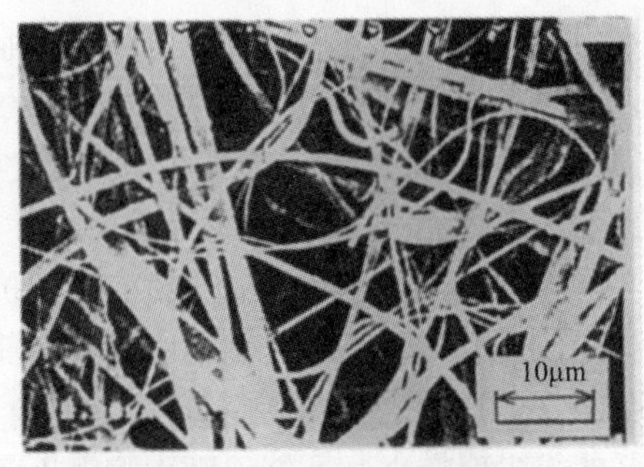

b)高效过滤器(HEPA过滤器)

图 2. 1. 12　纤维层过滤器的结构

表示。这些膜在过去主要用于去除液体中的微小颗粒物，而现在则作为净化高压过程气体的超高效过滤器而实现了更加广泛的应用。

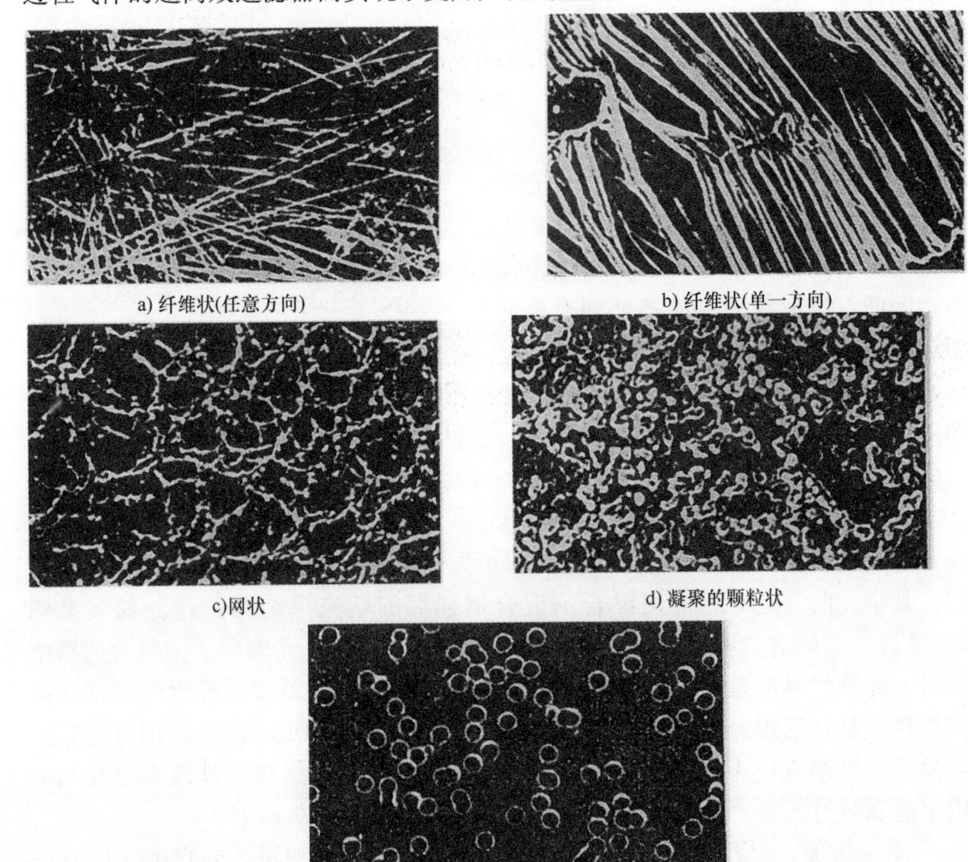

a) 纤维状(任意方向)　b) 纤维状(单一方向)

c)网状　d) 凝聚的颗粒状

e) 多孔状　5μm

图 2. 1. 13　各种膜过滤器

2. 纤维层过滤器的颗粒物捕集机制和捕集效率的推算

目前市售的空气过滤器大都以玻璃纤维作为填充层。当纤维的填充达到95%以上的高填充率时，如图2.1.14所示，把纤维按照三角平行排列，就可以发现，相邻的纤维之间的平均距离为纤维半径的8倍以上。当气溶胶在这样的纤维排列层内流动时，那么如图所示，只能捕集流动幅度为X的颗粒物，而大部分颗粒物都流到了后方。但是，如果在一定厚度的过滤层中有足够多纤维存在，那么空气就会沿此厚度方向得到净化。在一定厚度方向上颗粒物浓度的降低过程，可以使用渗透率的对数公式［式（1.4）］来表达。对于纤维层的情况下来说，可用式（1.6）表示：

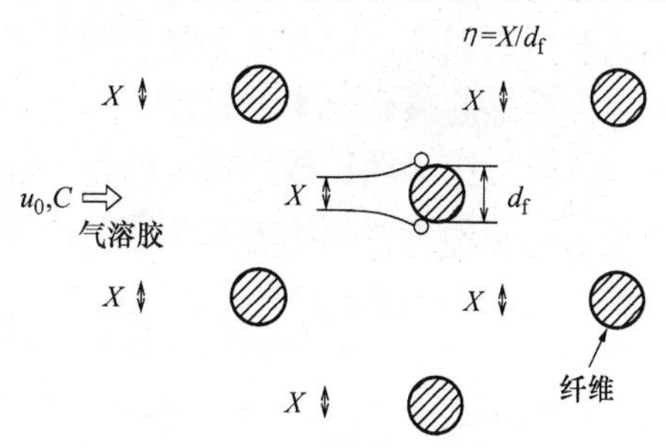

图2.1.14　空间填充率为95%的纤维层的纤维间隔

$$\ln P=-\frac{4}{\pi}\frac{\alpha}{1-\alpha}\frac{L}{d_f}\eta_c \tag{1.6}$$

式中，P为颗粒物的渗透率，即过滤器进口和出口浓度的比值；α为过滤器的填充率；L为过滤层厚度；d_f为纤维直径。另外，η在式（1.3）中被定义为单体捕集率，在此通常被称为单个纤维捕集率。如图2.1.3b所示，η_c可以通过颗粒物在偏离空气流线的纤维表面被捕集的除尘原理来求出。

前面已经列举出了惯性（I）、布朗扩散（D）、重力沉降（G）和拦截（R）等颗粒物的捕集机制。除此之外，如果颗粒物或者纤维带电，颗粒物还可以通过静电力的作用而被捕获。

对于由扩散以外的捕集机制形成的单一纤维捕集率η_c来说，可以首先解颗粒物运动方程式，然后在得到的颗粒物轨迹中找出临界颗粒物轨迹，最终再求出η_c（见图2.1.3b）。如果用无量纲笛卡尔坐标来表示颗粒物运动方程，那么

$$\left.\begin{aligned}St\frac{\mathrm{d}^2x}{\mathrm{d}t^2}+\frac{\mathrm{d}x}{\mathrm{d}t}-u_x&=\frac{C_cF_x}{2\pi\mu d_pu_0}\\St\frac{\mathrm{d}^2y}{\mathrm{d}t^2}+\frac{\mathrm{d}y}{\mathrm{d}t}-u_y&=\frac{C_cF_y}{3\pi\mu d_pu_0}\end{aligned}\right\} \tag{1.7}$$

式中，x、y是位置；t是时间；u_x和u_y是流体的分量速度；d_f是纤维直径；u_0是颗粒物流向纤维的无量纲速度。

式（1.7）左边侧第一项表示的是惯性的大小，$St=C_c\rho_pd_p^2u_0/9\mu d_f$为表示颗粒物惯性的无量纲数，被称为斯托克斯数（参见表2.1.3）。公式右边侧为外力部分，F_x和F_y是外力分量。例如，当重力作用于x方向时，$F_x=mg$（m为颗粒物质量），将该式带入右侧，可得到$G=C_c\rho_pd_p^2g/18\mu u_0$。这里的$G$是一个无量

纲数，被称为重力参数（参见表 2.1.3）。此外，能够拦截离纤维比较近的颗粒物也是纤维层过滤的颗粒物捕集机制之一，即“接触拦截”。也就是说，当某一颗粒物的中心离纤维表面的距离为颗粒物半径时，可以认为该颗粒物通过与纤维的接触而被捕集。此时，无量纲粒径的拦截参数为 $R = d_p / d_f$，如果 R 越大，那么单个纤维的拦截效率就越高。

此外，在布朗扩散作用下的单个纤维捕集率 $\eta_c = \eta_{DR}$ 可以通过对流扩散方程式解出。如果将方程用无量纲圆柱坐标表示，那么

$$u_r \frac{\partial C}{\partial r} + u_\theta \frac{\partial C}{r \partial \theta} = \frac{2}{Pe}\left(\frac{\partial^2 C}{\partial r^2} + \frac{1}{r}\frac{\partial C}{\partial r} + \frac{1}{r^2}\frac{\partial^2 C}{\partial \theta^2}\right) \tag{1.8}$$

式中，C、r 和 u 均为无量纲参数，C 为使用距离纤维足够远处颗粒物浓度，将扩散边界层内颗粒物总浓度无量纲化后的值；此外，$Pe = u_0 d_f / D_B$ 为佩克莱数，是表示对流量和扩散量之比的无量纲数（参见表 2.1.3）。

当考虑到纤维对颗粒物的接触拦截时，在边界条件为 $r = 1 + R$：$C = 0$ 以及 $r = \infty$：$C = 1$ 的基础上解方程式（1.8），那么扩散拦截效率 η_{DR} 可以通过式（1.9）求出：

$$\eta_{DR} = \frac{2}{Pe}(1 + R)\int_0^\pi \left(\frac{\partial C}{\partial r}\right)_{r=1+R} \mathrm{d}\theta \tag{1.9}$$

由于式（1.7）和式（1.8）中均包含的流体速度分量 u_x 和 u_y（或者表示为 u_r 和 u_θ）都是雷诺数 $Re = \rho d_f u_0 / u$ 和填充率 α 的函数，因此如果考虑到所有捕集机制，那么单个纤维的捕集率就是上述所有无量纲参数的函数，即

$$\eta_c = f(Re, \alpha, R, St, Pe, G, K_E, \cdots) \tag{1.10}$$

式中，K_E 为本书后面论述中各种静电力的参数。

表 2.1.3 集中总结了式（1.10）中各种无量纲参数的物理意义。

依照以上方法推导出的单个纤维捕集率的理论方程式中，按照捕集设备的类别将准确性比较高的公式进行了归类，结果见表 2.1.5[4)]。图 2.1.15 所示为使用以上结果，通过实际的操作变量 d、u_0、d_f 和 α，在 $u_0 - d_p$ 坐标上绘制 η_c 的等高线，同时还在图中标出了相对有效的捕集机制[5)]。如图所示，当 $d_f = 10\mu m$、$\alpha = 0$ 时，如果以上数值发生改变，等高线和捕集机制的影响范围也会发生变化，由此即可大致推算出中性能过滤器的净化效率。

这个实验结果和理论推导结果几乎一致，例如，如图 2.1.16 所示，随着纤维直径的变大，最小效率相对应的粒径 d_{pmin} 也会变大[6)]。该图中最上面的 3 条效率曲线表示的是 HEPA 或者是 ULPA 等级。如图 2.1.17 所示为使用这种过滤器时，颗粒物通过率 P 的实验结果示例。之所以随着过滤速度 u 的减小，通过率出现下降，同时最小效率粒径也随之变大，是因为布朗扩散粒径导致的效率依存性要大于接触拦截效果的依存性，这一结果与理论预测情况是一致的。

表 2.1.5　单个纤维捕集率推导公式

捕集机制	单个纤维捕集率	研究者	摘要
扩散	$\eta_D = 2.9h_K^{-1/3}Pe^{-2/3} + 0.624Pe^{-1}$ $\eta_D = 2.7Pe^{-2/3}$	Stechkina Kirsch - Fuchs	规则数组 半实验式 任意均匀填充 } $Re<1$, $Pe \gg 1$
扩散接触拦截	$\eta_{DR} = \eta_D + \eta_R + f(Pe,R)$ $\eta_D = \begin{cases} 2.9h'_K{}^{-1/3}Pe^{-2/3} + 0.624Pe^{-1} \\ 2.7Pe^{-2/3} \end{cases}$ $\eta_R = \frac{1}{2h'_K}\left\{2(1+R)\ln(1+R) - (1+R) + \frac{1}{1+R}\right\}$ $f(Pe,R) = 1.24h'_K{}^{-1/3}Pe^{-1/2}R^{2/3}$	Kirsch - Fuchs	数值计算结果的公式化 理论式(平行规则数组) 实验式(任意均匀填充)
重力	$\eta_G = \frac{G}{\sqrt{1+G^2}}$ $\eta_G = \frac{G}{1+G}$	吉冈等人	水平流 下降流
惯性	$\eta_I = St^3/(St^3 + 1.54St^2 + 1.76)$	Landahl - Hermann	$Re = 10$
惯性接触拦截	$\eta_{IR} = (2h'_K)^{-2}I \cdot St + \eta_R$ $I = (29.6 - 28\alpha^{0.62})R^2 - 27.5R^{2.8}$	Stechkina	$St \ll 1$ $Re < 1$

注：$h_K = -\frac{1}{2}\ln\alpha + \alpha - \frac{\alpha^2}{4} - \frac{3}{4}$，$h'_K = -\frac{1}{2}\ln\alpha - 0.5$：水力学因子。

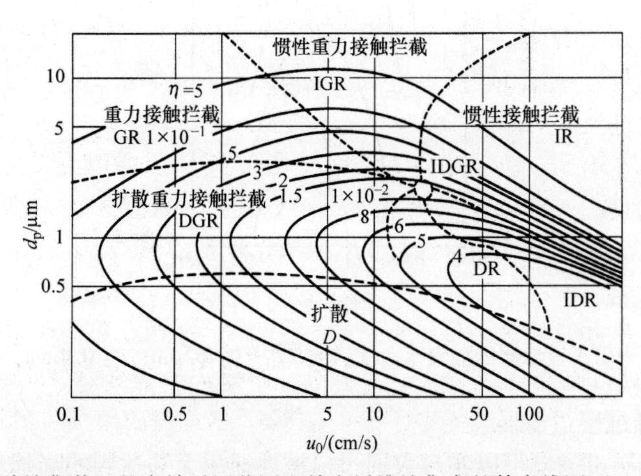

图 2.1.15　各种捕集装置的有效适用范围和单个纤维捕集率的等高线图（$d_f = 10\mu m$，$\alpha = 0$）

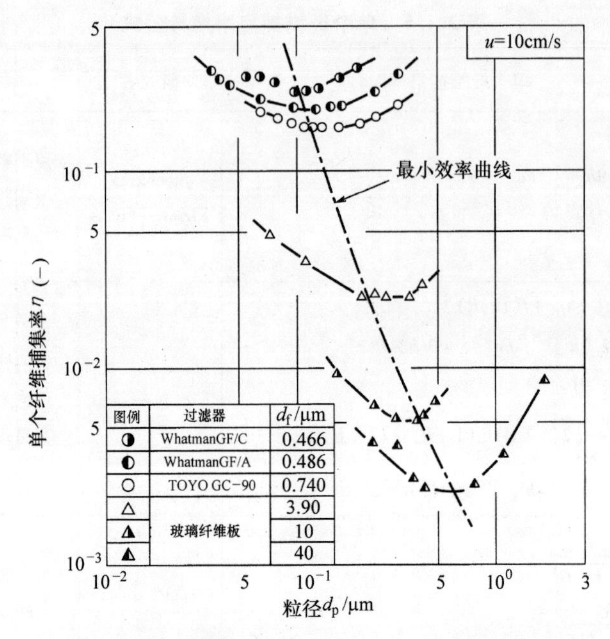

图 2.1.16　不同纤维直径下单个纤维捕集率的变化曲线

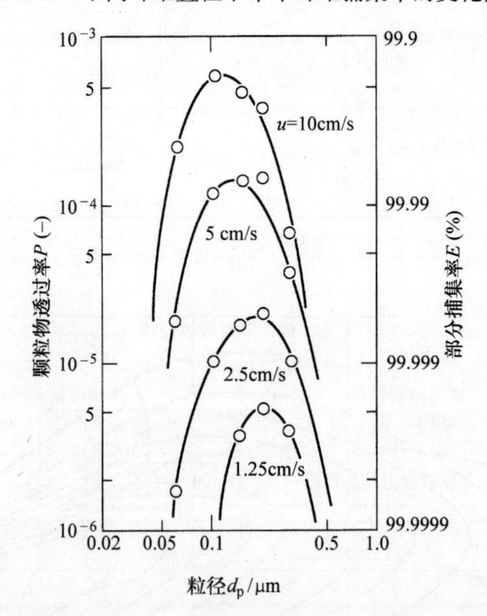

图 2.1.17　HEPA 过滤器的捕集率曲线示例（d_f = 0.762μm，L = 0.4mm，α = 0.075）

3. 静电纤维层过滤器

静电纤维层过滤器可以实现仅通过机械性捕集无法达到的高捕集效率，是借助颗粒物和纤维之间的静电力来对颗粒物进行捕集的一种方法。见表 2.1.6，该

表 2.1.6 静电空气过滤器的种类与单个纤维捕集率的推导公式

名称	过滤器型式	带电状态		静电力	无量纲参数	单个纤维捕集率推导式	研究者
		颗粒物	纤维				
带电过滤器	过滤器	不带电	带电	感应力（induced force）	$K_I=\frac{\varepsilon_p-1}{\varepsilon_p+2}\frac{C_cQ^2d_p^2}{3\pi^2\varepsilon_0\mu d_f^3u_0}$	$0.54h_K^{0.60}K_I^{0.40}1 \quad <K_I<100$	Brown（驻极体）
		带电	带电	库仑力（Coulombic force）	$K_C=\frac{C_cqQ}{3\pi^2\varepsilon_0\mu d_pd_fu_0}$	$0.59h_K^{-0.17}K_C^{0.83} \quad 0.1<K_C<10$	
电介过滤器	荷电器	带电	无带电	镜像力（image force）	$K_M=\frac{\varepsilon_f-1}{\varepsilon_f+1}\frac{C_cq^2}{12\pi^2\varepsilon_0\mu d_pd_fu_0}$	$2(K_M/h_K)^{1/2}:R\leqslant(h_KK_M)^{1/4}$ $R^2/h_K+K_M/R^2:R\geqslant(h_KK_M)^{1/4}$ $2.3K_M^{1/2}$（实验式）	Natanson
		无带电	外部电场	电介分极力	$K_G=\frac{2}{3}\frac{\varepsilon_p-1}{\varepsilon_p+2}\frac{\varepsilon_f-1}{\varepsilon_f+1}\frac{C_c\varepsilon_0d_p^2E^2}{\mu d_fu_0}$	$f(\varepsilon_f,\alpha,K_G)$（数值解） $0.8K_G^{2/3}$（实验式）	吉冈等人 高桥等人
		带电	外部电场	库仑力（Coulombic force）	$K_{EC}=\frac{C_cq\overline{E}^*}{3\pi\mu d_pu_0}$	$\frac{1}{1+K_{EC}}\left[\eta_R+K_{EC}\left\{\frac{\varepsilon_f-1}{\varepsilon_f+1}\left(\frac{1}{1+R}+\frac{6}{P^6}\right)(1+R)^5+(1+R)\right\}\right]$ てて で，$P=(2\pi/\sqrt{3\alpha})^{1/2}$	Kirsch 等人 高桥等人

注：$^*\overline{E}=E_0\left(1-\frac{\varepsilon_f-1}{\varepsilon_f+1}\alpha\right)^{-1}$；$E$:层内平均电场强度；$E_0$:无纤维时的电场强度；$\varepsilon_0$:真空电容率（$=8.854\times10^{-12}$F/m）；$\varepsilon_p$、$\varepsilon_f$:颗粒物，纤维的比电容率；$q$:颗粒物的电荷（C）；$Q$:纤维的电荷（C/m）。

法虽然按照静电过滤形式可细分为5类，但大体上可以分为带电过滤器和驻电级过滤器两种。其中，前者是预先使用一些方法，使纤维带电，因此可以按照是否配备颗粒物荷电器，又分为2类；而后者则按照不带电的驻电级纤维层是否与外部电场相关联，以及是否使颗粒物带电，又可以分为3类。因此，见表2.1.6，把r方向的分量F带入无量纲颗粒物运动方程式，可以得到5种静电参数K_E。由静电力产生的单个纤维捕集率是这些无量纲参数的函数，表2.1.6的最右侧第二栏为其各自的推导方程式[4)]。

静电空气过滤器中，最受关注的是称为驻极体过滤器的带电过滤器，它是一种在纤维内部产生永久极化的内部带电过滤器。市售的驻极体过滤器大部分都是聚丙烯材料，其制作方法有两种：一种是先使薄膜驻极体化，然后将其裁断制成纤维；另一种是先形成纤维层，然后再使其驻极体化。其中，前者的电荷密度较高，但是不能获得较细的纤维直径，而后者虽然电荷密度低，但能使纤维直径最细至1μm的程度。图2.1.18所示为结构同为聚丙烯纤维层的过滤器，对其驻极体化前、后这两种纤维层的颗粒物通过率的比较。例如，直径为0.2μm的颗粒物，当其不带电时，捕集率为50%，而经过驻极体化后，其捕集率则可以超过99%。并且，如果再使颗粒物带电，捕集率则可以上升到99.9%。不过还应该注意的是，这一类过滤器虽然能够长时间且高效率地持续捕集空气中的粉尘，但是在过滤有机烟雾（特别是香烟烟雾）时，却很容易因失去电荷而使捕集率出现下降。

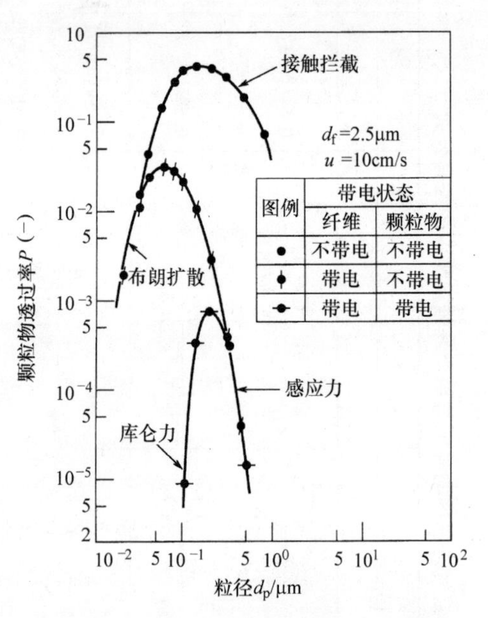

图2.1.18　驻极体过滤器和相同结构的不带电过滤器的效率比较（江见准）

4. 压力损失

因为纤维层内部的纤维间距离足够大，所以压力损失可以通过单个纤维所受到的流体阻力来计算。如果单位长度的纤维（圆柱体）所受到的流体阻力用F表示、横截面积用A表示、厚度用L表示、填充率用α表示，过滤器的压力损失Δp与这些变量间的关系可以表示为

$$\Delta puA = Flu_0AL \tag{1.11}$$

式中，$l=4\alpha/\pi d_f^2$ 为每单位体积过滤器中所含纤维的总长度。

此外，如果该圆柱体垂直于流体中，那么流体阻力 F 为

$$F = C_D d_f(\rho u^2/2) \tag{1.12}$$

通过式（1.11）和式（1.12）就可以求出压力损失 Δp 为

$$\Delta p = C_D \frac{4}{\pi}\frac{\alpha}{1-\alpha}\frac{L}{d_f}\frac{\rho u^2}{2} \tag{1.13}$$

式中，C_D为阻力系数，是填充率 α 和纤维直径基准的雷诺数 $Re=\rho d_f u_0/u$ 的函数。

表2.1.7[7]为上述 C_D的理论方程和经验方程的总结。对于预滤器和中效过滤器来说，木村-井伊谷的经验方程式和 Davies 的方程式与实验数据相对一致。

表 2.1.7 常压下阻力系数的推导公式

研究者	阻力系数 C_{De}	摘 要
Kozeny - Carman（修正式）	$\frac{8\pi k_1}{Re}\frac{\alpha}{(1-\alpha)^2}$	
Langmuir	$\frac{8\pi B}{Re}\frac{1}{-\ln\alpha+2\alpha-\alpha^2/2-3/2}$	
Davies	$\frac{32\pi}{Re}\alpha^{0.5}(1+56\alpha^3)$	圆管模型经验方程，k_1：常数 圆管模型
Lamb	$\frac{8\pi}{Re}\frac{1}{2-\ln Re}$	$B=1.4$（与流向垂直） 量纲分析，经验方程
Iberall	$\frac{8\pi}{Re}$	与流向垂直，孤立圆柱体
Iberall	$\frac{4.8\pi}{Re}\frac{2.4-\ln Re}{2.0-\ln Re}$	与流向平行，孤立圆柱体 半经验方程
Chen	$\frac{2}{Re}\frac{k^2}{\ln(k_3\alpha^{-0.5})}$	$k_2=6.1$，$k_3=0.64$ 与流向平行的圆柱群，理论方程
Happel	$\frac{8\pi}{Re}\frac{1}{-\ln\alpha+2\alpha-\alpha^2/2-3/2}$	与流向成直角的圆柱群，理论方程
Happel	$\frac{16\pi}{Re}\frac{1}{-\ln\alpha-(1-\alpha^2)/(1+\alpha^2)}$	与流向成直角的圆柱群，理论方程 经验方程，纤维横截面为非圆形时，采用相当
Kuwabara	$\frac{16\pi}{Re}\frac{1}{-\ln\alpha+2\alpha-\alpha^2/2-3/2}$	于圆形时的直径 $d_{fe}=\sqrt{4f_0/\pi}$（f_0为纤维横截面积）
Kimura - Iinoya	$\left(0.6+\frac{4.7}{\sqrt{Re}}+\frac{11}{Re}\right)/\varepsilon$ $10^{-3}<Re<10^2, 3<d_f<270\mu m$	

5. 空气过滤器的性能评价方法

过滤器的性能可以从很多角度进行评价。当相对侧重于集尘率时，通常以最小效率粒径颗粒物的数据作为评价标准；而对过滤器的使用寿命较为关注时，则以出现压力损失值时的粉尘滞留量为标准。在此，将集尘效率较高且损失压力较小的过滤器认定为性能较好的过滤器。以下就同时考虑到以上两个方面的性能评

价方法进行介绍。

由于有关捕集率的对数通过式（1.6）以及有关压力损失的式（1.13）都各自成立，所以将这两个公式相除，可得到式（1.14）：

$$\ln P = \frac{\eta_c}{C_D}\frac{2}{pu^2}\Delta p \tag{1.14}$$

上式中，由于右侧 Δp 的系数为 $\ln P$ 和 Δp 在平面图中的斜率，因此该系数的绝对值越大，那么过滤器的捕集效率越高，同时压力损失也越小。如果该系数由过滤器的结构和操作条件所决定，那么它的值就可以通过计算 η_c 和 C_D 求出。经过计算可以看出，该值与对象颗粒物的大小有关，一般来说，纤维直径和过滤速度越小，这个值就越大。图 2.1.19 所示为利用式（1.14）所展示的 HEPA 过滤器（见图 2.1.12）与各种薄膜过滤器（见图 2.1.13）之间的关系。从该图中可以看出，与 HEPA 过滤器的性能相比，纤维直径较小的纤维薄膜过滤器的性能更好。此外，从同为薄膜过滤器之间的相互比较还可以发现，多孔薄膜的性能相对较差。

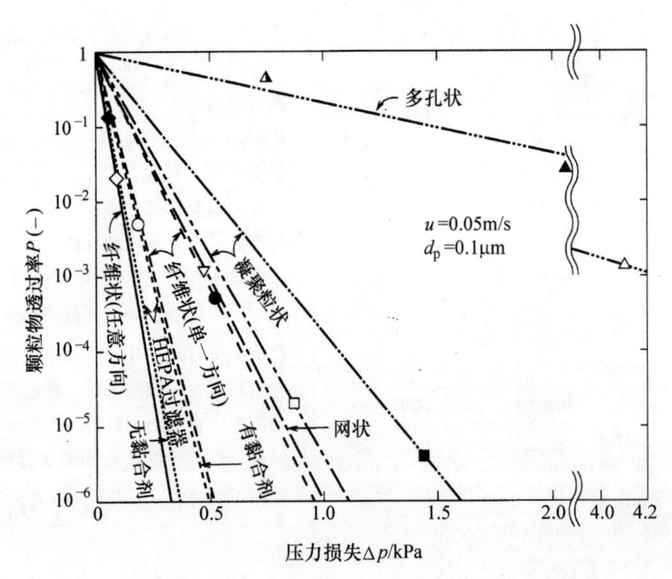

图 2.1.19　HEPA 过滤器和各种膜滤器的性能比较

因此，一般的空气过滤器的性能可以借助式（1.14）的系数值，即 $\ln P/\Delta p$ 的值来进行评价。

6. 颗粒物的吸附和再次飞散

以上介绍的空气过滤器的过滤理论，都是以一旦颗粒物到达纤维表面就能够100%被纤维所吸附为前提的。实际上，1μm 以下的颗粒物，在通常的过滤速度

（1m/s 以下）下，不会发生再次飞散的情况。但是，当粒径在数 μm 以上且进行高速过滤时，很多到达纤维表面的颗粒物不会被吸附，因此会导致飞散颗粒物的比例出现增加的情况。

图 2.1.20a 所示为使用不锈钢纤维层对飞灰粒子（粒径 0.3 ~ 20μm）进行高速过滤（1.5 ~ 8m/s）时的示例。如图可知，不产生飞散的 DOP 粒子的捕集率可以沿着碰撞系数的理论曲线（实线）和 St 数一起出现上升，而飞灰粒子（固体）在 St 数较大时则会偏离该理论曲线，因此显示出较低的捕集效率。

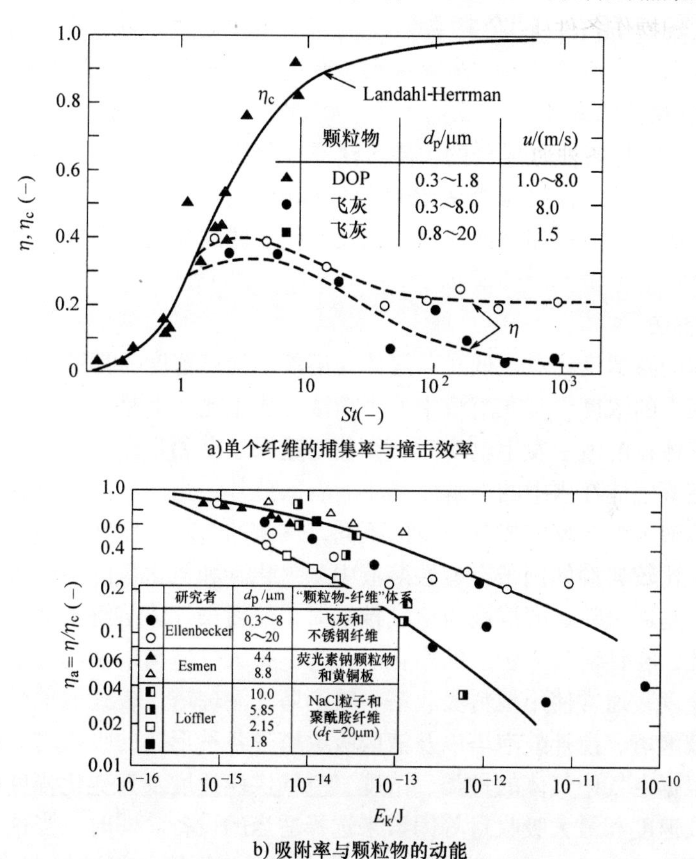

a)单个纤维的捕集率与撞击效率

b) 吸附率与颗粒物的动能

图 2.1.20 颗粒物在过滤器纤维上的吸附与再次飞散

严格来说，单个纤维捕集率可以用碰撞系数 η_c 和吸附系数 η_a 的乘积来表示。如果把单个纤维捕集率用 η 表示的话，那么 $\eta = \eta_c \eta_a$，通过图 2.1.20a 可以求出吸附系数 η_a。图 2.1.20b 所示为该吸附系数与颗粒物动能 $E_k = (1/2)mu^2$ 的关系图。虽然根据其他学者提出的数据所绘制的图表比较分散，但是如果把 $\eta = 0.5$ 时（半数飞散）所对应的 E_k 值（$E_k = 10^{-14}$J）代入上式后得出的 u 值作为飞散速度，当粒径为1μm时，如果速度没有达到3m/s，就不会发生飞散。而与此相对的是，颗粒物在5μm粒径且25cm/s的低速度以及10μm粒径且10cm/s的低速度时，均会有飞散现象的出现。上述结果与理论预测的结果之间存在着趋于一致的倾向[8)]。因此，对于预滤器或者中效过滤器来说，应充分考虑到针对数μm以上的颗粒物的过滤，或者是过滤器中已累积的凝聚颗粒物的再次飞散等问题。

1.2 气态物质的去除机制

1.2.1 分类和基本事项

空气中气体或者蒸气成分的去除方法有吸收法、吸附法、直接燃烧法、接触燃烧法和反应法等。应当根据去除对象气体的种类、浓度、与之共存的其他气体、处理所用的空气量和处理速度，以及这些参数的变化幅度等，来选择适当的净化方法。

1.2.2 吸收法

当气体的溶解度相对较低时，气体在溶液中的溶解度大都遵循亨利定律，即气体在气相中的浓度与其在溶液中的平衡浓度成正比。但是，当气体的溶解度较高，或是气体在溶液中发生电离时，往往不适用于亨利定律。例如氨气、氯化氢和二氧化硫等气体在水中的溶解就属于后者。此外，当溶液中的成分和气体反应时，由于溶液中参与反应成分浓度的不同，气体的溶解速度和溶解量也会有所变化。其中，比较典型的例子有碱性溶液中二氧化碳和氰化氢的溶解等。

吸收法是通过特定的溶液与空气接触时，使污染气体溶解于吸收液中的一种方法。因此，在针对气体物质的净化时，为了扩大气体与溶液的接触面积，从而加快吸收速度，通常使用填料吸收塔、喷洒塔、湍球塔、板式泡罩塔、润湿托盘式板塔、鼓泡塔、搅拌鼓泡塔以及液膜吸收塔等各种形式的吸收塔。在实际应用中，应当根据空气中气体的种类、浓度、空气供应速度及其变化幅度以及溶液对气体的吸收速度和最大吸收量等因素来选择适当的设备。同时，当这一类设备完成对象气体的吸收后，对于所产生的吸收液或沉淀物等的相关处理也非常重要。此外，这些设备在普通化学工业或半导体产业领域中较为常见，主要用于某些特殊化学物质处理过程中的废气处理和燃烧炉排放等的处理，但几乎不会用于针对写字楼或普通住宅的室内空气净化。

以下就吸收法的主要设备及其性能进行介绍。

填料吸收塔的结构十分简单，其工作原理如下：从填充了拉西环或弧鞍形填料的塔的上方注入吸收液，同时从塔的下方以较低速度导入对象空气，并通过使其与吸收液间的接触实现对象气体的吸附。虽然该法能够在一定程度上应对空气流量的变化，但不适用于流量过大的气体。

喷洒塔（喷雾塔）的工作原理如下：在向中空的塔内喷射吸收液的同时，从塔的下方导入对象空气，通过气液间的逆流式接触来实现对象气体的吸附。目前，喷洒塔在技术上还存在一些问题，例如喷雾器工作时耗电较大、喷雾器的孔眼容易堵塞、出口气体中雾沫夹带多以及吸收效果不明确等。在实际应用中，该法多用于废气排放时的预处理工序。

湍球塔的工作原理如下：向塔内填充中空塑料球，这些小球在气流的作用下悬浮在塔内并随气流移动。在这一过程中，通过气、液的逆流接触原理实现对象气体的吸收。该法的缺点在于，如果气流发生变化，就无法形成稳定的流动层。

板式泡罩塔属于喷洒塔的一种，其内部设置了含泡罩的塔板，通常作为蒸馏设备被广泛使用。该法的工作原理如下：吸收液从塔的上方被注入后，在沿塔板依次向下流动的同时将塔板润湿。此时，从底部通入的空气经过塔板上的齿缝后被分散成许多气泡并不断上升，在这一过程中气泡通过与塔板上驻留的吸收液相接触，从而完成对象气体的吸附。虽然该法具有所需吸收液量较小的优点，但由于塔的自身构造十分复杂，因此实际设备的体积非常巨大。并且在气体吸收过程中，每一级塔板的吸收效率还会出现约10%的下降。

板式吸收塔包括润湿托盘式板塔和多孔板塔等。该吸收塔的工作原理如下：塔中设置有湿润托盘或多孔板或格栅板等塔板，通过使空气与塔板上吸收液相接触，实现对象气体的吸收。板式塔比较适合于大量空气的处理，同时也可以实现小型化设计。需要注意的是，当排气中形成气雾时，应当设置能够防止雾滴飞散的装置。此外，如果对象气流的流量有可能出现变化，那么该方法便不适用。

鼓泡塔的工作原理如下：将空塔内灌满吸收液后，从塔的底部使用喷嘴将空气以气泡的形式喷入塔内吸收液中，从而完成对象气体的吸收。虽然这种设备的气体吸收量较大，但同时吸收液对气流的阻力也很大，因此不适用于大量空气的处理。同时，由于在鼓泡塔内部加装了搅拌器的“搅拌鼓泡塔”能够有效改善塔内的气液接触条件，因此这种设备还可以适用于吸收速度较小的气液体系。此外，鼓泡塔还可以作为化学反应废气处理的小型加装设备使用。

液膜式吸收塔也可以称作错流接触设备，其工作原理如下：首先使塔内设置的网状层表面形成吸收液的液膜，然后在网面垂直方向上导入空气气流使其与吸收液相接触，从而完成对象气体的吸收。液膜式吸收塔可以通过增加液膜的层数来对吸收效率进行调节。这种吸收塔可以用于气流阻力较小的大流量空气的处理。

表2.1.8为各种吸收方法的特性；图2.1.21所示为代表性的吸收塔的结构；图2.1.22所示为在填料吸收塔中常用的各种填充物。

表 2.1.8 吸收设备的性能

名称	设备性能	优点	缺点
填料吸收塔	· 气体速度 0.3 ~ 1m/s · 吸水量 15 ~ 20t/m^2h · 液气比 1 ~ 10L/m^3 · 填充高度 2 ~ 5m · 压力损失 50mmH_2O/塔高 m	· 效率明确 · 能够应对气体量变化、可使用压力损失不大的耐腐蚀性材料作为建塔材料	· 无法承受过大的气体流速 · 吸收液如果含有固体成分，会引起滤空堵塞
喷洒塔	· 气体速度 0.2 ~ 1m/s · 液气比 0.1 ~ 1L/m^3 · 塔高度 5m 以上较为合适 · 压力损失 2 ~ 20mmH_2O	· 结构简单 · 造价低于填料吸收塔 · 气体压降小 · 可同时处理气体和粉尘	· 喷洒器的动力花费高 · 喷洒器的小孔易堵塞 · 容易出现气体返混 · 效率不明确
湍球塔	· 气体速度 1 ~ 5m/s · 液气比 1 ~ 10L/m^3 · 压力损失 60 ~ 80mmH_2O/层	· 设备可以小型化 · 不会发生滤孔堵塞 · 气体压降小	· 不适用于气体处理速度可能出现变化的情况 · 比填料吸收塔造价高
板式泡罩塔	· 气体速度 0.3 ~ 1.0m/s · 液气比 0.3 ~ 5L/m^3 · 压力损失 100 ~ 200mmH_2O/层	· 所需液体量较少 · 适合吸收速度慢的气体	· 不适用于气体处理速度可能出现很大变化的情况 · 大型且高价 · 效率低
润湿托盘式板塔	· 空塔速度 3 ~ 6m/s · 液气比 1.0 ~ 4.5L/m^3 · 压力损失 150 ~ 300mmH_2O/层	· 设备体积小但处理风量大 ·结垢较少 ·效率高	· 不适用于气体处理速度可能出现变化的情况 · 需要设置防止烟雾飞散的装置 · 需要具有耐磨损性
鼓泡塔	· 空塔速度 0.01 ~ 0.3m/s · 压力损失 200 ~ 1500 mmH_2O/层	· 液体吸收系数大 · 结构简单 · 可以设置加热或冷却盘管	· 气体压降大 · 不适合处理大量气体
搅拌鼓泡塔	· 气体速度涡轮叶片 0.3m/s 以下 · 贝壳形叶片 0.06m/s 以下	· 适合阻力大的液体 · 可以使用固体颗粒物悬浮液 · 吸收效率高	· 气体压降大 · 适合吸收速度小的气体
液膜吸收塔	· 空塔速度 10 ~ 15m/s · 液气比 3 ~ 7L/m^3 · 12 层液膜层时的压力损失 100 ~ 150 mmH_2O	· 因空塔速度可以增大，所以设备可以实现小型化 · 气体压降小	· 形成均匀液膜 · 需要处理吸收过程中产生的淤泥

注：1mmH_2O = 9.80665Pa。——译者注

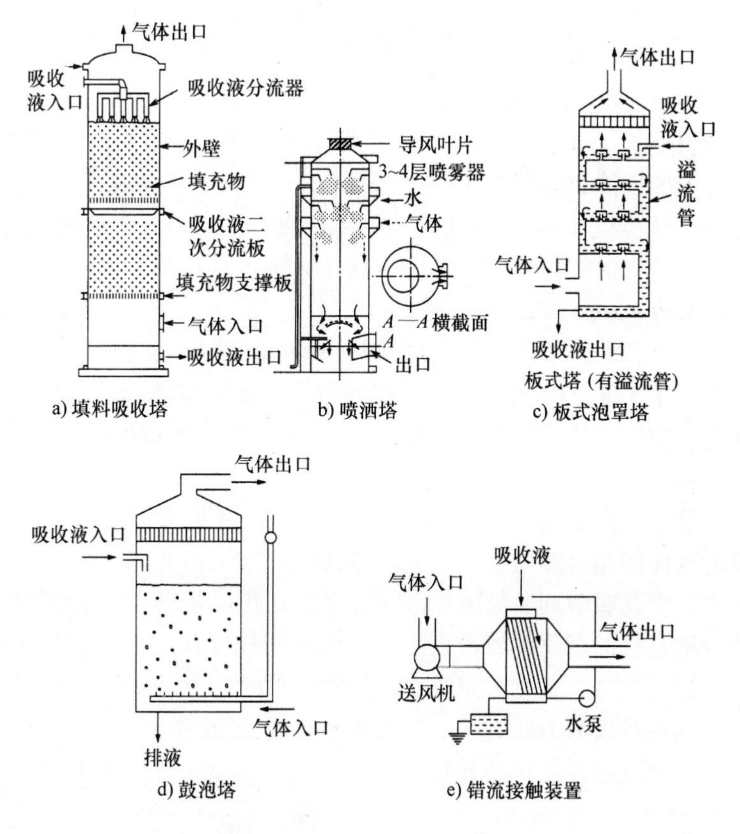

图 2.1.21 各种吸收塔[10)]

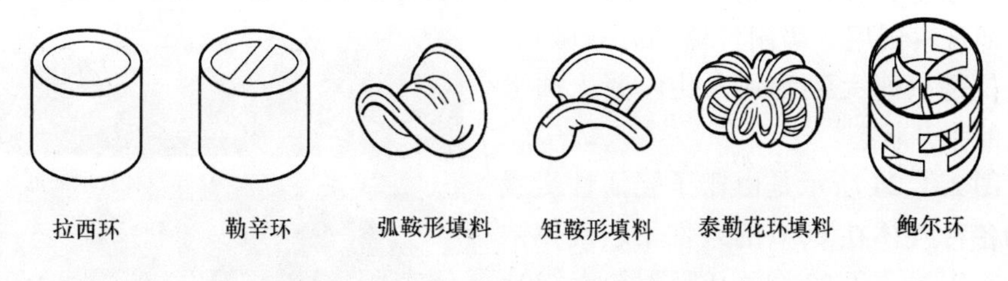

图 2.1.22 填充塔中的各种填充物[10)]

1.2.3 吸附法

吸附法的作用原理是，使用活性炭或者沸石等多孔吸附剂进行物理吸附，或者使用表面能够产生特殊化学反应的吸附剂进行化学吸附。但是，无论使用以上哪种吸附原理，都是将空气中的污染气体固定到固体表面的过程。吸附设备的种类可以分为填充层式、流动层式、替换管式和蜂窝层式。

空气中含有数个百分比的水蒸气和 0.04% 的二氧化碳，并且在人们居住环境中还会同时含有氨气、一氧化碳和氮氧化物等气体。特别是对于各自排放的废气来说，往往还会有高温和高湿的特点。因此，在这种条件下，要想除去数 μL/m³～数百 mL/m³的低浓度气体，就需要吸附剂具有一定的选择吸附性。

物理吸附是气体分子在固体表面液化凝聚的过程，特别是依据毛细管凝聚的原理，空气中的气体成分进入到细微的吸附孔中，并发生液化的吸附过程。由于毛细管孔径（r）越小，越容易使气体中低浓度（P）的气体液化，因此微细孔结构在对低浓度气体的物理吸附中是必不可少的。如下所示，毛细管凝聚的基础公式是开尔文式：

$$\ln(P_o/P) = (2V_L\gamma\cos\theta)/rRT \tag{1.15}$$

式中，P 为实际气压；P_o 为气体处于绝对温度 T 时的饱和蒸气压；V_L 为气体凝聚成液体之后的摩尔体积；γ 为表面张力；θ 为气体凝聚成的液体和毛管壁的接触角。

从以上公式可以看出，毛细管的直径 r 越小、温度越低，那么毛细管内能够液化凝聚的气体的相对蒸气压（P/P_o）就越小。

实际上，多孔吸附剂在吸附气体时，会受到孔径分布、由毛细管内壁液化气体造成的内壁直径的变化，或者表面与气体之间相互作用的能量分布等的影响，所以仅仅通过开尔文式是无法完整表达吸附作用的。由于大多用于气体吸附的活性炭材料，其孔径仅为 1nm 左右，因此即使是浓度极低（数 mL/m³左右）的有机化合物蒸气也能够很好地被其吸附。

图 2.1.23 所示为经水蒸气活化后的活性炭，在扫描电子显微镜下观察的图像。实际上，在这种清晰度的照片中，不可能观察到用于吸附气体的有效微孔，而仅仅是只能大致看到大孔内壁表面上小孔的张开状态。

图 2.1.24 所示是由椰子壳活性炭吸附的各种气体在 60℃ 的条件下，气体浓度和吸附量之间的关系（吸附等温线）。从图中可以看出，使用多孔吸附剂进行气体吸附时，对于低浓度的气体来说，吸附量和气体浓度大体成正比，但随着气体浓度的增高，相对应的吸附量也逐渐接近饱和状态。在发生物理吸附时，气体分子和吸附剂表面的相互作用受到范德华力、静电引力和氢键力等的支配，

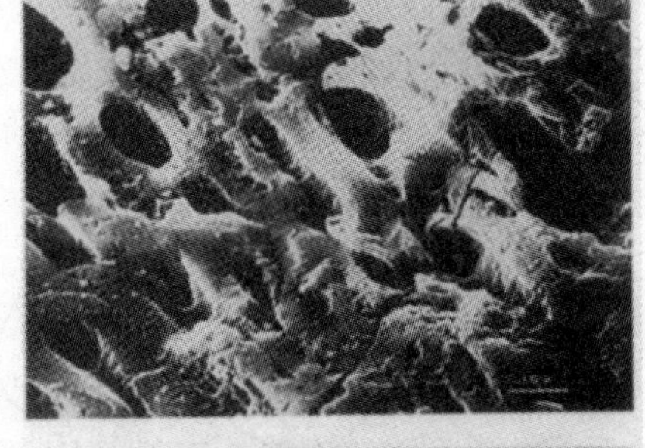

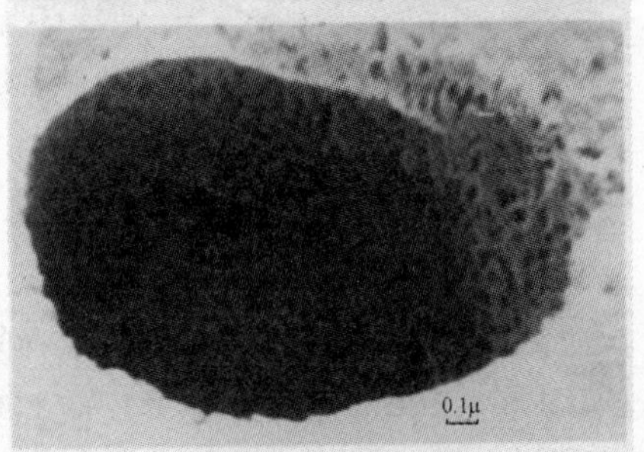

图 2.1.23　椰子壳活性炭的扫描电子显微镜照片（神山宣彦拍摄）

因此一般来说分子量较大的气体能够显现出较强的吸附亲和性。此外，由于饱和状态相当于吸附剂中所有的细孔都被液化气体所充满的状态，因此对于摩尔体积较大的气体来说，它们只需相对较少的分子数就可以使吸附剂达到饱和状态。

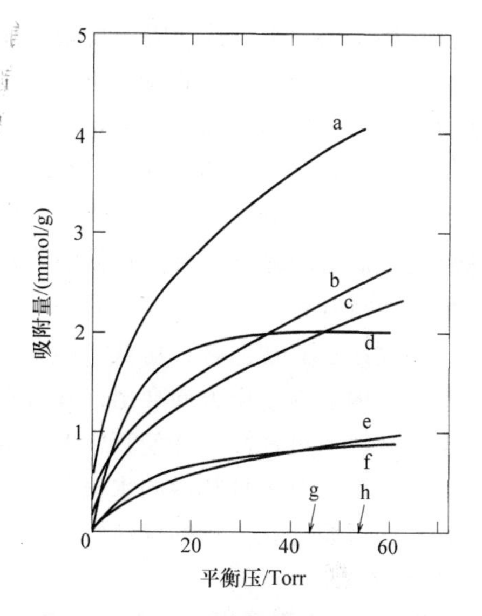

图 2.1.24 椰子壳活性炭对于各种气体在60℃条件下的吸附等温线（作者测定）

a—二硫化碳 b—二氧化氮 c—溴甲烷 d—氯气 e—二氧化硫 f—硫化氢 g—一氧化碳 h—氨气

注：1Torr = 133.322Pa。——译者注

由于活性炭表面具有疏水性，对水蒸气的吸附力比较低，但同时对亲油性有机化合物的吸附力又比较高，因此它会选择性地吸附空气中低浓度的有机化合物蒸气。同时，因为吸附气体后失去活性的活性炭还能够再生，所以从可循环使用这点上来看，活性炭自身不属于对环境有害的物质。以上这些优点使活性炭被广泛应用在空气净化领域中。

与活性炭不同，由于沸石和硅胶的表面呈现出亲水性的特点，会对水蒸气呈现出选择性的吸附倾向，所以可作为干燥剂或者脱水剂使用。同时，沸石还具有耐热性，因此是一种性能优秀的高温气体吸附剂。沸石原本的成分是硅铝酸盐，但在合成沸石中没有铝的成分，而仅含有二氧化硅（被称为硅质岩）。二氧化硅的表面则具有疏水性，在常温下也可以用来吸附去除空气中的有机化合物蒸气。

活性炭或沸石如果吸附了接近饱和吸附量的气体，就会失去吸附能力，于是未经吸附的气体便从吸附层的出口处开始泄漏，此时应当停止吸附转而进行吸附剂的再生处理。在大多数情况下，将加热的水蒸气从反方向导入活性炭的吸附层，就可以使已经被吸附的气体解吸附。由于沸石或硅质岩具有不燃且耐热的特点，所以能够使用热空气进行解吸附处理。此外，尽管部分经解吸附后的气体作为有效成分还可以再次循环利用，但是对于组成成分不确定或是含量较少的气体，通常都施以焚烧处理。

对于使用完的吸附剂，可以在专用再生设备中进行再生处理。同时，还可以把吸附剂填充至替换管中，这样可以使吸附剂的更换更加方便。对于只配有一个吸附剂填充层的吸附设备来说，当吸附剂失去吸附能力时，因为要更换新的吸附剂，所以这种设备无法实现连续运行。不过，对于配备两层或两层以上的多层式吸附设备来说，由于可以对吸附剂的再生和冷却等步骤进行控制，所以吸附层就可以交替使用。于是这类吸附设备就能够实现长时间的连续运行。

流化床式吸附法的原理如下：使制成球形的吸附剂在吸附层的空气中悬浮，通过空气和吸附剂之间的接触实现对象气体的吸附。

此外，研究人员还开发出了一种转子式吸附方法。使用这种方法的设备具有一个含吸附层的旋转体，并能够在旋转一周内实现吸附和解吸附这两个过程。该法将缓慢旋转的转子式蜂窝结构吸附剂作为吸附层，由于其中吸附剂的填充密度很低，使得其对于空气的流通阻力也很小，所以借助这种方法可以处理大量的空气，因此该法非常适合针对低浓度空气污染物的净化。在这个方法中，气流仅在蜂窝孔洞内沿内壁面方向穿出，并且在蜂窝旋转一周的过程中可以确保大部分污染空气都能通过蜂窝，并使其中的污染气体被蜂窝所吸附，同时，留在蜂窝中的污染气体又可以随加热后的水蒸气气流一起逆方向流动而获得解吸附。通过以上过程，即可实现在一周的旋转过程中，同时进行污染气体的吸附和吸附剂的再生这两个步骤。

图 2. 1. 25 所示为各种吸附设备的结构示意图。这里需要说明的是，由于含有再生模块的吸附设备的规模都非常大，所以仅用于针对工厂排污的处理，而几乎不作为普通建筑物的净化设备使用。

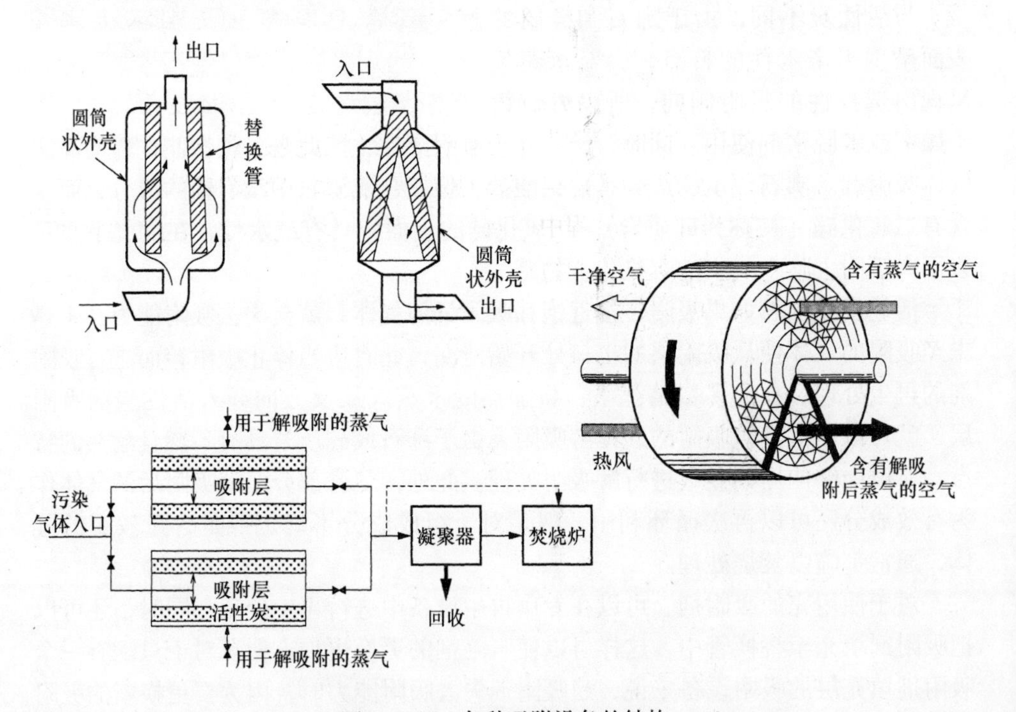

图 2. 1. 25　各种吸附设备的结构

化学吸附法把活性炭、硅胶、氧化铝凝胶以及酸性黏土等作为载体，在其表面覆上其他的化学物质的涂层，或者通过使活性炭或硅胶的表面发生化学变化来赋予其表面特殊的化学反应特性，从而使其能够作为吸附剂使用。例如，在去除硫化氢时，使用涂覆了氯化铁等金属盐类的酸性黏土；在去除氨气时，使用含有磷酸或硫酸等不挥发性酸的活性炭；在去除氯化氢等酸性气体时，使用添加了碱或碱土金属类碳酸盐等的吸附剂。

由于化学吸附剂与对象气体之间的反应很强，且均为不可逆反应，因此非常适合针对低浓度气体的选择性高效吸附。一般情况下，在对化学吸附剂进行再生时，需要对其本身进行相关的化学处理，而不能简单地直接对处于设备填充状态下的吸附剂进行处理。因此，如果吸附剂失去活性，只能更换新的吸附剂。

在使用吸附剂法处理恶臭或净化室内空气时，由于对象气体大多成分复杂并且状态不稳定，因此除了用途最广泛的活性炭，还可以同时使用处理酸性和碱性成分的层状填充化学吸附剂。

1.2.4 燃烧法

对于含有有机溶剂等可燃性气体的排放来说，可以使用燃烧法进行处理。但是，在使用这种处理方法时，因为污染成分的浓度较低而很难确保其持续地燃烧，所以需要不断添加燃料。这样一来，就会导致处理污染的成本非常高。为了解决这个问题，可以使用热交换机或蜂窝转子式的吸附设备，预先对污染成分进行吸附与解吸附的处理，然后将污染成分浓缩之后，再作为高浓度废气进行燃烧。此外，还有一种燃烧方式被称为“接触燃烧”，这种方式可以使低浓度气体在固体催化剂表面进行浓缩凝聚，并在这种状态下通过氧化完成处理，因而不会产生火焰。接触燃烧法在处理过程中的温度要低于直接燃烧法，因此适用于低浓度有机成分的燃烧处理。该法使用的催化剂通常有颗粒状、带状和蜂窝状，而且处理温度需要确保在200~400℃。此外，在使用燃烧法时，还需要注意NO_x或其他一些有害燃烧产物的发生。

1.2.5 反应法

反应法是将对象气体中的有害成分通过加热分解、氧化或其他反应转化为无害成分后，再将其排出的方法。例如，将恶臭成分使用臭氧进行氧化达到除臭的效果；将NO_x、VOC和甲醛等，在氧化钛表面通过光催化氧化反应进行去除；使用氨气对NO_x进行接触还原等。总之，对于特定的对象物质都会有其相对应的处理方法。

参考文献

1) 江見　準：「機械的分離手法の新しい体系化を目指して」，化学工学，51（1），5（1987）

2) 化学工学協会編：化学工学便覧（改訂5版）「集じん・分級」，pp. 770-786，丸善（1988）

3) 米田　伝：「集塵技術」，化学装置，pp. 100-106（1990）

4) 江見　準：「気中微粒子濾過の基礎」，エアロゾル研究，4（4），pp. 246-255（1989）

5) Emi, H., Kanaoka, C. and Yoshioka, N.: J. Chem. Eng. Jpn., 6,349（1973）

6) Emi, H., Kanaoka, C. and Ishiguro, T.: Proc. 6 th Int. Symp. On Contamination Control, Tokyo, p. 219（1982）

7) 井伊谷鋼一編著：集塵装置の性能「第5章エアフィルターの性能推定」，p. 180，産業技術センター（1976）

8) 高橋幹二編著：応用エアロゾル学，pp. 189-191，養賢堂（1984）

9) 真田雄三，鈴木基之，藤元　薫　編：新版活性炭　基礎と応用，講談社サイエンティフィク（1992）

10) 労働省労働衛生課編：局所排気・空気清浄装置の標準設計と保守管理（下），空気清浄装置編，中央労働災害防止協会（1985）

11) 新環境管理設備辞典編集委員会編：大気汚染防止機器，産業調査会　辞典出版センター（1995）

第 2 章　空气净化设备各论

2.1　分类及基本事项

空气净化设备作为普通楼宇或工厂等空气调节设备的一部分，可以除去由室外进入的空气及室内循环空气中的颗粒物或有害气体；作为排气系统的一部分，又可以减少有害气体向外界的排放。对于由室外进入的空气或室内循环空气中的颗粒物来说，其成分、浓度以及粒径分布等会根据地区、季节、时间、室内人员以及工厂的运行状态等发生变化。当然，有害气体的成分或浓度也同样会随之发生变化。因此，需要根据颗粒物和有害气体的种类、浓度以及安装设备的目的，来选择相应的空气净化设备。

空气净化设备的选择以及相关维护方面的一般注意事项如下：

1）当以颗粒物作为处理对象时，应当挑选与颗粒物浓度、粒径、物理性质、化学性质以及所需清洁度相适应的设备。

2）当以有害气体成分作为处理对象时，应当选择适合的气体清除剂。

3）应使用适当的预滤器。

4）应当在空气净化设备允许的空气处理流量范围（需同时注意上限和下限）内使用。

5）为了使风速尽可能均匀分布，应对过滤器的规格或导管的配置等进行合理的规划。

6）为了便于空气净化设备的日常维护与定期检查，需要在其前、后方均留有一定的空间，同时还应在设备外壳周边，留有滤料替换以及机器本身的更换或修理的空间。

使用扩大管连接空气净化设备的外壳和导管时，应当使进气口一侧的角度 $\alpha<30°$（如果 α 超过 30°，就需要设置导流叶片），而排气口一侧的角度 β 最好小于 45°（见图 2.2.1[1)]）。当吹向过滤器的气流速度较大时，还需要设置如图 2.2.2[1)] 所示的折流板。此外，当气流从直角方

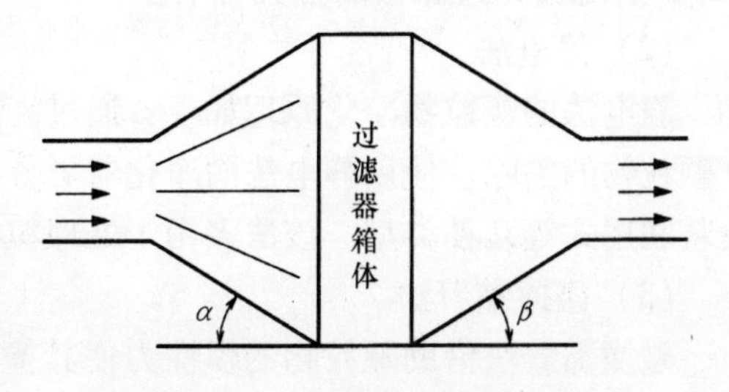

图 2.2.1　空气进口处导管的结构[1)]

向进入过滤器时，应设置如图2.2.3[1)]所示的导流叶片，或者如图2.2.4[1)]所示的整流格栅。同时，其他具有整流格栅类似功能的配件还有多孔板、金属网以及薄层滤料等[1)]。

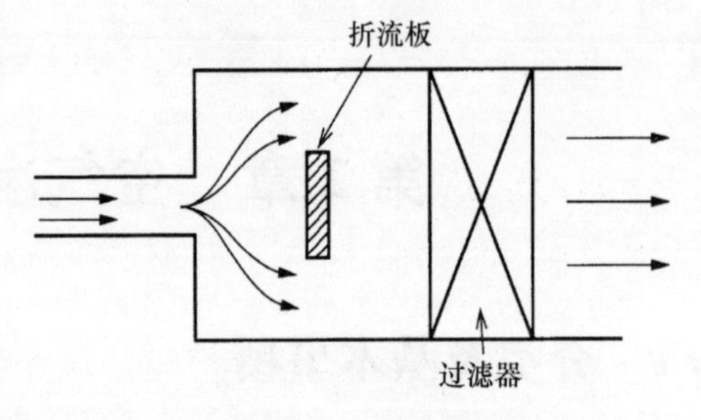

图 2.2.2 折流板[1)]

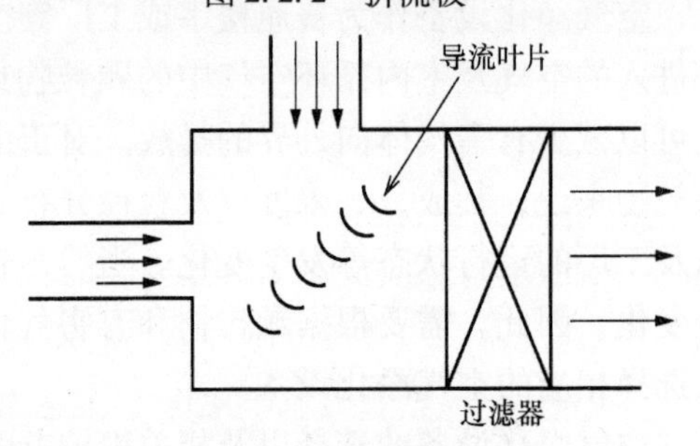

图 2.2.3 导流叶片[1)]

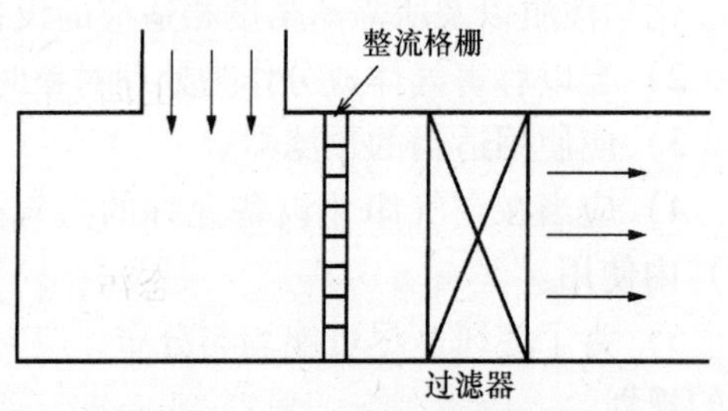

图 2.2.4 整流格栅[1)]

2.1.1 污染物的种类及其净化方法

大楼和工厂中的空气污染物大致可以分为以下3种：

1）悬浮颗粒物：在空气中悬浮的固体或液体的颗粒状物质。

2）微生物：真菌、细菌和病毒等微生物。

3）气态污染物：使人体产生不快的臭气或对生物有害的气态物质。气态污染物不仅会降低某些工业产品的品质，而且也会对美术馆或博物馆的展品产生影响。

以下分别就以上3种污染物的净化方法进行介绍：

1. 颗粒物的净化方法

空气净化器净化颗粒物的方法可以分为以下3种：

（1）过滤法

过滤法的颗粒物净化原理如下：当颗粒物通过纤维或海绵状物质构成的多孔空间时，通过碰撞、拦截和扩散等方法实现对颗粒物的去除。从粗滤器到HEPA过滤器，过滤器的种类有很多。

（2）静电法

静电法的颗粒物净化原理如下：通过高压电场内的颗粒物荷电以及吸附力实现颗粒物的去除。使用静电法的净化器可分为单区式、双区式、定期清洁式以及滤料联用式等几种类型。该法多用于处理粒径相对较小的颗粒物。

（3）碰撞黏着法

碰撞黏着法借助颗粒物的惯性力使其撞击涂布黏着剂的金属网、金属板等，从而实现颗粒物的去除。这种方法多用于除去粒径相对较大的颗粒物，或是颗粒物浓度较高的情况。但最近，该法在楼宇空调设备中已不常见。

2. 空气中悬浮微生物的净化方法

真菌和细菌能够单独地悬浮在空气中，或者附着在空气中的悬浮颗粒物上，而病毒则仅以附着在悬浮颗粒物上的形式出现在空中。虽然悬浮微生物的净化方法和一般的悬浮颗粒物的净化法相同，但由于其体积相对较小，所以多数情况下使用高效空气过滤器或者 HEPA 过滤器来进行清除。

为了防止空气净化设备捕集到的细菌或真菌在净化滤料上的繁殖，最近市售的“抗菌过滤器”通过在滤料上涂布抗菌剂或者使抗菌剂渗入到纤维中，从而具有一定的抗菌效果。

3. 气态污染物的净化方法

以下就使用空气净化设备去除气态污染物的方法进行介绍：

（1）吸附法

吸附法为使用活性炭这一类表面积很大的吸附剂去除气态污染物的方法。还有一些具有化学活性的吸附剂，是通过在常规吸附剂上添加氧化还原反应剂或者酸性、碱性物质，来使吸附的气体发生氧化或中和反应，并将其转变为无害气体，从而实现气态污染物的去除。

另外，还有一些通过电化学聚合反应，使吸附剂或纤维具有离子交换功能的净化材料。

（2）催化剂法

该法在吸附剂和无纺布滤料上面，添加或附着某种催化剂或氧化剂，从而通过催化剂的氧化作用等，完成污染气体的净化。

（3）吸收法

吸收法是针对某些特定的气态污染物，通过水或化学试剂将其除去的方法。

2.1.2 空气净化设备的分类

空气净化设备的种类有很多，一般可以通过净化性能、净化原理以及设备维护方式（使用方法）等对其进行分类。按照性能，可以将空气过滤器分为粗滤或中效和高效等。另外，前面已介绍了按照净化原理的对空气净化设备的分类，在此主要讨论按照维护方式进行的分类。

以下为按照维护方式对空气净化设备进行的分类：

1）自动更新式：滤料能够自动更新。

2）自动再生式：滤料捕集的颗粒物可以被自动去除。

3）自动清洁式：除尘部分能够自动清洁。

4）定期清洁式：对除尘部分或者滤料进行定期清洁。

5）滤料更换式：仅对用于除尘的滤料进行定期更换。

6）单元更换式：对净化单元式的滤料、吸附剂或者吸收剂进行更换。

7）气态污染物去除剂的再生：取出气态污染物去除剂，对其进行再生处理。

8）气态污染物除剂的更换：仅更换含有气态污染物去除剂的滤料。

表2.2.1为综合颗粒物捕集原理及维护方式的净化设备分类方法。

表2.2.1 根据捕集原理和维护方式对净化设备进行的分类

捕集原理	维护方式	结构	颗粒物捕集率（%）			压降/Pa	用途
			计重法	比色法	计数法		
过滤法	自动卷绕	玻璃纤维或者合成纤维的卷轴式滤料自动卷动更新	70~85	20~30	5以下	30~160	楼宇空调，家用空调
	自动再生	使用植毛滤料自动清理捕集的颗粒物	50~80	25以下	0	120	短棉绒颗粒物浓度较高的地下街或大商场
	定期清洁	使用合成纤维材质的无纺布滤料，定期清洁	70~85	20~30	5以下	50~100	楼宇空调，家用空调
	滤料更换	使用安装在滤膜框架中的玻璃纤维或合成纤维材质的无纺布滤料，且仅对滤料部分予以更换	60~90	40以下	0~15	20~200	中效过滤器的预滤器
	单元更换	将玻璃纤维或合成纤维材质的无纺布滤料加工成袋状，即空调过滤袋	95以上	65~95	35~85	50~300	楼宇空调，家用空调，HEPA过滤器的预滤器
		把滤料折叠成褶状放入盒中	95以上	65~95	35~85	50~300	
		同上，HEPA过滤器、ULPA过滤器	100	100	99.97~99.9995	100~500	洁净室的最终过滤器，针对DNA重组试验设备或放射性同位素设施排放的过滤器

（续）

捕集原理	维护方式	结构	颗粒物捕集率（%）			压降/Pa	用途
			计重法	比色法	计数法		
静电法	自动卷绕	在集尘极板上使颗粒物凝聚，使用转轴式滤料捕集从极板上剥离的颗粒物（滤料联用式）	95以上	70~90	40~65	100~160	楼宇空调，家用空调
	定期清洁	清洁集尘极板上的颗粒物				40~100	

注：对于捕集率的计重法和比色法，分别参考 JIS B 9908 中形式3 和形式2 规定的试验方法。计数法参考 JIS B 9908 中的形式1 或者 JIS B 9927 中规定的试验法。压降为使用初始压力和最终压力计算的概略值。

2.2 粗滤器

空气过滤器很少单独使用，通常是以 2~3 级的形式组合在一起使用。作为主过滤器或者最终段过滤器使用的中效过滤器或 HEPA 过滤器，随着颗粒物的捕集其压降的上升速度也很快，因此在使用中效过滤器时，需要设置 1 个预滤器，而在最终段使用 HPEA 过滤器时，大都设置 1~2 个预滤器。

在此，针对在第 1 级作为预滤器使用的粗滤器进行介绍。当然，粗滤器有时也可以单独使用。

2.2.1 种类及结构

1. 种类

粗滤器分为过滤式和碰撞黏着式两种。

过滤式粗滤器利用颗粒物通过大于其粒径的纤维间缝隙时出现的附着现象来进行捕集。不过，这是相对比较老的一种捕集方式，在颗粒物的捕集中并不作为主要手段使用。过滤式捕集法使用的材料被称为滤料，其材质包括玻璃纤维、陶瓷和金属等的无机材料，同时也包括合成纤维等各种其他材料。此外，最近天然纤维材料的滤料已经几乎不再使用了。

过滤式粗滤器包括单元式和自动更新式，其中自动更新式会在 2.4 节中详细介绍。

粗滤器中配备的过滤器使用金属或者木制框架固定的滤料，多为 500~610mm 的四角形，厚度 25~50mm。

碰撞黏着式粗滤器包括单元式和自动清洁式。

2. 结构

粗滤用空气过滤器的结构如下：

1）将相对笔直的玻璃纤维任意摆放并收纳在外框中。

2）将使玻璃纤维形成卷曲后使用黏合剂黏在一起。

3）几~十几张重叠在一起的金属网。

4）切成数 mm 以下大小并任意重叠的金属丝或者金属箔。

5）由合成纤维制成的无纺布。

6）多孔海绵结构。

过滤器可以分为两种：一种是原样使用上述滤料的干式过滤器；另一种是将滤料浸润黏着剂后使用的湿式过滤器。

2.2.2 性能

用于粗滤的空气过滤器大多在风速为 1.5~3.5m/s 时使用，其中 2.5m/s 左右风速时使用得最多。

1. 压降

压降由空气通过过滤器时出现的阻力所导致，可以使用气流在空气过滤器上游一侧和下游一侧的全压差（Pa）来表示。通常情况下，空气过滤器的进口和出口具有相同的横截面积，所以通过的风速相等，于是相对应的动能（动压）也就相等，因此压降又可以用静压差表示。当通过空气过滤器的风速（风量）增加时，压降也会随之增大，在实际使用中，两者的关系可以通过下式表示：

$$\Delta p = av^n \tag{2.1}$$

式中，Δp 为压降（Pa）；v 为风速（m/s）或风量（m^3/min）；a 为试验常数，即当 $v = 1$m/s（或者 $v = 1m^3$/min）时 Δp 的值；n 为试验常数。

式（2.1）中的 n 由空气过滤器的结构所决定，其数值通常在 1~2。尽管当空气过滤器对颗粒物进行捕集而使得压降增大时，式（2.1）也同样成立，但此时 a 的值会大于初始值，而 n 的值则通常小于初始值。

粗滤器中 n 的值通常为 1.5~1.8。图 2.2.5 所示为粗滤器的风速与相对应压降的示例。

式（2.1）也同时适用于其他的空气过滤器。

2. 颗粒物捕集率

颗粒物捕集率指的是，从空气过滤器上游侧流入颗粒物量的去除比例，使用百分比（%）表示。

根据空气过滤器的上游和下游颗粒物浓度测定方法的不同，颗粒物捕集率的表示方法有以下 3 种。之所以有 3 种表示方法，是由于空气过滤器可以捕集的颗粒物的粒径范围很广，从而使得捕集率的范围也很广，因此仅用一种方法就很难对颗粒物捕集率进行完整地描述。

1）计重法；

2）比色法；

3）颗粒物计数法。

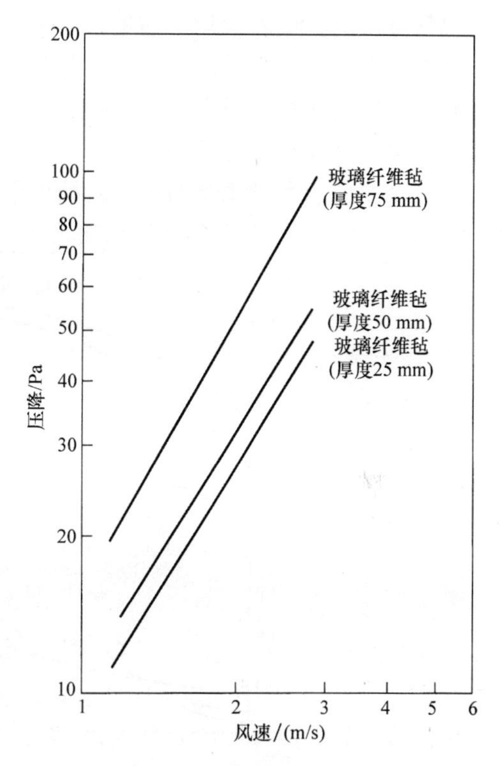

图 2.2.5　粗滤器的风速与其相对应的压降间关系的示例

使用以上这 3 种方法获得的捕集率，即使在同一空气过滤器中可能也会产生不同的值，所以需要注意颗粒物捕集率是用哪种方法求出的。不同方法产生不同值的主要原因是，这些方法各自使用了不同的颗粒物粒径。此外，用于表示性能时所使用的粒径，与实际流入空气净化器中的粒径区别很大，所以这也是颗粒物捕集率的计算值以及使用过程中的实际值这两者间存在差异的主要原因。

通过分别计算不同粒径颗粒物的捕集率（又被称为部分捕集率）可以较好地解决以上问题。当已知不同粒径颗粒物的捕集率与颗粒物的粒径分布时，可以分别求出每个粒径段内颗粒物的量，然后乘以该粒径段对应的颗粒物捕集率。这样，通过计算全部粒径范围内颗粒物捕集量的总和[2)]，就能够比较准确地推算出颗粒物的整体捕集率。

此外，粗滤器的颗粒物捕集率一般通过计重法计算。

3. 过滤器的容尘量

过滤器的容尘量指的是，空气过滤器在到达临界使用状态时能够捕集的颗粒物的质量，通常用单位面积上或者单个过滤器上的颗粒物质量（kg/m^2或 kg/个）来表示。

过滤器的容尘量是大体判断空气净化器的维护频率（滤料的清洁等）或更换频率的指标。

虽然空气过滤器的压降会随着颗粒物的捕集而出现逐渐增大的趋势，但是颗粒物捕集率则可能会出现持续上升，或者上升一段时间之后出现下降，又或者是一开始就出现下降等情况。因此，过滤器的容尘量是由压降和颗粒物捕集率这两个方面共同决定的。而决定方法则根据不同的试验条件多少有些不同，即分别根据以下 3 种情况时颗粒物的捕集量来决定：当压降达到初始值的 2 倍时；或者达到最高压降值时；或者颗粒物捕集率低于最高值的85%时。

此外，空气过滤器对于不同粒径分布的颗粒物的容尘量也不相同，因为试验颗粒物和一般的颗粒物粒径分布不一定相同，所以通过试验颗粒物得出的过滤器容尘量仅可作为类比参考使用。

图2.2.6所示为过滤器的颗粒物捕集率和相应容尘量之间关系的示例。

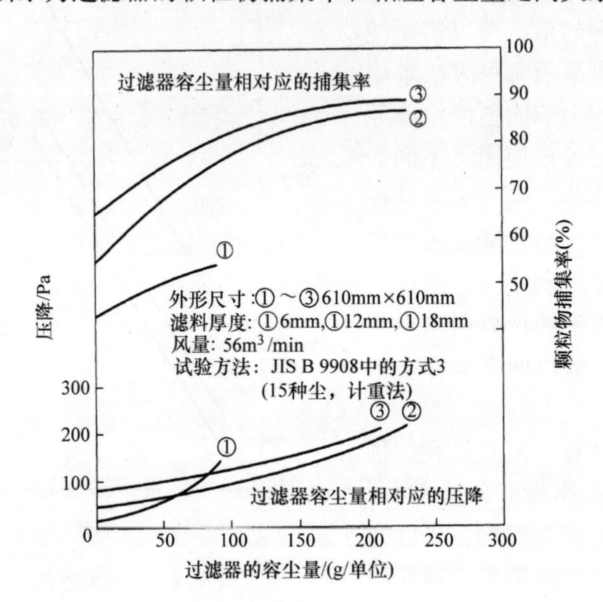

图2.2.6 粗滤器中的颗粒物捕集率和容尘量之间的关系

2.3 单元式空气过滤器

2.3.1 种类及结构

1. 种类

将滤料按照适当的尺寸切好，然后加工成袋状或折叠成褶状装入金属、木质或塑料的边框内，或者也可不经加工直接装入上述边框内。上述种产品被称为单元式空气过滤器，其污染物捕集原理与过滤式相同。

中效空气过滤器使用的滤料和粗滤用空气过滤器相比，纤维直径更细，且填充密度更大，所以过滤阻力也就更大。因此，对于袋式或折褶式等类型的过滤器，会使用很多方法增大其过滤面积，同时尽量减小过滤风速，以便尽可能降低压降，从而增大颗粒物的滞留量。

按照单元式空气过滤器结构的不同可以分为以下3类：

1）嵌板式；

2）袋式；

3）折褶式：

① 隔板型；

② 无隔板型。

从2.2节中使用计重法进行颗粒物捕集率评价的低效过滤器，到使用比色法评价的楼宇空调的主要过滤器，或者使用HEPA或ULPA的预滤器，再到使用颗粒物计数法评价的HEPA或ULPA过滤器等，过滤器的产品种类繁多。

见表2.2.2，JIS B 9908－1991“换气用空气过滤器单元”[3]中，依据捕集颗粒物的粒度、捕集率和滤料种类，对单元式过滤器进行了分类。

以下为单元式过滤器使用的滤料：

1）滤纸：

① 玻璃纤维、陶瓷纤维；

② 合成纤维（带电滤料，非带电滤料）。

2）毡垫式滤料：

① 玻璃纤维；

② 合成纤维。

表2.2.2 JIS B 9908中划分的单元式空气过滤器

形式	捕集颗粒物的粒度	颗粒物捕集率（%）	滤料	种类式号
形式1	极微细颗粒物	大于99	干式 黏合式	D1A W1A
		90～99	干式 黏合式	D1B W1B
形式2	略微微细颗粒物	大于90*	干式 黏合式	D2A W2A
		60～90*	干式 黏合式	D2B W2B
形式3	略微粗大颗粒物	90以上*	干式 黏合式	D3A W3A
		70～90*	干式 黏合式	D3B W3B
		小于70*	干式 黏合式	D3C W3C

注：*为平均颗粒物捕集率。（参考）颗粒物捕集率的试验方法如下所示：形式1为颗粒物计数法；形式2为比色法或光散射累积法；形式3为计重法。

2. 结构

单元式空气过滤器通常将滤料安装在木制或金属的边框中，同时，为了减少滤料与边框之间的缝隙，还会采用黏接等方式进行处理。在使用这种单元式过滤器时，应特别注意减少过滤器外框和设备上对应的底框之间的缝隙，因此需要使用适当的密封垫。

但是当过滤器为嵌板式时，也有不使用密封垫的情况。

（1）嵌板式

将本篇 2.2 节中所述的滤料裁切至适当大小后，放入长宽为 500×500～600mm×600mm、厚度为 20～50mm 的金属或木制的边框中即嵌板式过滤器。

该类过滤器通常使用干式滤料，或者涂布有黏合剂的湿式滤料。其中，湿式滤料为一次性滤料，干式滤料则可用水清洗之后再次使用。

嵌板式空气过滤器的外观如图 2.2.7 所示。

图 2.2.7　嵌板式空气过滤器

（2）袋式

把具有一定蓬松度的玻璃纤维或合成纤维材质的滤料，或者合成纤维材质的无纺布缝制成袋状，然后将数个～10 个这样的袋子并列在一起，再套上外框将空气入口固定，即袋式空气过滤器。同时，为了不使相邻袋子之间贴得过为紧密，还会将袋子上缝出一些间隔。虽然袋式空气过滤器的外框主要是金属材质，但为了方便进行焚烧处理，有时也会使用难燃性的胶合板或塑料。

玻璃纤维滤料，是将直径在数 μm 以下的玻璃纤维，做成厚度在数～10mm 的绵垫状滤料（也被称为纤维毡），并且通常通过贴合在薄无纺布或玻璃纤维网上来增强后两者的张力。此外，同时也有一些与玻璃纤维滤料具有相同结构的聚丙烯材质的滤料。

以上这些具有一定蓬松度的滤料虽然都是作为干式滤料使用，但如果是合成纤维材质的无纺布则既可以作为干式滤料使用，也可以通过涂布黏合剂而作为湿式滤料使用。

袋式过滤器的尺寸：气流入口一侧的长和宽为 610mm×610mm，深度为 300～900mm。

袋式空气过滤器的外观如图 2.2.8 所示。

（3）折褶式

该类过滤器将玻璃纤维或合成纤维等纸状滤料（滤纸），折叠成多褶状后用于空气的过滤，因此被称为折褶式空气过滤器。

玻璃纤维滤纸为使用黏合剂将直径在数 μm 以下的玻璃纤维黏合在一起制成的滤料，其厚度大多为 0.5mm 左右。

合成纤维材质的滤纸除了普通无纺布以外，还包括通过熔喷法制作的微细纤维无纺布。由于熔喷法制作的滤料可以进行驻极体处理，因此在过滤初期能够提高颗粒物的捕集率。但需要注意的是，随着颗粒物负荷的增大，过滤器所带电荷也会相应减少，从而导致捕集率出现下降的情况。

图 2.2.8　袋式空气过滤器

1）隔板型。隔板型折褶式过滤器会在相邻的两张多褶滤纸中间，加入一层铝片或牛皮纸或塑料等材质的波形隔板，其目的是使滤料之间互相不形成接触。同时，对于含隔板的滤料与外框间的间隙，还使用黏合剂或是玻璃纤维毡进行密封。此外，通常使用金属板或胶合板作为该过滤器的外框。

由于单元式空气过滤器的压降是滤料自身的阻力以及因滤料以外的过滤器自身结构所产生的形状阻力之和，因此为了减少形状阻力造成的压降，也可以使用被称为“锥形隔板”的滤料隔板。通常情况下，隔板凸起在空气进口与出口两侧具有相同的高度。而锥形隔板的凸起在入口一侧较高，出口一侧则相对较低。这种结构可以使过滤器内部的气流更加均匀，因此能够有效降低形状阻力。

对于单元式空气过滤器的外形尺寸来说，其长和宽为 500×500～610mm×610mm，高为 150～300mm。

图 2.2.9 所示是隔板型空气过滤器的外观。

2）无隔板型。无隔板型单元式空气过滤器的制作方法为，将滤纸折叠成深度为 25～100mm 的多褶状，然后在相邻两片滤纸间夹入丝状或者绳状的树脂，并使用黏合剂（树脂）将滤纸褶皱的凸起固定，最后把切割成数 mm 宽度的带状滤纸插入滤料之间以取代隔板。

图 2.2.9　折褶式空气过滤器（隔板型）

将依照以上方法制作的进深相对较浅的滤料包装入外框时，既可以直接安装，有时也会呈 V 形安装。其中，前者的长和宽为 500×500～610mm×610mm，深度为30~100mm，而后者的长宽不变，但深度为150~300mm。

无隔板型过滤器的外框通常使用金属板或胶合板来制作。尽管这种过滤器的滤料包和外框大都使用黏合剂进行黏接，但也有一些产品不做黏接处理，而是采用外框和滤料包很容易分离的结构。这样当过滤器达到最大压降时，只需将滤料取出丢弃，而外框则可以实现反复持续使用。

无隔板型空气过滤器的外观如图2.2.10所示。

图2.2.10　折褶式空气过滤器（无隔板型）

2.3.2　性能

当过滤器的外形尺寸为610mm×610mm×292mm时，每个单元式空气过滤器能够处理的风量（额定风量）大多为56~71m^3/min。

1. 压降

图2.2.11所示为单元式空气过滤器的风量以及相对应的初期压降之间关系的示例。

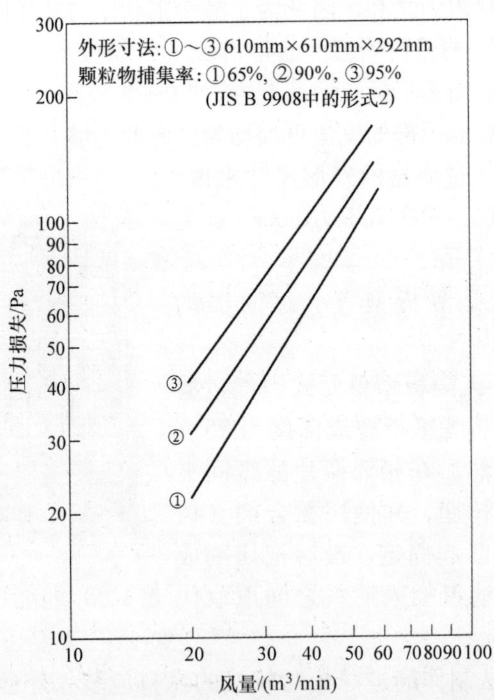

图2.2.11　单元式空气过滤器的风量与相对应的初期压降之间的关系

2. 过滤器的颗粒物捕集率和容尘量

图 2. 2. 12 所示为单元式空气过滤器的容尘量分别与相对应的颗粒物捕集率和压降间关系的示例。

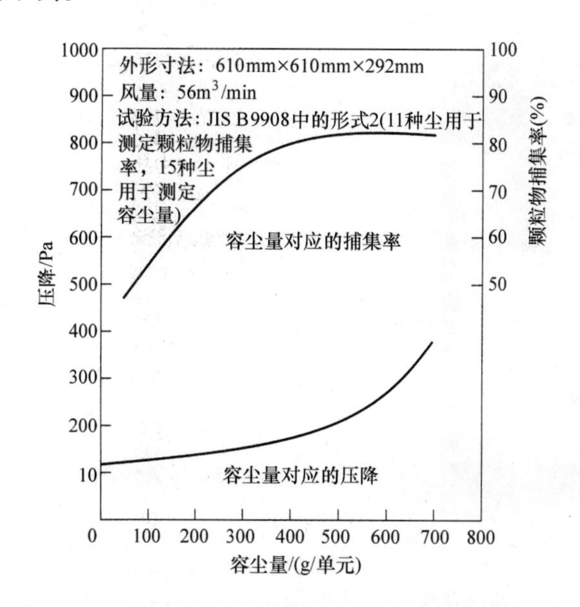

图 2. 2. 12 单元式空气过滤器的颗粒物捕集率和容尘量

2.4 自动卷绕式空气过滤器

2.4.1 种类及结构

1. 种类

自动卷绕式空气过滤器使用卷轴式的玻璃纤维滤料或者合成纤维无纺布滤料。同时，为了提高过滤器的容尘量，所使用的玻璃纤维滤料通常都会涂布有黏合剂。而合成纤维的无纺布滤料可以分为干式滤料和涂布黏合剂的湿式滤料两种。其中，干式滤料一般可以经过清洗后再次使用，但是涂有黏合剂的玻璃纤维或无纺布滤料则只能是一次性使用。

此外，自动式的空气过滤器产品中除了自动卷绕式，还有一类是自动再生式。

2. 结构

(1) 自动卷绕式空气过滤器的外观

图 2. 2. 13 和图 2. 2. 14 所示分别为自动卷绕式空气过滤器的外观和结构示意图。

图 2. 2. 13 自动卷绕式空气过滤器的外观

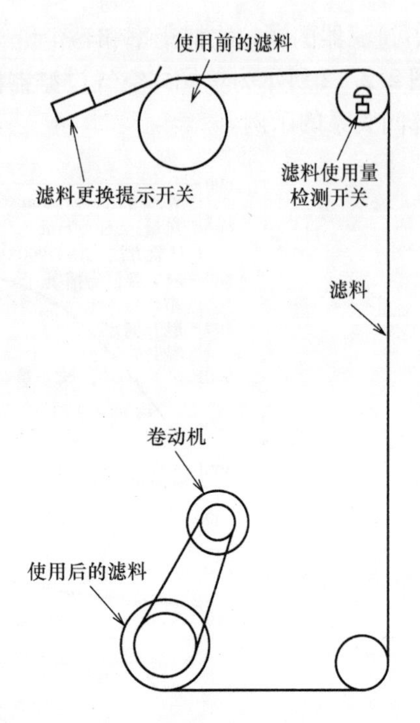

图 2. 2. 14 自动卷绕式空气过滤器的结构

首先将新的滤料卷轴在设备上部装填好，然后使滤料通过滤面后从设备下部卷绕至空的卷轴上。滤料的卷绕方式有两种：第一种是在定时器的控制下间断性地卷绕；另一种是根据检测到的压降情况进行相应地卷绕。其中，前者由于相对更容易对设备的运转状态进行确认，因此是最常用的方式。此外，随着设备的不断运转，空卷轴一侧卷绕的滤料越来越多，那么其直径也就越来越大。对于这一点，设备可以通过检测卷轴的卷绕次数或者旋转角度来进行相应的调整，以保证每次滤料的卷绕量保持恒定。最后，当滤料被逐渐卷出，直到最终全部用完时，滤料更换提示开关就会被触发，从而点亮相应的指示灯，同时设备也会停止卷动。

自动卷绕式空气过滤器除了图 2. 2. 13 中显示的这种过滤面比较平坦的结构外，还有过滤部分前后呈 V 形或者 W 形弯曲的结构。这样的结构设计不仅能够增大过滤器的过滤面积，而且还能使其实现相对更小的体积，这样就更便于安装在小型空调器内部。

（2）自动再生式滤料

将直径为数 μm，长度为数 ~ 20mm 的纤维通过静电植入或者编入带网眼的基布上，即自动再生式滤料。自动再生式空气过滤器由空气净化部分和再生部分组成。图 2. 2. 15 所示为该净化器的结构示意图，其工作原理为通过定时器或者压差开关，将用于滤料再生处理的吸嘴的驱动装置开启后，该吸嘴即开始在滤料的正前方上下左右移动；与此同时，与吸嘴相连的集尘器也同时起动，由集尘器吸除滤料上面捕集的颗粒物。可以将小型袋式集尘器或者旋风分离器作为再生式空气过滤器的集尘器使用。

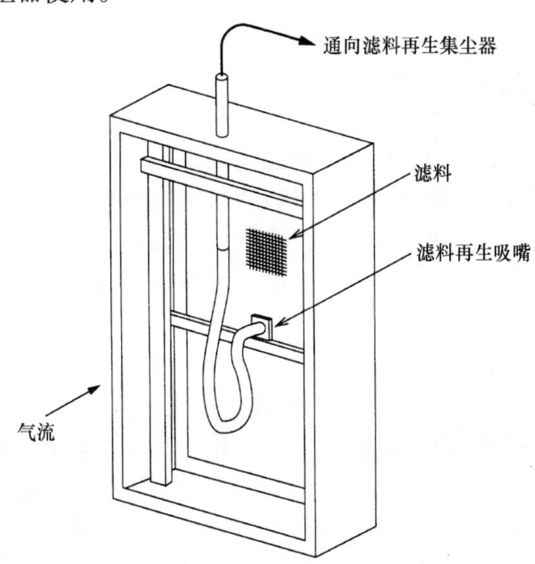

图 2.2.15　自动再生式空气过滤器的结构示意图

2.4.2　性能

1. 自动卷绕式空气过滤器

自动卷绕式空气过滤器使用的滤料与本篇 2.2 节中所介绍的滤料相同，并且在使用过程中，滤料的各方面性能（压降、颗粒物捕集率、容尘量）也相同。但是，由于实际使用的滤料均为较长的卷状（一般为 15 ~ 20m），所以滤料的更换周期要长于单元式过滤器。根据空气中颗粒物浓度水平的不同，自动卷绕式空气过滤器滤料的更换周期通常为 0.5 ~ 1 年。

2. 自动再生式空气过滤器

自动再生式空气过滤器使用的滤料的纤维直径要比自动卷绕式的更大，且滤料本身的厚度更小，所以颗粒物的捕集率比自动卷绕式过滤器稍低。不过这两种过滤器在工作时具有相同的初期压降。

2.5　静电式空气净化设备

2.5.1　种类及结构

静电式空气净化设备从结构上可以分为电除尘器和静电过滤器两类。其中电除尘器又分为单区式、双区式和离子风式。双区式电除尘器的结构分为使颗粒物带电的荷电部分（离子发生器）和捕集颗粒物的部分（集尘区）。与之相对的，单区式电除尘器的结构可以在颗粒物荷电的同时对其进行捕集。

虽然科特雷尔型电除尘器是单区式电除尘器的代表，但是空气净化设备普遍采用的是双区式除尘器，因此以下对单区式除尘器不加介绍，只对双区除尘器进行集中说明。

为了能够更好地适用于空气净化设备，双区式电除尘器的各个部分都经过了专业化的设计。该除尘器由荷电区和集尘区两部分构成，其中荷电区多采用线状电晕线对平行平板或者针状电晕线对平行平板的电极结构。

在荷电区中的线状电极（或针状电极）上加载正电压时，就会通过正电晕放电形成的正离子使颗粒物带正电，而如果加载负电压，颗粒物就会带负电。

双区式除尘器为了抑制臭氧的产生，其电晕极采用正电。通常情况下通过电晕放电使颗粒物荷正电时，臭氧的发生量比荷负电时少 1/10。同时，颗粒物荷正电时臭氧的发生量还与电晕线的线径成正比，即线径越小臭氧的发生量也就越小。这一现象是由于，臭氧形成的区域仅限于电晕线表面的电极附近，当线径减小时线的表面积也相应减小，从而导致臭氧的发生量也随之减少[4]。

双区电除尘器中集尘区的典型结构为，将金属板（通常为铝制）以一定的间隔平行排列，通过在这些金属板上依次交替加载高压电和接地，使板间形成高压电场。借助这种结构，荷电区中荷电后的颗粒物可以在集尘区中被高效捕集。图 2.2.16 所示为双区电除尘器的概念图。

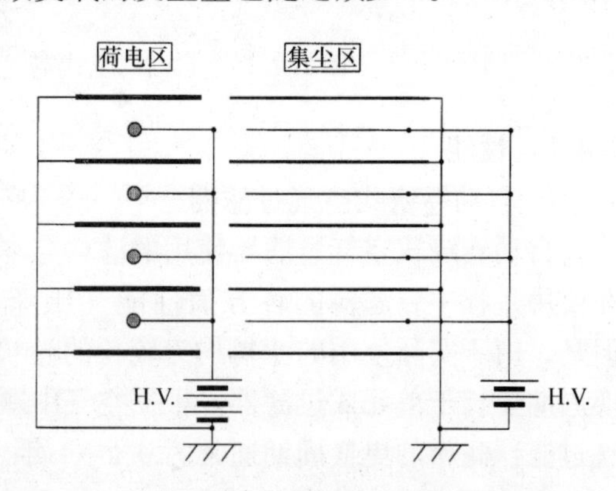

图 2.2.16　平行板式双区除尘器的结构

此外，如图 2.1.17 所示，为了防止电极之间时常产生的放电火花，也有设计将经过加工的塑料树脂板代替金属板作为集尘板使用，即在塑料树脂板的一个面上涂布导电涂料，同时使两端的绝缘区域形成波形或者突起状垫片，并将这样的集尘板大量叠加起来使用。这一设计使得电极间隔缩小到原来的 1/2，从而实现了设备的小型化和高效化。

在此之后，如图 2.2.18 所示，又出现了另一种设计，即将集尘区中的高压电极板用树脂材料层压后，和制成波形的金属集尘电极板一起卷成涡状，从而形成了卷轴式的结构。

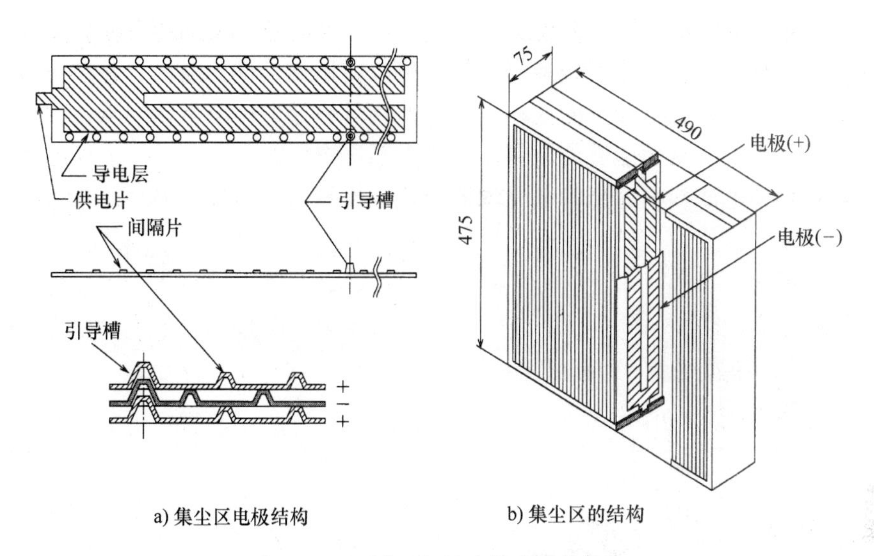

图 2.2.17　层压塑料式集尘区的结构

此外，还有一些产品中高压极板使用体积电阻率较高的树脂材料(半绝缘性)，并通过一体化注塑工艺制作而成。使用这种高压极板时，由于即使达到空气击穿场强，也不会出现火花放电的现象，所以具有极高的颗粒物捕集性能。

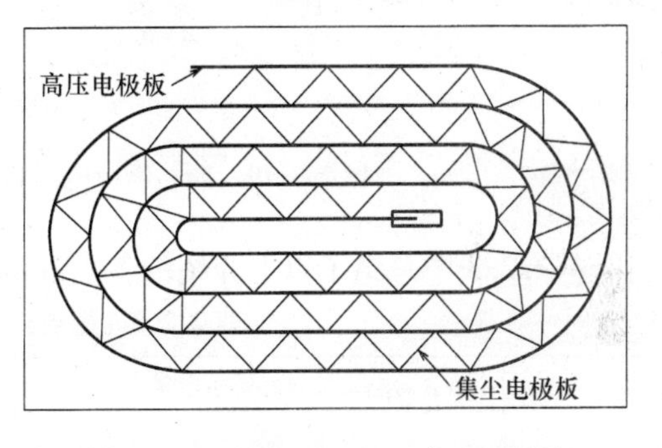

图 2.2.18　漩涡式电极的集尘区结构

对于静电过滤器来说，是否存在外部电压，或者颗粒物是否因加载了外部电压而带电，不仅其各自结构会有所不同，而且颗粒物的捕集机制也不相同。因此，静电过滤器可分为以下类型：仅对滤料加载电压的滤料电容型；使颗粒物带电之后，再用滤料进行捕集的颗粒物荷电型；使颗粒物带电的同时，也在滤料上加载电压的颗粒物荷电滤料电容型；使用驻极体滤料的驻极体滤料型；具有通过电晕放电使颗粒物带电的荷电区，同时还使用驻极体滤料的类型等。

另外，还有一类比较常见的静电过滤器，在电除尘设备的下游一侧增设了滤料卷绕式的后滤器。同时，对于具有荷电区的静电过滤器来说，其荷电区具有与双区电除尘设备中荷电区相同的结构。

静电过滤器的滤料有以下 3 种：平面展开的无纺布、隔板型和无隔板型。那么，对于电压加载型静电过滤器来说，可以通过以下方法分别在不同滤料上加载电压：对于平面无纺布滤料来说，可以使用金属网把滤料从两侧夹住，然后再在金属网上加载电压；对于隔板型的滤料，可以使用铝板作为隔板，并在隔板上直接加载电压；对于无隔板型的滤料，可以使用具有导电性的带状间隔材料，并在其上加载高压电，从而能够使滤料内部产生高压电场。

颗粒物荷电滤料电容型静电过滤器的代表性设备如图 2. 2. 19 所示。

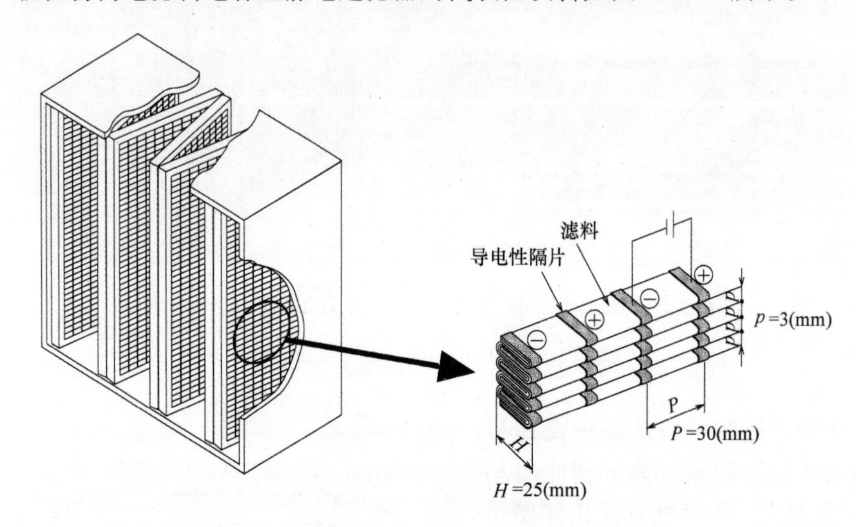

图 2. 2. 19　颗粒物荷电滤料电容式集尘区的结构

表 2. 2. 3 中总结了以上介绍的各类静电式空气净化设备。

表 2. 2. 3　静电式空气净化器

电集尘器	单区荷电式（科特雷尔电集尘器）		
	双区荷电式	荷电区	线式 针式
		集尘区	平行铝板式 层压塑料式 卷轴式 半绝缘树脂一体化成形式
	离子风式		
静电过滤器	电压加载式		滤料电容型 颗粒物荷电型 颗粒物荷电滤料电容型
	无电压加载式		驻极体滤料型
	混合式		颗粒物荷电 + 驻极体滤料型
混合	混合联用式		电集尘器 + 后滤器

2.5.2　性能

1. 双区电集尘器的基本性能

双区电集尘器的压降要远远低于其他惯性原理或过滤原理的集尘设备，特别是在对噪声有一定要求时，静电式集尘设备则几乎是唯一的选择。

双区电集尘器的颗粒物捕集率 η 一般可以通过下式计算：

$$\eta = 1 - \exp(-\omega A/Q) \tag{2.2}$$

式中，A 为集尘电极面积（m^2）；Q 为气体流量（m^3/s）；ω 为颗粒物的移动速度（m/s）。

式（2.2）也被称作 Deutsh 公式。如果已知电极面积和气体流量，那么通过该式就可以求出 ω 所对应的捕集率。其中，如果 ω 值为一定的，对于具有相同处理风量的设备来说，其电极面积越大，那么相应的捕集性能也就越高。

如果通过气体流速用 v 表示，电极的长度用 L 表示，电极间隔用 d 表示，气流通过截面用 $a \times b$ 表示，那么风量 Q 为 $v \times (a \times b)$，电极面积 A 为 $a \times L \times (b/d)$，于是式（2.2）就可以整理成式（2.3）：

$$\eta = 1 - \exp(-\omega L/vd) \tag{2.3}$$

式中，L 为电极的长度（m）；d 为间隔（m）；v 为风速（m/s）。

使用式（2.3），就可以借助电极的尺寸等信息相对准确地计算出颗粒物的捕集率。另外，如果电极的形状和设备风量一定，那么就可以将 L、d 和 v 确定下来。此时，捕集率的高低由 ω 所决定，因此 ω 实际上代表了除电极形状以外的设备的实际性能。式（2.4）为 ω 的理论推导公式：

$$\omega = C_m q E_c / 3\pi\mu D_p \tag{2.4}$$

式中，C_m为坎宁安系数（－）；q 为颗粒物荷电量；E_c为集尘区的电场强度（V/m）；μ 为空气的黏滞度（Pa・s）；D_p为粒径（m）。

从式（2.4）可以看出，ω 和 qE_c之间成正比，那么就可以认为颗粒物的荷电量越大，并且捕集区电场越强，那么除尘设备的性能也就越高。

双区除尘设备的构想就是基于以上认识而提出的，即分别建立更为专业的颗粒物荷电区域和强电场的集尘区域。事实上，与单区除尘器相比，由于双区除尘器捕集区的电场强度可以独立控制，因此可以通过设置电场强度使其接近于空气击穿场强的水平，以实现很高的颗粒物捕集率。

由于捕集区电场是一个均强电场，同时也没有空间电荷，所以如式（2.5）所示，电场强度仅通过加载的电压 V_c除以电极间隔 d 就可以求出。

$$E_c = V_c/d \tag{2.5}$$

在双区电除尘设备的荷电区中，通过电晕放电可以产生单极性的离子。此时，颗粒物就可以借助这些离子在电场荷电（field charging process）q_f和扩散荷电（diffusion charging process）q_D的作用下完成荷电的过程。

$$q = q_f + q_D \tag{2.6}$$

式（2.7）和式（2.8）为电场荷电作用下颗粒物荷电的时间变化；式（2.9）和式（2.10）为在扩散荷电作用下颗粒物荷电的时间变化[5]。

$$q_f = q_s/(1 + \tau_f/t) \tag{2.7}$$

$$\tau_f = 4\varepsilon_0 E_i/i \tag{2.8}$$

$$q_D = q^* \ln(1 + t/\tau_c) \tag{2.9}$$

$$q^* = 2\pi\varepsilon_0 D_p kT/e \tag{2.10}$$

式中，E_i是荷电区电场强度（V/m）；i是电流密度（A/m^2）；τ_f是荷电时间常数（s）；ε_0是真空电容率（C/m）；q_s是饱和荷电量（C）；k是玻尔兹曼常数（J/K）；e是电子的电量（1.6×10^{-19}C）；T是温度（K）。

典型的时间常数τ_f为$\tau_f = 200\mu s$。在大多数情况下，当颗粒物通过荷电区时，荷电量几乎都会达到饱和值，所以应关注下面将要介绍的饱和电荷量q_s：

$$q_s = 3\pi\varepsilon_0\varepsilon_s/(\varepsilon_s + 2) D_p^2 E_i \tag{2.11}$$

式中，ε_s是颗粒物的相对电容率（－）。

不过由于此时相对电容率的贡献并不大，所以相同粒径颗粒物的电荷量是由荷电区的电场E_i来决定的。接下来就来讨论荷电区的电场强度E_i。集尘区内的集尘空间是一个可以忽视空间电荷的拉普拉斯空间，但是当电晕放电产生离子后又会形成一个符合泊松分布的空间，要想得到电场强度就必须解泊松方程式。对于形状比较简单的电晕线及其对电极形成的电场来说，假设电晕线的线径为$2r_0$，那么从电晕线的中心到距离为r的位置处的电场可以通过下式求出：

$$E_i = \sqrt{(I/2\pi\varepsilon_0\mu_i) + (r_0E_0/r)^2} \tag{2.12}$$

由于对于电晕线附近之外的空间来说，可以忽略式（2.12）中右侧根号内的第2项，所以实际上式（2.12）可以被认为是

$$E_i = \sqrt{(I/2\pi\varepsilon_0\mu_i)} \tag{2.13}$$

式中，μ_i是离子的移动度；I是每单位长度内的电流密度。对于电晕线对平行平板电极形成的电场来说，就可以用以上公式来推导得出其电场强度。

从式（2.13）中可以看出，荷电区的电场强度只与放电电流的二次方根成正比，而与电压并没有明确的相关。因此，当电压较高时，捕集率不一定很高。

2. 静电式过滤器的基本性能

静电过滤器由于利用的是静电力，因此具有较低的压降和较高的颗粒物捕集性能。能够驱使颗粒物运动的静电力有以下3种：

1）库伦力：$F_c = qE$ (2.14)

2）镜像力：$F_i = q^2/(16\pi\varepsilon_0 r^2)$ (2.15)

3）梯度力：$F_g=(\pi/4)D_p^3\times\varepsilon_0(\varepsilon-\varepsilon_0)/(\varepsilon+2\varepsilon_0)\,\mathrm{grad}E^2$　　(2.16)

库仑力是以上3种静电力中最大的，在它的作用下，带电粒子只能够在电场中运动。颗粒物荷电滤料电容型和颗粒物荷电驻极体滤料型这两种静电过滤器利用的就是库仑力。

在镜像力的作用下，即使在电场强度为0时，带电粒子也能够发生运动，但由于该作用力与到电场距离的二次方成反比，因此只有在非常接近电场的地方才能发挥作用。虽然对于电极间隔在毫米水平的电集尘器来说，利用镜像力进行集尘几乎是不可能的，但因为在滤料内部，颗粒物和纤维之间的距离属于微米级，所以该作用力在静电过滤器中可以发挥很大的作用。这种方法适用于颗粒物荷电型和电集尘器的空气过滤器。颗粒物荷电型和电集尘器的后滤器这两种静电过滤器利用的就是镜像力。

对于梯度力来说，即使颗粒物本身不带电，但只要电场在空间上保持不均匀状态，颗粒物就可以在该力的作用下产生运动。但因为该作用力与颗粒物粒径的三次方成正比，所以对于0.1μm左右粒径的颗粒物来说几乎没有什么作用。不过，梯度力对于较大粒径颗粒物的捕集还是具有一定贡献的。借助梯度力进行颗粒物捕集的原理为，如果对滤料加载外部电场，电力线就会倾向于集中在滤料纤维上，此时，颗粒物便受到朝向电场较强方向移动的作用力，从而能够在纤维表面实现颗粒物的捕集。滤料电容型静电过滤器利用的就是梯度力。

下面对以上3种静电力的颗粒物捕集性能的测定结果进行介绍。如果将颗粒物荷电滤料电容型过滤器的荷电区加载的电压关闭，那么此时该过滤器就是滤料电容型，而如果把捕集区关闭，则会成为颗粒物荷电型。如果把两者都关闭，就是机械式过滤器，见表2.2.4。

表2.2.4　静电式过滤器的类型和静电力

	颗粒物荷电	集尘区电场	静电力的种类	过滤器类型
a	o	o	无	机械过滤器
b	q	o	镜像力	颗粒物荷电型
c	o	E	梯度力	滤料电容型
d	q	E	库仑力 qE	颗粒物荷电滤料电容型

图2.2.20所示为不同粒径颗粒物通过率的测定结果。如图可知，在荷电区内加载电压时，与a相比，b的颗粒物通过率呈平移减小的趋势。同时，对于c来说，虽然粒径在0.1μm左右的颗粒物通过率出现一定的减小，但随着粒径的增大通过率的变化也趋于平缓，所以c的曲线呈下凸形状。由于即使是不需要进行颗粒物荷电的驻极体过滤器也具有以上特性，所以可以通过测定不同粒径颗粒物通过率的办法来检测滤料内部纤维是否带电。此外，d无论与a、b和c中哪种过滤器相比，都具有最高的捕集率（通过率最小），因此说利用库仑力的过滤

设备的颗粒物捕集性能最好。

因为库仑力为 qE，所以滤料内部的颗粒物移动速度为 $v = C_{m}qE/3\pi\mu D_{p}$，这与和电集尘设备中 ω 的公式是相同的。那么，从集尘原理的角度来看，静电过滤器滤料内部的纤维表面上，分布有电力线部分的总面积即集尘面，因此，作为颗粒物荷电滤料电容型的静电过滤器，从广义上也可以看作一种双区除尘设备。

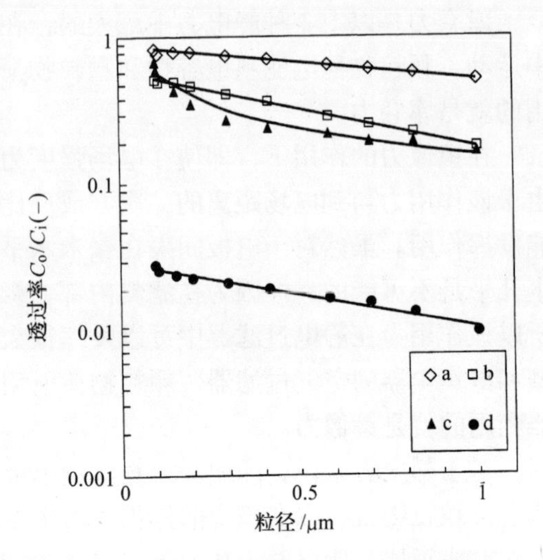

图 2. 2. 20　颗粒物透过率的粒径分布

驻极体过滤器最大的特征是不需要电源。因为驻极体滤料永久带电，因此它和机械过滤器相比，在捕集性能相同的情况下，具有较小的压降。通过率倒数的对数和压降的比 α，可以用来评价过滤器含压降特性在内的综合捕集性能。包括驻极体过滤器在内的所有静电式过滤器都具有较大的 α 值：

$$\alpha = -\ln(P)/\Delta p \tag{2.17}$$

为了比较不同厂家生产的驻极体过滤器的滤料性能，在图 2. 2. 21 中以压降

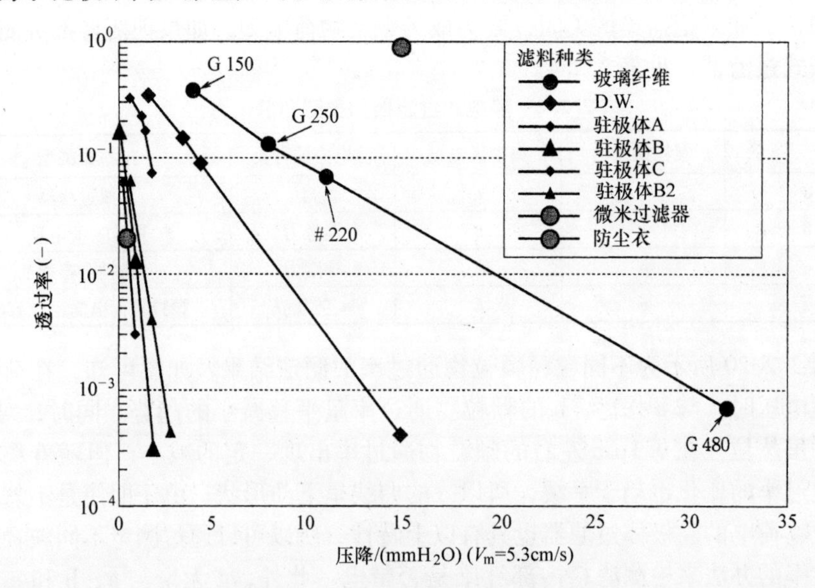

图 2. 2. 21　压降/透过率的性能对比

为横坐标、通过率为纵坐标绘制了性能对比图。从图中可以看出，和玻璃纤维滤料相比，驻极体滤料具有压降低且捕集率高的特点。

2.6 高效空气过滤器

2.6.1 种类及结构

1. 过滤器的历史

根据公元1世纪的史料记载，人们在精制汞时很可能已经开始使用麻袋状的口罩。而到了17~18世纪，用于空气过滤的口罩就已经很接近近代的形状了。进入19世纪，随着蒸汽机的不断发展，人们逐渐开始使用防止粉尘污染的口罩。而在经历了第一次世界大战后，有关防毒面具滤料的相关技术得到了长足的发展。在其后的第二次世界大战中，作为曼哈顿项目（Manhattan Project）的一部分，研究人员使用原本作为防毒面具滤料的纤维石棉滤纸，开发出了专门用于去除原子弹爆炸时释放的放射性尘埃的过滤器，这就是后来在空调上被广泛使用的HEPA过滤器（High Efficiency Particulate Air Filter，高效微粒空气过滤器）的原型[8)]。

日本最早的HEPA过滤器是由日本原子能研究所作为配套设备进口的。而用于普通环境的HEPA过滤器则于1962年左右传入日本[10)]。同年2月，JIS颁布了“放射性粉尘空气过滤器”的工业标准[11)]。随后，日本于1965年左右开始发售国产的HEPA过滤器。1980年，日本开发出世界领先的超高效过滤器，该过滤器对于0.12 μm颗粒物的过滤效率达到99.9995%。美国于1983年开发出同样的过滤器，IES（Institute of Environmental Sciences，环境科学研究所）将其称之为ULPA过滤器（Ultra Low Penetration Air Filter，超高效空气过滤器）[12)]。

2. 高效空气过滤器的分类

1994年，“IES-RP-CC 001.3”中追加了ULPA过滤器，并完善了相关内容[13)]。其中，对于高效空气过滤器的定义为“滤料折叠安装于固定边框中的一次性干式过滤器，其对于DOP或者同等气溶胶中，0.3μm颗粒物的捕集率在99.97%以上的称为HEPA过滤器，0.1~0.2μm颗粒物的捕集率在99.999%以上的称为ULPA过滤器”。表2.2.5为IES对过滤器的分类。

从日本JIS的规定来看，在“JIS B 9927：洁净室空气过滤器性能检测方法”中，HEPA过滤器的性能要求为“额定风量下，对0.3μm颗粒物的捕集率在99.97%以上、99.999%以下，有时也对0.15μm颗粒物捕集率有一定的要求”；ULPA为“额定风量下，对0.15μm颗粒物的捕集率在99.9995%以上的过滤器”[14)]。

图2.2.22所示为高效空气过滤器通过率（%）的对比图。

表 2.2.5 IES 对 HEPA 和 ULPA 过滤器的分类

形式	对象粒径/μm	捕集率	备注
A 形	0.3	99.97% 以上	仅需综合效率合格
B 形	0.3	99.97% 以上	综合效率合格且 20% 风量试验合格
C 形	0.3	99.99% 以上	全面检测合格
D 形	0.3	99.999% 以上	泄露试验后综合效率合格
E 形	0.3	99.97% 以上	依 MIL 规格制造的合格品（放射性或生物危害等特殊物质）
F 形	0.1 ~ 0.2	99.999% 以上	ULPA 过滤器
结构等级分类	等级 1	MIL - F - 51068	10in 水柱压差耐受 60min
	等级 2	UL 586	只用于 610mm × 760mm 过滤器
	等级 3	UL 900 等级 1	当受到明火攻击时，不燃烧且几乎不排烟的过滤器
	等级 4	UL 900 等级 2	当受到明火攻击时，仅在一定程度上燃烧或者排烟的过滤器
	等级 5	FM 认定产品	用于洁净室
	等级 6	非阻燃结构	

注：1in = 0.0254m。——译者注

3. 结构

（1）滤料的折叠形状

高效空气过滤器由外框、滤料、隔板、黏合剂、侧封材料和密封垫组成。有一部分滤器滤料为经多次折叠的手风琴形状，并且在其折叠后的缝隙间还装有纸或铝箔等材质波形隔板，这些过滤器被称为隔板型过滤器。同时，有些隔板型过滤器的滤料入口处较宽，进入内部后逐渐变窄，这些过滤器属于倾斜式隔板过滤器。与此相对的是，另外一部分滤器的滤料被折叠成 1mm 左右的细褶状，然后用玻璃纤维丝、带状或热熔树脂填充在滤料间隔之间，这些过滤器被称为无隔板型过滤器。表 2.2.6 为过滤器根据其滤料的不同折叠形状进行的分类。图 2.2.23 和图 2.2.24 所示分别为两种不同形状滤料的图片。此外，为了确保过滤器的高效捕集性能，应当使用黏合剂将滤料及隔板部分与外框之间完全密封。

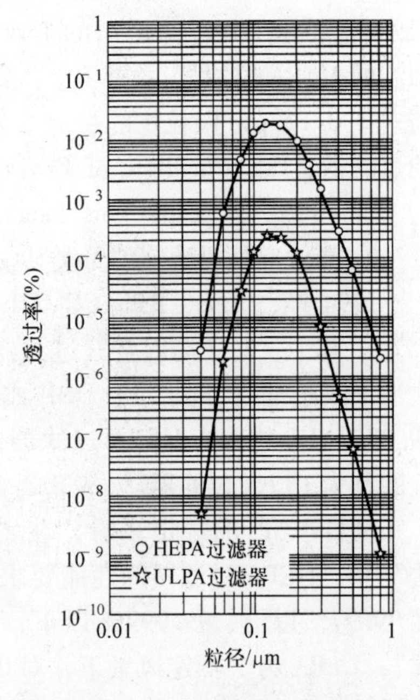

图 2.2.22 高效过滤器的性能比较

表 2.2.6　根据滤料的不同折叠形状对过滤器进行的分类

类型		隔板式			无隔板式
隔板形状		平行波状	特殊加工的平行波状	倾斜波状	丝线状
滤料隔板	U形折叠	标准型 滤料间隔 4mm 以上	— 薄型低压降型过滤器用	— 大风量式过滤器用	— 薄型低压降型过滤器用
形状	V形折叠	—	过滤器深度 150mm 以下 滤料间隔不足 4mm	过滤器深度 290mm	过滤器深度 150mm 以下 滤料间隔 1mm 左右

图 2.2.23　隔板型过滤器滤料的外观图

图 2.2.24　无隔板型过滤器滤料的外观图

(2) 组装形状

图 2.2.25 和图 2.2.26 所示分别为普通形状和倾斜式的隔板型过滤器。图 2.2.27 所示是无隔板型过滤器，这些过滤器具有良好的风速分布。图 2.2.28 所

示为安装于边框中且过滤器嵌板成 V 形组合的过滤器，这些过滤器可以适用于大风量的过滤条件。图 2. 2. 29 所示是制成半圆形状的无隔板型过滤器。除此之外，还有过滤器部分和底部支撑托架互相分离的减容式过滤器。

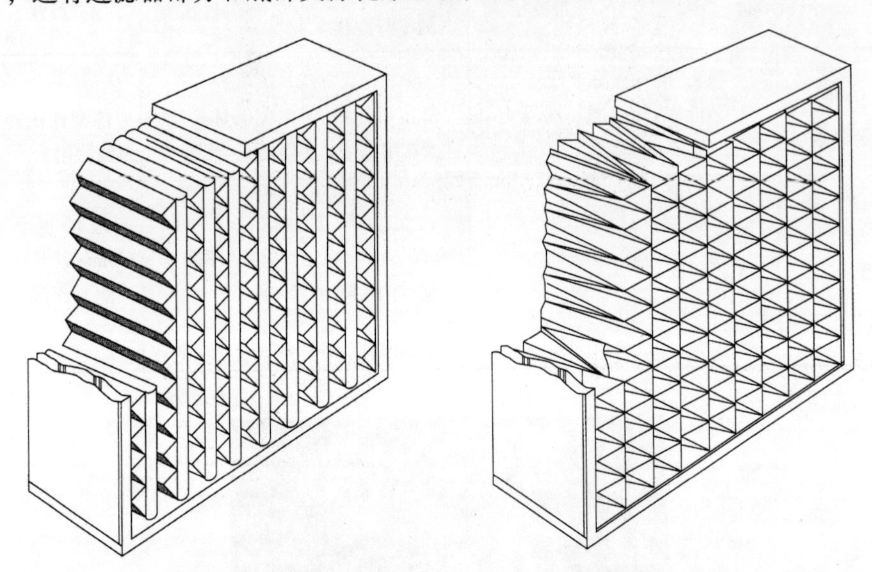

图 2. 2. 25　隔板型过滤器的结构（平行式）　图 2. 2. 26　隔板型过滤器的结构（倾斜式）

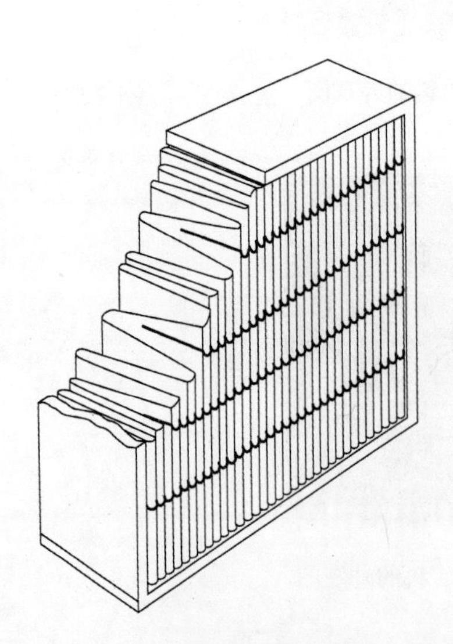

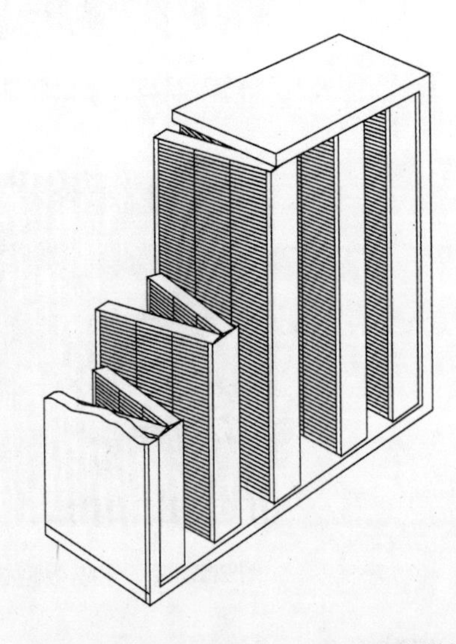

图 2. 2. 27　无隔板型过滤器的结构　　图 2. 2. 28　无隔板型嵌板单元大风量过滤器的结构

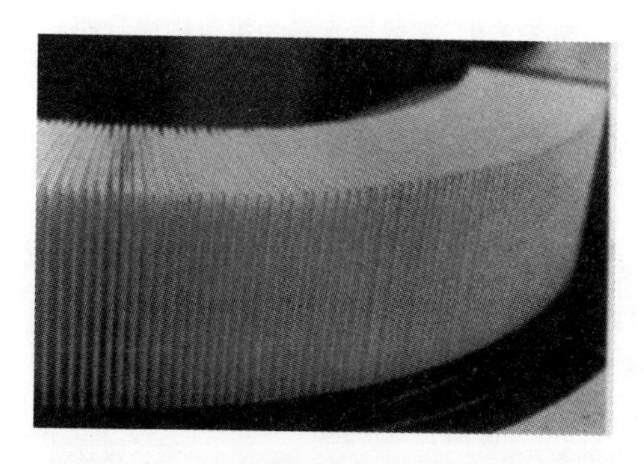

图 2.2.29 无隔板半圆形过滤器的外观图

表 2.2.7 为过滤器不同结构的分类。

表 2.2.7 过滤器不同组成结构的分类

	外形尺寸/mm	滤料的形状	优点	规格	
				初期压降	捕集率
1	610×610×30 ~ 290 等各种尺寸	平行外框 标准式（含无隔板型）	可以获得平行气流 风速分布良好	250Pa 以下	满足 ULPA 要求 满足 HEPA 要求
2	610×610×150 ~ 292 等各种尺寸	开口较大，内部较窄，呈 V 形	能够减小空气阻力 适用于不同风量	250Pa 以下	满足 HEPA 要求
3	610×610×292 610×150×292	过滤器嵌板呈 V 形排列（无隔板）	过滤面积大 大风量用	250Pa 以下（300Pa 以下）	满足 HEPA 要求
4	自由尺寸	圆形、半圆形（无隔板）	充分利用无隔板式过滤器的可弯曲性，可制成多种形状的过滤器	通常为 250Pa 以下	满足 ULPA 要求 满足 HEPA 要求
5	610×610×292	与 1 形状相同	可以只更换滤料；可通过焚烧、压缩实现减容化	250Pa 以下	满足 HEPA 要求

4. 过滤器各组成部分的材质

表 2.2.8 为高效空气过滤器主要使用的材料。

表 2.2.8 高效过滤器的主要构成材料

	外框	滤料	隔板	黏合剂（密封材料）	侧封材料	密封垫	出风口外罩
材料	铝（阳极氧化处理） 胶合板（无处理） 胶合板（阻燃处理） 钢板（镀铬处理） 不锈钢	玻璃纤维 PTFE膜 静电无纺布 玻璃纤维+合成纤维	铝 牛皮纸 塑料板 海泡石纸 热熔塑料	聚氨酯树脂 环氧树脂 硅树脂 玻璃纤维毡 聚酯树脂 橡胶类黏合剂	聚氨酯树脂 硅树脂 氯丁橡胶	氯丁橡胶海绵 硅橡胶海绵 玻璃纤维 氟化橡胶海绵 乙烯·丙烯橡胶	铝质金属网或孔板
功能	保持过滤器的整体形状 保证运行强度	用于颗粒物去除	保证滤料褶皱间的通气空间 保持耐压强度 过滤性能均一化	防止侧漏 固定滤料	防止侧漏	保持过滤器安装后的气密性	保护滤料表面 出风风速均匀 美观

（1）滤料

表2.2.9为过滤器中滤料材质的分类。

表 2.2.9 根据不同滤料对高效空气过滤器的分类

材质	种类	参考
玻璃纤维	• 普通玻璃纤维过滤器	普通洁净室使用，其他
	• 耐高温玻璃纤维过滤器	200～400℃
	• 玻璃纤维表面加工滤料过滤器	生物洁净室
	• 涂布硼吸附剂的玻璃纤维过滤器	
	• 化学修饰酶固化玻璃纤维过滤器	半导体工业用
	• 含浸抗菌剂的玻璃纤维过滤器	在生物洁净室
	• 低硼玻璃纤维过滤器	半导体工业用
PTFE膜	• 玻璃纤维复合过滤器	烘箱用
	• 无纺布复合过滤器	洁净室用，其他
有机纤维或者极细带状材料	• 无纺布驻极体过滤器 • 单一材质多层过滤器	一般洁净室用，其他

（续）

材质	种类	参考
有机纤维以及玻璃纤维	• 以有机纤维为主体，含有部分玻璃纤维的过滤器（可以使用湿法生产）	焚烧减容过滤器 用于放射性物质，也可常规使用
其他	光催化型和 UV/光电子法净化器	新型 不需要滤料

1）玻璃纤维滤料：

① 通用玻璃纤维滤料[14]。图 2. 2. 30 所示为滤料的截面图，图 2. 2. 31 所示为滤料表面的电子显微镜照片。玻璃纤维是使用率最高的滤料，其原因如下：很容易购买到各种不同直径的玻璃纤维；价格便宜；具有难燃性与一定的刚性；通过湿法制成的玻璃纤维滤料捕集率高、空气阻力低，而且成品具有很好的均一性。

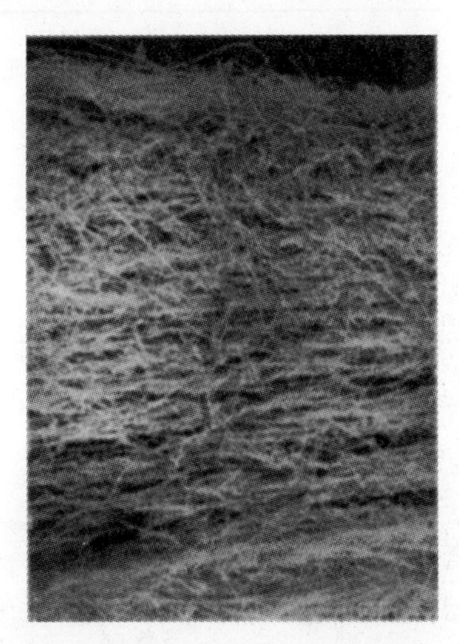

图 2. 2. 30 玻璃纤维滤料的截面

图 2. 2. 31 玻璃纤维滤料

② 特殊玻璃纤维材料：

a. 耐高温的玻璃纤维材料[5]。耐高温的玻璃纤维材料最高可耐 400℃ 高温，且在 350℃ 下可以长时间使用。同时，使用 SUS 网固定的玻璃棉滤料，还可以抑制由温度变化产生的颗粒物。并且，市面上还可以买到 HEPA 级耐高温的玻璃纤维材料（烘箱用）。

b. 玻璃纤维表面加工滤料：

• 硼吸收剂表面涂层滤料[16]（适用于半导体的 HEPA 或 ULPA 过滤器）。通过在玻璃纤维滤料的表面涂布葡糖胺类螯合剂，可以阻止玻璃纤维表面产生硼。在洁净室内使用这种材料时，可以使普通 ULPA 过滤器的硼产生量减少 1/10。

- 溶菌酶化学结合式滤料[17]。通过特殊的方法，将蛋白质或脂肪酸等经过化学修饰的“超级化学修饰酶”固化在 HEPA 过滤器滤料中，就可以利用这些酶物质的直接溶菌作用，对过滤器上捕集到的细菌等微生物直接进行处理。这种过滤器在未来将会有非常好的应用前景。

- 银离子附加加工滤料[18),19]。目前，可以通过很多种方法在高效过滤器的滤料上附加银离子。这类滤料对绿脓杆菌或大肠杆菌的杀灭效果非常明显，同时对金黄色葡萄球菌也有一定的去除效果。

c. 低硼玻璃纤维滤料[20]。一般的玻璃纤维被称为硼硅酸盐玻璃纤维。这种材料中含有硼通常可以达到 10% 以上。与之相对的是，低硼玻璃纤维滤料则仅含有不到 0.1% 的硼。与普通过滤器相比，使用这种滤料的过滤器的硼产生量在其 1/100 以下。表 2.2.10 为玻璃纤维滤料的成分表。

表 2.2.10 玻璃纤维滤料组成成分表

成分（化学式）	含量（%）	
	普通	低硼
二氧化硅（SiO_2）	57.9	70
三氧化二硼（B_2O_3）	10.7	0.1 以下
氧化钠（Na_2O）	10.1	10 ~ 11
三氧化二铝（Al_2O_3）	5.8	3 ~ 5
氧化钡（BaO）	5	—
氧化锌（ZnO）	3.9	0.5 ~ 1
氧化钾（K_2O）	2.9	5 ~ 6
氧化钙（CaO）	2.6	5.5 ~ 6
氟（F_2）	0.6	—
氧化镁（MgO）	0.4	2.5 ~ 3
三氧化二铁（Fe_2O_3）	0.1	—

2）PTFE 膜滤料[21]：

① PTFE 膜。PTFE（Polytetrafluoroethylene，聚四氟乙烯）是含氟树脂中最稳定的一种，其化学结构为

$$—(CF_2-CF_2)—$$

图2.2.32所示是PTFE膜的电子显微镜照片。

② 多孔PTFE膜的性质。多孔PTFE膜由颗粒状的节点和极其细微的纤维（微纤维）构成。通过控制这些节点以及微纤维的长度和直径，就可以改变过滤器的性能。这种膜的厚度为10~30μm，孔隙率为95%，微纤维直径在0.3μm以下。此外，为了保护膜面，这种过滤器通常会制成衬有无纺布的薄片。

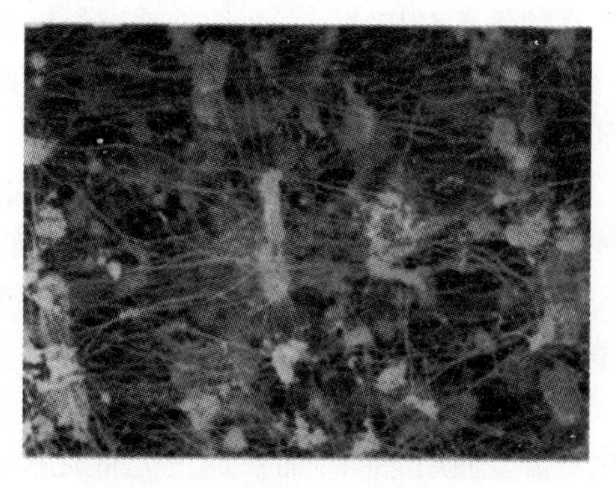

图2.2.32 PTFE膜（滤料）

PTFE膜滤料的压降不到玻璃纤维滤料的2/3。同时，有研究表明，PTFE膜的最大通过粒径也比玻璃纤维过滤器要小。

图2.2.33和图2.2.34所示为PTFE膜滤料的透过率（%）和压降特征。

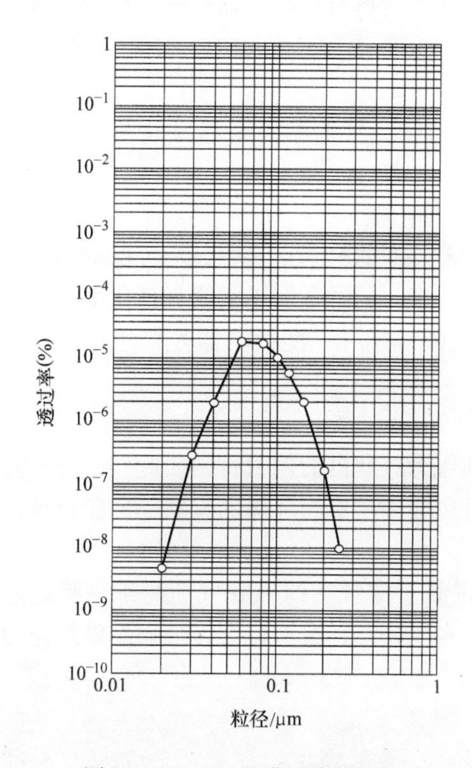

图2.2.33 PTFE膜过滤器性能

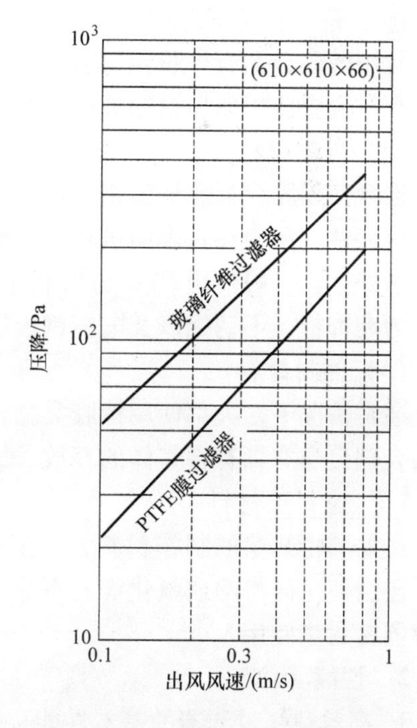

图2.2.34 PTFE膜过滤器的压降特征（对比玻璃纤维滤料）

3）有机纤维滤料（主要为驻极体滤料）。驻极体滤料具有压降低且过滤效率高的优点，其使用寿命约为玻璃纤维滤料的两倍[23),24)]。

由于主要的驻极体滤料聚丙烯纤维比较容易被氧化，所以通常会添加抗氧化剂，以防止其发生劣化[25)]。

4）有机纤维与玻璃纤维的混和式滤料。利用有机纤维与玻璃纤维这两种材质各自的特点，可以制成混和式的 HEPA 过滤器。由于这种过滤器具备一定的减容性能，因此有很高的利用价值，目前广泛用于针对放射性物质的净化领域。

5）不使用滤料的过滤方法。此外，还有一种处在研发阶段的过滤方法，该法不需要使用滤料，而仅通过光催化剂或借助 UV/光电子法就可以实现空气净化的效果[26)]。尽管这种方法现阶段在技术上还存在很多问题，但是这一类设备在未来净化领域中的应用仍然非常值得期待。

（2）隔板

制作隔板的材料包括牛皮纸、铝箔、塑料膜和海泡石纸等。无隔板型过滤器使用玻璃纤维或者聚丙烯、聚乙烯和聚酰胺等塑料类热熔型黏合剂，作为滤料间隔的填充材料，并使用专用的设备完成涂布工序。

（3）黏合剂（密封材料）

常用的黏合剂有橡胶类黏合剂、环氧树脂、聚氨酯树脂以及硅树脂等。此外，有时也会使用耐高温的玻璃棉等。

（4）外框材料

通常使用胶合板或加工铝材作为过滤器外框的材料。其中，为了保证铝制外框的耐久性，还会在其表面进行阳极氧化处理。同时，对于需要具备化学试剂耐受性的外框，一般使用 PVC 材料制作。此外，还有一些过滤器外框使用的制作材料为装饰板、不锈钢以及电镀钢板等。

（5）侧封材料

通常情况下，大都使用橡胶类黏合剂作为过滤器的侧封材料。此外，为了防止黏合剂自身有毒有害气体的释放，最近也会使用更为环保的聚氨酯树脂材料。

（6）密封垫材料

过滤器密封垫的制作材料，一般采用氯丁橡胶类的独立气泡海绵。除此之外，还会使用硅海绵或氟化橡胶海绵等材料。并且，有时也会将玻璃纤维纸作为过滤器密封垫使用。

2.6.2 性能

1. 高效空气过滤器的基本性能

表 2.2.11 中比较了一些具有代表性的高效过滤器的基本性能（大部分洁净室过滤器的尺寸为 610mm × 1220mm × D）。

表 2.2.11　代表性高效过滤器的基本性能（为了便于比较，选择 610mm × 610mm × D 规格的过滤器）

过滤器尺寸 /mm	初期的空气阻力/Pa	处理风量 / （m^3/min）	捕集率（%）	滤料材质	特征
610 × 610 × 150	98 以下	10	99.99999 以上	带无纺布的 PTFE 膜	标准隔板型
610 × 610 × 150	78 以下	10	99.9999 以上	带无纺布的 PTFE 膜	标准隔板型
610 × 610 × 150	137 以下	10	99.99995 以上	玻璃纤维纸	标准隔板型
610 × 610 × 65	147 以下	10	99.99999 以上	带无纺布的 PTFE 膜	无隔板低压降式
610 × 610 × 65	98 以下	10	99.9999 以上	带无纺布的 PTFE 膜	无隔板低压降式
610 × 610 × 65	147 以下	10	99.999 以上	玻璃纤维纸	无隔板低压降式
610 × 610 × 50	167 以下	7	99.9999 以上	玻璃纤维纸	薄型无隔板型
610 × 610 × 50	147 以下	7	99.9995 以上	玻璃纤维纸	薄型无隔板型
610 × 610 × 50	147 以下	10	99.97 以上	玻璃纤维纸	薄型无隔板型
610 × 610 × 45	152 以下	10	99.99 以上	玻璃纤维纸	薄型无隔板型
610 × 610 × 68	250 以下	25	99.97 以上	玻璃纤维纸	无隔板型大风量式
610 × 610 × 292	250 以下	56	99.97 以上	玻璃纤维纸	无隔板型大风量式
610 × 610 × 292	250 以下	67	99.99 以上	玻璃纤维纸	V 形无隔板大风量式

以下从各厂商的产品目录中选取了一些具有代表性的产品进行介绍。当然，除此以外各厂商都还有很多其他尺寸的产品可供选择。

（1）低压降式过滤器

在相同的规格尺寸下，能够保持捕集率不变，且具有较低空气阻力的过滤器称为低压降式过滤器。这种过滤器的滤料多使用玻璃纤维、PTFE 膜以及无纺布驻极体等材料。过滤器的深度多在 150mm 以下。图 2.2.35 所示为低压降式过滤器压降的特征。

（2）大风量式过滤器

大风量式过滤器采用深度在 290 ~ 292mm 且增加了折叠面积的滤料，是一种基本上不看重风速的分布，而是只追求处理风量的过滤器。它比普通过滤器的风量大 1.5 ~ 2.1 倍，常作为嵌入式过滤器以及室外空气或排放废气等的处理设备使用。图 2.2.36 所示为该过滤器的压降特征。

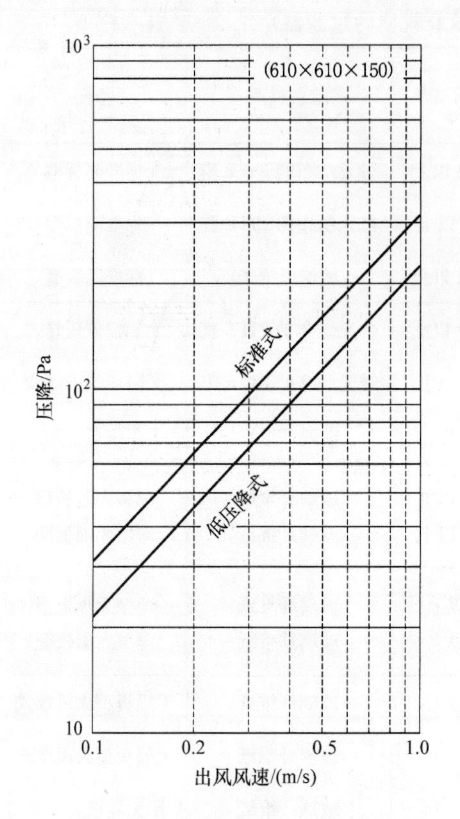

图 2.2.35 低压降 ULPA 过滤器的压降特征（玻璃纤维滤料）

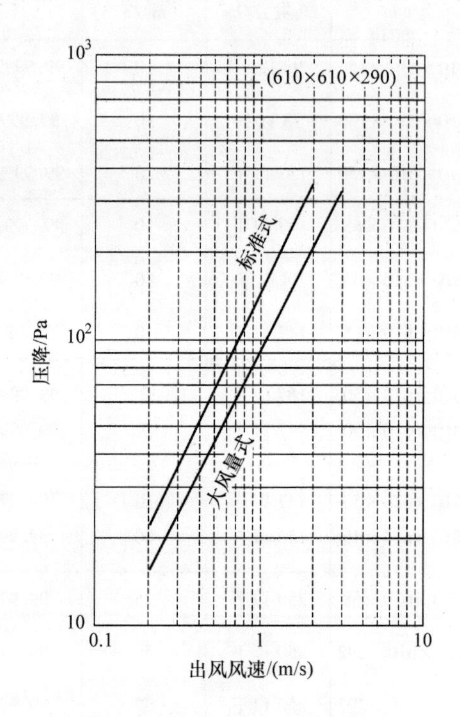

图 2.2.36 大风量 HEPA 过滤器的压降特征（玻璃纤维滤料）

（3）薄型过滤器

近年来，有部分净化设备，特别是最近出现的 FFU，对其对应的配套过滤器提出了薄型化的要求。这些过滤器在气流方向的厚度为普通过滤器的 1/3 ~ 1/2，也就是说其深度仅为 30 ~ 80mm。此外，这种过滤器的额定风量以基准面速在 0.3 ~ 0.5m/s 时的空气阻力来表示。薄型过滤器在洁净室或净化器等领域都有广泛的应用。

（4）超高效过滤器

随着超细纤维和 PTFE 膜的成功开发，超高效过滤器的出现便成为可能。目前，这种过滤器还没有统一的规格，只有厂家自行将捕集率达到 99.99999% 以上的过滤器称为超高效过滤器。图 2.2.37 所示为该过滤器滤料的过滤风速发生变化时，透过率（%）的变化图。

2. 放射性物质净化用高效过滤器[27]

(1) JIS

以下为1995年3月发布的JIS Z 4812“放射性气溶胶用高效空气过滤器”修订版的概要：

1）用于HEPA过滤器的试验气溶胶粒径从0.3μm变更为0.15μm。

2）增加了初期压降在300 Pa以下的大风量HEPA过滤器。

大风量过滤器的种类见表2.2.12。其中，HG为外壳型号，WG为边框型号。

3）在火灾防护方面，明确了“难燃性”的相关标准。

4）增加了现场试验方法的附件。

(2) 性能

放射性物质净化用高效过滤器的性能见表2.2.13。除了表中列出的过滤器外，还有其他各种不同尺寸或性能的产品。

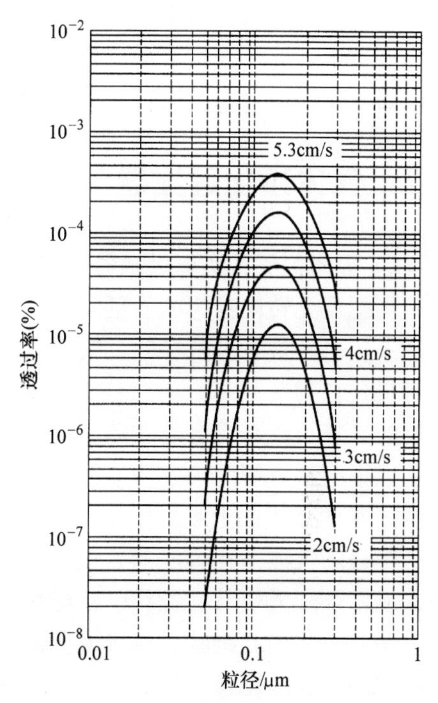

图2.2.37 ULPA玻璃纤维滤料的过滤风速与透过率的特性

表2.2.12 大风量式过滤器的种类

	名称	处理风量/(m³/min)
HG和WG	610－2－1	42.5
	610－2－2	50.0
	610－2－3	56.6

表2.2.13 放射性物质用高效空气过滤器的性能表

	过滤器尺寸/mm	风量/(m³/min)	捕集率(%)(0.15μm粒径)	压降/Pa	气密性	耐压
常规式	610×610×292	32	99.97以上	250以下	—	2450Pa、1h后0.15μm颗粒物的去除率在99.97%以上
N2式	610×610×508	32	99.97以上	250以下（开放时）	5mm以下/5min－100mm时	
焚烧减容式	610×610×292	32	99.97以上	250以下	—	
大风量式	610×610×292	50 56.6	99.97以上	300以下	—	

(3) 广为关注的减容式过滤器

近年来，放射性物质用过滤器的减容特性越来越引起人们的重视。从提高减容率的角度出发，可以进行焚烧处理是减容式过滤器的一大优势。

2.7 气体净化过滤器

2.7.1 吸附剂的种类与过滤器的形状和特征

当把目光转向身边的生活环境时，会发现就像最近报纸和电视上报道的那样，人们已经被各种各样的大气污染问题所包围，例如由二噁英或者甲醛等挥发性有机化合物（VOC）等气态污染物造成的不良建筑综合症；氟利昂气体对臭氧层的破坏；汽车社会导致的 SO_x 和 NO_x 的大气污染等。

以下将要介绍的气态污染物净化方法，不是燃烧或者湿法，而是使用干式过滤器（在固体表面上吸附气态污染物）的方法。

市售的气体净化过滤器，大多采用具有一定的表面积且为细孔结构的活性炭，或者加工成块状、粒状以及球状的活性氧化铝和沸石等吸附剂。除此之外，最近还有一些用纤维状活性炭或者带有离子交换基的高分子纤维，经过成型加工后制成的气体净化过滤器。

在此，就吸附过滤器中吸附剂的对象气体去除原理进行简单说明。

表 2.2.14 为各种吸附剂的吸附方法。

表 2.2.14 根据不同吸附方法对吸附剂进行的分类

吸附方法	吸附剂的种类
物理吸附	活性炭、沸石、活性白土、活性铝、硅胶、陶瓷、活性炭纤维
化学吸附	离子交换纤维
物理化学吸附	含添加剂的活性炭

吸附剂利用其具有的细孔结构，对气态污染物形成物理吸附。参照典型活性炭模型（见图 2.2.38）可知，细孔的构造根据孔径的大小可分为 3 种：孔径在 40nm 以下为微孔；40 ~ 2000nm 为过渡孔；2000nm 以上为大孔。其中，对象气体可以通过范德华力吸附在微孔或过渡孔中。活性炭纤维中也含有大量的微孔结构，气体可以在这些微孔中形成吸附。当对象气体中的大部分都属于中性气体（主要是 VOC 等有机化合物）时，因为物理吸附具有可逆性的特点，所以在一定的环境条件下，已经被吸附的气体分子有可能会发生解吸。表 2.2.15 列出了不同物理吸附剂的性质[28]。

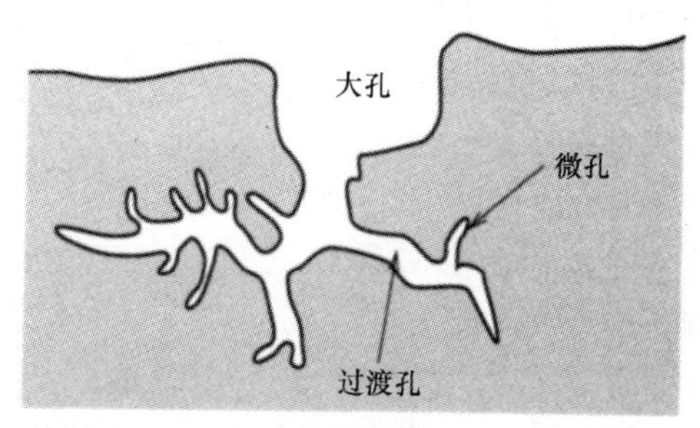

a) 粒状活性炭

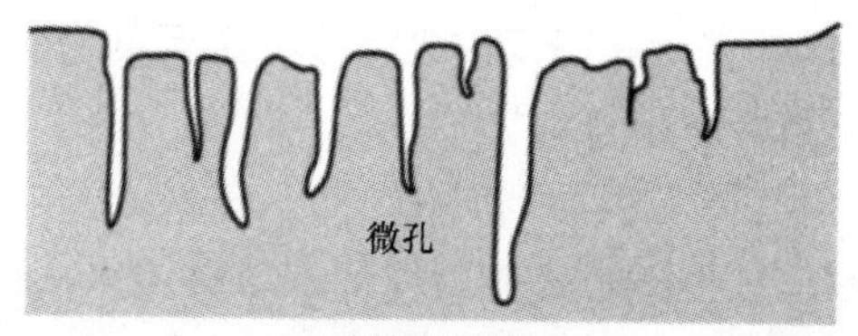

b) 活性炭纤维

图 2. 2. 38 活性炭的结构

表 2. 2. 15 各种吸附剂的物理性质

	活性炭		硅胶	氧化铝	分子筛（沸石类）	碳分子筛
	颗粒	粉末				
真密度/(g/cm^3)	2. 0 ~ 2. 2	1. 9 ~ 2. 2	2. 2 ~ 2. 3	0. 3 ~ 3. 3	2. 0 ~ 2. 5	1. 9 ~ 2. 0
粒密度/(g/cm^3)	0. 6 ~ 1. 0		0. 8 ~ 1. 3	0. 9 ~ 1. 9	0. 9 ~ 1. 3	0. 9 ~ 1. 1
填充密度/(g/cm^3)	0. 35 ~ 0. 6	0. 35 ~ 0. 6	0. 5 ~ 0. 85	0. 5 ~ 1. 0	0. 6 ~ 0. 75	0. 55 ~ 0. 65
孔隙率	0. 33 ~ 0. 45	0. 45 ~ 0. 75	0. 4 ~ 0. 45	0. 4 ~ 0. 45	0. 32 ~ 0. 4	0. 35 ~ 0. 42
细孔容积/(cm^3/g)	0. 5 ~ 1. 1	0. 5 ~ 1. 4	0. 3 ~ 0. 8	0. 3 ~ 0. 8	0. 4 ~ 0. 6	0. 5 ~ 0. 6
比表面积/(m^2/g)	700 ~ 1500	700 ~ 1600	200 ~ 600	150 ~ 350	400 ~ 750	450 ~ 550
平均孔径/Å	12 ~ 30	15 ~ 40	20 ~ 120	40 ~ 150	—	—
热传导率/(kcal/m · h · ℃)	0. 1 ~ 0. 2		0. 1 ~ 0. 15	0. 1 ~ 0. 15		
比热/(cal/g · ℃)	0. 2 ~ 0. 25		0. 2 ~ 0. 25	0. 2 ~ 0. 3		

注：1. 引自糸贺清，《新型吸附剂的选定与吸附操作的新技术》，p. 54，经营开发中心出版部(1990)。

2. 1Å = 10^{-10}m；1cal = 4. 1868J。——译者注

化学吸附指的是，对象气体与吸附剂表面通过化学反应相结合的过程。因此这种方法具有不可逆的特点。图 2. 2. 39 所示为离子交换纤维的模型。

树脂无纺布等带有官能团的材料被称为离子交换纤维，这种材料的处理对象

是酸性或碱性气体。此外，对于物理化学吸附法来说，由于其使用的吸附剂经过了化学处理，所以在进行物理吸附之后还会发生不可逆的化学反应。

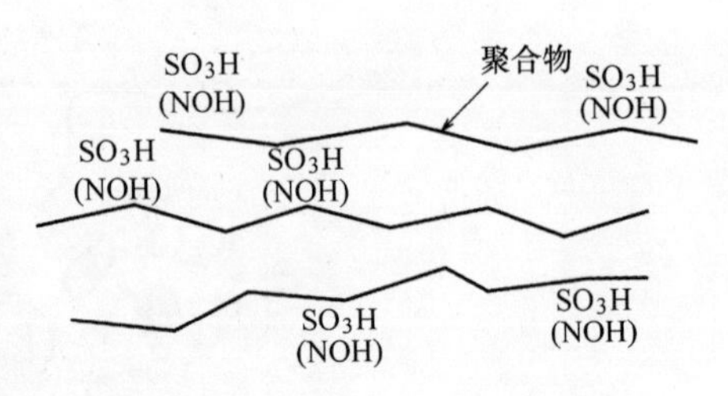

图 2.2.39　一种用于去除碱性气体的离子交换纤维中为用于去除酸性气体的取代基

含添加剂的活性炭是使用硫酸和磷酸等酸性试剂，或者氢氧化钾和碳酸盐等碱性试剂，将活性炭进行浸渍或使用喷雾处理制成的。通过添加剂与对象气体间的中和或聚合反应，从而实现对气态污染物的去除。此外，也有一些吸附剂是通过将锰酸钾等氧化剂添加在氧化铝等无机材料上，然后借助氧化还原反应来完成气态污染物的去除。这种方法的处理对象为酸性或碱性气体。

以下介绍两个对象气体与吸附剂间化学反应的实例。

对象气体硫化氢与作为吸附剂中添加剂的过锰酸钾之间的化学反应（利用氧化还原反应去除）：

$$3H_2S + 8KMnO_4 \rightarrow 3K_2SO_4 + 2KOH + 8MnO_2 + 2H_2O$$

对象气体氨和添加剂磷酸之间的化学反应（利用中和反应去除）：

$$NH_3 + H_3PO_4 \rightarrow (NH_4)H_2PO_4$$

通常情况下，过滤器的形状都会受到吸附剂形状的直接影响，从而使得不同过滤器都会有其各自的特点。

对于碎块状、颗粒状或球状等各种分散的块状吸附剂来说，可以先将它们直接填充到外框中，然后制成箱型过滤器；对于活性炭纤维与离子交换纤维等材质的无纺布来说，可以先加工成类似纸板状滤料的样式，或者类似褶皱状集尘器滤料的样式，或者蜂窝状后再安装在外框箱中使用。除此之外，还可以将活性炭等吸附剂连接在发泡材料上，并经过浸渍添加剂后制成毡垫状气体过滤器。

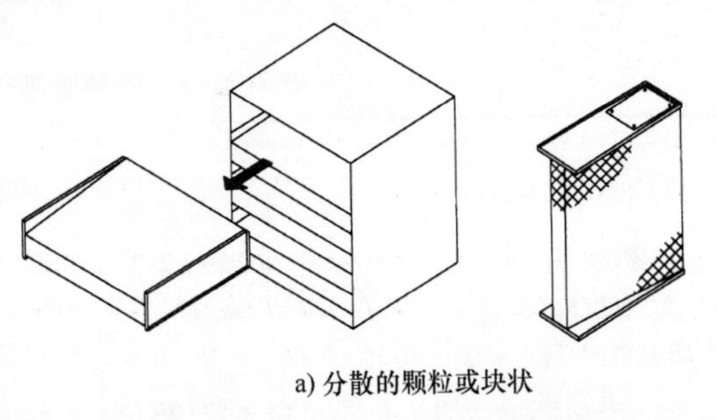

a) 分散的颗粒或块状

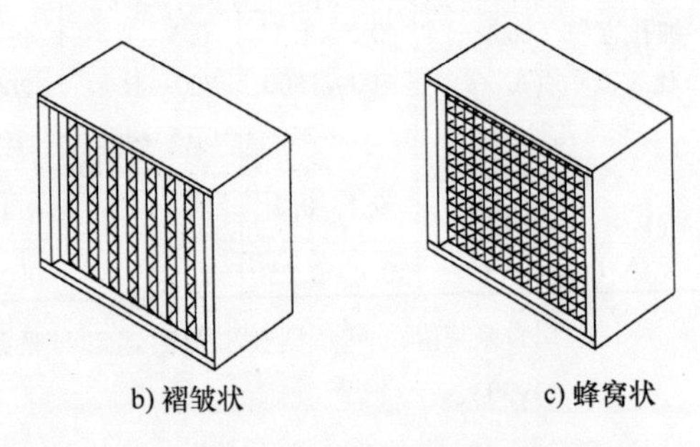

b) 褶皱状　　c) 蜂窝状

图 2.2.40　过滤器的外观图

图 2.2.40 所示为上述过滤器的外形图，表 2.2.16 是这些过滤器的主要特征。

表 2.2.16　吸附剂的形状及其主要特征

形状	主要特征
分散的颗粒或块状	吸附容量大，可以处理高浓度气体
褶皱状 蜂窝状	以活性炭纤维或离子交换纤维作为基材，所以气体吸附速度快。压降低于分散的颗粒或块状 可以处理低浓度气体
毡垫状	主要构成成分为发泡体和活性炭，压降低，且净化效率高

2.7.2　气态污染物净化过滤器的性能

下面介绍使用过滤器进行气体净化时的部分相关处理性能。

试验中选用的吸附剂 A 为经过化学试剂处理的球状无机材料；吸附剂 B 为经同种试剂处理的活性炭。

图 2.2.41 所示是 SO_2 气体在 0.1～5.0mL/m^3 范围内不同浓度下的净化效率试验结果。

图 2.2.42 所示是 NO_2 气体在 0.1～1.0mL/m^3 范围内不同浓度下的净化效率试验结果。

试验采用市售过滤器进行测试，其 SV 值为 50000h^{-1}，接触时间为 0.072s。从以上试验结果中可以看出，该过滤器的气体去除效率在 90% 以上。

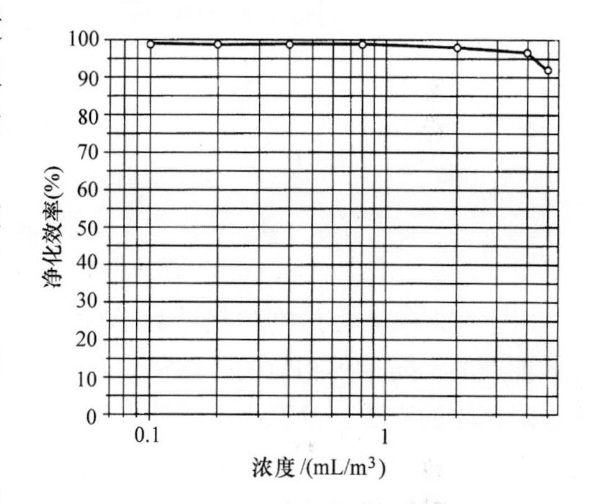

图 2.2.41　SO_2 气体的净化效率（吸附剂 A：0.1～5.0mL/m^3）

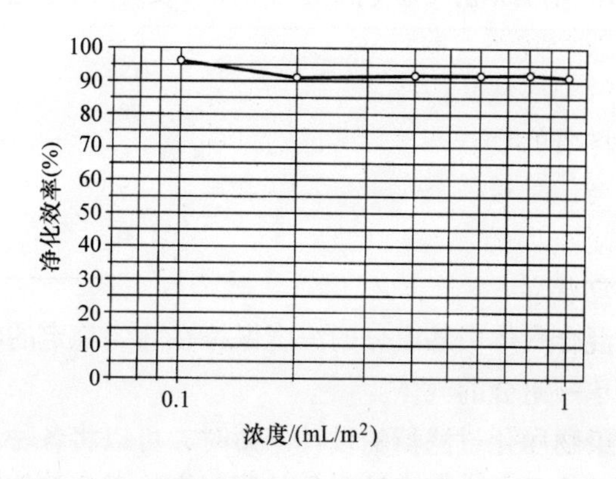

图 2.2.42　NO_2 气体的净化效率（吸附剂 B：0.1～1.0mL/m^3）

如图 2.2.43 所示的试验装置图，尽管该试验中的检测对象并不是实际的空气净化设备整机，但所获结果仍然具有一定的参考价值。

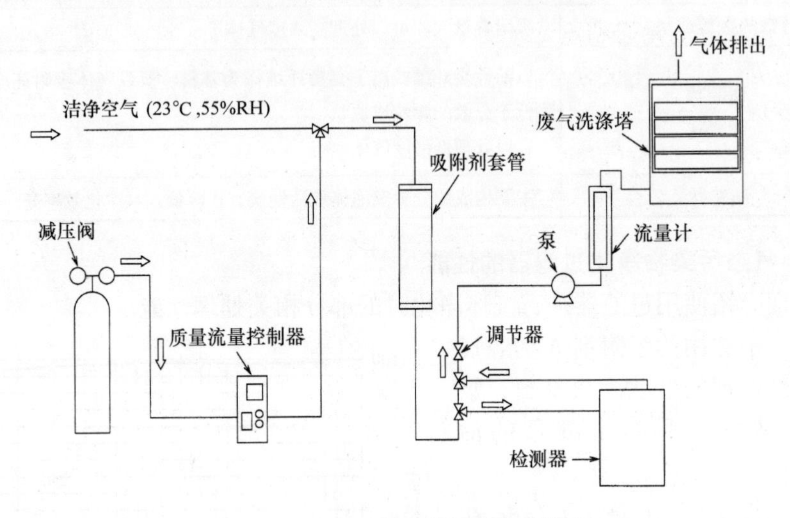

图 2.2.43　吸附剂性能评价试验装置

以下针对气态污染物净化过滤器的气体吸附容量进行讨论。气体净化器根据气体种类的不同，其相应的吸附量也会不同。通常可以通过使用对象气体进行实际吸附试验的方法，来获得准确的气体吸附量。同时，对于使用化学吸附法的过滤器来说，可以通过计算吸附剂的添加量，来求出对象气体的吸附量。

例如，对于借助物理吸附原理去除有机物，可以通过测定吸附等温线的方法，来获得过滤器对不同浓度对象气体的吸附量或净化程度。对于借助化学反应原理的吸附净化过程来说，可以通过计算添加剂和对象气体间的反应比，从而求出大致的吸附容量。表 2.2.17 为计算的示例。

表 2.2.17　计算示例（氨气和添加剂间化学反应的摩尔比为 1:1）

吸附剂质量	41kg
添加剂的分子量	98
添加剂的添加量	8.2kg（83.6）
氨的分子量	17
吸附容量	1.4kg

由于很难确保混合气体中各成分的浓度保持在均匀稳定的状态，所以吸附量试验的对象大多为单一组分的气体。

在预测气态污染物净化过滤器的设计寿命时，可以将各种气体的吸附容量数值作为参考值使用。但是，由于设计寿命的预测容易受到气体混合状态或环境变化等因素的影响，所以有时也会根据经验值进行预测。例如，如果对象气体的总浓度为0.1mL/m^3，那么过滤器的寿命在1年左右。

2.7.3 过滤器的用途和设计示例

从空调设备的角度来看，吸附剂过滤器的用途大致分为以下3个方面。

1. 外部空气的处理

在将室外环境空气导入建筑物内部时，需要使用气体净化过滤器除去其中所含有的污染气体。这些污染气体包括：大气中的NO_x和SO_x，或者家畜饲养、污水处理、粪便处理、化工厂和食品加工厂等产生的恶臭气体，或者野外无组织燃烧等排放的污染气体等。

2. 室内空气循环处理

室内空气的循环处理指的是，例如使用循环空调去除室内建材VOC排放等建筑内部空气的净化过程。其他还包括，使用气态污染物净化过滤器除去医院、食品加工厂、造纸厂、化工厂、建筑物内小型工厂或吸烟室以及美术馆建筑物内部产生的污染气体。循环处理与外部空气的处理这两者目的相同，都是为了保护工作人员的健康或保证产品的品质。

3. 污染气体排放处理

污染气体排放的处理指的是，对试验室或工厂等排入空气中的污染气体进行去除的过程。在出现恶臭污染的地区，以及根据大气污染防治法或恶臭防治法等法规中有明确限制的地区，应当严格按照相关规定进行污染气体排放的处理。

例如，对于家畜饲养场、科研机构、污水处理厂、粪便处理厂、停车场以及化工厂等排放的污染气体，都应当使用气态污染物净化过滤器进行处理后，再排放到室外环境空气中。

以下就针对不同用途的空调设备进行介绍，其中使用的气态污染物净化过滤器的尺寸为610H×610W×457Dmm，每台过滤器的处理风量为56m^3/min（气流通过面风速为2.5m/s）。此外，所使用的吸附剂为分散的颗粒或块状，设备压降在130Pa左右。

通常使用室外空气换气机中设置的污染气体净化过滤器来处理大气中的NO_x和SO_x。对于这些污染物来说，如果仅使用普通活性炭作为吸附剂，受污染物自身性质所限很难将其有效去除。但是，这时如果使用化学吸附剂或者物理化学吸附剂，则可以获得很好的净化效果。

由于在室外环境空气中，同时存在着酸性、碱性和中性（有机物）的气态污染物，因此如果要想将它们全部除去，就需要选择足够的且与所有这些气体相对应的吸附剂。

图2.2.44所示为循环空调中过滤器设置的一个示例，该空调适用于美术馆或博物馆内部的气态污染物的净化。研究表明，很多文物（绘画或者金属、大

理石和铜制展品）都会因气态污染物的腐蚀而受到损害。而这些污染物中的代表气体，就是施工结束不久后，从混凝土中随着水分的蒸发而释放出氨气。这些氨气的浓度在释放初期可以达到数十～数百 μL/m³。因此，为了解决这一问题，以往的办法是混凝土铺设完成后，在正式使用前还要预留有一年以上的放置期。而现在为了缩短这个放置期，所以广泛安装了气态污染物净化过滤器。

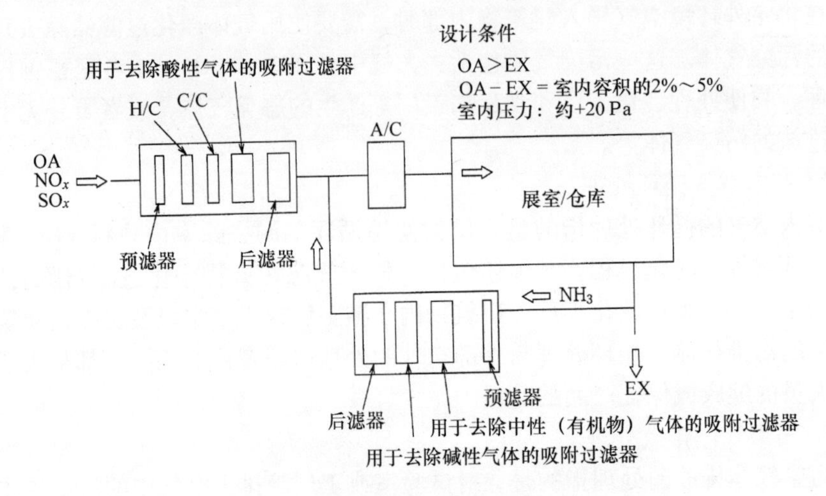

图 2.2.44　美术馆或博物馆

表 2.2.18 中列出了除氨气以外，其他一些气态污染物对文物或艺术品的影响以及主要的排放源。从表中可以看出，因为美术馆或博物馆同时还会受到室外环境空气污染的影响，所以图 2.2.44 的示例中同时设置了用于处理外部污染气体的吸附过滤器以及用于处理内部污染气体的循环过滤器。由于从建筑材料（混凝土或木质材料）和装修材料（壁纸胶等）中排放的气态污染物会随着时间的推移而逐渐减少，并且最终都会完全消失，所以从这个角度上看，循环吸附过滤器就失去了存在的意义。但是，如果在建筑的使用期间，再次进行装修工程，那么就又需要使用气体过滤器进行室内空气的净化。因此，在建筑设计或内部装修时，仍然有必要预留出空气过滤器的安装空间。

表 2.2.18　气态污染物对文物的影响

对象气体名称	对文物的影响	主要排放源
二氧化硫（SO_2）	腐蚀铁、铜和青铜等金属 使纸和棉织品发生变色 腐蚀大理石和石灰石材质的展品	汽车或工厂排放
氮氧化物（NO_x）	改变染料颜色	汽车或工厂排放
氨（NH_3）	损害油画	混凝土建材

（续）

对象气体名称	对文物的影响	主要排放源
硫化氢（H_2S）	腐蚀黄铜、银和铜等金属，并使其发生变色	石油精炼工厂 造纸厂或炼焦厂 沼泽或污染的河流
有机酸	对铅有影响	木质装修材料

对于普通医院·老年医院（见图2.2.45）和写字楼（见图2.2.46）来说，同样需要使用气体过滤器对内部和外部空气中含有的气态污染物进行去除。

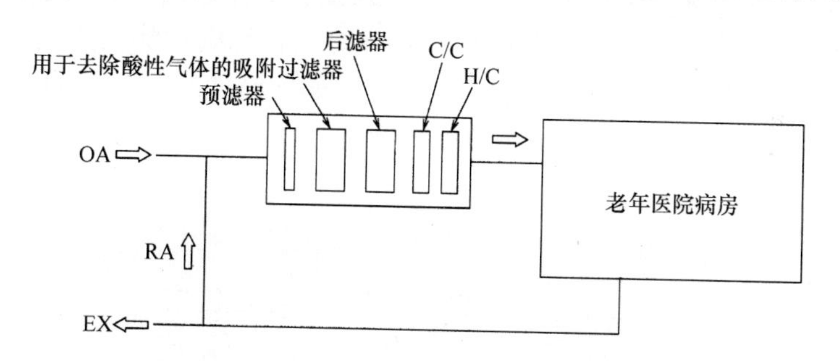

图2.2.45　普通医院或老年医院

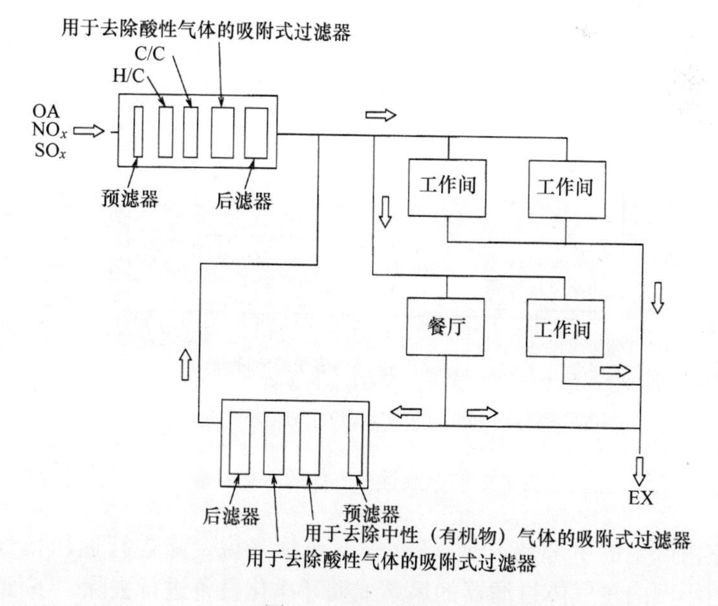

图2.2.46　写字楼

以下就其他一些环境中污染气体处理的示例进行介绍。

在造纸厂或炼钢厂等工厂内产生的气态污染物，或者是外部周边环境中存在的腐蚀性气体，会对过程控制设备中的电路板产生腐蚀，并因此导致相关设备发生误动作。对于这个问题，虽然通常都是通过加强设备的日常维护作为应对的措施，但是如果考虑到频繁维护所需的时间及经济成本，直接改善室内环境状况也许会是更好的选择。因此建议设置一个可以同时进行室内空气循环和室外空气导入的设备，并且在该设备中安装气态污染物净化过滤器。该设备的循环风量与人的进出频率有关，一般将换气次数设定在 10～15 次/h。另外，为了防止外部污染气体向室内的渗漏，还需要向室内进行加压，一般情况下每小时导入室内容积 5% 的外部空气，可以实现加压 10～20Pa。这里应当注意的是，用于加压的外部空气，应当是通过净化过滤设备将其中含有的气态污染物除去之后的空气。此外，为了确保加压效果，还应当注意提高室内的气密性。图 2.2.47 所示是针对腐蚀性气态污染物进行室内空气调节的示例。

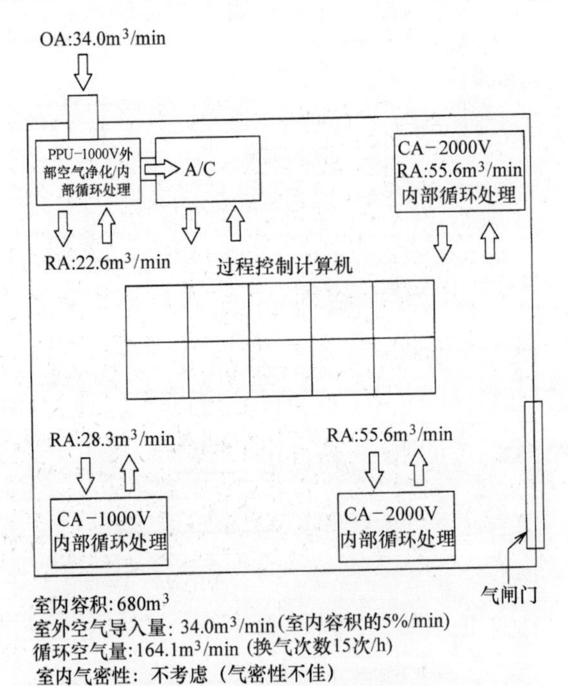

图 2.2.47　腐蚀性气体的净化对策

对于室内产生的甲醛或其他 VOC 等有机物来说，除进行通风换气处理外，也可以使用小型内置气体过滤器的风扇式循环净化设备进行去除。下面以动物房为例，介绍上述气体净化方法。在动物房内产生的气态污染物的种类和浓度，显然是由动物的种类、数量和清洁程度所决定的，因此需要根据实际情况设置相应的吸附过滤器（过滤器的种类·台数，见表2.2.19）[29]。

在恶臭防治法的指定实施区域内，必须严格遵守污染气体的排放限值，即将其去除至限值浓度以下。因此，为了确定气体过滤器所应当具备的净化效率，需要对恶臭环境中气态污染物的种类和浓度进行相应的分析。尽管一部分测定结果中氨的含量较高，但是通常认为阈值较低的胺或硫化物才应该是形成恶臭的主要原因。

图2.2.48所示是关于动物房中气态污染物净化的示例。此外，停车场中产生的 NO_x、SO_x 以及烃类化合物等有机气体的净化，也可以采用上图中类似的方法。

以上举例介绍了气态污染物净化过滤器的配置方法。在制定过滤率器配置方案之前，应当针对对象气体的种类和浓度等，进行相关的环境检测，并根据调查结果来确定所要使用的气体过滤器的种类、数量和结构。另外，还应当在尽可能准确估算过滤器寿命的基础上，进行空调系统的相关设计和规划。表2.2.20中列出了不同环境中排放的气态污染物及其相对应的吸附剂类型。

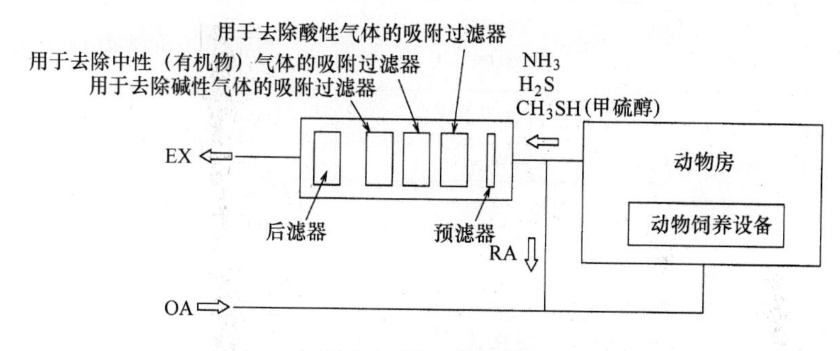

图2.2.48　动物房

表2.2.19　试验动物房的设计

动物种类		小鼠	大鼠	兔子	狗	猫	猴子	总排气口	备注
面积/m^2		9.6	21.6	86.4	21.6	12.6	14.4	$n=7$	在清扫前进行测定 各房间均为22℃±2℃，50±10% RH 换气次数—10次/h 数据为3次测定的平均值 nd：未检出 —：未检测
饲养数量		340	280	205	24	15	19		
恶臭物质	氨/(mL/m^3)	19.0	1.8	26.7	24.7	15.0	23.7	2.5±0.7	
	甲硫醇/(μL/m^3)	0.1	0.1	0.1	2.6	1.7	0.8	0.07	
	硫化氢/(μL/m^3)	0.1	0.5	0.4	3.7	7.5	3.4	0.45±0.19	
	甲硫醚/(μL/m^3)	0.2	0.2	0.6	1.6	0.8	0.3	0.06	
	三甲胺/(μL/m^3)	nd	nd	—	—	—	—	—	
	苯乙烯/(μL/m^3)	nd	nd	—	—	—	—	—	
	乙醛/(μL/m^3)	nd	nd	nd	nd	nd	nd	nd	
	二甲二硫醚/(μL/m^3)	nd	nd	nd	0.6	0.4	nd	nd	

注：日本建筑学会编：《实验动物设施的设计》，p.38（1989）。

表 2.2.20 不同环境中产生的污染气体及其对应的吸附剂类型

对象环境	对象气体	吸附剂
动物房	氨 三甲胺	化学反应（中和等）
	硫化氢	化学反应（氧化等）
	甲硫醇	物理吸附·化学反应（氧化等）
粪便处理厂	氨 三甲胺	化学反应（中和等）
	硫化氢	化学反应（氧化等）
	甲硫醇 甲硫醚	物理吸附·化学反应（氧化等）
污水处理厂	氨	化学反应（中和等）
	硫化氢	化学反应（氧化等）
	甲硫醇 甲硫醚	物理吸附·化学反应（氧化等）
地下停车场	氮氧化物 亚硫酸气体	物理吸附·化学反应
	烃	物理吸附
医院	氨	化学反应（中和等）
	甲硫醇	物理吸附·化学反应
	硫化氢	化学反应（氧化等）
	甲醛	化学反应
	醇类	物理吸附
钢铁冶炼	亚硫酸气体 硫化氢	化学反应（中和、氧化等）
	氨	化学反应（中和等）
造纸	氯 二氧化氯	物理吸附·化学反应
	硫化氢 亚硫酸气体 二氧化氮	化学反应（中和、氧化等）
石油化工	硫化氢 氯化氢	化学反应（中和、氧化等）

2.7.4 环境检测

如前所述，选择气态污染物净化过滤器时，需要通过开展环境检测来了解气态污染物的成分和浓度。

在掌握环境中的气态污染物成分和浓度基础上，针对其中需要去除的气体，确定相应的过滤器的种类（去除酸性或碱性或有机气体）和数量。

完成气态污染物净化过滤器的设置后，为了确认过滤器的使用效果，还需要再次进行同样的环境检测步骤。但由于此时的检测对象是经过滤器过滤后的低浓度区域的气体，所以特别要注意确保采集到的样本不能受污染的影响。

另外，为了确认气态污染物净化过滤器是否按预期吸附了对象气态污染物，需要使用水或有机溶剂等将吸附成分萃取出来，然后再使用分析仪器（离子色谱法或气相色谱法）进行定性和定量分析，以便确定或推测实际的吸附成分。

2.7.5 其他的气态污染物净化过滤器

以上介绍的都是用于工业或商业领域的气态污染物净化过滤器，下面针对用于家庭或汽车环境中的吸附过滤器进行介绍。

虽然有一些家用电冰箱使用臭氧来去除异味，但也可以选择适用于低温条件的活性炭作为除臭过滤器。这种过滤器产品所填充的活性炭多为颗粒状、蜂窝状、活性炭纤维以及蜂窝陶瓷等。同时，也有很多空气净化设备使用的活性炭或活性炭纤维中还含有化学添加剂，从而还可以借助化学反应来实现气体的净化。除以上吸附剂外，还有一些设备采用的是白金催化剂或氧化催化剂（锰系）等净化材料。此外，对于汽车内部空气的除臭净化来说，大部分车主都采用了设置芳香剂的办法，同时有一些车型还标配了带有活性炭的空调滤清器。总之，和商业用过滤器相比，由于家用或车用过滤器不仅处理的气态污染物浓度较低，而且处理风量也不大，因此通常采用的都是小型过滤器。

2.8 废气排放净化设备

对于工厂或建筑物内部产生的颗粒物或臭氧等气态污染物，应当使用废气排放净化设备进行净化处理后，再将其排出至环境空气中。特别是针对以下设施的废气排放，必须设置相应的空气净化设备，这些设施包括：涉及生物危害物的设施或安装有 RI（放射性同位素）设备的设施，以及试验动物设施和污水处理设施等。

空气净化设备通常使用以下过滤器：

粗滤器：用于去除粒径在 5μm 以上的相对较大的颗粒物；通常作为中高效过滤器或超高效过滤器的预滤器使用；捕集效率为 30% ~90%。

中高效过滤器：用于去除粒径在 1μm 左右的相对较小的颗粒物；可以直接

用于空气中颗粒物的捕集，或者用于经气态污染物净化过滤器处理过的空气中颗粒物的捕集；捕集效率为40% ~95%。

超高效过滤器：用于去除粒径在0.1 ~0.3μm的极细颗粒物；捕集效率为99.97% ~99.99%；通常作为空气净化的最终过滤器使用。

气态污染物净化过滤器：是一种可以吸附酸、碱性气体，以及有机气体的过滤器，主要用于臭气或污染气体的去除；考虑到不同种类的对象气体其相应的净化效率也会不同，因此需要通过选择适当的吸附剂来确保捕集效率达到80% ~90%。

废气排放净化设备应根据废气中污染物成分的不同，将上述过滤器配置成相应的组合后使用。

2.8.1 用于RI相关设施的净化单元

当需废气排放中含有放射性气溶胶或放射性气体时，应当使用对于颗粒物和气态污染物都能实现高效去除的过滤器。例如，图2.2.49所示是一种典型的综合了预滤器、HEPA过滤器以及活性炭过滤器的密闭式废气处理单元。该设备中使用的各种过滤器的规格见表2.2.21。

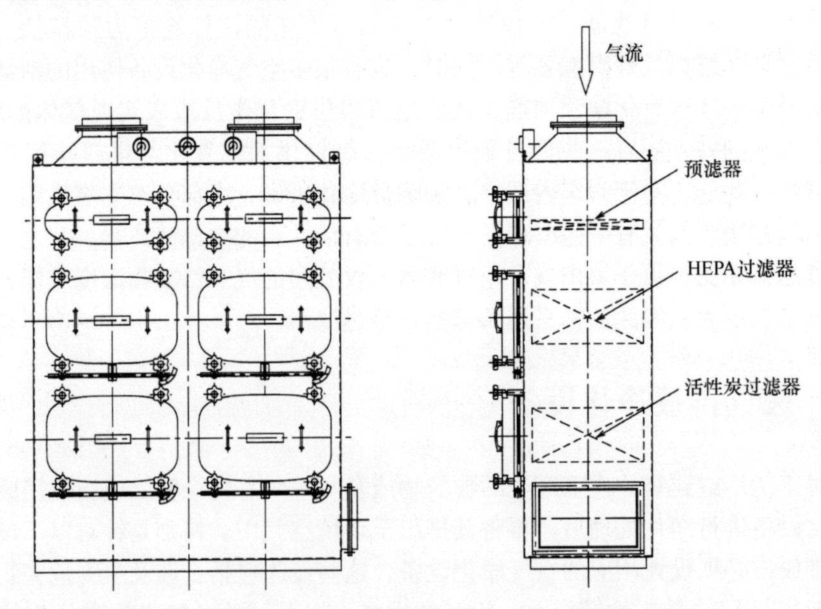

图2.2.49 组合式废气净化设备的示例

在安装这种净化单元时，需要通过检查每个过滤器的实际工作状态，来确认这些过滤器是否都充分发挥了其各自的性能。特别是在安装HEPA过滤器时，常常会出现密封处理不够好，或者是因搬运操作不当导致的滤料破损等问题，所以在安装结束后，通常还会使用DOP等标准粒子进行泄漏试验。

表 2.2.21 过滤器规格的示例

	粗滤器	HEPA 过滤器	活性炭过滤器
外形尺寸/mm	610×610×50	610×610×292	610×610×292
额定风量/(m^3/min)	56	32	28.3
集尘效率（%）	80（ASHRAE 计重法）	99.97（0.3μm）	—
初期压降/Pa	60	250	250
最终压降/Pa	120	500	—

对净化单元中的预滤器和 HEPA 过滤器在设定风量下使用时的压降要进行定期检测，如果发现过滤器超过使用寿命，还应当及时进行更换。对于活性炭过滤器来说，由于其中污染物的吸附饱和程度相对较难判断，因此一般根据生产厂家提供的数据或者气态污染物的实际负荷状况，来确定过滤器的更换频率。通常情况下，1 年更换 1~2 次。

此外，在对吸附有污染物的过滤器进行更换时，为了确保工作人员和对周围环境的安全，应当使用塑料袋在保持气密状态的条件下实施更换作业（见图 2.2.50）。

2.8.2 用于生物危害物相关设施的净化单元

在对洁净试验室、试验动物设施以及有可能出现空气传染的病房等排放的废气进行处理时，需要使用装有 HEPA 过滤器的空气净化设备（见图 2.2.51）。并且，根据室内颗粒物的产生量，有时在 HEPA 过滤器的前面还会加装一个粗滤器。

2.8.3 用于除臭的净化单元

进行化学处理的工厂排出的废气通常都会带有恶臭，这些恶臭给工厂内部的工作人员和工厂外部的周边环境都会带来影响。因此需要使用配有吸附过滤器的废气排放净化设备，对恶臭气体进行处理。

如果不清楚工厂排放恶臭中的具体成分，应当首先对其中的恶臭物质进行环境检测，以便确定需要去除的对象气体，并以此为依据选择适当的吸附剂。主要的恶臭气体的臭气强度和浓度见表 2.2.22。此外，对于来自于工厂以外的恶臭气体，同样需要使用配有吸附过滤器的废气排放净化设备进行去除。

1. 试验动物设施

对于试验动物设施来说，从造成生物危害的角度出发，必须使用 HEPA 过滤器等废气处理单元进行空气净化处理。但是，这一类设施同时也是恶臭排放源，因此还应当使用吸附式过滤器进行除臭处理。

动物房的臭气是一种由动物粪便或体臭等产生的独特的臭气，其成分包括氨气、胺类化合物、硫化氢和甲硫醇等。虽然其中氨气的浓度最高，但实际上那些阈值低于氨气的胺类化合物和硫化物才是造成恶臭的主要物质。

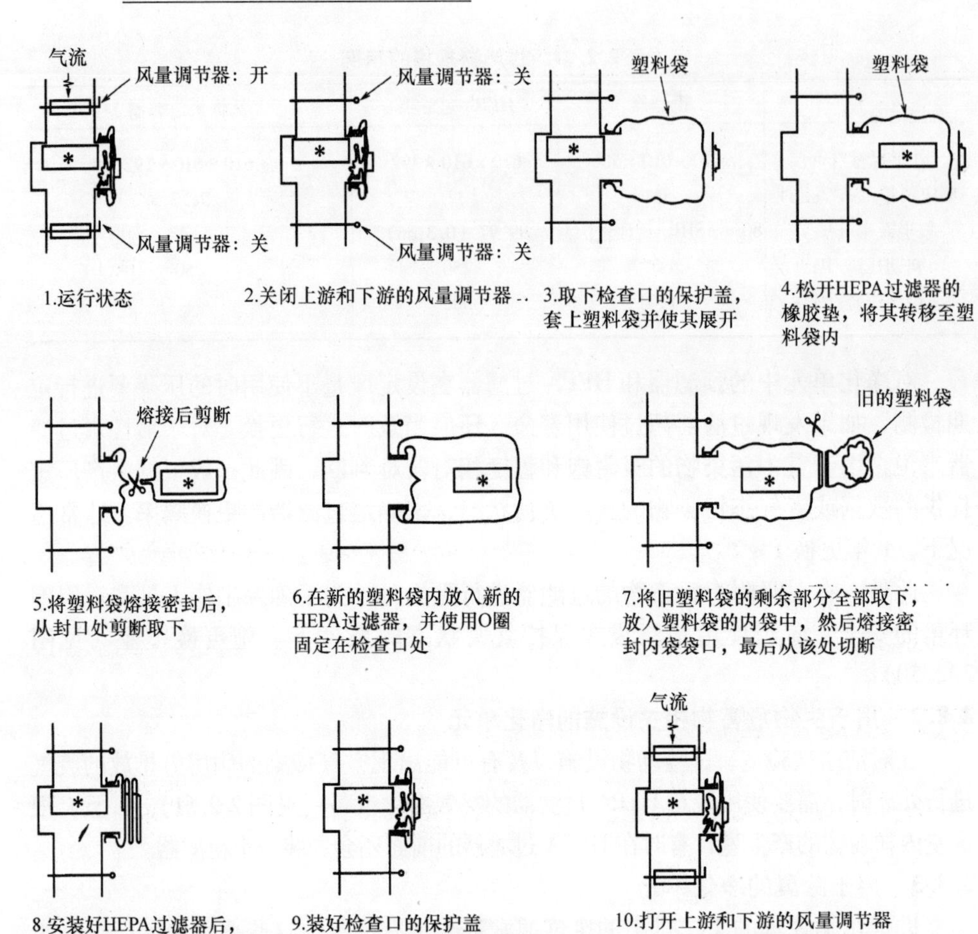

图 2.2.50　过滤器的更换方式

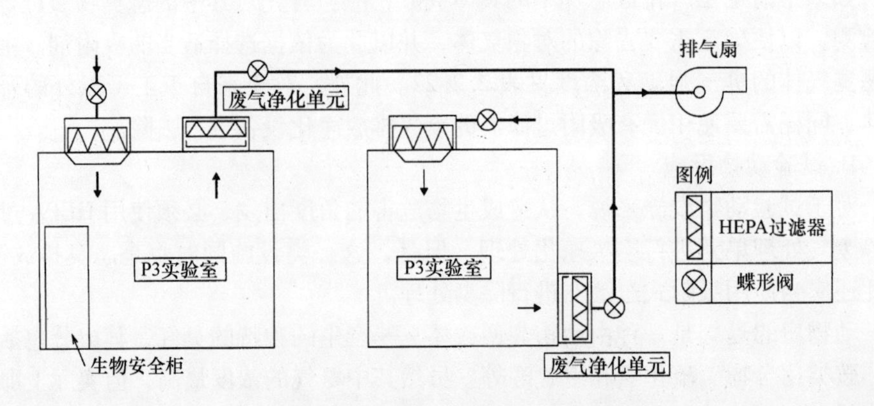

图 2.2.51　废气净化单元的设置示意图

表 2.2.22 主要恶臭气体的强度和浓度 (单位：μL/m³)

物质名称	恶臭强度					恶臭类型
	1	2	3	4	5	
硫化氢	0.449	5.62	63.4	716	8080	臭鸡蛋
甲硫醇	0.104	0.653	4.1	25.8	162	臭鼬
甲硫醚	0.124	2.34	44.1	830	15600	腐烂圆白菜
三甲胺	0.112	1.44	18.6	240	3090	鱼腥
氨	149	590	2330	9230	36500	氨臭
乙硫醇	0.017	0.29	4.97	85.8	1480	臭鼬
二甲醚	0.386	3.26	27.5	232	1960	腐烂圆白菜
甲胺	19	179	1680	15800	149000	鱼腥
乙胺	74.7	560	4190	31400	235000	鱼腥
丙烯醛	29.7	137	630	2900	13300	刺激性臭气
二甲胺	0.49	4.7	45	430	4100	腐烂圆白菜
甲胺	0.52	14	360	9500	250000	鱼腥
乙醛	1.5	15	150	1400	14000	刺激性臭气
甲醛	410	1900	8400	38000	170000	刺激性臭气
异戊酸	0.86	2.7	8.5	27	83	腐烂乳酪

注：日本环境卫生中心检测数据。

因此，用于试验动物设施恶臭去除的吸附剂如下：

1）碱性气体吸附剂；

2）有机气体吸附剂；

3）酸性气体吸附剂。

在空气净化设备中有时会将以上这些吸附剂组合在一起使用。

2. 地下停车场

在位于建筑物地下的封闭式停车场中，因为会有一氧化氮、二氧化氮以及亚硫酸气体等发生滞留，所以需要进行通风换气。但是，如果直接将这些污染气体直接排出，会对人体和自然环境产生影响，因此就需要使用装有吸附过滤器的废气净化设备进行处理。同时，由于其中包含的一氧化氮是一种较难吸附的气体，所以需要通过氧化还原反应将其转化为二氧化氮后再进行吸附。

用于净化地下停车场废气排放的吸附剂如下：

1）氧化还原化学吸附剂；

2）酸性气体吸附剂。

在空气净化设备中会将以上这些吸附剂组合在一起使用。

3. 污水处理设施

污水处理设施不仅包括工业生产过程中大量废水的处理，同时也包括居民区、宾馆和医院等小规模的废水处理。因此，污水处理设施产生的恶臭是由各种臭气混杂在一起形成的，这些气体包括硫化氢、氨气、甲硫醇和甲硫醚等。

用于污水处理设施恶臭去除的吸附剂如下：

1）碱性气体吸附剂；

2）酸性气体吸附剂。

在空气净化设备中有时会将以上这些吸附剂组合在一起使用。

2.9 小型空气净化器

2.9.1 种类及结构

目前，日本国内生产小型空气净化器的厂商大概有数十家。随着室内污染特征的变化和科学技术的进步，空气净化的对象已经不仅仅局限于传统的颗粒态污染物，而已经发展到近年来特别是在住宅内出现的甲醛等气态污染物。为了去除这些气态物质，很多厂家都推出了配备有所谓“化学净化器”的空气净化设备。

表 2.2.23 为根据捕集原理对空气净化器进行的分类。小型空气净化器基本上由净化区和传送区（风扇）组成。根据处理对象物体（颗粒物、气态污染物或者颗粒物 + 气态污染物）的不同，净化区的设计也有多种形式。表 2.2.24 列出了不同类型空气净化器的结构。

表 2.2.23 根据净化原理对小型空气净化器的分类

原理	方式	对象物质	净化机制
物理	机械式有风扇	颗粒物	由过滤作用捕集颗粒物
	电气式有风扇	颗粒物	在离子荷电区使颗粒物带电，随后在电集尘区捕集颗粒物
	电子式无风扇	颗粒物	通过离子化区使颗粒物带电，随后在库仑力的作用下使颗粒物附着在集尘极板上进行捕集
	物理吸附式有风扇	气态污染物	使用活性炭或多孔无机材料作为吸附剂
化学	化学吸附式有风扇	气态污染物	使用带有化学添加剂的活性炭或者离子交换树脂和纤维等化学吸附材料
	分解式有风扇	气态污染物	利用臭氧或氧化钛的氧化作用，分解化学物质，使其无害化
物理·化学	复合式有风扇	颗粒物，气态污染物	上述物理原理和化学原理并用

表 2.2.24 各种空气净化器的净化机制

方式	结构示例	备注
机械式	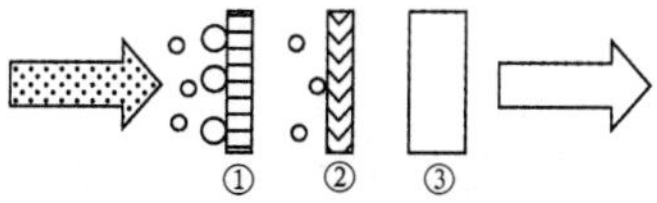 ① ② ③	① 预滤器 ② 空气过滤器 ③ 风扇 ④ 离子荷电区 ⑤ 静电过滤器 ⑥ 集尘极板 ⑦ 活性炭或多孔无机材料吸附剂 ⑧ 化学过滤器 ⑨ 光催化过滤器 ⑩ 光除臭灯 ⑪ 光除臭过滤器
电气式	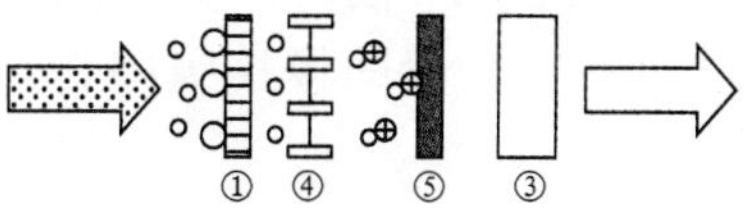 ① ④ ⑤ ③	
电子式	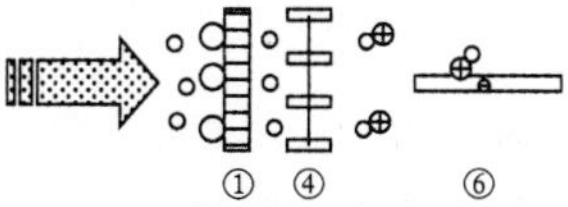 ① ④ ⑥	
物理吸附式	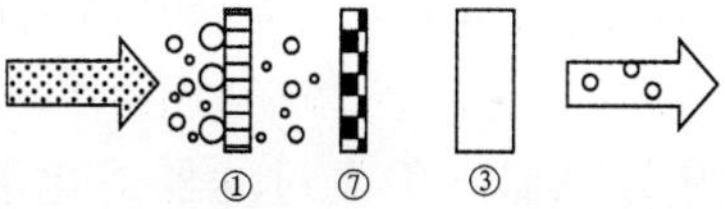 ① ⑦ ③	
化学吸附式	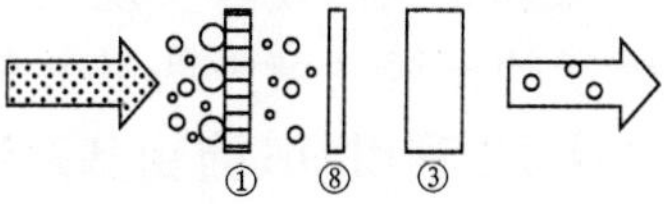 ① ⑧ ③	
分解式	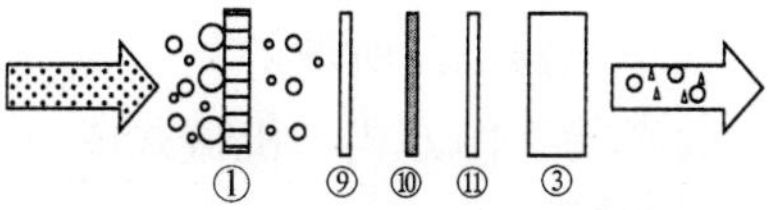 ① ⑨ ⑩ ⑪ ③	
复合式	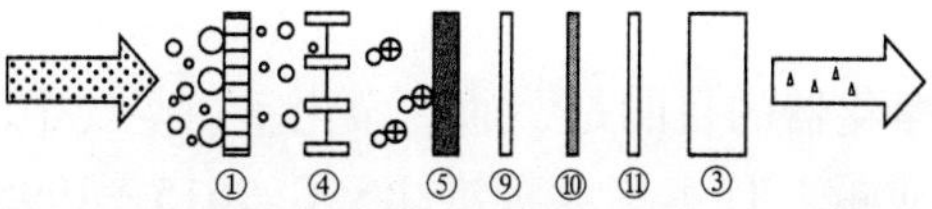 ① ④ ⑤ ⑨ ⑩ ⑪ ③	

机械式：首先通过风扇的动力，吸引对象空间内的空气，然后将空气中的颗粒物借助过滤器的过滤作用进行捕集，最后再向室内送风。

电气式：首先通过设置在预滤器后方的荷电区使其附近的颗粒物带电，随后使这些带电粒子在库仑力的作用下吸附在集尘极板上，从而完成捕集的过程。电子式与其他方式相比最大的不同点在于，没有传送区（风扇）。

电子式：设置在预滤器后方的荷电区可以将附近空气中的颗粒物荷电，然后再借助库仑力使其附着在集尘极板上进行捕集。电子式和其他方式最大的差别是它没有传送区（风扇）。尽管这种设备具有运行噪声低且耗电量小的优点，但是由于它的处理对象仅为空气净化器附近空气中的颗粒物，因此其净化面积要远低于其他带有风扇的设备。此外，根据一些研究中的试验结果可知，电子式净化器去除室内悬浮颗粒物的能力要相对弱于风扇内置式的空气净化器[30]。因此，市面上也有一些产品是在电子式净化器捕集区的后方再设置一个风扇的电子风扇式空气净化器。

物理吸附式：在预滤器的后方设置填充活性炭或者多孔无机材料的过滤器，借助过滤器的吸附作用实现气态污染物的去除。同时，使用活性炭还可以有效控制臭氧的发生。而无机材料的吸附剂主要是借助极性吸附作用来对极性物质（气体）进行分离。

化学吸附式：利用活性炭表面的添加剂和气态污染物之间的中和反应或氧化反应或离子交换反应，完成净化的过程。

分解式：利用臭氧或氧化钛等物质的氧化作用，分解化学物质，使其无害化。由于臭氧是对人体有害的物质，因此对于那些从原理上会将臭氧排入室内空气的净化器来说，应当通过控制设备的残留臭氧量或者释放臭氧量来实现对室内臭氧浓度的有效管理。

此外，最近还有很多通过涂布在过滤器（除臭过滤器或化学过滤器）表面的光催化剂涂层来分解空气中的气态污染物，从而使其实现无害化的新型净化器。光催化剂在与其带隙值具有相应能量的光线（紫外线）照射下，会进入激发态并释放 OH 自由基。这种空气净化器可以利用 OH 自由基的强氧化作用，分解空气中的气态污染物。

同时使用物理和化学原理的空气净化器，即所谓的复合式空气净化器，基本上由颗粒物捕集区和除臭区组成，前者的工作方式和机械式或电集尘式相同，而后者则和物理·化学吸附式或分解式相同。

2.9.2 性能

如前所述，设置空气净化器的目的是，通过净化室内空气中的颗粒物和气态污染物来获得更好的空气质量。日本工业标准 JIS C 9615—1995 中对空气净化器的各项性能做出了相应的规定。这些规定大致可以分为以下两类：与室内空气洁净度有关的规定（风量、颗粒物捕集率、设备容尘量、气体的去除率、设备吸附容量）以及除此之外的相关事项（起动、温度上升、绝缘、开关、耗电量、噪声）（详细内容参照 JIS C 9615—1995）。

此外，JIS C 9615—1995 还规定，机械式和电气式空气净化器的颗粒物捕集率应当分别在 70% 和 85% 以上。

2.9.3 设备的选择方法

由于小型空气净化器属于过滤器和风扇一体化（以下除无内置风扇的电子式外）的设备，因此在设计室内空气洁净度时，不能只关注过滤器的净化效率，而是应当综合考虑内置风扇的送风量和室内的换气特征等因素。图 2.2.52 所示为选择室内空气净化器的流程。

1）净化设备的适用环境通常会根据净化对象房屋的用途，分为住宅、写字楼、店铺和病房等，具体使用对象需要参考厂家说明书中的相关内容。

2）净化设备的去除对象可以大体分为颗粒物和气态污染物两类，市售的空气过滤器中也有一些产品能够同时去除以上两种污染物。

3）虽然通过参考第1篇第3章中的相关内容，可以确定室内空气洁净度的水平，但并不是所有的对象污染物都有相应的浓度标准值。同时，对于像住宅这种尚未制定室内空气环境标准的净化区域来说，在进行空气洁净度设计时，应当在充分考虑到对象污染物的物理和化学特征的基础上，谨慎制定相关规划。

4）室外环境空气浓度应参考第1篇第6章中的相应数据。

5）对于净化对象室内空间的换气量，可以根据既定的相关换气设计值（例如会议室等）来确定。而对于仅采用自然换气方式的空间来说，虽然建议预先对换气量进行测量，但是对于不便测量的情况，也可以参考相关资料后确定相关数值。污染物的产生量可以参考第1篇第5章中的相关内容。

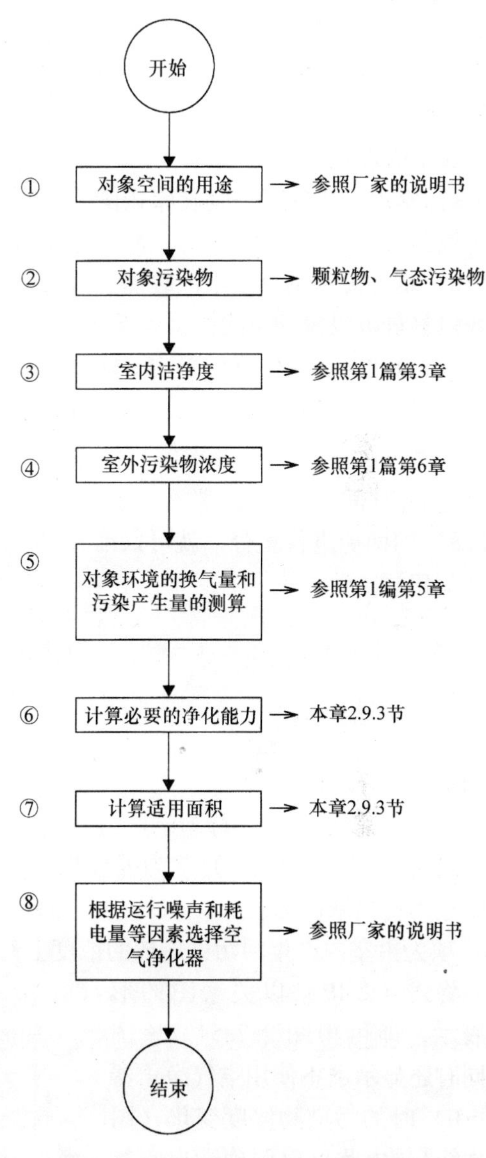

图2.2.52　小型空气净化器的选择

综合考虑以上①~⑤项中提出的这些因素，就可以得出空气净化器所需要的净化能力。下面举例说明空气净化器的选择方法。

6）如图2.2.53所示，在装有空气净化器的室内环境中，可以遵循下面的质量平衡方程式：

（室内污染产生量＋外部污染侵入量）－（空气净化器的污染去除量＋通过废气排放的污染去除量）＝室内污染物的变化量

如果假设：

a）室内产生的污染物在室内瞬间均匀扩散；

b）不考虑污染物在室内表面上沉降量或附着量可以得到下式：

$$(M+Q_{\mathrm{ns}}C_{\mathrm{oa}}-q\eta C-Q_{\mathrm{nr}}C)\,\mathrm{d}t=V\mathrm{d}C \tag{2.18}$$

这时，假设可以不考虑室内污染物产生量随时间的变化，那么分别对式（2.18）的两侧进行积分，就可以推导出式（2.19）：

$$C=\underbrace{C_{\mathrm{o}}\mathrm{e}^{-\frac{(q\eta+Q_{\mathrm{nr}})}{V}t}}_{(1)}+\underbrace{\frac{Q_{\mathrm{nr}}C_{\mathrm{oa}}}{q\eta+Q_{\mathrm{nr}}}\left[1-\mathrm{e}^{-\frac{q\eta+Q_{\mathrm{nr}}}{V}t}\right]}_{(2)}+\underbrace{\frac{M}{q\eta+Q_{\mathrm{nr}}}\left[1-\mathrm{e}^{-\frac{(q\eta+Q_{\mathrm{nr}})}{V}t}\right]}_{(3)} \tag{2.19}$$

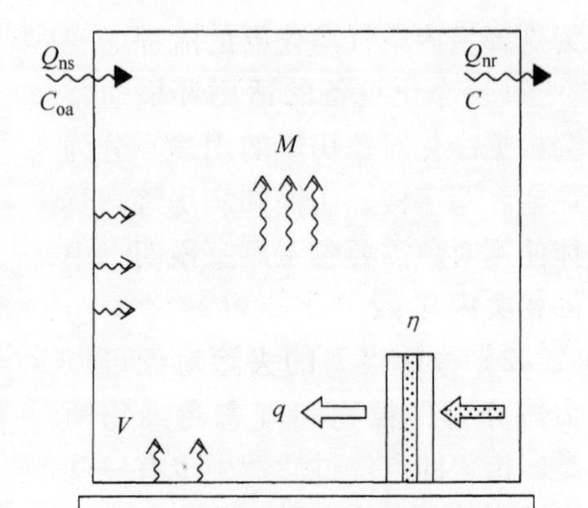

M：室内污染的产生量(mg/h)
V：室内容积($\mathrm{m^3}$)。
Q_{oa}：自然供气量($\mathrm{m^3/h}$)
Q_{nr}：自然排气量($\mathrm{m^3/h}$)
C：室内污染物浓度($\mathrm{mg/m^3}$)
C_{ns}：室外空气中污染物浓度($\mathrm{mg/m^3}$)
C_{o}：室内污染物的初始浓度($\mathrm{mg/m^3}$)
η：空气净化器的净化效率(—)
t：时间(h)

图2.2.53　设置有空气净化器的房间的基本参数

式（2.19）中的（1）项为因自然换气或空气净化器的稀释和去除作用所造成的室内初始浓度的衰减；（2）项为由室外侵入的污染物所引起的浓度的上升；（3）项为由室内产生的污染造成的浓度上升。

将式（2.19）以关系图的形式表示，即可得图2.2.54。该图中同时还显示了不使用空气净化器（$q=0$）时的污染物浓度变化（图中虚线）。由此可以明确看出空气净化器的使用效果。

当$t\to\infty$时，室内环境达到稳定状态，那么污染物的浓度可以通过式（2.20）来表示：

$$C=(M+Q_{\mathrm{ns}}C_{\mathrm{oa}})/(q\eta+Q_{\mathrm{nr}}) \tag{2.20}$$

没有设置空气净化器时的污染物浓度
空气净化器的使用效果
浓度(C)
时间(t)
①+②+③
③
②
①

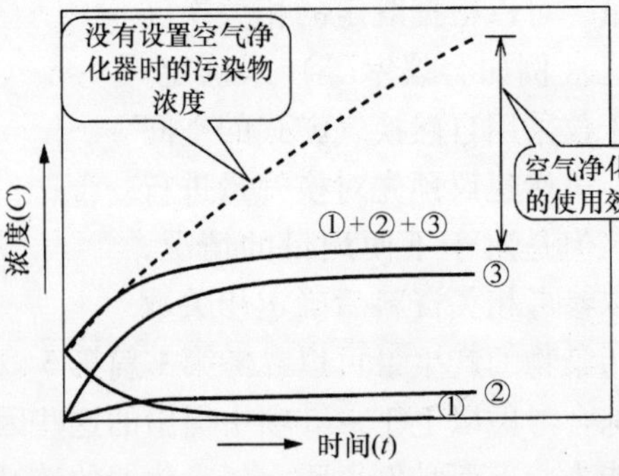

图2.2.54　室内污染物浓度随时间的变化

如果需要将室内设计浓度定在标准值 C 以下，那么使式（2.20）中的稳定浓度低于 C 即可。也就是说：

$$(M+Q_{ns}+C_{oa})/(q\eta+Q_{nr})<C$$

$$\therefore q\eta>(M+Q_{ns}C_{oa}-Q_{nr}C)/C \tag{2.21}$$

下面以颗粒物为例，介绍空气净化器所应达到净化能力的计算方法。气态污染物的有关计算方法与颗粒物相同。

图2.2.55所示为计算结果的示例［参照式（2.21）］。如图所示，例如，为了使室内颗粒物的稳定浓度维持在0.15mg/m^{3}以下，如果使用捕集率为90%的空气净化器，那么虽然相应的送风量会根据对象空间换气量的不同而存在一定的差异，但是通常都需要达到2.4～2.5m^3/min。

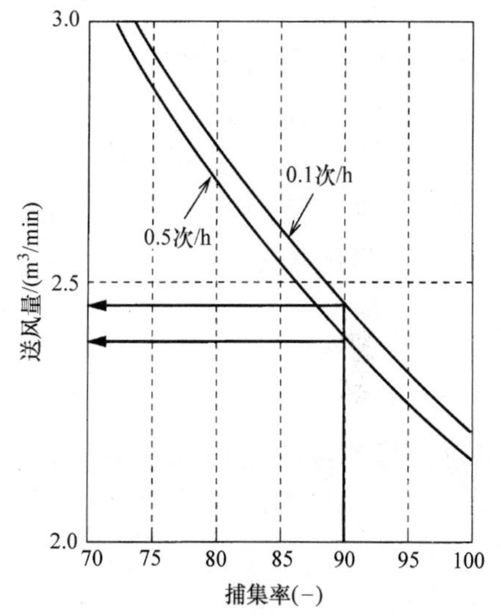

计算条件：
室内悬浮颗粒物的产生量 M=20(mg/h)
室内污染物设计浓度 C=0.15(mg/m^3)
室外污染物浓度 C_{oa}=0.10(mg/m^3)
房间容积(6个榻榻米) V=23.3(m^3)

图2.2.55　空气净化器应达到的净化性能

在此必须注意的是，式（2.19）和式（2.20）是在假定室内产生的污染物质全部瞬间均匀扩散的前提下推导得出的。但在实际使用过程中，污染物的浓度分布会受到污染产生或气流状态等因素的影响，因此应当根据实际情况选择相应的空气净化器。

不同厂家生产的空气净化器其送风量也会有所不同，但一般来说，家用空气净化器的送风量为1～3m^3/min，而商用空气净化器的送风量约为10m^3/min。由此可以发现，空气净化器送风量的选择范围还是比较广泛的。但需要注意的是，伴随着送风量的增大，设备产生的噪声和耗电量通常也会出现增加。

另一方面，由式（2.19）可知，当室内的污染物产生量 M 为0时，室内污染物浓度随着时间的推移会逐渐减弱。即污染物浓度的变化由（$q\times\eta+Q_{nr}$）/V 所左右。同时，由于该项中还包含有 V 在内，因此除了 q、η 和 Q_{nr} 以外，室内污染物浓度的下降速度还会受室内空间容积 V 的影响。

此外，从式（2.19）中还可以发现，在室内处于非稳定状态时的污染物浓度与室内空间容积 V 有关。

7）空气净化器适用面积的计算条件与图2.2.55所示条件相同。

在此，如果以空气净化器运转1h后，室内污染物浓度可达稳定状态（当污染物浓度达到理论稳定浓度的95%时的室内状态即稳定状态）为目标，假设自然换气量 $Q_{ns}=Q_{nr}=0$，且室内污染物初始浓度 $C_o=0$，那么通过式（2.19）可以求出下式：

$$1-e^{-\frac{q\eta}{V}\times 60}=0.95 \tag{2.22}$$

$$V=20q\eta \tag{2.23}$$

式2.23中 q 的单位是 m^3/min。如果假设天花板高度为2.5m，那么由式（2.23）可以得到式（2.24）：

$$A=8q\eta \tag{2.24}$$

图2.2.56所示为几种不同净化效率的空气净化器其各自的适用面积与送风量之间的关系。例如该图中标出的，当送风量为 $3m^3/min$ 时，对于净化效率为70%和90%的空气净化器来说，其各自的适用面积分别为 $17m^2$（10张榻榻米）和 $22m^2$（14张榻榻米）。

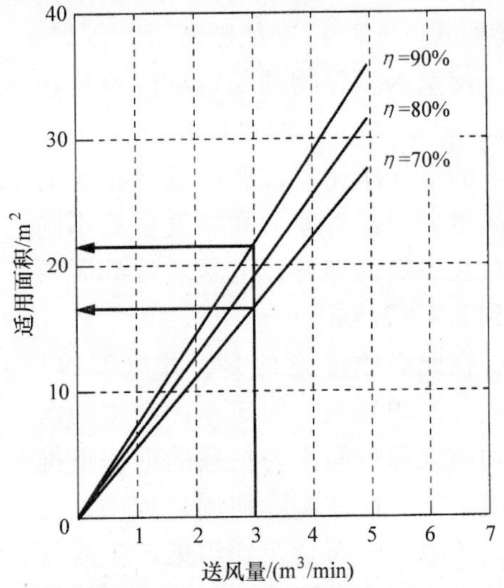

图2.2.56 适用面积

2.9.4 注意事项

以上介绍了空气净化器的种类、结构、性能以及选择方法。除此以外，还需要注意空气净化器的运行方式以及运行过程中其自身产生的污染等问题。

1. 运行方式

以上针对污染的稳定浓度、浓度的下降速度以及净化器的适用面积等问题开展研究，都是在空气净化器保持连续运行的基础上进行的。实际上，在有污染物持续发生的环境中（例如建筑材料释放的污染物），空气净化器如果没有保持连续运行状态，室内污染物的浓度就会发生变化，从而可能会导致对象空间无法达到预期的洁净度。因此，为了保证室内空气的洁净度，不仅要确保空气净化器的净化能力等硬件因素，同时还应当注意运行方式等的软性因素。

2. 空气净化器产生的污染

空气净化器是为了净化污染而设置的，因此要求其自身不能产生污染，或者不能间接造成二次污染。但是，有一些报告显示[31]，目前有部分市售的空气净化器会向室内环境中排放臭氧，从而导致室内污染物浓度上升。关于这一点，生产厂家应当在销售空气净化器之前严格采取相应的处理措施。

参 考 文 献

1) 日本空気清浄協会：空気清浄装置設置管理指針，pp. 71（1980）

2) 今井隆雄：空気調和・衛生工学，Vol. 54，No. 4，pp. 19-28（1980）

3) JIS B 9908-1991：換気用エアフィルタユニット

4) 轡田　昇：電子写真におけるコロナ放電，静電気学会誌，Vol. 12，No. 6，p. 409（1988）

5) 杉田直記：コロナ放電による空気清浄技術，静電気学会誌，Vol. 17，No. 3，p. 169（1993）

6) 増田閃一，他：静電式ミニプリーツ型フィルタの空気清浄特性について，第四回空気清浄技術研究大会予稿集，p. 175（1985）

7) J. Turnhout: Electret Filters for High-efficiency and High-flow Air Cleaning, IAS 78, 4 E, p. 117（1979）

8) 安岡修一：エアフィルタの発展過程と近年の技術，空気清浄協会誌，Vol. 31，No. 3，p. 1（1993）

9) 日本原子力年表，日本原子力研究所

10) 平沢紘介：クリーンルームハンドブック，表1·2·3 HEPAフィルタの歴史，p. 29，オーム社（1989）

11) JIS Z 4812-1962：放射性エアロゾル用高性能エアフィルタ

12) 上島雀也：クリーンルームのエアフィルタ（IES 1982年版），新クリーンルームの運転・管理・清浄化ハンドブック，p. 204（1993）

13) 末盛俊雄：IES-RP-CC 1001.3 HEPA and ULPA filters, 空気清浄協会誌，Vol. 32，No. 1，p. 57（1994）

14) 楚山智彦：ガラス繊維ろ材の技術動向，空気清浄協会誌，Vol. 36，No. 3，p. 3（1998）

15) 渡辺正昭，他：400℃高温HEPAフィルタの開発，第6回空気清浄とコンタミネーションコントロール研究大会予稿集，p. 9（1987）

16) 住岡将行，他：ガラス繊維ろ材からのホウ素発生量の低減，第14回空気清浄とコンタミネーションコントロール研究大会予稿集，p. 9（1996）

17) 磯前和郎，他：酵素を固定した殺菌フィルタの開発，第16回空気清浄とコンタミネーションコントロール研究大会予稿集，p. 339（1998）

18) 岡本正行・峠　英雄，他：抗菌フィルタに関する研究，第12回空気清浄とコンタミネーションコントロール研究大会予稿集，p. 275（1993）

19) 上田伊佐雄・岡本正行，他：抗菌フィルタに関する研究，第14回空気清浄とコンタミネーションコントロール研究大会予稿集，p. 185（1996）

20) 忍足研究所：ULPAフィルタ用PTFEろ材，ボロンフリーフィルタ技術資料

21) 一安　哲：ULPAフィルタ用PTFEろ材，空気清浄協会誌，Vol. 36，No. 3，p. 16（1998）

22) 山田裕司，他：0.1 μm以下の微小エアロゾルに対するPTFEフィルタの捕集性能，第15回空気清浄とコンタミネーションコントロール研究大会予稿集，p. 211（1997）

23) 谷　八紘，他：エレクトレットHEPAフィルタの開発，第11回空気清浄とコンタミネーションコントロール研究大会予稿集，p. 153（1992）

24) 谷　八紘，他：エレクトレットULPAフィルタの特性，第12回空気清浄とコンタミネーションコントロール研究大会予稿集，p. 255（1993）

25) エドワード・P・ムーア・Jr：添加剤　ポリプロピレンハンドブック，p. 205，工業調査会（1998）

26) 藤井敏昭，他：光触媒とUV/光電子法による空間の超クリーン化ガスと微粒子の同時除去技術，第16回空気清浄とコンタミネーションコントロール研究大会予稿集，p. 69（1998）

27) 高橋和宏：原子力用エアフィルタの最近の技術動向，空気清浄協会誌，Vol. 33，No. 4，p. 20（1995）

28) 糸賀　清：新しい吸着剤の選定と吸着操作の新技術，第2編，第1章，第1節「活性炭一般」，p. 54，経営開発センター出版部（1990）

29) 日本建築学会編：実験動物施設の設計，p. 38 彰国社（1989）

30) 大村道雄，他：室内型空気清浄機の性能比較（その1）ファン式とイオン式について，第14回空気清浄とコンタミネーションコントロール研究大会，pp. 383-396（1996）

31) 房家正博，他：空気清浄機から発生するオゾンとその室内濃度に与える要因，環境科学，Vol. 8，No. 4，pp. 823-830（1998）

第3章 空气净化设备的试验方法

3.1 基本事项

日本直到20世纪60年代，都还从未开展过针对建筑物中空气净化设备性能的系统性试验，而仅停留在检测空气阻力（压降）的层面上。1962年，JIS中才首次规定了部分空气净化设备性能的试验方法[1)]。同时，随着消费者对于产品性能关注度的不断提升，有关产品规格和相关标准等方面的规定又先后得到了完善[2)]。

空气净化器的性能主要有以下4个方面：

1）处理风量（或者压降）：即空气净化设备的可处理风量，通常与空气通过净化器时的压降有关。当使用空气过滤器时，可处理风量一般使用不同风量下的压降来表示。如果能确定压降限值，那么此压降相对应的风量就等同于处理风量。对于送风机内置式的空气净化器来说，其内部安装的送风机的性能即确定了该设备的处理风量。

2）污染去除性能：当去除对象为颗粒物时，因试验样品种类及粒径的不同，容易导致设备性能的试验结果出现偏差。当用于性能试验的颗粒物样品为非单一粒径而具有某种分布时，由于颗粒物浓度检测方法的不同，会使得颗粒物去除性能（颗粒物的捕集率）的试验结果也不相同。同时，对于气态污染物来说，净化设备对于不同种类气体的去除性能也会有很大不同，所以必须针对各种气体分别进行试验。

3）污染物的净化容量：通常情况下，空气净化设备随着使用时间的累积，其性能会不断降低。因此，需要及时更换滤料或气体吸附剂，以使其能够持续保持应有的性能。因为具体更换的时间会因为污染负荷的不同而存在差异，所以此时可以使用污染物净化容量进行判断。通常将空气过滤器的压降上升到某一程度，或者颗粒物的捕集效率降低到某一程度时，所捕集到的颗粒物总量称为设备的容尘量；同时，将气体过滤器对气体的净化效率降低至某一程度时，去除气体的总量就称为气体的去除容量。

4）其他：除上述性能以外，对于如电集尘器、卷绕式空气过滤器、送风机内置式空气净化器等，除净化部分外还具有电气部分或机械部分的设备来说，应针对其安全性、耐久性和噪声产生量等特性进行试验。

日本于1976年发布的JIS C 9615中，制定了针对商用空气净化设备的相关标准。到了1983年左右，家用空气净化设备逐渐开始普及。但是，由于其中大部分设备采用的是吸附除臭或过滤集尘的原理，而不同生产厂家对吸附剂或过滤器的更换标准及试验方法也各不相同，因此导致在设备的适用面积方面产生了很多问题，于是在当时的情况下就迫切需要有一个统一的性能标准。

于是，社团法人日本电机工业协会针对净化器的除臭性能和集尘性能的试验方法，单独建立了相关的标准。而JIS又于1995年针对小型家用空气净化器，另行制定了相关的性能标准。

3.2 空气净化设备的试验方法

以下为常用的空气净化设备：

1）ULPA过滤器；

2）HEPA过滤器；

3）高效过滤器；

4）中效过滤器；

5）粗滤器；

6）卷绕式空气过滤器；

7）电集尘器；

8）送风机内置式空气净化器。

在这里针对以固体或液体颗粒物为净化对象的空气净化设备加以介绍。

社团法人日本空气净化协会（JACA）于1973年，针对空气净化设备性能的试验方法制订了相关标准（JACA No. 10C），并分别于1975年和1979年对该标准进行了两次修订。尽管JACA也曾经委托部分科研机构对以上标准中的试验方法进行了校验和论证，但随着1991年JIS标准的修订和完善，其后在日本产业界对空气净化设备的性能试验基本上都遵照JIS的标准执行。由于目前日本已经不再使用JACA No. 10C这一标准，因此以下仅针对基于JIS标准的空气净化设备试验方法进行介绍。

3.2.1 HEPA/ULPA过滤器及高效过滤器的试验方法

JIS标准中涉及HEPA/ULPA过滤器试验方法的有JIS B 9927“洁净室用空气过滤器”以及JIS Z 4812“放射性气溶胶空气过滤器”。同时，所谓“高效过滤器”指代的是在JIS B 9908“空气换气过滤单元”的“实验方法1”（后记，表2.3.3）中提出的一类过滤器。因为以上3种过滤器的试验方法基本一致，所以在此一并进行介绍。在半导体产业中，通常把HEPA过滤器称为“高效过滤器”，或者把性能处在HEPA过滤器与中效过滤器之间的过滤器称为“高效过滤器”。而在原子能产业中，“高效过滤器”指的就是HEPA过滤器，所以很容易出现混淆。同时，在JIS Z 8122的“污染控制用语”中，没有出现“高效过滤器”的这一名称，而仅采用了HEPA/ULPA过滤器的提法。由于性能符合JIS B 9908的“实验方法1”中相关要求的过滤器，尚未有明确规定的正式名称，因此在本书中暂且将其称为“高效过滤器”。

1. 试验项目

JIS B 9927中针对洁净室用空气过滤器，规定了有关颗粒物捕集率、泄漏扫描和压降等性能的试验方法；JIS Z 4812中针对放射性气溶胶过滤器，规定了尺寸、结构、颗粒物捕集率、压降、压力变形阻力（抗撕裂）和气密性等性能的试验方法；JIS B 9908中针对空气换气过滤器，规定了颗粒物捕集率和压降等性能的试验方法。表2.3.1中列出了上述标准中规定的相关试验方法。以下主要围绕颗粒物捕集率的试验方法进行介绍。

2. 试验用标准粒子的种类

JIS B 9927中，要求用于性能试验的标准粒子应为JIS Z 8901中规定的DOP或同等材质的替代品。同时该标准还要求在JIS B 9921规定的光散射式自动粒子计数器中，选择检测对象颗粒物直径在0.1μm或者0.12μm以上的计数器进行颗粒物粒径分布的测定，且测定结果应满足CMD（Count Median Diameter，计算中位粒径）=0.21~0.32，同时σ_g（geometric standard deviation，几何标准偏差）=1.43~1.83。

在JIS Z 4812中，要求用于性能试验的标准粒子应为DOP或其同等材质的替代品，粒径则要求大部分应在0.15μm左右；而在JIS B 9908中的规定为，只能采用DOP，并且应当使用拉氏喷嘴（Laskin nozzle）等设备进行颗粒物喷雾的制备。

实际上，采用拉氏喷嘴制备的颗粒物，即可同时满足以上3种标准的要求。此外，由于拉氏喷嘴的外形和尺寸属于公开的技术，所以任何人都可以通过机械加工的办法轻易地进行制作。同时，采用该喷嘴的气溶胶发生器所使用的容器也无需施加压力，所以也不需要满足压力容器的设计标准。同时，该设备即便仅使用1个喷嘴，也能够产生足够数量的颗粒物。图2.3.1所示为该气溶胶发生器的示意图以及喷嘴部分的放大图。

需要发生气溶胶时，可以将拉氏喷嘴前端数cm的部分浸泡到DOP液体中，使带压的空气通过喷嘴从而产生气泡。此时可以根据所需要的发生量，调整相应的压力（0.5~2kg/cm^2）。此外，如果把DOP替换成盐水，可以发生NaCl颗粒物；加入油，可产生油状喷雾。如果使用PAO（Poly Alpha Olefin，聚α烯烃）则可以制备出与DOP具有几乎相同粒径分布的气溶胶，再加上PAO不存在环境激素或致癌等问题，所以是最有希望替代DOP的标准粒子之一。

表 2.3.1 HEPA/ULPA 以及高效过滤器的性能试验方法

JIS 编号		JIS B 9927	JIS Z 4812	JIS B 9908
标题		“洁净室用空气过滤器性能试验方法”	“放射性气溶胶空气过滤器”	“空气换气过滤器”（试验方法 1）
试验项目	颗粒物捕集率（计数法）	O	O	O
	压降	O	O	O
	扫描检漏	O	—	—
	尺寸、结构、气密性、压力变形阻力	—	O	—
试验颗粒物	种类（材质）	DOP 或同等物质		DOP
	粒径分布	CMD：0.21 ~ 0.32μm σ_g：1.43 ~ 1.83	多包含 0.15μm	包含 0.3μm
	颗粒物发生器	拉式喷嘴	—	拉式喷嘴
检测器	种类	光散射式自动粒子计数器（JIS B 9921）		
	粒径评价	0.15μm 0.3μm	0.15μm	0.3μm
浓度条件	上游浓度	同时计数误差不超过 5% 的范围		
	下游一侧浓度	调节上游浓度使其远大于背景值		
统计处理	计数值在 100 个以下时	依据 95% 上侧信赖临界表	—	—
导管	保证浓度均匀的方式	如果满足以下条件，即使没有钟形口、渐扩管也可		设置节流构造
	浓度均匀性的规定	截面 9 个点的平均值在 ±10% 以下 通过在下游一侧设置的针孔检测口实施测定		—
测定	流量测定	依据 JIS B 8330		依据 JIS B 8330 或者 JIS T 8202
	捕集率	$h = (1 - C_2/C_1) \times 100$		
	压降	额定风量	额定流量	额定游量的 50%、75%、100%、125%
	泄漏扫描：颗粒物发生器	拉式喷嘴	—	—
	泄漏扫描：检测器	光散射式自动粒子计数器		
	泄漏扫描：采样探头	形状：正方形 $L \times L$ 尺寸：等速采集 位置：下游一次侧 30mm 内		
	泄漏扫描：扫描速度 /(mm/s)	50mm/s 以下， $L \leqslant 25$mm 时 $2L$		

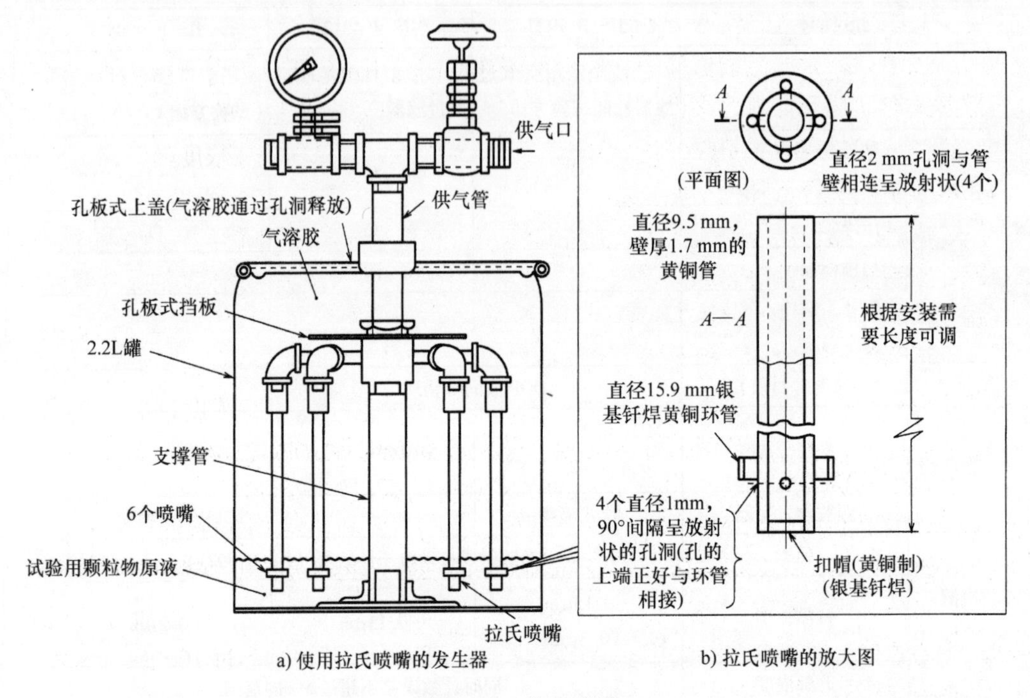

图 2.3.1 拉氏喷嘴

由于 DOP 属于疑似致癌性物质且具有一定的挥发性，因此过去也曾经开展过很多有关其替代品的研究[4]，但尽管如此，各个标准中的相应规定还从未得到过正式的修订。然而，随着有关 DOP 环境激素问题各种报道的相继出现，寻求其替代品的呼声也日益高涨。为了应对这一问题，日本空气净化协会还特地组建了专业委员会以开展相关研究及论证工作，并计划于 2001 年公布最终结果。此外，由于 JIS B 9927 和 JIS Z 4812 都于 JIS B 9908 之后推出了各自的修订版，所以其中规定的标准粒子已经不仅限于 DOP，同时也允许使用 DOP 的等效替代品。

从对于标准粒子有关粒径分布的规定来看，以往，通常依据 JIS Z 8901 “试验用粉体及试验用粒子” 中的规定，采用 “试验用粒子 2” 中的第 1 种（单分散气溶胶）粒子进行捕集率的试验。然而于 1991 年推出的修订版 JIS B 9908 “空气换气过滤单元” 开头部分的 “实验方法 1” 中，则要求采用多分散气溶胶作为试验用标准粒子，并且还应采用光散射式自动粒子计数器确认其实际粒径[5]。从理论上讲，捕集率的试验结果并不会受到标准粒子粒径分布的太大影响，因此对于颗粒物发生的要求也不是很严格。但另一方面，由于试验用粒子粒径检测结果的精度，与光散射式自动粒子计数器的粒径分辨率直接相关[5]，所以应特别注意可能会出现的交叉灵敏度误差。

3. 试验用标准粒子的浓度

以下就净化器性能试验中，标准粒子数浓度应满足的条件进行介绍。对于光散射式自动粒子计数器来说，在该检测器特有的“重合误差”的影响下，当颗粒物数浓度过高时，不仅检测结果会低于实际数值，而且随着数浓度的升高，检测值基本上都会下降到0的程度。

因此，在使用光散射式自动粒子计数器进行粒径检测之前，需要了解可忽略该计数器重合误差时的最大颗粒物数浓度。在JIS B 9927中规定重合误差不应超过5%。

因为HEPA/ULPA过滤器的捕集率极高，所以其上游和下游两侧的颗粒物浓度比可以高达1万~100万倍。但由此产生的问题是，如果上游浓度过低，下游一侧浓度就会低于计数器的检测限，从而导致无法求出捕集率。因此，为了保证下游一侧的浓度能够满足检测下限，就不得不提高上游一侧浓度。可是这样一来，计数器的重合误差又有可能会超过5%。所以此时可以使用稀释器将较高浓度颗粒物以一定比例稀释后，再使用计数器进行检测。

另外，当计数器测得下游一侧的颗粒物个数在100以下时，可以通过求出95%的置信上限来计算捕集率。而当下游的颗粒物个数检测值超过100时，就可以直接使用该数值来计算捕集率。颗粒物个数在100以下时，95%的置信上限值见表2.3.2。

4. 性能试验装置

如图2.3.2所示，性能试验装置由试验用粒子发生区、管道区、受试设备固定区等部分构成。

(1) 试验用粒子发生区

使用如图2.3.1所示的拉氏喷嘴空压式颗粒物发生器，可以制备出前面介绍的标准粒径分布的气溶胶。

(2) 管道区

为了确保试验用粒子在管道区内部混合扩散后能够保持浓度均匀的状态，根据JIS B 9927中的规定，应当在浓度检测点的管道截面上测定9个以上位置的浓度值，并确保其平均值在±10%以内。此外，若能满足上述条件，就可以不必使用钟形口[6]/渐扩管的结构，而是采用混合节流孔/混合弯头即可，甚至连这些结构也可以仅部分采用或完全不采用。

当过滤器存在针孔泄漏的问题时，即使其上游一侧颗粒物的浓度保持均匀状态，在其下游一侧的浓度也会变得不均匀起来。此时，可以通过设置节流阀，并保证充分混合距离[6]的办法，使颗粒物的浓度在到达检测点之前能够恢复均匀状态即可。同时，考虑到有可能会发生针孔泄漏的情况，应当在过滤器的中心位置

表 2.3.2 颗粒物个数检测值的置信界限

个数检测值	95%置信上限值	个数检测值	95%置信上限值	个数检测值	95%置信上限值	个数检测值	95%置信上限值
0	3.0	26	36.1	52	65.5	78	94.2
1	4.7	27	37.2	53	66.6	79	95.3
2	6.3	28	38.4	54	67.7	80	96.4
3	7.8	29	39.5	55	68.9	81	97.4
4	9.2	30	40.7	56	70.0	82	98.5
5	10.5	31	41.8	57	71.1	83	99.6
6	11.8	32	43.0	58	72.2	84	100.7
7	13.2	33	44.1	59	73.3	85	101.8
8	14.4	34	45.3	60	74.4	86	102.9
9	15.7	35	46.4	61	75.5	87	104.0
10	17.0	36	47.5	62	76.6	88	105.1
11	18.2	37	48.7	63	77.7	89	106.2
12	19.4	38	49.8	64	78.8	90	107.2
13	20.7	39	50.9	65	79.9	91	108.3
14	21.9	40	52.1	66	81.0	92	109.4
15	23.1	41	53.2	67	82.1	93	110.5
16	24.3	42	54.3	68	83.2	94	111.6
17	25.5	43	55.4	69	84.3	95	112.7
18	26.7	44	56.6	70	85.4	96	113.7
19	27.9	45	57.7	71	86.5	97	114.8
20	29.1	46	58.8	72	87.6	98	115.9
21	30.2	47	59.9	73	88.7	99	117.0
22	31.4	48	61.1	74	89.8	100	118.1
23	32.6	49	62.2	75	90.9		
24	33.8	50	63.3	76	92.0		
25	34.9	51	64.4	77	93.1		

注：与个数检测值 n 所对应的95%置信上限值 $=\chi^2\{2(n+1),0.05\}/2$。

处模拟出一个泄漏状态，同时在下游的检测点位，通过同样的方法检测颗粒物浓度的均一性。此外，对于接近壁面处的模拟泄漏状态，也应进行同样的检测操作。

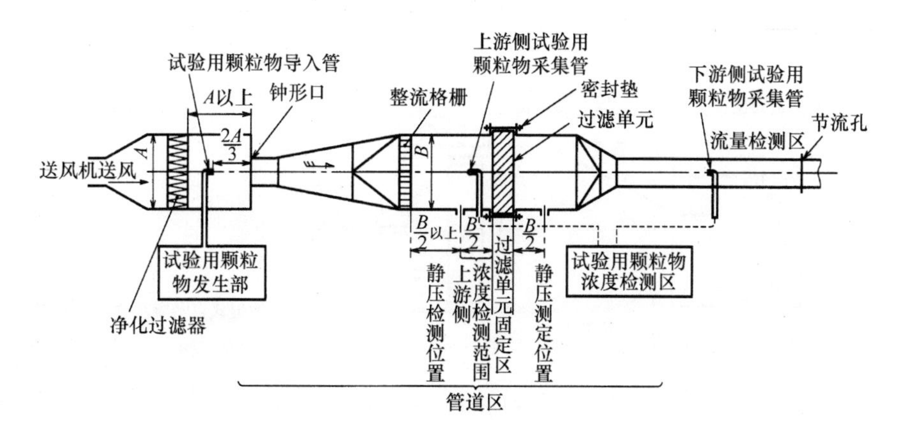

图 2.3.2 过滤单元的试验装置示例

在 JIS B 9927 中，虽然没有对管道的尺寸或结构做出详细的规定，但对试验装置所应具备的性能·特性及其评价方法等都提出了较为具体的要求。由此可知，该标准在保证试验装置在结构和尺寸方面享有一定自由度的同时，也明确了过滤器性能试验在本质上需要保障的诸多要素。

（3）受试设备固定区

在受试设备固定区，尽管受试过滤器滤面处的截面原则上应当与管道的内部截面保持一致，但有时也可以允许两者存在一定的差异，即在颗粒物保持浓度均匀的状态下，正确地压降可以通过过滤器形成的压降减去试验装置导致的压降而求出。

（4）压降检测区

首先使静压检测区域中受试过滤器上游和下游处的管道内部尺寸保持一致，那么此时上、下游两侧也就具有相同的动压，于是就可以将上、下游两侧的静压差代替全压差而作为过滤器压降的检测结果。

（5）采样区

在管道的中央处使用 1 点采样的单孔管或者 3 点以上采样的多孔管进行采样。通过以上方法，在受试过滤器的上游及下游的各个采样截面上，对前面所述的浓度均一性进行试验。

（6）风量检测区

根据 JIS B 8330“送风机试验方法”中规定的必要距离等条件进行风量检测。

5. 扫描检漏试验

图 2.3.3 所示为扫描检漏试验设备的示例。选用前面“2. 试验用标准粒子

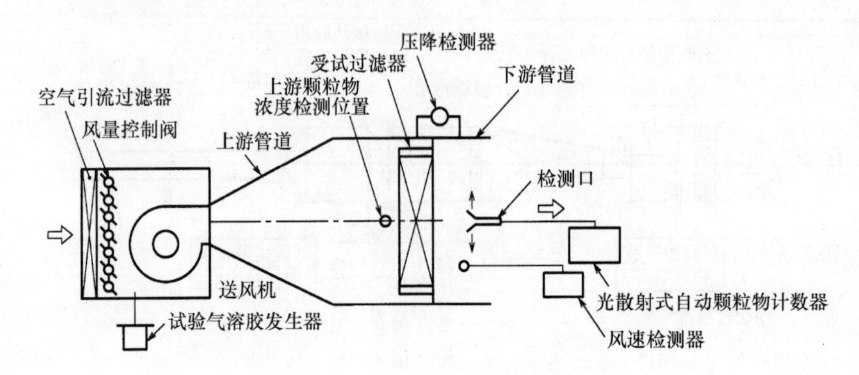

图 2.3.3　扫描检漏试验装置的示例

的种类”中介绍的试验用粒子，以及“（1）试验用粒子发生区”中介绍的颗粒物发生设备，进行扫描检漏试验。颗粒物数浓度检测仪器采用光散射式自动粒子计数器。采样探头为正方形设计，其尺寸规格符合实现等速采样的要求。扫描时，应将该采样头保持在距离过滤器下游一侧表面 30mm 以内，且设定扫描速度在 50mm/s 以下。但是，当探头的边长不足 25mm 时，需设定 $V_s=2L$ 以下［V_s：扫描速度（mm/s）；L：探头边长（mm）］。此外，扫描范围应当覆盖整个过滤器的滤面区域。使用光散射式自动粒子计数器，以 2s 以下的间隔（T_j）检测颗粒物的数浓度，并采用以下公式评价过滤器的泄漏水平：

$$NL=(N_v/60)\times(PL/100)\times(10\times10)/(L\times L)$$
$$PL=(100-\eta_0)\times K \tag{3.1}$$

式中，NL 为每个判定时间内判定为泄漏的标准粒子数；N_v 为上游一侧每分钟的计数值（个/min）；PL 为过滤器的最大允许透过率（标准值）（%）；T_j 为泄漏判定时间（2s 以下）；η_0 为过滤器颗粒物捕集率的名义值或保证值；K 为允许倍率（1、2、10、100、1000 中的任一数值）。

设备交接当事人经协商后确定允许倍率 K 后，利用含 K 值在内的过滤器的最大允许透过率，推算出下游一侧的颗粒物数量，并根据该推算结果计算判定标准粒子数。最后通过实测值与计算值间的比较，借助式（3.1）评价过滤器的泄漏水平。

3.2.2　中效过滤器的试验方法（比色法）

JIS B 9908“空气换气过滤单元”将中效过滤器归在了在实验方法 2 中（见表 2.3.3）。这种过滤器主要在楼宇空调中使用。

1. 试验项目

中效过滤器的试验项目有颗粒物捕集率试验、压降试验和容尘量试验。

表 2.3.3 高效、中效过滤器和粗滤器的试验方法

分类	JIS 的分类		试验方法 1	试验方法 2	试验方法 3
	过滤器的分类		高效过滤器	中效过滤器	粗滤器
	试验方法		计数法	比色法	计重法
试验用颗粒物	捕集率试验	颗粒物种类	DOP 气溶胶	11 级	15 级
		颗粒物浓度	—	$(3\pm2)\,mg/m^3$	$(70\pm30)\,mg/m^3$
		粒径	0.21 ~ 0.32μm	中位粒径 2μm	中位粒径 8μm
	负荷试验	颗粒物种类	—	15 级	15 级
		颗粒物浓度	—	$(70\pm30)\,mg/m^3$	$(70\pm30)\,mg/m^3$
捕集率	每次颗粒物捕集率 ×100		$\eta=(1-C_2/C_1)$（仅初期）	$\eta=(1-C_{i2}/C_{i1})$（5 次以上）	$\eta=(1-W_{i2}/W_{i1})$（4 次以上）
	平均颗粒物捕集率		—	$\eta=[w_1(\eta_1+\eta_2)/2+w_2(\eta_2+\eta_3)/2+\cdots+w_{n-1}(\eta_{n-1}+\eta_n)/2]w$	$\eta=(W_1\eta_1+W_2\eta_2+\cdots+W_n\eta_n)/W$
	容尘量		—	W = 结束时 − 开始时	W = 供给量 − 通过量

2. 试验用标准粒子的种类和浓度

试验中使用的标准粒子可分为两类：一类是用于试验过滤器捕集率的颗粒物；另一类是用于试验过滤器负荷的颗粒物。JIS Z 8901“试验用粉体及试验用粒子”中规定了“试验粉体 1”中的 11 级和 15 级颗粒物，可分别用于捕集率的试验和负荷的试验，其浓度分别（3 ±2） mg/m^3 和（70 ±30） mg/m^3。试验方法总结在表 2.3.3 中。

3. 性能试验装置

（1）颗粒物发生区

用于中效过滤器性能试验的颗粒物发生器由两部分组成：一部分是可以保持一定量的颗粒物呈下落状态的定量供料器部分；另一部分是使颗粒物分散在空气中的颗粒物发生部分。其中，前者只要能够保证一定量的颗粒物供给即可。而颗粒物发生部分中，压缩空气通过弯曲的喷嘴后，可与下落的颗粒物汇合，并在喷嘴的出口处全力将颗粒物向空气中喷出。从供给器内被释放出时呈凝聚状态的颗粒物，在压缩空气的作用下便形成了分散状态。这时，如果 11 级试验颗粒物没有达到充分分散的状态，即中位粒径不足 2μm，捕集率的试验结果就会产生很大的误差。此外，为了确认使用颗粒物发生器制备的颗粒物的粒径分布是否符合既定要求，还需要预先采用安德森式空气采样器等进行检测。

（2）样品采样管

因为 11 级试验用粒子的中位粒径为 2μm，所以有可能会出现因非等速采样而造成的误差。因此，应当使用内径符合等速采样要求的采样头，并使采样口朝向上游一侧，同时采样管还应与气流保持平行设置。

（3）管道区

在管道区内，可以通过设置节流阀，使上、下游两侧颗粒物的浓度保持稳定、均一的状态。图 2. 3. 4 所示为管道区的结构示意图。

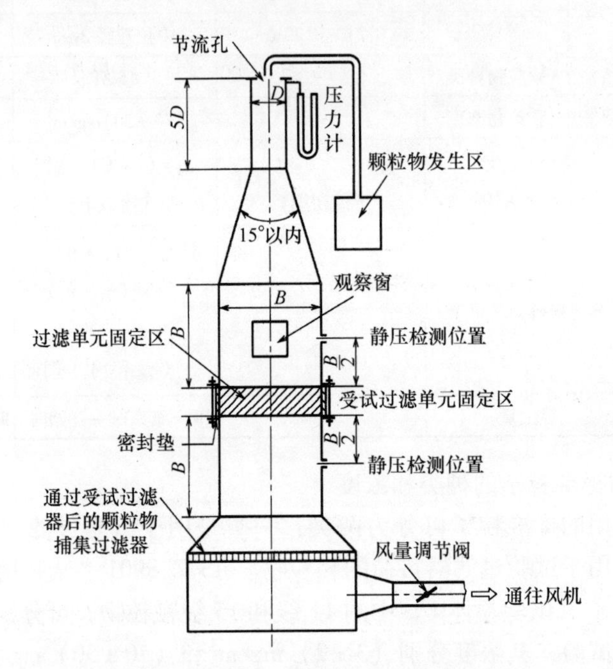

图 2. 3. 4 过滤单元的立式试验装置

注：使用 JIS B 8830（送风机试验方法）中规定的节流孔板流量计

（4）受试设备固定区

为了避免泄漏的发生，这里采用与试验方法 1 中相同的设置方式，对受试设备进行固定。

（5）风量检测区

参考 JIS B 8330 执行。

（6）颗粒物浓度检测器

使用采样泵在滤纸上采集颗粒物样品，并使用吸光光度法通过检测颗粒物的光学密度来确定其浓度。

4. 颗粒物捕集率试验

在实际使用过程中，随着过滤器中颗粒物的不断累积，虽然其压降会逐渐增大，但捕集率也会随之上升。将平均颗粒物捕集率作为过滤器使用期间整体捕集性能的评价指标。计算从实际试验开始，直到达到最大压降为止整个期间内的捕集率。使用5次以上的捕集率试验结果，计算其与负荷试验用粒子给料量相对应的加权平均值，即平均颗粒物捕集率。

5. 压降试验（同试验方法1）

6. 容尘量试验

过滤器容尘量的试验通常可与颗粒物捕集率试验同时进行。从试验开始到结束的整个期间，通过检测受试体的质量增加量，即可计算出容尘量。

3.2.3　粗滤器的试验方法（计重法）

JIS B 9908“空气换气过滤单元”将粗滤器归在了在试验方法3中（见表2.3.3）。这种过滤器主要作为楼宇空调的预滤器使用。

1. 试验项目

粗滤器的试验项目有颗粒物捕集率试验、压降试验和容尘量试验。

2. 试验用标准粒子的种类和浓度

捕集率试验和负荷试验均使用JIS Z 8901“试验用粉体及试验用粒子”规定的“粉体1”中的15级标准粒子，其浓度为$(70 \pm 30)\mathrm{mg/m^3}$。

3. 性能试验装置

（1）颗粒物发生区

使用能够稳定供给试验用粒子的颗粒物发生器。

（2）管道区

在管道区内，可以通过设置节流阀，使上、下游两侧颗粒物的浓度保持稳定均一的状态。图2.3.5所示为管道区的结构示意图。

（3）受试设备固定区

应正确固定受试设备，以避免泄漏的发生。

（4）通过颗粒物捕集过滤器

高于试验方法2中规定的性能。

（5）风量检测区

应负荷JIS B 8330中的相关要求。

（6）颗粒物质量测定

应使用精度不低于0.1g的天平（电子天平）进行称量。同时还需要注意的是，当过滤器的质量（主要是木框）因吸湿或干燥而发生变化时，对捕集率的试验结果会产生很大影响。

4. 颗粒物捕集率试验

将过滤器从开始工作直到达到最大压降之间的捕集率重复测定4次以上，然后计算与颗粒物给料量相对应的加权平均值，即可用于表达过滤器的捕集性能。

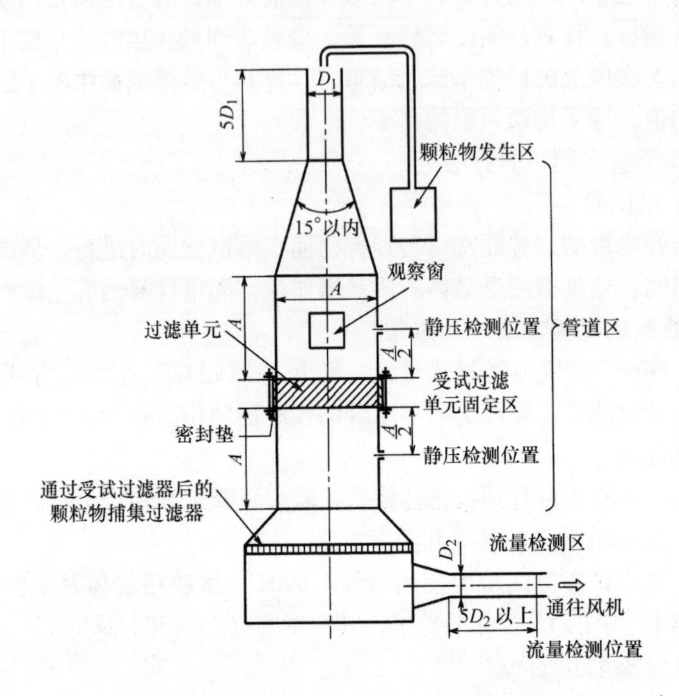

图 2. 3. 5　试验方法 3 中过滤单元试验装置的示例

5. 压降试验（同试验方法 1）

6. 容尘量试验

和颗粒物捕集率试验同时进行，在试验开始时到结束之间，通过供给颗粒物的总量，求出通过颗粒物捕集过滤器所捕集到的颗粒物的全部质量。

3. 2. 4　电集尘器试验方法

按照捕集率的性能划分，电集尘器的性能试验适用于 JIS B 9908“空气换气过滤单元”中的“试验方法 1”，并且历来都是使用计数法（DOP 0. 3 μm）进行相关试验。但是还没有专门针对电集尘器的试验方法，特别是还没有确定其容尘量的试验方法。直到 1999 年 11 月，JIS B 9908 的修订工作仍在进行中。根据既定计划，修订委员会将于 2000 年 3 月完成修订，并于其后大约 1 年即可发布。

3. 2. 5　商用香烟烟雾净化器性能的试验方法

以劳动省公布的导则为契机，香烟烟雾净化器得到了迅速的普及。但与此同时，有关该类设备性能的试验方法也急需统一。因此，JACA 于 1999 年 11 月推出了商用香烟烟雾净化器的性能试验方法指南（JACA No. 36）。

表 2. 3. 4 为香烟烟雾净化器的种类和除烟性能的试验项目。试验项目主要包括风量试验、集尘性能试验（集尘效率和净化能力）、除烟性能试验（吸烟范围

和平均泄漏率）、噪声试验、臭氧释放量、适用面积的计算方法以及大致维护周期。

表 2.3.4 香烟烟雾净化器的种类与除烟性能试验项目

分类	种类	试验方法	用途	除烟性能试验
1	局部型	桌式 柜台式 其他	吸收在吸烟场所中产生的香烟烟雾，将其净化后使洁净空气在室内循环	香烟烟雾吸引范围
2	区域型	分体式 区间式/隔间式 长条落地式、其他	除去限定空间内的香烟烟雾，并防止烟雾向该空间之外扩散	平均泄漏率
3	循环型	壁挂式、台式 落地式 吊式、吸顶式	通过吸收·循环室内空气，净化整个室内的香烟烟雾	—

局部型和区域型是两类主要的香烟烟雾净化器。其中局部型是在室内烟雾扩散之前就对其进行吸引并去除的一类设备，其典型的代表为柜台式香烟烟雾净化器。而区域型设备则能够确保某一限定区域空间内的烟雾不被排除，其典型的代表为隔间式香烟烟雾净化器。

下面围绕除烟性能的试验法，对相关公式、试验原理以及具体试验方法进行介绍。

1. 公式化和试验方法的原理

对于区域型或是柜台式的香烟烟雾净化器来说，假设在离吸入口附近的某处产生一定量（M）的烟雾，并对其按照 k 的比率（$0<k<1$）进行吸收，那么就会有 $1-k$ 比率的烟雾被漏掉而扩散到整个室内空间中。这样，$(1-k)M$（未被设备吸入的部分）和 $kM(1-\eta)$（未被去除而从设备出口再次进入室内空气中的部分）会对室内污染浓度产生贡献。此时，从整体上来看，上述两部分污染产生量之和，相当于风量为 Q 的循环式净化设备的污染产生量。

在此，如果用 V 表示房间容积，用 C 表示烟雾浓度，用 M 表示烟雾产生量，用 Q 表示设备风量，用 η 表示集尘效率，那么可得以下微分方程式：

$$V\mathrm{d}C/\mathrm{d}t=(1-k)M+kM(1-\eta)-Q\eta C \tag{3.2}$$

将该方程式整理后，可得出

$$V\mathrm{d}C/\mathrm{d}t=M(1-k\eta)-Q\eta C \tag{3.3}$$

定态解为

$$C_{\mathrm{s}}=M(1-k\eta)/Q\eta \tag{3.4}$$

一般解为

$$C = C_s = [1 - \exp(-t/\tau)] \tag{3.5}$$

当 $\tau = V/Q\eta$、$k = 0$ 时：

$$V\mathrm{d}C/\mathrm{d}t = M - Q\eta C \tag{3.6}$$

定态解为

$$C_{sk0} = M/Q\eta \tag{3.7}$$

一般解为

$$C = C_{sk0}[1 - \exp(-t/\tau)] \tag{3.8}$$

（1）比较定态值

通过式（3.4）和式（3.7）之比，可得式（3.9），即求出泄漏率（在室内没有换气的情况下）：

$$泄漏率 = (1 - k\eta) = C_s/C_{sk0} \tag{3.9}$$

（2）比较瞬时值

通过式（3.4）和式（3.8）之比，可以得到泄漏率［式（3.10）为取消指数项的公式］：

$$\frac{C(t)}{C(t)_{k0}} = \frac{\{M(1-k\eta)/Q\eta\}[1-\exp(-t/\tau)]}{(M/Q\eta)\cdot[1-\exp(-t/\eta)]} = 1 - k\eta = 泄漏率 \tag{3.10}$$

（3）开始时的倾向

$$\frac{\mathrm{d}C/\mathrm{d}t}{\mathrm{d}C_{00}/\mathrm{d}t} = \frac{[M(1-k\eta)/V]\exp(-t/\tau)}{(M/V)\exp(-t/\eta)} = 1 - k\eta = 泄漏率 \tag{3.11}$$

和（$k=0$，$k\neq0$）一样，当（$\eta=0$，$\eta\neq0$）时，比较开始时的倾向可得出

$$\frac{\mathrm{d}C/\mathrm{d}t}{\mathrm{d}C_{00}/\mathrm{d}t} = \frac{M(1-k\eta)/V}{M/V} = 1 - k\eta = 泄漏率 \tag{3.12}$$

式中，k 为全部烟雾中被设备直接吸入的比例，当排放源距离吸入口较近时，k 趋近于1，而当距离吸入口较远时，k 趋近于0，将其称为吸入率；$k\eta$ 是吸入后通过附着被去除的部分，吸入率越高且过滤器的集尘率越高，那么 $k\eta$ 也就越大，因此可以将其称为除烟率；对于传统的循环式净化器来说，$Q\eta$ 是表示净化设备实际性能的参数；而与之相对应的是，在香烟烟雾净化器中，$k\eta$ 才是代表其实际性能的参数。

另外，除烟率的补数 $1-k\eta$ 代表没有被吸入或是虽然被吸入但没有被过滤器捕集的烟雾，所以可以将它称为泄漏率。

因此，有关香烟烟雾净化器性能的参数有吸入率（k）、除烟率（$k\eta$）和泄漏率（$1-k\eta$）。

2. 除烟性能的试验方法

虽然通过比较定态值来求出泄漏率的方法简单易懂，但由于有时达到定态值所需要花费的时间过长，所以实际上采用比较瞬时值的方法更为简单。在实际的

试验中，即使烟雾浓度没有完全达到饱和，但经过了一段时间后，也能计算出 $k=0$ 和 $k\neq0$ 时瞬时值的比。此外，如果采用计算开始时的倾向值这一方法，因为从公式中求出的值相对比较分散，所以很难得到稳定的结果。

基于以上原因，在针对商用香烟烟雾净化器性能试验所制定的 JACA No. 36 指南中，采用从瞬时值的比 $C(t)_{k\neq0}=C(t)_{k=0}$ 求出泄漏率的方法，并检测作为除烟性能指标的吸烟范围或者平均泄漏率。另外，由于 $k=0$ 时假定烟雾处于完全混合扩散的状态，因此在试验中，需要使用辅助风扇，使产生的烟雾尽可能快的扩散到房间各处。

因为在试验中，完全扩散的烟雾被烟雾净化器全部收集，试验结果与烟雾产生的位置无关。这时烟雾浓度的时间变化为 $C(t)_{k=0}$。而在 $k\neq0$ 时，停止运行辅助风扇，那么在烟扩散到各处之前就会被净化器去除，所以房间的烟雾浓度几乎不会出现上升。这时烟雾浓度的时间变化为 $C(t)_{k\neq0}$。但在这种情况，不同位置产生的烟雾，其直接吸入的比率也不同，所以不同烟雾的产生位置都会有不同的 $C(t)_{k\neq0}$ 与之对应。此外，当 $k=0$ 时，辅助送风机会使烟快速扩散混合，所以房间各处的浓度都基本相同。而当 $k\neq0$ 时，室内不同位置烟雾的浓度可能会有所不同，所以原则上此时应检测多个点位的浓度。

由于泄漏率为 $C(t)_{k\neq0}$ 和 $C(t)_{k=0}$ 之比，所以泄漏率也会受到烟雾产生位置的影响。因此，将泄漏率计算结果在 50% 以下的点的集合作为吸烟的范围，该指标适用于柜台式或桌式等局部型除烟器。

此外，对于区间或隔间式等区域型香烟烟雾净化器来说，因为其大多会被设置在 300m^3 左右容积的大型房间内，所以存在试验时间过长等弊端。因此，为了解决这个问题，采用了试验平均泄漏率的方法。

首先，将房间内按使用面积等分为 4 个区域，随后在各区域的中心配置香烟烟雾的排放源，并使烟雾的发生与净化器同时起动，此时测得的浓度为 $C(t)_{k\neq0}$。另一方面，在房间的 4 个角落处分散设置同样的烟雾源，并在借助辅助风扇使烟雾混合扩散的同时，起动净化器，此时测得的浓度为 $C(t)_{k=0}$。检测以上两种情况下室内浓度随时间的变化，分别计算各个瞬时值的比，即 $C(t)_{k\neq0}/C(t)_{k=0}$。在完成 3 次室内空气循环后，计算结束前最后 5 个点的平均值，即平均泄漏率。图 2. 3. 6 展示了一个平均泄漏率的试验示例。

$$\text{平均泄漏率}=\left(\frac{C(t_1)_{k\neq0}}{C(t_1)_{k=0}}+\cdots+\frac{C(t_5)_{k\neq0}}{C(t_5)_{k=0}}\right)/5 \tag{3.13}$$

用 V（m^3）表示室内容积、Q（m^3/min）表示风量：

$$t_5=3V/Q \tag{3.14}$$

详细的商用香烟烟雾净化器性能的试验方法请参照指南 JACA No. 36。

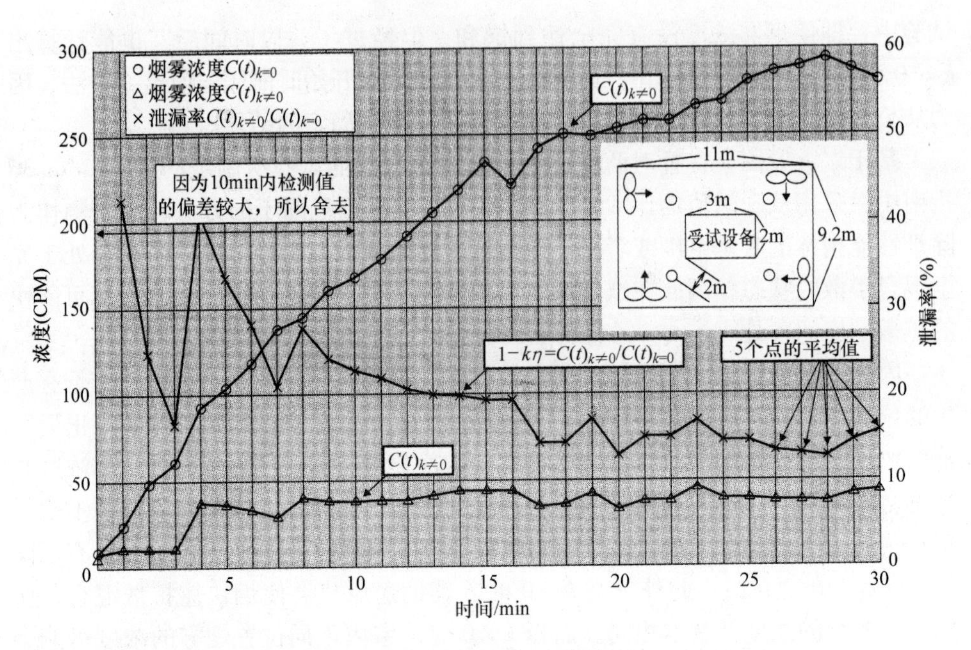

图 2.3.6 平均泄漏率的检测

3.3 小型空气净化器的试验方法

针对主要用于家庭环境的小型空气净化器的性能试验方法，社团法人日本电机工业会在“家用空气净化器”（JEM 1467—1995）标准中提出了相关要求。以下为上述标准中主要内容的摘录，并且对其中的部分条目以注解的形式加以说明。

“日本电机工业会规格”（JEM 1467—1995）

“家用空气净化器”（Air cleaners of house - hold and similar use）

1. 适用范围

本标准适用于在一般家庭或办公场所中使用，具有除臭与除尘功能，或者仅有除尘功能的空气净化器（空气净化机）。

2. 术语的含义

以下为本标准中主要术语的定义：

1）空气净化器：是以除臭和除尘，或者是仅以除尘为目的的设备，可分为电气式和机械式两种。

2）电气式空气净化器：利用高电压使颗粒物荷电，然后对其进行去除的空气净化器。

3）机械式空气净化器：主要使用滤料进行除尘的空气净化器。

4）额定风量：指空气净化器在额定频率和额定电压下运转时的风量。其中带有风量调整装置的净化器还可以使用“最大风量”的指标。

5）耐久性：更换除臭过滤器和除尘过滤器的标准，以天数表示。

3. 额定电压和额定频率

额定电压为单相交流电 100V，额定频率为 50Hz 和 60Hz，或者 50Hz/60Hz 通用。

4. 性能

4.1　电压变化（略）

4.2　起动

在按照 7.4 中相关要求进行的试验中，设备的起动应与电动机转子位置无关。

4.3　耗电量（略）

4.4　温度（略）

4.5　绝缘性（略）

4.6　风量

在按照 7.8 中相关要求进行的试验中，送风机内置式净化器实际风量应为额定风量的 ±15%。

4.7　噪声

在按照 7.9 中相关要求进行的试验中，4 个点位的平均检测结果都在表 3 中规定的数值以下。同时，噪声指示值的允许误差应在 +3dB 以下。

表 3　噪声值

额定风量/(m^3/min)	噪声值/dB
5 以下	50
5 以上	55

4.8　除臭性能

在按照 7.10 中相关要求进行的试验中，初始除臭率必须达到 50% 以上。

4.9　除尘性能

在按照 7.11 中相关要求进行的试验中，送风机内置式净化器的初始除尘效率必须达到 70% 以上。

4.10　开关（略）

4.11　电线弯折（略）

4.12　机械强度（略）

5. 结构（略）

6. 材料（略）

7. 试验方法

7.1 试验条件

在没有特别限定的情况下，试验时的温度为（20 ± 15）℃，湿度为65% ±20%。

7.2 结构试验（略）

7.3 电压变化试验（略）

7.4 起动试验（略）

7.5 耗电量试验（略）

7.6 温度试验（略）

7.7 绝缘性试验（略）

7.8 风量试验

确保空气净化器在额定频率和额定电压下运行，并按照JIS C 9603的附录1中相关要求进行试验。

应正确连接以避免出现空气泄漏的问题。试验装置如图（略）所示。

根据风量更换节流孔或喷嘴。

7.9 噪声试验（略）

7.10 除臭性能试验

按照附录1中相关要求进行除臭性能试验。

7.11 除尘性能试验

按照附录2中相关要求进行除尘性能试验。

7.12 开关（略）

7.13 电线弯折（略）

7.14 机械强度（略）

8. 检查（略）

9. 产品命名方式

产品名称中应包含产品名称和额定耗电量。

例如：空气净化器60W。

10. 标识

10.1 产品标识

应在产品的显著位置，明确标注以下事项：

（1）名称；

（2）额定电压（V）；

（3）额定频率（Hz）；

（4）额定耗电量（W）；

（5）厂商名称或简称；

（6）制造型号或批号。

10.2 其他标识

以下在商品目录或操作说明书中记述的事项，必须按照附录1和2中的相关要求计算得出。

（1）除臭过滤器的耐久天数；

（2）除尘过滤器的耐久天数；

（3）适用面积（m^2）。

11. 使用时的注意事项

必须在设备外表、商品标签以及说明书中，使用便于用户理解的文字或图片明确标明以下事项：

（1）进行换气时的注意事项；

（2）更换过滤器的注意事项；

（3）使用场所的注意事项；

（4）产品安装及参数设定的注意事项；

（5）其他需要注意的事项。

附录1 除臭性能试验

1. 适用范围

本附录中就家用空气净化器的除臭性能试验方法以及除臭过滤器耐久天数的计算方法作了相关规定。

2. 试验条件

2.1 检测对象气体㊀

检测对象气体如下：

（1）氨（NH_3）；

（2）乙醛（CH_3CHO）；

（3）乙酸（CH_3COOH）。

2.2 检测器

采用检测管式气体检测器。

2.3 试验舱

使用$1m^3$（$1m \times 1m \times 1m$）的密闭容器（玻璃制或丙烯树脂制）作为试验舱。将空气净化器按照附录1中的图2（略）所示要求安装在试验舱内，同时，

㊀ 作为家用空气净化器处理对象的恶臭气体包括植物、人体、香烟燃烧和厕所等排出的气体等。由于臭气的种类繁多，难以逐个分别进行测试，所以该标准设计的试验中仅采用了排放量较大的香烟烟雾作为代表。

作为家用空气净化器处理对象的颗粒物包括香烟烟雾、厨房油烟以及被褥尘屑等。由于颗粒物污染的来源比较复杂，也很难实施全面地测试，所以该标准设计的试验中仅采用了粒径小且排放量较大的香烟烟雾（例如日本柔和七星牌香烟）。

为了使恶臭气体均匀分布，还应设置与香烟烟雾发生器同等程度的搅拌风扇（0.7m³/min）。

2.4　香烟烟雾发生器（略）

3. 试验方法

3.1　测量条件

（1）使用5支香烟（例如：日本柔和七星牌香烟）。

（2）使用香烟烟雾发生器，使5支香烟同时燃烧6～8min。当其中燃烧速度最快的香烟燃至过滤嘴时，停止发生器的主动模拟吸烟，而使剩下的香烟仅经自行燃烧排放烟雾。

（3）在香烟的燃烧过程中，关闭空气净化器。

（4）尽量在不开门的情况下，进行空气净化器的开关操作。

（5）仅在空气净化器的运行过程中停止使用搅拌风扇。

3.2　初始气体浓度的测量

（1）在香烟燃烧结束2～5min后开始测量初始气体浓度。

（2）测量顺序为首先同时测量氨和乙醛，然后再测量乙酸。

3.3　残留气体浓度的测量

（1）使空气净化器运行30min。

（2）停止运行，使用与3.2（2）相同的方法测量浓度。

4. 净化效率的计算

（1）可以通过下式计算各污染成分的净化效率 η（%）（参照附录1图4）：

$$\eta = \left(1 - \frac{C}{C_o}\right) \times 100$$

式中，C_o为初始气体浓度（$\times 10^{-6}$）；C为30min后残留气体的浓度（$\times 10^{-6}$）。

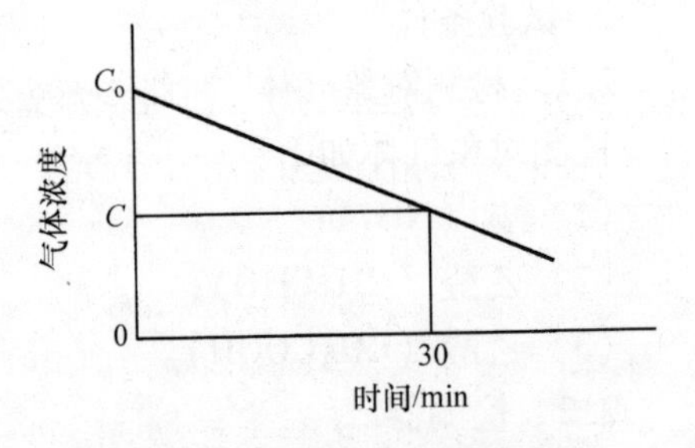

附录1图4　气体浓度衰减曲线

（2）可通过以下公式计算初始净化效率：

$$\eta_t = \frac{\eta_1 + 2\eta_2 + \eta_3}{4}$$

式中，η_t为初始净化效率（%）；η_1为氨气净化效率（%）；η_2为乙醛净化效率（%）；η_3为乙酸净化效率（%）。

5. 耐久性的计算（计算除臭过滤器的耐久天数）

5.1　耐久支数的计算

（1）重复试验方法3直到各污染成分的净化效率η_1、η_2和η_3达到50%。此时参考附录1图5分别读取相对应的香烟支数K_1、K_2和K_3。

（2）使用下式计算综合耐久支数：

$$K_t = \frac{K_1 + 2K_2 + K_3}{4}$$

式中，K_t为综合耐久支数；K_1为氨的耐久支数；K_2为乙醛的耐久支数；K_3为乙酸的耐久支数。

（3）重复试验时的操作

为了尽可能地避免烟气逃逸，在更换香烟烟雾发生器中的香烟时，应快速进行操作。

附录1图5　净化效率曲线

（4）实际耐久支数的计算

将通过（2）求出的K_t代入下式，即可求出实际耐久支数M：

$$M = 40 \times K_t$$

式中，40是实际使用系数。

5.2　耐久天数的计算

用实际耐久支数M除以在使用空气净化器的房间中1天之内吸食香烟的支数，即可得出耐久天数。原则上，将1天的吸烟支数设定在5支以上。在商品目录等处介绍过滤器的耐久天数时，要注明计算时使用的1日香烟吸食数量。

附录2　除尘性能试验

1. 适用范围㊀

本附录针对家用空气净化器的除尘性能试验、除尘过滤器耐久天数的计算方法以及适用面积的计算方法做出了相应的规定。

2. 试验条件

在进行测量时，要遵循以下条件：

2.1　检测对象颗粒物

检测对象颗粒物为香烟产生的烟尘（例如：日本柔和七星香烟）。

2.2　检测器

采用光散射式或压电式检测器；主要检测粒径为0.3μm；灵敏度应在0.02mg/m^3以上。

2.3　试验室

试验室由计算除尘效率的除尘能力检测室以及计算过滤器耐久性能的试验舱组成。

2.3.1　除尘能力检测室

（1）除尘能力检测室面积应在20～30m^3，并且要求具有能够确保经过30min后，颗粒物的浓度维持在80%以上的密闭性能。

㊀　与香烟烟尘的大小相对应，可以检测粒径为0.3μm的颗粒物。

（2）应将空气净化器安装在使用说明书中推荐的位置。如果没有相关记载，则应安装在附录2图1中所示的相应位置。其中，台式或台式与壁挂两用式，应放置在距离墙壁约70cm的台面上；落地专用式应放置在靠墙的地面上；壁挂专用式净化器应悬挂在距离地面约180cm处。

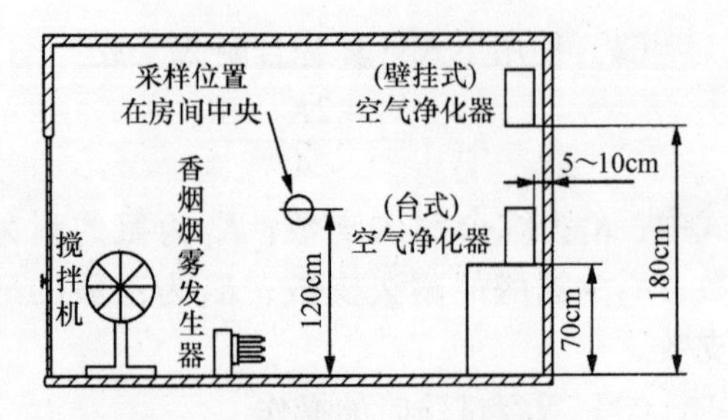

附录2图1　除尘能力检测室

（3）为了检测颗粒的浓度，采样位置应设在房间中央，且距离地面120cm处。

2.3.2　试验舱

试验舱及其设置状态应参考附录1中2.3的相关要求。

2.4　香烟烟雾发生器

试验中应使用附录1中2.4规定的香烟烟雾发生器。

3. 试验方法

试验方法包括，用于计算除尘能力的颗粒物衰减试验以及计算过滤器耐久性的试验。

3.1　颗粒物衰减试验

颗粒物衰减试验在除尘能力检测室进行。

3.1.1　颗粒物浓度的检测

有关颗粒物浓度的检测，应在2.3.1节中规定的除尘能力检测室中进行以下检测：

（1）自然衰减

使用附录1中2.4规定的香烟烟雾发生器，按照燃烧标准燃烧6~8min。当颗粒物浓度C_o稳定在1~2mg/m^{3}时（使用风扇等扩散），关闭搅拌机。随后检测30min内的自然衰减（参考附录2中图2）。

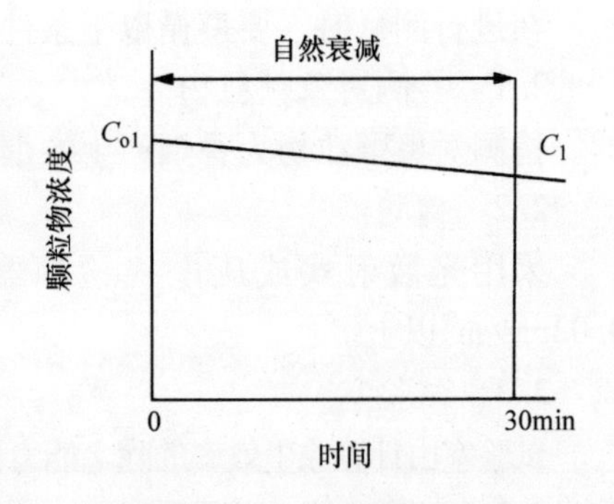

附录2图2　自然衰减曲线

（2）颗粒物浓度衰减

和自然衰减相同，首先，使用附录1中2.4规定的香烟烟雾发生器制备烟雾。当颗粒物浓度稳定在1~5mg/m^{3}时，关闭搅拌风扇，并起动空气净化器。然后，检测t min内的颗粒物浓度变化。其中，t为初始浓度（C_{o2}）下降到约1/3时的时间（参照附录2图3）。

3.2　耐久性试验

在试验舱中，进行以下耐久性试验：

（1）在附录1中2.3所规定的试验舱内，设置空气净化器为停止状态。

（2）使用附录1中2.4所规定的香烟烟雾发生器，点燃5支烟，同时开启与香烟烟雾发生器同等程度的搅拌风扇（0.7m^{3}min），使浓度达到均匀稳定。

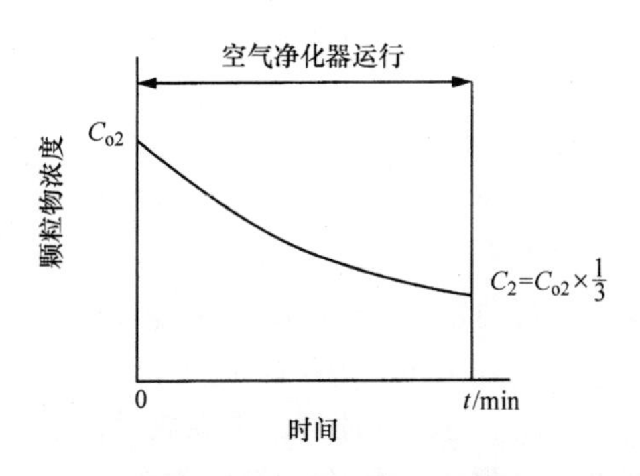

附录2图3　颗粒物浓度衰减曲线（一）

（3）起动空气净化器，使试验舱内的颗粒物浓度降到初始浓度的1/10以下，然后使空气净化器停止运行。

（4）尽量在不打开试验舱的情况下，控制空气净化器的起动或停止。

4. 除尘能力和除尘效率的计算㊀

4.1　除尘能力的计算

除尘能力使用以下公式计算：

$$P = -\frac{V}{t}\left(\ln\frac{C_1}{C_{o2}} - \ln\frac{C_1}{C_{o1}}\right)$$

式中，P是除尘能力（m^3/min）；C_{o1}、C_{o2}是检测开始时颗粒物的浓度（mg/m^3）；C_1是自然衰减t min后颗粒物的浓度（mg/m^3）；C_2是净化器运行时t min后颗粒物的浓度（mg/m^3）；V是除尘性能检测容积（m^3）。

4.2　除尘效率的计算（仅限送风机内置式净化器）

除尘效率使用下式计算：

$$\eta = \frac{1}{Q}\times P\times 100$$

式中，η是空气净化器的除尘效率（%）；Q是空气净化器的风量（m^3/min）；P是除尘能力（m^3/min）。

5. 耐久性的计算

5.1　顺序（略）

5.2　耐久支数的计算

（1）通过耐久试验捕集颗粒物，并且每增加1支烟后，都重复3.1的衰减试验。然后，将η、Q和Q_f代入下式，求出C/C_o。另外，Q_f的自然换气次数为1，即$Q_f = V/60$：

㊀ 根据4.1中规定，空气净化器的集尘能力应通过颗粒物浓度的衰减求出。同时，根据4.2中的规定，对于装有送风机的净化器，其除尘能力应通过风量表示。

$$\frac{C}{C_0}=e^{-\left(\frac{P+Q_f}{V}\right)\times t}$$

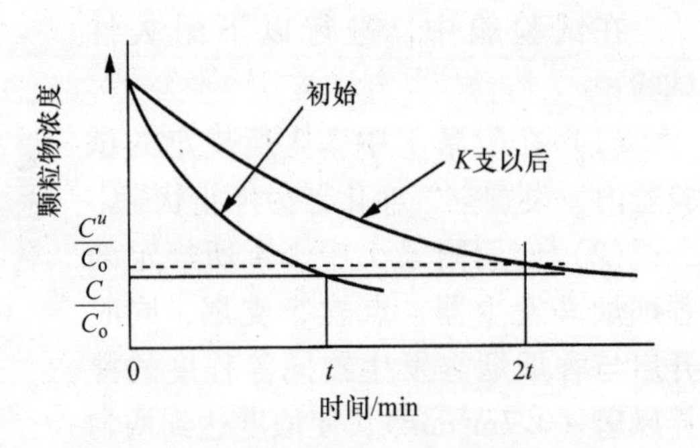

附录2图5　颗粒物浓度衰减曲线（二）

（2）由于 C/C_0 会随着耐久支数的增加而降低，因此可以通过以下方法求出耐久支数：重复3.2的操作，直到如果2$t$min后 C'/C_0 值超过初始值在 $t$min后的 C/C_0 值，然后计算以上过程中使用的香烟数量，即可求出耐久支数 K（参照附录2图5）。

（3）将根据5.2（2）中求出的 K 带入下式，可以求出实际耐久支数 M：

$$M=11\times K$$

式中，11为实际系数。

5.3　耐久天数的计算

用实际耐久支数 M 除以在使用空气净化器的房间中1天之内吸食香烟的支数，即可得出耐久天数。原则上，将1天的吸烟支数设定在5支以上。在商品目录等材料中介绍过滤器的耐久天数时，要注明计算时使用的1日香烟吸食数量。

6. 适用面积⊖

将初始值 P 代入下式，可计算得出适用面积：

$$A\fallingdotseq 7.7\times P$$

式中，A 为适用面积（m^2）（1榻榻米=1.65m^2）。

3.4　去除对象为气态物质的空气净化器的试验方法

3.4.1　简介

在人们详细研究室内化学污染问题之前，空气净化器就已经成为了除尘设备的代名词。近年来，在工业环境以外的住宅或写字楼中，以气态污染物为净化对象的空气净化器也开始逐渐普及起来。这里所说的空气净化器指的是便携式的设备，其净化对象不仅包括传统的恶臭气体和二氧化氮，同时还包括甲醛和VOC等有害气体。

⊖ 适用面积指的是，在自然换气次数为1（1次/h）的条件下，颗粒物浓度为1.25mg/m^3 的室内污染，确保经过30min净化处理后，能够达到楼宇卫生管理法中规定浓度0.15mg/m^3 的房间的面积。使用附录2.2.5（1）的公式，当天花板高度为2.4m时，适用面积的计算式为 $A\fallingdotseq V/2.4\fallingdotseq 7.7\times P$。

尽管在JIS B 9901[8]中，针对作为净化器核心组成部分的气体过滤器的性能试验方法也提出了相关要求，但是因为不同空气净化器利用的净化原理也是多种多样，所以这里仅就净化器本身的试验方法进行介绍。当然，净化设备的性能和特点，基本上也是由其所利用的净化原理所决定的。

现行的试验方法，是根据社团法人日本电机工业会（行业协会）制定的家用空气净化器（1995年3月17日制定）标准JEM 1467（以下简称JEM），以及在此基础上编制的JIS C 9615—1995[9]中的除臭试验法和风量试验法等。另外，与空气净化器相关的日本空气净化协会、空气调节·卫生工学会以及日本建筑学会等机构或团体中，都有研究人员正在开展针对试验方法的相关研究，以下将对一些基本的想法和试行方案等进行介绍。最后，还将对前面提到的日本电机工业会标准中规定的除臭性能试验的要点进行介绍，以供参考。

3.4.2　评价项目

由于空气净化器是以明确改善住宅和写字楼空气质量为目的的设备，因此相关评价项目必须能够有效用于设备的遴选工作。所以，空气净化器的评价内容大致包括：对象气体的净化效率、风量、净化性能维持时间以及噪声试验；利用化学反应的净化原理时，生成物浓度的检测；针对运行过程中可能产生臭氧的设备，进行臭氧浓度的检测。

空气净化器的基本特征为，在一定容积的污染空间内，对于对象气体浓度的降低速度和最终浓度来说，在该气体浓度较高和较低两种情况下，分别会由净化效率和风量情况来决定。但是如果在实际使用过程中，同时还在进行换气操作，那么每单位时间污染气体的表观性排放量（每单位时间内排放量和吸附量的差）还与换气次数有关，所以换气次数也应当作为试验条件之一进行设定（参照第1篇第5章5.3节）。

3.4.3　试验对象气体和试验浓度

1. 试验对象气体

在日本电机工业会制定的标准中，主要以香烟的臭气成分，包括氨、乙醛和乙酸作为对象气体。以上3种气体是香烟中的代表成分，分别属于碱性气体、中性的含氧气体和酸性气体。之所以选择这3种气体作为试验对象，其原因最初有可能是因为它们都可以使用气体检测管这种非常简便的方法来进行检测。但是，随着对净化设备性能要求的日益提高以及吸烟室的逐渐推广，净化对象已经拓展到香烟以外的空气污染排放源，因此相关标准也亟待更新。表1.1.6和表1.1.7（第1篇第1章）为室内气态污染物的分类；表3.4.1为目前作为空气净化器试验对象的气态污染物。此外，对于TVOC中不同种类的VOC来说，其各自净化效率和检测的灵敏度也各不相同。同时，通过恶臭感官分析试验，或者借助半导体式恶臭传感器等，虽然能检测出恶臭物质总的减少量，但是其检测精度非常低。因此，净化性能不应表现为去除含有多种化合物的 TVOC 或恶臭强度的能力，而应当作为减少某些特定污染物浓度的能力的判定。

表 3.4.1 应作为空气净化器试验对象的气态污染物

种类	气态污染物
有机物	甲醛 芳香型烃 增塑剂 杀虫剂/防蚁剂
恶臭物质	乙醛 有机酸 甲硫醇 硫化氢 甲胺 氨
氮氧化物	一氧化氮 二氧化氮

在环境污染物中，氮氧化物是具有代表性的无机化合物。氮氧化物基本上由一氮化氧和二氧化氮构成。在氮氧化物产生初期，一氧化氮所占比重较大，但随后，一氧化氮会在环境中逐渐被空气氧化成为二氧化氮。因此，一般在进行环境评价时都以二氧化氮的浓度为准。另一方面，从净化原理来看，尽管实际使用的净化器中的大部分只能针对二氧化氮进行去除，但因为对于一氧化氮的净化也有相应的对策，所以试验对象气体应该既包括一氧化氮也包括二氧化氮，而不是仅仅采用氮氧化物（NO_x）这一提法。

另外，对于主要由二氧化硫组成的硫氧化物来说，由于煤油或天然气燃烧排放中的含量非常少，因此通常不会作为室内净化设备的主要净化对象。同时，虽然通常情况下室外环境空气中的臭氧浓度远高于室内，但是当室内有利用放电原理的除尘器或除臭器或复印机等设备时，臭氧的 I/O 率也常常会出现超过 1 的情况，从而导致污染问题的发生。因此，对于有可能产生臭氧的净化器来说，即便是其自身具有臭氧去除的功能，也仍然需要检测它的臭氧发生量（每单位时间内）。另一方面，因为臭氧的活性较强，很容易发生接触分解，所以对于那些即使是原理上不会产生臭氧的净化器来说，也应对有可能作为副产物而释放的臭氧进行相关去除试验。此时，可以通过检测净化器设置前后的臭氧浓度比来进行评价。

从二氧化碳的排放量和有害性等方面考虑，现阶段不会将其作为试验对象气体。同时，由于一氧化碳和氢气的化学反应活性很低，因而很难被去除，所以也不会成为试验的对象。

除此之外，利用某些去除原理的净化设备有可能会受到温度或湿度的影响，所以应当明确规定试验时的环境温度和湿度。例如温度应在（23 ±3)℃，湿度应在 55% ±10% 等。

2. 试验温度

根据净化原理的不同，有的设备对于高浓度的污染物可以实现较高的净化效率，但也会有一些设备更适合处理较低浓度的污染。所以，试验浓度对于净化效率和净化速度会有很大的影响，因此至少要选择相差 5 ~10 倍的两种不同的浓度分别进行试验。而且因为试验气体的浓度要根据其有害性的程度（指导值或标准值等）和实际浓度水平来进行选择，所以不同种类的气体，相应的试验浓度也不同。其中，对于试验中的低浓度来说，大约为指导值的 1. 5 ~2 倍比较适合。例如，对于指导值为 0. 1mg/m^3（0. 08mL/m^3）的甲醛，其高、低两个试验浓度可以分别设在 0. 75 ~1. 5mg/m^3 和 0. 15 ~0. 2mg/m^3。

室内空气净化器通常作为通风换气处理的辅助设备来使用，所以并不适用于类似刚刚竣工时污染浓度很高的室内环境。因此，在进行试验中高浓度的设定时，要充分考虑到污染物的实际浓度和净化设备的使用条件等因素。

3. 4. 4　净化能力试验

1. 净化效率

净化效率（η（%））是空气净化器的基本性能。当净化器以额定风量（如果有强、中、弱档位，则是分别设定在各档时的风量）工作时，用 C_i 表示空气进气口处浓度，用 C_o 表示出气口处浓度，那么可以得出下式：

$$\eta = (C_i - C_o)/C_i \times 100(\%) \tag{3.15}$$

式中，η 为污染浓度 C_i 时额定风量下的净化效率。

该值在空气净化器的性能试验中相当于所谓的一次性试验。因为空气净化器通常都是风扇内置式，所以试验需要在试验舱中进行。如果是独立的建筑，而且墙壁或地面建材对试验气体不会产生吸附，同时换气次数很少（比如说，在 0. 3 以下)，且换气状态很稳定，也可以用其代替试验舱进行净化器的性能试验。

试验空间的容积应在 20 ~30m^3 或以上，最好能够接近实际使用房间的大小（比如说 6 ~8 个榻榻米：24 ~35m^3，欧美使用的大型试验舱为 16m^3 以上[11])。如果容积过小，每单位时间内净化能力（对象物质除去量）的评价结果就会很不靠谱，或者导致净化器进气口处的浓度变化特别大，所以不建议采用。

因为气体浓度会对净化效率产生影响，所以在试验时，进气口处的浓度变化最好控制在 10% 以内。此时，对运行中的空气净化器的进气口处和出气口处同时进行浓度采样，并且采样时间越短越好。当然，只要确保采样过程中进气口处的浓度变化在10%以内即可。如果进气口处浓度的下降速度较为缓慢，在采集气体用于定量分析时，可以通过检测器的灵敏度来确定采样时间的长短。

另外，应当对气温、湿度、试验浓度（进气口处浓度）和采样时间等试验条件作出明确规定。浓度的检测具体方法请参照前面介绍的JIS“气体净化用过滤器的性能试验法”。当只有检测对象气体浓度较高，而其他共存气体浓度基本可以忽略时，也可以考虑选用选择性并不十分突出的检测器（相对浓度计）。

2. 风量试验

在使用小型空气净化器时，风量对于净化效率、净化速度（试验舱或试验对象房间内，每单位时间的污染浓度减少量）以及净化能力的维持时间都有很重要的影响。由于净化设备送出的风会呈现出不同的风速分布，而以目前的技术对风速截面的检测又十分困难，所以这时应当按照JIS C 9603附录中的要求，采用节流孔法开展相关试验。如图2.3.7所示，首先将受试设备与和检测区域相连，并且确保不会出现空气泄漏，然后使用节流孔和辅助送风机进行检测。

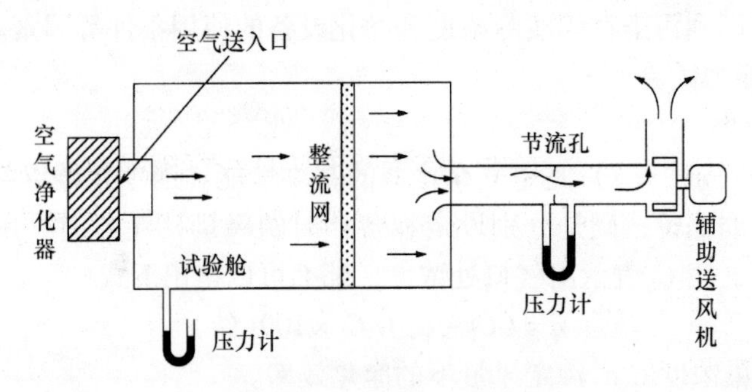

图2.3.7 风量试验装置的示例（JIS C 9615）

另外，在上述标准中，除风量以外，还对耗电量的容许误差、温度、绝缘性、噪声值等基本性能以及分别与之相对应的试验方法等也作了相关规定。

实际使用的小型空气净化器的风量大多在2～3m^3/min。并且，对于可调节强、中、弱等档位的设备，还应当针对不同档位分别进行试验。

3. 净化性能的维持时间

与用于去除颗粒物的空气净化器的各项性能评价指标相比，净化性能维持时间的试验对于气体净化器来说更为重要。空气净化器的净化机制可分为以下两类：

（1）净化效率和净化量呈反比例下降的类型

- 利用活性炭等进行物理吸附；
- 利用含有添加剂的活性炭进行化学反应。

（2）净化效率和净化量无关的类型

- 原理上净化效率不会下降（利用臭氧的净化设备）
- 净化性能和运行时间成正比，呈现出劣化的倾向（利用光催化剂的净化设备）。

不同净化机制下，针对设备净化性能维持时间的试验也有所不同。因此，对于像JEM标准中传统的除臭试验或者气体净化过滤器试验等在高浓度下进行的容量试验来说，尽管对于上述类型（1）的设备中具有一定的效果，但并不适合类型（2）的设备。

针对类型（1）的设备进行试验时，应在污染物持续发生的状态（包含换气条件）下，当受试设备运行1h后、24h后、2周后和8周后，分别检测高、低两种不同试验浓度下的净化效率。这时可以以工作时间为横轴，净化效率为纵轴（分别针对高浓度和低浓度）绘制关系图，从而通过净化效率的变化趋势来对受试设备的性能进行评价。此外，对于类型（1）中那些当性能下降（过滤器破损）时可以进行再生的设备来说[13]，应当依据再生后的净化效率以及反复再生次数与净化特点间的关系来进行评价。

另一方面，对于类型（2）的设备，虽然都是在工作运行结束之后再进行净化效率的试验，但是也有必要进行净化性能维持时间的试验。和类型（1）一样，类型（2）的设备也要在24h后、2周后和8周后分别进行浓度检测。此外，尽管在连续试验过程中检测房间内也可以有人员活动，但这样一来就容易出现室内催化剂老化原因不明的问题。因此，这时应当使用相应的空气净化器试验用混合标气（含有多种VOC）进行相关性能的测试。

3.4.5　试验示例

1. 大型试验舱试验

在图2.3.8所示的试验舱（能够忽视墙壁吸附的材料：不锈钢、铝、氟化乙烯树脂等）中，起动气体发生器和空气搅拌器，在①的位置处采集样品。当舱内达到所规定的浓度时，起动空气净化器并分别在②和③处采集样品。

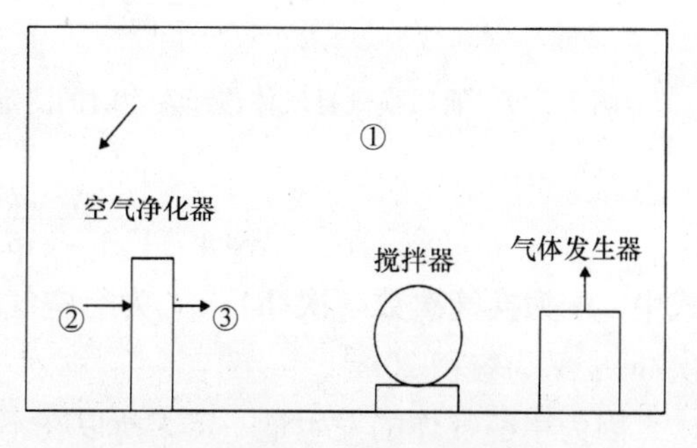

图2.3.8　试验舱的示例

2. 污染气体连续发生且进行换气时的情况

由于空气净化器大多作为通风换气的辅助工具使用，因此可以用相应的换气次数来表示净化能力。下面以在具备自然换气条件的实验室中甲醛净化的试验为例进行介绍。如图 2. 3. 9 所示，在搅拌风扇持续工作的同时，使用气体发生器发生总量为 M（mg/h）的甲醛。那么，甲醛浓度 C 可以通过式（3. 16）求出：

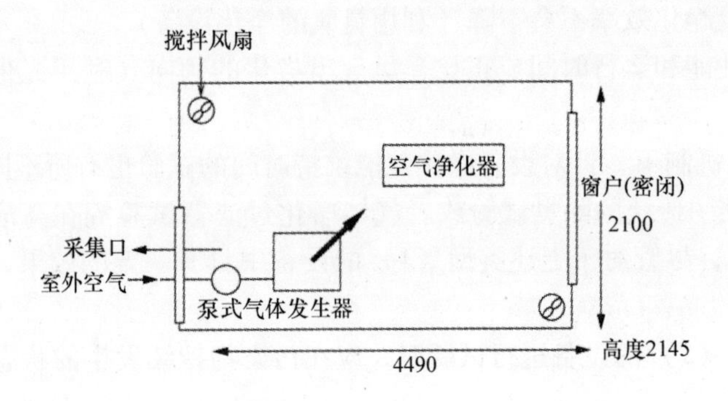

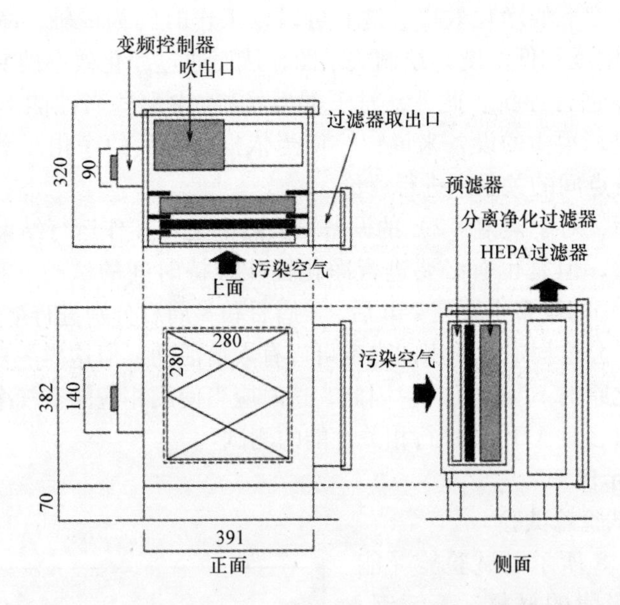

图 2. 3. 9 通风换气且气体连续发生时的测定方法和试验装置的示例（关根嘉香）

$$C = \frac{M}{(N + N_c)V[1 - \exp\{-(N + N_c)\}t]} \tag{3.16}$$

式中，N 为换气次数（次/h）；N_c 为与空气净化器净化能力相当的换气次数（2 次/h）；V 为容积 $20m^3$。

因为甲醛气体的发生量一定，所以在不使用空气净化器（$N_c = 0$）时，室内甲醛浓度可以通过时间 - 浓度的关系（在图 2. 3. 10 中，M：3. 75mg/h，N：0. 2）来求出。这里的换气次数也可以通过六氟化硫或者二氧化碳的浓度衰减法进行计算。与此相对的是，当使用空气净化器时，可以首先通过时间 - 浓度（实线）的关系，计算出 $N+N_c$，然后再减去 N 即可求出 N_c。而当净化速度较大时，室内浓度只需 1 ~ 2h 就能达到平衡状态，那么此时就可以很容易地通过式（3.17）计算出 N_c：

$$N_c = M/CV - N \tag{3.17}$$

试验中，在空气净化器运行前和结束后，分别检测试验舱中污染气体的浓度值，通过这两个浓度的比值来对净化器进行评价。该试验在实际房间大小的试验舱内进行，并借助专门设置的搅拌风扇使污染物均匀扩散。同时，试验中还应注意在不直接接触出口气流的位置处采集样品。

虽然净化速度是由净化效率和风量所决定的，但同时试验气体浓度也会对净化速度产生影响。因此，应当明确标记试验气体的浓度值。例如，在使用 JEM 标准中规定的丙烯基树脂材质 $1m^3$ 的试验舱进行试验时，将甲醛的初始浓度控制在 0.4×10^{-6} 左右，然后起动净化器，并在运行 30min 后检测舱内浓度。在以上试验中，试验舱就可以忽略换气和吸附这两个因素的影响。

3. 在使用中型试验舱且污染气体不连续发生时的情况

该情况与前述 JEM 标准中除臭性能试验的条件相似。JEM 标准中试验的测试对象为家用空气净化器。同时，该标准对性能试验和耐久天数的计算方法也做出了相应的规定。并且，为了使该法更加简便，还进行了以下设定：采用检测管法能够检测到的浓度；使用便于制作的丙烯基树脂材质的 $1m^3$ 试验舱。因此，在污染气体浓度高且变化大时，也可以允许墙壁对气体存在一定的吸附作用。此外，有关检测管法请参照 JIS[15] 中的相关内容，如图 2.3.11 ~ 图 2.3.13 所示。

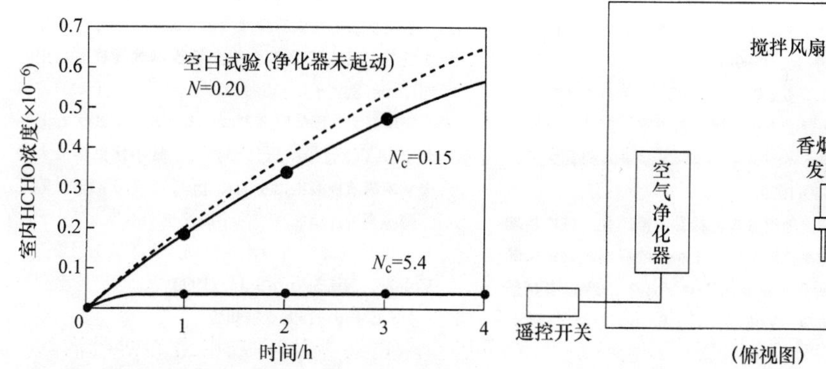

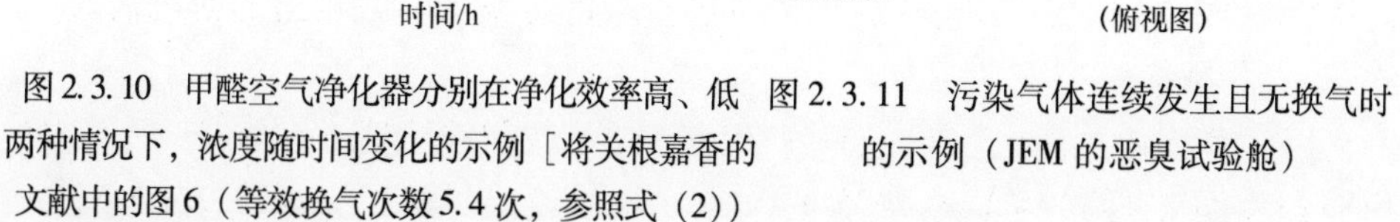

图 2.3.10　甲醛空气净化器分别在净化效率高、低两种情况下，浓度随时间变化的示例［将关根嘉香的文献中的图 6（等效换气次数 5.4 次，参照式（2））与图 8 的 0.15 次合并后绘制；空白试验 0.20］

图 2.3.11　污染气体连续发生且无换气时的示例（JEM 的恶臭试验舱）

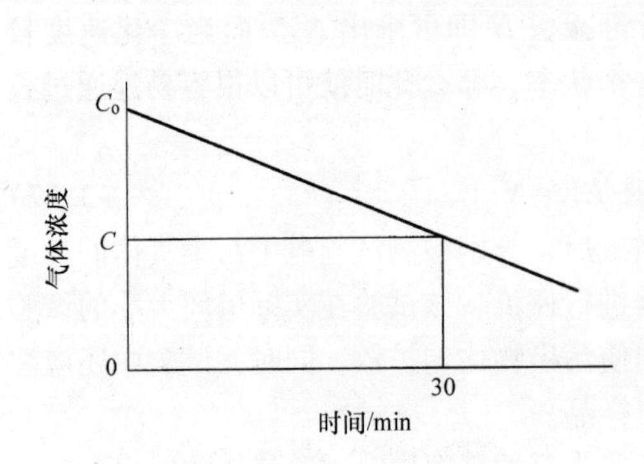

图 2.3.12　JEM 的恶臭试验法中用于计算净化效率的浓度衰减曲线

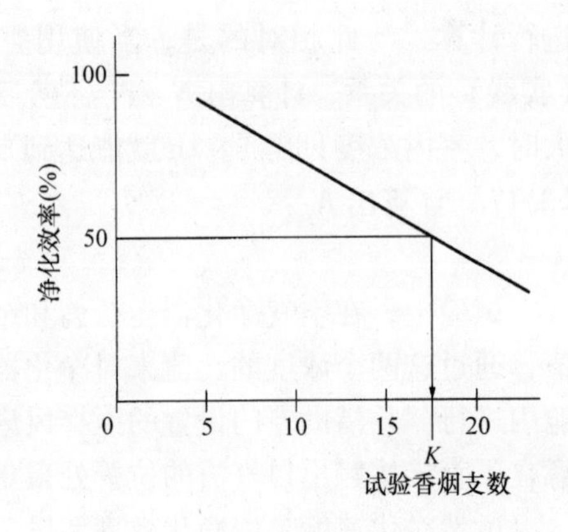

图 2.3.13　JEM 的恶臭试验法中试验香烟支数与净化效率间关系的获取方法

参 考 文 献

1) JIS Z 4812-1975：放射性エーロゾル用高性能エアフィルタ（1962 年制定 1975 年改正）

2) JIS B 9908-1976：換気用エアフィルタユニット（1966 年制定 1976 年改正）

日本空気清浄協会：空気清浄装置性能試験方法基準（JACA No. 10 C 1969 年制定）

3) 送風機内蔵型の業務用清浄装置については，日本空気清浄協会規格「業務用分煙機器性能試験方法の指針」，JACA, No.36（1999）

4) 横地　明：DOP 代替物質について，第 16 回空気清浄とコンタミネーションコントロール研究大会，pp. 339-341（1998）

5) 杉田直記：多分散エアロゾルを用いたエアフィルタ捕集率評価方法に対する考察，第 9 回空気清浄とコンタミネーションコントロール研究大会，pp. 251-256（1990）

6) 吉田芳和，池沢芳夫，松井　浩，他：核燃料施設における高性能エアフィルタの現場試験法に関する試験研究—試験エアロゾルの混合および採取，空気清浄，Vol. 22，No. 6，pp. 1-27（1985）

7) 業務用分煙機器性能試験方法の指針，JACA, No. 36（1999）

8) JIS B 9901-1997：ガス除去フィルタ性能試験方法

9) JEM 1467：家庭用空気清浄機規格（1995）

10) JIS C 9615-1995：家庭用空気清浄機規格

11) ASTM-E 1333-1996：Standard Test Method for Determining Formaldehyde Concentrations in Air and Emission Rates from Wood Products Using a Large Chamber

12) 宮崎竹二：空気清浄機のホルムアルデヒドの除去性能，日本建築学会大会学術講演梗概集（中国），pp. 809-810（1999.9）

13) 守屋好文：固体吸着剤によるホルムアルデヒドおよび VOCs の除去について，日本建築学会大会学術講演梗概集（中国），pp. 775-776（1999.9）

14) 関根嘉香，藤江真也，小田達也：ホルムアルデヒド用空気清浄機の性能評価，資源環境対策，Vol. 35，No. 5，pp. 9-14（1999）

15) JIS C 8801-1995：検知管

第4章　空气净化器的选择方法

4.1　简介

室内空气污染物的浓度是由室内排放量和室外贡献量，以及空气净化器的净化效率和送风量来决定的。设置空气净化器的目的是通过净化室内空气（设置于室内时）中含有的颗粒物和气态污染物，来保持良好的室内空气质量。在本章中，将针对商用空气净化器的选择方法进行介绍。而有关小型空气净化器的选择方法请参照本书第2篇2.9节中的相关内容。

空气净化器的遴选通常按照以下顺序进行：

1）净化对象物质→2）室内洁净度→3）室内污染的排放量→4）室内再循环换气量、室内新风换气量、环境大气污染浓度→5）必要净化能力→6）压降、费用、维护管理→7）确定空气净化器

1）作为净化对象的污染物可大体分为颗粒物和气态污染物两类。

2）虽然室内空气的洁净度通常根据本书第1篇第3章“环境标准”中介绍的相关标准值来进行判断，但并不是所有净化对象物质都会有标准限值的设定。因此，应当在充分考虑污染物物理和化学性质的前提下，仔细遴选。

3）室内的污染排放量参照第1篇5.4节“室内污染物排放量”中的相关内容。

4）来源于室外环境空气的污染物浓度参照第1篇第6章“大气污染和污染负荷”中的相关内容。另外，室内再循环换气量和新风换气量可以根据空调·换气设备的设计数值来确定。

5）在上述1）~4）项的基础上，参考第1篇5.3节“必要净化能力”中的相关内容，来确定所需要的净化能力。

6）压降是通过送风机的静压计算所求出的基本性能参数，所以根据空调或换气设备的相关设计值进行选择即可。

支出费用分为初始成本和运行成本两部分，在第2篇第6章“空气净化的经济性”中会有详细介绍。

另外，有关维护管理参照第2篇第5章“空气净化设备的维护管理”中的相关内容。

7）在1）~6）的基础上，选择适合的空气净化器。

另一方面，在实际设计阶段，也会出现即便使用了空气净化器（即使净化效率为100%），但仍无法达到所期待的室内空气洁净度的情况。这时，就需要重新调整空调·换气设备的送风量（室内再循环换气量+新风换气量）。下面以悬浮颗粒物为例进行介绍。

图2.4.1所示为室内颗粒物排放量、空气净化器的捕集率和送风量之间的关系。例如，当人口密度为5m²/人，送风量为14m³/h·m²（天花板高度2.5m，5.6次/h）时，如果需要将室内悬浮颗粒物的浓度降到15mg/m³以下，就应当设置综合捕集率在95%以上的空气净化器。这意味着如果预滤器的捕集率为50%，就必须选择捕集率在90%以上的主过滤器［参照图2.4.1的式（2）］。反过来，当难以达到95%以上的综合捕集率时，就需要更大的送风量（室内再循环换气量+新风换气量）（图中虚线）。

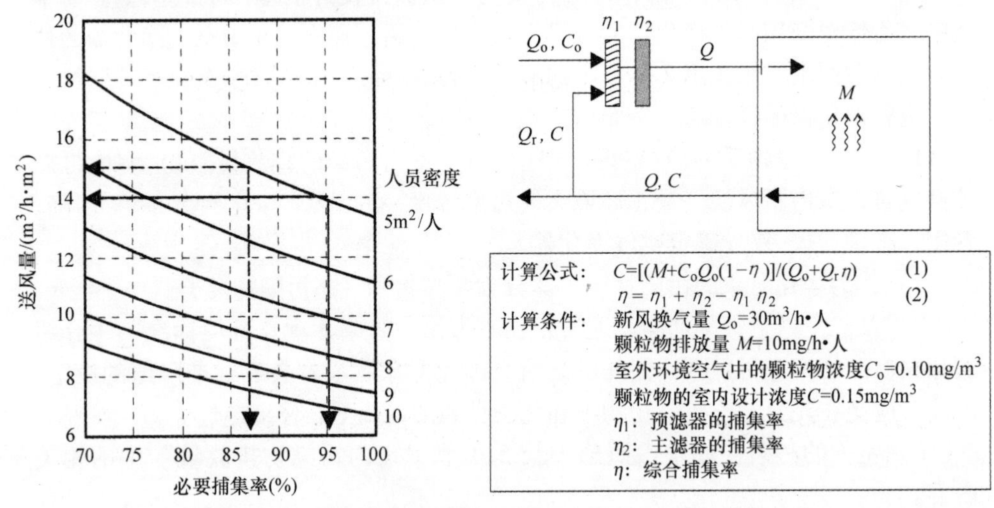

图2.4.1　颗粒物排放量、捕集率和送风量之间的关系

4.2　用于去除颗粒物的空气净化设备的选择方法

4.2.1　选择方面的注意事项

1. 捕集率

空气净化设备的使用目的是通过捕集或除去空气中的污染物，使对象空气的洁净度净达到预期的水平。因此，捕集率是选择过滤器时最重要的因素。

一般情况下，粗滤器的捕集率用计重法表示，中、高效过滤器的捕集率用比色法表示，超高效过滤器的捕集率用计数法表示。但是，不仅是洁净室，在其他的普通环境中，随着$PM_{2.5}$[1)]与香烟烟雾等净化对象的出现，捕集颗粒物的范围也已经扩展到了亚微米的级别。因此，在根据洁净度的计算结果来选择相应捕集率的过滤器时，和超高效过滤器一样，粗滤器和中、高效过滤器的捕集效率也逐渐开始趋向于采用计数法来表示。

另外，比色法包括 JIS 法[2]和 ASHRAE 法[3]。在捕集率的检测中，前者使用的是高浓度的人工尘（$3mg/m^3$），而后者使用的是大气尘（约 $0.1mg/m^3$）。这里需要注意的是，对于同一受试设备来说，分别使用以上两种颗粒物检测得出的捕集率，不仅是比色法的结果会有不同，而且利用计数法的结果也会有一定差异。

表 2.4.1 中的示例为，分别通过比色法和计数法计算的中、高效过滤器的捕集率（设计值）。通常情况下，中、高效过滤器的压降会由于颗粒物的捕集而逐渐增大，并且捕集率也会随之上升。表 2.4.1 中通过计数法得出的捕集率，是在没有颗粒物附着的情况下的最低效率。但是，利用静电原理的过滤器，有时则会出现与以上相反的结果。

表 2.4.1　中、高效过滤器的比色法效率和计数法效率的相关示例

比色法效率 – 等级		计数法捕集率 – 设计值	
ASHRAE 法	JIS 法	对象粒径在 0.3μm 以上（用于计算洁净室的洁净度）	对象粒径在 0.8μm 以上（用于计算普通空调房间的清洁度）
65% 以上	90% 以上	20%	40%
80% 以上	95% 以上	40%	65%
90% 以上	98% ~	55%	80%

对于利用带电（分极）纤维进行颗粒物捕集的驻极体过滤器来说，其运行初期的捕集率非常高。但是在实际使用时，由于颗粒物的附着，捕集率会降到初始值以下。这是因为，香烟燃烧和柴油车排放的烟雾等会附着到纤维上，从而降低静电的集尘效果[4]。

表 2.4.2 是超高效过滤器捕集率（设计值）的示例。需要注意的是，在不同试验风速或不同粒径分布的影响下，超高效过滤器捕集率的测试结果会有很大的不同。

表 2.4.2　超高效过滤器的捕集率（设计值）的示例

过滤器 （）内为额定风量时的效率	不同粒径颗粒物的捕集率 – 设计值					
	层流式（面速度在 0.45m/s 以下）			非层流式（额定风量）		
	0.1μm 以上	0.3μm 以上	0.5μm 以上	0.1μm 以上	0.3μm 以上	0.5μm 以上
准 HEPA（95%①）	10^{-1}	5×10^{-2}	10^{-2}	10^{-1}	5×10^{-2}	10^{-2}
HEPA（99.97%②）	10^{-4}	10^{-5}	10^{-6}	10^{-3}	10^{-4}	10^{-5}
ULPA（99.9995%③）	10^{-6}	10^{-7}	10^{-8}	10^{-5}	10^{-6}	10^{-7}

①：0.3μm 的 DOP 粒子；②：0.3μm 的 DOP 粒子（除低压降式以外）；③：0.15μm 的 DOP 粒子。

2. 平均压降

除了用于大型屋顶空调的过滤器以外，一般的过滤器都会随着使用时间的推移，出现压降上升的情况。通常采用初始值和最终值的平均值作为平均压降。从节能的观点出发，空调系统的出风量越来越呈现出保持恒定的趋势，从而使得在研究过滤器的压降时，不仅要关注其初始值，而且还应当考虑到其平均值。因此，压降较低并且使用过程中压降上升又较小的过滤器，是非常有利于节能的选择。

3. 能耗

过滤器的能耗 E（kWh），可以使用平均压降，并通过下式计算：

$$E = QPT/(\eta \times 1000) \tag{4.1}$$

式中，Q 为处理风量（m^3/s）；P 为平均压降（Pa）；T 为运行时间（h）；η 为风扇效率（—）。

假设风扇效率为0.7、平均压降为100Pa、送风量为1m^3/s 的过滤器连续运行一年（8760h），那么所需要的电力为1250kWh。因此，通常花费在运行过程中的费用，比过滤器自身的费用还要高。另外，在以上示例中，如果使用平均压降仅为10Pa 的低压降过滤器，一年可以节能125kWh。所以，减少过滤器的平均压降可以极大地增加节能效果。

4. 寿命

过滤器的寿命不仅和设定的最大压降值有关，还会受到处理的空气中颗粒物的浓度、性质以及处理风量的影响。此外，在选择过滤器的样式或结构时，虽然通常主要考虑的是所要求的净化效果和设备的设置空间，但同时还应注意的一点是，当过滤面积大且风速低时，可以提高捕集率、降低压降，并且该设备也可能会具有更长的使用寿命。

5. 过滤器的更换

通常根据设备风量的变化来判断过滤器是否需要更换。也就是说，当过滤器的压降上升到风扇无法维持必要的风量时，就需要对过滤器进行更换了。但是如前所述，如果从净化效果、能耗以及经济性的角度综合考虑，那么对于过滤器更换周期的设定，还应当确保能耗成本与过滤器消耗成本均为最低水平。

另外，EU 已经开始逐渐从卫生层面决定过滤器的更换时间。当相对湿度超过75%时，过滤器或者空调系统内部可能会有微生物的滋生[6)]。通常情况下，因为室外空气吸入口处容易出现较高湿度，所以此时就需要设置两级过滤器[5)]。其中，第一级过滤器放置于高湿度的空气或者雨雪中。当然，微生物或颗粒物同时也会附着在这个过滤器上。

但万一该过滤器捕集的颗粒物和微生物中含有的内毒素等物质出现二次飞散，这时就可以通过维持在较低湿度的第二级过滤器进行捕集。由于捕集率相对较低的过滤器在处理吸入空气时，出现再飞散的可能性很高，因此推荐使用ASHRAE 比色法效率在80%以上的过滤器[5]。

6. 环境 - LCA（寿命周期评价）

进入20世纪90年代后期，地球环境的保护已经成为了一个重要的课题。LCA是一种从生态系统，或者健康影响和资源消耗的角度来对环境受到的影响进行分析的方法。从国际上针对普通空调的中、高效过滤器的LCA研究结果来看，在过滤器给环境带来的总负荷中，送风机的动力消耗占到了70% ~80%，因此成为了环境负荷的决定性因素。

另一方面，由过滤器的原材料，或者组装及运输过程导致的环境负荷占到总负荷的20% ~30%。此外，废弃过滤器的处理约占环境负荷的1%。在前述示例中，过滤器的平均压降每降低10Pa，每年的环境负荷就能够减少125kWh，而这一部分大约可以占到总负荷的5%。所以，在过滤器的选择过程中，还应当考虑到环境保护的问题。

7. LCC（寿命周期费用）

前面介绍的LCA并不考虑经济性的问题。而LCC则是在综合考虑过滤器使用设施的投资额、能耗、维护和废弃物处理等的所有费用的基础上，评价过滤器经济性的一种方法。因此，如果将LCC和LCA结合起来，就会非常有助于过滤器的选择。

在同样的示例中，假定某过滤器的平均压降为200Pa，处理风量为1m^3/s，寿命为10年，那么通过计算LCC可知，该设备的运行能耗（送风动力）费用大约是总费用的80%。而购买过滤器、相应的维护以及废弃物的处理则仅为总费用的20%。因此，无论是从LCA还是LCC的角度上来看，都应该选择平均压降相对较低的过滤器。

8. 从材料中排放的VOC

到了20世纪90年代后期，在电子设备制造业中，洁净室内部的化学污染（气态污染物）问题逐渐显现出来。于是在进行相应的超高效过滤器的选择时，还需要考虑到VOC的排放问题。检查过滤器气密性时使用的DOP（邻苯二甲酸二辛酯）、修补小孔时使用的硅酮类填充剂以及封口填料中排放的硅氧烷等会从过滤器中释放到洁净室内，从而给电子设备的生产过程带来不利影响。由于过滤器会在相对长的时间内缓慢释放这些污染物质，所以在制造过滤器时，就需要事先采取相应的对策[6]。比如说，使用固体二氧化硅颗粒物测试过滤器的气密性[7]，或者使用低硅氧烷型或非硅酮类的修补材料和密封材料代替常用的易挥发性材料。

4.2.2 选择的顺序

在选择空气净化设备时，应按照图2.4.2所示流程，充分考虑到以上所述的

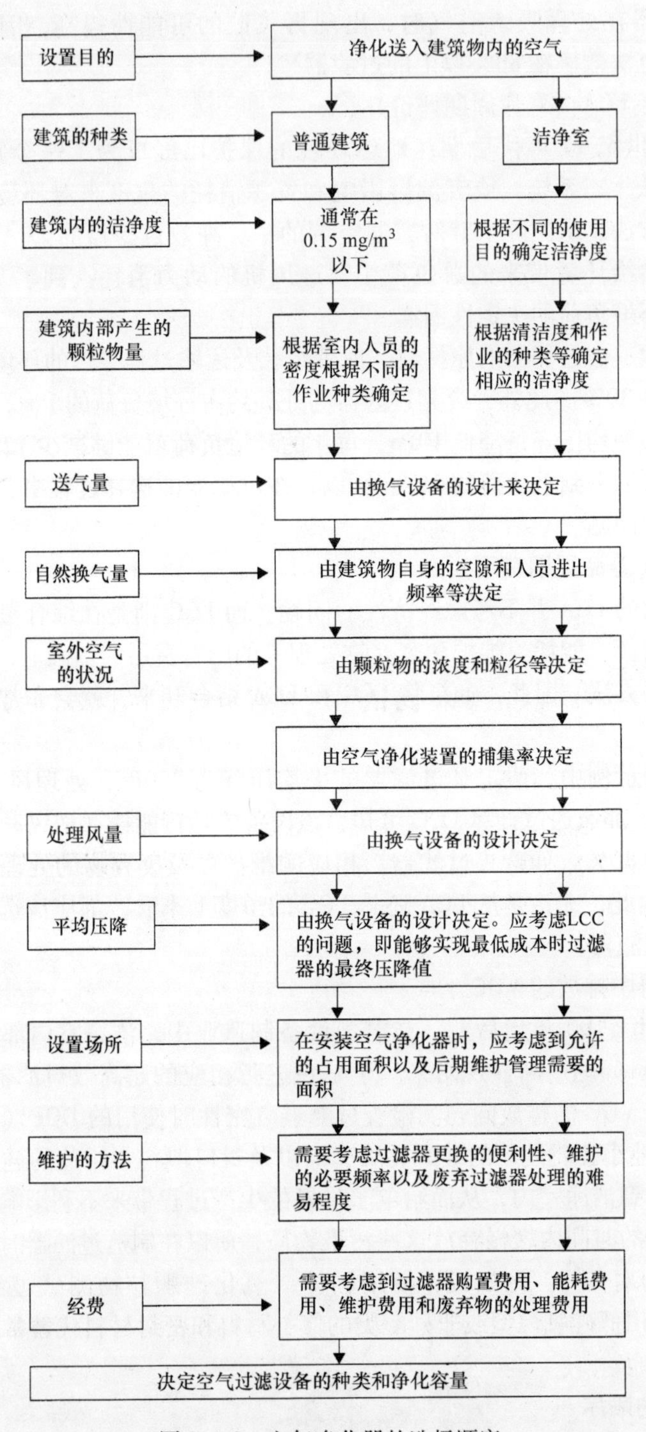

图 2.4.2　空气净化器的选择顺序

各个注意事项。在选择过程中，应该明确所需要达到的空气洁净度，并确定与去除对象颗粒物的粒径和浓度最相适合的捕集率。对于一般的空调设备来说，设定目标空气清洁度时首先当然要满足法律方面的要求，同时还要考虑到居住者的健康和风机盘管的设置、防止机器自身排放造成的污染以及节能性或降低设备维护费用等问题。

4.2.3 选择的示例

普通的建筑物中，对于引入的室外空气和室内再循环空气的净化。

在很多空调系统中，都采用的是以上用途的过滤器。这种过滤器不仅要求其捕集率应适合必要的空气洁净度，同时也必须具有很小的压降。一般情况下，各种粗滤器和中、高效空气过滤器（嵌板式、袋式、箱式）既可以单独使用，或者也可以组合在一起使用。因为用于室外空气处理的过滤器，可能会暴露在高湿度条件的空气中，所以为了保护室内人员的健康，建议使用捕集率较高的过滤器。当然，在某些情况下，也可以使用电集尘器。另外，对于会议室等颗粒物或香烟烟雾排放量较大的场所，大多使用送风机内置式的空气净化器。

4.3 用于去除气态污染物的空气净化设备的选择方法

4.3.1 选择上的注意事项

在选择用于去除气态污染物的空气净化设备时，首先需要清楚的是，室内污染气体可能会造成的影响、这些气体都属于哪些种类以及所必须达到的净化水平等问题。然后再通过收集和比较各种空气净化设备的性能参数，来确定最终选用的设备。

表2.4.3中列出了选择时的一些注意事项。首先，应当了解对净化设备进行相关性能测试时的试验条件。这里要注意的是，由于上游一侧的浓度、处理风量以及气体吸附剂的填充量等不同，设备净化性能的测试结果也会存在一定的差异。其次，需要确认是否满足空气净化器的安装条件。当已经确定好所选用的空调设备的规格时，还应当确认送风机是否有能力处理因安装污染气体过滤器所导致的压降增加，以及是否有足够的安装空间等。第三，除了初期费用外，还要了解更新过滤器的费用、处理废弃过滤器的费用、气体吸附材料的寿命，以及日常维护费用等。第四，还必须留意设备使用过程中二次排放的有害气体和使用时产生的噪声等问题。另外，在比较各种空气净化设备时，由于表示性能的一些数据不一定是在同一试验条件下获得的，所以应注意对各自的试验条件加以确认。

表 2.4.3 选择时的注意事项

注意事项	内容
气态污染物的净化性能	对象气体 气体浓度 处理风量 吸附剂的量 SV 值①
安装条件	压降 安装空间
费用	寿命 可维护性 能否再生 废弃处理方法
其他	是否有二次生成物 噪声值

① SV 值：Space Velocity（空间速度），可通过下式求出：SV（h^{-1}）$= Q$（m^3/h）$/V$（m^3）。式中，Q 是风量；V 是吸附剂容积；SV 是每小时通过吸附层的风量。

4.3.2 选择的顺序

图 2.4.3 所示为净化器的选择流程。首先，根据建筑物的种类来决定使用哪一类的空气净化器。其次，如果相关法规或标准中，规定了净化对象气体的标准值或设计值，就需要选择那些使用后可以满足这些规定值的设备。通常情况下，对于在楼宇卫生管理法中规定了相关标准限值的二氧化碳和一氧化碳来说，不可能通过空气净化器实现对这些气体的净化，而是只能借助新鲜空气的通风换气来进行去除。此外，其他的污染气体主要是来源于建材排放的甲醛或 VOC 以及香烟烟雾等。

接下来，如图 2.4.4 所示，净化器的安装位置会根据排放源来自于室内还是室外而有所不同。在需要对送气进行净化时，可以使用图 2.4.4b ~ d 所示的将净化器安装于机械设备中的方法以及安装在单个房间内部的方法。当空气净化对象是空调系统控制的整个区域时，可以将净化器安装在循环空调内部；当净化对象是个别的房间时，可以使用专门安装在室内的空气净化器。当污染物来源为外部空气时，如图 2.4.4a 所示，应将净化器安装在室外空气处理机中。当净化对象为厨房等排放的异味气体时，如图 2.4.4e 所示，应在排气系统中安装空气净化器。

再下一步，应当弄清需要处理的空气中污染气体的种类和浓度。如果排放源为外部空气，该浓度就是建筑物所在地的大气污染浓度。而如果排放源在室内，

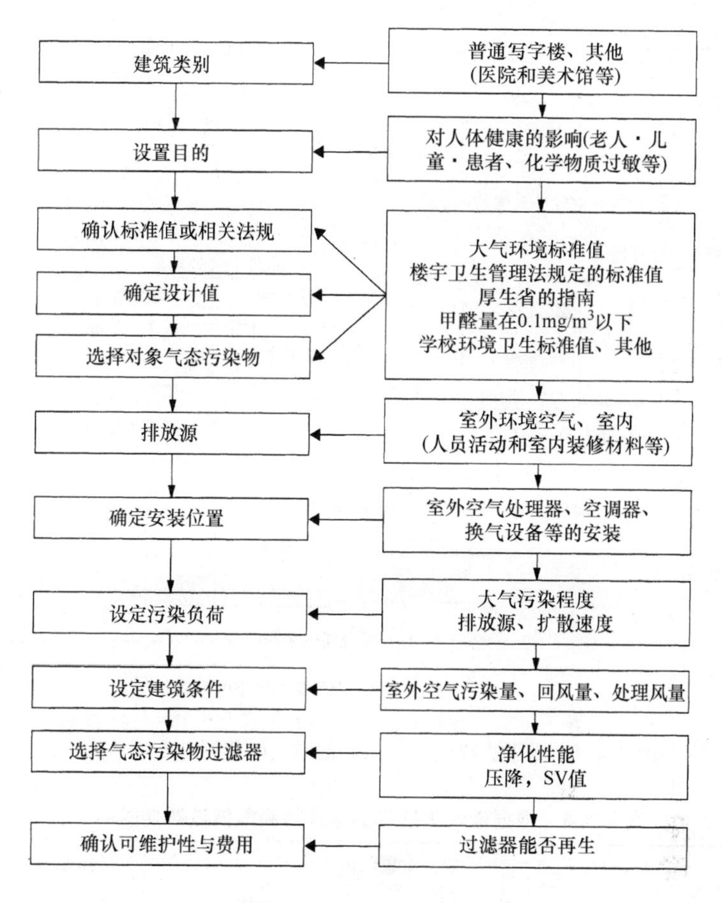

图 2. 4. 3　选择流程

则需要根据吸烟时香烟烟雾的扩散速度，或者室内建材的污染气体释放速度，并结合房间容积求出室内浓度。随后，就可以通过空调器的风量来决定污染气体净化设备的容量。最后，还应再次确认设备的可维护性与相关费用情况。

4.3.3　选择示例

1. 根据建筑物种类进行选择的示例

表 2. 4. 4 为根据不同种类的建筑物中相应的污染气体排放源和气体种类，来对空气净化设备中污染气体过滤器进行选择的示例。有一些气态污染物过滤器，可以通过滤料上的化学添加剂或离子交换剂与对象气体间的化学反应，来实现吸附去除的效果。这其中既有以酸性气体为净化对象的过滤器，也有以碱性气体为净化对象的过滤器。另外，还有一些是以恶臭气体和醛类化合物为对象，而添加了氧化剂的过滤器，以及其他一些通过物理吸附作用来对有机气体进行去除的活性炭过滤器。

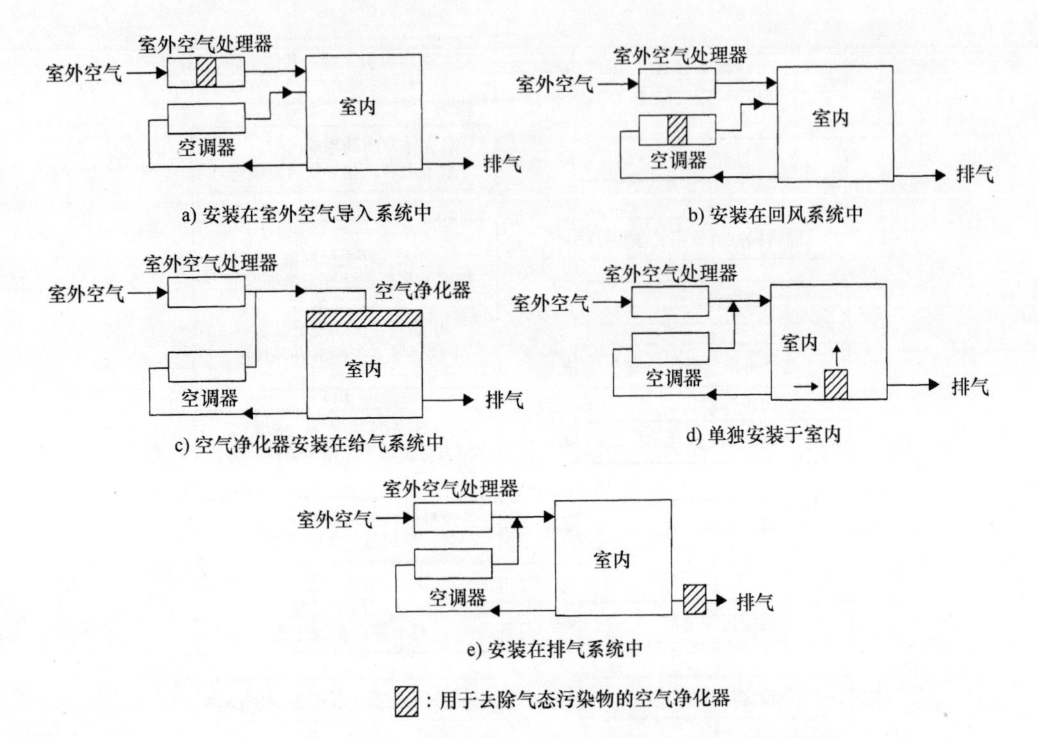

图 2.4.4　用于去除气态污染物的空气净化器的安装位置[8)]

表 2.4.4　根据建筑物的种类选择污染气体过滤器的示例

<table>
<tr><th rowspan="2">建筑种类</th><th colspan="2">对象气体</th><th rowspan="2">污染气体过滤器的选择示例</th></tr>
<tr><th>排放源</th><th>气体</th></tr>
<tr><td rowspan="2">养老院·医院</td><td>大气污染</td><td>SO_x、NO_x</td><td>添加氧化剂的过滤器
活性炭过滤器</td></tr>
<tr><td>室内</td><td>异味、臭气</td><td>添加氧化剂的过滤器
活性炭过滤器</td></tr>
<tr><td rowspan="5">美术馆·博物馆</td><td rowspan="2">大气污染</td><td>SO_x、NO_x、H_2S</td><td>添加氧化剂的过滤器</td></tr>
<tr><td>HCl</td><td>用于去除酸性气体的过滤器</td></tr>
<tr><td>混凝土</td><td>氨气</td><td>用于去除碱性气体的过滤器</td></tr>
<tr><td rowspan="2">装修材料</td><td>有机酸</td><td>用于去除酸性气体的过滤器</td></tr>
<tr><td>甲醛</td><td>添加氧化剂的过滤器</td></tr>
</table>

（续）

建筑种类	对象气体		污染气体过滤器的选择示例
	排放源	气体	
普通住宅·别墅	装修材料·家具	甲醛	添加氧化剂的过滤器
		VOC	活性炭过滤器
写字楼吸烟室	吸烟	香烟烟雾臭气	添加氧化剂的过滤器 活性炭过滤器
食堂	食品	异味、臭气	活性炭过滤器

在医院和养老院的室内环境中，考虑到人员的健康和舒适度，常常需要去除室内产生的异味。同时，当建筑物邻近工厂区或是交通主干线时，需要以侵入室内的二氧化硫和氮氧化物（NO，NO_2）作为净化对象。因此在选择过滤器时，还需要确定外部污染负荷。这时，最好以实际检测出的外部空气污染浓度的数据为准，而当无法进行相关测试时，也可以参考附近大气环境监测站提供的数据（参考第1篇第6章）。另外，当室外空气处理器内装有空气净化器时，室外空气处理器下游一侧的浓度将会低于设计值。这时，需要使用风量和吸附剂的填充量求出空间速度（SV值）（参照图2.4.3），然后再根据该速度值计算过滤器的寿命和压降，并确认设置的空间。

为了保护美术馆或博物馆中展示或收藏的艺术品，需要设置去除污染气体的空气净化器。而在这类环境中的污染气体，既有来源于室外向室内的渗透，也有室内排放源的直接排放。其中，对于有可能会给艺术品带来不利影响的氮氧化物和二氧化硫，可以通过在室外空气处理器中安装添加有氧化剂的过滤器进行去除。另一方面，由于刚竣工时建筑物使用的混凝土会向室内环境中排放氨气，所以需要在空调设备中安装可以去除碱性气体的过滤器。不过，因为混凝土中排放的氨会随时间而逐渐减少，所以根据实际的建筑使用时间，有时也可以不使用过滤器。此外，另一个重要的气态污染物排放源是室内的装修建材。例如，木质建材中通常都会释放有机酸或甲醛等污染物。同时，在展室中使用的胶合板或木地板以及装潢材料的黏合剂等也是重要的排放源。特别是在藏品库的空调系统中，应以上述气体作为净化对象，安装用于去除酸性气体的空气净化设备。

在普通住宅或别墅中，室内装修材料和家具中排放的甲醛和VOC是污染气体净化设备主要的处理对象。例如，日本厚生省就甲醛浓度规定的指导值为0.1mg/m^3，那么就可以根据这一标准挑选相应的空气净化设备。

在一般写字楼中的污染气体净化设备，通常以会议室或是吸烟室中的香烟烟雾作为净化对象。某些安装在室内的净化设备，特别是一部分家用空气净化器有时会带有除臭的功能，不过应当注意确认这些除臭功能所对应的具体污染物的种类。

2. 用于去除甲醛的空气净化器的选择示例

当净化区域为普通住宅中的房间时，应事先对建筑竣工后可能的甲醛浓度进行预测，如果不能满足日本厚生省规定的指导值，就需要设置家用室内空气净化设备。其选择流程参见图 2.4.5，计算范例见表 2.4.5。另外，通过式（4.2）和式（4.3）对甲醛浓度进行预测。

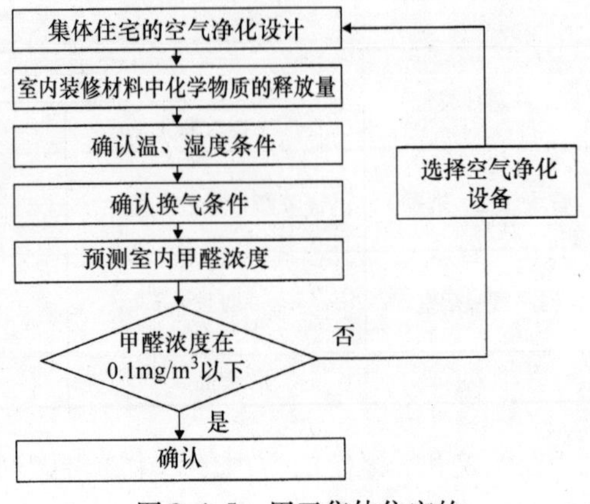

图 2.4.5 用于集体住宅的空气净化设备的选择流程

表 2.4.5 使用空气净化器时室内甲醛浓度的计算示例

项目	条件
对象房间	普通住宅中的房间（面积 17m²，容积 41m³）
装修材料和面积	地板材料：木地板 17m² 墙壁・天花板材料：墙纸 26m²
装修材料中甲醛的释放速度	地板材料：0.014mg/h・m² 墙纸：0.052mg/h・m²
空气净化器	甲醛净化率：85.2% 污染气体过滤器：高锰酸催化过滤器 SV 值：14400（h^{-1}） 除湿：有除湿功能 风量 43.6m³/h
换气量	0~2 次/h
室温	23℃

事先根据内部装修建材的种类、面积以及甲醛的释放速度，计算出甲醛的排放量。图 2.4.6 中的示例为，使用上述排放量的计算结果与建筑物的换气量，对室内甲醛浓度的预测结果。如图可知，如果换气次数不足 0.4 次/h，室内甲醛浓度就无法达标。

接下来，使用式（4.5）对设置有甲醛去除设备时的室内浓度进行了预测，并将结果绘制在图 2.4.6 中。此外，在该试验中选用的空气净化设备（见表 2.4.5）的过滤器中，还添加了高锰酸（氧化剂）作为化学吸附添加剂。根据预测结果可知，在使用空气净化器的情况下，即使减少换气次数，甲醛浓度也可以下降到指导值 $0.1mg/m^3$ 以下：

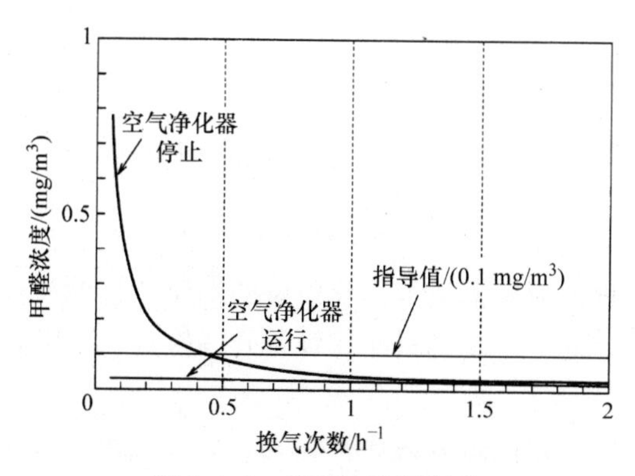

图 2.4.6　甲醛浓度预测值

$$C = C_o + \frac{M}{Q} \tag{4.2}$$

式中，C 为室内空气中污染物浓度（mg/m^3）；C_o 为室外空气中污染物浓度（mg/m^3）；M 为污染物的排放量（mg/h）；Q 为换气量（m^3/h）。

$$M = ES \tag{4.3}$$

式中，E 为释放速度（$mg/m^2 \cdot h$）；S 为室内装修材料面积（m^2）。

$$Q = nV \tag{4.4}$$

式中，n 为换气次数（h^{-1}）；V 为室内容积（m^3）。

$$C = \frac{QC_o + M}{Q + (1 - P)\ Q_c} \tag{4.5}$$

式中，P 为用于去除气态污染物的空气净化器中的气体透过率（—）；Q 为空气净化器的风量（m^3/h）。

参 考 文 献

1) Eurovent 12/X: Air filters for better IAQ (1998)

2) JIS B 9908-1991: 換気用エアフィルタユニット

3) ASHRAE 52-68: Method of testing air-cleaning devices used in general ventilation for removing particulate matter (1976)

4) SINTEF. Lifetime tests of air filters in real applications, Sintef, STF A95027 (1995)

5) VDI 6022: July 1998 Hygienic standards for ventilation and air-conditioning systems, Offices and assembly rooms (1998.7)

6) 坂本保子，他：クリーンルーム空気及びウェーハ表面の有機物汚染挙動，第 16 回空気清浄とコンタミネーションコントロール研究大会予稿集，p. 215 (1998)

7) 大塚一彦，他：DOP を用いない HEPA フィルタのリーク検査方法，第 13 回空気清浄とコンタミネーションコントロール研究大会予稿集，p. 211 (1995)

8) 日本空気清浄協会編：空気清浄ハンドブック，p. 410，オーム社 (1981)

9) 呂，石黒，苅部，木立：空気清浄機運転時の室内空気質の解析，第 17 回空気清浄とコンタミネーションコントロール研究大会予稿集，pp. 338～341 (1999)

10) 健康住宅ワークショップ，平成 9・10 年度通産省室内環境汚染対策調査プロジェクト，集合住宅の発生源調査，pp. 13～22 (1999)

第5章　空气净化设备的维护与管理

为了能够最大程度地发挥空气净化设备的性能，很重要的一点就是要严格按照预先编制的业务计划书，定期对净化设备开展检查、维修、更新等维护管理方面的工作。

这里涉及的空气净化设备分为3种：装有空气过滤器的净化设备、装有自动更新式空气过滤器的净化设备以及静电式空气净化设备。

因为以上这些设备具有不同的性能和结构，从而使得相应的检查项目也各不相同，所以应当充分掌握各类设备的相关信息。同时还应对这些设备进行必要的准备、调整、修理和更新等操作，而最重要的是要及时发现各种异常现象。因此，需要认真整理年度维修管理任务计划书、管理业务报告书以及设备管理记录等管理文件资料。另外，当设备出现异常现象时，应尽量与厂家的技术人员共同处理。单元式过滤器的滤料有时会使用强度相对较低的材料，所以在进行相关操作时需要特别注意。上述这些操作或注意事项等，在日本净化学会的会刊《空气净化》上以连载的形式有详细的记叙，相应内容都可以作为参考[1),2),3)]。

日本在空气净化设备的维护管理方面的标准有，日本空气净化协会制定的标准和空气净化设备管理标准（JACA No. 13—1979）。以下将要介绍的是这两个标准中的内容摘录以及一些经过修正的部分。

5.1　目的

本标准的对象为用于去除空气中污染物质的空气净化设备，是为了确保这些设备能够保持一定的性能，而针对运行、保养、检查、准备和维修等相关问题，所制定的综合性管理文件。

5.2　适用范围

本标准适用于下列安装在普通建筑的室内空调或换气系统中的空气净化设备（以下称为机器设备）。

（1）装有单元式空气过滤器的设备

嵌板式；

楔型；

折褶式；

袋式；

笼型。

（2）装有自动更新式空气过滤器的设备

自动卷绕式空气过滤器；

自动折褶式空气过滤器；

（3）静电式空气净化设备

集尘单元可清洗型；

集尘单元自清洗型；

静电滤料联用型；

驻极体滤料型。

（4）送风机内置式空气净化器

5.3　管理计划

5.3.1　管理组织方式

管理组织方式如下所示：

管理者－专业技术人员。

5.3.2　业务

1. 管理者的业务（略）

2. 专业技术人员的业务

1）保障各种机器设备的正常运行；

2）室内空气环境的相关检测和管理；

3）编制管理作业计划等；

4）各种设备记录的填制与保管；

5）维护管理（为了防止设备的性能出现下降，需要进行定期检查，以便及时发现问题并进行相应的维修或保养）；

6）保持设备机房的清洁。

3. 专业技术人员的教育

为了使专业技术人员的管理技术水平不断提高，应当由内部讲师或聘请的外部专家对其进行定期指导。

4. 管理计划

应当制定相应的管理计划以确保设备各项性能的正常发挥，从而保持良好的室内空气环境。负责制定管理计划的人员，需要在各项作业内容方面都具有一定的知识水平。

应当对每年各项作业的内容、数量、时间和工作划分等制定相应的管理计划。同时，还应在建筑物第一个年度的使用结束后，对该计划的预定内容与实际实施情况进行比较评估，以便来年能够制定出更为经济合理的管理作业计划。

管理计划的制定可以参考表2.5.1“作业计划的标准”中的相应内容。

表2.5.1 作业计划的标准

作业项目	作业内容	周期（每一次作业的间隔）
检查、保养、清洁	为了避免日常运行时出现各种故障，所进行的保养、清洁和调整	1~30日
细节检查	防止设备性能下降的检查	0.5~1月
拆解保养	对运行时有可能出现故障的部分进行拆卸、维修、调整	随时
修补	对仅通过正常保养已经无法维持正常状态的损耗或破损进行修补	随时
修理	对仅通过修补已经无法确保正常运行的设备的修理	随时

5. 安全管理

在设备运行时，为了防止危险（伤害、灾害）的发生，需要确保设备在安全的作业环境中正常运转，或者使运转条件得到进一步的改善。

以下是在安全管理方面主要的注意事项：

(1) 作业环境的改善

因为安全管理作业首先会受到工作环境的影响，所以要努力保障良好的工作环境。

(2) 作业期间避免发生危险的预防措施

作为管理对象的设备，无论其体积大小，在作业期间都应时常注意避免危险的发生。在实施作业（运行、维护）前，要首先确认设备和周围环境的安全，然后再运行设备或进行相关的维护操作。

(3) 作业场所的清洁

为了保障设备的安全运行，很重要的一点是要确保空调机房和泵房等设备运行场所的清洁。

(4) 作业工具的完备

应当预先确认作业中使用的各种工具的种类和数量。不得使用与作业不相适合的工具。在工具出现破损、折断和磨损等情况时，要及时更换新的工具。

(5) 检查设备配管系统时防止对其造成损害

在检查设备的配管系统时，为了避免故障的发生，因此应暂时停止设备的运行，并安装相应的保护装置。

（6）作业结束时的再次确认

当完成相关作业时，应再一次进行检查，以确保作业全部完成。

6. 设备管理方面应遵循的事项

在对设备进行管理时，应采用适当的方法和材料并遵循下列事项：

1）学习与对象设备有关的知识和技术；

2）根据设备的特征与使用状态进行相应的管理；

3）为防止设备的腐蚀和损耗而制定相关对策。

5.4　管理标准

5.4.1　一般注意事项（略）

5.4.2　单元式空气过滤器

1. 注意事项

1）安装测量滤料压降的压差计；

2）因为滤料会分为空气流入侧和流出侧，所以在安装时要特别注意。

2. 保养检查

1）检查压差计或压差管是否能够正常工作。

2）检查滤料的污染状况以及变形或漏气的情况。

3）检查过滤箱内部的污染状况以及滤料外框的腐蚀情况。

4）检查框架、连接管道以及过滤箱的连接处有无明显的漏气情况。

5）检查滤料的压降增加情况，若有以下情形则需要对滤料进行更换或清洗：对于规定了最大压降值的设备，当压降达到该值时；对于没有规定最大压降值的设备，当达到压降初始值的大约2倍时。此外，更换或清洗滤料的次数可根据对象空气的污染程度而定。

6）为了避免滤料上附着的颗粒物随气流向下游飞散，在更换滤料时应关闭送风机。

7）对于更换下来的滤料，应将其仔细包装，以避免附着在上面的颗粒物再次掉落，然后再作为废弃物处理。

8）在更换滤料时，还应当对滤料外框的周围进行清扫，以防止设备再次运行时出现颗粒物飞散的情况。

9）在更换滤料时，要注意防止滤料的损伤。

10）在更换滤料时，对滤料的安装框架进行密封，以防止空气泄漏。

11）在对可清洗型滤料进行清洗时，要注意防止滤料发生变形。

12）应准备备用滤料。

3. 保养检查的周期

表 2.5.2 为滤料清洗和更换的平均周期；表 2.5.3 为检查和整修的周期。

表 2.5.2　滤料清洗和更换的周期（一）

过滤器的种类	周期
嵌板式	3～6 周
楔型、折褶式、袋式	6～12 月
笼型	2～4 周

表 2.5.3　检查和整修的周期（一）

检查和整修的项目	周期
检查滤料的污染情况	2～3 周
检查滤料的变形和空气泄漏	2～3 周
压力损失的变化	2～3 周

5.4.3　自动更新式空气过滤器

1. 注意事项

1）当出现滤料更换的提示时，应对其进行更换。

2）应安装用于测量滤料压降的压差计。

3）因为滤料通常会区分空气流入侧和流出侧，所以在安装时要特别注意。

2. 保养检查

1）检查是否有因滤料位置偏离等引起的空气泄漏情况。

2）检查过滤箱内部的污染情况和设备的腐蚀情况。

3）检查控制台：确认电源灯、压降指示灯、滤料更换指示灯、手动电动机、手动开关和自动开关等是否存在异常。

4）使用压差计测量压降开关的起动压。

5）检查定时器。

6）检查压差管的污染情况以及压差计的起动情况。

7）检查滤料更新组件，在滤料更新轴处注入润滑剂，在驱动部分注入润滑油。另外，还要仔细检查减速电动机。

8）在更换滤料时，注意防止颗粒物的飞散，对已经飞散出的颗粒物要及时擦去。

9）应当委托专门技术人员进行滤料的清洗。

3. 保养检查的周期

应根据使用场所空气中颗粒物的不同浓度，以及实际使用条件来制定相应的保养检查周期。滤料的平均清洗与更换周期见表 2.5.4；检查与整修的周期见

表2.5.5。

表2.5.4　滤料清洗和更换的周期（二）

过滤器的种类	周期
自动卷绕式	6~12月
自动折褶式	6~12月

表2.5.5　检查和整修的周期（二）

检查和整修的项目	周期
过滤器内部	2~4天
滤料的污染情况	2~4天
滤料的变形和空气泄漏	2~4天
控制台	1天
滤料的压降变化	1天
压差开关的起动	6月
滤料更新组件	6月

5.4.4　静电式空气净化设备

1. 注意事项

1）应避免将水泥或树脂等固有电阻较高的颗粒物作为本设备的净化对象。

2）应全力防止盐分或金属粒子等破坏绝缘性能的颗粒物的侵入。

3）在处理较高湿度的空气时，因为绝缘体的表面很容易结露，所以要对管道或套管进行保温处理，以防止对象空气温度的降低。

4）在使用静电式的净化设备时，对象空气的温度应尽量在5~40℃，相对湿度在90%以下。

5）当有臭氧产生时，如出现以下状况应及时进行相应的维修：因离子化线上附着颗粒物的凸起，所导致的电离区域的异常放电；集尘区域极板之间产生的电晕放电等。

需要特别注意的是，在一次电压较高的情况下，也会有臭氧的产生。

6）虽然检查门可以通过触发延迟开关来进行高压放电，但仍需在切断电源后等待30s，并且摆放防止电源误开启的标识后，再开始进行检查维护的操作。

2. 保养检查

（1）电源区

1）在对设备进行各项检查时，一定要关闭电源开关或加载高压电的开关。

2）在对电源区进行内部检查时，应先将高压电容或者与之相应的充电接线接地放电。

另外，在使用金属片时，一定要首先使其接触接地一侧。

3）对于用来显示电源区是否正常加载高压电的指示灯或其他指示装置，应定期进行检查以确认工作是否正常。

4）一定要使用计量器检测二次电压（高压电）。

另外，如果在加载电压后还需再次进行检查，一定要先进行高压充电部分的接地操作。

5）在电源区内部，因长时间使用而容易导致高压电区域出现颗粒物的附着，所以要进行相应的清扫。

（2）预滤器

1）预滤器不仅可以防止因粗颗粒物或者棉绒导致的电极间的短路放电，同时还可以使通过气流的风速均一化。

2）由于随着颗粒物的捕集，预滤器的压降会出现上升，因此应当对其进行定期检查，当发现滤孔堵塞时要对滤料进行清洗或更换。

3）随着压降的上升，送风机的风量就会下降，相应的电动机负荷就会减轻，电流也会减小，所以当设置有监控面板时，可以借助以上原理了解滤孔的堵塞情况。

（3）集尘单元

1）在检查集尘单元时，要使电离区和集尘区的高压电充电部分接地放电。另外，在使用金属片代替接地线进行放电时，一定要使其首先接触接地一侧。

2）当长时间使用绝缘子时，会因颗粒物的附着而形成污染，所以要定期进行清扫。在清扫操作时应非常小心，不可对绝缘子强行施力、切断离子化线，或是弄弯集尘极板。

3）因为离子化线属于易耗品，所以应定期检查其是否有断线的情况。如有断线则应及时补充。另外，如果是在超出耐用期限后出现断线问题，应更换全部的离子化线。

4）高压电的加载会由于颗粒物的附着而变得非常困难，而捕集率也同时会出现下降。所以，这时需要将集尘单元取出并放入中性洗涤液中清洗。并且，在清洗时应当按照指定的方法进行。

5）当集尘单元的极板表面由于腐蚀而不能使用或发生变形时，应更换新的集尘单元。在更换前，必须提前确认好相应尺寸。

（4）不同种类设备的保养检查

1）可清洗型集尘单元（手动）：

① 尽管清洗周期根据所在地的环境或季节等会有所不同，但是如果周期过长，捕集到的颗粒物会出现大量的堆积，集尘区极板之间的火花放电频率便急剧

增高。因为这时产生的气流会引起颗粒物的剥离，所以捕集率也会随之下降。为了防止这种情况的出现，应至少1周清理1次极板上附着的颗粒物。在清洗时，一定要停止送风机的运行，并切断高压电源。

② 手动清洗应当按照指定的方法进行。

③ 对于使用喷雾嘴喷射的清洗装置，要定期检查喷射情况。当出现异常时，应检查水压，并确认是否有滤网或喷嘴堵塞的情况。如果发现有堵塞现象，要及时清理。

④ 当送水管出现老化时，氧化铁等不同程度的铁锈会成为堵塞滤网或喷嘴的原因，所以要对其进行检查。

⑤ 当配水管或回水弯等部件产生堵塞时，因清洗用水的排水不畅会使排水面残留有污染物质，而干燥后这些污染物可能会飞散到空气中，所以要充分清扫排水区域，以防止回水湾的堵塞。

⑥ 在清洗结束后，如果是自然干燥，要放置12h，如果是通风干燥，则应使送风机单独运行约2h。为了确认集尘单元的干燥情况，可以接入高压电源，如果无异常情况且能够进行荷电，则干燥结束。当出现过电流情况时，还应再次进行干燥。

⑦ 应避免使用容易导致高压绝缘性能的下降，或成为难以清洁状态的黏合剂。

2）自清洗型集尘单元（略）。

3）静电、滤料联用型：

① 对于将集尘单元作为颗粒物凝集区的设备，在集尘单元中使数10倍的颗粒物凝集飞散，然后使用滤料进行捕集，此时要充分注意压降的上升。由于滤料种类很多，因此应注意选用指定的滤料。

② 尽管根据颗粒物情况的不同，离子化区域的清洗频率也会不同，但应当尽量保证每4个月进行1次清洗。

③ 使用自动卷绕式滤料时的情况：

a. 当压降超过与额定风量相对应的指定值时，因颗粒物在滤料上的过量附着，有可能会出现再次飞散，所以在到达指定压降前，应当手动将滤料卷出。当滤料全部卷完时，则需要进行更换。

b. 每次滤料卷绕结束后都会有指示灯提示，而当指示灯不断闪烁时就需要对滤料进行更换。

c. 应依照指定的更换方法进行滤料的更换。首先将使用完的滤料手动卷绕并取下，然后再装上新的滤料。在安装新的滤料时，如果装置为立式，应从其上方放入，而如果为卧式，则应从其一侧装入。随后，从过滤面将滤料抽出，并手动将其卷绕在安装好的卷轴上，最后再开启自动卷绕开关。

d. 因为在通过计时器对滤料的卷绕进行控制时，可以在每隔一段设定时间后，采用卷绕预定长度的滤料，或者是对整个过滤面的滤料进行更新等多种方式，所以滤料的卷绕应当按照指定的方法进行。

④ 使用单元式滤料时的情况

a. 应按照指定的方法检测额定风量下的压降。当最终压降上升时，就需要对滤料进行更换。

b. 在更换单元式滤料时，要注意避免所捕集的颗粒物出现二次飞散。

c. 因为不同种类的滤料，其各自的捕集率也不同，所以应尽量使用指定的滤料。

4）驻极体滤料型（略）。

3. 保养检查的周期

保养检查的周期根据使用环境中的颗粒物浓度和使用条件的不同会有所差别。

表2.5.6为保养检查的平均周期。

表2.5.6 保养检查的周期

设备的种类		检查和检修的项目	周期			
			日	周	月	年
共同事项		1. 通过指示灯确认设备正常运行	1			
		2. 检查电源部分的直流高压电和保护回路			1	
		3. 检查离子化区和集尘单元区		2		
		4. 检查驱动部分，并添加润滑油			3～4	
		5. 检查预滤器		2～3		
集尘区可清洗型	定期清洗双区荷电式集尘单元	1. 清洗集尘单元				
		无黏合剂	3～6			
		使用黏合剂		1～2		
		2. 检查清洗管扫描清洗装置		2		
		3. 检查清洗用水排水口的堵塞情况		2		
		4. 将集尘单元中没有完全清洗的部分取出继续清洗				1

（续）

设备的种类	检查和检修的项目		周期			
			日	周	月	年
集尘区可清洗型	通过旋转集尘极板实现自清洗（略）					
滤料联用	在双区荷电式的集尘单元中使颗粒物凝集，并在粉尘捕集区中使用滤料捕集	1. 检查压力损失 2. 检查滤料卷出控制机器 3. 清洗离子化区域 4. 更换滤料 5. 将集尘单元取出清洗	1～3	2	3～6	0.5～1 1
驻极滤料	使用驻极体滤料	1. 检查压降 2. 检查滤料的污染情况 3. 更换滤料 4. 检查各个部分	1～3	1	3～6	0.5～1

5.4.5　送风机内置式空气净化设备（略）

参考文献

1）　高橋和宏：原子力フィルタの取扱いについて，空気清浄，Vol. 34，No. 4，pp. 67～73（1996）

2）　今井孝次：ビル用フィルタの取扱いについて，空気清浄，Vol. 34，No. 5，pp. 78～81（1997）

3）　川村秀夫：バイオロジカルフィルタの取扱いについて，空気清浄，Vol. 34，No. 6，pp. 29～31（1997）

第6章　空气净化的经济性

6.1　空气净化的经济性

所谓的经济性指的是，与支出相对应的所获利益大小的评价。不过，一般情况下很难推算出在空气净化方面的支出能够获得多大的利润。尽管有“洁净室的使用可以提高LSI生产工厂的成品率”等一些空气净化与利益直接相关的事例，但通常这类利润无法估算，而是只能通过满足某种性能时支出的高低来对其相应的经济性进行评价。

根据支出目的不同，对利润的评价也会不同。本章主要着眼于净化空气时产生的“初始成本”和“运行成本”这两个方面，针对支出费用的计算与评价方法进行简要介绍（见图2.6.1）。

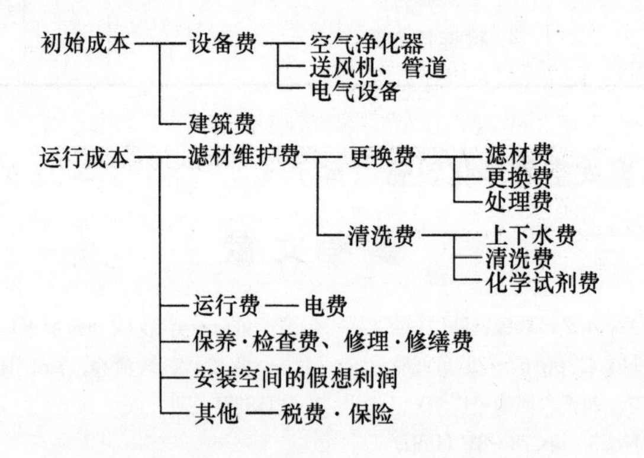

图2.6.1　用于空气净化的主要费用构成

6.2　初始成本

6.2.1　空气净化设备的初始成本

空气净化设备的性能是由处理风量和颗粒物的捕集率所决定的。也就是说，如果单位时间内的颗粒物捕集量（处理风量×颗粒物浓度×颗粒物捕集率）能够保持一致，那么这些设备的性能也大致相同。

因此，在进行初始成本的计算时，首先要设定颗粒物的发生量与应维持的室内浓度等条件，然后再决定处理风量、捕集率和空气净化的方式等因素，最后再在调查各厂家设备定价的基础上计算初始成本（见图2.6.2）。

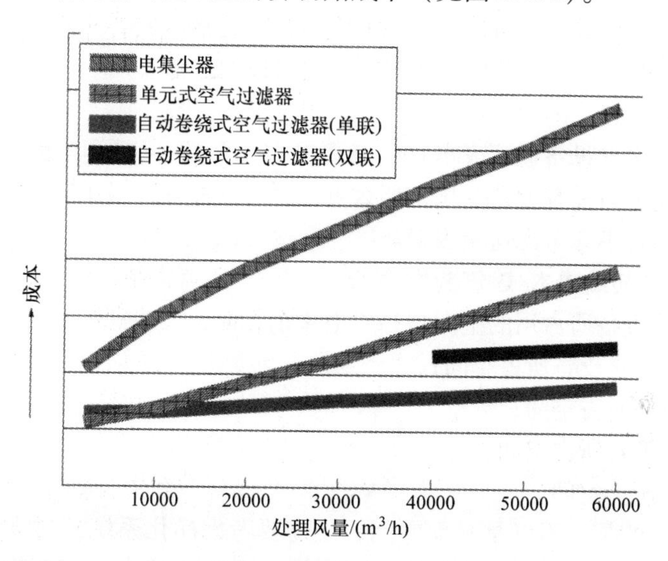

图2.6.2 空气净化设备的成本概要

6.2.2 送风机和管道系统的初始成本

在评估空气净化设备的经济性时，基本不考虑送风机和管道系统的成本。特别是在进行对比分析时，由于处理风量或压降是相同的效果而可以相互抵消，因此通常都不会将这些因素计算在内。

但在一般情况下，送风机·管道系统的成本因素比空气净化设备本身的成本因素还要重要。所以，在综合判断初始成本时，预先大体掌握整个空气净化系统（空气净化设备、管道和送风机等）成本中空气净化设备所占的比重就显得尤为重要。

如果确定了设备的处理风量或整体压降，那么就可以简单地计算出送风机的成本。而对于管道系统来说，虽然借助管道设计图也可以计算出这一部分的初始成本，但也可以使用通过类似设施的风量，或者单位管道面积相当的概算单价的方法进行计算：

$$(管道系统概算成本)=(管道面积)\times(概算单价) \tag{6.1}$$

或者

$$=(风量)\times(概算单价) \tag{6.2}$$

6.2.3 电气设备的初始成本

如果确定了送风机的性能规格，那么也就明确了运行时所需要的电力，那么相应的供电设备（变电设备、电力干线设备和配电箱等）也就可以确定下来。

对于需要电力的空气净化设备，在计算系统的初始成本时，应将上述因素一并计入。

某1台送风机或空气净化设备的电力消耗，对整个供电设备成本的影响是很难计算的。这时，电气设备的初始成本，也可以通过每kW耗电相当的供电设备的概算单价来计算，即

$$(\text{电气设备概算成本}) = (\text{必要电力(kW)}) \times (\text{概算单价}) \tag{6.3}$$

如果必要电力没有大幅变化，那么可以通过各种方式相互抵消，因此在进行对比分析时通常不会考虑这一因素。

6.2.4 空间的初始成本/建筑费用

空气净化设备所占用的空间包括以下4个方面：

1）空气净化设备所占空间；

2）送风机所占空间；

3）电气设备所占空间；

4）管道所占空间。

还应注意的是，不仅是平面空间，还需要考虑净化系统到对立体空间（层高等）的影响。在搭建空气净化系统时，与上述空间相对应的建筑物建设费用，也应当计入初始成本中。通常使用以下方法对占用空间（或容积）为A时的建筑费用进行计算：

$$(\text{建筑费}) = A \times (\text{机房建设费概算单价}) \tag{6.4}$$

当建筑面积一定时，例如在容积率很大的出租写字楼中，需要事先考虑到盈利空间（出租面积）减少的问题。由于因可出租面积的减少，而导致的利润减少量应当计入运行成本内，因此在进行初始成本的计算时就需要将该项费用扣除。

$$(\text{建筑费}) = A \times (\text{机房建设费单价}) - A \times (\text{出租面积建设费单价}) \tag{6.5}$$

6.3 运行成本

6.3.1 滤料的维护费用

1. 滤料的更换和清洗周期

为了确保净化性能，需要对滤料定期进行更换和清洗。空气净化的相关费用主要就是发生在滤料的每个更换或清洗周期，因此根据空气净化设备种类的不同，相应的费用也会不同。

通常情况下，会视滤料压降增大的程度来考虑对其是否进行更换，但有时也会根据容尘量的情况提前更换。设备的容尘量是由压降的增大以及因捕集颗粒物的再次飞散所导致的捕集率下降这两个因素所决定的。表2.6.1是容尘量、压降

以及捕集率之间关系的一个示例。但由于该表中的数值是根据确定的方法所获得的试验值，所以还需要注意在实际使用过程中，因悬浮颗粒物性质（粒径分布和种类等）的不同，所导致的压降增加倾向的变化。

表 2.6.1　滤材的性质

分类	过滤器的种类		初始压降/Pa	根据 JIS B 9908 计算的平均粒子捕集率（%）			容尘量/(g/m²)
				方法1（计重法）	方法2（比色法）	方法3（计重法）	
干式过滤器	嵌板式		54	—	15	25	250 ~ 500
			118（再生）	—	15	50	250 ~ 500
	自动卷绕式		118（非再生）	—	20	50	500 ~ 1000
	折叠式	中效	137	50	60	—	600 ~ 1500
		高效	167	70	90	—	600 ~ 1500
		HEPA	245	99.97	≒100	—	—
	袋式		167	70	90	—	600 ~ 2000
静电过滤器	电集尘器		118	70	90	—	—

（1）单元式过滤器

可以使用下式由容尘量计算出滤料的更换周期：

$$更换周期\ T(\mathrm{h}) = \frac{G_\mathrm{h}}{G_\mathrm{c}} \tag{6.6}$$

$$G_\mathrm{c} = QC\eta$$

$$G_\mathrm{h} = Ag_\mathrm{c}$$

式中，G_c为颗粒物捕集量（g/h）[1]；G_h为容尘量（g）；Q 为风量（$\mathrm{m^3/h}$）C 为颗粒物浓度（$\mathrm{g/m^3}$）；η 为捕集率；g_c为每单位面积的容尘量（$\mathrm{g/m^2}$）。

另外，对于同时还设置了预滤器时的颗粒物捕集量，可以通过下式计算[1]：

$$G_\mathrm{c} = QC\eta(1-\eta_\mathrm{p}) \tag{6.7}$$

式中，η_p为预滤器的捕集率。

如果用全年的运行时间除以更换周期，就可以计算出 1 年时间内滤料的更换次数㊀。

更换次数（次/年）：

$$N = t/T \tag{6.8}$$

㊀ JIS 的定义（JIS B 9908—1991“用于换气的空气过滤单元”）

式中，t 为全年运行时间（h）；T 为更换周期（h/次）。

• 最大压降：过滤器在其性能范围内使用时可以接受的最大的压降。虽然在通常情况下，采用初始压降的 2 倍作为最大压降值，但对于不同结构和种类的过滤单元来说，也有一些因初期压降值较低而能够承受到 2 倍以上的设备。因此，并没有针对最大压降值的相关规定。

• 容尘量：当最大压降或颗粒物捕集率达到最高值的 85% 时，过滤单元所捕集颗粒的总质量。

（2）卷绕式过滤器

因为卷绕式过滤器的滤料能够以较小的面积逐渐卷出，所以该设备的容尘量将会呈现出图 2.6.3 所示的分布。这样一来，设备整体的容尘量就要大于按每单位面积计算出来的容尘量（每单位面积的容尘量 × 有效滤料面积）[1)]。

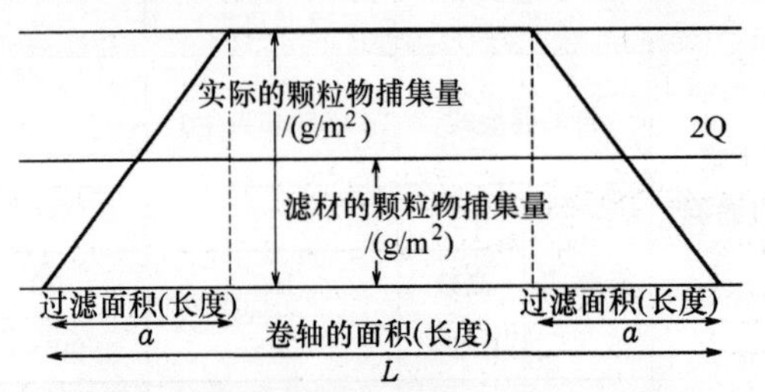

图 2.6.3 卷绕式过滤器的颗粒物捕集量

卷绕式过滤器的整体容尘量大约是滤料自身容尘量的 1.0 ~ 2.0 倍。假设每次的卷绕量足够小，那么该值可以通过下式大致算出。不过还应当考虑到的一点是，滤料被制成产品后并不是 100% 能够有效使用：

$$\text{容尘量的增加率} = 2\ (1 - A_r/A_f) \tag{6.9}$$

式中，A_r为实际的过滤面积（m^2）；A_f为滤料的全部面积（有效面积）（m^2）。

考虑到上述因素，更换周期（h/回）可以根据下式计算：

$$N = G_h/G_c a \tag{6.10}$$

（3）可清洗型过滤器

前述更换周期的计算方法同样适用于可清洗型过滤器清洗周期（h/次）的计算：

$$T' = G_h/G_c \tag{6.11}$$

不过，即便是可清洗型的过滤器，在经过反复清洗后其捕集率和容尘量也会出现下降，所以在必要时也需要进行更换。就这一点来说，尽管没有明确的资料，但通常情况下过滤器在经过数次清洗之后就应当进行更换。更换周期（h/次）：

$$T = T'\alpha \tag{6.12}$$

式中，α 为最大再生次数。

（4）电集尘器

一般的电集尘设备由电集尘区（电晕线+电极板）和后滤器组成。其中，后滤器通常会使用卷绕式过滤器。

虽然电集尘区应当定期进行清扫（清洗），但目前还没有可以用于确定其清洗周期的量化数值。不过，在普通写字楼中，建议1年可以清洗1~2次（2500h左右）。同时，在与普通写字楼中悬浮颗粒物浓度相差较大的环境中，一般认为集尘区的清洗周期和颗粒物浓度呈反比。

另一方面，因为设置后滤器的目的是用来捕集那些电集尘区中出现再次飞散的颗粒物，所以它和电集尘区的情况多少会有些不同。一般来说，都会在清洗电集尘区的同时对其进行更换。当然，如果能够根据滤料的特性（容尘量等）来设定更换周期，则能够更加有效地发挥后滤器的作用。

2. 滤料更换费用

因更换滤料所发生的相关费用，由滤料本身的费用、更换时所需的人员费用以及废弃滤料的处理费用构成。其中，与初始成本的计算方法类似的是，滤料的费用也可以通过调查各个厂家相关产品的定价来确定。而关于人员的费用则没有明确的标准，但可以参考各种工程预算标准进行推算，当然也可以委托专业人员进行估算。最后，有关替换下来的废弃滤料的处理费用，可能会受到滤料的种类或市场行情的影响而不断变化。因此，可以通过具体的市场调查，或者通过计算所需材料费的比例来求出。

滤料更换费用的构成：滤料费、更换人工费、旧滤料处理费以及其他费用。

此外，电集尘器使用3~4年（大约10000h）后，还需要对电晕线进行更换（见表2.6.2㊀）。

表2.6.2 空气净化器的工程预算标准

项目	单位	摘要	设备器械工/人	其他
电集尘器（包括驻极体空气过滤器）	台	$167m^3/min$ 以下	1.73	一套
		$250m^3/min$ 以下	2.21	一套
		$333m^3/min$ 以下	2.46	一套
		$500m^3/min$ 以下	3.06	一套
		$667m^3/min$ 以下	3.56	一套
		$1000m^3/min$ 以下	5.08	一套
		$1667m^3/min$ 以下	7.61	一套

㊀ 单元式（折褶式）或嵌板式过滤器可直接使用表中相应标准，可以认为其更换操作仅为“拆除+安装”。而对于机器部分相对多的电集尘器或自动卷绕式过滤器来说，其更换操作就无法按照上述两种过滤器那样来考虑。在1999年1月进行的费用调查结果显示，从与设备处理风量相应的更换费用来看，电集尘器等仅为单元式过滤器的1/3~1/2。

（续）

项目	单位	摘要	设备器械工/人	其他
嵌板式空气过滤器	张	500×500×25t	0.05	一套
		500×500×50t	0.06	一套
折叠式空气过滤器	张	610×610	0.10	一套
自动卷绕式空气过滤器	台	$150m^3/min$ 以下	1.35	一套
		$175m^3/min$ 以下	1.38	一套
		$200m^3/min$ 以下	1.41	一套
		$225m^3/min$ 以下	1.43	一套
		$250m^3/min$ 以下	1.45	一套
		$275m^3/min$ 以下	1.48	一套
		$300m^3/min$ 以下	1.51	一套
		$325m^3/min$ 以下	1.54	一套
		$350m^3/min$ 以下	1.57	一套
		$375m^3/min$ 以下	1.59	一套
		$400m^3/min$ 以下	1.61	一套
		$450m^3/min$ 以下	1.65	一套
		$500m^3/min$ 以下	2.15	一套
		$550m^3/min$ 以下	2.21	一套
		$600m^3/min$ 以下	2.26	一套
		$650m^3/min$ 以下	2.29	一套
		$700m^3/min$ 以下	2.31	一套
		$750m^3/min$ 以下	2.36	一套
		$800m^3/min$ 以下	2.42	一套

注：日本建设省建筑工程预算标准（1995年版）。

3. 滤料清洗费

需要清洗的滤料包括，作为预滤器使用的无纺布等粗滤器以及电集尘器（电极部分）。对于前者，尽管有时也会进行外包处理，但大部分还是会由管理人员自行清洗。而后者则几乎都是委托给专业人员进行清洗。

清洗过程所需费用有，清洗时的人工费、上下水费以及必要的洗涤剂或化学制剂的费用。

滤料清洗费用的构成：上下水费、清洗人工费、化学试剂费以及其他费用等。

（1）清洗时必要的用水量

1）电集尘器。在清洗电集尘器时，通常需要将集尘板（电极区的组件）取出后在清洗槽中清洗。因此，总用水量为清洗槽中的注水量与清洗各个集尘板时的消耗水量之和。尽管清洗槽的形状有很多种，但以某厂家的产品来计算，其容量大致有1000L，而清洗每个集尘板时的耗水量在500L左右。总之，当对一定数量的集尘板进行清洗时，每一个集尘板大约需要500L的水量。

2）可清洗型过滤器。不同的清洗方法和污染程度，可以导致该过滤器在清洗时的用水量有很大的不同。但由于目前尚未发现具有统计学意义的相关数据，所以只能根据常识推断其用水量。

（2）上下水费

水费通常会由“基本费和从量费”构成。其中，基本费由上水水管的口径决定，而从量费则由基本费和使用量决定。但是，当滤料清洗的用水量相对小于建筑物用水量时，那么基本上只需要计算从量费即可。另一方面，对于下水费用的计算，大多只需要计算每次使用水量的从量费即可。不过，各地方上下水的征费体系可能会有所不同，所以还应当预先进行相关的调查。

（3）化学试剂费

在清洗静电式过滤器时，大多需要使用碱性溶液，因此就会用到一些化学试剂。另外，如果处理污水超标（根据日本的自来水法，污水标准为pH值5～9），还需要设置相应的净化设施，那么这时也会用到一些废液处理方面的化学试剂。1999年1月的调查结果表明，假定每清洗一张集尘板大概需要花费数百到数千日元，那么相应的上下水费用会比清洗费还要高。

（4）清洗人工费

1）电集尘器。因为对于电集尘器的清洗需要按照“高压清洗－槽中浸泡－高压清洗－干燥－检查”的流程进行，所以作业时间相对较长。因此根据清洗总量的不同，每清洗一个设备所需要的人工费用其差别会非常大。

2）可清洗型过滤器。虽然可清洗型过滤器的清洗时间并没有电集尘器那么长，但因为其操作流程中包括有干燥的步骤，所以相对于工作量来说，仍属于花费时间较长的作业。根据不同的清洗状况（清洗数量、与其他作业同时进行），预计每清洗一个过滤器所需要的人工费用其差别会非常大。如果过滤器由设备管理人员负责清洗，则可以不必作为人工费用进行计算，但如果委托给第三方进行清洗，那么该费用就需要列入运行成本中进行计算。

6.3.2　空气净化设备的运行费用

在空气净化设备的运行费用中，从送风机电力、电集尘设备电力以及过滤器的再生电力这几个方面来看，首先都需要支出的就是电费。

电费通常会分为电量电费和基本费。电量电费仅需将消耗电量（kWh）乘以工作时间（h）即可得出。但对于电量电费来说，由于其夏季（7月1日～9月30日）的单价与其他季节会有所不同，因此需要把夏季的运行时长和其他季节分开计算，或是根据各个季节的总运行时长计算出平均单价。

虽然基础电费可以通过协议电费进行计算，但是对于某个单独的设备在协议电费中所占的比例，由于其会受到建筑物的大小或电力负荷等因素的影响，因此无法准确计算。通常情况下，对于设置在楼宇中的空气净化器等空调·换气设备来说，大都采用其设备电力的 30% ~80% 作为基本电费计算。当然，具体情况仍需具体处理。

电量电费(日元/年)=消耗电力(kW)×运行时间(h)×电量电费单价(日元/kWh)

基本电费(日元/年)=电力(kW)×(比例)×基本电费单价(日元/kW)×12(月/年)

1. 送风机的运行电力

送风机中电动机的额定输出未必就会等同于消耗电力。即使是相同的电动机，其工作负荷（风量和压降）不同，耗电量也会不同。当确定好送风机的电动机之后，与［电动机额定输出×时间］的计算方法相比，通过下式计算得到的耗电量将更为合理：

$$\text{耗电量 (kWh)} = QP/60000\eta_f kt \tag{6.13}$$

式中，Q 为风量（m^3/min）；P 为压降（Pa）；η_f为效率；k 为校正系数。

2. 静电式空气净化器的运行电力

在静电式空气净化设备的运行过程中，由于需要维持一个静电场，所以相应地就会有电力消耗。在每 1000 m^3的处理风量下，电力消耗仅为数~十数 W，并且处理风量越大，这个数值就越小。同时，在运行过程中电力还会不断消耗，且消耗量也基本不会出现波动。

3. 过滤器卷绕电力

卷绕式过滤器在滤料卷绕时所消耗的电力大多在数十~100W。又由于卷绕过程所需时间很短，因此基本可以忽略这一过程的耗电量。但如果仍需要计算，则可以通过滤料长度和卷绕速度求出（滤料长度÷平均卷绕速度×卷绕电力）。这时，因为卷轴的卷绕直径和卷绕量会同时发生变化，所以卷绕的速度也会不断变化。因此，有关卷绕速度和电力消耗的问题，还需要根据对象设备的具体情况来进行判断。

6.3.3 保养和修缮成本

为了保障设备的正常运行，需要对其进行定期检查，或者保持持续的运行监控。上述工作有时是由设施的管理者负责执行，而若是采用外包委托方式，则会需要有一定的支出。相应的费用计算标准可参考“建筑保障业务通用规范”或“建筑保障业务预算标准”等文件[3),4)]。

除了定期检查之外，有时还需要对一些零部件进行定期更换，或者对于突发的故障和破损进行相关的维修等。其中，虽然可以在一定程度上计算出零部件的定期更换费用，但是对于故障·破损等则无法事先作出预测。一般来说，在初始成本中，大多会预留出一定比例的费用作为修缮费使用。

电集尘器中的电晕线就属于需要定期更换的部件（更换周期为3年，使用时间在10000h左右，见表2.6.3）。

表2.6.3　空气净化设备的保养业务预算标准[3)]以及检查和维护作业相应的工作量

·检查，维护的工时

项目	检查周期	单位	单位工作量/人		备注
			技术员	见习技术员	
嵌板式、折叠式、袋式	每月1次	每台1次	0.04	0.06	
自动卷绕式	每月1次	每台1次	0.15	0.15	
驻极体滤材、电集尘器	每月1次	每台1次	0.15	0.15	
	6个月1次	每台1次	0.08	0.12	

注：表中单位工作量为空气净化设备单独设置时的工作量。

·运行监控的单位工作量

项目	单位	单位工作量/人		备注
		技术员	见习技术员	
空气净化器	每台一天		0.021	

注：1. 在机房等场所同时设置1台以上的设备时，从第2台设备开始单位工作量降低1/2。

2. 建筑保养业务预算基准1994年版。

6.3.4　空间的利润

如果空气净化设备占用的空间属于可盈利的空间，那么应当将有可能会发生的利润看作安装空气净化设备所需支出的一部分。对于盈利性的空间来说，因为该空间的维护（空调、照明、换气、清扫和保养等）还需要一定的费用，所以实际利润可以通过用利润（租金等）减去维护费用的办法来计算：

$$\text{实际利润} = \text{利润} - \text{维护费用} \tag{6.14}$$

因为实际利润通常都很难计算，所以与投资额（盈利性空间的建设费用）相应的投资效果，可以通过投资额的比例（利率等）进行计算：

$$\text{实际利润} = \text{投资额} \times \text{比例} \tag{6.15}$$

6.3.5　其他费用

其他费用通常包括税金和保险费等。

原则上，初始成本和运行成本应承担消费税。除此以外，建筑物和建筑设备等还需要缴纳不动产获取税、登记及执照税、商业办公税、固定资产税和城市规划税等税金。另外，利润方面还需要扣除营业税、所得税和法人税等。由于各个地方的课税对象、课税时期（建设时或每年等）和税率都会有所不同，所以需要进行相应的调查。

保险费通过将保险对象的评估额（保险金额）乘以保险费率来计算。

6.4 经济性评价

经济性评价是结合初始成本和运行成本所进行的综合性评价。如果初始成本和运行成本能够有一体化的评价指标，那么对评价来说将会是很大的帮助。

经济性评价的指标包括投资回收期法、年度运行费用法以及生命周期成本法等。

6.4.1 投资回收期法

当通过采用某系统而产生利润（或者可以计算出利润）时，其投资回收期（Pay Back Period，PBP）可以通过下式计算：

$$(\text{投资回收期})\ n = \frac{I}{B - R} \tag{6.16}$$

式中，I 为初始成本；R 为运行成本；B 为利润。

对于像空气净化这种利润额不甚明确的投资，可以首先假定多种方式的利润相同，然后通过这些方式之间的比较来评价其经济性。相应的计算公式如下：

$$(\text{投资回收期})\ n = \frac{I_A - I_B}{R_B - R_A} \tag{6.17}$$

式中，I_A为方式 A 的初始成本；I_B为方式 B 的初始成本；R_A为方式 A 的运行成本；R_B为方式 B 的运行成本。

比较过程中，某一个方式和另一个方式相比，虽然初期投资时的初始成本较高，但是在其后每年的运行成本都很低，那么这时仅需简单计算就可以通过“经过多少年能够追回成本”的方法来进行评价。

上述评价方法简单直观，并且很容易理解，几乎适用于所有的空气净化行为。但是，因为这种方法并没有考虑到利息或物价上涨等因素，所以未必是一个适合于长期（数十年）经济性的判断指标。

6.4.2 年度运行费用法

年度运行费用法是通过将初始成本换算成折旧费，将年度运行费用作为经济评价指标的一种方法。简单来说，该方法以借贷的方式来支付设备费（初始成本），然后通过相应的偿还金额（折旧费）和运行成本，来计算每年的支付额（年度运行费用）。

$$\text{年度运行费用} = \text{可变费用(年度运行成本)} + \text{固定费用(折旧费和保险等)} \tag{6.18}$$

式（6.18）中的固定费用为与运行费无关的每年的固定支出。同时，在运行期间内的折旧费为，建设费或设备费的初期投资额乘以资本回收系数。以下为使用资本回收系数法的计算公式：

$$折旧费=(初始成本)\times资本回收系数$$

上式中的资本回收系数可以通过下式算出：

$$资本回收系统=\frac{i\times(1+i)^n}{(1+i)^n-1} \tag{6.19}$$

式中，i 为利率（年利率）；n 为偿还年数。

对于设备的偿还年数，一般情况下，大多采用的是建筑设备的法定耐用年数（15 年），但也有人认为，从实际耐用年数的角度考虑才会更加合理。另一方面，建筑费的偿还年数则大多在 30 ~ 45 年（见表 2.6.4）。

表 2.6.4 法定耐用年数 （单位：年）

建筑用途	SRC 造 RC 造	S 造
写字楼、美术馆	50	38
住宅、旅店、学校、体育馆	47	34
饭店、剧场、电影院	34① 41②	31
商店、医院	39	29
变电所、停车场、车库	38	31
海鲜市场、室内溜冰场		
公共浴场	31	27
普通工厂、仓库	24	20
仓储业专用仓库		
商用冷藏仓库	21	19
其他	31	26

① 木制内部装饰超过 30%。

② 其他。

项目	细分	年
冷暖设备·换气设备	冷暖设备（冷冻机 22kW 以下）	13
	其他	15

投资回收期法将初始成本和运行成本等价处理。而与之相对的是，年度运行费用法首先使用“利息”这个因素将初始成本校正成折旧费，然后再与运行成本统合在一起。

6.4.3 生命周期成本（LCC）法

建筑物的生命周期成本（LCC）指的是，建筑物从规划设计、施工直到最终拆除这一过程中所需要的全部费用，也可以说是“生涯费用”。作为经济性的评价指标，LCC法网罗了从施工时的设备费（初始成本）、每年的运营费（能耗费、维护费和修缮费等运行成本）以及每隔几年发生的设备更新费（拆除费或更新费）等建筑（设备）的整个使用生命中所发生的全部成本。图2.6.4列出了LCC的构成要素，而具体计算方法请另行参考文献（文献5））中的相应内容。

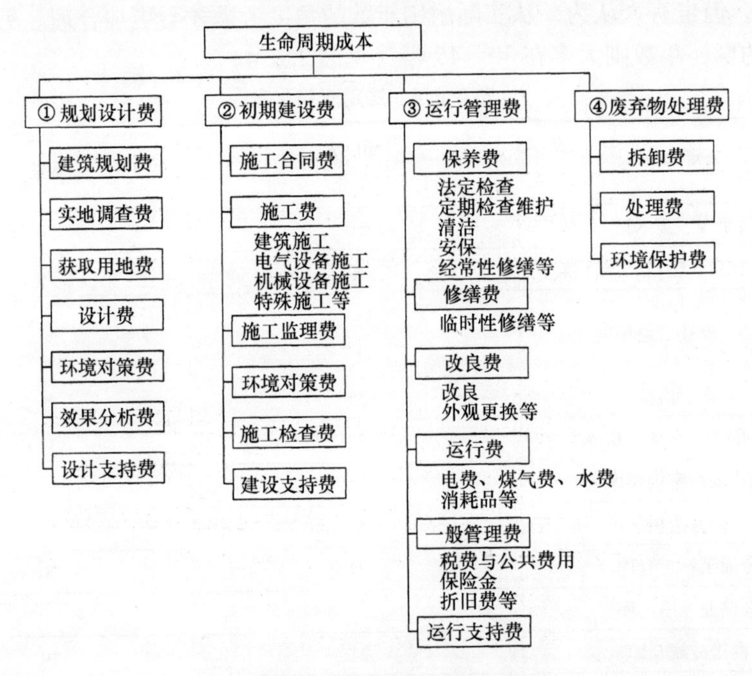

图2.6.4 LCC的评价对象项目

LCC法的特点是，可以挑选出与设备成本有关的各种各样的具体因素，例如设备的更新周期、人工费和能源费的物价上升率的不同，以及设备老化导致的效率降低（能耗的增加）等。同时，LCC还能够将这些因素全部整合起来，以便用于对经济性的评价。

LCC法会预估那些可能会随时间而发生变化的支出，其中包括不定期发生的更新或修理等，以及伴随着效率降低而出现的能耗的增大和修理次数的增加等。该法会通过这些预估的结果，寻找初始成本和运行成本间合理的校正方法，并进行统合计算，而不仅仅是单纯地将两者合并。

例如对于能耗费用计算，首先通过能源单价的上升率计算出某一时期的能耗费用，然后用利率（货币价值的变化率）对该结果进行校正，最后再计算出当前货币价值下的费用（当前价值）：

$$（当前价值）=\left(\frac{1+h}{1+i}\right)^{n} \tag{6.20}$$

式中，i 为利率；h 为物价上涨率；n 为年数。

在对各个因素分别进行较正的基础上，通过对这些费用进行统合计算，即可得出 LCC。

6.4.4　经济评价指标的算例

普通建筑中不同空气净化方式的算例。

A 方式：

嵌板式预滤器（可清洗型）

单元式过滤器

B 方式：

卷绕式过滤器（预滤器）

单元式过滤器

C 方式：

电集尘器

卷绕式过滤器（后滤器）

根据表 2.6.5 中设定的各种条件，分别计算初始成本和运行成本（见表 2.6.6 ~ 表 2.6.9）。

表 2.6.10、表 2.6.11 和图 2.6.5 分别为投资回收期法、年度运行成本法和 LCC 法的计算结果。图 2.6.6 所示为逐年费用（现价）的累积图，图中使用的建筑耐用年数为 45 年、设备耐用年数为 15 年、利率和物价上涨率分别为 3% 和 2%。

表 2.6.5　经济性评价示例的设定条件

共同条件

目标颗粒物浓度	0.15	mg/m^3	卷绕式过滤器过滤面积	1.8	m^2
颗粒物发生量	2000	mg/h	卷绕式过滤器容尘量	800	g/m^3
运行时间	3000	时间/年	单元式过滤器容尘量	560	g/单位
运行时间（夏）	750	时间/年	嵌板式过滤器容尘量	200	g/单位
运行时间（其他）	2250	时间/年	单元式过滤器数量	5	个
卷绕式过滤器滤材长度	14	m	嵌板式过滤器数量	5	张
卷绕式过滤器滤材宽度	1.2	m			

（续）

	过滤器			卷绕式过滤器+单元式过滤器			电集尘器+卷绕式过滤器		
颗粒物捕集率	嵌板式预滤器（可清洁型）	0.15 0.60	比色法 计重法	卷绕式过滤器	0.20 0.85	比色法 计重法	电集尘器+卷绕式过滤器	0.90 0.98	比色法 计重法
	单元式过滤器	0.90 0.99	比色法 计重法	单元式过滤器	9.00 0.99	比色法 计重法			
必要处理风量		13400	CMH		13400	CMH		14900	CMH
空气净化器的必要电力		0	kW	卷绕式过滤器	0.1	kW	电集尘器+卷绕式过滤器	0.12 0.1	kW kW
空气净化器压降	最大压降	300	Pa	最大压降	300	Pa	最大压降	180	Pa
管道压降		300	Pa		300	Pa		300	Pa
送风机电动机额定功率 电动机耗电量	多叶片式#3 1/2	7.5 4.47	kW kW	多叶片式#3 1/2	7.5 4.47	kW kW	多叶片式#4	5.5 3.97	kW kW
必要电容量		7.5	kW		7.6	kW		5.6	kW
机房面积		20	m^2		23	m^2		26	m^2

表 2.6.6 初始成本的算例

		嵌板式预滤器（清洁型）+单元式过滤器						卷绕式预滤器（清洁型）+单元式过滤器						卷绕式预滤器（清洁型）+电集尘器					
		金额/（日元/年）	构成比例	细分项目	小计	嵌板式	单元式	金额/（日元/年）	构成比例	细分项目	小计	卷绕式	单元式	金额/（日元/年）	构成比例	细分项目	小计	卷绕式	电集尘器
滤材维护费	更换费	155200	23.2%	滤材费	132900	5400	127500	66200	11.5%	滤材费	56400	8400	48000	15700	2.8%	滤材费	10800	10800	0
				劳务费	16900	5000	11900			劳务费	7400	2900	4500			劳务费	3800	3800	0
				处理费	5400	1100	4300			处理费	2400	800	1600			处理费	1100	1100	0
	清洗费	36600	5.5%	上下水费	600	0	600	0	0.0%	上下水费	0	0	0	41300	7.4%	上下水费	1700	0	1700
				化学试剂费	0	0	0			化学试剂费	0	0	0			化学试剂费	3600	0	3600
				劳务费	36000	0	36000			劳务费	0	0	0			劳务费	36000	0	36000
运行费	电费	299900	44.8%	电费	201600	送风机		301200	52.1%	电量电费	201600	送风机、卷绕式过滤器		258700	46.4%	电量电费	184400	送风机、卷绕式过滤器、电集尘器	
				基本费	98300					基本费	99600					基本费	744300		
保养·检查费、修理·修缮费		8000	1.2%					12000	2.1%					15500	2.8%				
占用空间的虚拟利润		162000	24.2%	占用面积 $20m^2$				186300	32.2%	占用面积 $23m^2$				210600	37.8%	占用面积 $26m^2$			
其他税金、保险等		8000	1.2%					12000	2.1%					15500	2.8%				
合计		669700	100%					577700	100%					557300	100%				

表 2.6.7　运行成本的算例（1）

	嵌板式预滤器（可清洗型）+单元式过滤器		卷绕式过滤器+单元式过滤器		电集尘器+卷绕式过滤器	
空气净化器	单元式过滤器（600×600）5 个预滤器（500×500）5 张	500000 日元	单元式过滤器（600×600）5 个卷绕式过滤器	900000 日元	电集尘器（6 个集尘板）卷绕式过滤器	1200000 日元
送风机	多叶片风扇（#3 1/2）14600CMH×700Pa×7.5kW	300000 日元	多叶片风扇（#3 1/2）14500CMH×700Pa×7.5kW	300000 日元	多叶片风扇（#4）14900CMH×700Pa×5.5kW	350000 日元
管道	$1000m^2$×5000 日元	5000000 日元	$990m^2$×5000 日元	4950000 日元	$1030m^2$×5000 日元	5150000 日元
电气设备费	7.5kW×50000 日元	375000 日元	7.6kW×5000 日元	380000 日元	5.6kW×5000 日元	281000 日元
机房建设费	$20m^2$×200000 日元	400000 日元	$23m^2$×200000 日元	4600000 日元	$26m^2$×200000 日元	5200000 日元
盈利性空间建设费	$20m^2$×270000 日元	-5400000 日元	$23m^2$×270000 日元	-6210000 日元	$26m^2$×270000 日元	-7020000 日元
初始成本合计		4775000 日元		4920000 日元		5161000 日元

表 2.6.8 运行成本的算例（2）

运行成本的计算

嵌板式预滤器(可清洗型)+单元式过滤器

项目	费用		项 1		项 2		项 3		项 4
空气净化器维护费									
单元式过滤器	更换费		更换次数		劳务单价		人工(人/单位)		单元数
	11900	=	0.85	×	20000	×	0.14	×	5
	滤材费		更换次数		滤材单价		单元数		
	127500	=	0.85	×	30000	×	5		
可清洗型预滤器	清洗费		清洗次数		劳务单价(日元/人)		人工(人/单位)		单元数
	36000	=	3.60	×	20000	×	0.1	×	5
	更换费		更换次数		劳务单价(日元/人)		人工(人/单位)		单元数
	5000	=	0.72	×	20000	×	0.07	×	5
	滤材费		更换次数		滤材单价		单元数		
	5400	=	0.72	×	1500	×	5		
单元式过滤器	处理费		更换次数		处理费(日元/次)		单元数		
	4300	=	0.85	×	1000	×	5		
可清洗型预滤器	处理费		更换次数		处理费(日元/次)		单元数		
	1100	=	0.72	×	300	×	5		
电费									
基本费	送风机		送风机功率(kW)		系数		基本费用(日元/kW·月)		月/年
	98300	=	7.5	×	0.7	×	1560	×	12
电量电费	送风机		送风机耗电量(kW)		运行时间(h)		平均电量电费单价(日元/kWh)		
	201600	=	4.47	×	3000	×	15.03		
上下水费用	上水费用		年用水量(m^3)		单价(日元/m^3)				
	300	=	0.90	×	375				
	下水费用		年用水量(m^3)		单价(日元/m^3)				
	300	=	0.90	×	345				
修缮、更换费用	修缮、更换费用		基本费用(日元)		比例				
	8000	=	800000	×	0.01				
占用空间的虚拟利润	实际利润		空气净化设备占用面积(m^2)		建设单价(日元/m^2)		比例		
	162000	=	20	×	270000	×	0.03		
其他	其他		初始成本		比例				
	8000	=	800000	×	0.01				

(送风机和空气净化器的初始成本比例)

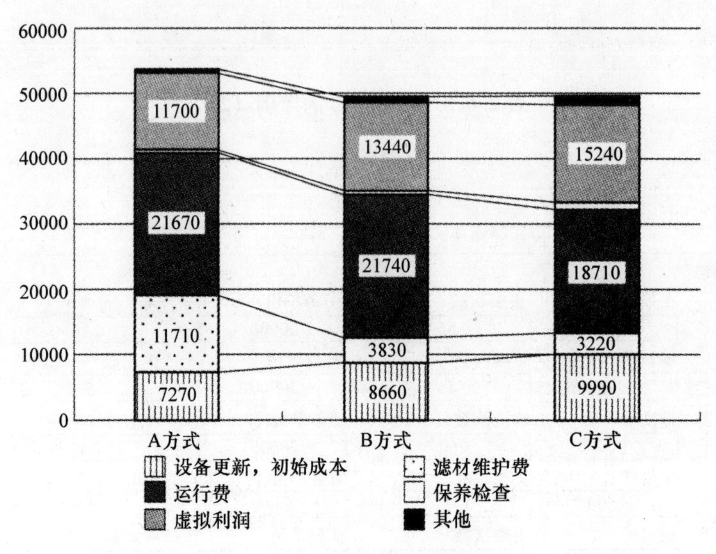

图 2.6.5　LCC 法的评价结果

表 2.6.9　运行成本的算例（3）

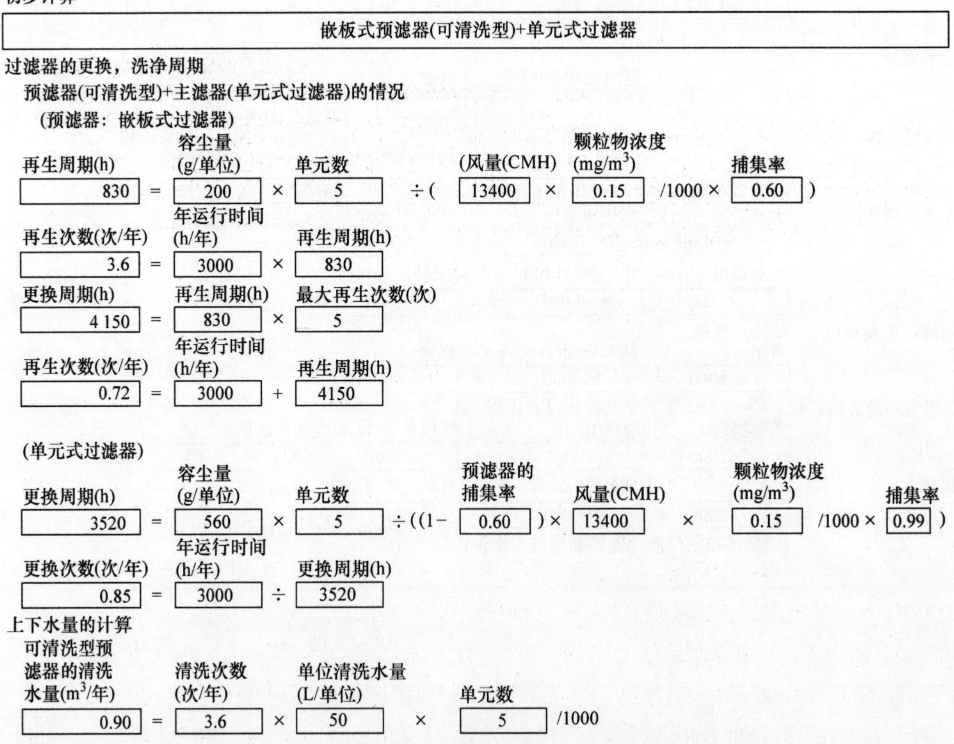

初步计算

嵌板式预滤器(可清洗型)+单元式过滤器

过滤器的更换，洗净周期

预滤器(可清洗型)+主滤器(单元式过滤器)的情况

(预滤器：嵌板式过滤器)

再生周期(h) 830 = 容尘量(g/单位) 200 × 单元数 5 ÷ (风量(CMH) 13400 × 颗粒物浓度(mg/m^3) 0.15 /1000 × 捕集率 0.60)

再生次数(次/年) 3.6 = 年运行时间(h/年) 3000 × 再生周期(h) 830

更换周期(h) 4 150 = 再生周期(h) 830 × 最大再生次数(次) 5

再生次数(次/年) 0.72 = 年运行时间(h/年) 3000 + 再生周期(h) 4150

(单元式过滤器)

更换周期(h) 3520 = 容尘量(g/单位) 560 × 单元数 5 ÷ ((1− 预滤器的捕集率 0.60) × 风量(CMH) 13400 × 颗粒物浓度(mg/m^3) 0.15 /1000 × 捕集率 0.99)

更换次数(次/年) 0.85 = 年运行时间(h/年) 3000 ÷ 更换周期(h) 3520

上下水量的计算

可清洗型预滤器的清洗水量(m^3/年) 0.90 = 清洗次数(次/年) 3.6 × 单位清洗水量(L/单位) 50 × 单元数 5 /1000

表 2.6.10　投资回收期法的计算结果

	A 方式	B 方式	C 方式
初始成本/日元	4775000	4920000	5161000
运行成本/日元	669700	577700	557300
投资回收期/年	基准	1.6	3.4

表 2.6.11　年度运行费用法的计算结果

	A 方式	B 方式	C 方式
折旧费/日元	460200	481300	510500
运行成本/日元	669700	577700	557300
年度运行费用/日元	1129900	1059000	1067800

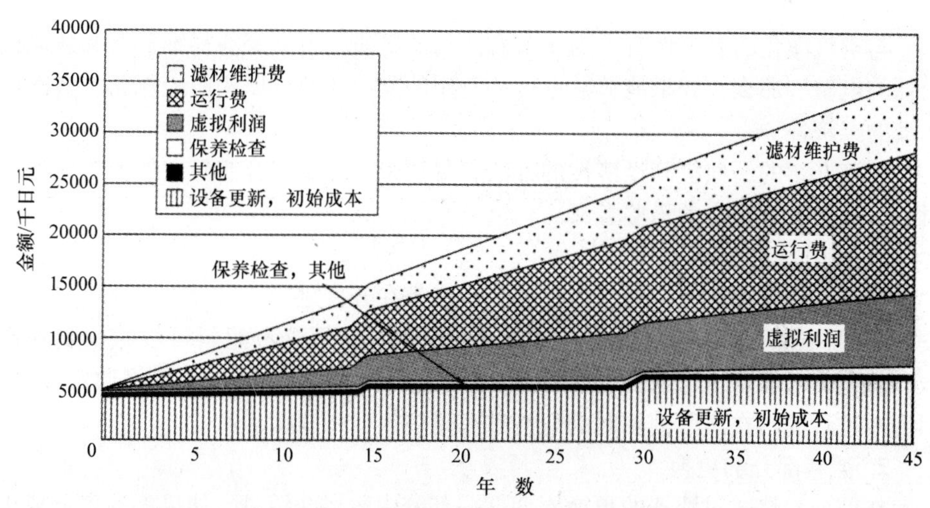

图 2.6.6　LCC 法的累积计算结果（采用 A 方式）

6.4.5　关于评价方法

以上介绍了投资回收期法、年度运行费用法以及 LCC 法这 3 种评价方法（评价指标的计算方法）。尽管通过上述方法能够得到很详细的结果，但这些结果却未必全部正确。这是因为，在既定条件下，所有的计算都只能得出一种结果，而该结果正确与否又是由计算条件的正确性来决定的。但是由于可以选择的设定条件非常多，因此随着计算条件的变化，所得到的结果也会是多种多样。

本节中所介绍的各种方法，实质上并不是用来计算简单的评价指标，而是一些用于获取评价所需判断材料的手段。虽然，尽可能多的收集各种材料，会非常有利于提高判断结果的准确性，但是如果不能正确把握这些材料所代表的意义，各种材料的堆积反而可能导致错误的判断。

总之，在进行评价时，首先应当明确的是到底需要进行什么样的评价，然后再在这一基础上选择相应的评价方法。同时，对于评价方法本身的评价也非常重要。

6.5 经济的空气净化

为了提高空气净化的经济性，需要考虑到以下一些基本问题。这些问题不仅仅是针对空气净化设备，而是可以应用于其他所有设备的通用事项。

1）减少负荷：减少颗粒物负荷（室内产生的颗粒物）。

2）适当的设备设定：设定适当的性能（颗粒物浓度、捕集率）和适当的容量（处理风量）。

3）提高耐久性：采用高耐久性的设备，或者通过加强维护来提高设备的使用寿命。

与空气净化的经济性有关的要素有滤料的更换·再生等滤料维护费和送风机消耗的电费。那么，如果能够减少这些费用的支出，就可以相应地提高空气净化活动的经济性。

以下介绍的一些提高经济性的办法，尽管未必完全切合实际，但作为讨论的对象，还是具有一定的借鉴意义。

1. 使用容尘量较大的滤料

目前，有很多容尘量高于以往的新产品都在开发之中。另外，如果有足够的安装空间，还可以选用袋滤器一类的过滤材料。使用这种滤料可以减少更换次数，从而有可能降低滤料的维护费用。但另一方面，由于其成本价格通常较高，因此对这种滤料在实际使用时的经济性还是应当仔细权衡。

2. 滤料部分的更换

在前面卷绕式过滤器的更换周期这一部分中曾经介绍过，如果将滤料分成很多较小部分逐步更新，那么设备整体的容尘量会大于单个滤料容尘量的问题。这种更新方法不仅适用于卷绕式滤料，同样也适用于将多个单元式或嵌板式过滤器组合起来使用的情形。不过，在使用这种方法时，需要考虑到滤料更换的工作量相应增加的问题。

3. 降低透过滤料的风速

如果降低透过滤料的风速，那么理论上过滤器的压降就会与其二次方呈正比例下降，同时捕集率也会有一定的增加。因此，如果以达到某一压降时即对滤料进行更换为前提，那么透过风速的降低，就可以增加容尘量并减少更换次数。另外，如果捕集率提高，那么就可以下调设定的处理风量。同时，随着压降的减小，整体上来看送风机的耗电量也会相应降低。不过，在使用这种方法时，需要考虑到初始成本的上升和设备占用面积的增大。

4. 滤料更换的低成本化

如果滤料能够再生，那么与之相对应的颗粒物捕集量的单价也会降低。由于即便是中效的单元式过滤器，也可以进行清洗再生的操作，因此这种滤料再生的办法比起单纯的滤料更换来说，更容易实现低成本化的目标。但是，对于再生过程中滤料出现的破损，或是滤料中残留颗粒物对后续净化性能的影响等问题该如何来进行评价，这也是今后需要研究的课题之一。

对于单元式或嵌板式过滤器，可以通过仅更换滤料，而将外框进行循环利用的方法，实现低成本化的目标。

5. 高效过滤器处理风量的减少

如果使用“处理风量×颗粒物捕集率”来表示空气净化性能，那么就能够通过使用捕集率较高的滤料，来相应地减少处理风量。但是，捕集率较高的滤料，通常会具有较高压降，同时其成本价格也会偏高。因此，尽管处理风量的降低，有利于节省送风机或管道系统的初始成本和运行成本，但这些优势是否能够与其对性能或成本造成的负面影响相抵，还需要进行充分的研究。此外，还应当注意的一点是，处理风量的设定并不一定是从空气净化的角度来决定。

6. 充分发挥滤料的性能

滤料一般能够在到达设定压力（最大压力）之前确保持续有效的使用。如果设置的送风机在滤料到达最大压降之前的这段时间内，不能提供必要的风量，那么也就无法维持足够的空气净化能力，这也是导致滤料更换周期缩短的原因之一。因此，特别是对于已经包装好的成套设备，需要明确送风机的性能是否可以充分满足所选滤料对风量的要求。

7. 适当调节风量

如果能够根据过滤器随时间出现的捕集率或者压降的变化或应维持的颗粒物浓度等，对送风机的送风量或送风压力进行相应调节，就可以降低送风机的能耗或者延长滤料的更换周期。但有时空气净化能力并不一定仅由处理风量所决定，并且还会涉及风机调节成本增加等问题，因此在该方法具体实施之前还应进行充分的论证。

6.6　未来有关经济性的研究

在某个建筑竣工后将会产生的费用包括维护管理费、设备更新费、建筑整修费以及建筑最终废弃时的拆除费用等。上述贯穿于建筑物整个生命周期的费用(LCC)，将会是建筑物建设支出（初始成本）的数倍以上。因此，有关建筑经济性的研究，应当从规划·设计开始，从建设施工到实际使用，最后再到拆除废弃这种长期的视角来进行。

在这个重视“地球环境”的时代，公众对降低环境负荷㊀的要求不断提高。随着建筑·设备的“长寿命化”、节能环保、废弃物的科学处理等建筑物生命周期问题的相关研究的不断深入，人们逐渐开始追求与以往不同的价值判断或评价标准。并且，从长期的观点来看，与环境负荷有关的因素，无论是直接还是间接，都会涉及经济性的问题。

今后，除了初始成本和运行成本这样的简单计算方法外，还有必要增加LCC，甚至是$LCCO_2$㊁或LCA㊂等的环境评价指标作为空气净化领域中经济性的判断指标。

参考文献

1) 樋口 幹，伊庭 淳：研究報告「エアーフィルターにおけるろ材の部分交換による効果」，粉体工学研究会，Vol. 6，No. 5，粉体工学会（1969）

2) 建設大臣官房官庁営繕部監修：建設省建築工事積算基準（平成9年板），建築コスト管理システム研究所，公共建築協会（1997）

3) 建設大臣官房官庁営繕部監修：建築保全業務積算基準（平成6年板），建築保全センター，経済調査会（1994）

4) 建設大臣官房官庁営繕部監修：建築保全業務共通仕様書（平成6年板），建築保全センター，経済調査会（1994）

5) 建設省住宅局住宅建設課・建築指導課監修：建築物のLC評価指針一より合理的な建築投資のために一，建築・設備維持保全推進協議会（1990）

㊀ 环境负荷：环境可以耐受的影响程度。

㊁ $LCCO_2$：生命周期二氧化碳排放量。产品从制造、使用，直到废弃的过程中的二氧化碳排放量。

㊂ LCA：生命周期评价（Life Cycle Assessment）。评估某件物品从使用直到废弃这一过程中，对环境产生的各种各样的影响。

第3篇

应 用 篇

第1章　普通楼宇的空气净化

1.1　住宅以外普通楼宇空气净化的特殊性

1.1.1　大气污染的影响

普通楼宇（除住宅外）通常集中在城市地带，多数情况下其周围环境空气中的悬浮颗粒物、气态污染物以及恶臭气体等污染物的浓度都相当高。特别是在工业区域、交通主干道沿线、大城市的中心区以及距离火山较近的地区等，都显示出各自不同的大气污染特征。

当普通楼宇中没有换气设备或空调设备时，其内部的空气环境会直接受到外部环境空气污染的影响，而即使在有空调设备的情况下，因为需要导入一定量的室外空气，所以也不能忽视外部空气所带来的影响。这就意味着，在这些普通楼宇中，有时会需要对导入的外部空气实施净化，特别是在大气污染非常严重的地区，还必须设置高效空气过滤器等净化设备。另外，当外部空气中有恶臭污染时，还需要安装恶臭气体净化设备。

1.1.2　室内的空气洁净度

对于建筑物内部的各个空间来说，其使用的目的不同，相应地对空气洁净度的要求也会有所不同。但是，因为一般的大楼主要是人们用来居住或者活动的场所，所以必须考虑到使用者的舒适性和健康性。也就是说，在设定室内空气的洁净度时，应当参考本书第1篇2.2.1节中的相关内容[1)]。那么，“楼宇卫生管理法”[2)]中规定的一些空气环境标准就可以作为洁净度设定的依据。

但在以上标准中仅对颗粒物、一氧化碳和二氧化碳规定了相应的浓度限值，所以对于其他一些污染物还需要另行讨论。例如，除了上述主要以居住者或室内工作人员为对象的写字楼或居民楼以外，在商店等的环境中，还需要考虑到那些有可能会被SO_2、NO_2或O_3等腐蚀的金属或其他材料的商品。因此，类似这些污染物的相关标准也十分重要。

但是，由于目前还没有关于这些污染物的室内环境标准，因此，一般参照的还是室外环境空气的一些相关限值。另外，虽然日本在国家层面上没有制定相应的标准，但是在空调·卫生工学会有关换气方面的标准中[3)]，规定了一些污染物的基准值，因此可以暂作参考。

1.1.3　室内污染的产生

建筑物内部的污染主要来自于室内污染源的排放。在一般的大楼中，室内产生的污染种类繁多，并且对于不同类型的建筑物，其污染的组成也存在着明显的差异。实际室内环境中污染物排放量的数值请参照第1篇5.5节中的相关内容[4)]。

写字楼内部的主要污染物排放源是在室内工作的人群。但这些污染并非是由人体直接排放的CO_2或体臭等，而大多来源于人员活动所带来的衣物或地板墙壁上的颗粒物。此外，还包括伴随着吸食香烟所排放的香烟烟雾、一氧化碳、二氧化碳和异味气体等。

特别是在会议室等环境中，尽管空间比较狭小却有大量的吸烟排放，所以必须采取相应的对策。同时，写字楼等场所主要都是在白天使用，而夜间则基本处于关闭状态。此外，还应注意的是，当室内人员离开后，应尽快进行清扫。

在室内环境中，位于第二位的污染物排放源是建筑本身所使用的各种建材、装修装饰材料、家具、自动化办公设备以及一些建筑设备等。最近人们常常提到的甲醛、挥发性有机物等化学物质，以及颗粒物、细菌、真菌、臭氧、氡和石棉等，都来自于上述排放源。

尽管在商业大楼中，主要的污染排放源是工作人员和顾客，但在处理产生异味的食品等商品时，还必须考虑到由这些商品所造成的污染。另外，像百货商场这种有大量顾客来回移动的场所，来源于人体的污染排放量也会非常大。

地下商店街和百货商场的情形几乎相同。不过因为地下街通常还会作为行人通行的地下道路，所以还有必要掌握相应的人流量。另外，因为地下街还有很多与外部地面街道相连通的出入口，所以地面街道的污染空气也会大量流入，这也是重要的污染负荷之一[4)]。

与写字楼的情形相似的是，滞留在剧场·电影院等建筑中的人员也是污染物的排放源。但是，因为在这些场所内的座位上均禁止吸烟，从而使得能够吸烟的空间十分有限，所以这一点非常有利于对污染物的处理。另外，观众的人数会时刻发生变化，特别是根据日期的不同，人数的变化还会非常大，这也是该类建筑的重要特征。例如，若座位满员，则站席人数便大量增加，这时如果再加上坐席的人数，那么室内人员的数量就会大幅上涨；但另一方面，如果观众较少，室内人数也就会变得非常少。因此，当建筑内部的污染排放量有很大变化时，为了保持室内所需要的洁净度，空气净化器的负荷也会有很大的变化。那么，这时就应当根据室内人员的数量，对外部空气的导入量做出相应的调节。

除了上述建筑，最近“综合性建筑”也越来越多。所谓的“综合性建筑”就是将商店、写字间和住宅这3种用途两两结合，甚至是将3种以上的用途综合使用的建筑。而在这些建筑中，污染的种类和发生量都呈现出很强的区域性。因此，对于建筑内部空气净化的相关规划，也应当根据各个区域中污染的实际情况分别进行。

也就是说，在根据建筑内部各个区域的不同性质，设置相互独立的空调系统时，还需安装相应的空气净化设备。例如，在住宅区域选择专门用于处理颗粒物的普通空气净化器，而对于商店等颗粒物发生量较大的区域，则需要使用高性能的过滤器，并在其上加装除臭装置。

1.1.4 导入的室外空气量（必要换气量）

当建筑物周围的环境空气较为清洁时，如果想要维持本书第1篇第3章中提到的室内空气环境标准，那么可以把室内的污染空气排到室外，并从室外导入新鲜干净的空气即可（换气稀释）。另外，如果室内产生的污染可以被完全净化，并同时还设置有可以补充氧气消耗的供氧设备，那么从理论上讲，即使完全不导入室外空气，也可以维持室内环境的洁净水平（机器净化）。其中，前者是通过换气维持室内空气洁净的方法，而后者则是潜水艇或宇宙飞船所采用的方法。

目前，大部分的楼宇中都安装了空调设备。虽然从节能的角度考虑，应当尽量减少室外空气的导入量，并在室内空气的内循环过程中，利用空气净化器去除其中的污染物质，但是仍然需要确保一定的室外空气导入量。这时，把需要导入室内的最小室外空气量称为必要换气量。

1. 导入室外空气的必要性

如前所述，如果有理想的空气净化器和供氧设备，理论上来说就不再需要外部空气的导入。但即使是对于那些专门用来处理颗粒物的空气净化器来说，也不可能除去空气中所有的颗粒物。并且在室内环境中，除了颗粒物之外还会产生有很多其他的污染物，其中包括室内人员排放的 CO_2、体臭、水蒸气·CO 以及香烟烟雾中含有的很多复杂的物质。同时，还有很多污染物是现有空气净化器所无法完全处理的。

由于以上原因，通常来说，室内空气净化在实质上还是通过与室外空气的交换来对室内污染物进行去除的，因此这时就需要明确所需要的最低限度的换气量。早在很多年以前就已经出现了“必要换气量”这个概念，Yaglou 将体臭作为其中的一个要素，提出了去除体臭所需的必要换气量[6)]；Pettenkopfer 等人以 CO_2为指标，提出了去除 CO_2所需的必要换气量（见表 3.1.1）[7)]。尽管能够对人体产生损害的 CO_2浓度相当高，但是在人体排放的污染物中，还有很多未知的物质也会给日常生活带来影响，于是为了将室内人员给环境所造成的影响控制在最小限度以内，通常把 CO_2作为判断的指标之一。因此，无论表 3.1.1 中的 CO_2浓度是 700×10^{-6}还是 1000×10^{-6}，都没有相应的毒理学依据，而是根据长期以来积累的经验，将这些指标用于建筑规划或设备管理等活动而已。

表 3.1.1 以二氧化碳（CO_2）为指标的必要换气量标准[6),7)]

浓度（$\times10^{-6}$）	影响	摘要
700	确保大多数人可以继续留在室内时的容许度（Pettenkopfer 理论）	并非 CO_2 自身的有害限度，而是空气中的物理化学特征，随着 CO_2 的增加，空气中的物质会产生恶化。这是将 CO_2 作为污染指标的容许度
1000	一般情况下的容许度（建筑标准法实施令第 129 条 2.2 中第 3 项和 Pettenkopfer 理论中的短期容许度）	
1500	换算计算中使用的容许度（Rietchel 理论）	
2000~5000	相当不好的状态	
5000	最不好的状态	
4%~5%	刺激呼吸中枢神经，增加呼吸的深度和次数。吸入时间较长会出现危险。很快出现缺氧症状	
8%	呼吸 10min，会出现强烈的呼吸困难、面部潮红，并引发头痛。出现显著的缺氧症状	
18%以上	具有致命性	

注：日本建筑学会编："换气的计划"，设计计划手册 18，《换气设计》，p4（1965）。

2. 外部空气导入量的标准

根据"楼宇卫生管理法"[2)]中的相关规定，对于安装有空调设备的建筑物，其内部环境必须符合表 3.1.2 的各项标准。而从制定该标准的宗旨来看，其中的 CO_2 就必须通过换气才能够达标。

表 3.1.2 "楼宇卫生管理法"[2)]中的标准

项目	标准
悬浮颗粒物/（mg/m^3）	0.15 以下
一氧化碳（$\times10^{-6}$）	10 以下
二氧化碳（$\times10^{-6}$）	1000 以下
温度/℃	17 以上 28 以下 当室内温度低于室外时，温度差不应过大
相对湿度（%）	40 以上 70 以下
气流速度/（m/s）	0.5 以下

虽然在不同的活动状态下，室内每个人的 CO_2 排放量会有所不同，但对于从事事务性工作的人员来说，1 个人大约会排放 $20L/h=20\times10^3 mL/h$ 左右的 CO_2。所以，在气密性完好的建筑中，人均必要换气量 V 为

$$V=\frac{M}{C-C_o} \tag{1.1}$$

式中，C 和 C_o 为室内、外的 CO_2 浓度（$\times 10^{-6}$）；M 为室内的 CO_2 排放量（m^3/h）。

表 3.1.3 为除居室以外其他类型空间的必要换气量的示例[3)]。

表 3.1.3 居室以外空间的必要换气量的示例[3)]

空间类型	换气原因					换气方式④			换气次数/(次/h)
	臭气	热	湿气	有害气体	补充氧气	第1种	第2种	第3种	
厕所·洗漱池	●						×		5~15
更衣室	●						×		5
烧水房		●	●		●		×		20~40KQ①
书库·仓库	●	●	●				×		5
暗室	●	●		●			×		10
复印室	●	●		●			×		10
浴室			●				×		3~7
厨房		●	●		●		×		30~40KQ①
商用厨房	●	●	●		●		×		20~40KQ①
锅炉房		●			●			×	(10~)
冷库				●			×		(5~)
电气室		●					×		(10~15)
发电机房		●			●		×		(30~50)②
电梯机房		●					×		(10~30)
停车场				●			×		(10)③

注：●需要特别考虑的要素；×一般不采用的方式。

① 单位（m^3/h），根据排气罩的具体情况，如果是 I 型，可以减小到 30KQ，II 型可以减小到 20KQ。一般情况下，在厨房使用 I 型排气罩，在商用厨房使用 II 型排气罩。

② 非运行时约为 5 次/h。

③ 依照相关法规。

④ 参照 7 章 7.1 节。

（）内的换气次数仅用于初步规划，而实际设计时必须在确认发热量、容许增温幅度或相关法规的基础上，来决定给排气量。

另外，正如前面所提到的那样，对于那些楼宇管理法没有涉及的污染物，虽然在日本还没有国家层面上的相关标准，但是可以将空调·卫生工学会制定的各种标准作为参考（见表 3.1.4）。

表 3.1.4 空调·卫生工学会的标准[3)]

污染物	设计标准浓度	备注
二氧化碳①	1000×10^{-6}	参考楼宇管理法②的标准

（续）

·单独指标的污染物和设计浓度

污染物	设计标准浓度③	备注
二氧化碳	3500×10^{-6}	参考加拿大标准
一氧化碳	10×10^{-6}	参考楼宇管理法
悬浮颗粒物	$0.15mg/m^3$	（同上）
二氧化氮	210×10^{-9}	参考 WHO② 小时标准值
二氧化硫	130×10^{-9}	参考 WHO 小时标准值
甲醛	80×10^{-9}	参考 WHO 的 30min 标准值
氡	$150Bq/m^3$	参考 EPA② 的标准值
石棉	10 支/L	参考日本环境厅大气污染防治法的标准值
总挥发性有机物（TVOC）	$30\mu g/m^3$	参考 WHO 小时标准值

① 此处的二氧化碳标准浓度 1000×10^{-6} 为室内空气污染的综合性指标，而并非二氧化碳的健康影响限值。也就是说，如果无法对室内各种污染物进行分别定量，那么当二氧化碳达到该浓度水平时，可以认为其他污染物浓度也会相应地按比例上升。在室内全部污染物的排放量都为已知，而且都有相应的设计标准浓度时，就可以不必使用 1000×10^{-6} 的二氧化碳标准值了。这时，可以采用二氧化碳自身的健康影响值 3500×10^{-6}。

② "建筑环境卫生管理标准" 简称 "楼宇管理法"；"世界卫生组织" 简称 "WHO"；"美国环境保护署" 简称 "EPA"。

③ 设计标准浓度（$\times10^{-6}$）和（$\times10^{-9}$）为，当25℃、1atm 时，由质量浓度换算得到的体积浓度。

1.2 规划方法及相应的设备

1.2.1 楼宇空气净化的规划原则

有关住宅和写字楼等普通楼宇的空气净化，基本都要以优先确保室内人员的健康为前提。特别是对于那些在空调房间内工作或居住的人员来说，几乎不可能由其本人对室内的空气环境进行调控，因此实质上都是处在被动的地位。这时，如果空调设备向室内的送风中含有大量污染空气，就等于是强制性地制造了污染的空气环境，这样就会对室内人员的健康产生极大的危害[8)]。

另外，根据对象建筑的不同用途，有时还需要保护室内安装的设备或陈列的展品。例如在新建的文化设施中，展览橱窗、内部装饰材料和混凝土等挥发出的有机酸、甲醛和氨等物质，会使展品受到变色、甚至腐蚀等影响[9)]。

基于以上背景，在对空气净化进行相关规划时，为了使所选择的空气净化系统能够有效发挥其各项性能，必须遵守以下原则：

1. 抑制排放

除了以二氧化碳为首，由人类活动排放的物质外，还应注意对其他一些室内空气污染物进行相应的控制。例如，对于近年已成为环境问题的各种建筑材料、家具，以及其他材料中释放的气态污染物等，可以通过选用低挥发性材料的办法来降低其室内的污染浓度。

另外，对于作为室内污染排放源之一的香烟燃烧，近年来已经通过设立吸烟区域的办法来对其进行了相应的控制。所以，类似这种污染·非污染区域的分区规划也可以获得一定的效果。

2. 净化

在室内环境中，如果局部污染物排放量较大，可以使用排风罩将这些污染物聚拢起来，并通过局部排气将其去除。而当污染物的排放源遍及室内各处或者来源不明时，就需要通过增加换气次数的办法，使污染物加速向室外排出。此时需要注意气流流动状态的设计，以避免室内出现空气滞留区域。另外，除了简单地由外部空气进行稀释外，还可以使用空气净化器来去除或分解各种污染物质。总之，对于准备安装空调设备的普通楼宇，都必须在考虑到以上两个方面的前提下进行相应的规划。

3. 遵守环境标准

在进行室内空气净化的规划时，必须遵守法律规定的环境标准，或是对于某些特定的室内环境，借助一些手段或技术后应当达到的标准。例如，“确保建筑卫生环境的相关法律”中的相关标准。但是，这些标准仅对悬浮颗粒物、一氧化碳和二氧化碳的浓度做出了相应的规定，而在实际室内环境中还需要考虑到外界大气污染物的影响，以及室内污染源排放挥发性有机物和氮氧化物时的情况。特别是进入20世纪90年代以来，有关颗粒物或挥发性有机物等气态污染物对人体的影响等逐渐引起了人们的重视，因此在制定空气净化的规划时，也应当考虑到这些污染物的问题。在第1篇第3章和第1篇第2章中，分别对环境标准和污染物的人体影响这两个方面进行了介绍。

4. 净化方式的选择

应当根据不同排放源的特征，来选择最适合的净化方式。当具体污染来源不明或出现人体这种移动性的污染源时，除了熟知的扩散法外，还可以借助活塞流法或置换法来确定净化的方式。图3.1.1所示为这些方法的概要图。

（1）扩散·稀释法

扩散·稀释法的基本概念为，使用清洁空气进行稀释与混合。假定从污染源排放的污染物处于完全混合的状态，也就是说瞬间就可以形成均匀扩散，那么可以根据室内要求的洁净度或污染物的排放量，来确定供给空气的洁净水平和换气次数等。虽然使用这个方法可以获得较好的效果，但是有可能会出现因气流紊乱而导致污染物在室内反复循环的情况，所以在洁净度要求很高的洁净室中，需要对人员和设备进行合理的布局。

（2）活塞流法

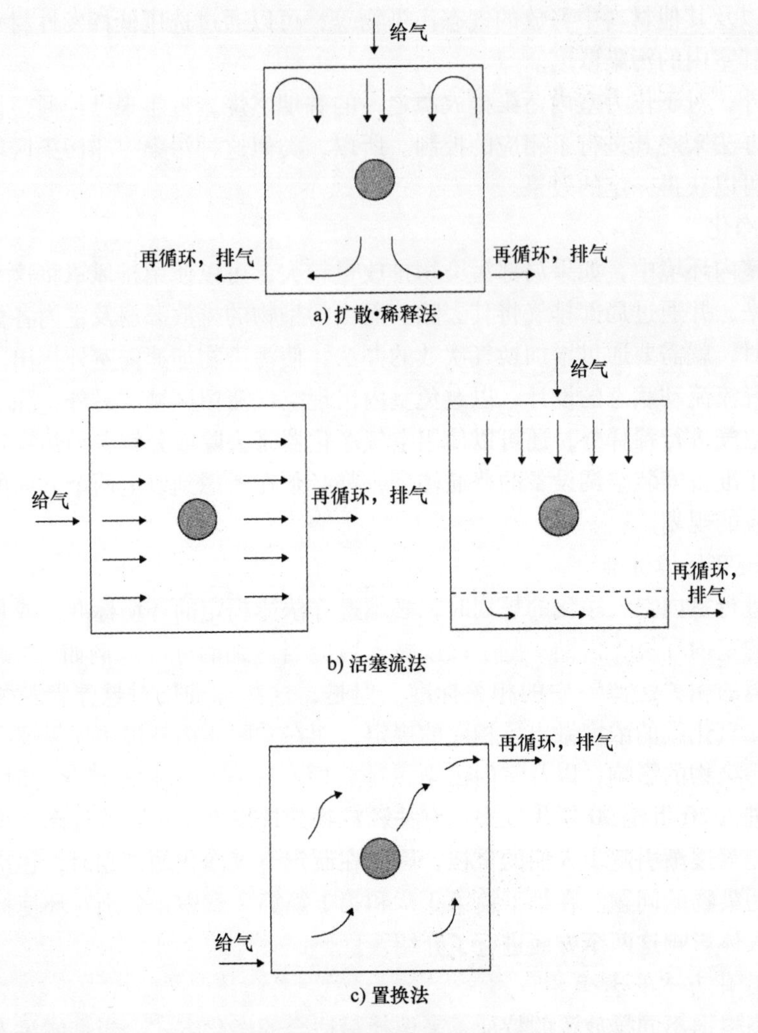

图 3.1.1　3 种不同的净化方式

活塞流法指的是在向室内供给清洁空气时，不使污染源排放的污染物形成扩散，而是其通过单一方向气流迅速向室外排出的方法。这种方法除了可以使整个室内空间形成单向流以外，也可以用于局部空气的净化和排气。如果向室内供给清洁空气，使用该法时可以使污染源的上游一侧获得一定的洁净度，但是如果在整个室内都采用这种方法，所需要的设备费和运行费将会远远高于其他方法。此外，使用该方法时还需要注意的是，污染源排放的污染物有时会在气流下游一侧15°的范围内移动。

（3）置换法

置换法是一种借助从室内下方通入的低温空气，以使污染物从室内上方排出的方法。该法对于那些因发热而形成上升气流的污染源特别有效。

5. 换气方式的选择

换气方式通常由对象空气和房间用途来决定。例如，当希望室内空气保持洁净时，应当确保室内保持正压，而在不想令室内污染物排出室外时，要确保室内呈负压状态。图3.1.2所示是3种不同的换气方式。

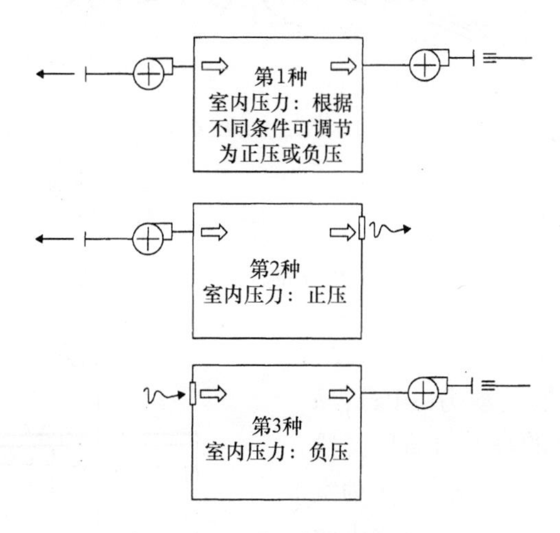

图3.1.2　3种不同的换气方式

(1) 机械换气

1) 第一种：该法为通过送风机的给排气作用来进行换气的方法。使用这种方法时，室内空气的压力很容易取得平衡，所以无论是正压还是负压都能够方便地实现。

2) 第二种：该法使用送风机等进行给气，而排气则通过排气口自然排出(自然排气)。如果排气口设置得当，那么可以确保室内维持正压状态。

3) 第三种：该法通过给气口自然给气（自然给气），并使用送风机进行排气。如果给气口设置得当，可以确保室内维持负压状态。该法特别适用于工厂等环境中有害物质的完全排出，或是避免厕所等产生的臭气出现泄漏等情况。

(2) 自然换气[10)]

与使用送风机等机械力进行的机械换气相对应的是，温差或风则是自然换气的驱动力。图3.1.3所示是大型空间中自然换气设备（使用屋顶通风器）的示例[4)]。另外，根据建筑标准法中的相关规定，自然换气设备的给气口要尽量设置在较低处（室高 H，则在 $H/2$ 以下)；而排气口则不应仅为一个简单的开口，还要加装一个排气管，并且排气管的开口要尽量设置在较高处。

1) 温差换气。图3.1.4所示是建筑标准法中的自然换气设备。温差换气的公式如下[12)]：

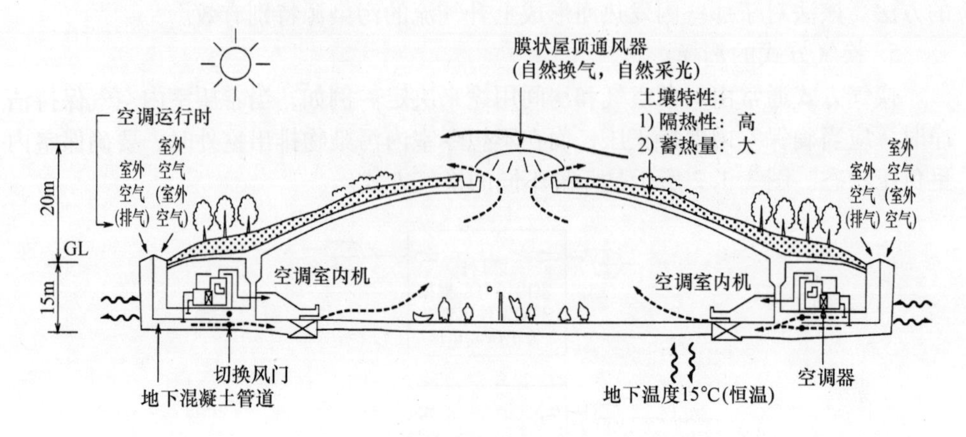

图 3.1.3 大型空间的环境规划示例[11)]

$$P_t = h(\rho_o - \rho_i) \quad (1.2)$$

式中，ρ_t为温差的换气动力（Pa）；h为给气口和排气口的高差（m）（给气口和排气管开口处的高差）；ρ_o为室外空气的密度（kg/m^3）；ρ_i为室内空气的密度（kg/m^3）。

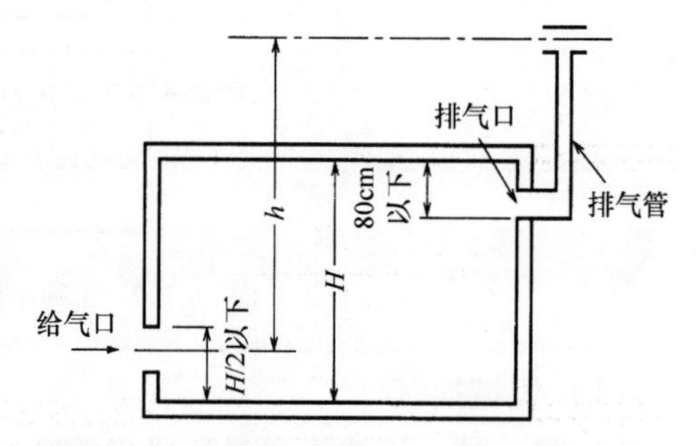

图 3.1.4 建筑标准法的自然换气设备[12)]

2）风力换气。借助风力进行换气的公式如下：

$$P_w = \frac{C\rho_o v_o^2}{2} \quad (1.3)$$

式中，P_w为风的换气动力（Pa）；ρ_o为室外空气的密度（kg/m^3）；v_o为标准高度处的平均风速（m/s）；C为风压系数。

风压系数是表示建筑周边状态的数值，图 3.1.5 即几个典型示例[13)]。

6. 空气污染浓度的计算方法[14)]

有关空气污染浓度的计算方法在第 1 篇第 5 章中已经作了相关介绍，此处针对的是普通空调系统（参照图 3.1.6）通过扩散方式进行净化时的情景。此时，稳定状态下室内空气污染浓度的公式如下：

$$C = \frac{(pp_f Q_f + Q_{ns}) C_o + M}{(1 - rp) Q_r + Q_{nr}} \quad (1.4)$$

如果将 C 作为室内可容许的空气污染浓度，那么当已知 C_o和 M 时，就可以通过式（1.4）来设计相应的 p 和 p_f。式中的 Q_f由必要换气量（基本上按照 $30m^3$/（h·人）计算）来决定；Q_{ns}和 Q_{nr}必须通过建筑的结构或净空尺寸来估算。而 Q_s、Q_r和 r 则主要借助系统热负荷之间的关系来求出。

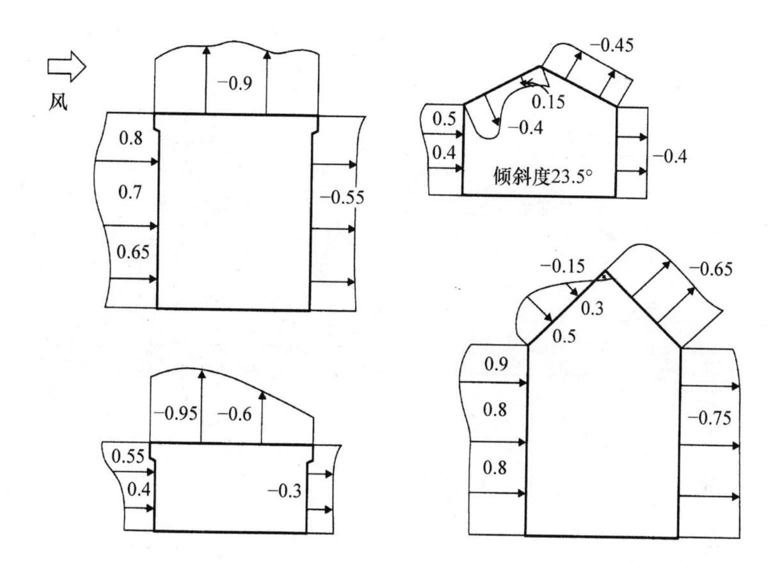

图 3.1.5　风压系数的示例[13)]

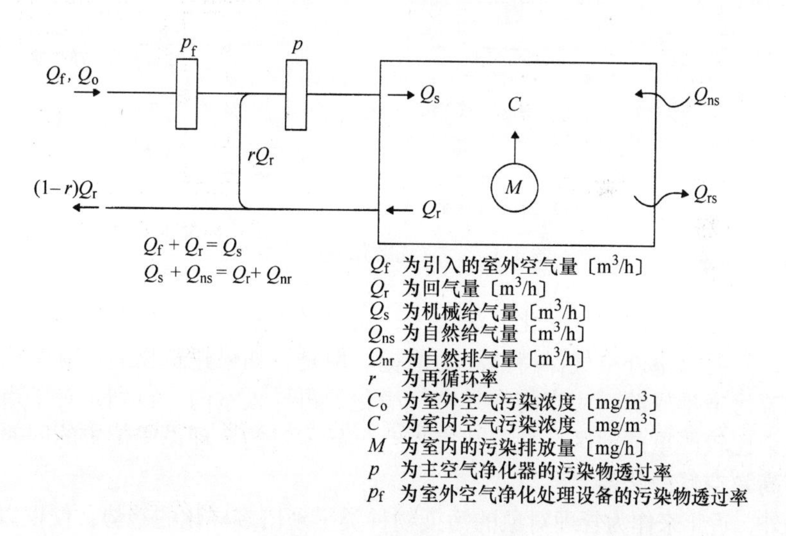

图 3.1.6　普通空调系统

1.2.2　空气净化系统的分类

空气净化系统按照不同的目的和方法通常可以分为 3 类。图 3.1.7 所示为相应系统的示例。

1. 给气体系的净化

给气体系的净化又可分为以下 3 类：

（1）室外空气体系

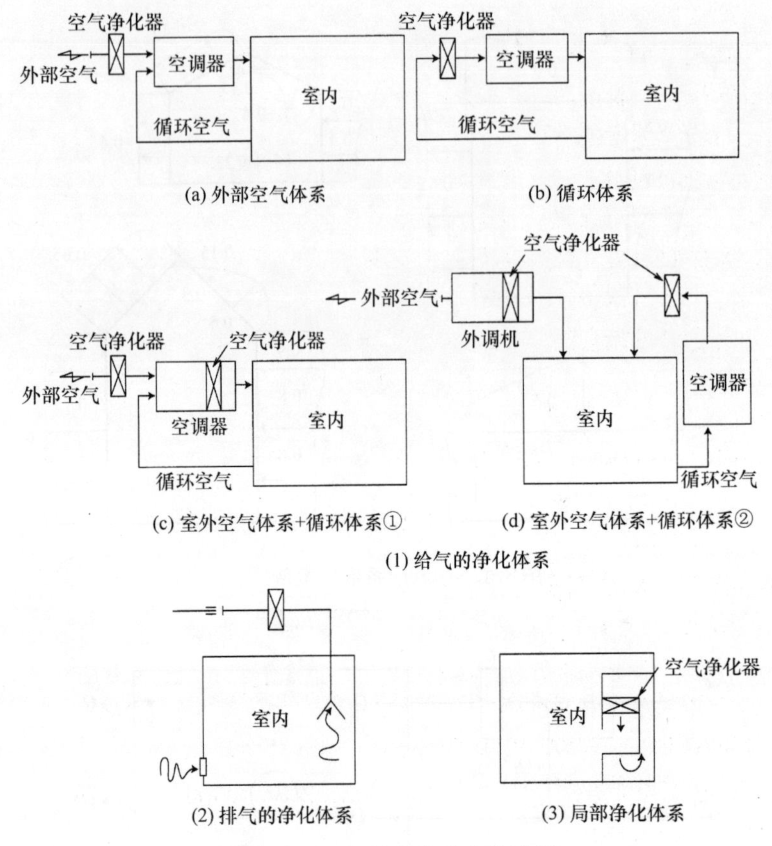

图 3.1.7　空气净化系统的示例

作为传统的室内空气净化方法之一，通过导入室外空气来对室内污染物进行稀释时，需要以室外空气保持洁净为前提。但是，如果建筑物周边有交通主干道或烟囱等污染排放源，应当将室外空气净化后再导入室内。特别是对于市中心等大气污染比较严重的地区，在寻找室外空气导入口的合理设置位置的同时，还必须选用高效空气净化器。

此外，近年来作为管理对象的污染物种类呈现出多样化的趋势，仅仅以去除颗粒物为目的的净化系统已经无法满足相应的需求。因此，随着针对污染气体的净化逐渐进入人们的视野，应在开展相关研究的基础上，选择最适合的空气净化系统。

（2）循环体系

只要不存在特殊情况，一般的空调系统都会使空气在室内进行循环。由于这时室内排放的污染物也会加入到循环空气中，因此有必要对这些循环空气实施净化。另外，对于厕所或某些特殊的病房，以及一些因污染排放量较大而不希望发生空气内部循环的房间，即使在循环体系中可以安装空气净化设备，但是也不应使上述环境产生的污染空气进入到各自的循环体系中。

（3）室外空气＋循环体系

这是将上述（a）、（b）两项相组合在一起而形成的体系。该体系的净化可以分为两种情况：一种是将室外空气和室内循环空气分别净化后再混合到一起；而另一种是将以上两者混合到一起后再进行净化。

2. 排气系统的净化

当室内污染物的排放量较大，或者室内发生的污染物有可能会对外部环境产生影响时，就需要对排气体系进行净化处理。这时，为了避免污染物在室内的扩散，还应当使用排风罩将这些污染物聚拢后进行局部排气。另外，还要充分考虑到空气净化器自身可能会给净化对象和外部环境所带来的影响，并在此基础上选择适当的设备。

3. 局部净化

有时候只需要对房间的某一区域或者对象产品和人员实施净化。市售的超净工作台、手套式操作箱以及防护面罩等，即该法相应的净化方式。此外，也可以借助喷嘴喷出的清洁空气，进行点式净化处理。

1.2.3　各类楼宇中的空气净化规划

1. 共同事项

建筑物内部空气净化工程的规划流程大致如下：

（1）讨论并制定设计条件

根据对象房间内人员活动或物品保护的类型等，确定所需的洁净度。有关这一点，在设计时大多会参考第1篇第3章中所述的环境标准。

（2）污染物的定量化

从室内排放和外部入侵这两方面着手，对污染物在室内的吸收和释放现象进行定量预测，并将结果作为设计值。

（3）污染现象的模型化

在充分考虑到污染物的排放量和混合状态（稳定充分混合或其他）的基础上进行定量预测，进而研究并总结相关注意事项及问题点等。

（4）确定空气净化系统

在以上事项的基础上，计算空气净化系统的性能（净化能力、送风量、导入的室外空气量等），从而确定最适合的空气净化系统。

（5）运行过程中的事项

为了维持目标洁净水平，讨论相关必要事项（设备维护等）。

（6）计算成本和对环境的影响

除了初始成本和运行成本以外，还需要针对维修、更新以及对环境影响的评价等，计算相应的CO_2释放量、成本和能耗。

（7）其他注意事项

以上讨论主要针对的是建筑内部的空气净化系统，而在对于外部空气导入口的设置，重要的一点就是要掌握室外空气环境的状况。其中，首先应当要避开冷却塔和烟囱。除此之外，当建筑周围存在较大污染排放时，由于受建筑周边气流的影响，墙壁处的污染浓度通常较高，而这时污染物就有可能进入漩涡区域内等不易扩散的位置。因此，对于有可能会受到大气污染影响的城市区域建筑来说，应当慎重选择室外空气导入口的位置。尽管要想充分掌握建筑周边的气流分布情况，并正确预测污染物扩散状态，就需要进行数值计算或风洞实验，但如果仅是简单预测，那么了解建筑周围的气流模式便足矣[15)]。图 3. 1. 8 所示为高、低层建筑共存时的气流模式[16)]。

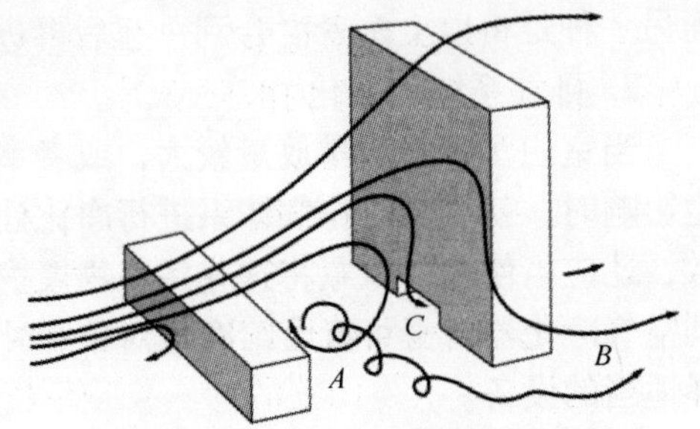

在图中A、B和C各点处的风力都有可能变强
A：逆流流域　B：绕流流域　C：底层架空流域

图 3. 1. 8　建筑物周围的气流模式（当低层和高层建筑分别处于上风和下风区的位置时，建筑周围的气流模式）

2. 商用楼宇

商用楼宇包括写字楼、出租楼，以及综合楼等几种形式。那么，相应地根据一个公司单独使用、多个承租者共同使用，以及多功能综合使用等的不同使用方式，楼宇的使用时间和管理方法也会有一定的差别，并且有时也需要分别设置相应的净化设备。因此，在规划商务楼的空气净化系统时，也有很多需要考虑的因素。

另外，随着对吸烟控制的不断推进，在大部分的商用楼宇中都会设置专门的吸烟区域。而在这些吸烟区域内会出现很高的污染浓度，并且其周边的空气环境有时也会受到严重的影响。因此，需要积极采取增加换气量、安装空气净化设备以及调节气流等各种对策来防止污染的扩散。

由于在一般的商用楼宇或是类似的楼宇中，污染的排放量基本上都比较稳定，因此依照本篇 1. 2. 1 节中介绍的原则对空气净化进行规划即可。

此外，还需要注意的是，除了系统的可自动维护性外，随着人们对舒适度要求的逐渐提高还出现了设备定制化的倾向，因此未来对于柔性系统将会有更大的需求。

3. 宾馆·酒店等

作为住宿设施的各类宾馆和酒店，大多都会提供会议、宴会和餐饮等服务。并且最近还出现了集住宿、休闲、运动以及商品销售等为一体的综合性设施[17)]。

虽然对于这一类场所中空气净化的规划方法与商用楼宇几乎相同，但因为宴会厅等环境中人员密度的变化较大，所以必须确保足够的换气量。另外，由于有时也会将宴会厅作为会议室或展厅使用，甚至还会设置各种独立的摊位，因此相应地要注意针对局部区域空气的净化。

4. 商铺

商铺的特征为，由于进出人数不定，且休息日与工作日的人数差异较大，从而导致人员密度会不断出现变化，因此，随着店内人员的来回走动，其环境中的颗粒物排放量是普通楼宇的2倍[18)]。同时，服装店中还会产生纤维状的颗粒物，所以排放量也会更大。因此，在讨论净化设备的性能及维护的同时，还需考虑到上述这些问题[19)]。

此外，百货商店或超市中的食品区可能会有异味散发，所以应当注意避免该区域中的空气参加整个内部循环[18)]。

5. 剧场·电影院等

与普通楼宇相比，剧场或电影院等场所中的人员密度会更高，所以相应的演出或放映大厅内的空气洁净度也尤为重要。不过由于这些大厅通常都是禁烟的环境，所以在这一点上的排放问题也会相对较少[20)]。但是，随着活动内容的不同，有时参与者会表现得比较活跃，从而容易导致颗粒物排放的增加[18)]。另外，还需要引起注意的是，根据休息时长或时段的不同，接待大厅内的人员密度会出现上升，再加上如果有吸烟情况的发生，那么此处空气中的污染物也会相应增加。

6. 美术馆·博物馆等

在美术馆或博物馆等环境中，最基本的一点就是要注意对存储或展示中的藏品进行保护。这些藏品的老化或损坏，不仅与霉菌或颗粒物等的污染有关，而且还可能是由于受到了酸性气体的腐蚀[9)]。表3.1.5为主要的污染物对文物的影响[21)]。

表3.1.5 空气中的主要污染物对文物的影响[21)]

空气中的污染物	对文物的影响	对策
颗粒物	颗粒物在文物表面沉积，并在湿气的作用下被部分溶解、黏结后，会对藏品的材质产生影响	设置高效除尘过滤器
盐（海洋飞沫）(NaCl)	附着于文物表面，并在湿气的作用下发生黏结，引起腐蚀。特别要注意建在海边的设施	设置防盐害过滤器
二氧化硫（SO_2）	在水分作用下形成H_2SO_4，从而对纸或棉等的纤维材质，或者皮革、染料、金属类、石灰石、大理石、墙灰等形成腐蚀。	设置装有活性炭过滤器，或者水或弱碱性溶液的空气净化设备
硫化氢（H_2S）	对银或钢材质的制品具有腐蚀性（发生于沼泽、温泉或者被污染的河流。与硫化氢相类似的硫醇类有机硫化物则来自于垃圾堆放场等）	设置装有活性炭过滤器，或者水或弱碱性溶液的空气净化设备
氨（NH_3）	和空气中的SO_2反应会形成硫酸铵，并附着在油画表面，该现象被称为Blooming（产生于化工厂或炼油厂等）	设置空气净化设备
氮氧化物（NO、NO_2）	对染料有影响（产生于燃料的燃烧或化学工厂等）	使用添加碱性化学物质的活性炭过滤器（NO_2），紫外线照射
臭氧（O_3）	入侵全部的有机物纤维材料、涂料、胶水、染料和橡胶等（注意电集尘器会发生臭氧）	设置活性炭过滤器
二氧化碳（CO_2）	容易形成碳酸盐的颜料，对没有保护膜的物体产生影响（由观众的呼气产生。房间换气不充分时会行成高浓度CO_2）	充分换气

7. 医院

医院里的患者会携带有各种类型的病原菌。所以，对于因各种手术或治疗引起免疫力低下的患者，甚至普通人员，都要防止院内感染的发生。这时，就需要对病原菌采取“不带入”、“不流出”、“不扩散”，或者阻止其繁殖的对策。那么，在进行空气净化的规划时，也要充分考虑到以上这些问题。有关医院内部的环境标准请参照第1篇第3章中的相应内容。

8. 工厂

在工厂的生产过程中排放的各种污染物（颗粒物·气态污染物），不仅会对劳动者或产品乃至生产设备带来影响，而且还可能对建筑物外部的环境产生一定的影响。因此需要根据不同的净化目的（保障劳动环境、保障产品和生产设备所需的环境、保护外部环境），对各种各样的净化方式分别进行论证。

参考文献

1) 日本空気清浄協会編：室内空気清浄便覧，1編，2章，2節，1項「生体への障害」(2000)
2) 古賀章介：ビル衛生管理法，pp. 40-51，帝国地方行政会（1971）
3) 空気調和・衛生工学会：換気規準・同解説，HASS 102（1997）
4) 日本空気清浄協会編：室内空気清浄便覧，1編，5章，4節「室内汚染発生量」(2000)
5) 日本空気清浄協会編：室内空気清浄便覧，1編，3章「環境基準」(2000)
6) Yaglou, C. P., et. al.: “Ventilation Requriement”, ASHVE, Trans., Vol. 42, pp. 133-161 (1936)
7) 日本建築学会編：設計計画パンフレット，第18巻，換気設計，「換気の計画」，p. 4（1965）
8) 日本空気清浄協会編：空気清浄ハンドブック，p. 507，オーム社（1981）
9) 空気調和・衛生工学会編：空気調和衛生工学便覧，第12版，6．応用編，p. 265，丸善（1995）
10) 空気調和・衛生工学会編：空気調和衛生工学便覧，第12版，3．空気調和設備設計編，p. 241，丸善（1995）
11) 空気調和・衛生工学会：空気調和衛生工学，Vol. 72，No. 11，p. 95（1998）
12) 日本建築設備学会センター：新訂換気設備技術基準，同解説，p. 19（1983）
13) 日本建築学会編：建築設計資料集成，1．環境，p. 156，丸善（1978）
14) 日本空気清浄協会編：空気清浄ハンドブック，p. 513，オーム社（1981）
15) 空気調和・衛生工学会編：空気調和衛生工学便覧，第12版，1．基礎編，p. 420，丸善（1995）
16) T. V. Lawson and A. P. Penwardon: Proc. Wind Effects on Buildings and Structures (1975)
17) 空気調和・衛生工学会編：空気調和衛生工学便覧，第12版，6．応用編，p. 184，丸善（1995）
18) 日本空気清浄協会編：空気清浄ハンドブック，p. 515，オーム社（1981）
19) 空気調和・衛生工学会編：空気調和衛生工学便覧，第12版，6．応用編，p. 196，丸善（1995）
20) 空気調和・衛生工学会編：空気調和衛生工学便覧，第12版，6．応用編，p. 225，丸善（1995）
21) 登石建三：古文術保存の知識，第一法規出版（1970）
22) 空気調和・衛生工学会編：空気調和衛生工学便覧，第12版，6．応用編，p. 210，丸善（1995）

第2章　住宅的空气净化

2.1　导则

2.1.1　简介

“健康住宅”，或者与之相对的“病态建筑综合征”和“化学过敏症”等由化学物质引发的住宅空气污染问题，日益成为社会关注的焦点。

日本厚生省也于1997年6月首次发布了有关住宅甲醛的国家指导值[1)]。随后，为了确保该指导值的实现，日本建设省的健康住宅研究会又发布了针对施工者的导则[2)]以及针对居住者的指南[2)]。

以下对厚生省和建设省的导则分别进行介绍。

2.1.2　厚生省导则[1)]

1. 概要

所谓的“厚生省导则”，是基于“关于健康舒适住宅的研讨会”中的相关内容总结而成的指南性文件。该会议的委员长是日本大学医学部教授野崎定彦。各相关研究机构从人体健康的角度出发，以确保住宅质量为目的，针对各种环境卫生问题开展了大量的研究工作。其研究对象包括室内空气质量、挥发性有机物、恶臭、霉菌、螨虫、昆虫、给排水、噪声和光环境等。而该导则即以上研究成果的结晶。其中最具社会影响力的是挥发性有机物中甲醛的指导值，0.1mg/m^3（当气温在20℃时为0.08×10^{-6}）。

2. 有关甲醛的规定

（1）指导值

根据规定，室内空气中的甲醛浓度30min均值必须低于指导值。该值基于WHO导则中有关甲醛的指导值而制定[3)]，主要考虑的是甲醛对普通人群（即没有罹患所谓化学过敏症的人[1)]）的刺激性阈值，而并未针对致癌性的问题。同时，化学过敏症也不是该指标的参照对象。

（2）检测条件

该导则经常出现检测条件方面的问题，而其中却没有任何有关检测条件的规定。根据该导则的要求，无论任何情况下，甲醛浓度都应当低于规定的标准值，但是这在现实生活中则几乎是不可能实现的。例如，对于无论采用任何所谓无甲醛材料的新建住宅，特别是在炎热的夏季，如果其窗户密闭长达数周且完全不进行其他换气，有时也无法达到导则中规定的标准值。因此，在设计各种标准限值时，还需要根据某些可能出现的实际情况来限定相应的检测条件。但有关实际情况的设定目前还没有统一的定论，所以有必要在分析已积累的各种实际问题判例的基础上形成基本共识。

3. 有关其他化学物质的规定

室内环境中的化学物质除甲醛外，还含有被称为挥发性有机物（VOC）的苯、甲苯和二甲苯等多种烃类化合物。但是，在一般住宅环境中，一些常见VOC的健康影响并不像甲醛那样明确，同时也几乎不存在与甲醛具有同等急性影响水平的VOC物种。再加上如果不具备气相色谱法等分析化学专业知识，那么VOC的检测也难以开展。因此，1997年在讨论针对甲醛的相关导则时，VOC指导值的制定工作被搁置，而且其后相关条款的编制计划仍不明确。

2.1.3 建设省导则[2)]

1. 概要

建设省的导则由被称为“健康住宅研究会”的委员会负责编写。该会委员约有60人，委员长为日本工学院大学名誉教授金泉胜吉。该委员会是由建设省联合厚生省、通商产业省和林野厅，在以住宅建造和建材生产为中心的产业界内，吸引多家企业的参与而组成。因此，委员主要是来自于4省厅相关企业的人士和学者。

由于该委员会的结构过于庞大，活动较为困难，因此其下又设立了由约20名委员组成的干事会来负责实际工作。同时，干事会下面又设置了3个分科会：“内装分科会”会针对壁纸等内部装修材料中化学物质的释放情况开展实验性研究；“木质材料分科会”的实验对象为胶合板或刨花板等木质结构的材料；“设计·施工分科会”在总结以上两个分科会研究成果的基础上，收集所谓“state－of－the－art（最新技术、最高水平）”的技术信息，制定面向设计和施工人员的导则，并编制内容易于理解的用户指南。

在“健康住宅研究会”的报告书中，不仅涵盖了前两个分科会有关内装材料和木质建材的实验结果，同时收录了作为“设计·施工分科会”研究成果的导则和指南。另外，设计施工导则和用户指南可以通过“财团法人住宅建筑节能机构”获得。

2. 设计·施工导则

设计·施工导则中的亮点为规定了应优先处理的3种化学物质和3种化学制品。

（1）3种化学物质

1）甲醛；

2）甲苯；

3）二甲苯。

（2）3种化学制品

1）木材保存剂；

2）增塑剂；

3）防蚁剂。

但是，在该导则发布时，各类室内污染物中仅有甲醛具有由前述厚生省导则所规定的相应限值。同时，尽管导则中出现的化学相关专业术语或概念并不多，但相应的解说却并不充分。因此，若仅参照该导则，便难以完成实际的设计或施工工作。但是，因为该导则中收录了基于上述6种关注对象最新信息的一些相关资料，所以仍然可以作为学习建材类化学物质时的参考，或者作为施工或设计人员对顾客进行说明时的辅助材料等。

3. 用户指南

本指南是为了便于普通居民理解上述设计施工导则，而通过图解或问答的形式进行说明的手册。手册从“健康住宅研究会”规定的6种关注对象的健康影响入手，设定了房屋的委托设计、住宅建造或公寓购置，以及二手房屋购置等实际场景，并以具体项目为例进行了平实的说明。

但是正如反复提到的那样，该指南是在前述设计和施工导则的基础上编制的，而这些导则本身存在的问题之一，就建材中所含化学物质的基本信息不够完善。因此，普通消费者在购买住宅时仅仅借助这个指南，就难免会产生各种疑问。

2.2　住宅空气净化的特殊性

2.2.1　大气污染的影响

和一般的办公楼相同，住宅楼也大都集中在城市区域，因此其周围空气中的悬浮颗粒物、气态污染物和恶臭物质等的浓度有时也会呈现出相当高的水平。特别是在工业地带、交通主干道的沿线以及大城市的中心区域等不同的地区，其各自的大气污染状况也不相同。

和一般的大规模楼宇不同，多数住宅并没有安装换气设备或中央空调设备。因此这些住宅内部的空气环境，通常都会直接受到当地空气污染的影响。而即使是在拥有中央冷暖气换气设备的住宅中，因为仍然需要导入一定量的外部空气，所以也不能忽视室外环境空气所带来的影响。那么，从以上角度来看，位于城市或者邻近工厂、活火山等大气污染较为严重的地区的住宅，也应当根据需要使用相应的空气净化器。

2.2.2 室内的空气洁净度

根据建筑物内部各个空间使用目的不同，其各自室内环境所必须达到的空气清洁度也不相同。但是，住宅是人们用于居住的建筑，所以正如本书第 1 篇 2.2.1 节[4] 中介绍的那样，居室中的空气环境应当以确保人体的舒适度和健康性作为前提。

如前所述，针对住宅环境，目前日本仅甲醛具有劳动厚生省规定的 0.08×10^{-6}的标准值（30min 均值）[5]，而其他污染物还没有相关的规定。同时，尽管可以将楼宇管理法中针对写字楼规定的空气环境标准作为参考，但该管理法的对象仅为 CO、CO_2和颗粒物这 3 项，而除此以外的污染物并没有国家层面的标准。不过，在空调 · 卫生工学会[6] 颁布的换气规格中提出了部分污染物的设计标准值，那么也可以将这些值作为参考。

2.2.3 室内污染的产生

住宅内的污染物排放源大致可以分为两类。其中第一类为室内的居住者。居住者除了自身排放的体臭外，还会经呼吸等排放 CO_2和水分。同时，随着室内烹饪和清扫等活动的进行，地板、墙壁和衣物等会产生灰尘以及真菌和细菌等微生物。此外，居住者在吸烟时还会排放烟雾、一氧化碳、二氧化碳以及恶臭气体等各种各样的污染物。第二类排放源是人员以外的门窗、建材、家具、装饰材料以及开放式暖气等。这些排放源会排放甲醛、挥发性有机物等化学物质，以及氡、石棉、二氧化碳、一氧化碳和恶臭气体等。

2.2.4 引入室内的外部空气量（必要换气量）

与写字楼相同，为了使住宅内部保持良好的空气环境，需要将室内污染排出室外，同时还应从外部引入新鲜洁净的空气（通过换气稀释）。另外，如果安装了能将室内污染完全去除的净化器以及供氧设备，理论上来说，即便不引入室外空气，也可以维持良好的室内环境（通过机器设备净化）。

如上所述，如果空气净化器足够完美，理论上就不再需要引入外部空气了。但是，目前常用的净化器主要是以净化颗粒物污染为主，而即便是使用这些设备，也无法完全除去所有的颗粒物。并且室内产生的污染中除了颗粒物以外，还有居住者排放的 CO_2和体臭、烹饪时产生的水蒸气和 CO 等，以及吸食香烟所带来的成分复杂的污染物等。对于上述这些污染物，使用现有的空气净化设备是无法完全去除的。因此，对于住宅来说，换气仍是保持良好空气质量的主要方法。相应地，很久以前就出现了必要换气量的概念，即所需要的最低限度的换气量。Yaglou 等人对此进行了研究，详细内容请参见第 3 篇第 1 章中的“写字楼的特殊性”[7]。

2.3 空气净化的规划

2.3.1 污染物和环境标准浓度

在针对住宅的室内空气净化进行相关规划时，应首先着眼于污染物的排放源，通过使用换气设备或空气净化器以降低室内浓度，或是通过直接抑制源排放的办法，来使得各污染物的浓度水平能够达到相应的标准限值。但是，因为具备环境标准的室内污染物种类十分有限，所以仍有很多应作为处理对象的污染物并没有相应的规定。

1. 住宅中的污染物

住宅中的污染物主要有以下 4 种：

1）由人体自身产生的污染物；

2）建材·家具等释放的污染物；

3）伴随着使用燃具或吸食香烟等生活行为所排放的污染物；

4）室外侵入的污染物。

其中，人体排放的污染物有二氧化碳、颗粒物、微生物粒子（细菌·病毒等）以及恶臭气体等成分；建材·家具中产生的污染物有挥发性有机物和甲醛等；伴随着各种生活行为，如开放式暖气设备或者吸烟等，会产生一氧化碳、硫氧化物和氮氧化物等；由室外侵入的污染物包括汽车尾气和工厂排放的煤烟等(参照第 1 篇第 5 章 5.4 节)。

2. 环境标准浓度

由于具有相应环境标准限值的室内污染物非常有限（参见第 1 篇第 3 章 3.3 节)，因此有时会将劳动环境中污染物容许浓度的 1/10 暂时作为室内标准使用。之所以采用这种设定，是因为住宅的环境浓度标准，不仅是针对健康的成人，更是以老人或儿童等居住者在室内的长时间滞留为前提而规定的数值。

另外，表 3.1.4 为室内环境中空气污染物的设计标准浓度（在针对换气的规划中，计算必要换气量时应当使用的污染物浓度上限值)[8)]。该表中 1000×10^{-6} 的二氧化碳设计标准浓度，可适用于污染物主要来自室内人员本身，或者开放式燃具的住宅内部环境。但这一指标并非二氧化碳的健康影响限值，而是换气规划中室内空气污染的综合性指标。也就是说，如果无法对室内各种污染物分别进行定量，那么当二氧化碳达到该浓度水平时，可以认为其他污染物浓度也会相应地按比例上升。因此，当对象污染物尚未完全明确时，这是一个非常有效的换气效果指标。

2.3.2 住宅空气净化对策的制定原则

对于住宅空气净化对策的制定应基于以下 3 个原则：抑制污染物的排放量、

通过换气进行稀释，以及通过吸附或分解等作用实现污染物的去除。

1. 抑制污染物的排放量

通过减少污染的发生，或是除去污染源的办法，就可以使污染排放量得到抑制。如果没有任何污染物质发生，几乎所有的室内环境问题就都可以得到解决。

但是，如果人员本身即处在室内环境中，那么要想抑制或去除人体产生的污染物则几乎是不可能的。不过，对于那些伴随着人们的生活行为而排放的污染物质来说，通过避免在室内吸烟，或者转而采用无气态污染物排放的暖气用具等方法，就有可能在一定程度上降低污染物的排放量。

对于建筑材料等产生的污染物来说，可以在施工时采用污染物释放量较小的建材或黏合剂等相对环保的材料[2),9)]。那么，这就需要在住宅的设计·施工阶段制定好相应的空气净化对策。此外，在购买家具时，也应选择低污染物释放的产品。但这里要注意的是，如果选用上述建材或家具，那么就会出现成本上升或者可选范围变小的问题。

此外，由微生物造成的空气污染，或者因建材和家具等的化学物质释放造成的空气污染，都会受到室内温热环境的影响。因此，在相应的控制对策中最关键的一点，就是要注意抑制高温多湿条件下霉菌或螨虫等的繁殖。另一方面，随着温湿度条件的变化，建材和家具中甲醛或挥发性有机物等的释放量也会有很大变化。所以，注意防止日光直射便是控制对策之一。同时，在夏季开放室内冷气设备，也可以暂时通过降低室温来有效地抑制污染物的释放。

2. 适当的换气

在进行室内空气净化的规划时，换气法的使用应以室外污染物浓度低于室内为前提。尽管从已有的数据来看，室外空气的侵入对室内环境的影响程度还不是完全清楚，但对于广大区域内的大气污染，是很难通过某个设备单独进行处理的。不过对于局部性的或建筑附近的污染，则可以借助某些技术进行处理，那么这时为了避免高浓度污染空气进入室内，就需要进行相应的设计和维护。

即使在无法掌握室内污染的种类或动态的情况下，换气作用也肯定能够实现将污染物全部排出的效果。同时，对于气态污染物的处理来说，换气也是现有技术中费用最低且实用性较高的方法。

3. 污染物的吸附·分解

对于污染物质的净化来说，应使用能够对其进行有效吸附或分解的材料或相应的“机器设备”。

其中，“机器设备”指的是就家用空气净化器（参见第2篇第4章）。但通常情况下，家用空气净化器的净化对象都是某种特定的物质，并且还必须掌握该物质相应的物理与化学性质以及实际状态，因此这种方法仅适用于针对已知污染物的净化。而当室内存在着各种各样的污染物时，仅使用净化器就未必能够将这些污染物全部去除。

近年来，很多研究机构都在积极开发能够吸附或分解臭氧等污染物质的新型涂料，以及一些利用催化反应原理的污染物分解材料。另外，对于甲醛或挥发性有机物等建材中释放的污染物，目前也正在研发通过烘干来降低其排放量的实用化新方法。但需要注意的是，在使用各种化学反应原理的净化方法时，有可能会增加产生其他未知污染物的风险。

2.3.3 污染物排放源的对策

通过对建材及家具释放的甲醛或挥发性有机物等污染物进行相应的抑制或去除处理，可以有效地改善室内空气环境。以下就主要环保建材的选择进行介绍[9)]。

1. 胶合板·纤维板·刨花板

JAS（日本农林标准）和JIS（日本工业标准）针对胶合板或纤维板等木质建材，规定了甲醛扩散量的等级标准。在挑选这一类建材时，应参考以上标准，选择甲醛扩散量较少的产品（参见第1篇第5章5.4.2节）。

2. 地板

有关地板材料的选择，需要从建材本身和施工过程中使用的黏合剂这两个方面来考虑。木质地板包括单层实木地板和实木复合地板，其中的后者有可能会有甲醛的释放。由于JAS针对实木复合地板的甲醛释放量，也制定了与胶合板相同的标准，因此应选用释放量较少的产品。同时，在地面上粘贴地板时，应使用有机溶剂含量较少的黏合剂[10)]。

3. 壁纸

根据JIS的规定，使用干燥器法检测得到的甲醛释放量应低于1mg/L。同时，在“墙面材料协会”（由壁纸等建材生产厂家组成的团体）制定的行业标准ISM中，也针对甲醛的释放量和增塑剂种类做出了相关规定。

4. 其他

目前，还有很多建材与黏合剂等，尚未建立污染物的扩散量标准或相应的检测方法。因此，厂家应当确认所使用的材料中都含有哪些成分，以及每种成分的释放量分别处于何种水平（单位时间内或单位面积的排放量）。

在欧美国家，已经针对使用试验舱来检测污染物释放量的方法制定了相应的标准[11)~14)]，而日本也正在开展相关方法的标准化研究。

2.3.4 换气计划

目前，厨房、浴室、厕所和洗漱室等主要采用机械式换气，而一般的居室中则多采用自然换气。但是近年来，随着对人们对室内空气质量要求的日益提高，也有一些家庭开始采用24h换气系统。

1. 法律法规

在设定室内的换气风量时，不仅要考虑到处理对象房间的类型以及去除对象物质的种类，还必须要遵守《建筑标准法》等法律法规中的相关规定。

（1）与居室换气有关的法律法规

针对居室空间的换气，应当满足《建筑标准法》第28条第2款“居室换气设备”中的相关要求。其具体规定为：居室中应设置面积为地板面积1/20以上的窗户等开口；当无法设置开口时，就必须设置自然换气设备或机械换气设备。不过，从采光这一点来看，几乎所有的居室都会设置面向室外环境的窗户，或者通往庭院或阳台的出入口，因此对于一般的居室来说基本不用考虑换气设备的问题。

另外，在装有开放式燃烧器具的房间中，根据《燃气事业法》和《液化石油气法》中的相关规定，为了确保燃烧时所需的必要空气量，应当设置相应的给气口。

（2）与厨房换气有关的法律法规

针对厨房等使用明火房间的换气，《建筑标准法》在第28条第3款“用火房间的换气”中做了相应的规定。同时，“建设省公告第1672号”中提出，对于使用电力以外热源的厨房，应通过理论排气量来计算必要的换气风量，即当燃烧废气直接向室内排放时，能够确保室内空气中的含氧量不低于0.5%时的换气量。此外，在计算换气量的同时，给气口的设置规划也同样重要。

（3）与厕所换气有关的法律法规

《建筑标准法施行令》第28条规定：“在厕所中必须设置直接面向室外，可用于采光及换气的窗户。但在可冲洗式厕所中，若装有替代设备则无以上限制。”由于在集体住宅中，通常都会设置机械式的换气设备，因此在换气量方面并没有相应的规定。

2. 换气的种类

换气方式可分为自然换气和机械换气两大类。其中，机器械换气包括以下3种方式：

1）第1种换气方式：使用给气送风机和排气送风机；

2）第2种换气方式：使用给气送风机和自然排气口；

3）第3种换气方式：使用排气送风机和自然给气口。

在厨房、厕所、洗漱室等污染程度较高的房间，为了防止污染空气的流出，通常会使其内部保持负压，那么原则上应采用第3种换气方式。另一方面，对于需要保持洁净空气环境的居室来说，为了避免从其他房间流入污染的空气，原则上应采用第1种或第2种换气方式。不过，如果能够确保室外空气经给气通道直接导入对象居室内部，且没有其他房间污染空气流入，也可以采用第3种换气方式。同时，为了防止室外空气中的悬浮粉尘或花粉等颗粒物的侵入，还需要在给气口处设置空气过滤器。

3. 必要换气量

必要换气量指的是，为了确保某种污染物的浓度能够保持在设计标准浓度以下，所需要引入的最小限度的室外空气量。假设某污染物在室内空气中的分布保持均匀稳定，那么可以使用式（2.1）来表示必要换气量（参见第1篇第5章5.3节）：

$$Q = M/(C - C_o) \tag{2.1}$$

式中，Q 为必要换气量（m^3/h）；M 为污染物的室内排放量（m^3/h）；C_o为引入的室外空气中的污染物浓度（$\times 10^{-6}$）；C 为室内的污染物设计标准浓度（$\times 10^{-6}$）。

在气密性较高的住宅中，为了防止室内空气污染对人体健康造成损害，最好安装能够覆盖所有房间的机械式中央换气设备。这时可以将换气次数为0.5次/h时的换气量作为必要换气量。另外，表3.2.1为每种房间大致的必要换气量[15]。

表3.2.1 装有机械式中央换气设备且气密性良好的住宅中大致的必要换气量（住宅整体换气频率：0.5次/h）

	房间类型	使用时	平时（最小）
不同类型房间相应的排气量	厨房 ● 燃气热源（带有排烟罩）	$30KQ$ 或 $300m^3/h$（K：理论上的废气排放量，Q：燃料消耗量）	$60m^3/h$
	● 电力热源	$300m^3/h$	$60m^3/h$
	浴室	$100m^3/h$	40（20）m^3/h
	厕所	$40m^3/h$	$20m^3/h$
	洗漱间	$60m^3/h$	$20m^3/h$
	洗衣间	$60m^3/h$	$20m^3/h$
不同类型房间相应的室外空气导入量	起居室·餐厅·卧室·		$20m^3/h$·人
	地下室（储藏室）		$20m^3/h$

注：建设省住宅局住宅生产科监修：《住宅的新节能标准与指南》，财团法人住宅健康节能机构（1992）。

图3.2.1所示为地板面积8榻榻米（13.2m^2）、天花板高度2.5m、室容积33m^2、内部总表面积62.7m^2的室内，单位表面积上甲醛不同释放量（EF）相对应的换气次数与空气中甲醛浓度之间的关系。该结果的计算条件为，室外浓度0.01×10^{-6}、室温23℃，且无吸附作用。通常，对于气密性较高的住宅，当换气次数大致为0.5次/h时，若欲将室内甲醛浓度控制在厚生省规定的0.08×10^{-6}以下，则建材单位面

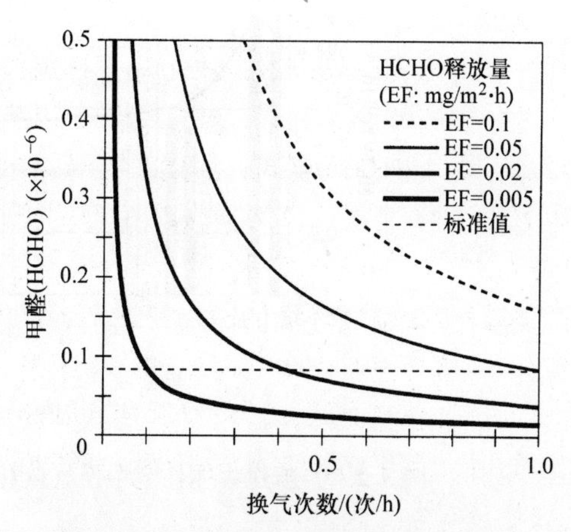

图3.2.1 换气量与室内浓度的关系

积上的甲醛释放量需低于0.023mg/m³·h。这里需要注意的是，尽管增加换气次数能够相应地减少甲醛浓度，但同时也会因温湿度的变化导致室内环境舒适性的降低，并且还有可能会增加冷、暖气的能耗。

4. 换气的净化效果

温度越高，那么甲醛或挥发性有机物的释放量就会越大，从而导致室内污染浓度的升高。但实际生活中，在气温较高的夏季由于开窗时间很长，有利于室内污染物的排出，因此从日平均值来看，此时的污染浓度未必很高[16)]。而在冬季，因房间窗户经常会长时间的紧闭，再加上室内开放式暖气设备的使用，就容易出现换气量不足的问题。

图3.2.2所示为采用第1种换气方式的集体住宅中（计划于2月竣工），在入住前一个月的时间内持续开启暖气设备，并使室温维持在23℃时甲醛浓度的检测结果[17)]。该住宅使用的是F2和E2级的建材；暖气采用热泵空调式中央供暖系统。该住宅的换气系统有两种换气模式，其中手动模式的换气次数为0.5次/h，而自动模式的换气次数为0.3～0.35次/h。在进行检测的2日前使暖气系统以手动模式开始运行。检测结果显示，暖气运行后第3天和第4天时的甲醛浓度很高，为0.1×10^{-6}，而一周之后则降至0.06×10^{-6}。出现以上结果的原因是，暖气运行前的室温在10℃左右，虽然运行后的室温升高导致了甲醛释放量的增加，但在换气的作用下室内空气中的甲醛含量又急剧减少。如图可知，在此之后又将暖气切换到了自动换气模式，于是入住时的甲醛浓度如下：手动模式0.06×10^{-6}；自动模式0.08×10^{-6}。

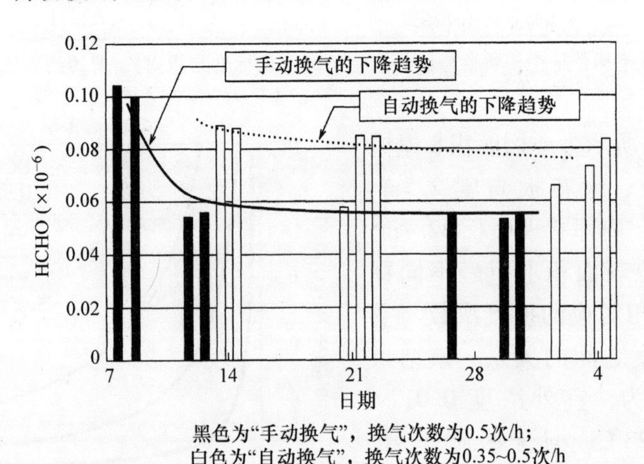

图3.2.2　新建集体住宅中换气量和甲醛检测浓度之间关系的示例

如果换气量较小，那么即便是污染物的释放量得到了抑制，也仍然无法确保能够获得洁净的室内空气。另外，对于甲醛或挥发性有机物来说，如果入住时便主动进行换气，在某种程度上就可以避开初期的高浓度污染。

参考文献

1）厚生省，健康で快適な住宅に関する検討会議：快適で健康的な住宅に関する検討会議報告書（1997）

2）建設省，健康住宅研究会：室内空気汚染の低減に関する報告書（1998）

3）WHO Study Group: Recommended Health-Based Occupational Exposure Limits for Respiratory Irritants（1995）

4）日本空気清浄協会編：室内空気清浄便覧，1編，2章，2節，1項「生体への障害」（2000）

5）厚生省生活衛生局企画課生活化学安全対策室：快適で健康的な住宅に関する検討会議健康住宅関連基準策定専門部会化学物質小委員会報告書（1998）

6）空気調和・衛生工学会：HASS 102 換気規準・同解説，pp. 7-9（1997）

7）日本空気清浄協会編：室内空気清浄便覧，3編，1章「オフィスビルの特殊性」（2000）

8）空気調和・衛生工学会，HASS 102，換気規準・同解説（1997）

9）健康住宅研究会，設計・施工ガイドライン，住宅建築省エネルギー機構，（1998）

10）木村　洋，堀　雅宏，飯倉一雄，熊谷一清：材料試験チャンバーを用いた建材からのホルムアルデヒド・VOC 発生量の測定，第 16 回空気清浄とコンタミネーションコントロール研究大会予稿集，日本空気清浄協会，pp. 137-140（1998）

11）ASTM E 1333-96: Standard Test Method for Determining Formaldehyde Concentration in Air from Wood Products Using a Large Chamber（1996）

12）ASTM D 6007-96: Standard Test Method for Determining Formaldehyde Concentration in Air from Wood Products Using a Small Scale Chamber（1996）

13）ASTM D 5116-90: Standard Guide for Small-Scale Environmental Chamber Determinations of Organic Emissions From Indoor Materials/Products（1990）

14）European Concerted Action（ECA）: Indoor Air Quality & Its Impact on Man, Report No. 8, Guideline for the Characterization of Volatile Organic Compounds Emitted from Indoor Materials and Products Using Small Test Chambers（1991）

15）建設省住宅局住宅生産課監修：住宅の新省エネルギー基準と指針，住宅建築省エネルギー機構（1992）

16）ビル管理教育センター：建材・機械等の揮発性有機化合物に関する調査研究報告書，pp. 75-100（1997）

17）木村　洋，山鹿英雄：全室冷暖房・換気空調システムによる室内環境の測定，日本マンション学会誌，マンション学，第 7 号，pp. 147-150（1999）